eXamen.press

T0255437

eXamen.press ist eine Reihe, die Theorie und Praxis aus allen Bereichen der Informatik für die Hochschulausbildung vermittelt.

Bernd Kreußler · Gerhard Pfister

Mathematik für Informatiker

Algebra, Analysis, Diskrete Strukturen

Dr. Bernd Kreußler
Mary Immaculate College
South Circular Road
Limerick
Irland
Bernd.Kreussler@mic.ul.ie

Prof. Dr. Gerhard Pfister
Fachbereich Mathematik
Technische Universität Kaiserslautern
67653 Kaiserslautern
Deutschland
pfister@mathematik.uni-kl.de

ISBN 978-3-540-89106-2 e-ISBN 978-3-540-89107-9

DOI 10.1007/978-3-540-89107-9

eXamen.press ISSN 1614-5216

Bibliografische Information der Deutschen Nationalbibliothek
Die Deutsche Nationalbibliothek verzeichnet diese Publikation in der Deutschen Nationalbibliografie; detaillierte bibliografische Daten sind im Internet über http://dnb.d-nb.de abrufbar.

© 2009 Springer-Verlag Berlin Heidelberg

Dieses Werk ist urheberrechtlich geschützt. Die dadurch begründeten Rechte, insbesondere die der Übersetzung, des Nachdrucks, des Vortrags, der Entnahme von Abbildungen und Tabellen, der Funksendung, der Mikroverfilmung oder der Vervielfältigung auf anderen Wegen und der Speicherung in Datenverarbeitungsanlagen, bleiben, auch bei nur auszugsweiser Verwertung, vorbehalten. Eine Vervielfältigung dieses Werkes oder von Teilen dieses Werkes ist auch im Einzelfall nur in den Grenzen der gesetzlichen Bestimmungen des Urheberrechtsgesetzes der Bundesrepublik Deutschland vom 9. September 1965 in der jeweils geltenden Fassung zulässig. Sie ist grundsätzlich vergütungspflichtig. Zuwiderhandlungen unterliegen den Strafbestimmungen des Urheberrechtsgesetzes.

Die Wiedergabe von Gebrauchsnamen, Handelsnamen, Warenbezeichnungen usw. in diesem Werk berechtigt auch ohne besondere Kennzeichnung nicht zu der Annahme, dass solche Namen im Sinne der Warenzeichen- und Markenschutz-Gesetzgebung als frei zu betrachten wären und daher von jedermann benutzt werden dürften.

Satz: Datenerstellung durch die Autoren unter Verwendung eines Springer LaTeX-Makropakets
Einbandgestaltung: KünkelLopka, Heidelberg

Gedruckt auf säurefreiem Papier

9 8 7 6 5 4 3 2 1

springer.de

Für Andrea, Manja, Jana
B. K.

Für Marlis, Alexander, Jeannette
G. P.

Vorwort

Dieses Buch richtet sich vor allem an Informatikstudenten der ersten Semester. Es ist hervorgegangen aus Vorlesungen, die von den Autoren an der TU Kaiserslautern gehalten wurden. Der Inhalt und Stoffumfang wurden mehrfach in der Praxis erprobt. Da in Kaiserslautern sowohl im Frühjahr als auch im Herbst ein Studieneinstieg möglich ist, beginnen dort einige Studenten mit Algebra (Kapitel 1 und 2), andere jedoch mit Analysis und Diskreter Mathematik (Kapitel 3–5). Der Text ist so aufgebaut, dass dies möglich ist. Ein guter Informatiker benötigt ein breites mathematisches Grundwissen. Dabei geht es nicht vordergründig um Formeln und Fakten, sondern um die Fähigkeit, abstrakte Strukturen zu erkennen und zu verstehen. Bevor ein Rechner ein kompliziertes Problem lösen kann, muss es in der Regel vom Menschen (Informatiker) bearbeitet werden. Die besten Ergebnisse werden dabei erzielt, wenn die dem Problem innewohnenden abstrakten Strukturen erkannt und ausgenutzt werden.
Die Konzeption dieses Lehrbuches unterscheidet sich von vielen anderen Mathematikbüchern vor allem in den folgenden drei Punkten:

- Jedes Kapitel beginnt mit konkreten, dem Leser vertrauten Begriffen oder Situationen. Davon ausgehend wird schrittweise abstrahiert bis hin zu den gebräuchlichen abstrakten Begriffen der modernen Mathematik.
- In jedem Kapitel werden viele interessante Situationen des Alltagslebens beschrieben, in denen die zuvor eingeführten abstrakten Begriffe und die bewiesenen Ergebnisse zum Einsatz kommen. Dabei stehen Anwendungen im Mittelpunkt, die einen engen Bezug zur Informatik besitzen.
- Das Kapitel über Mengenlehre ist am Ende des Buches zu finden. Es kann jederzeit unabhängig vom restlichen Text gelesen werden.

Dieses Lehrbuch besteht aus drei Teilen, die jeweils zwei Kapitel enthalten und weitgehend voneinander unabhängig sind. Sie sind so angelegt, dass sie im Wesentlichen einzeln verstanden werden können:

Teil I – Algebra Teil II – Analysis Teil III – Diskrete Strukturen.

Teil I besteht aus den zwei Kapiteln *Zahlen* und *Lineare Algebra*. Besonderer Wert wird auf die Vermittlung wichtiger Beweistechniken und der Methode der Abstraktion (Äquivalenzklassenbildung) gelegt.
Im ersten Kapitel werden, ausgehend von den ganzen Zahlen, die wichtigen algebraischen Strukturen Gruppe, Ring und Körper erklärt. Als Anwendung werden die Grundlagen der modernen Kryptographie und das RSA Verschlüsselungsverfahren erläutert. Man findet auch die zur Zeit größte bekannte Primzahl. Im Zusammenhang mit dem Gruppenbegriff wird erläutert, was es mit Geldscheinnummern, der ISBN und der EAN auf sich hat. Es kommt auch der Rubik-Würfel und seine Interpretation als Gruppe vor. Im zweiten Kapitel wird die Lineare Algebra dargestellt. Sie beschäftigt sich nicht nur mit Verfahren zur Bestimmung von Lösungsmengen linearer Gleichungssysteme, sondern auch mit strukturellen Eigenschaften solcher Lösungsmengen. Als Anwendung findet man fehlerkorrigierende Codes und deren Bedeutung für die gute Qualität der Musikwiedergabe eines CD-Spielers.

Der Teil II enthält die Kapitel *Reelle Zahlen und Folgen* und *Funktionen*. Zunächst werden die Grundlagen der Differential- und Integralrechnung behandelt. Darauf aufbauend werden verschiedene Möglichkeiten der Approximation von Funktionen diskutiert. Dies umfasst die Approximation stetiger Funktionen durch Polynome und die Approximation periodischer Funktionen durch Fourier-Reihen. Das führt schließlich zu den schnellen Fourier-Transformationen und deren Anwendung bei der Bildkompression (JPEG-Verfahren) und Audiokompression (MP3-Verfahren). Weitere Anwendungen, die in diesem Kapitel besprochen werden, sind verschiedene Methoden zur Berechnung der Zahl π und die näherungsweise Berechnung von $n!$ für sehr große natürliche Zahlen n.

Die Kapitel im Teil III heißen *Diskrete Mathematik* und *Grundlagen der Mathematik*. In der Diskreten Mathematik werden die elementaren Grundlagen der Kombinatorik, Wahrscheinlichkeitstheorie und Graphentheorie behandelt. Als Anwendungen werden einerseits die Funktionsweise von Spamfiltern und die Verwaltung großer Datenmengen mit Hashtabellen diskutiert. Andererseits wird erklärt, wie Suchmaschinen effizient Informationen im Internet finden und wie ein Routenplaner einen optimalen Weg bestimmt. Es wir auch der mathematische Hintergrund eines Sudokus erklärt. Schließlich werden effiziente Primzahltests, die auf Methoden der Wahrscheinlichkeitstheorie beruhen, vorgestellt.
Das Kapitel über die Grundlagen der Mathematik beschäftigt sich mit Aussagenlogik, Mengenlehre und Relationen. Darin wird das Standardvokabular der modernen Mathematik erläutert. Es ist so angelegt, dass es mehr als nur eine trockene, kurze und knappe Sprachschulung ist. Durch die Darstellung einiger Bezüge zur Arbeit mit Datenbanken wird der Versuch unternommen, die Relevanz der Grundbegriffe der Mathematik in der Informatik den Lesern nahezubringen. Dieses Kapitel kann jeder Zeit unabhängig vom übrigen Teil dieses Buches gelesen werden.

Am Ende dieses Buches ist neben einem Symbolverzeichnis, einem Stichwortverzeichnis und einem Verzeichnis der erwähnten Personen auch ein Anhang zu finden, der die Lösungen aller Übungsaufgaben enthält. Dadurch ist das vorliegende Buch auch sehr gut zum Selbststudium geeignet.

Hinweise für Studierende

Die drei Teile dieses Lehrbuches sind unabhängig voneinander lesbar. Wir empfehlen, Kapitel 6 über die Grundlagen der Mathematik frühzeitig wenigstens zu überfliegen und nach dem Studium von Teil I oder Teil II bzw. bei Bedarf nochmals für ein tieferes Studium zu Kapitel 6 zurückzukehren.
Das Ziel des Kurses besteht im Verständnis von Konzepten, Begriffsbildungen und von Methoden zur Problemlösung. Ohne aktive Mitarbeit des Lesers ist dieses Ziel nicht erreichbar. Das Konsumieren des Textes beziehungsweise der Vorlesung als reiner Zuschauer ist bei weitem nicht ausreichend. Daher legen wir jedem Leser ans Herz, alle Übungsaufgaben selbständig zu lösen oder dies zumindest ernsthaft zu versuchen. Die Lösungen im Anhang dienen nur zur Kontrolle, ob die eigene Lösung korrekt ist.

Hinweise für Vorlesende

Auf der Grundlage dieses Buches kann man zwei 4-stündige Vorlesungen (jeweils ein Semester mit etwa 13–15 Wochen) gestalten. Erprobt wurde, in einem Semester die Kapitel 1, 2 und 6, und im anderen die Kapitel 3, 4 und 5 zu behandeln. Dabei muss man in Abhängigkeit von der konkreten Situation eventuell etwas kürzen. Die beiden Vorlesungen können so gestaltet werden, dass sie unabhängig und damit in ihrer Reihenfolge vertauschbar sind.
Die regelmäßige wöchentliche Abgabe eigener schriftlicher Lösungsversuche der Studenten und begleitende Übungsstunden mit sachkundiger Betreuung scheinen den Autoren wesentlich für den Erfolg des Kurses.

Dankesworte

Durch zahlreiche Diskussionen mit unseren Kollegen Magdalena Schweigert und Klaus Wirthmüller und dadurch, dass sie uns Einsicht in ihre Vorlesungsmanuskripte gewährt haben, sind ihre langjährigen Erfahrungen bei der Mathematikausbildung von Informatikstudenten sehr wesentlich in dieses Lehrbuch mit eingeflossen. Dafür und für die konstruktive und kritische Durchsicht unseres Manuskripts möchten wir uns an dieser Stelle bedanken.
Wir bedanken uns bei Carsten Damm, Christian Eder, Ralf Korn, Thomas Markwig, Stefan Steidel und Rolf Wiehagen, die durch viele sehr nützliche Hinweise nach der Lektüre eines vorläufigen Manuskripts zur Verbesserung des vorliegenden Textes beigetragen haben. Wir danken Petra Bäsell, die Teile des Manuskriptes getippt hat, und Oliver Wienand, der uns bei schwierigen LaTeX-Problemen beraten hat.
Schließlich danken wir unseren Frauen, Andrea und Marlis, für die Geduld, die sie während der Entstehung dieses Buches mit uns hatten.

Kaiserslautern und Limerick,
im November 2008

Bernd Kreußler
Gerhard Pfister

Inhaltsverzeichnis

Teil III Diskrete Strukturen

Teil I
Algebra

Kapitel 1
Zahlen

Die klassische Algebra der Ägypter, Babylonier und Griechen beschäftigte sich vorwiegend mit dem Lösen von Gleichungen. Im Zentrum der Untersuchungen der modernen Algebra liegen hingegen algebraische Operationen, wie zum Beispiel die Addition und die Multiplikation ganzer Zahlen. Das Ziel dieses Kapitels besteht darin, die wichtigsten Grundbegriffe der Algebra darzustellen. Dazu ist es notwendig, sich in eine abstrakte Begriffswelt zu begeben. Um dies zu erleichtern, beginnen wir mit einem Studium der grundlegenden Eigenschaften ganzer Zahlen. Besonderer Wert wird auch auf die Vermittlung wichtiger Beweistechniken gelegt. Die Bildung von Äquivalenzklassen ist eine fundamentale mathematische Konstruktionsmethode und wird daher ausführlich erläutert. Viele der hier vorgestellten praktischen Anwendungen beruhen darauf. Als informatikbezogene Anwendung wird am Ende des Kapitels erläutert, wie die Grundbegriffe der Algebra für sinnvolle und praxisrelevante Prüfzeichen- und Chiffrierverfahren eingesetzt werden.

1.1 Rechnen mit ganzen Zahlen

Die ganzen Zahlen dienen als Modell für alle weiteren algebraischen Strukturen, die wir in diesem Kapitel untersuchen. Als Vorbereitung auf die axiomatische Einführung abstrakterer Begriffe konzentrieren wir uns auf die grundlegenden Eigenschaften der Rechenoperationen mit ganzen Zahlen. Außerdem lernen wir das Prinzip der vollständigen Induktion und den Euklidischen Algorithmus kennen. Das sind wichtige Werkzeuge für den Alltagsgebrauch eines Informatikers.
Auf eine axiomatische Einführung der natürlichen Zahlen wird hier bewusst verzichtet. Der interessierte Leser findet eine solche in [EbZ].
Für die Gesamtheit aller ganzen Zahlen hat sich das Symbol $\mathbb{Z}$ eingebürgert:

$$\mathbb{Z} = \{\ldots, -3, -2, -1, 0, 1, 2, 3, \ldots\}\,.$$

Die Summe, das Produkt und die Differenz (jedoch nicht der Quotient) zweier ganzer Zahlen ist stets eine ganze Zahl. Die Addition und die Multiplikation sind die Operationen auf die sich das algebraische Studium der ganzen Zahlen gründet. Wir listen hier in aller Ausführlichkeit ihre wesentlichen Eigenschaften auf. Das hilft uns später, abstraktere Begriffe wie Gruppe, Ring und Körper besser zu verstehen. Für beliebige ganze Zahlen $a, b, c \in \mathbb{Z}$ gilt:

Kommutativgesetz der Addition	$a + b = b + a$	(1.1)
Assoziativgesetz der Addition	$(a + b) + c = a + (b + c)$	(1.2)
Gesetz vom additiven neutralen Element	$a + 0 = a$	(1.3)
Gesetz vom additiven inversen Element	$a + (-a) = 0$	(1.4)
Kommutativgesetz der Multiplikation	$a \cdot b = b \cdot a$	(1.5)
Assoziativgesetz der Multiplikation	$(a \cdot b) \cdot c = a \cdot (b \cdot c)$	(1.6)
Gesetz vom multipl. neutralen Element	$1 \cdot a = a$	(1.7)
Distributivgesetz	$a \cdot (b + c) = a \cdot b + a \cdot c$	(1.8)

Das Gesetz vom inversen Element (1.4) ist folgendermaßen zu lesen:

Zu jeder ganzen Zahl a gibt es eine ganze Zahl $-a$, für die $a + (-a) = 0$ ist.

Es wird hier nicht gesagt, dass $-a$ durch die gegebene Zahl a eindeutig festgelegt ist. Ein erstes Indiz dafür, welches Potenzial in diesen acht Gesetzen steckt ist, dass sie die Eindeutigkeit von $-a$ erzwingen. Das sehen wir wie folgt: Wenn wir annehmen, dass $x, y \in \mathbb{Z}$ Zahlen sind, für die $a + x = 0$ und $a + y = 0$ gilt, dann folgt mit (1.3), (1.2) und (1.1)

$$x = x + 0 = x + (a + y) = (x + a) + y = 0 + y = y\,.$$

Wir haben also unter alleiniger Benutzung der Gesetze (1.1), (1.2) und (1.3) gezeigt, dass die Gleichung $a + x = 0$ höchstens eine Lösung besitzen kann. Das Gesetz (1.4) beinhaltet nun die Aussage, dass es eine solche Lösung tatsächlich gibt. Ein weiteres Beispiel der ausschließlichen Benutzung der Gesetze (1.1)–(1.8) ist die folgende Herleitung der wohlbekannten Gleichung $(-1) \cdot (-1) = 1$:

$$\begin{aligned}
1 &= 1 + 0 \cdot (-1) && \text{wegen (1.3)}\\
&= 1 + \bigl(1 + (-1)\bigr) \cdot (-1) && \text{wegen (1.4)}\\
&= 1 + \bigl(1 \cdot (-1) + (-1) \cdot (-1)\bigr) && \text{wegen (1.8)}\\
&= \bigl(1 + (-1)\bigr) + (-1) \cdot (-1) && \text{wegen (1.2) und (1.7)}\\
&= (-1) \cdot (-1) && \text{wegen (1.3) und (1.4).}
\end{aligned}$$

Bei der ersten Umformung benutzen wir, dass für alle ganzen Zahlen a die Gleichung $0 \cdot a = 0$ gilt. Um dies aus den Grundregeln abzuleiten, bemerken wir zunächst, dass die Gleichungen $a \cdot 0 = a \cdot (0 + 0) = a \cdot 0 + a \cdot 0$ aus

(1.3) und (1.8) folgen. Nach Addition von $-(a \cdot 0)$ ergibt sich daraus, unter Benutzung von (1.4) und (1.2), die Gleichung $0 = a \cdot 0$. Kommutativität der Multiplikation (1.5) liefert schließlich $0 \cdot a = 0$.
Derartig elementare Rechnungen sind wichtig, weil wir sie auf abstraktem Niveau wiederholen können. Im Verlauf dieses Kapitels werden wir lernen, mit mathematischen Strukturen umzugehen, bei denen nur noch die algebraischen Operationen an unsere konkrete Erfahrung mit ganzen Zahlen angelehnt sind, nicht aber die Objekte, mit denen wir operieren. In Beweisen können wir dann ausschließlich auf Grundregeln wie (1.1)–(1.8) zurückgreifen. Diese werden als Axiome (das heißt zu Beginn vorgegebene, charakteristische Eigenschaften) der betrachteten Struktur bezeichnet.
Die Fähigkeit, Argumentationen auf der Grundlage einer kleinen Zahl klar vorgegebener Regeln zu führen, ist für die exakten Wissenschaften so wichtig, dass sie von Anfang an und kontinuierlich trainiert werden muss. Wenn Sie die bisher angegebenen Beweise elementarer Aussagen nur überflogen haben, dann empfehlen wir Ihnen deshalb, dass Sie sich vor dem Weiterlesen nochmals etwas intensiver damit beschäftigen.

Solche Begriffe wie *Teiler* und *Primzahl* sind dem Leser vermutlich bereits vertraut. Wir werden sie hier kurz wiederholen, um von vornherein mit klaren und einheitlichen Begriffen zu operieren. Eine derartige Vorgehensweise ist in Mathematik und Informatik von prinzipieller Wichtigkeit, um Missverständnisse, nicht funktionierende Software oder gar Milliardenverluste zu vermeiden.
Eine ganze Zahl b heißt *Teiler* der ganzen Zahl a, falls es eine ganze Zahl c gibt, so dass $bc = a$ gilt. Wir schreiben dann $b \mid a$ (sprich: b teilt a).
So hat zum Beispiel $a = 6$ die Teiler $-6, -3, -2, -1, 1, 2, 3, 6$. Die Zahl $a = 0$ ist die einzige ganze Zahl, die unendlich viele Teiler besitzt. Entsprechend unserer Definition ist sie durch jede ganze Zahl teilbar. Jede ganze Zahl a hat mindestens die Teiler $-a, -1, 1, a$, und wenn $a \neq \pm 1, 0$ ist, sind dies vier verschiedene Teiler. Außer $a = 0$ besitzt keine ganze Zahl den Teiler 0.
Wir nennen eine Zahl $a \in \mathbb{Z}$ *zusammengesetzt*, wenn es ganze Zahlen $b \neq \pm 1$, $c \neq \pm 1$ gibt, so dass $a = bc$. Eine von ± 1 verschiedene Zahl, die nicht zusammengesetzt ist, nennt man *Primzahl*. Da $0 = 0 \cdot 2$ gilt, ist 0 zusammengesetzt, also keine Primzahl. Da $2 = 1 \cdot 2$ und $2 = (-1) \cdot (-2)$ bis auf die Reihenfolge der Faktoren die einzigen Darstellungen von $a = 2$ als Produkt zweier ganzer Zahlen sind, ist 2 eine Primzahl.
Eine Zahl c heißt *gemeinsamer Teiler* von a und b falls $c \mid a$ und $c \mid b$. Wir nennen zwei Zahlen *teilerfremd*, wenn 1 und -1 die einzigen gemeinsamen Teiler dieser Zahlen sind.

Definition 1.1.1. Seien $a \neq 0$, $b \neq 0$ ganze Zahlen. Wir nennen eine positive ganze Zahl $d > 0$ *größten gemeinsamen Teiler* von a und b, wenn die folgenden beiden Bedingungen erfüllt sind:

(i) (gemeinsamer Teiler) $d \mid a$ und $d \mid b$;
(ii) (Maximalität) Für jedes $c \in \mathbb{Z}$ gilt: Wenn $c \mid a$ und $c \mid b$, dann gilt $c \mid d$.

Wenn diese Eigenschaften erfüllt sind, schreiben wir $d = \mathrm{ggT}(a, b)$.

Beachten Sie hier, dass die Bedingung (ii) *nicht* lautet „d ist die größte ganze Zahl, die (i) erfüllt". Vergleichen Sie dies jedoch mit Aufgabe 1.2.
Diese Definition führt zu unseren ersten mathematischen Problemen:

> Gibt es für beliebige $a, b \in \mathbb{Z}$ stets einen größten gemeinsamen Teiler?
> Wenn ja, ist dieser dann eindeutig bestimmt?
> Wie kann man ihn berechnen?

Die Antworten sind Ihnen vermutlich bekannt. Wir wollen diese Fragen hier jedoch nicht nur beantworten, sondern unsere Antworten auch begründen. Wir werden die Existenz und Eindeutigkeit des größten gemeinsamen Teilers *beweisen*. Die Existenz werden wir mit Hilfe des Euklidischen Algorithmus nachweisen, der uns außerdem ein effektives Mittel für seine Berechnung in die Hand gibt. Ohne eine Berechnungsmethode zu kennen und ohne den Nachweis der Existenz geführt zu haben, werden wir zunächst die Eindeutigkeit des größten gemeinsamen Teilers beweisen.

Satz 1.1.2 *Zu gegebenen ganzen Zahlen $a \neq 0, b \neq 0$ gibt es höchstens einen größten gemeinsamen Teiler.*

Beweis. Angenommen d und d' seien größte gemeinsame Teiler von a und b im Sinne von Definition 1.1.1. Dann gilt

(1) $d \mid a$ und $d \mid b$;
(2) $d' \mid a$ und $d' \mid b$;
(3) Wenn $c \in \mathbb{Z}$, so dass $c \mid a$ und $c \mid b$, dann gilt $c \mid d$ und $c \mid d'$.

Aus (1) und (3) mit $c = d$ ergibt sich $d \mid d'$. Ebenso folgt aus (2) und (3) mit $c = d'$, dass $d' \mid d$ gilt. Daher gibt es ganze Zahlen r, s mit $d' = d \cdot r$ und $d = d' \cdot s$. Das heißt $d = d \cdot r \cdot s$ und somit $r \cdot s = 1$. Also muss $r = s = 1$ oder $r = s = -1$ gelten. Da aber d und d' positive ganze Zahlen sind, ist $r = s = 1$ und wir erhalten $d = d'$. □

Der *Euklidische*[1] *Algorithmus* ist einer der ältesten und grundlegendsten Algorithmen der Mathematik. Uns dient er hier sowohl als Beweistechnik als auch als Methode für konkrete Rechnungen. Sein mathematisches Kernstück ist die *Division mit Rest*. Darunter verstehen wir die folgende Eigenschaft ganzer Zahlen, die sich nicht aus den Grundregeln (1.1)–(1.8) ergibt, da die Ordnungsrelation $<$ darin auftritt:

> Wenn $a, b \in \mathbb{Z}$ mit $b \neq 0$, dann gibt es ganze Zahlen r und n,
> so dass $\quad a = nb + r \quad$ und $\quad 0 \leq r < |b| \quad$ gilt.

[1] EUKLID VON ALEXANDRIA wirkte um 300 v.u.Z. in Alexandria, genaue Lebensdaten und sichere Information, ob es sich wirklich um eine einzelne Person handelt, sind nicht bekannt. Vgl. Fußnote auf Seite 76.

Die Zahl r heißt *Rest von a bei Division durch b*. Hier und im Folgenden bezeichnet $|b|$ den Betrag der ganzen Zahl b, das heißt $|b| = b$ wenn $b \geq 0$ und $|b| = -b$ wenn $b \leq 0$. Verallgemeinerungen des hier vorgestellten Euklidischen Algorithmus, etwa für Polynome oder Gaußsche ganze Zahlen, beruhen jeweils auf einer entsprechend angepassten Version der Division mit Rest.

Der Euklidische Algorithmus

Als Eingabedaten seien zwei positive ganze Zahlen a, b mit $a > b$ gegeben. Am Ende wird $\mathrm{ggT}(a, b)$ ausgegeben.
Jeder Schritt des Algorithmus besteht aus einer Division mit Rest, gefolgt von einem Test, in dem entschieden wird, ob das Ende bereits erreicht wurde.

Initialisierung:	$A := a$, $B := b$
Division:	Bestimme $N \in \mathbb{Z}$, so dass $0 \leq A - N \cdot B < B$.
	$C := A - N \cdot B$ ist der Rest von A bei Division durch B.
Test:	Wenn $C = 0$, dann Ausgabe von $\mathrm{ggT}(a, b) := B$ und stopp.
	Wenn $C > 0$, dann Division mit Rest für $A := B$, $B := C$.

Wie bei jedem Algorithmus sind zunächst folgende Fragen zu klären:

Endet dieser Algorithmus stets nach endlich vielen Schritten?
Liefert er wirklich den größten gemeinsamen Teiler?

Um diese Fragen zu beantworten, schauen wir uns den Algorithmus Schritt für Schritt an. Wir setzen $a_1 := a$, $b_1 := b$. Bei jedem Schritt wird ein neues Paar von Zahlen (a_k, b_k) produziert. Das neue Paar (a_k, b_k) ergibt sich für jedes $k \geq 1$ aus dem vorherigen durch folgende Formeln:

$$\begin{aligned} b_{k+1} &= a_k - n_k b_k \\ a_{k+1} &= b_k \,. \end{aligned}$$

Hier ist n_k eine geeignete ganze Zahl und es gilt stets $0 \leq b_{k+1} < b_k$. Nach dem k-ten Schritt liegt uns das Paar (a_{k+1}, b_{k+1}) vor. Nach dem N-ten Schritt stoppt der Algorithmus genau dann, wenn $b_{N+1} = 0$ gilt. In diesem Fall ist $0 = a_N - n_N \cdot b_N$ und für die Korrektheit des Algorithmus wäre zu beweisen, dass $b_N = \mathrm{ggT}(a, b)$ gilt. Schauen wir uns zunächst ein Beispiel an.

k	(a_k, b_k)	$a_k - n_k b_k =$	b_{k+1}
1	$(287, 84)$	$287 - 3 \cdot 84 =$	35
2	$(84, 35)$	$84 - 2 \cdot 35 =$	14
3	$(35, 14)$	$35 - 2 \cdot 14 =$	7
4	$(14, 7)$	$14 - 2 \cdot 7 =$	0

Wir haben hier $N = 4$, $b_4 = 7$ und es gilt tatsächlich $\mathrm{ggT}(287, 84) = 7$.

Bemerkung 1.1.3. Pro Schritt produziert der Algorithmus nicht zwei, sondern nur eine neue Zahl, nämlich b_{k+1}. Wenn wir $b_0 := a_1$ setzen, dann können wir die Berechnung in jedem Schritt des Algorithmus auch in der Form

$$b_{k+1} = b_{k-1} - n_k b_k$$

schreiben. Dabei soll wieder $0 \leq b_{k+1} < b_k$ gelten. Der Algorithmus terminiert, sobald $b_{k+1} = 0$ ist.

Da $b_1 > b_2 > \ldots > b_n \geq 0$ und die b_i ganze Zahlen sind, ist nach maximal b_1 Schritten sicher die Bedingung $b_{k+1} = 0$ erfüllt. Die *Endlichkeit* des Algorithmus ist damit garantiert.
Die *Korrektheit* des Euklidischen Algorithmus wird mittels vollständiger Induktion bewiesen. Da diese Beweistechnik häufig verwendet wird und hier zum ersten Mal auftritt, stellen wir sie sehr ausführlich dar.

Satz 1.1.4 *Der Euklidische Algorithmus berechnet den größten gemeinsamen Teiler.*

Beweis. Sei N die Zahl der Schritte im Euklidischen Algorithmus, das heißt

$$0 = a_N - n_N b_N \quad \text{und} \quad b_1 > b_2 > \ldots > b_N > b_{N+1} = 0\,.$$

Zu zeigen ist $b_N = \mathrm{ggT}(a_1, b_1)$. Die Induktion wird über N, die Anzahl der Schritte, durchgeführt.
INDUKTIONSANFANG: Als erstes beweisen wir den Satz für den Fall $N = 1$. Dazu müssen wir prüfen, ob b_1 die Bedingungen der Definition 1.1.1 erfüllt. Wegen $N = 1$ gilt $a_1 = n_1 \cdot b_1$ und somit $b_1 \mid a_1$. Zusammen mit $b_1 \mid b_1$ ist das gerade die Bedingung (i) der Definition. Wenn eine ganze Zahl c Teiler von a_1 und b_1 ist, dann gilt offenbar $c \mid b_1$, also ist auch die Bedingung (ii) erfüllt. Damit haben wir gezeigt, dass $b_1 = \mathrm{ggT}(a_1, b_1)$, wenn $N = 1$ ist.
INDUKTIONSSCHRITT: Wir setzen voraus, dass die Behauptung des Satzes für einen festen Wert $N \geq 1$ wahr ist und wollen daraus schließen, dass sie auch für $N + 1$ gilt.
Voraussetzung. Für jedes Zahlenpaar (a, b), für welches der Euklidische Algorithmus nach N Schritten terminiert (d.h. $0 = a_N - n_N b_N$), liefert uns der Algorithmus den größten gemeinsamen Teiler, d.h. es gilt $b_N = \mathrm{ggT}(a, b)$.
Behauptung. Für jedes Zahlenpaar (a, b), für welches der Euklidische Algorithmus nach $N + 1$ Schritten terminiert, liefert uns dieser Algorithmus den größten gemeinsamen Teiler.
Beweis. Sei $(a, b) = (a_1, b_1)$ ein Paar positiver ganzer Zahlen mit $a > b$, so dass der Euklidische Algorithmus nach $N + 1$ Schritten terminiert. Dann endet der Euklidische Algorithmus für das Paar (a_2, b_2) bereits nach N Schritten. Wir können daher die Induktionsvoraussetzung auf das Paar (a_2, b_2) anwenden und erhalten $b_{N+1} = \mathrm{ggT}(a_2, b_2)$. Man beachte hier die verschobene Nummerierung. Der Erste Schritt des Algorithmus liefert uns die Gleichungen

$$\begin{aligned} b_2 &= a_1 - n_1 b_1 \\ a_2 &= b_1 , \end{aligned} \tag{1.9}$$

oder äquivalent dazu

$$\begin{aligned} a_1 &= b_2 + n_1 a_2 \\ b_1 &= a_2 . \end{aligned} \tag{1.10}$$

Wir setzen zur Abkürzung $d = b_{N+1} = \text{ggT}(a_2, b_2)$. Dann gilt $d \mid a_2$ und $d \mid b_2$. Mit Hilfe von (1.10) ergibt sich daraus $d \mid a_1$ und $d \mid b_1$. Daher erfüllt d die Bedingung (i) aus Definition 1.1.1 des größten gemeinsamen Teilers von a_1 und b_1. Wenn nun c ein gemeinsamer Teiler von a_1 und b_1 ist, dann folgt aus (1.9) $c \mid a_2$ und $c \mid b_2$. Da $d = \text{ggT}(a_2, b_2)$ hat dies $c \mid d$ zur Folge. Damit erfüllt d in der Tat die definierenden Eigenschaften des größten gemeinsamen Teilers von a_1 und b_1. Also $d = \text{ggT}(a_1, b_1)$, was die Behauptung war. □

Somit ist die Korrektheit und die Endlichkeit des Euklidischen Algorithmus bewiesen. Mit Hilfe dieses Algorithmus lässt sich der größte gemeinsame Teiler zweier ganzer Zahlen relativ schnell berechnen. Wenn die Zahlen zu groß werden, stößt er jedoch an seine Grenzen und um in akzeptabler Zeit ein Ergebnis zu erhalten, sind weitere Ideen notwendig. Einige davon werden wir am Ende dieses Kapitels kennenlernen.
Von mathematischem Interesse ist der Euklidische Algorithmus für uns aber auch deshalb, weil er die Existenz des größten gemeinsamen Teilers liefert. Darüber hinaus kann er für weitere interessante Anwendungen genutzt werden, von denen wir uns eine zunächst an einem Beispiel anschauen.

Beispiel 1.1.5. Der Euklidische Algorithmus für das Paar (104,47) lautet

k	(a_k, b_k)	$a_k - n_k b_k = b_{k+1}$
1	$(104, 47)$	$104 - 2 \cdot 47 = 10$
2	$(47, 10)$	$47 - 4 \cdot 10 = 7$
3	$(10, 7)$	$10 - 1 \cdot 7 = 3$
4	$(7, 3)$	$7 - 2 \cdot 3 = 1$
5	$(3, 1)$	$3 - 3 \cdot 1 = 0$

Nun setzen wir, mit dem größten gemeinsamen Teiler 1 beginnend, die Rechenergebnisse rückwärts wieder ein. Zur besseren Übersicht sind die Zahlen b_k unterstrichen.

$$\begin{aligned} 1 &= \underline{7} - 2 \cdot \underline{3} \\ &= \underline{7} - 2 \cdot (\underline{10} - 1 \cdot \underline{7}) && = 3 \cdot \underline{7} - 2 \cdot \underline{10} \\ &= 3 \cdot (\underline{47} - 4 \cdot \underline{10}) - 2 \cdot \underline{10} && = 3 \cdot \underline{47} - 14 \cdot \underline{10} \\ &= 3 \cdot \underline{47} - 14 \cdot (\underline{104} - 2 \cdot \underline{47}) = (-14) \cdot \underline{104} + 31 \cdot \underline{47} . \end{aligned}$$

Wir haben damit den größten gemeinsamen Teiler $d = 1$ der beiden Zahlen $a = 104$ und $b = 47$ in der Gestalt $d = r \cdot a + s \cdot b$ dargestellt. Dabei sind

$r = -14$ und $s = 31$ ganze Zahlen. Dies ist ganz allgemein möglich und man kann damit sogar den größten gemeinsamen Teiler charakterisieren.

Satz 1.1.6 *Seien $a \neq 0$, $b \neq 0$ ganze Zahlen. Eine Zahl $d > 0$ ist genau dann der größte gemeinsame Teiler von a und b, wenn die folgenden beiden Bedingungen erfüllt sind:*

(1) *Es gibt ganze Zahlen r, s, für die $d = ra + sb$ gilt.*
(2) *Jede ganze Zahl der Gestalt $ra + sb$ ist durch d teilbar.*

Beweis. Weil die Behauptung besagt, dass zwei unterschiedliche Charakterisierungen des größten gemeinsamen Teilers äquivalent sind, muss der Beweis aus zwei Teilen bestehen.
Teil I. Es ist zu zeigen, dass $\mathrm{ggT}(a, b)$ die Bedingungen (1) und (2) erfüllt.
Teil II. Umgekehrt muss gezeigt werden, dass eine Zahl d, welche die Bedingungen (1) und (2) erfüllt, auch die Bedingung (i) und (ii) aus Definition 1.1.1 erfüllt, woraus sich dann $d = \mathrm{ggT}(a, b)$ ergibt.
Beweis von I. Ohne Beschränkung der Allgemeinheit können wir $a \geq b > 0$ annehmen, denn $\mathrm{ggT}(-a, b) = \mathrm{ggT}(a, -b) = \mathrm{ggT}(a, b) = \mathrm{ggT}(b, a)$. Sei $d = \mathrm{ggT}(a, b)$. Da d gemeinsamer Teiler von a und b ist, gilt $d \mid ra + sb$ für beliebige ganze Zahlen $r, s \in \mathbb{Z}$. Die Eigenschaft (2) wird also von d erfüllt. Zum Beweis von (1) führen wir wieder eine Induktion über N, die Anzahl der Schritte im Euklidischen Algorithmus, durch.
INDUKTIONSANFANG: Falls $N = 1$, so ist $d = b = b_1$ und $a = a_1 = n_1 b_1$. Damit können wir $r = 0$, $s = 1$ wählen um $d = ra + sb$ zu erhalten.
INDUKTIONSSCHRITT: Wenn der Euklidische Algorithmus für $(a, b) = (a_1, b_1)$ aus $N+1$ Schritten besteht, so sind es für (a_2, b_2) nur N Schritte. Wir können also die Induktionsvoraussetzung auf (a_2, b_2) anwenden. Diese besagt, dass es ganze Zahlen r', s' gibt, für die $d = r'a_2 + s'b_2$ gilt. Außerdem gelten wieder die Gleichungen (1.9) und (1.10) und, wie gewünscht, erhalten wir

$$d = r'b_1 + s'(a_1 - n_1 b_1) = s'a_1 + (r' - s'n_1)b_1 \ .$$

Beweis von II. Sei nun $d = ra + sb > 0$ eine ganze Zahl, welche die Bedingung (2) erfüllt. Außerdem sei $d' = \mathrm{ggT}(a, b)$. Nach dem bereits gezeigten Teil I gibt es $r', s' \in \mathbb{Z}$ mit $d' = r'a + s'b$ und d' erfüllt die Bedingung (2). Da $d = ra + sb$ folgt daraus $d' \mid d$. Weil $d' = r'a + s'b$ und d nach Voraussetzung die Bedingung (2) erfüllt, folgt $d \mid d'$. Daraus ergibt sich, wie bereits zuvor, $d = d'$. □

Das bisher erworbene Verständnis über den größten gemeinsamen Teiler wenden wir nun an, um eine nützliche Charakterisierung von Primzahlen zu geben.

Satz 1.1.7 (a) *Für $a, b, c \in \mathbb{Z}$ mit $\mathrm{ggT}(a, b) = 1$ und $a \mid bc$ gilt stets $a \mid c$.*
(b) *Eine Zahl $p \neq 0, 1, -1$ ist genau dann eine Primzahl, wenn folgende Bedingung erfüllt ist: Für beliebige ganze Zahlen a, b folgt aus $p \mid ab$ stets $p \mid a$ oder $p \mid b$.*

Beweis. (a) Da $\mathrm{ggT}(a, b) = 1$, gibt es nach Satz 1.1.6 ganze Zahlen r, s mit $ra + sb = 1$. Also ist $c = c \cdot (ra + sb) = a \cdot rc + bc \cdot s$. Da wir $a \mid bc$ vorausgesetzt haben, folgt daraus $a \mid c$.
(b) Der Beweis der behaupteten Äquivalenz zweier Eigenschaften zerfällt erneut in zwei Teile:
Teil I. Zunächst nehmen wir an, dass die Zahl p die Bedingung erfüllt, dass aus $p \mid ab$ stets $p \mid a$ oder $p \mid b$ folgt. Es ist zu zeigen, dass p eine Primzahl im Sinne unserer Definition auf Seite 5 ist. Dazu nehmen wir an, dass p als Produkt $p = ab$ geschrieben werden kann. Dann gilt $p \mid ab$, also nach Voraussetzung $p \mid a$ oder $p \mid b$. Wir können annehmen $b = rp$. Der Fall $p \mid a$ erledigt sich in gleicher Weise. Wir erhalten $p = ab = arp$, woraus, wegen $p \neq 0$, $ar = 1$ folgt. Daher muss $a = r = 1$ oder $a = r = -1$ gelten. Also ist p eine Primzahl.
Teil II. Sei nun p eine Primzahl. Wir haben zu zeigen, dass aus $p \mid ab$ stets $p \mid a$ oder $p \mid b$ folgt. Seien dazu a, b ganze Zahlen, für die $p \mid ab$ gilt. Wir nehmen an p ist kein Teiler von a, sonst wären wir ja fertig. Da p eine Primzahl ist, hat p nur die beiden positiven Teiler 1 und p. So kann $\mathrm{ggT}(p, a)$ nur 1 oder p sein. Da aber p kein Teiler von a ist, muss $\mathrm{ggT}(p, a) = 1$ sein. Wir können nun Teil (a) des Satzes 1.1.7 anwenden und erhalten $p \mid b$. □

Unter Benutzung dieser Charakterisierung von Primzahlen können wir jetzt den folgenden Satz beweisen. Er bringt zum Ausdruck, dass die Primzahlen die Grundbausteine der ganzen Zahlen bezüglich ihrer multiplikativen Struktur sind.

Satz 1.1.8 (Eindeutige Primfaktorzerlegung) *Jede ganze Zahl $n \neq 0$ lässt sich auf genau eine Weise in der Form $n = u \cdot p_1 \cdot p_2 \cdot \ldots \cdot p_k$ schreiben, wobei $u = \pm 1$ das Vorzeichen von n ist und $1 < p_1 \leq p_2 \leq \cdots \leq p_k$ Primzahlen sind. Der Fall $k = 0$ ist dabei auch zugelassen und wir meinen dann $n = u$.*

Beweis. Wenn $n < 0$ ist, wählen wir $u = -1$, sonst sei $u = 1$. Es genügt, den Fall $n > 0$ zu untersuchen, der Rest lässt sich durch Multiplikation mit (-1) darauf zurückführen. Zu beweisen ist für jede ganze Zahl $n \geq 2$ die Existenz und Eindeutigkeit einer Darstellung $n = p_1 \cdot \ldots \cdot p_k$ mit Primzahlen $1 < p_1 \leq \cdots \leq p_k$. Die Beweise werden wieder induktiv geführt.
Existenzbeweis: (Vollständige Induktion über n.)
INDUKTIONSANFANG: $n = 2$. Da $p_1 = 2$ eine Primzahl ist, sind wir fertig.

Induktionsschritt: Wir nutzen eine leicht veränderte Version des Prinzips der vollständigen Induktion. Die Induktionsvoraussetzung umfasst hier die Gültigkeit der zu beweisenden Aussage für alle Werte $n \leq N$. Daraus ist die Gültigkeit der Aussage für $n = N + 1$ abzuleiten. Das heißt, wir setzen voraus, dass jede ganze Zahl n mit $2 \leq n \leq N$ eine Darstellung als Produkt von Primzahlen besitzt.
Wir wollen dies nun für die Zahl $N+1$ zeigen. Wenn $N+1$ eine Primzahl ist, dann setzen wir $p_1 = N + 1$ und sind fertig. Wenn $N + 1$ keine Primzahl ist, so gibt es nach der Definition des Begriffes der Primzahl ganze Zahlen $a \geq 2$, $b \geq 2$, für die $N + 1 = ab$ gilt. Da a und b kleiner als $N + 1$ sind, lassen sich beide Zahlen nach Induktionsvoraussetzung als Primzahlprodukt schreiben. Damit ist die Existenzaussage bewiesen.
Eindeutigkeitsbeweis: (Induktion über k, die Anzahl der Primfaktoren.)
Induktionsanfang: $k = 1$ bedeutet hier, dass $n = p_1$ eine Primzahl ist. Wenn außerdem $p_1 = n = p'_1 \cdot \ldots \cdot p'_r$ gilt, dann muss $r = 1$ und $p_1 = p'_1$ gelten. Dies folgt aus der Definition des Begriffes der Primzahl.
Induktionsschritt: Wir nehmen an, dass jede Darstellung mit k Faktoren eindeutig ist, also wenn $n = p_1 \cdot \ldots \cdot p_k$ mit Primzahlen $p_1 \leq \cdots \leq p_k$ und $n = p'_1 \cdot \ldots \cdot p'_r$ mit Primzahlen $p'_1 \leq \cdots \leq p'_r$ geschrieben werden kann, dann ist $k = r$ und $p_i = p'_i$.
Sei n eine Zahl mit $k+1$ Primfaktoren, also $n = p_1 \cdot \ldots \cdot p_{k+1}$ mit Primzahlen $p_1 \leq \cdots \leq p_{k+1}$. Wenn $n = p'_1 \cdot \ldots \cdot p'_r$ eine weitere Zerlegung von n in Primfaktoren $p'_1 \leq \cdots \leq p'_r$ ist, dann gilt $p_{k+1} \mid p'_1 \cdot \ldots \cdot p'_r$. Wegen Satz 1.1.7 ergibt sich daraus $p_{k+1} \mid p'_i$ für ein i. Da beides positive Primzahlen sind, muss $p_{k+1} = p'_i$ gelten. Daher ist $p_1 \cdot \ldots \cdot p_k = \underbrace{p'_1 \cdot \ldots \cdot p'_{i-1} \cdot p'_{i+1} \cdot \ldots \cdot p'_r}_{r-1 \text{ Faktoren}}$
und die Induktionsvoraussetzung liefert $k = r - 1$ und $p_j = p'_j$ für $j < i$ bzw. $p_j = p'_{j+1}$ für $j \geq i$. Da $p_{k+1} \geq p_k$ gilt, ist $p'_i \geq p'_r$. Da wir $p'_i \leq p'_r$ vorausgesetzt hatten, gilt $p'_i = p'_r$ und wir können $i = r$ wählen. Es folgt dann $k + 1 = r$ und $p_j = p'_j$ für alle j. □

Zum Abschluss dieses Abschnittes beweisen wir einen sehr wichtigen Satz, der bereits vor über 2000 Jahren im antiken Griechenland bekannt war – der Beweis ist bereits bei Euklid[2] zu finden.

Satz 1.1.9 *Es gibt unendlich viele verschiedene Primzahlen.*

Beweis. Der Beweis wird *indirekt* geführt, das bedeutet, wir nehmen an, dass das (streng mathematische) Gegenteil der Behauptung wahr wäre. Daraus versuchen wir durch logische Schlüsse einen Widerspruch herzuleiten. Wenn uns das gelingt, muss unsere Annahme (nämlich, dass die Behauptung des Satzes nicht gelten würde) falsch sein. Die Behauptung des Satzes ist dann

[2] Vgl. Fußnote auf Seite 6.

bewiesen. Dies ist ein zweites wichtiges Beweisprinzip, welches wir häufig benutzen werden. Die Theorie dazu befindet sich im Kapitel 6: Satz 6.1.1 und nachfolgende Erläuterungen.
Nun zum Beweis: Wir nehmen an, es gäbe nur endlich viele Primzahlen. Dies seien die Zahlen $p_1, p_2, \ldots, p_n$. Nun untersuchen wir die Zahl $a := 1+\prod_{i=1}^n p_i$. Da wir (nach Satz 1.1.8) diese Zahl in Primfaktoren zerlegen können und $a > 1$ ist (da uns ja $p_1 = 2$ schon als Primzahl bekannt ist), gibt es eine Primzahl $p > 1$, welche a teilt. Diese muss, wegen unserer Annahme der Endlichkeit, unter den Zahlen $p_1, \ldots, p_n$ vorkommen. Daher teilt p das Produkt $\prod_{i=1}^n p_i$ und somit auch $1 = a - \prod_{i=1}^n p_i$. Dies ist aber für eine Zahl $p > 1$ nicht möglich. Damit haben wir den gewünschten Widerspruch erhalten und der Beweis ist vollständig. □

Für die angekündigten Anwendungen in der Kryptographie (siehe Abschnitt 1.5) werden wir die folgende zahlentheoretische Funktion benötigen.

Definition 1.1.10. Für jede positive ganze Zahl n bezeichnet $\varphi(n)$ die Anzahl der zu n teilerfremden Zahlen k, für die $1 \leq k < n$ gilt. Diese Funktion φ heißt *Eulerfunktion*[3] oder Eulersche φ-Funktion.
In Kurzschreibweise: $\varphi(n) = |\{k \mid 1 \leq k < n, \operatorname{ggT}(k,n) = 1\}|$. Hier und im Folgenden wird durch $|A|$ die Kardinalität, also die Anzahl der Elemente, einer Menge A bezeichnet, vgl. Beispiel 6.3.15.

Die im folgenden Satz zusammengefassten Eigenschaften erleichtern die Berechnung der Werte der Eulerfunktion.

Satz 1.1.11 *Sei p eine Primzahl und seien k, m, n positive ganze Zahlen. Dann gilt:*

(1) $\varphi(p) = p - 1$;
(2) $\varphi(p^k) = p^{k-1}(p-1) = p^k - p^{k-1}$;
(3) *Wenn* $\operatorname{ggT}(m,n) = 1$, *dann ist* $\varphi(mn) = \varphi(m)\varphi(n)$.

Beweis. Die Aussage (1) ist klar, da unter den Zahlen $1, 2, \ldots, p-1$ keine durch p teilbar ist.
Es ist genau dann $\operatorname{ggT}(a, p^k) \neq 1$, wenn $p \mid a$ gilt. Unter den Zahlen $1, 2, \ldots, p^k$ sind genau die folgenden p^{k-1} Vielfachen von p enthalten: $1 \cdot p, 2 \cdot p, \ldots, p^{k-1} \cdot p$. Also bleiben $p^k - p^{k-1}$ Zahlen, die zu p^k teilerfremd sind.
Den Beweis von (3) können wir leicht führen, wenn wir einige Grundbegriffe der Gruppentheorie kennengelernt haben (siehe Satz 1.3.34). Daher verzichten wir an dieser Stelle auf einen Beweis. Dem Leser wird jedoch empfohlen, einen Beweis mit elementaren Mittels selbst auszuarbeiten. □

[3] Leonard Euler (1707–1783), Schweizer Mathematiker.

Beispiel 1.1.12. (i) $\varphi(2) = 1$, $\varphi(4) = 2$, $\varphi(8) = 4$, $\varphi(2^n) = 2^{n-1}$.
(ii) $\varphi(3) = 2$, $\varphi(9) = 6$, $\varphi(27) = 18$, $\varphi(3^n) = 2 \cdot 3^{n-1}$.
(iii) $\varphi(6) = \varphi(2)\varphi(3) = 1 \cdot 2 = 2$. Unter den Zahlen $1, 2, 3, 4, 5, 6$ sind nur 1 und 5 teilerfremd zu 6.
(iv) $\varphi(12) = \varphi(2^2) \cdot \varphi(3) = 2 \cdot 2 = 4$ und die zu 12 teilerfremden Zahlen sind $1, 5, 7, 11$.
(v) $\varphi(18) = \varphi(2) \cdot \varphi(3^2) = 1 \cdot 3 \cdot 2 = 6$ und wir finden $1, 5, 7, 11, 13, 17$ als Zahlen, die zu 18 teilerfremd sind.

Auf der Grundlage von Satz 1.1.11 ist es sehr leicht, für jede ganze Zahl, deren Primfaktorzerlegung uns bekannt ist, den Wert der Eulerfunktion zu bestimmen. Die Faktorisierung einer Zahl in Primfaktoren ist jedoch ein rechenaufwändiges Problem und somit auch die Berechnung von φ. Man könnte zwar mit dem Euklidischen Algorithmus für jede Zahl k zwischen 1 und n testen, ob sie zu n teilerfremd ist oder nicht, aber auch dies ist ziemlich rechenaufwändig. Diese Schwierigkeit ist die Grundlage des RSA-Verfahrens, das im Abschnitt 1.5 behandelt wird.

Aufgaben

Übung 1.1. Berechnen Sie mit Hilfe des Euklidischen Algorithmus für jedes der folgenden Zahlenpaare (a, b) den größten gemeinsamen Teiler d und finden Sie ganze Zahlen r, s, so dass $d = ra + sb$ gilt.

(i) $(12345, 54321)$ (ii) $(338169, 337831)$ (iii) $(98701, 345)$

Übung 1.2. Beweisen Sie, dass Definition 1.1.1 für $d > 0$ äquivalent ist zu

(i) $d \mid a$ und $d \mid b$;
(ii') Für $c \in \mathbb{Z}$ gilt: Wenn $c \mid a$ und $c \mid b$, dann gilt auch $c \leq d$.

Übung 1.3. Benutzen Sie vollständige Induktion zum Beweis der folgenden Formel:

$$\sum_{k=1}^{n} k^3 = \left(\frac{n(n+1)}{2} \right)^2 .$$

Übung 1.4. Versuchen Sie mittels vollständiger Induktion die folgenden beiden Formeln für jede ganze Zahl $n \geq 0$ zu beweisen. Dabei ist $q \neq 1$ eine reelle Zahl und wir setzen stets $q^0 = 1$ (auch für $q = 0$).

$$\sum_{k=0}^{n} q^k = \frac{q^{n+1} - q^2 + q - 1}{q - 1} + q, \qquad \sum_{k=0}^{n} q^k = \frac{q^{n+1} - q^2 + q - 1}{q - 1}$$

Welche Formel ist richtig? Welcher Schritt im Beweis funktioniert nicht?

Übung 1.5. Wir definieren hier für ganze Zahlen $n \geq 0$ und k die Symbole $\binom{n}{k}$ durch folgende rekursive Vorschrift (Pascalsches[4] Dreieck, siehe S. 283):

- $\binom{0}{0} = 1$,
- wenn $k < 0$ oder $k > n$, dann ist $\binom{n}{k} = 0$ und
- wenn $0 \leq k \leq n$, dann ist $\binom{n}{k} = \binom{n-1}{k-1} + \binom{n-1}{k}$.

Beweisen Sie unter Benutzung dieser Definition und mittels vollständiger Induktion für $n \geq 0$ und beliebige reelle Zahlen a, b die *binomische Formel:*

$$(a+b)^n = \sum_{k=0}^{n} \binom{n}{k} a^k b^{n-k} \, .$$

Übung 1.6. Zeigen Sie mittels vollständiger Induktion und unter Benutzung der Definition in Aufgabe 1.5 für $0 \leq k \leq n$ die folgende explizite Formel:

$$\binom{n}{k} = \frac{n!}{k! \cdot (n-k)!} \, ,$$

wobei $0! := 1$ und $n! := n \cdot (n-1)!$ rekursiv definiert ist. Benutzen Sie diese Formel, um zu zeigen, dass $p \mid \binom{p}{k}$ für jede Primzahl p und $1 \leq k \leq p-1$ gilt.

Übung 1.7. Benutzen Sie die Methode der vollständigen Induktion, um zu beweisen, dass für jedes $n > 1$, für jede Primzahl p und für beliebige ganze Zahlen $a_1, \ldots, a_n$ folgendes gilt:

Wenn $p \mid a_1 \cdot \ldots \cdot a_n$, dann gibt es ein i mit $1 \leq i \leq n$ und $p \mid a_i$.

Sie können dafür den Satz 1.1.7 benutzen, in dem der Fall $n = 2$ behandelt wurde.

Übung 1.8. Beweisen Sie, dass $\sqrt{26}$ irrational ist, das heißt, sich nicht als Quotient zweier ganzer Zahlen darstellen lässt.

Übung 1.9. (a) Beweisen Sie (ohne die allgemeinere Eigenschaft (3) aus Satz 1.1.11 zu benutzen), dass für Primzahlen $p \neq q$ stets gilt: $\varphi(pq) = \varphi(p)\varphi(q) = (p-1)(q-1)$.

(b) Berechnen Sie: $\varphi(101), \varphi(141), \varphi(142), \varphi(143), \varphi(169), \varphi(1024)$.

(c) Für welche Zahlen n gilt $n = 2 \cdot \varphi(n)$?

Übung 1.10. Gilt für jede ungerade Zahl n, dass das um eins verminderte Quadrat dieser Zahl, also $n^2 - 1$, durch 8 teilbar ist? Beweisen Sie Ihre Antwort.

[4] Blaise Pascal (1623–1662), französischer Mathematiker.

1.2 Restklassen

Abstraktion ist eine wichtige Methode zur Beschreibung und Analyse komplexer Situationen. Das betrifft sowohl mathematische Sachverhalte als auch Gegenstände und Vorgänge der realen Welt. Bei einer Abstraktion ignoriert man einige als unwesentlich betrachtete Merkmale und konzentriert sich dadurch auf eine geringere Zahl einfacher strukturierter Aspekte. Dabei können jedoch bestimmte Vorgänge oder Gegenstände ununterscheidbar werden, obwohl sie in Wirklichkeit verschieden sind. Wenn wir zum Beispiel von Bäumen sprechen und es uns dabei vor allem darauf ankommt, diese von Blumen, Steinen, Tieren und Wolken zu unterscheiden, dann haben wir bereits abstrahiert. Wir unterscheiden in diesem Moment nicht zwischen Ahorn, Birke, Buche, Eiche, Kiefer, Lärche und Weide oder gar konkreten Exemplaren solcher Gewächse.

Um Abstraktionen mit mathematischer Präzision durchführen zu können, wird die Sprache der *Mengen*, *Relationen* und *Abbildungen* benutzt. Eine Einführung in diese mathematischen Grundbegriffe befindet sich im Kapitel 6, in den Abschnitten 6.2 und 6.3. Die Zusammenfassung verschiedener Objekte deren wesentliche Merkmale übereinstimmen, wird in der Mathematik durch die Bildung von Äquivalenzklassen realisiert. Wir werden diese Methode in diesem Abschnitt am Beispiel der Restklassen ganzer Zahlen illustrieren.

Der Nutzen dieser Begriffsbildungen zeigt sich dann in den Anwendungen: Wir beweisen einige Teilbarkeitsregeln und beschäftigen uns mit Prüfziffern als Mittel zur Erkennung von Datenübertragungsfehlern.

Bevor wir die allgemeine Definition geben, betrachten wir ein Beispiel. Hierzu stellen wir uns vor, dass wir uns nur dafür interessieren, ob das Ergebnis einer Rechenoperation gerade oder ungerade ist. Wir benutzen dazu die folgende Schreibweise für ganze Zahlen a:

$$\begin{aligned} a &\equiv 0 \mod 2, \quad \text{wenn } a \text{ gerade,} \\ a &\equiv 1 \mod 2, \quad \text{wenn } a \text{ ungerade.} \end{aligned}$$

Für $a = 17\,601\,000$ und $b = 317\,206\,375$ gilt $a \equiv 0 \mod 2$ und $b \equiv 1 \mod 2$. Diese Schreibweise drückt aus, dass a den Rest 0 und b den Rest 1 bei Division durch 2 lässt.

Um zu entscheiden, welche Reste $a + b$ und $a \cdot b$ bei Division durch 2 lassen, muss man die Summe oder das Produkt nicht wirklich ausrechnen. Wir erhalten leicht $a + b \equiv 1 \mod 2$ und $a \cdot b \equiv 0 \mod 2$. Wir bekommen dieses Resultat, indem wir die gewünschte Rechenoperation mit den Resten $0, 1$ durchführen:

$$\begin{aligned} a + b \equiv 0 + 1 \equiv 1 \mod 2 \quad \text{und} \\ a \cdot b \equiv 0 \cdot 1 \equiv 0 \mod 2\,. \end{aligned}$$

Das ist wesentlich schneller als die Rechnung mit den großen Zahlen a, b. Wir erhalten das gleiche Resultat, wenn wir a durch eine beliebige andere gerade Zahl und b durch eine beliebige ungerade Zahl ersetzen. Wir können also mit den Resten, oder besser den Restklassen rechnen. Um dies zu formalisieren, bezeichnen wir mit $[0]$ die Menge aller geraden Zahlen und mit $[1]$ die Menge aller ungeraden Zahlen. Diese Mengen nennt man *Restklassen.*
Es gilt $a \in [0]$, $b \in [1]$ und unsere Rechnung hat jetzt die folgende einfache Form: $a+b \in [0+1] = [1]$ und $a \cdot b \in [0 \cdot 1] = [0]$. Das führt uns dazu, Summe und Produkt der Restklassen $[0], [1]$ folgendermaßen zu definieren:

$$[0]+[0]=[0], \qquad [0]+[1]=[1]+[0]=[1], \qquad [1]+[1]=[0],$$
$$[0]\cdot[0]=[0]\cdot[1]=[1]\cdot[0]=[0], \qquad [1]\cdot[1]=[1]\,.$$

Es ist leicht nachzuprüfen, dass diese Addition und Multiplikation der Restklassen $[0], [1]$ die Grundgesetze (1.1)–(1.8) des Rechnens mit ganzen Zahlen erfüllen. Für das Rechnen mit Resten gelten dieselben Regeln wie beim Rechnen mit ganzen Zahlen.
Um dieses Beispiel zu verallgemeinern, benutzen wir den Begriff der Äquivalenzrelation (Definition 6.3.12). Im obigen Beispiel liegen zwei ganze Zahlen in derselben Restklasse, wenn sie entweder beide gerade oder beide ungerade sind. Da zwei Zahlen genau dann dieselbe Parität haben, wenn ihre Differenz gerade ist, ist die zugehörige Äquivalenzrelation $\sim$ durch $a \sim b \iff 2 \mid a-b$ gegeben. Üblicherweise schreibt man in dieser Situation $a \equiv b \mod 2$ statt $a \sim b$, also

$$a \equiv b \mod 2 \quad \iff \quad 2 \mid a-b\,.$$

Wenn wir die Zahl 2 durch eine beliebige ganze Zahl $n \geq 0$ ersetzen, erhalten wir die folgende Definition.

Definition 1.2.1. $a \equiv b \mod n \iff n \mid a-b$.

Dadurch ist auf der Menge $\mathbb{Z}$ aller ganzen Zahlen eine Äquivalenzrelation definiert. Wenn $a \equiv b \mod n$, dann sagen wir: *a ist kongruent b modulo n.*
Unter Benutzung der Division mit Rest erhalten wir $a = r_a + k_a \cdot n$ und $b = r_b + k_b \cdot n$, wobei $k_a, k_b \in \mathbb{Z}$ und $0 \leq r_a < n$, $0 \leq r_b < n$. Dann ist $a - b = (r_a - r_b) + (k_a - k_b) \cdot n$ und es ergibt sich

$$a \equiv b \mod n \iff r_a = r_b\,.$$

Daher ist a genau dann kongruent b modulo n, wenn a und b den gleichen Rest bei Division durch n lassen. Die Äquivalenzklassen dieser Äquivalenzrelation nennen wir *Restklassen* modulo n. Die Restklasse modulo n, in der $a \in \mathbb{Z}$ enthalten ist, wird mit $[a]_n$, oder wenn keine Verwechslungen möglich sind mit $[a]$, bezeichnet. Für festes $n \geq 0$ liegt nach Satz 6.3.16 jede ganze Zahl in genau einer Restklasse modulo n. Jedes Element $b \in [a]$ heißt *Repräsentant* der Restklasse $[a]$. Wenn b ein Repräsentant von $[a]$ ist, dann gilt $[a] = [b]$. Die

Menge aller Restklassen modulo n bezeichnen wir mit $\mathbb{Z}/n\mathbb{Z}$, vgl. Definition 6.3.13.

Bemerkung 1.2.2. Wenn $n > 0$ ist, dann gibt es genau n verschiedene Restklassen modulo n, dies sind $[0], [1], \ldots, [n-1]$, d.h.

$$\mathbb{Z}/n\mathbb{Z} = \{[0], [1], \ldots, [n-1]\} .$$

Man nennt daher die Zahlen $0, 1, 2, \ldots, n-2, n-1$ ein *vollständiges Restsystem* modulo n. Da $[a]_n = [a + kn]_n$ für beliebiges $k \in \mathbb{Z}$, gibt es auch andere vollständige Restsysteme, z.B. ist nicht nur $0, 1, 2$ sondern auch $-1, 0, 1$ ein vollständiges Restsystem modulo 3.
Im Fall $n = 0$ treffen wir eine völlig andere Situation an, denn $a \equiv b \mod 0$ ist äquivalent zu $a = b$. Daher ist in jeder Restklasse modulo 0 genau eine Zahl enthalten und es gibt unendlich viele solche Restklassen: $\mathbb{Z}/0\mathbb{Z} = \mathbb{Z}$.

Wie im Fall $n = 2$ möchten wir ganz allgemein mit den Restklassen modulo n rechnen.

Definition 1.2.3. Auf der Menge $\mathbb{Z}/n\mathbb{Z}$ definieren wir eine Addition und eine Multiplikation durch $[a] + [b] := [a + b]$ und $[a] \cdot [b] := [a \cdot b]$.

Dies besagt, dass wir Restklassen addieren oder multiplizieren, indem wir diese Operationen mit Repräsentanten dieser Restklassen durchführen. Um zu klären, ob eine solche Definition sinnvoll ist, müssen wir beweisen, dass wir stets dasselbe Resultat erhalten, ganz gleich welche Repräsentanten wir gewählt haben. Es ist daher zu zeigen, dass aus $[a] = [a']$ und $[b] = [b']$ stets $[a] + [b] = [a'] + [b']$ und $[a] \cdot [b] = [a'] \cdot [b']$ folgt. Da, wie leicht einzusehen ist, die Addition und die Multiplikation von Restklassen kommutativ sind, ergibt sich dies aus zweimaliger Anwendung der Implikation

$$[a] = [a'] \quad \Longrightarrow \quad [a] + [b] = [a'] + [b] \quad \text{und} \quad [a] \cdot [b] = [a'] \cdot [b].$$

Um dies zu beweisen, bemerken wir zuerst, dass $[a] = [a']$ genau dann gilt, wenn $a \equiv a' \mod n$, das heißt $a' = a + kn$ für ein $k \in \mathbb{Z}$. Daraus erhalten wir $a' + b = a + kn + b$ und somit

$$[a'] + [b] = [a' + b] = [a + kn + b] = [a + b] = [a] + [b].$$

Ebenso ergibt sich $a' \cdot b = (a + kn) \cdot b = a \cdot b + kb \cdot n$ und

$$[a'] \cdot [b] = [a' \cdot b] = [a \cdot b + kb \cdot n] = [a \cdot b] = [a] \cdot [b].$$

Für die Zukunft halten wir fest: Wenn wir mathematische Operationen oder Abbildungen auf Mengen von Äquivalenzklassen definieren, dann müssen wir immer sicherstellen, dass die Definition nicht von der Wahl der Repräsentanten abhängt. Man spricht dann von *Wohldefiniertheit* der Operation oder Abbildung.

Der folgende Satz sagt, dass das Rechnen mit Restklassen genauso funktioniert wie mit ganzen Zahlen.

Satz 1.2.4 *Die Gesetze (1.1)–(1.8) für das Rechnen in* $(\mathbb{Z}, +, \cdot)$ *gelten auch in* $(\mathbb{Z}/n\mathbb{Z}, +, \cdot)$.

Beweis. Wenn wir $[0]$, $[1]$ als neutrale Elemente für die Addition bzw. Multiplikation verwenden und $-[a] := [-a]$ setzen, dann ergeben sich diese Gesetze unmittelbar aus denen, die wir für $\mathbb{Z}$ formuliert hatten, indem wir dort a, b, c durch $[a], [b], [c]$ ersetzen. □

Bemerkung 1.2.5. Jeder ist gewissen Rechnungen modulo n bereits im realen Leben begegnet. Zum Beispiel bei der Uhrzeit. Der Stundenzeiger jeder analogen Uhr zeigt uns Zahlen modulo 12 an. Überlegungen wie diese sind jedem vertraut: Jetzt ist es 10 Uhr, also ist es in 3 Stunden 1 Uhr. In mathematischer Sprache: $10 + 3 = 1 \mod 12$. Ebenso sind wir daran gewöhnt, dass der Minutenzeiger modulo 60 rechnet.

Bevor wir weitere, etwas verstecktere Beispiele des Rechnens in $\mathbb{Z}/n\mathbb{Z}$ aus dem Alltagsleben kennenlernen, befassen wir uns mit der Division in $\mathbb{Z}/nZ$. Dabei werden wir Erkenntnisse aus Abschnitt 1.1 aus einem neuen Blickwinkel betrachten und die mathematischen Grundlagen für die angekündigten Anwendungen bereitstellen.
Bei der Division in $\mathbb{Z}/n\mathbb{Z}$ geht es darum, für gegebene $a, b \in \mathbb{Z}$ die Gleichung $a \cdot x \equiv b \mod n$ zu lösen. Es ist sinnvoll, zunächst die einfachere Gleichung

$$a \cdot x \equiv 1 \mod n \tag{1.11}$$

zu studieren. Unter Benutzung des Euklidischen Algorithmus haben wir im Satz 1.1.6 gezeigt, dass es genau dann ganze Zahlen r, s mit $ra + sn = 1$ gibt, wenn $\mathrm{ggT}(a, n) = 1$ gilt. Mit Hilfe von Kongruenzen und Restklassen kann man diesen Sachverhalt folgendermaßen[5] ausdrücken

$$\begin{aligned} \mathrm{ggT}(a, n) = 1 &\iff \exists\, r \in \mathbb{Z} : r \cdot a \equiv 1 \mod n \\ &\iff \exists\, [r] \in \mathbb{Z}/n\mathbb{Z} : [r] \cdot [a] = [1]\,. \end{aligned}$$

Der Euklidische Algorithmus liefert also eine Methode, mit der wir Gleichungen der Form (1.11) lösen können. Die Eindeutigkeit einer solchen Lösung wird im folgenden Satz geklärt.

Satz 1.2.6 *Wenn* a, n *teilerfremde ganze Zahlen sind, dann gibt es genau eine Restklasse* $[r] \in \mathbb{Z}/n\mathbb{Z}$ *mit* $[r] \cdot [a] = [1]$, *d.h.* $r \cdot a \equiv 1 \mod n$.

---

[5] Der Existenzquantor $\exists$ und der Allquantor $\forall$ sind in Abschnitt 6.1 ab S. 360 erklärt.

Beweis. Die Existenz haben wir bereits gezeigt (Satz 1.1.6). Angenommen, für $r, r' \in \mathbb{Z}$ gilt $r \cdot a \equiv 1 \mod n$ und $r' \cdot a \equiv 1 \mod n$. Dann folgt $ra \equiv r'a \mod n$ und somit $n \mid a(r - r')$. Da nach Voraussetzung $\mathrm{ggT}(a, n) = 1$, liefert Satz 1.1.7, dass n ein Teiler von $r - r'$ ist. Damit ist $r \equiv r' \mod n$ also $[r] = [r']$. □

Beispiel 1.2.7. Wenn $n = 11$ und $a = 3$ ist, dann erhalten wir mittels Euklidischem Algorithmus: $\underline{11} - 3 \cdot \underline{3} = \underline{2}$ und $\underline{3} - \underline{2} = 1$. Rückwärts Einsetzen ergibt $1 = \underline{3} - \underline{2} = \underline{3} - (\underline{11} - 3 \cdot \underline{3}) = 4 \cdot \underline{3} - 1 \cdot \underline{11}$. Daraus erhalten wir $4 \cdot 3 \equiv 1 \mod 11$, das heißt $[3] \cdot [4] = [1]$ in $\mathbb{Z}/11\mathbb{Z}$. Ebenso erhält man $[1] \cdot [1] = [2] \cdot [6] = [3] \cdot [4] = [5] \cdot [9] = [7] \cdot [8] = [10] \cdot [10] = [1]$ in $\mathbb{Z}/11\mathbb{Z}$. Die Restklasse $[0] \in \mathbb{Z}/11\mathbb{Z}$ ist die einzige, die dabei nicht auftritt. Die Gleichung $x \cdot [0]_n = [1]_n$ hat für kein $n \geq 2$ eine Lösung $x \in \mathbb{Z}/n\mathbb{Z}$.

Wenn n eine Primzahl ist, ergibt sich als Spezialfall aus Satz 1.2.6:

Folgerung 1.2.8. *Wenn $a \in \mathbb{Z}$ und n eine Primzahl ist, so dass $[a] \neq [0] \in \mathbb{Z}/n\mathbb{Z}$, dann gibt es genau ein $[r] \in \mathbb{Z}/n\mathbb{Z}$, für das $[r] \cdot [a] = [1]$ in $\mathbb{Z}/n\mathbb{Z}$ gilt.*

Falls n eine Primzahl und $[a] \neq [0]$ in $\mathbb{Z}/n\mathbb{Z}$ ist, genügt das, um jede Gleichung der Gestalt

$$ax \equiv b \mod n \tag{1.12}$$

zu lösen. Dazu schreiben wir die Kongruenz (1.12) in der Form $[a] \cdot [x] = [b]$ und erhalten unter Benutzung von $[r] \cdot [a] = [1]$

$$[r] \cdot [b] = [r] \cdot (\,[a] \cdot [x]\,) = (\,[r] \cdot [a]\,) \cdot [x] = [x]\,.$$

Also ist $[x] = [r \cdot b]$ die gesuchte und einzige Lösung. Die Menge aller ganzzahligen Lösungen der Kongruenz (1.12) ist daher $[r \cdot b]_n = \{rb + kn \mid k \in \mathbb{Z}\}$.

Falls n keine Primzahl ist, dann gibt es zu jeder Lösung $x \in \mathbb{Z}$ der Kongruenz (1.12) eine ganze Zahl $s \in \mathbb{Z}$, so dass $ax + sn = b$ gilt. Aus Satz 1.1.6 erhalten wir, dass dies genau dann möglich ist, wenn $d = \mathrm{ggT}(a, n)$ ein Teiler von b ist. Das ist die Lösbarkeitsbedingung für die Kongruenz (1.12). Wenn sie erfüllt ist, dann sind $a' = \frac{a}{d}$, $b' = \frac{b}{d}$ und $n' = \frac{n}{d}$ ganze Zahlen und $x \in \mathbb{Z}$ ist genau dann Lösung von (1.12), wenn

$$a'x \equiv b' \mod n'\,.$$

Da $\mathrm{ggT}(a', n') = 1$, finden wir mit der oben angegebenen Methode alle Lösungen dieser Kongruenz und damit auch die von (1.12).

Erste Anwendungen der Rechenoperationen in $\mathbb{Z}/n\mathbb{Z}$ betreffen die Bestimmung von Endziffern sehr großer Zahlen und Teilbarkeitsregeln.

Beispiel 1.2.9. Mit welcher Ziffer endet die Zahl 9^{99}?

Die letzte Ziffer d einer Zahl $a \in \mathbb{Z}$ ist dadurch charakterisiert, dass $0 \leq d \leq 9$ und dass es eine ganze Zahl k gibt, für die $a = 10k + d$ gilt. Daher ist $d = a \mod 10$.
Da $9 \equiv -1 \mod 10$, erhalten wir $9^{99} \equiv (-1)^{99} \equiv -1 \mod 10$. Da $d = 9$ die einzige Ziffer ist, die kongruent -1 modulo 10 ist, endet 9^{99} auf 9. Es ist kein Problem, dies mit einem Taschenrechner nachzuprüfen.
Wie sieht es jedoch bei $9^{(9^9)}$ oder bei $9^{(10^{11})}$ aus? Da versagt eine direkte Rechnung mit einem gewöhnlichen Taschenrechner. Die Rechnung mit Kongruenzen kann aber wieder im Kopf durchgeführt werden.
Zunächst bemerken wir, dass der Exponent 9^9 ungerade ist, da $9 \equiv 1 \mod 2$ und somit $9^9 \equiv 1^9 \equiv 1 \mod 2$. Damit erhalten wir nun $9^{(9^9)} \equiv (-1)^{(9^9)} \equiv -1 \mod 10$ und auch $9^{(9^9)}$ endet mit der Ziffer 9.
In analoger Weise sehen wir, dass $10^{11} \equiv 0^{11} \equiv 0 \mod 2$, der Exponent also gerade ist, woraus wir $9^{(10^{11})} \equiv (-1)^{(10^{11})} \equiv 1 \mod 10$ erhalten. Daraus schließen wir, dass $9^{(10^{11})}$ mit der Ziffer 1 endet.
Mit geringem Mehraufwand kann man auf diese Weise per Hand die letzten zwei oder drei Ziffern all dieser relativ großen Zahlen bestimmen. Effektiver geht das mit dem kleinen Satz von Fermat, Satz 1.3.24. Weitere Methoden, die das Rechnen mit großen Zahlen erleichtern, werden wir nach Satz 1.4.23 kennenlernen, siehe Bemerkung 1.4.26.

Beispiel 1.2.10 (Teilbarkeit durch 3). Viele kennen die 3-er Regel: Eine ganze Zahl ist genau dann durch drei teilbar, wenn ihre Quersumme durch drei teilbar ist. Als *Quersumme* einer Zahl bezeichnet man die Summe ihrer Ziffern.
Unter Verwendung von Kongruenzen lässt sich die Richtigkeit dieser Regel sehr elegant beweisen. Da eine Zahl a genau dann durch 3 teilbar ist, wenn $a \equiv 0 \mod 3$ gilt, genügt es zu zeigen, dass jede ganze Zahl kongruent ihrer Quersumme modulo 3 ist.
Wenn eine Zahl a die Ziffern $a_k a_{k-1} \ldots a_1 a_0$ hat, dann ist $a = \sum_{i=0}^{k} a_i 10^i$ und $\sum_{i=0}^{k} a_i$ ist die Quersumme dieser Zahl. Da $10 \equiv 1 \mod 3$ ergibt sich

$$a = \sum_{i=0}^{k} a_i \cdot 10^i \equiv \sum_{i=0}^{k} a_i \cdot 1^i \equiv \sum_{i=0}^{k} a_i \mod 3 \,.$$

Damit ist die 3-er Regel bewiesen. Da $10 \equiv 1 \mod 9$, gilt die gleiche Regel auch für Teilbarkeit durch 9.

Beispiel 1.2.11 (Teilbarkeit durch 11). Da $10 \equiv -1 \mod 11$ folgt aus $a = \sum_{i=1}^{k} a_i 10^i$ die Kongruenz $a \equiv \sum_{i=1}^{k} (-1)^i a_i \mod 11$. Daraus sehen wir, dass a genau dann durch 11 teilbar ist, wenn die *alternierende Quersumme* von a durch 11 teilbar ist.
Zum Beispiel ist 317 206 375 nicht durch 11 teilbar, da die alternierende Quersumme $3 - 1 + 7 - 2 + 0 - 6 + 3 - 7 + 5 = 2$ nicht durch 11 teilbar ist.

Nach dem gleichen Muster lassen sich weitere, zum Teil weniger bekannte Teilbarkeitsregeln herleiten und beweisen. Unsere Beweise beruhen stets auf einer Kongruenz der Gestalt $10^r \equiv \pm 1 \mod n$. Das funktioniert für solche n, die Teiler einer Zahl der Gestalt $10^r \pm 1$ sind.

Beispiel 1.2.12 (Teilbarkeit durch 101). Die Zahl 101 ist eine Primzahl und es gilt $100 \equiv -1 \mod 101$. Zur Beschreibung einer Teilbarkeitsregel teilen wir deshalb die Ziffern einer Zahl a in Zweiergruppen. Wir beginnen dabei am Ende der Zahl. Wenn $A_k, A_{k-1}, \ldots, A_1, A_0$ diese Zweiergruppen sind, dann ist $0 \le A_i \le 99$ und $a = \sum_{i=1}^{k} A_i 10^{2i}$. Damit ergibt sich

$$a \equiv \sum_{i=1}^{k} (-1)^i A_i \mod 101 .$$

Also ist a genau dann durch 101 teilbar, wenn die alternierende Summe der am Ende beginnend gebildeten 2-er Gruppen durch 101 teilbar ist.
Die 2-er Gruppen unserer Beispielzahl 317 206 375 lauten $A_4 = 03, A_3 = 17, A_2 = 20, A_1 = 63, A_0 = 75$. Da $3 - 17 + 20 - 63 + 75 = 18$ nicht durch 101 teilbar ist, ist auch 317 206 375 nicht durch 101 teilbar.

Beispiel 1.2.13 (Teilbarkeit durch 7 und 13). Der Ausgangspunkt ist die Gleichung $1001 = 7 \cdot 11 \cdot 13$. Daraus erhalten wir $1000 \equiv -1 \mod 7$ und $1000 \equiv -1 \mod 13$. Daher können wir die Teilbarkeit durch 7 und 13 durch Betrachtung der alternierenden Summe der 3-er Gruppen (am Ende beginnend) testen.
Für die uns bereits vertraute Zahl 317 206 375 erhalten wir als alternierende Summe der Dreiergruppen $317 - 206 + 375 = 486$. Da $486 \equiv -4 \mod 7$ und $486 \equiv 5 \mod 13$ gilt, ist weder 13 noch 7 ein Teiler von 317 206 375.

Bei der Übermittlung von Informationen können Fehler oder Datenverluste auftreten. Oft ist es wichtig, dass solche Fehler erkannt oder sogar korrigiert werden. Bei der menschlichen Sprache erlernen wir diese Fähigkeit frühzeitig, wodurch es uns oft möglich ist, auch mit einer Person zu kommunizieren, die nuschelt oder einen unvertrauten Dialekt spricht. Wenn es sich bei der übermittelten Information jedoch um eine Zahl handelt, zum Beispiel eine Kontonummer, Artikelnummer, Kreditkartennummer oder Ähnliches, dann ist es für ein menschliches Wesen nicht so einfach, Fehler zu erkennen. Das Anhängen einer sogenannten Prüfziffer ist die einfachste Methode, eine Fehlererkennung zu ermöglichen. In den folgenden beiden Beispielen werden zwei weltweit praktizierte Prüfzifferverfahren vorgestellt. In beiden Fällen wird die Prüfziffer durch eine Rechnung modulo n bestimmt. Im Kapitel 2.5 werden wir uns mit Methoden beschäftigen, die eine Korrektur von Fehlern ermöglicht.

Beispiel 1.2.14 (EAN – European Article Number). In vielen Supermärkten werden an der Kasse die auf den Waren aufgedruckten Strichcodes gelesen, woraus dann die Rechnung für den Kunden und eine Übersicht

über den Lagerbestand erstellt wird. Der Strichcode spiegelt in einer bestimmten Weise die 13-stellige EAN wieder. Davon tragen die ersten 12 Ziffern $a_1, \ldots, a_{12}$ die Information, die 13. Ziffer a_{13} ist eine Prüfziffer. Die ersten 12 Ziffern sind in drei Gruppen unterteilt. Die erste Zifferngruppe ist eine Länderkennung, sie umfasst die ersten drei Ziffern. Die Nummern 400–440 sind Deutschland, 760–769 der Schweiz und Liechtenstein und 900–919 Österreich zugeordnet. Aus den ersten drei Ziffern kann man in der Regel nur auf den Firmensitz des Herstellers schließen, nicht aber auf das Land in dem der Artikel tatsächlich hergestellt wurde.
Die zweite Gruppe besteht meist aus vier, manchmal aber auch aus fünf oder sechs Ziffern. Sie codiert das produzierende Unternehmen, welches die verbleibenden Ziffern als Artikelnummer frei vergeben kann. Bei der EAN

sieht die Einteilung in Zifferngruppen folgendermaßen aus:

$$\underbrace{\overset{4}{a_1}\ \overset{3}{a_2}\ \overset{9}{a_3}}_{\text{Land}} \quad \underbrace{\overset{9}{a_4}\ \overset{1}{a_5}\ \overset{4}{a_6}\ \overset{8}{a_7}}_{\text{Hersteller}} \quad \underbrace{\overset{4}{a_8}\ \overset{0}{a_9}\ \overset{5}{a_{10}}\ \overset{5}{a_{11}}\ \overset{0}{a_{12}}}_{\text{Artikel}} \quad \underbrace{\overset{8}{a_{13}}}_{\text{Prüfziffer}}$$

Bereits 1973 wurde in den USA ein 12-stelliger Produktcode eingeführt, der kurz darauf in Europa zur EAN erweitert wurde. Seit die 13-stellige EAN auch in Nordamerika verwendet wird, spricht man von der *International Article Number*. Die Prüfziffer ergibt sich aus den ersten 12 Ziffern wie folgt:

$$a_{13} \equiv -(a_1 + 3a_2 + a_3 + 3a_4 + \cdots + 3a_{12}) \mod 10.$$

Jede gültige EAN muss daher die folgende Prüfgleichung erfüllen:

$$a_1 + 3a_2 + a_3 + 3a_4 + \cdots + a_{11} + 3a_{12} + a_{13} \equiv 0 \mod 10. \tag{1.13}$$

Im obigen Beispiel gilt tatsächlich

$$\underline{4} + 3 \cdot \underline{3} + \underline{9} + 3 \cdot \underline{9} + \underline{1} + 3 \cdot \underline{4} + \underline{8} + 3 \cdot \underline{4} + \underline{0} + 3 \cdot \underline{5} + \underline{5} + 3 \cdot \underline{0} + \underline{8} \equiv 0 \mod 10.$$

Wenn genau eine der 13 Ziffern fehlt oder unleserlich ist, dann lässt sie sich mit Hilfe der Prüfgleichung (1.13) rekonstruieren. Das ist offensichtlich, wenn die fehlende Ziffer mit Faktor 1 in der Prüfgleichung auftritt. Wenn sie mit dem Faktor 3 versehen ist, dann nutzen wir die Kongruenz $3 \cdot 7 \equiv 1 \mod 10$ um sie zu bestimmen.

Beispiel 1.2.15 (ISBN – International Standard Book Number). Alle im Handel erhältlichen Bücher sind heutzutage mit einer ISBN versehen. Von 1972 bis Ende 2006 bestand sie aus zehn Zeichen, heute ist sie 13-stellig.

Zur Unterscheidung dieser beiden Typen spricht man von der ISBN-10 und der ISBN-13. Jeder ISBN-10 ist in eindeutiger Weise eine ISBN-13 zugeordnet, nicht aber umgekehrt.
Die ISBN-13 eines Buches ist identisch mit seiner EAN. Die Prüfziffer wird nach der Vorschrift im Beispiel 1.2.14 bestimmt. Bei der ISBN-10 erfolgt die Berechnung des Prüfzeichens auf eine mathematisch interessantere Art.
Ähnlich zur Struktur der EAN, sind die 10 Zeichen einer ISBN-10 in vier Gruppen unterteilt. Die einzelnen Gruppen repräsentieren das Land bzw. den Sprachraum, den Verlag, eine verlagsinterne Nummer des Buches, sowie das Prüfzeichen. Details sind durch die Norm DIN ISO 2108 geregelt. Die erste Zifferngruppe besteht oft nur aus einer, kann aber bis zu fünf Ziffern umfassen. Der deutsche Sprachraum entspricht der Ziffer 3. In der ISBN dieses Buches finden Sie die Verlagsnummer 540 des Springer-Verlags vor. Auch die Verlagsnummern können aus unterschiedlich vielen Ziffern bestehen.
Wenn wir die einzelnen Zeichen einer ISBN-10, von links beginnend, mit $a_1, a_2, \ldots, a_9, a_{10}$ bezeichnen, dann lautet die Prüfgleichung:

$$\sum_{i=1}^{10} i \cdot a_i \equiv 0 \mod 11 \,. \tag{1.14}$$

Da $10 \cdot a_{10} \equiv -a_{10} \mod 11$, ist der Wert des Prüfzeichens a_{10} gleich der kleinsten nicht-negativen ganzen Zahl, die kongruent $\sum_{i=1}^{9} i \cdot a_i$ modulo 11 ist. Der mögliche Wert 10 wird in Anlehnung an die entsprechende römische Ziffer durch das Symbol `X` wiedergegeben. Daher sprechen wir von einem Prüfzeichen statt von einer Prüfziffer. Das Symbol `X` ist nur als Prüfzeichen, also an der letzten Stelle und auch nur bei der ISBN-10 zugelassen.
Für die ISBN `3-528-77217-4` erhalten wir

$$\underline{3} + 2 \cdot \underline{5} + 3 \cdot \underline{2} + 4 \cdot \underline{8} + 5 \cdot \underline{7} + 6 \cdot \underline{7} + 7 \cdot \underline{2} + 8 \cdot \underline{1} + 9 \cdot \underline{7} \equiv 4 \mod 11$$

und das ist tatsächlich die angegebene Prüfziffer.
Um aus einer ISBN-10 die zugehörige ISBN-13 zu gewinnen, wird zuerst das Prüfzeichen entfernt, dann das Präfix 978 vorangestellt und schließlich nach den Regeln der EAN die neue Prüfziffer berechnet. In unserem Beispiel:

$$9 + 3 \cdot 7 + 8 + 3 \cdot 3 + 5 + 3 \cdot 2 + 8 + 3 \cdot 7 + 7 + 3 \cdot 2 + 1 + 3 \cdot 7 \equiv 2 \mod 10.$$

Damit erhalten wir 8 als neue Prüfziffer und die zu `3-528-77217-4` gehörige ISBN-13 lautet `9783528772178`. Auf Büchern, die vor dem 1. Januar 2007 gedruckt wurden, sind in der Regel beide Nummern vorzufinden:

Außer 978 ist auch das Präfix 979 im Gebrauch, wodurch sich die Zahl der prinzipiell möglichen Buchnummern verdoppelt. Die ISBN-13, die gleichzeitig auch die EAN darstellt, gibt ein Beispiel dafür, dass aus den ersten drei Ziffern einer EAN nicht das Herkunftsland des Artikels bestimmt werden kann, es sei denn, man ist der Ansicht, dass alle Bücher aus „Buchland" kommen.

Aufgaben

Übung 1.11. Zeigen Sie, dass $\sum_{k=1}^{2000} k^{13} = 1^{13} + 2^{13} + \cdots + 1999^{13} + 2000^{13}$ durch 2001 teilbar ist.

Übung 1.12. Vor geraumer Zeit empfahl mir ein guter Freund zwei Bücher. Aus Bequemlichkeit sandte er mir lediglich die folgenden beiden ISBN-10: `3-423-62015-3` und `3-528-28783-6`. Beim Versuch diese Bücher zu kaufen, musste ich leider feststellen, dass eine der beiden Nummern fehlerhaft war. Überprüfen Sie unter Benutzung der Prüfgleichung (1.14) die Gültigkeit beider ISBN's. Geben Sie alle Möglichkeiten an, die fehlerhafte ISBN-10 an genau einer Stelle so zu verändern, dass die Prüfgleichung erfüllt ist.
Übertragen Sie die so gefundenen korrigierten ISBN-10 in das ISBN-13-Format und ermitteln Sie (z.B. mit Hilfe einer Internetrecherche) welche davon tatsächlich zu einem Buch gehört.

1.3 Gruppen

Zu Beginn des vorigen Abschnittes haben wir die Wichtigkeit der Methode der Abstraktion hervorgehoben. Als wichtigstes Beispiel eines Abstraktionsprozesses diente uns dort der Übergang von ganzen Zahlen zu Restklassen. Wir nehmen nun den scheinbar wenig spektakulären Satz 1.2.4 als Ausgangspunkt für unsere weiteren Überlegungen. Er sagt, dass die Grundgesetze des Rechnens beim Übergang zu Restklassen nicht verloren gehen. In diesem Sinne gehören die Axiome (1.1)–(1.8) zu den wesentlichen Merkmalen, welche sich bei der Abstraktion herauskristallisiert haben. Auf dem neuen Abstraktionsniveau, auf das wir uns in diesem Abschnitt begeben, sind solche Rechengesetze das Einzige, was wir noch als wesentlich betrachten wollen. Die

Konzentration auf Rechengesetze, oder allgemeiner auf strukturelle Eigenschaften algebraischer Operationen, gehört zu den wichtigsten Charakteristiken der modernen Algebra. Als erstes Beispiel werden wir den Begriff der *Gruppe* kennenlernen und studieren. Weitere Begriffe wie *Ring* und *Körper* bilden den Gegenstand von Abschnitt 1.4. Wie bereits zuvor beschränken wir uns auch hier nicht auf abstrakte Definitionen, sondern illustrieren die eingeführten Begriffe durch viele konkrete Beispiele bis hin zu Anwendungen aus dem Alltag.

Definition 1.3.1. Eine nichtleere Menge G zusammen mit einer Abbildung $* : G \times G \to G$, die jedem Paar $(a, b) \in G \times G$ ein Element $a * b \in G$ zuordnet, heißt *Gruppe*, wenn Folgendes gilt:

$$\text{(Assoziativgesetz)}\ \forall\, a, b, c \in G: \quad a * (b * c) = (a * b) * c. \tag{1.15}$$
$$\text{(neutrales Element)}\ \exists\, e \in G\ \forall\, a \in G: \quad e * a = a. \tag{1.16}$$
$$\text{(inverses Element)}\ \forall\, a \in G\ \exists\, a' \in G: \quad a' * a = e. \tag{1.17}$$

Wenn zusätzlich noch das

$$\text{(Kommutativgesetz)}\ \forall\, a, b \in G: \quad a * b = b * a, \tag{1.18}$$

gilt, dann nennen wir G eine *abelsche*[6] *Gruppe*.

Zur Vermeidung von Unklarheiten sprechen wir oft von der „Gruppe $(G, *)$“ und nicht nur von der „Gruppe G“. Das Symbol $*$ dient uns zur allgemeinen Bezeichnung der Verknüpfung in einer Gruppe. In Beispielen ersetzen wir nicht nur G durch eine konkrete Menge, sondern oft auch den $*$ durch eines der gebräuchlichen Verknüpfungssymbole wie etwa $+, \cdot, \circ$ oder $\times$.
Wenn $+$ als Verknüpfungsymbol verwendet wird sprechen wir von einer *additiven Gruppe*. Dann schreiben wir 0 statt e und das additive Inverse a' von a bezeichnen wir mit $-a$.
Wenn $\cdot$ als Verknüpfungsymbol verwendet wird, sprechen wir von einer *multiplikativen Gruppe*. In diesem Fall wird das neutrale Element durch 1 statt durch e bezeichnet. Für das multiplikative Inverse hat sich die Bezeichnung a^{-1} eingebürgert.

Beispiel 1.3.2. (i) $(\mathbb{Z}, +), (\mathbb{Q}, +), (\mathbb{R}, +)$ und $(\mathbb{C}, +)$ sind abelsche Gruppen. Hier und im Folgenden bezeichnet $\mathbb{Q}$ die Menge der rationalen Zahlen, $\mathbb{R}$ die Menge der reellen Zahlen und $\mathbb{C}$ die Menge der komplexen Zahlen, vgl. Beispiel 1.4.20 und Abschnitt 3.1.
(ii) Aus Satz 1.2.4 ergibt sich, dass $(\mathbb{Z}/n\mathbb{Z}, +)$ eine abelsche Gruppe ist.
(iii) $(\mathbb{Q} \setminus \{0\}, \cdot)$ und $(\mathbb{R} \setminus \{0\}, \cdot)$ sind abelsche Gruppen. Die Zahl 0 mussten wir wegen (1.17) entfernen, da sie kein multiplikatives Inverses besitzt.

---

[6] Niels Henrik Abel (1802–1829), norwegischer Mathematiker.

(iv) Im Gegensatz dazu ist $(\mathbb{Z} \setminus \{0\}, \cdot)$ *keine* Gruppe, denn keine von ± 1 verschiedene ganze Zahl hat ein multiplikatives Inverses in $\mathbb{Z}$. Die größte multiplikative Gruppe, die nur ganze Zahlen enthält, ist daher $\{1, -1\}$.

(v) Aus Satz 1.2.6 folgt, dass $(\mathbb{Z}/n\mathbb{Z})^* := \{[a] \in \mathbb{Z}/n\mathbb{Z} \mid \mathrm{ggT}(a,n) = 1\}$ eine Gruppe bezüglich Multiplikation ist.

(vi) Auf dem kartesischen Produkt $G \times H$ (siehe Abschnitt 6.2) zweier Gruppen $(G, *)$ und $(H, \cdot)$ erhalten wir die Struktur einer Gruppe $(G \times H, \circ)$ indem wir $(g, h) \circ (g', h') := (g * g', h \cdot h')$ definieren. Das ist jedem von der additiven Gruppe $\mathbb{R}^2$ – Vektoren in der Ebene – vertraut.

Beispiel 1.3.3. Als Verknüpfung der *symmetrischen Gruppe* einer Menge M

$$\mathrm{sym}(M) := \{f : M \to M \mid f \text{ ist eine bijektive}^7 \text{Abbildung}\}$$

verwenden wir die Komposition von Abbildungen. Wenn $f, g : M \to M$ zwei Abbildungen sind, dann ist ihre Komposition $f \circ g : M \to M$ für alle $m \in M$ durch $(f \circ g)(m) := f\big(g(m)\big)$ definiert.
Das neutrale Element ist die *identische Abbildung* $\mathrm{Id}_M : M \to M$, die durch $\mathrm{Id}_M(m) = m$ gegeben ist. Die zu $f : M \to M$ inverse Abbildung $g = f^{-1}$ hat folgende Beschreibung. Da f bijektiv ist, gibt es zu jedem $m \in M$ genau ein $n \in M$ mit $f(n) = m$. Die inverse Abbildung ist dann durch $g(m) := n$ gegeben. Sie ist durch $g \circ f = f \circ g = \mathrm{Id}_M$ charakterisiert.
Wenn M eine endliche Menge mit n Elementen ist, können wir durch Nummerierung der Elemente die Menge M mit $\{1, 2, \ldots, n\}$ identifizieren. In dieser Situation hat sich die Bezeichnung $\mathfrak{S}_n$ für die Gruppe $(\mathrm{sym}(M), \circ)$ eingebürgert. Die Elemente von $\mathfrak{S}_n$ nennt man Permutationen. Jede Permutation $\sigma \in \mathfrak{S}_n$ ist eine Bijektion

$$\sigma : \{1, 2, \ldots, n\} \to \{1, 2, \ldots, n\}$$

und eine solche lässt sich durch Angabe einer Wertetabelle beschreiben. Dazu werden einfach die Zahlen $1, 2, \ldots, n$ und deren Bilder unter der Abbildung $\sigma \in \mathfrak{S}_n$ in zwei Zeilen übereinander angeordnet

$$\begin{pmatrix} 1 & 2 & \ldots & n \\ \sigma(1) & \sigma(2) & \ldots & \sigma(n) \end{pmatrix}.$$

Die Gruppe $\mathfrak{S}_3$ besteht aus den folgenden sechs Elementen

$$\begin{pmatrix} 1\,2\,3 \\ 1\,2\,3 \end{pmatrix}, \begin{pmatrix} 1\,2\,3 \\ 2\,1\,3 \end{pmatrix}, \begin{pmatrix} 1\,2\,3 \\ 3\,2\,1 \end{pmatrix}, \begin{pmatrix} 1\,2\,3 \\ 1\,3\,2 \end{pmatrix}, \begin{pmatrix} 1\,2\,3 \\ 2\,3\,1 \end{pmatrix}, \begin{pmatrix} 1\,2\,3 \\ 3\,1\,2 \end{pmatrix}.$$

Die Anzahl der Elemente der Gruppe $\mathfrak{S}_n$ beträgt $n! = n \cdot (n-1) \cdot \ldots \cdot 2 \cdot 1$. Die Zahl $n!$, ausgesprochen als „n Fakultät“, ist mathematisch exakter rekursiv definiert: man setzt $0! := 1$ und $n! := n \cdot (n-1)!$ für alle $n \geq 1$.

---

[7] Siehe Definition 6.3.3.

Durch die folgende Rechnung erkennen wir, dass $\mathfrak{S}_3$ *nicht* abelsch ist:

$$\begin{pmatrix} 1 & 2 & 3 \\ 2 & 1 & 3 \end{pmatrix} \circ \begin{pmatrix} 1 & 2 & 3 \\ 3 & 2 & 1 \end{pmatrix} = \begin{pmatrix} 1 & 2 & 3 \\ 3 & 1 & 2 \end{pmatrix} \neq \begin{pmatrix} 1 & 2 & 3 \\ 2 & 3 & 1 \end{pmatrix} = \begin{pmatrix} 1 & 2 & 3 \\ 3 & 2 & 1 \end{pmatrix} \circ \begin{pmatrix} 1 & 2 & 3 \\ 2 & 1 & 3 \end{pmatrix} .$$

Besonders für größere n ist die Benutzung von Wertetabellen ziemlich aufwändig. Es ist dann günstiger, die platzsparendere *Zyklenschreibweise* zu verwenden. Um die Zerlegung einer Permutation σ in ein Produkt von Zyklen zu bestimmen, startet man mit irgendeinem Element $k \in \{1, \ldots, n\}$ und schreibt die iterierten Bilder dieser Zahl hintereinander in eine Liste $(k, \sigma(k), \sigma(\sigma(k)), \ldots)$. Die Liste wird mit einer schließenden Klammer beendet, sobald man wieder auf das Startelement k trifft. So ist zum Beispiel

$$\begin{pmatrix} 1 & 2 & 3 & 4 & 5 & 6 \\ 1 & 4 & 3 & 5 & 2 & 6 \end{pmatrix} = (2\,4\,5) = (4\,5\,2) = (5\,2\,4) .$$

Diesen Zyklus kann man sich etwa wie im folgenden Bild vorstellen:

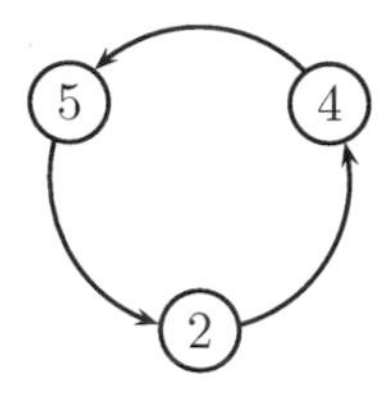

Jede durch die Permutation σ nicht veränderte Zahl k, d.h. $k = \sigma(k)$, wird nicht aufgeschrieben. Jedes von σ veränderte Element der Menge $\{1, \ldots, n\}$ muss jedoch betrachtet werden. Im Allgemeinen werden wir daher ein Produkt mehrerer Zyklen erhalten:

$$\begin{pmatrix} 1 & 2 & 3 & 4 & 5 & 6 \\ 6 & 4 & 3 & 5 & 2 & 1 \end{pmatrix} = (1\,6) \circ (2\,4\,5) .$$

Der Vorteil der effektiveren Schreibweise wird mit einer Mehrdeutigkeit erkauft. So kann zum Beispiel der Zyklus $(1\,2)$ jeder der folgenden Wertetabellen entsprechen:

$$\begin{pmatrix} 1 & 2 \\ 2 & 1 \end{pmatrix}, \begin{pmatrix} 1 & 2 & 3 \\ 2 & 1 & 3 \end{pmatrix}, \begin{pmatrix} 1 & 2 & 3 & 4 \\ 2 & 1 & 3 & 4 \end{pmatrix}, \begin{pmatrix} 1 & 2 & 3 & 4 & 5 \\ 2 & 1 & 3 & 4 & 5 \end{pmatrix}, \begin{pmatrix} 1 & 2 & 3 & 4 & 5 & 6 \\ 2 & 1 & 3 & 4 & 5 & 6 \end{pmatrix}, \text{ etc.}$$

je nachdem in welchem $\mathfrak{S}_n$ wir gerade arbeiten. Das ist jedoch nicht weiter dramatisch, da $\mathfrak{S}_{n-1}$ auf natürliche Weise als Untergruppe in $\mathfrak{S}_n$ enthalten ist, siehe Beispiel 1.3.14.

Die sechs Elemente der Gruppe $\mathfrak{S}_3$ haben in Zyklenschreibweise die Gestalt

$$\mathrm{Id} = \begin{pmatrix} 1\,2\,3 \\ 1\,2\,3 \end{pmatrix}, \quad (1\,2) = \begin{pmatrix} 1\,2\,3 \\ 2\,1\,3 \end{pmatrix}, \quad (1\,3) = \begin{pmatrix} 1\,2\,3 \\ 3\,2\,1 \end{pmatrix},$$
$$(2\,3) = \begin{pmatrix} 1\,2\,3 \\ 1\,3\,2 \end{pmatrix}, \quad (1\,2\,3) = \begin{pmatrix} 1\,2\,3 \\ 2\,3\,1 \end{pmatrix}, \quad (1\,3\,2) = \begin{pmatrix} 1\,2\,3 \\ 3\,1\,2 \end{pmatrix}.$$

Alle Elemente dieser Gruppe sind einfache Zyklen. Ab $n \geq 4$ gibt es Elemente in $\mathfrak{S}_n$, die keine einfachen Zyklen sind, zum Beispiel $(12)(34) = \left(\begin{smallmatrix} 1 & 2 & 3 & 4 & \cdots \\ 2 & 1 & 4 & 3 & \cdots \end{smallmatrix}\right)$.

Beispiel 1.3.4. Obwohl wir uns dem Gruppenbegriff durch Abstraktion von den ganzen Zahlen genähert haben, liegt sein historischer Ursprung in der Geometrie. Viele Menschen sind von Symmetrien in Natur, Kunst und Wissenschaft fasziniert. Das mathematische Studium von Symmetrien führt unausweichlich zum Begriff der *Symmetriegruppe*. Die elementarsten Beispiele erhält man als Menge aller Symmetrien einer ebenen Figur wie etwa eines Kreises oder eines Dreiecks. Unter einer Symmetrie wollen wir hier eine Kongruenztransformation einer solchen Figur verstehen, also eine Verschiebung, Drehung oder Spiegelung, unter der diese Figur auf sich selbst abgebildet wird.
Die Menge aller Symmetrien eines regelmäßigen ebenen n-Ecks ($n \geq 3$) bezeichnet man mit D_n. Sie heißt *Diedergruppe* (auch *Di-edergruppe* oder *Diëdergruppe*). Zur Illustration betrachten wir hier den Fall $n = 5$ (Abb. 1.1).

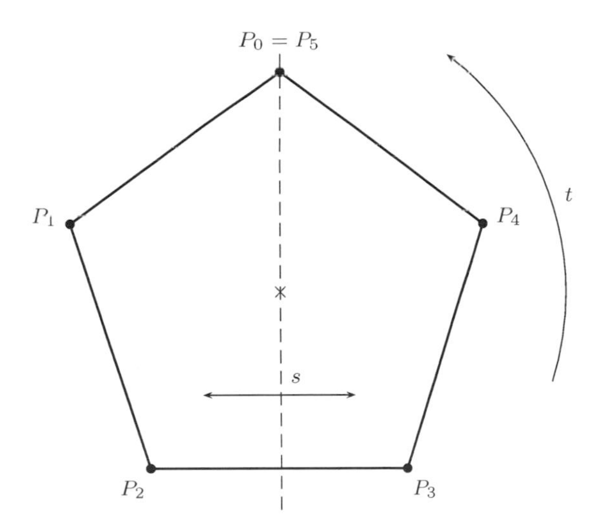

Abb. 1.1 Geometrische Bedeutung der Gruppe D_5

Es gibt keine Verschiebung, welche ein Fünfeck in sich selbst überführt. Als Symmetrien kommen also nur Drehungen und Spiegelungen in Frage. Jede Drehung mit Zentrum im Mittelpunkt des Fünfecks um einen Winkel der

Größe $k \cdot \frac{2\pi}{5}, k \in \mathbb{Z}$, bildet das Fünfeck auf sich selbst ab. Mit $t \in D_5$ bezeichnen wir die Drehung um $\frac{2\pi}{5}$ entgegen dem Uhrzeigersinn. Die weiteren Drehungen sind dann t^2, t^3, t^4 und $t^5 = \mathrm{Id}$.
Jede Kongruenztransformation ist durch ihr Wirken auf der Menge der Eckpunkte $\{P_0, P_1, P_2, P_3, P_4\}$ vollständig festgelegt. Daher ist $t \in D_5$ durch $t(P_i) = P_{i+1}$ gegeben, wobei wir die Indizes als Elemente von $\mathbb{Z}/5\mathbb{Z}$ auffassen, also $P_5 = P_0$ setzen. Diese bequeme Vereinbarung nutzen wir auch im Folgenden.
Als weitere Symmetrien kommen noch die Spiegelungen an den Verbindungsgeraden des Mittelpunktes mit den Eckpunkten des Fünfecks in Betracht. Sei zum Beispiel s die Spiegelung an der Achse durch P_0, siehe Abb. 1.1. Dann gilt $s(P_i) = P_{5-i}$ und s, st, st^2, st^3, st^4 ist eine komplette Liste aller Spiegelungen, die das Fünfeck auf sich selbst abbilden. Das ergibt:

$$D_5 = \{1, t, t^2, t^3, t^4, s, st, st^2, st^3, st^4\} .$$

Offenbar gilt $t^5 = 1$ und $s^2 = 1$. Außerdem prüft man durch Berechnung der Wirkung auf den Eckpunkten die Identität $tst = s$ leicht nach. Aus ihr folgt $ts = st^{-1}$ und wegen $t^{-1} = t^4$ sehen wir daraus, dass D_5 nicht abelsch ist. Ausgehend von diesen Relationen kann man alle Produkte in D_5 berechnen.
Für allgemeines $n \geq 3$ ist die Beschreibung von D_n analog. Die Gruppe D_n besteht aus den $2n$ Elementen $1, t, t^2, \ldots, t^{n-1}, s, st, st^2, \ldots, st^{n-1}$. Jedes beliebige Produkt lässt sich unter Verwendung der Relationen $t^n = 1, s^2 = 1$ und $tst = s$ berechnen.

Satz 1.3.5 *In jeder Gruppe $(G, *)$ gilt:*

(a) *Es gibt genau ein neutrales Element $e \in G$.*
(b) *Für alle $a \in G$ gilt $a * e = a$.*
(c) *Zu jedem $a \in G$ gibt es genau ein a' mit $a' * a = e$.*
(d) *Wenn $a' * a = e$, dann gilt auch $a * a' = e$.*
(e) *In G kann man kürzen, das heißt aus $a * b = a * c$ folgt stets $b = c$ und aus $b * a = c * a$ folgt stets $b = c$.*

Beweis. Wir beginnen mit (d). Sei a'' ein inverses Element zu a', welches nach (1.17) in Definition 1.3.1 existiert und $a'' * a' = e$ erfüllt. Wir erhalten

$$\begin{aligned} a * a' &\underset{(1.16)}{=} e * (a * a') = (a'' * a') * (a * a') \\ &\underset{(1.15)}{=} a'' * \big((a' * a) * a'\big) \underset{(1.17)}{=} a'' * (e * a') \\ &\underset{(1.16)}{=} a'' * a' = e, \qquad \text{wie gewünscht.} \end{aligned}$$

Damit folgt (b): $a * e \underset{(1.17)}{=} a * (a' * a) \underset{(1.15)}{=} (a * a') * a \underset{(d)}{=} e * a \underset{(1.16)}{=} a.$

Als Nächstes zeigen wir (a). Dazu nehmen wir an, dass $\bar{e}$ ein weiteres neutrales Element ist. Das heißt nach (1.16), dass für jedes $a \in G$ die Gleichung $\bar{e}*a = a$ erfüllt ist, insbesondere $e = \bar{e} * e$. Wenn wir in (b) $a = \bar{e}$ einsetzen, erhalten wir $\bar{e} * e = \bar{e}$ und somit die gewünschte Eindeutigkeit $e = \bar{e}$.
Nun können wir (c) beweisen. Wenn $\bar{a}'$ ein weiteres Inverses zu a ist, dann gilt $\bar{a}'*a = e$. Es ergibt sich $\bar{a}' \underset{(b)}{=} \bar{a}'*e \underset{(d)}{=} \bar{a}'*(a*a') \underset{(1.15)}{=} (\bar{a}'*a)*a' = e*a' \underset{(1.16)}{=} a'$.
Schließlich folgt (e) durch Multiplikation mit a' von links (bzw. rechts). □

Bemerkung 1.3.6. Die Aussage (d) in Satz 1.3.5 besagt *nicht*, dass die Gruppe G abelsch ist. Sie besagt nur, dass ein von links zu multiplizierendes Inverses mit dem von rechts zu multiplizierenden Inversen übereinstimmt.

Bemerkung 1.3.7. Aus Satz 1.3.5 (c) folgt $(a^{-1})^{-1} = a$ und $(a * b)^{-1} = b^{-1} * a^{-1}$ in jeder multiplikativ geschriebenen Gruppe.

Definition 1.3.8. (1) Eine nichtleere Teilmenge $U \subset G$ einer Gruppe $(G, *)$ heißt *Untergruppe* von G, wenn für alle $a, b \in U$ stets $a * b \in U$ und $a^{-1} \in U$ gilt.
(2) Eine Abbildung $f : G \to H$ zwischen zwei Gruppen $(G, *)$ und $(H, \circ)$ heißt *Gruppenhomomorphismus*, wenn für alle $a, b \in G$ stets $f(a * b) = f(a) \circ f(b)$ gilt.
(3) Ein bijektiver[8] Gruppenhomomorphismus heißt *Isomorphismus*. Wenn es hervorzuheben gilt, dass $f : G \to H$ ein Isomorphismus ist, dann schreiben wir $f : G \xrightarrow{\sim} H$.

Bemerkung 1.3.9. Wenn $U \subset G$ eine Untergruppe ist, dann ist $(U, *)$ eine Gruppe, wobei $*$ die Einschränkung der Verknüpfung $*$ von G auf U ist.

Bemerkung 1.3.10. Da jede Untergruppe $U \subset G$ nichtleer ist, gibt es mindestens ein Element $a \in U$. Die Definition besagt, dass damit auch $a^{-1} \in U$ und $e = a^{-1} * a \in U$ sein muss. Daher ist das neutrale Element $e \in G$ in jeder Untergruppe enthalten. Man kann also in Definition 1.3.8 die Bedingung $U \neq \emptyset$ durch die gleichwertige Forderung $e \in U$ ersetzen.

Bemerkung 1.3.11. Wenn $f : (G, *) \to (H, \circ)$ ein Gruppenhomomorphismus ist und $e_G \in G$, $e_H \in H$ die neutralen Elemente bezeichnen, dann gilt $f(e_G) = e_H$, denn $e_H \circ f(e_G) = f(e_G) = f(e_G * e_G) = f(e_G) \circ f(e_G)$, woraus wegen Satz 1.3.5 (e) $e_H = f(e_G)$ folgt.
Ferner gilt $f(a^{-1}) = f(a)^{-1}$ für alle $a \in G$, was wegen der Eindeutigkeit des Inversen, Satz 1.3.5 (c), aus $e_H = f(e_G) = f(a^{-1} * a) = f(a^{-1}) \circ f(a)$ folgt.

Bemerkung 1.3.12. Wenn $f : G \to H$ ein Isomorphismus ist, dann ist auch $f^{-1} : H \to G$ ein Isomorphismus.

Beispiel 1.3.13. $2\mathbb{Z} := \{2n \mid n \in \mathbb{Z}\} \subset \mathbb{Z}$ ist Untergruppe von $(\mathbb{Z}, +)$. Die ungeraden Zahlen $\{2n + 1 \mid n \in \mathbb{Z}\} \subset \mathbb{Z}$ bilden keine Untergruppe, zum Beispiel weil 0 nicht darin enthalten ist.

[8] Siehe Definition 6.3.3.

Beispiel 1.3.14. Die Abbildung $f : \mathfrak{S}_n \to \mathfrak{S}_{n+1}$, die durch

$$f(\sigma)(k) := \begin{cases} \sigma(k) & 1 \leq k \leq n \\ n+1 & k = n+1 \end{cases}$$

definiert ist, ist ein Gruppenhomomorphismus. In der Sprache der Wertetabellen operiert dieser Homomorphismus wie folgt, wenn wir $i_k = \sigma(k)$ setzen:

$$\begin{pmatrix} 1 & 2 & 3 & \ldots & n \\ i_1 & i_2 & i_3 & \ldots & i_n \end{pmatrix} \mapsto \begin{pmatrix} 1 & 2 & 3 & \ldots & n & n+1 \\ i_1 & i_2 & i_3 & \ldots & i_n & n+1 \end{pmatrix} .$$

Wenn wir f auf Zyklen anwenden, sehen wir keine Veränderung in der Schreibweise, es ändert sich nur die Interpretation. Das Bild der Abbildung f ist die Untergruppe $f(\mathfrak{S}_n) = U_n := \{\sigma' \in \mathfrak{S}_{n+1} \mid \sigma'(n+1) = n+1\} \subset \mathfrak{S}_{n+1}$ und f definiert einen Isomorphismus $f : \mathfrak{S}_n \xrightarrow{\sim} U_n$. Daher können wir $\mathfrak{S}_n$ als Untergruppe von $\mathfrak{S}_{n+1}$ auffassen. Dadurch ist die scheinbar ungenaue Zyklenschreibweise mathematisch gerechtfertigt, bei der z.B. $(1\,2)$ als Element in jedem $\mathfrak{S}_n$ aufgefasst werden kann.

Beispiel 1.3.15. Da eine Kongruenztransformation eines regelmäßigen ebenen n-Ecks ($n \geq 3$) durch die Bildpunkte der Ecken des n-Ecks festgelegt ist, können wir, nachdem wir die Ecken nummeriert haben, $D_n \subset \mathfrak{S}_n$ als Untergruppe auffassen.

Beispiel 1.3.16. Die Drehungen $\{1, t, t^2, t^3, t^4\} \subset D_5$ bilden eine Untergruppe. Allgemeiner, wenn $(G, *)$ eine Gruppe und $g \in G$ irgendein Element ist, dann ist die Teilmenge

$$\langle g \rangle := \{g^k \mid k \in \mathbb{Z}\} = \{\ldots, g^{-3}, g^{-2}, g^{-1}, e_G, g, g^2, g^3, \ldots\}$$

stets Untergruppe von G.

Definition 1.3.17. Eine Gruppe G heißt *zyklisch*, wenn es ein $g \in G$ gibt, so dass $\langle g \rangle = G$ ist. Wir sagen dann, g *erzeugt die Gruppe* G.

Für jedes $n \in \mathbb{Z}$ ist $\langle n \rangle = n\mathbb{Z} = \{kn \mid k \in \mathbb{Z}\} \subset \mathbb{Z}$ eine zyklische Untergruppe von $(\mathbb{Z}, +)$ mit Erzeuger n. Hier ist zu beachten, dass wir wegen der additiven Schreibweise kn statt n^k schreiben.

Satz 1.3.18 *Zu jeder Untergruppe $U \subset \mathbb{Z}$ von $(\mathbb{Z}, +)$ gibt es ein $n \in \mathbb{Z}$ mit $U = n\mathbb{Z}$.*

Beweis. Sei $U^+ := \{k \in U \mid k \geq 1\}$. Wenn $U^+ = \emptyset$, dann ist $U = \{0\}$, denn mit $k \in U$ ist auch $-k \in U$. In diesem Fall folgt die Behauptung mit $n = 0$. Sei nun $U^+ \neq \emptyset$. Dann gibt es eine kleinste Zahl $n \in U^+$. Jedes $a \in U$ lässt sich als $a = r + s \cdot n$ mit ganzen Zahlen r, s schreiben, so dass $0 \leq r < n$

(Division mit Rest). Da die Untergruppe U sowohl a als auch n enthält, ist auch $r = a - sn \in U$. Da n das kleinste Element von U^+ und $r < n$ ist, folgt $r \notin U^+$. Daher ist $r = 0$ und somit $a = s \cdot n$. Daraus ergibt sich $U = n\mathbb{Z}$. □

Beispiel 1.3.19. Die Abbildung $f : \mathbb{Z} \to \mathbb{Z}$ mit $f(k) := n \cdot k$ (fixiertes n) ist ein Gruppenhomomorphismus, denn $f(k+l) = n \cdot (k+l) = n \cdot k + n \cdot l = f(k) + f(l)$.
Die durch $f(k) := k^2$ definierte Abbildung ist hingegen kein Gruppenhomomorphismus $\mathbb{Z} \to \mathbb{Z}$ der additiven Gruppen, denn $f(2) = 4 \neq 1 + 1 = f(1) + f(1)$.
Wenn $(G, *)$ eine Gruppe ist und $a \in G$, $(a \neq e)$, dann ist durch $f(g) := a * g$ kein Gruppenhomomorphismus $f : G \to G$ definiert, da $f(e) = a * e = a \neq e$.

Wenn $U \subset G$ eine Untergruppe einer Gruppe $(G, *)$ ist, dann liefert uns die folgende Definition eine Äquivalenzrelation (siehe Abschnitt 6.3) auf der Menge G:

$$a \sim b \iff a^{-1} * b \in U\ . \tag{1.19}$$

Reflexivität: Da $U \subset G$ eine Untergruppe ist, gilt $a^{-1} * a = e \in U$ für alle $a \in G$. Daher folgt $a \sim a$.
Symmetrie: Wenn $a \sim b$, dann gilt $a^{-1} * b \in U$ und somit $(a^{-1} * b)^{-1} \in U$. Unter Verwendung von Bemerkung 1.3.7 folgt daraus $(a^{-1} * b)^{-1} = b^{-1} * (a^{-1})^{-1} = b^{-1} * a \in U$, also $b \sim a$.
Transitivität: Wenn $a \sim b$ und $b \sim c$, dann gilt $a^{-1} * b \in U$ und $b^{-1} * c \in U$. Also ist $a^{-1} * c = (a^{-1} * b) * (b^{-1} * c) \in U$ und damit $a \sim c$.

Aus der Definition folgt unmittelbar, dass die Äquivalenzklassen die Beschreibung $[a] = a * U := \{a * b \mid b \in U\}$ besitzen. Die Abbildung $U \to a * U$, die b auf $a * b$ abbildet, ist bijektiv, ihr Inverses bildet c auf $a^{-1} * c$ ab.
Die Mengen $a * U$ nennt man *Linksnebenklassen*. Für die Äquivalenzklassenmenge $G/\sim$ schreiben wir G/U und nennen sie die *Menge der Linksnebenklassen*. Den Spezialfall $U = n\mathbb{Z} \subset G = \mathbb{Z}$ haben wir ausführlich im Abschnitt 1.2 studiert.

Satz 1.3.20 (Lagrange[9]) *Wenn $(G, *)$ eine endliche Gruppe und $U \subset G$ eine Untergruppe von G ist, dann gilt:*

$$|G| = |U| \cdot |G/U|\ .$$

Beweis. Da die Abbildung $U \to a * U$, die $b \in U$ auf das Element $a * b \in a * U$ abbildet, bijektiv ist, haben alle Nebenklassen die gleiche Zahl von Elementen, nämlich $|U|$. Da nach Satz 6.3.16 jedes Element aus G in genau einer Nebenklasse liegt, ist die Zahl der Elemente von G gleich der Zahl der Nebenklassen $|G/U|$ multipliziert mit $|U|$. □

[9] Joseph Louis Lagrange (1736–1813), französisch-italienischer Mathematiker.

Definition 1.3.21. (1) Die Anzahl der Elemente $\mathrm{ord}(G) := |G|$ einer Gruppe G heißt *Ordnung der Gruppe* G.
(2) Für jedes Element $g \in G$ einer Gruppe G heißt $\mathrm{ord}(g) := \mathrm{ord}(\langle g \rangle)$ *Ordnung des Elements* g.

Obwohl diese Definition auch für Gruppen mit unendlich vielen Elementen gültig ist, werden wir uns hier vorrangig mit Ordnungen in endlichen Gruppen befassen. Die Ordnung eines Elements einer endlichen Gruppe ist stets eine positive ganze Zahl. Die Definition der Ordnung eines Elements $g \in G$ übersetzt sich in

$$\mathrm{ord}(g) = m \iff \langle g \rangle = \{e, g, g^2, \ldots, g^{m-1}\}.$$

Insbesondere gilt $\mathrm{ord}(g) = 1 \iff g = e$. Die Ordnung von $g \in G$ ist die kleinste positive ganze Zahl m, für die $g^m = e$ ist. Im Fall einer additiven Gruppe ist $\mathrm{ord}(g) = \min\{k \geq 1 \mid k \cdot g = 0\}$.

Beispiel 1.3.22. (i) $\mathrm{ord}(\mathbb{Z}) = \infty$, $\mathrm{ord}(\mathfrak{S}_n) = n!$, $\mathrm{ord}(D_n) = 2n$.
(ii) In $(\mathbb{Z}, +)$ gilt: $\mathrm{ord}(0) = 1$ und $\mathrm{ord}(n) = \infty$ für $n \neq 0$.
(iii) Sei $[0] \neq [a] \in (\mathbb{Z}/n\mathbb{Z}, +)$, dann ist $\mathrm{ord}([a]) = n/\mathrm{ggT}(a, n)$. Wenn n eine Primzahl ist, gilt folglich für $[a] \neq [0]$ stets $\mathrm{ord}([a]) = n$ in $(\mathbb{Z}/n\mathbb{Z}, +)$.

Satz 1.3.23 *Sei* $(G, *)$ *eine endliche Gruppe.*

(1) *Wenn* $U \subset G$ *Untergruppe ist, so ist* $\mathrm{ord}(U)$ *ein Teiler von* $\mathrm{ord}(G)$.
(2) *Für jedes* $g \in G$ *ist* $\mathrm{ord}(g)$ *ein Teiler von* $\mathrm{ord}(G)$.
(3) *Für alle* $g \in G$ *gilt* $g^{\mathrm{ord}(G)} = e$.

Beweis. Die Aussage (1) ergibt sich unmittelbar aus dem Satz 1.3.20 unter Benutzung des neu eingeführten Begriffes der Ordnung. Aussage (2) ergibt sich aus (1), denn $\mathrm{ord}(g) = \mathrm{ord}(\langle g \rangle)$.
Da es nach (2) eine ganze Zahl k gibt, für die $\mathrm{ord}(G) = k \cdot \mathrm{ord}(g)$ gilt, ergibt sich $g^{\mathrm{ord}(G)} = g^{k \cdot \mathrm{ord}(g)} = \left(g^{\mathrm{ord}(g)}\right)^k = e^k = e$. □

Zur Anwendung dieses Satzes auf die multiplikative Gruppe $(\mathbb{Z}/n\mathbb{Z})^*$ erinnern wir uns an die Eulerfunktion (Definition 1.1.10):

$$\varphi(n) = \left|\left\{k \in \mathbb{Z} \middle| 1 \leq k < n, \mathrm{ggT}(k, n) = 1\right\}\right| = \mathrm{ord}\left((\mathbb{Z}/n\mathbb{Z})^*\right).$$

Satz 1.3.24 (kleiner Satz von Fermat[10]) (1) *Für jede Primzahl* p *und jede ganze Zahl* a*, die nicht durch* p *teilbar ist, gilt:* $a^{p-1} \equiv 1 \mod p$.
(2) *Wenn* a, n *teilerfremde ganze Zahlen sind, dann gilt* $a^{\varphi(n)} \equiv 1 \mod n$.

[10] Pierre de Fermat (1601–1665), französischer Mathematiker.

Beweis. Da $\varphi(p) = p-1$ für jede Primzahl p und $\varphi(n) = \operatorname{ord}((\mathbb{Z}/n\mathbb{Z})^*)$, folgt die Behauptung aus Satz 1.3.23 (3). □

Beispiel 1.3.25. (i) Wenn $\operatorname{ggT}(a, 10) = 1$, dann ist $a^4 \equiv 1 \mod 10$, da $\varphi(10) = \varphi(5) \cdot \varphi(2) = 4$. Mit anderen Worten: die vierte Potenz jeder ungeraden Zahl, die nicht auf 5 endet, hat als letzte Ziffer eine 1. Aus dieser Kongruenz ergibt sich auch, dass für jede ganze Zahl a, die zu 10 teilerfremd ist, die letzte Ziffer einer beliebigen Potenz a^m gleich der letzten Ziffer von a^r ist, sobald $r \equiv m \mod 4$. Dies ergibt sich aus $m = 4k + r$ und $a^m \equiv a^{4k+r} \equiv (a^4)^k \cdot a^r \equiv 1^k \cdot a^r \equiv a^r \mod 10$.

(ii) Ebenso lässt sich der Rechenaufwand für die Bestimmung von zwei oder mehr Endziffern großer Zahlen verringern. Bei der Berechnung der letzten zwei Ziffern kann man wegen $\varphi(100) = \varphi(5^2 \cdot 2^2) = 5 \cdot 4 \cdot 2 = 40$ die Exponenten modulo 40 reduzieren. Da $9^9 \equiv 9 \mod 40$, folgt zum Beispiel $9^{(9^9)} \equiv 9^9 \mod 100$. Ohne technische Hilfsmittel berechnet man leicht $9^9 \equiv 89 \mod 100$. Die letzten beiden Ziffern von $9^{(9^9)}$ lauten also 89.

Als Nächstes werden wir den Prozess der Vererbung der Addition von $\mathbb{Z}$ auf $\mathbb{Z}/n\mathbb{Z}$ (Definition 1.2.3) für Gruppen verallgemeinern.

Satz 1.3.26 *Sei $(G, *)$ eine abelsche Gruppe und $U \subset G$ eine Untergruppe. Dann ist auf der Menge der Linksnebenklassen G/U durch $[a] * [b] := [a * b]$ die Struktur einer abelschen Gruppe definiert.*

Beweis. Das Hauptproblem ist hier, ebenso wie bei Satz 1.2.4, die Wohldefiniertheit. Dazu ist zu zeigen, dass aus $[a] = [a']$ und $[b] = [b']$ stets $[a' * b'] = [a * b]$ folgt. Entsprechend der in (1.19) gegebenen Definition bedeuten $[a] = [a']$ und $[b] = [b']$, dass es $r, s \in U$ gibt, so dass $a' = a*r$ und $b' = b*s$ gilt. Damit ergibt sich $a' * b' = (a * r) * (b * s) = a * (r * b * s) = a * (b * r * s)$. Für die letzte Gleichung haben wir benutzt, dass G abelsch ist. Da U eine Untergruppe ist, gilt $r * s \in U$ und es folgt $a' * b' = (a * b) * (r * s) \in (a * b) * U$, also tatsächlich $[a' * b'] = [a * b]$. Die Gruppeneigenschaften übertragen sich nun unmittelbar von G auf G/U. □

Da die Gruppen $\mathfrak{S}_n$ und D_n nicht abelsch sind, entsteht die Frage, ob für solche Gruppen die Vererbung der Gruppenstruktur auf Linksnebenklassenmengen ebenfalls möglich ist. Als Beispiel betrachten wir die Untergruppe $\{1, s\} \subset D_5$. Sie besitzt die folgenden $5 = \operatorname{ord}(D_5)/2$ Nebenklassen

$$[1] = \{1, s\},\ [t] = \{t, ts\},\ [t^2] = \{t^2, t^2 s\},\ [t^3] = \{t^3, t^3 s\},\ [t^4] = \{t^4, t^4 s\}\ .$$

Um die Gruppenstruktur wie in Satz 1.3.26 vererben zu können, ist es wegen $[t] = [ts]$ notwendig, dass auch $[t^2] = [t] \cdot [t] = [ts] \cdot [t] = [tst]$ gilt. Da $tst = s$ ist, müsste dann $[t^2] = [s]$ sein. Ein Blick auf die Liste der fünf Nebenklassen verrät, dass t^2 und s in verschiedenen Nebenklassen liegen. Die

Gruppenstruktur vererbt sich daher *nicht* auf $D_5/\{1, s\}$. Beim Umgang mit nicht-abelschen Gruppen ist also Vorsicht geboten.
Bei genauerer Betrachtung des Beweises von Satz 1.3.26 sehen wir, dass nur an einer Stelle benutzt wurde, dass G abelsch ist, nämlich beim Beweis von $a * (r * b * s) \in (a * b) * U$. Diesen Beweisschritt kann man jedoch auch ausführen, wenn es ein Element $r' \in U$ gibt, so dass $r * b = b * r'$, denn dann folgt $a * (r * b * s) = a * (b * r' * s) \in (a * b) * U$.
Eine Untergruppe $U \subset G$, welche die Eigenschaft hat, dass für jedes $b \in G$ und jedes $r \in U$ ein $r' \in U$ mit $r * b = b * r'$ existiert, nennt man einen *Normalteiler*. Mit anderen Worten: Eine Untergruppe $U \subset G$ ist genau dann Normalteiler, wenn $b * U = U * b$ für alle $b \in G$. Mit dem gleichen Beweis wie von Satz 1.3.26 erhalten wir nun, dass sich die Gruppenstruktur von G auf G/U vererbt, sobald $U \subset G$ ein Normalteiler ist.
Wenn G abelsch ist, dann ist jede Untergruppe $U \subset G$ ein Normalteiler, da stets $r * b = b * r$. In nicht-abelschen Gruppen gibt es im Allgemeinen jedoch Untergruppen, die nicht Normalteiler sind. Zum Beispiel ist $\{1, s\} \subset D_5$ kein Normalteiler, da $ts \notin \{t, st\}$ in D_5.

Bemerkung 1.3.27. Wenn $U \subset G$ Normalteiler, dann ist für jedes $a \in U$ die Nebenklasse $[a] \in G/U$ das neutrale Element der Gruppe G/U.

Die Begriffe *Untergruppe* und *Homomorphismus* sind die wichtigsten Werkzeuge zur Untersuchung von Gruppen, die wir bisher kennengelernt haben. Im Folgenden beschäftigen wir uns damit, wie sie miteinander zusammenhängen. Als wichtigstes Resultat werden wir den Homomorphiesatz beweisen. Er erlaubt uns, unter geeigneten Voraussetzungen präzise Information über die Struktur bestimmter Gruppen herauszufinden.

Definition 1.3.28. Für jeden Gruppenhomomorphismus $f : G \to H$ heißt

$$\ker(f) := \{g \in G \mid f(a) = e_H\} \subset G \text{ der } \textit{Kern} \text{ von } f \text{ und}$$
$$\operatorname{im}(f) := \{f(a) \mid a \in G\} \subset H \text{ das } \textit{Bild} \text{ von } f.$$

Bemerkung 1.3.29. Ein Gruppenhomomorphismus $f : G \to H$ ist genau dann surjektiv, wenn $\operatorname{im}(f) = H$.

Satz 1.3.30 *Sei $f : G \to H$ ein Gruppenhomomorphismus. Dann gilt:*

(1) $\ker(f) \subset G$ *ist eine Untergruppe.*
(2) $\operatorname{im}(f) \subset H$ *ist eine Untergruppe.*
(3) f *ist genau dann injektiv*[11], *wenn* $\ker(f) = \{e_G\}$.

[11] Siehe Definition 6.3.3.

Beweis. (1) Da $f(e_G) = e_H$, ist $e_G \in \ker(f)$ und damit $\ker(f) \neq \emptyset$. Wenn $a, b \in \ker(f)$, dann ist $f(a) = e_H$ und $f(b) = e_H$. Daraus ergibt sich $f(a*b) = f(a) * f(b) = e_H * e_H = e_H$ und $f(a^{-1}) = f(a)^{-1} = e_H^{-1} = e_H$. Also gilt $a * b \in \ker(f)$ und $a^{-1} \in \ker(f)$, das heißt $\ker(f)$ ist Untergruppe von G.
(2) Da $G \neq \emptyset$, ist auch $\mathrm{im}(f) \neq \emptyset$. Wenn $a' = f(a) \in \mathrm{im}(f)$ und $b' = f(b) \in \mathrm{im}(f)$, dann ist $a' * b' = f(a) * f(b) = f(a*b) \in \mathrm{im}(f)$ und $(a')^{-1} = f(a)^{-1} = f(a^{-1}) \in \mathrm{im}(f)$. Somit ist $\mathrm{im}(f)$ eine Untergruppe von H.
(3) Wenn f injektiv ist, dann ist $\ker(f) = \{e_G\}$. Wenn umgekehrt $\ker(f) = \{e_G\}$ und $f(a) = f(b)$, dann folgt $e_H = f(a) * f(b)^{-1} = f(a * b^{-1})$, d.h. $a * b^{-1} \in \ker(f) = \{e_G\}$. Damit ist $a * b^{-1} = e_G$, d.h. $a = b$, und f ist injektiv. □

Bemerkung 1.3.31. Für jeden Gruppenhomomorphismus $f : G \to H$ ist $\ker(f) \subset G$ ein *Normalteiler*, denn für $a \in G$, $b \in \ker(f)$ ist $f(a * b * a^{-1}) = f(a) * f(b) * f(a)^{-1} = f(a) * f(a)^{-1} = e_H$, also $a * b * a^{-1} \in \ker(f)$ und somit $a * b = b' * a$ für ein $b' \in \ker(f)$.

Satz 1.3.32 (Homomorphiesatz) *Sei $f : G \to H$ ein Gruppenhomomorphismus und $G/\ker(f)$ mit der von G vererbten Gruppenstruktur versehen. Dann ist die durch $\bar{f}([a]) := f(a)$ definierte Abbildung ein Isomorphismus*

$$\bar{f} : G/\ker(f) \longrightarrow \mathrm{im}(f)\,.$$

Beweis. Nach Bemerkung 1.3.31 ist $\ker(f) \subset G$ stets Normalteiler, also wird die Gruppenstruktur von G auf $G/\ker(f)$ vererbt. Die Wohldefiniertheit von $\bar{f}$ sehen wir wie folgt: Sei $[a] = [a'] \in G/\ker(f)$, dann gibt es ein $b \in \ker(f) \subset G$ mit $a' = a * b$. Damit erhalten wir $f(a') = f(a * b) = f(a) * f(b) = f(a) * e_H = f(a)$, wie gewünscht. Aus der Definition von $\bar{f}$ folgt sofort, dass $\bar{f}$ ein surjektiver Gruppenhomomorphismus ist. Für den Beweis der Injektivität betrachten wir $[a] \in \ker(\bar{f}) \subset G/\ker(f)$. Dann ist $f(a) = \bar{f}([a]) = e_H$, d.h. $a \in \ker(f)$ und somit $[a] = e_{G/\ker(f)}$. Wegen Satz 1.3.30 (3) ist $\bar{f}$ injektiv und daher ein Isomorphismus. □

Als erste Anwendung erhalten wir den folgenden Satz.

Satz 1.3.33 *Sei G eine Gruppe und $g \in G$ ein Element der Ordnung n. Dann gibt es einen Isomorphismus $\mathbb{Z}/n\mathbb{Z} \to \langle g \rangle$.*

Beweis. Durch $f(k) := g^k$ ist ein Homomorphismus $f : \mathbb{Z} \to G$ definiert. Offenbar ist $\mathrm{im}(f) = \langle g \rangle$ und $\ker(f) = n\mathbb{Z}$, wobei $n = \mathrm{ord}(g)$. Daher ist nach Satz 1.3.32 die induzierte Abbildung $\bar{f} : \mathbb{Z}/n\mathbb{Z} \to \langle g \rangle$ ein Isomorphismus. □

Als weitere Anwendung des Homomorphiesatzes können wir nun die bereits im Satz 1.1.11 angekündigte Formel für die Eulersche φ-Funktion beweisen.

Für Anwendungen praktischer Art ist allerdings der im Abschnitt 1.4 gegebene konstruktive Beweis von größerer Bedeutung, vgl Satz 1.4.23.

Satz 1.3.34 *Wenn m, n zwei teilerfremde ganze Zahlen sind, dann ist der durch $f\big([a]_{mn}\big) := \big([a]_m, [a]_n\big)$ gegebene Gruppenhomomorphismus*

$$f : \mathbb{Z}/mn\mathbb{Z} \to \mathbb{Z}/m\mathbb{Z} \times \mathbb{Z}/n\mathbb{Z}$$

ein Isomorphismus. Er bildet die Menge $(\mathbb{Z}/mn\mathbb{Z})^* \subset \mathbb{Z}/mn\mathbb{Z}$ bijektiv auf $(\mathbb{Z}/m\mathbb{Z})^* \times (\mathbb{Z}/n\mathbb{Z})^*$ ab. Insbesondere gilt $\varphi(mn) = \varphi(m)\varphi(n)$, falls $\mathrm{ggT}(m,n) = 1$.

Beweis. Sei $g : \mathbb{Z} \to \mathbb{Z}/m\mathbb{Z} \times \mathbb{Z}/n\mathbb{Z}$ der durch $g(a) := \big([a]_m, [a]_n\big)$ definierte Gruppenhomomorphismus. Dann ist

$$\ker(g) = \{a \in \mathbb{Z} \mid a \equiv 0 \mod m \text{ und } a \equiv 0 \mod n\}\,.$$

Daraus sehen wir $mn\mathbb{Z} \subset \ker(g)$. Es gilt aber auch $\ker(g) \subset mn\mathbb{Z}$, denn jedes $a \in \ker(g)$ ist durch m und n teilbar. Das heißt, es gibt $k \in \mathbb{Z}$, so dass $a = kn$ ist und da $\mathrm{ggT}(m,n) = 1$ folgt dann $m \mid k$ aus Satz 1.1.7. Damit ist a durch mn teilbar und somit $\ker(g) \subset mn\mathbb{Z}$, also schließlich $\ker(g) = mn\mathbb{Z}$. Der Homomorphiesatz besagt dann, dass g einen Isomorphismus $\bar{g} : \mathbb{Z}/mn\mathbb{Z} \to \mathrm{im}(g)$ induziert. Das zeigt, dass $\mathrm{ord}(\mathrm{im}(\bar{g})) = \mathrm{ord}\,(\mathbb{Z}/mn\mathbb{Z}) = mn$ gilt. Weil $(\mathbb{Z}/m\mathbb{Z}) \times (\mathbb{Z}/n\mathbb{Z})$ ebenfalls von Ordnung mn ist, muss $\mathrm{im}(\bar{g}) = \mathbb{Z}/m\mathbb{Z} \times \mathbb{Z}/n\mathbb{Z}$ gelten, und es folgt, dass $f = \bar{g}$ ein Isomorphismus ist.
Für die Aussage über $(\mathbb{Z}/mn\mathbb{Z})^*$ wechseln wir von der additiven zur multiplikativen Struktur von $\mathbb{Z}/mn\mathbb{Z}$. Obwohl wir erst im Abschnitt 1.4, bei der Beschäftigung mit Ringen, Addition und Multiplikation gleichzeitig betrachten werden, können wir bereits an dieser Stelle einen direkten Beweis geben. Wir benutzen dazu, dass für $[a] \in \mathbb{Z}/n\mathbb{Z}$ die Eigenschaft $[a] \in (\mathbb{Z}/n\mathbb{Z})^*$ zu $\mathrm{ggT}(a,n) = 1$ äquivalent ist[12]. Daher ist $f\big([a]_{mn}\big) = \big([a]_m, [a]_n\big)$ genau dann in $\big(\mathbb{Z}/m\mathbb{Z}\big)^* \times \big(\mathbb{Z}/n\mathbb{Z}\big)^*$ enthalten, wenn $\mathrm{ggT}(a,m) = 1$ und $\mathrm{ggT}(a,n) = 1$ gilt. Für solche a gibt es ganze Zahlen r, s, r', s', so dass $ra + sn = 1$ und $r'a + s'm = 1$. Daraus erhalten wir $ram + smn = m$ und $1 = r'a + s'(ram + smn) = (r' + s'rm)a + (s's)mn$. Somit ist $\mathrm{ggT}(a, mn) = 1$, d.h. $[a]_{mn} \in (\mathbb{Z}/mn\mathbb{Z})^*$. Also ist $f\big((\mathbb{Z}/mn\mathbb{Z})^*\big) = (\mathbb{Z}/m\mathbb{Z})^* \times (\mathbb{Z}/n\mathbb{Z})^*$ und wegen der Injektivität von f folgt die Behauptung. □

Bemerkung 1.3.35. Man kann zeigen, dass jede endliche abelsche Gruppe isomorph zu einer Gruppe der Gestalt

$$\mathbb{Z}/n_1\mathbb{Z} \times \mathbb{Z}/n_2\mathbb{Z} \times \cdots \times \mathbb{Z}/n_k\mathbb{Z}$$

[12] Beispiel 1.3.2 (v), Seite 26

ist. Durch Anwendung von Satz 1.3.34 kann man immer erreichen, dass die n_i Primzahlpotenzen sind.

Zum Abschluss dieses Abschnittes wenden wir uns nochmals der Fehlererkennung zu. Wir beginnen mit einer genaueren Analyse der Güte der Prüfzeichen bei EAN und ISBN, die wir am Ende von Abschnitt 1.2 betrachtet hatten. Anschließend benutzen wir den in diesem Abschnitt eingeführten Begriff der Gruppe, um diese Beispiele zu verallgemeinern. Das erlaubt es uns schließlich, die Prüfgleichung, die bei der Nummerierung ehemaliger deutscher Banknoten verwendet wurde, zu verstehen.
Sowohl EAN als auch ISBN-13 bestehen aus 13 Ziffern $a_1, \ldots, a_{13}$, welche die Prüfgleichung $\sum_{i=1}^{13} w_i a_i \equiv 0 \mod 10$ erfüllen. Dabei haben wir $w_i = 2 + (-1)^i$ gesetzt, oder im Klartext

$$w_i = \begin{cases} 1 & \text{falls } i \text{ ungerade,} \\ 3 & \text{falls } i \text{ gerade.} \end{cases}$$

Eine ISBN-10 besteht dagegen aus 10 Zeichen $a_1, \ldots, a_{10}$, die aus der Menge $\{0, 1, \ldots, 9, X\}$ sind. Das Symbol X wird als $[10] \in \mathbb{Z}/11\mathbb{Z}$ interpretiert und ist nur als a_{10} zugelassen. Die Prüfgleichung lautet $\sum_{i=1}^{10} i a_i \equiv 0 \mod 11$.
In beiden Situationen finden wir eine Prüfgleichung der Gestalt

$$\sum_{i=1}^{k} w_i a_i \equiv c \mod n \tag{1.20}$$

vor, wobei die a_i Repräsentanten von Elementen von $\mathbb{Z}/n\mathbb{Z}$ sind, die mit sogenannten „Gewichten“ $w_i \in \mathbb{Z}$ zu multiplizieren sind.
Wir können ganz allgemein mit einem endlichen Alphabet starten und Prüfgleichungen für Worte fester Länge untersuchen. Dazu werden die Elemente des Alphabets nummeriert, wodurch wir eine Bijektion zwischen einem n Symbole enthaltenden Alphabet und $\mathbb{Z}/n\mathbb{Z}$ erhalten. Wenn die Wortlänge gleich k ist, dann wählen wir k Gewichte $[w_i] \in \mathbb{Z}/n\mathbb{Z}$, $i = 1, \ldots, k$ und fixieren ein Element $[c] \in \mathbb{Z}/n\mathbb{Z}$. In dieser Situation messen wir die Güte der Prüfgleichung (1.20) durch die Zahl der Fehler, die durch sie erkannt werden. Bei der manuellen Übermittlung von Daten sind typische Fehler:

Einzelfehler: Genau eines der a_i ist falsch.
Transposition: Zwei benachbarte Symbole a_i und a_{i+1} sind vertauscht.

Um festzustellen, ob die Prüfgleichung (1.20) diese Fehler erkennt, nehmen wir an, das korrekte Wort lautet $a_1 a_2 \ldots a_k$ und das möglicherweise fehlerhaft übermittelte ist $b_1 b_2 \ldots b_k$.
Über das korrekte Wort, welches uns als Empfänger des Wortes $b_1 b_2 \ldots b_k$ ja nicht wirklich bekannt ist, wissen wir lediglich, dass die Prüfgleichung

$$\sum_{i=1}^{k} w_i a_i \equiv c \mod n$$

gilt. Als weitere Information können wir die Summe $\sum_{i=1}^{k} w_i b_i$ berechnen. Deshalb kennen wir auch die *Diskrepanz*

$$\delta := \sum_{i=1}^{k} w_i(a_i - b_i) \equiv c - \sum_{i=1}^{k} w_i b_i \mod n\ .$$

Bei Vorliegen eines Einzelfehlers bzw. einer Transposition heißt das konkret:

Einzelfehler: Wenn nur a_j falsch ist, dann ist $\delta \equiv w_j(a_j - b_j) \mod n$;
Transposition: Wenn $b_{j+1} = a_j$ und $b_j = a_{j+1}$, ansonsten aber alles korrekt übermittelt wurde, dann ist $\delta \equiv (w_j - w_{j+1}) \cdot (a_j - a_{j+1}) \mod n$.

Ein Fehler wird erkannt, wenn die Prüfsumme $\sum_{i=1}^{k} w_i b_i$ nicht kongruent c modulo n ist, also genau dann, wenn die Diskrepanz δ von Null verschieden ist. Das führt auf folgende Bedingungen zur Fehlererkennung:

Einzelfehler: Ein Fehler liegt vor, wenn $[a_j] \neq [b_j]$. Er wird erkannt, wenn dies $[w_j] \cdot (\,[a_j] - [b_j]\,) \neq [0]$ zur Folge hat.
Transposition: Ein Fehler liegt vor, wenn $[a_j] \neq [a_{j+1}]$. Er wird erkannt, wenn dann auch $(\,[w_j] - [w_{j+1}]\,)(\,[a_j] - [a_{j+1}]\,) \neq [0]$ gilt.

Um jeden Einzelfehler erkennen zu können, muss $[w_j]$ ein multiplikatives Inverses besitzen, das heißt $[w_j] \in (\mathbb{Z}/n\mathbb{Z})^*$. Diese Bedingung ist für EAN und ISBN-10 erfüllt.
Zur Erkennung aller Transpositionen muss $[w_j] - [w_{j+1}] \in (\mathbb{Z}/n\mathbb{Z})^*$ sein. Bei der EAN ist jedoch $[w_j] - [w_{j+1}] = \pm[2] \notin (\mathbb{Z}/10\mathbb{Z})^*$, denn $\mathrm{ggT}(\pm 2, 10) = 2$. Daher werden Transpositionen zweier Zahlen, deren Differenz fünf ist, durch die Prüfsumme nicht erkannt. Die Übermittlung von 61 statt 16 bleibt zum Beispiel unbemerkt. Dagegen wird die fehlerhafte Übermittlung von 26 statt 62 erkannt. Bei der ISBN-10 ist $w_j = j$, also $[w_j] - [w_{j+1}] = [-1] \in (\mathbb{Z}/11\mathbb{Z})^*$. Damit werden in diesem Fall alle Transpositionen erkannt.
Daran sehen wir, dass die Prüfgleichung der inzwischen abgeschafften ISBN-10 derjenigen der EAN und der neuen ISBN-13 bei der Fehlererkennung überlegen war. Beim maschinellen Lesen von Strichcodes sind allerdings Transpositionsfehler von untergeordneter Bedeutung, so dass diese Schwäche kaum praktische Relevanz haben sollte.
Der Nachteil der Prüfgleichung der ISBN-10 war die Notwendigkeit der Einführung eines elften Symbols „`X`“. Wenn wir ein Alphabet mit zehn Symbolen bevorzugen, dann führt uns die geschilderte Methode auf eine Prüfgleichung in $\mathbb{Z}/10\mathbb{Z}$. Da $\left(\mathbb{Z}/10\mathbb{Z}\right)^* = \{\pm 1, \pm 3\}$, sind auf diese Weise keine wesentlichen Verbesserungen der EAN möglich. Um bessere Fehlererkennung zu erreichen, kann man versuchen, die additive Gruppe $\mathbb{Z}/10\mathbb{Z}$ durch eine andere Gruppe zu ersetzen. Man kann zeigen, dass jede Gruppe der Ordnung 10 zu $\mathbb{Z}/10\mathbb{Z}$ oder D_5 isomorph ist.

Doch zunächst sei ganz allgemein $(G,*)$ eine Gruppe mit n Elementen und $c \in G$ fixiert. Statt einer Multiplikation mit Gewichten w_i erlauben wir nun beliebige Permutationen $\sigma_i \in \mathrm{sym}(G)$, $1 \le i \le k$. Das führt zur Prüfgleichung

$$\sigma_1(a_1) * \sigma_2(a_2) * \ldots * \sigma_k(a_k) = c\,.$$

Zur Vereinfachung der Analyse wählen wir eine einzige Permutation $\sigma \in \mathrm{sym}(G)$ und setzen $\sigma_i := \sigma^i \in \mathrm{sym}(G)$ für $1 \le i \le k$. Bei korrektem Wort $a_1 \ldots a_k$ und empfangenem Wort $b_1 \ldots b_k$ ist dann

$$c = \sigma^1(a_1) * \sigma^2(a_2) * \ldots * \sigma^k(a_k) \quad \text{und} \quad \widetilde{c} = \sigma^1(b_1) * \sigma^2(b_2) * \ldots * \sigma^k(b_k)\,.$$

Die Diskrepanz ist nun $\delta = c * \widetilde{c}^{-1} \in G$. Ein Fehler wird erkannt, wenn $\delta \neq e$.

Satz 1.3.36 *Eine Prüfgleichung der Form $\prod_{i=1}^k \sigma^i(a_i) = c$ erkennt alle Einzelfehler. Wenn für $x \neq y \in G$ stets $x * \sigma(y) \neq y * \sigma(x)$ gilt, dann werden auch alle Transpositionen erkannt.*

Beweis. Da $\delta = \sigma^1(a_1) * \sigma^2(a_2) * \ldots * \sigma^k(a_k) * \sigma^k(b_k)^{-1} * \ldots * \sigma^2(b_2)^{-1} * \sigma^1(b_1)^{-1}$, kann ein Einzelfehler an Position j nur dann unerkannt bleiben, wenn $e = \sigma^j(a_j) * \sigma^j(b_j)^{-1}$, also $\sigma^j(a_j) = \sigma^j(b_j)$ gilt. Da σ^j bijektiv ist, ist das nur möglich, wenn $a_j = b_j$, also überhaupt kein Fehler vorliegt. Damit ist die Erkennung aller Einzelfehler gesichert.
Wenn an den Positionen i und $i+1$ statt (a,b) das Paar (b,a) übermittelt wurde, dann wird dies durch die Prüfgleichung genau dann erkannt, wenn $\sigma^i(a) * \sigma^{i+1}(b) \neq \sigma^i(b) * \sigma^{i+1}(a)$ gilt. Mit $x := \sigma^i(a) \neq \sigma^i(b) =: y$ folgt dies aus der Voraussetzung $x * \sigma(y) \neq y * \sigma(x)$. □

Beispiel 1.3.37. Sei jetzt $G = D_5 = \{1, t, t^2, t^3, t^4, s, st, st^2, st^3, st^4\}$. Wir nummerieren die Elemente dieser Gruppe, indem wir jede der Ziffern $0, \ldots, 9$ in der Form $5i + j$ schreiben und dann dem Element $t^j s^i \in D_5$ zuordnen. Das führt zu folgender Tabelle

0	1	2	3	4	5	6	7	8	9
1	t	t^2	t^3	t^4	s	st^4	st^3	st^2	st

Dadurch kann die Permutation

$$\sigma = (0\,1\,5\,8\,9\,4\,2\,7) \circ (3\,6) = \begin{pmatrix} 0\,1\,2\,3\,4\,5\,6\,7\,8\,9 \\ 1\,5\,7\,6\,2\,8\,3\,0\,9\,4 \end{pmatrix} \in \mathfrak{S}_{10}$$

als Permutation der Elemente der Gruppe D_5 aufgefasst werden. Man erhält

x	1	t	t^2	t^3	t^4	s	st	st^2	st^3	st^4
$\sigma(x)$	t	s	st^3	st^4	t^2	st^2	t^4	st	1	t^3

Es gilt tatsächlich $x\sigma(y) \neq y\sigma(x)$ für $x \neq y \in D_5$, siehe Aufgabe 1.23.

Die im Beispiel 1.3.37 beschriebene Permutation wurde tatsächlich bei der Prüfgleichung für die Nummern auf den seit Herbst 1990 ausgegebenen und bis zur Einführung des Euro-Bargelds zu Beginn des Jahres 2002 in Umlauf befindlichen DM-Banknoten angewandt.
Die elfstelligen Nummern auf diesen Banknoten hatten an den Stellen 1, 2 und 10 einen Buchstaben statt einer Ziffer. Die Buchstaben entsprachen Ziffern nach folgendem Schema:

Ziffer	0	1	2	3	4	5	6	7	8	9
Buchstabe	A	D	G	K	L	N	S	U	Y	Z

Die benutzte Prüfgleichung lautete

$$a_{11} \prod_{i=1}^{10} \sigma^i(a_i) = 1 \; .$$

Aus Satz 1.3.36 erhalten wir, dass dadurch alle Einzelfehler und Transpositionen erkannt werden konnten. Da an der Position 10 ein Buchstabe und an Position 11 eine Ziffer verwendet wurde, ist es nicht nötig, den Beweis an die leicht veränderte Prüfgleichung anzupassen.

Abb. 1.2 Eine ehemalige 10-DM Banknote mit Nummer DS1170279G9 vom 1. 10. 1993

Beispiel 1.3.38. Um festzustellen, ob die Nummer der in Abb. 1.2 abgebildeten 10 DM Banknote wirklich die Prüfgleichung erfüllt, gehen wir folgendermaßen vor: Zuerst ersetzen wir D durch 1, S durch 6 und G durch 2. Dann wenden wir die entsprechende Potenz σ^i von σ an. Die Rechnung vereinfacht sich, wenn wir $\sigma^8 = \mathrm{Id}$ benutzen. Schließlich ersetzen wir die so erhaltenen Ziffern durch ihre entsprechenden Elemente in D_5 und bilden deren Produkt. Auf diese Weise erhalten wir Tabelle 1.1. Unter Verwendung

Position i	1	2	3	4	5	6	7	8	9	10	11
Ziffer a	1	6	1	1	7	0	2	7	9	2	9
Potenz von σ	σ	σ^2	σ^3	σ^4	σ^5	σ^6	σ^7	Id	σ	σ^2	Id
$\sigma^i(a)$	5	6	9	4	9	2	4	7	4	0	9
Element in D_5	s	st^4	st	t^4	st	t^2	t^4	st^3	t^4	1	st

Tabelle 1.1 Überprüfung der Nummer einer ehemaligen Banknote

von $st^k st^k = 1$ und $tst = s$ ergibt sich $s \cdot st^4 \cdot st \cdot t^4 \cdot st \cdot t^2 \cdot t^4 \cdot st^3 \cdot t^4 \cdot 1 \cdot st = s\left(st^4 \cdot st^4\right) t \left(st^7 \cdot st^7\right) st = 1$, die Prüfgleichung ist erfüllt.

Die Verwendung von Prüfziffern erlaubt uns, Einzelfehler zu erkennen. Eine Korrektur ist in der Regel jedoch nur dann möglich, wenn bekannt ist, an welcher Stelle der Fehler auftrat. Im Normalfall muss man sich mit der Erkenntnis der Fehlerhaftigkeit begnügen. Dies ist in Situationen ausreichend, in denen die Originalquelle leicht erreichbar ist, wie etwa bei einer fehlerhaft gescannten EAN an der Kasse eines Supermarktes. Im Fall der Banknotennummern genügt die Feststellung der Fehlerhaftigkeit, eine Korrektur ist nicht nötig.
Bei der Übertragung von Daten innerhalb von oder zwischen Computern über ein Netzwerk ist eine Fehlerkorrektur jedoch nötig und erwünscht. Wir befassen uns mit fehlerkorrigierenden Codes im Abschnitt 2.5.
Wir wollen schließlich durch ein letztes Beispiel zeigen, wie ein in den achtziger Jahren des letzten Jahrhunderts weltweit verbreitetes Spielzeug der Mathematik ernsthafte Probleme stellen kann. Im Jahr 1975 ließ der ungarische Professor für Architektur Erno Rubik den sogenannten Zauberwürfel (Abb. 1.3) patentieren. Von diesem Würfel wurden mehr als 100 Millionen Exemplare verkauft. Noch heute kann man ihn in den Geschäften finden.

Abb. 1.3 Der Rubik-Würfel

Der Würfel besteht aus 26 zusammenhängenden kleinen farbigen Würfeln, die sich schichtweise in einer Ebene gegeneinander drehen lassen. Dadurch werden die einzelnen Würfel umgeordnet.
Bei den kleinen Würfeln gibt es 8 Ecksteine, deren 3 Außenflächen mit 3 verschiedenen Farben versehen sind. Es gibt 12 Kantensteine mit 2 verschiedenen Farben und 6 Mittelsteine, die jeweils eine der Farben blau, rot, gelb, grün, braun und weiß haben. Die kleinen Würfel sind so gefärbt, dass der Würfel in einer Stellung (Grundstellung) auf jeder Seite eine einheitliche Farbe besitzt. Mathematisch gesehen kann der Würfel als Permutationsgruppe W aufgefasst werden. Auf den 6 Seiten des Würfels gibt es durch die Unterteilung in die kleinen Würfel je 9 farbige Quadrate (insgesamt 54). Die 6 Quadrate der Mittelsteine gehen bei den Drehungen des Würfels in sich über, so dass man das Verdrehen des Würfels als Permutation der 48 („beweglichen") Quadrate auffassen kann. Das ergibt eine Untergruppe der Permutationsgruppe $\mathfrak{S}_{48}$. Sie hat die Ordnung $\frac{1}{12} \cdot 8! \cdot 3^8 \cdot 12! \cdot 2^{12} \approx 4{,}3 \cdot 10^{19}$. Diese Untergruppe wird durch 6 Permutationen V, H, R, L, O, U erzeugt, die den Drehungen der 6 Seiten (Vorderseite, Hinterseite, rechte Seite, linke Seite, obere Seite, untere Seite) um 90 Grad entsprechen. Sei $B_0 = \{V, H, R, L, O, U\}$, dann ist $W = \langle B_0 \rangle$. Oft versteht man unter einer einzelnen Drehung auch die Drehung einer Seite um 180 oder 270 Grad. Daher setzen wir $B = \{D^k \mid D \in B_0, k = 1, 2, 3\}$.
Wenn man den Würfel als Spielzeug benutzt, kommt es darauf an, ihn aus einer beliebig verdrehten Stellung in möglichst kurzer Zeit in die Grundstellung zurückzudrehen. Das ist gar nicht so einfach. Es gab regelrechte Wettbewerbe und die Besten schafften das durchschnittlich in weniger als einer Minute. Der Weg zur Grundstellung ist natürlich nicht eindeutig bestimmt. Mathematisch stellt sich die Frage nach der folgenden Schranke:

$$M := \min\{k \mid \forall \sigma \in W \; \exists \sigma_1, \ldots, \sigma_k \in B, \text{ so dass } \sigma = \sigma_1 \circ \ldots \circ \sigma_k\},$$

d.h. M ist die kleinstmögliche Zahl, für die sich der Würfel aus jeder beliebigen Stellung mit höchstens M Drehungen wieder in Grundstellung bringen lässt. Anfang der achtziger Jahre wurde gezeigt, dass $18 \leq M \leq 52$ ist. Bis heute ist die Zahl M nicht bekannt. Man weiß jetzt, dass $20 \leq M \leq 22$ gilt. Dieses Ergebnis geht auf Tomas Rokicki (USA) zurück, der das Problem auf aufwändige Rechnungen mit Nebenklassen einer geeigneten Untergruppe von W zurückführte, die er dann von Computern durchführen ließ, siehe [Rok].

Aufgaben

Übung 1.13. Zeigen Sie, dass die durch $f(x, y) := x - y$ gegebene Abbildung $f : \mathbb{Z} \times \mathbb{Z} \to \mathbb{Z}$ ein Gruppenhomomorphismus bezüglich der additiven Gruppenstruktur (vgl. Bsp. 1.3.2 (vi)) ist. Bestimmen Sie $\ker(f)$ und $\operatorname{im}(f)$.

Übung 1.14. Bestimmen Sie die Ordnung von jedem der sechs Elemente der symmetrischen Gruppe $\mathfrak{S}_3$.

Übung 1.15. Zeigen Sie: $\text{ord}([a]) = n/\,\text{ggT}(a,n)$ für $[0] \neq [a] \in (\mathbb{Z}/n\mathbb{Z},+)$.

Übung 1.16. (a) Welche der Gruppen $D_5, \mathfrak{S}_3, \mathbb{Z}/5\mathbb{Z}, (\mathbb{Z}/5\mathbb{Z})^*$ ist zyklisch?
(b) Beweisen Sie, dass jede endliche Gruppe, deren Ordnung eine Primzahl ist, eine zyklische Gruppe ist.

Übung 1.17. Zeigen Sie, dass die durch $g([a]) := [7^a]$ definierte Abbildung $g : \mathbb{Z}/16\mathbb{Z} \to (\mathbb{Z}/17\mathbb{Z})^*$ ein Isomorphismus von Gruppen ist.

Übung 1.18. Sei $f : G \to H$ ein Gruppenisomorphismus. Beweisen Sie, dass für jedes Element $a \in G$ stets $\text{ord}(a) = \text{ord}(f(a))$ gilt. Gilt dies auch für beliebige Gruppenhomomorphismen?

Übung 1.19. Beweisen Sie, dass es keinen Isomorphismus zwischen den Gruppen $\mathbb{Z}/4\mathbb{Z}$ und $\mathbb{Z}/2\mathbb{Z} \times \mathbb{Z}/2\mathbb{Z}$ gibt. Gibt es einen Isomorphismus zwischen $\mathbb{Z}/6\mathbb{Z}$ und $\mathbb{Z}/2\mathbb{Z} \times \mathbb{Z}/3\mathbb{Z}$?

Übung 1.20. Sei $(G,*)$ eine Gruppe und $g \in G$ irgendein Element. Beweisen Sie, dass die durch $K(x) = g * x * g^{-1}$ gegebene Abbildung $K : G \to G$ ein Isomorphismus von Gruppen ist.

Übung 1.21. Sei $U \subset G$ eine Untergruppe einer endlichen Gruppe G, so dass $\text{ord}(G) = 2\,\text{ord}(U)$. Zeigen Sie, dass $U \subset G$ ein Normalteiler ist.

Übung 1.22. Geben Sie sämtliche Untergruppen der symmetrischen Gruppe $\mathfrak{S}_3$ an, und bestimmen Sie diejenigen unter ihnen, die Normalteiler sind.

Übung 1.23. Zeigen Sie, dass die im Beispiel 1.3.37 angegebene Permutation σ tatsächlich die im Satz 1.3.36 für die Erkennung von Transpositionsfehlern angegebene Bedingung erfüllt.

Übung 1.24. Überprüfen Sie, ob `GL0769947G2` eine gültige Nummer für eine ehemalige DM-Banknote sein könnte.

Übung 1.25. Bestimmen Sie die fehlende letzte Ziffer der Nummer einer ehemaligen DM-Banknote `DY3333333Z?`.

Übung 1.26. Sei $(G,*)$ eine Gruppe mit neutralem Element $e \in G$. Wir nehmen an, dass für jedes $a \in G$ die Gleichung $a * a = e$ gilt. Beweisen Sie, dass G eine abelsche Gruppe ist.

1.4 Ringe und Körper

In den Abschnitten 1.2 und 1.3 wurde die Methode der Abstraktion anhand des konkreten Beispiels der Restklassen ganzer Zahlen und des allgemeinen Begriffes der Gruppe illustriert. Ein Vergleich der Gruppenaxiome (Def. 1.3.1) mit der Liste der Eigenschaften ganzer Zahlen im Abschnitt 1.1 zeigt jedoch, dass der Gruppenbegriff nicht alle Aspekte des Rechnens mit ganzen Zahlen reflektiert. Wir benötigen eine mathematische Struktur mit zwei Rechenoperationen: einer Addition *und* einer Multiplikation. Das führt uns zu den Begriffen *Ring* und *Körper*. Diese Begriffe umfassen sowohl die uns vertrauten Zahlbereiche als auch Polynomringe. Letztere besitzen verblüffend große strukturelle Ähnlichkeit zum Ring der ganzen Zahlen.
Als Anwendung werden wir im folgenden Abschnitt 1.5 erste Schritte in der Kryptographie unternehmen.

Definition 1.4.1. Eine nichtleere Menge K, auf der zwei Verknüpfungen $+ : K \times K \to K$ und $\cdot : K \times K \to K$ gegeben sind, heißt *Körper*, wenn

$$(K,+) \text{ eine abelsche Gruppe mit neutralem Element } 0 \in K \text{ ist,} \tag{1.21}$$

$$(K^*,\cdot\,) \text{ eine abelsche Gruppe ist, wobei } K^* := K \smallsetminus \{0\}, \text{ und das} \tag{1.22}$$

$$\text{Distributivgesetz gilt: } \forall\, a,b,c \in K: \quad a\cdot(b+c) = a\cdot b + a\cdot c. \tag{1.23}$$

Beispiel 1.4.2. (i) $\mathbb{R}, \mathbb{Q}$ sind Körper, aber $\mathbb{Z}$ ist kein Körper.
(ii) $(\mathbb{Z}/p\mathbb{Z}, +, \cdot)$ ist ein Körper, falls p eine Primzahl ist. Um ihn von der additiven Gruppe $\mathbb{Z}/p\mathbb{Z}$ zu unterscheiden, wird er mit $\mathbb{F}_p$ bezeichnet.

In jedem Körper K bezeichnet $1 \in K^*$ das neutrale Element der multiplikativen Gruppe $(K^*,\cdot\,)$. Da $0 \notin K^*$, muss stets $0 \neq 1$ gelten.
Mit den gleichen Beweisen wie zu Beginn von Abschnitt 1.1 erhält man folgende Aussagen in einem beliebigen Körper K:

$$\text{Für alle } a \in K \text{ gilt } 0 \cdot a = 0. \tag{1.24}$$

$$\text{Aus } a \cdot b = 0 \text{ folgt } a = 0 \text{ oder } b = 0. \tag{1.25}$$

$$\text{Für } a,b \in K \text{ gilt } a\cdot(-b) = -(a\cdot b) \text{ und } (-a)\cdot(-b) = a \cdot b. \tag{1.26}$$

Wenn n keine Primzahl ist, dann ist $\mathbb{Z}/n\mathbb{Z}$ *kein* Körper, denn die Eigenschaft (1.25) ist für zusammengesetztes n verletzt. Zum Beispiel gilt $[2]\cdot[3] = [0]$ in $\mathbb{Z}/6\mathbb{Z}$. Echte Teiler von n haben kein multiplikatives Inverses modulo n und somit ist $(\mathbb{Z}/n\mathbb{Z}) \smallsetminus \{[0]\}$ keine Gruppe bezüglich der Multiplikation. Daher ist es notwendig, den etwas allgemeineren Begriff des Ringes einzuführen.

Definition 1.4.3. Eine Menge R, auf der zwei Verknüpfungen $+ : R\times R \to R$ und $\cdot : R \times R \to R$ gegeben sind, heißt kommutativer *Ring* mit Eins, wenn folgende Bedingungen erfüllt sind:

$(R, +)$ ist eine abelsche Gruppe mit neutralem Element $0 \in R$. (1.27)

Die Multiplikation in R ist assoziativ, kommutativ und es gibt ein neutrales Element $1 \in R$. (1.28)

Das Distributivgesetz gilt. (1.29)

Wenn im Folgenden von einem *Ring* die Rede ist, dann meinen wir stets einen kommutativen Ring mit Eins. In anderen Lehrbüchern wird bei dem Begriff des Ringes mitunter in (1.28) auf die Kommutativität der Multiplikation oder auf die Existenz eines neutralen Elements $1 \in R$ verzichtet.
Die Menge aller 2×2-Matrizen $\left(\begin{smallmatrix} a & b \\ c & d \end{smallmatrix}\right)$ mit ganzzahligen Einträgen $a, b, c, d \in \mathbb{Z}$ bilden einen Ring bezüglich der gewöhnlichen Addition von Matrizen und der Matrizenmultiplikation (Def. 2.2.22) als Produkt. Die Einheitsmatrix $\left(\begin{smallmatrix} 1 & 0 \\ 0 & 1 \end{smallmatrix}\right)$ ist das Einselement dieses Ringes und die Matrix, deren Einträge sämtlich gleich Null sind, ist das Nullelement dieses Ringes. Da

$$\begin{pmatrix} 0 & 1 \\ 0 & 0 \end{pmatrix} \circ \begin{pmatrix} 0 & 0 \\ 1 & 0 \end{pmatrix} = \begin{pmatrix} 1 & 0 \\ 0 & 0 \end{pmatrix} \neq \begin{pmatrix} 0 & 0 \\ 0 & 1 \end{pmatrix} = \begin{pmatrix} 0 & 0 \\ 1 & 0 \end{pmatrix} \circ \begin{pmatrix} 0 & 1 \\ 0 & 0 \end{pmatrix},$$

ist dieser Ring *nicht* kommutativ. Er wird also in diesem Buch nicht weiter auftauchen.
Der einzige Unterschied zwischen den Definitionen der Begriffe Ring und Körper ist, dass für einen Ring nicht gefordert wird, dass zu jedem $r \in R$ mit $r \neq 0$ ein multiplikatives Inverses existiert. Allerdings ist deshalb in einem Ring nicht mehr automatisch $1 \neq 0$. Wenn jedoch in einem Ring $0 = 1$ gilt, dann sind alle Elemente dieses Ringes gleich 0. Mit anderen Worten: Der einzige Ring, in dem $0 = 1$ ist, ist der *Nullring* $R = \{0\}$. In jedem anderen Ring gilt $1 \neq 0$. In allen Ringen gelten weiterhin (1.24) und (1.26). Die Aussage (1.25) gilt in allgemeinen Ringen jedoch nicht.

Beispiel 1.4.4. (i) Jeder Körper, insbesondere $\mathbb{R}$ und $\mathbb{Q}$, aber auch die Menge der ganzen Zahlen $\mathbb{Z}$ sind Ringe.
(ii) Für jedes $n \in \mathbb{Z}$ ist $\mathbb{Z}/n\mathbb{Z}$ ein Ring.
(iii) Wenn R und R' Ringe sind, dann ist das kartesische Produkt $R \times R'$ mit den Verknüpfungen

$$(r, r') + (s, s') := (r + s, r' + s')$$
$$(r, r') \cdot (s, s') := (r \cdot s, r' \cdot s')$$

ebenfalls ein Ring. Selbst wenn R und R' Körper sind, ist $R \times R'$ kein Körper. Das liegt daran, dass stets $(1, 0) \cdot (0, 1) = (0, 0) = 0$ gilt.

Beispiel 1.4.5 (Polynomringe). Sei R ein Ring. Dann definieren wir den Polynomring $R[X]$ wie folgt. Die zugrunde liegende Menge enthält alle Polynome in der Unbestimmten X mit Koeffizienten aus dem Ring R:

$$R[X] = \left\{ \sum_{i=0}^{n} a_i X^i \;\middle|\; n \geq 0, a_i \in R \right\}.$$

Ein Polynom ist somit ein formaler Ausdruck, in dem die „Unbestimmte“ X auftritt. Zwei solche Ausdrücke sind genau dann gleich, wenn ihre Koeffizienten a_i übereinstimmen. Polynome sind *nicht* dasselbe wie Polynomfunktionen, die man durch das Einsetzen von Elementen $x \in K$ für X aus Polynomen erhält, vgl. Aufgabe 1.35. Die Addition ist komponentenweise definiert:

$$\sum_{i=0}^{n} a_i X^i + \sum_{j=0}^{m} b_j X^j := \sum_{i=0}^{\max(m,n)} (a_i + b_i) X^i$$

wobei wir $a_i = 0$ für $i > n$ und $b_j = 0$ für $j > m$ setzen.
Die Multiplikation ist so definiert, dass $aX^i \cdot bX^j = (a \cdot b)X^{i+j}$ ist und das Distributivgesetz gilt. Ausführlicher bedeutet das:

$$\left(\sum_{i=0}^{n} a_i X^i \right) \cdot \left(\sum_{j=0}^{m} b_j X^j \right) = \sum_{k=0}^{n+m} \left(\sum_{i=0}^{k} a_i b_{k-i} \right) X^k .$$

Konkret erhalten wir für $X^2+1, 2X-3 \in \mathbb{Z}[X]$ folgende Summe und Produkt:

$$(X^2 + 1) \cdot (2X - 3) = 2X^3 - 3X^2 + 2X - 3, \text{ sowie}$$
$$(X^2 + 1) + (2X - 3) = X^2 + 2X - 2 .$$

Jedem Polynom ist sein *Grad* zuordnet. Wenn

$$f = \sum_{i=0}^{n} a_i X^i = a_0 + a_1 X + a_2 X^2 + \ldots + a_{n-1} X^{n-1} + a_n X^n$$

und $a_n \neq 0$, dann heißt $\deg(f) := n$ der Grad des Polynoms f. Es ist zweckmäßig dem Nullpolynom den Grad $-\infty$ zuzuordnen. Wenn $\deg(f) = n$, dann nennen wir a_n den *Leitkoeffizienten* von f und $a_n X^n$ den *Leitterm* des Polynoms f.

Definition 1.4.6. (1) Sei R ein Ring und $R' \subset R$ eine Teilmenge, so dass R' Untergruppe bezüglich der Addition ist, $1 \in R'$ und für $a, b \in R'$ stets $a \cdot b \in R'$ gilt. Dann heißt R' *Unterring* von R.
(2) Ein Unterring $L \subset K$ eines Körpers K heißt *Teilkörper*, wenn für jedes $0 \neq a \in L$ auch $a^{-1} \in L$ ist.
(3) Eine Abbildung $f : R \to R'$ zwischen zwei Ringen R und R' heißt *Ringhomomorphismus*, falls $f(1) = 1$ ist und $f(a + b) = f(a) + f(b)$ und $f(a \cdot b) = f(a) \cdot f(b)$ für alle $a, b \in R$ gilt. Wenn R und R' Körper sind, dann spricht man auch von einem *Körperhomomorphismus*.

Beispiel 1.4.7. (i) $\mathbb{Z} \subset \mathbb{Q} \subset \mathbb{R}$ sind Unterringe, $\mathbb{Q} \subset \mathbb{R}$ ist Teilkörper.

(ii) $R \subset R[X]$ ist Unterring.
(iii) Für fixiertes $a \in R$ ist die durch $f_a(h) := h(a)$ definierte Abbildung $f_a : R[X] \to R$ ein Ringhomomorphismus. Wenn $h = \sum_{i=0}^{n} a_i X^i$, dann ist $h(a) := \sum_{i=0}^{n} a_i a^i \in R$. Wir nennen f_a den *Einsetzungshomomorphismus.*
(iv) $f : \mathbb{Z} \to \mathbb{Z}/n\mathbb{Z}$ mit $f(a) := [a]$ ist ein Ringhomomorphismus.
(v) $\mathbb{Z}[X] \subset \mathbb{Q}[X]$ ist ein Unterring.
(vi) Die Abbildung $\mathbb{Z}[X] \to (\mathbb{Z}/n\mathbb{Z})[X]$, bei der jeder Koeffizient durch seine Restklasse ersetzt wird, ist ein Ringhomomorphismus. Allgemeiner ist für jeden Ringhomomorphismus $f : R \to R'$ ein Ringhomomorphismus $R[X] \to R'[X]$ definiert, indem f auf die Koeffizienten angewendet wird.

Der Polynomring $K[X]$ über einem Körper K weist viel Ähnlichkeit mit dem in Abschnitt 1.1 studierten Ring der ganzen Zahlen auf. Die Ursache dafür besteht im Vorhandensein eines Euklidischen Algorithmus für Polynome, der auf der folgenden *Division mit Rest* basiert.

Satz 1.4.8 *Zu gegebenen Polynomen $f, g \in K[X]$ mit $\deg(f) \geq \deg(g)$ gibt es ein $h \in K[X]$, so dass $\deg(f - gh) < \deg(g)$ gilt.*

Beweis. Der Beweis erfolgt per Induktion über $k := \deg(f) - \deg(g) \geq 0$. Der Induktionsanfang ($k = 0$) und der Induktionsschritt (Schluss von k auf $k+1$) ergeben sich aus der folgenden Überlegung, bei der $k \geq 0$ beliebig ist. Sei $f = aX^{n+k} + \ldots$ und $g = bX^n + \ldots$, wobei nur die Terme höchsten Grades (Leitterme) aufgeschrieben sind. Die Leitkoeffizienten sind $a \neq 0$ und $b \neq 0$. Es gilt also $\deg(f) = n + k$ und $\deg(g) = n$. Dann ist

$$\deg\left(f - \left(\tfrac{a}{b} \cdot X^k\right) \cdot g\right) < n + k = \deg(f),$$

denn der Leitterm von f wird durch Subtraktion von $\left(\frac{a}{b} X^k\right) g$ entfernt. □

Beispiel 1.4.9. (i) Sei $f = X^3 + 1$ und $g = X - 1$. Die Leitterme von f und g sind X^3 bzw. X. Daher müssen wir g mit X^2 multiplizieren. Wir erhalten $f - X^2 g = X^3 + 1 - X^2(X-1) = X^2 + 1$. Da dies vom Grad $2 > \deg(g)$ ist, müssen wir fortfahren und nun Xg subtrahieren. Der Faktor X ergibt sich wieder als Quotient der Leitterme. Damit erhalten wir $f - (X^2 + X)g = X^2 + 1 - X(X-1) = X + 1$. Dieses Ergebnis hat Grad $1 \geq \deg(g)$ und somit ist ein weiterer Schritt notwendig. Wir subtrahieren nun g und erhalten schließlich $f - (X^2 + X + 1)g = X + 1 - (X - 1) = 2$.
(ii) Sei $f = X^3 - 3X^2 + 2X$ und $g = X^2 - 1$. Die Leitterme sind hier X^3 und X^2, daher subtrahieren wir zunächst Xg von f und erhalten $f - Xg = -3X^2 + 3X$. Nun ist $3g$ zu addieren und wir erhalten $f - (X-3)g = 3X - 3$.

Der Euklidische Algorithmus in Polynomringen

Als Eingabedaten seien zwei Polynome $f, g \in K[X]$ mit $\deg(f) \geq \deg(g)$ gegeben. Am Ende wird $\mathrm{ggT}(f, g)$ ausgegeben.
Jeder Schritt des Algorithmus besteht aus einer Division mit Rest, gefolgt von einem Test, in dem entschieden wird, ob das Ende bereits erreicht wurde. Um die Division mit Rest stets ausführen zu können, setzen wir voraus, dass K ein Körper ist.

Initialisierung: $A := f$, $B := g$
Division: Bestimme $N \in K[X]$, so dass $\deg(A - N \cdot B) < \deg(B)$.
$C := A - N \cdot B$ ist der Rest von A bei Division durch B.
Test: Wenn $C = 0$, dann Ausgabe von $\mathrm{ggT}(a, b) := B$ und stopp.
Wenn $C \neq 0$, dann Division mit Rest für $A := B$, $B := C$.

Der Ausgabewert ist, bis auf die Normierung des Leitkoeffizienten, der größte gemeinsame Teiler von f und g. Die Definition des Begriffes *größter gemeinsamer Teiler* lässt sich fast wörtlich aus $\mathbb{Z}$ auf Polynomringe übertragen. Der wesentliche Unterschied besteht darin, dass wir die Normierung „$d > 0$" durch „Leitkoeffizient ist gleich 1" zu ersetzen haben. Wie bereits in Abschnitt 1.1 beginnen wir mit den Definitionen der Begriffe Teilbarkeit und größter gemeinsamer Teiler.

Definition 1.4.10. Ein Element b eines Ringes R heißt *Teiler* des Elements $a \in R$, falls es ein $c \in R$ gibt, so dass $b \cdot c = a$ gilt. Wir schreiben dann $b \mid a$.

Definition 1.4.11. Seien $f, g \in K[X]$ von Null verschiedene Polynome. Ein Polynom $d \in K[X]$ heißt genau dann *größter gemeinsamer Teiler* von f und g, wenn die folgenden drei Bedingungen erfüllt sind:

(i) (Normierung) Der Leitkoeffizient von d ist gleich 1.
(ii) (gemeinsamer Teiler) $d \mid f$ und $d \mid g$.
(iii) (Maximalität) $\forall\, c \in K[X]$: Wenn $c \mid f$ und $c \mid g$, dann gilt $c \mid d$.

Beispiel 1.4.12. (i) Wir bestimmen den größten gemeinsamen Teiler von

$$f = X^4 - 1 \text{ und } g = X^3 - 1 \,.$$

Es sind zwei Divisionen mit Rest durchzuführen:

$$(X^4 - 1) - X \cdot (X^3 - 1) = X - 1$$
$$(X^3 - 1) - (X^2 + X + 1)(X - 1) = 0 \,.$$

Das ergibt: $\mathrm{ggT}(X^4 - 1, X^3 - 1) = X - 1$.
(ii) Für $f = X^3 - 3X^2 + 2X$ und $g = X^2 - 1$ erhalten wir

$$f - (X - 3)g = 3X - 3 \quad \text{und}$$
$$(X^2 - 1) - \frac{1}{3}(X + 1)(3X - 3) = 0 \,.$$

Damit ist $\mathrm{ggT}(X^3 - 3X^2 + 2X, X^2 - 1) = X - 1$, denn das Polynom $3X - 3$ ist noch durch 3 zu teilen, um den Leitkoeffizienten zu normieren.

Der Beweis, dass dieser Algorithmus stets nach endlich vielen Schritten endet und tatsächlich den größten gemeinsamen Teiler berechnet, ist fast wörtlich derselbe wie für den Euklidischen Algorithmus in $\mathbb{Z}$. Daher wird er hier weggelassen. Alle Eigenschaften der ganzen Zahlen, die mit Hilfe des Euklidischen Algorithmus bewiesen wurden, lassen sich auch für Polynomringe $K[X]$ mit Koeffizienten in einem Körper K beweisen. Die Beweise übertragen sich aus Abschnitt 1.1 fast wörtlich.

Satz 1.4.13 (1) *Für $f, g, h \in K[X]$ gilt genau dann $h = \mathrm{ggT}(f, g)$, wenn es Polynome $r, s \in K[X]$ gibt, so dass $h = rf + sg$ und wenn jedes andere Polynom dieser Gestalt durch h teilbar ist.*

(2) *Wenn $f, g, h \in K[X]$ Polynome sind, für die $\mathrm{ggT}(f, h) = 1$ und $f \mid g \cdot h$ gilt, dann folgt $f \mid g$.*

(3) *Ein Polynom f heißt* irreduzibel, *wenn aus $f = g \cdot h$ stets $g \in K$ oder $h \in K$ folgt. Dies ist äquivalent dazu, dass aus $f \mid gh$ stets $f \mid g$ oder $f \mid h$ folgt.*

(4) *Jedes Polynom $0 \neq f \in K[X]$ hat eine, bis auf die Reihenfolge eindeutige, Darstellung $f = u \cdot p_1 \cdot p_2 \cdot \ldots \cdot p_k$, wobei $u \in K^*$ und $p_i \in K[X]$ irreduzible Polynome mit Leitkoeffizient 1 sind.*

Da der Ring $K[X]$ in seiner Struktur dem Ring $\mathbb{Z}$ so sehr ähnlich ist, entsteht die Frage, ob es auch für Polynomringe möglich ist, auf Restklassenmengen in ähnlicher Weise wie auf $\mathbb{Z}/n\mathbb{Z}$ eine Ringstruktur zu definieren. Das führt allgemeiner auf die Frage, für welche Teilmengen $I \subset R$ eines beliebigen Ringes R sich die beiden Rechenoperationen $+$ und $\cdot$ auf R/I vererben. Dafür ist nicht ausreichend, dass Summen und Produkte von Elementen aus I stets in I sind. Eine Analyse des Wohldefiniertheitsproblems führt auf die folgende Definition.

Definition 1.4.14. Sei R ein Ring und $I \subset R$ eine nichtleere Teilmenge. Wir nennen I ein *Ideal*[13], falls die folgenden beiden Bedingungen erfüllt sind:

$$\text{Für alle } a, b \in I \text{ gilt } a + b \in I. \tag{1.30}$$

$$\text{Für alle } r \in R \text{ und } a \in I \text{ gilt } r \cdot a \in I. \tag{1.31}$$

Aus (1.30) und (1.31) folgt, dass $I \subset R$ ist eine Untergruppe bezüglich der Addition ist.

[13] Der deutsche Mathematiker RICHARD DEDEKIND (1831–1916) führte den Begriff des Ideals ein, um für bestimmte Erweiterungen des Ringes der ganzen Zahlen eine Verallgemeinerung der in der Formulierung von Satz 1.1.8 dort nicht mehr gültigen eindeutigen Primfaktorzerlegung zu erhalten.

Beispiel 1.4.15. (i) Die Ideale in $\mathbb{Z}$ sind genau die Teilmengen $n\mathbb{Z} \subset \mathbb{Z}$. Jede Untergruppe von $(\mathbb{Z}, +)$ ist nach Satz 1.3.18 von der Gestalt $n\mathbb{Z}$. Da für $r \in \mathbb{Z}$ und $a = ns \in n\mathbb{Z}$ stets $r \cdot a = nrs \in n\mathbb{Z}$ gilt, sind die Mengen $n\mathbb{Z}$ tatsächlich Ideale.

(ii) Wenn $a_1, \ldots, a_k \in R$ beliebige Elemente sind, dann ist

$$\langle a_1, \ldots, a_k \rangle := \left\{ \sum_{i=1}^{k} r_i a_i \;\middle|\; r_i \in R \right\} \subset R$$

ein Ideal. Für $k = 1$ erhalten wir $\langle a \rangle = a \cdot R = \{ra \mid r \in R\}$. Dies verallgemeinert die Ideale $n\mathbb{Z} \subset \mathbb{Z}$. Ideale der Gestalt $\langle a \rangle$ heißen *Hauptideale*.

(iii) Stets ist $\langle 1 \rangle = R$ ein Ideal. Es ist das einzige Ideal, das ein Unterring ist.

Satz 1.4.16 *Sei R ein Ring, $I \subset R$ ein Ideal. Dann wird auf der additiven Gruppe R/I durch $[a] \cdot [b] := [a \cdot b]$ die Struktur eines Ringes definiert.*

Beweis. Um die Wohldefiniertheit der Multiplikation einzusehen, starten wir mit $r, s \in I$ und betrachten $a' = a + r$, $b' = b + s$. Dann ist $a' \cdot b' = (a+r) \cdot (b+s) = ab + as + rb + rs$. Wegen (1.30) und (1.31) ist $as + br + rs \in I$. Das heißt $[a'b'] = [ab]$, die Multiplikation auf R/I ist also wohldefiniert. Die Ringeigenschaften übertragen sich nun leicht. □

Satz 1.4.17 *Wenn K ein Körper ist, dann ist $K[X]$ ein* Hauptidealring. *Das heißt, für jedes Ideal $I \subset K[X]$ gibt es ein $f \in K[X]$, so dass $I = \langle f \rangle$.*

Beweis. Der Beweis ist analog zum Beweis von Satz 1.3.18. Sei $I \subset K[X]$ ein Ideal. Wenn $I = \{0\}$, dann können wir $f = 0$ wählen und sind fertig. Sei von nun an $I \neq \{0\}$. Da für $g \neq 0$ der Grad $\deg(g) \geq 0$ stets eine nicht-negative ganze Zahl ist, gibt es mindestens ein Element $f \in I$ von minimalem Grad. Das heißt, für jedes $0 \neq g \in I$ ist $\deg(f) \leq \deg(g)$. Jedes $0 \neq g \in I$ lässt sich als $g = r + h \cdot f$ mit $r, h \in K[X]$ schreiben, so dass $\deg(r) < \deg(f)$ (Division mit Rest). Da I ein Ideal ist, muss $r = g - hf \in I$ sein. Wegen der Minimalität des Grades von f folgt $r = g - hf = 0$, d.h. $g \in \langle f \rangle$ und somit $I = \langle f \rangle$. □

Definition 1.4.18. (1) Ein Element $a \in R$ eines Ringes R heißt *Nullteiler*, wenn ein $0 \neq b \in R$ mit $a \cdot b = 0$ existiert.

(2) Ein Element $a \in R$ heißt *Einheit*, wenn ein $b \in R$ mit $a \cdot b = 1$ existiert.

(3) Ein Ring R heißt *nullteilerfrei*, wenn $0 \in R$ der einzige Nullteiler ist.

Bei der Benutzung dieser Begriffe ist Vorsicht geboten, denn für jedes $a \in R$ gilt $a \mid 0$, auch wenn a kein Nullteiler ist. Ein Ring R ist genau dann nullteilerfrei, wenn aus $a \cdot b = 0$ stets $a = 0$ oder $b = 0$ folgt. Das heißt, dass wir in nullteilerfreien Ringen wie gewohnt kürzen können: Falls $c \neq 0$, dann folgt aus $a \cdot c = b \cdot c$ in nullteilerfreien Ringen $a = b$. In einem Ring, der echte Nullteiler hat, kann man so nicht schließen.

Beispiel 1.4.19. (i) Die Einheiten eines Ringes sind genau die Elemente, die ein multiplikatives Inverses besitzen. Daher ist die Menge aller Einheiten

$$R^* := \{a \in R \mid a \text{ ist Einheit in } R\}$$

eine multiplikative Gruppe.
Es gilt $(\mathbb{Z}/n\mathbb{Z})^* = \{[a] \in \mathbb{Z}/n\mathbb{Z} \mid \mathrm{ggT}(a,n) = 1\}$. Für jeden Körper K ist $K^* = K \setminus \{0\}$. Ein Ring R ist genau dann Körper, wenn $R^* = R \setminus \{0\}$.

(ii) Wenn $n \geq 2$, dann ist in $\mathbb{Z}/n\mathbb{Z}$ jedes Element entweder Nullteiler oder Einheit (vgl. Aufg. 1.32), denn

$$[a] \in \mathbb{Z}/n\mathbb{Z} \text{ ist Nullteiler} \iff \mathrm{ggT}(a,n) \neq 1\,, \tag{1.32}$$
$$[a] \in \mathbb{Z}/n\mathbb{Z} \text{ ist Einheit} \iff \mathrm{ggT}(a,n) = 1\,. \tag{1.33}$$

(iii) Der einzige Nullteiler in $\mathbb{Z}$ ist 0, also ist $\mathbb{Z}$ nullteilerfrei. Außerdem gilt $\mathbb{Z}^* = \{1, -1\}$. In dem Ring $\mathbb{Z}$ ist somit jedes von $0, 1$ und -1 verschiedene Element weder Nullteiler, noch Einheit.

(iv) Für beliebige Ringe R, S gilt $(R \times S)^* = R^* \times S^*$.

Beispiel 1.4.20 (Komplexe Zahlen). Der Körper $\mathbb{C}$ der komplexen Zahlen spielt eine wichtige Rolle bei der Lösung nichtlinearer Gleichungen. Das liegt daran, dass der Prozess des Lösens von Polynomgleichungen in $\mathbb{C}$ – zumindest theoretisch – immer erfolgreich abgeschlossen werden kann, wogegen dies in den kleineren Körpern $\mathbb{Q}$ und $\mathbb{R}$ nicht immer möglich ist. Als Prototyp einer solchen Polynomgleichung dient $X^2 + 1 = 0$. Obwohl die Koeffizienten dieser Gleichung aus $\mathbb{Q}$ sind, hat sie weder in $\mathbb{Q}$ noch in $\mathbb{R}$ eine Lösung. Die beiden Lösungen dieser Gleichung sind erst in $\mathbb{C}$ zu finden.
Die additive Gruppe von $\mathbb{C}$ ist die Menge $\mathbb{R} \times \mathbb{R}$ aller Paare reeller Zahlen. Die Addition ist komponentenweise definiert und die Multiplikation ist durch die folgende Formel gegeben

$$(a,b) \cdot (a',b') := (aa' - bb', ab' + ba')\,.$$

Man sieht leicht ein, dass $0 = (0,0)$ und $1 = (1,0)$ gilt, womit man die in der Definition eines Körpers geforderten Eigenschaften leicht nachrechnen kann. Der interessanteste Teil dieser recht ermüdenden Rechnungen ist die Angabe eines multiplikativen Inversen für $(a,b) \neq (0,0)$:

$$(a,b)^{-1} = \left(\frac{a}{a^2+b^2}, \frac{-b}{a^2+b^2} \right)\,.$$

Zur Vereinfachung ist es üblich $\mathrm{i} = (0,1)$ zu schreiben. Statt (a,b) wird dann $a + b\mathrm{i}$ geschrieben. Dadurch lässt sich die oben angegebene Definition der

Multiplikation durch die Gleichung $\mathrm{i}^2 = -1$ charakterisieren. Die vollständige Formel ergibt sich damit aus dem Distributivgesetz. Der Betrag einer komplexen Zahl $|a+b\mathrm{i}| = \sqrt{a^2+b^2}$ ist der Abstand des Punktes (a,b) vom Ursprung $(0,0)$ in der reellen Ebene.
Durch die Abbildung $x \mapsto (x,0)$ wird $\mathbb{R} \subset \mathbb{C}$ Teilkörper. Dies wird durch die Schreibweise $(x,0) = x + 0 \cdot \mathrm{i} = x$ direkt berücksichtigt. Hier ein Rechenbeispiel:

$$\frac{2+3\mathrm{i}}{1-\mathrm{i}} = \frac{(2+3\mathrm{i})(1+\mathrm{i})}{(1-\mathrm{i})(1+\mathrm{i})} = \frac{2+2\mathrm{i}+3\mathrm{i}-3}{1+1} = \frac{-1+5\mathrm{i}}{2} = -\frac{1}{2} + \frac{5}{2}\mathrm{i}\,.$$

Die graphische Darstellung[14] der komplexen Zahlen in der reellen Ebene und die geometrische Interpretation der Addition und Multiplikation (Abb. 1.4) sind nützliche Hilfsmittel. Dadurch lässt sich die algebraische Struktur, die wir dadurch auf den Punkten der reellen Ebene erhalten, zur Lösung von Problemen der ebenen Geometrie anwenden.

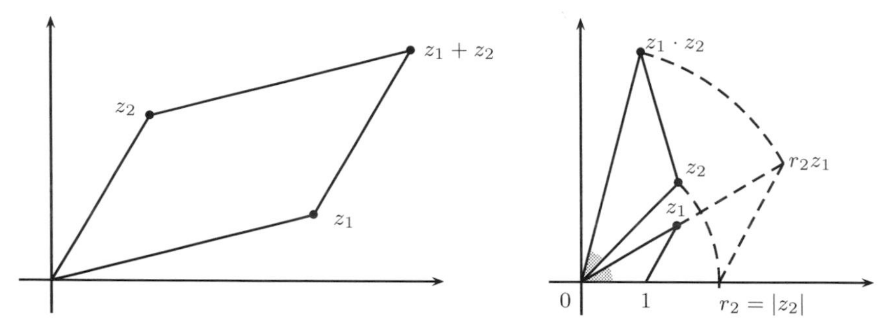

Abb. 1.4 Addition und Multiplikation komplexer Zahlen

Die wichtigste Eigenschaft des Körpers $\mathbb{C}$ ist im folgenden Satz festgehalten, den wir hier ohne Beweis angeben.

Satz 1.4.21 (Fundamentalsatz der Algebra) *Jedes von Null verschiedene Polynom $f \in \mathbb{C}[X]$ lässt sich als Produkt linearer Polynome schreiben:*

---

[14] Die früheste, heute bekannte Publikation der Idee, komplexe Zahlen durch Punkte einer Ebene zu repräsentieren, erschien im Jahre 1799. Sie stammt von dem norwegisch-dänischen Mathematiker Caspar Wessel (1745–1818), blieb aber damals weitgehend unbemerkt. Zum Allgemeingut wurde diese Idee durch ein kleines Büchlein, welches im Jahre 1806 vom Schweizer Buchhalter und Amateurmathematiker Jean-Robert Argand (1768–1822) in Paris veröffentlicht wurde. In der englischsprachigen Literatur spricht man daher von der *Argand Plane*, in der französischen dagegen manchmal von der *plan de Cauchy*. Der deutsche Mathematiker Carl Friedrich Gauss (1777–1855) trug durch eine Publikation im Jahre 1831 zur Popularisierung dieser Idee bei. Daher spricht man in der deutschsprachigen Literatur von der *Gaußschen Zahlenebene*.

$$f = c \cdot (X - a_1) \cdot (X - a_2) \cdot \ldots \cdot (X - a_n)\,.$$

Dabei ist $c \in \mathbb{C}^*$ der Leitkoeffizient, $n = \deg(f)$ der Grad und die $a_i \in \mathbb{C}$ sind die Nullstellen von f.

Eine komplexe Zahl $a \in \mathbb{C}$ ist genau dann *Nullstelle* von f, wenn $f(a) = 0$ gilt. Jedes Polynom $f \in \mathbb{C}[X]$ von positivem Grad hat mindestens eine Nullstelle in $\mathbb{C}$. Für Teilkörper von $\mathbb{C}$ ist dies nicht der Fall.
Bevor wir uns den versprochenen Anwendungen der bisher entwickelten Theorie zuwenden können, müssen noch zwei sehr nützliche Werkzeuge behandelt werden. Es handelt sich um den Homomorphiesatz und um den Chinesischen Restsatz.

Satz 1.4.22 (Homomorphiesatz für Ringe) *Sei $\varphi : R \to R'$ ein Ringhomomorphismus. Dann ist $\ker(\varphi) \subset R$ ein Ideal, $\mathrm{im}(\varphi) \subset R'$ ein Unterring und die durch $\overline{\varphi}([r]) := \varphi(r)$ definierte Abbildung*

$$\overline{\varphi} : R/\ker(\varphi) \to \mathrm{im}(\varphi)$$

ist ein Isomorphismus von Ringen.

Beweis. Um zu sehen, dass $\ker(\varphi) \subset R$ ein Ideal ist, betrachten wir $a, b \in \ker(\varphi)$. Das heißt $\varphi(a) = \varphi(b) = 0$ und somit $\varphi(a+b) = \varphi(a) + \varphi(b) = 0$, also $a + b \in \ker(\varphi)$. Wenn $a \in \ker(\varphi)$ und $r \in R$, dann ist $\varphi(ra) = \varphi(r) \cdot \varphi(a) = 0$ und es ergibt sich $ra \in \ker(\varphi)$. Daher ist $\ker(\varphi) \subset R$ ein Ideal.
Nun zeigen wir, dass $\mathrm{im}(\varphi) \subset R'$ ein Unterring ist. Nach Satz 1.3.30 ist $\mathrm{im}(\varphi) \subset R'$ eine additive Untergruppe. Aus $\varphi(1) = 1$ folgt $1 \in \mathrm{im}(\varphi)$. Da sich aus $\varphi(a) \in \mathrm{im}(\varphi)$ und $\varphi(b) \in \mathrm{im}(\varphi)$ auch $\varphi(a) \cdot \varphi(b) = \varphi(ab) \in \mathrm{im}(\varphi)$ ergibt, folgt schließlich, dass $\mathrm{im}(\varphi)$ ein Unterring von R' ist.
Wir wissen aus Satz 1.3.32, dass $\overline{\varphi}$ ein wohldefinierter Isomorphismus der additiven Gruppen ist. Da $\overline{\varphi}([a] \cdot [b]) = \overline{\varphi}([ab]) = \varphi(ab) = \varphi(a) \cdot \varphi(b) = \overline{\varphi}([a]) \cdot \overline{\varphi}([b])$ und $\overline{\varphi}([1]) = \varphi(1) = 1$, ist $\overline{\varphi}$ ein Ringisomorphismus. □

Satz 1.4.23 (Chinesischer[15] Restsatz) *Seien $m_1, \ldots, m_k$ paarweise teilerfremde ganze Zahlen, sei $m := m_1 \cdot \ldots \cdot m_k$ deren Produkt und seien $a_1, \ldots, a_k$ ganze Zahlen. Dann gibt es eine Lösung $x \in \mathbb{Z}$ der simultanen Kongruenzen:*

$$x \equiv a_1 \mod m_1, \qquad x \equiv a_2 \mod m_2, \qquad \ldots \qquad x \equiv a_k \mod m_k$$

und dieses x ist eindeutig bestimmt modulo m.

Beweis. Die Beweisidee besteht darin, das Problem in einfachere Teilprobleme zu zerlegen, aus deren Lösung wir die gesuchte Lösung x zusammensetzen können. Wir bestimmen zunächst ganze Zahlen $x_1, \ldots, x_k$, für die

$$x_i \equiv \begin{cases} 1 & \mod m_i \\ 0 & \mod m_j, \quad \text{falls } j \neq i, \end{cases} \tag{1.34}$$

gilt. Aus solchen x_i ergibt sich dann $x = \sum_{i=1}^{k} x_i a_i \mod m$ als Lösung der gegebenen simultanen Kongruenzen. Da die Differenz zweier Lösungen durch sämtliche m_i teilbar ist und die m_i paarweise teilerfremd sind, folgt die behauptete Eindeutigkeit.
Da die m_i paarweise teilerfremd sind, gilt für eine ganze Zahl x_i genau dann $x_i \equiv 0 \mod m_j$ für alle $j \neq i$, wenn x_i durch $p_i := \prod_{j \neq i} m_j = \frac{m}{m_i}$ teilbar ist. Weil p_i und m_i teilerfremd sind, liefert uns der Euklidische Algorithmus ganze Zahlen r und s, so dass $rp_i + sm_i = 1$. Die Zahl $x_i := rp_i = rm/m_i$ ist dann eine Lösung der simultanen Kongruenzen (1.34). □

Folgerung 1.4.24. *Seien $m_1, \ldots, m_k$ paarweise teilerfremde ganze Zahlen, d.h. $\mathrm{ggT}(m_i, m_j) = 1$ für $i \neq j$, und sei $m := m_1 \cdot \ldots \cdot m_k$. Dann gilt:*

(a) *Durch die Zuordnung $[a]_m \mapsto ([a]_{m_1}, \ldots, [a]_{m_k})$ ist ein Isomorphismus von Ringen definiert:*

$$\mathbb{Z}/m\mathbb{Z} \xrightarrow{\sim} \mathbb{Z}/m_1\mathbb{Z} \times \mathbb{Z}/m_2\mathbb{Z} \times \ldots \times \mathbb{Z}/m_k\mathbb{Z}\,.$$

(b) *Der Isomorphismus aus (a) induziert einen Isomorphismus abelscher Gruppen*

$$(\mathbb{Z}/m\mathbb{Z})^* \xrightarrow{\sim} (\mathbb{Z}/m_1\mathbb{Z})^* \times \ldots \times (\mathbb{Z}/m_k\mathbb{Z})^*\,.$$

Insbesondere gilt für die Eulersche φ-Funktion: $\varphi(m) = \varphi(m_1) \cdot \ldots \cdot \varphi(m_k)$.

Beweis. Der Teil (a) ist lediglich eine andere Formulierung von 1.4.23. Statt des angegebenen konstruktiven Beweises kann man (a) aber auch per Induktion aus Satz 1.3.34 gewinnen. Dazu muss man noch bemerken, dass für beliebige $k \in \mathbb{Z}$ stets $[ab]_k = [a]_k \cdot [b]_k$ und $[1]_k = 1$ im Ring $\mathbb{Z}/k\mathbb{Z}$ gilt, und dass somit der Gruppenhomomorphismus in Satz 1.3.34 sogar ein Ringisomorphismus ist.
Da nach Beispiel 1.4.19 (iv) für beliebige Ringe R_i die Einheitengruppe von $R = R_1 \times \ldots \times R_k$ gleich $R^* = R_1^* \times \ldots \times R_k^*$ ist, folgt (b) aus (a). □

[15] In einem chinesischen Mathematiklehrbuch, welches vermutlich etwa im dritten Jahrhundert u.Z. geschrieben wurde, wird nach einer Zahl x gefragt, welche die drei Kongruenzen $x \equiv 2 \mod 3$, $x \equiv 3 \mod 5$ und $x \equiv 2 \mod 7$ erfüllt. Die Lösung wurde dort mit der gleichen Methode ermittelt, die auch dem hier angegebenen Beweis zugrunde liegt. Es handelt sich dabei um die früheste bekannte Quelle, in der ein solches Problem behandelt wurde, daher der Name des Satzes.

Es folgt ein Anwendungsbeispiel für den Chinesischen Restsatz.

Beispiel 1.4.25 (Die defekte Waschmaschine). Es war einmal ein Haus, in dem sieben Personen wohnten. Jede von ihnen besaß eine Waschmaschine. All diese Waschmaschinen befanden sich im Waschraum im Keller des Hauses. Eines Tages stellte sich heraus, dass eine der Maschinen defekt ist. Da sich die Mieter jedoch sehr gut verstanden und in unterschiedlichen Abständen ihre Wäsche wuschen, einigten sie sich darauf, dass jeder eine jede der noch funktionierenden Waschmaschinen benutzen darf. Ein Problem war erst dann zu erwarten, wenn alle am selben Tag ihre Wäsche waschen wollten.
Die Mieter einigten sich an einem Sonntag auf dieses liberale Nutzungsverhalten. Dabei stellten sie überrascht fest, dass jeder von ihnen für die kommende Woche einen anderen Tag als Waschtag eingeplant hatte. Von da an wollte jede dieser sieben Personen in regelmäßigen Abständen seine Wäsche waschen. Die Häufigkeit der Waschmaschinenbenutzung ist aus Tabelle 1.2 zu ersehen,

Wochentag	Mo	Di	Mi	Do	Fr	Sa	So
Häufigkeit	2	3	4	1	6	5	7
Person	P_1	P_2	P_3	P_4	P_5	P_6	P_7

Tabelle 1.2 Häufigkeit der Waschmaschinenbenutzung

in der diese Häufigkeit dem Wochentag zugeordnet ist, an dem die betreffende Person in der ersten Woche ihre Wäsche zu waschen beabsichtigte. So wäscht zum Beispiel der Mieter der am Montag wäscht jeden zweiten Tag seine Wäsche, danach dann am Mittwoch, am Freitag, am Sonntag u.s.w.

> Wie lange hatten die Hausbewohner Zeit, die Waschmaschine reparieren zu lassen, ohne dass jemand seinen Rhythmus ändern musste?

Zur Beantwortung dieser Frage gilt es herauszufinden, wann erstmalig alle Mieter am selben Tag waschen wollten. Dazu nummerieren wir die Tage fortlaufend, beginnend mit 1 am Montag nach der Zusammenkunft der Mieter. Die Mieter bezeichnen wir mit $P_1, P_2, \ldots, P_7$, so dass P_i am Tag i wäscht. Die Waschhäufigkeit m_i von P_i ist der Eintrag in der mittleren Zeile von Tabelle 1.2. Die Person P_i wäscht somit genau dann am Tag mit der Nummer x, wenn $x \equiv i \mod m_i$ gilt. Zur Lösung des Problems suchen wir daher die kleinste ganze Zahl $x > 0$, welche sämtliche der folgenden Kongruenzen erfüllt:

$$\begin{array}{llll} x \equiv 1 \mod 2 & x \equiv 2 \mod 3 & x \equiv 3 \mod 4 & x \equiv 4 \mod 1 \\ x \equiv 5 \mod 6 & x \equiv 6 \mod 5 & x \equiv 7 \mod 7\,. & \end{array}$$

Dies können wir vereinfachen. Da für jedes $x \in \mathbb{Z}$ die Kongruenz $x \equiv 4 \mod 1$ erfüllt ist, können wir sie streichen. Da $\mathbb{Z}/6\mathbb{Z} \cong \mathbb{Z}/2\mathbb{Z} \times \mathbb{Z}/3\mathbb{Z}$ nach dem Chinesische Restsatz, ist $x \equiv 5 \mod 6$ äquivalent zu den zwei Kongruenzen $x \equiv 1 \mod 2$ und $x \equiv 5 \mod 3$. Da $5 \equiv 2 \mod 3$, treten beide Kongruenzen bereits auf, wir können somit $x \equiv 5 \mod 6$ ersatzlos streichen. Da schließlich eine Zahl x, für die $x \equiv 3 \mod 4$ gilt, ungerade ist, können wir die Kongruenz $x \equiv 1 \mod 2$ ebenfalls streichen. Es verbleiben die folgenden Kongruenzen:

$$\begin{aligned} x &\equiv 2 \mod 3 & \qquad x &\equiv 3 \mod 4 \\ x &\equiv 1 \mod 5 & \qquad x &\equiv 0 \mod 7\,. \end{aligned} \tag{1.35}$$

Da $3 \cdot 4 \cdot 5 \cdot 7 = 420$, verspricht uns der Chinesische Restsatz eine Lösung, die modulo 420 eindeutig bestimmt ist. Zu beachten ist hier, dass $3, 4, 5, 7$ tatsächlich paarweise teilerfremd sind. Das war bei den ursprünglichen Werten $2, 3, 4, 1, 6, 5, 7$ nicht der Fall, ist aber eine wichtige Voraussetzung für die Anwendung des Chinesischen Restsatzes.
Wenn wir die Methode des Beweises von Satz 1.4.23 auf die Kongruenzen (1.35) aus dem Waschmaschinenproblem anwenden, dann rechnen wir mit den Zahlen $m_1 = 3, m_2 = 4, m_3 = 5, m_4 = 7$ und $a_1 = 2, a_2 = 3, a_3 = 1, a_4 = 0$. Es ergibt sich $m = m_1 m_2 m_3 m_4 = 420$ und $p_1 = 140, p_2 = 105, p_3 = 84, p_4 = 60$. Der Euklidische Algorithmus liefert uns die folgenden Ausdrücke der Gestalt $rp_i + sm_i = 1$:

$$\begin{aligned} i = 1: &\quad 2 \cdot 140 - 93 \cdot 3 = 1 &\Longrightarrow&\quad x_1 = 280 \\ i = 2: &\quad 1 \cdot 105 - 26 \cdot 4 = 1 &\Longrightarrow&\quad x_2 = 105 \\ i = 3: &\quad 4 \cdot \ \ 84 - 67 \cdot 5 = 1 &\Longrightarrow&\quad x_3 = 336 \\ i = 4: &\quad 2 \cdot \ \ 60 - 17 \cdot 7 = 1 &\Longrightarrow&\quad x_4 = 120 \end{aligned}$$

Wenn man die Gleichung $rp_i + sm_i = 1$ als Kongruenz $rp_i \equiv 1 \mod m_i$ schreibt und p_i durch Reduktion modulo m_i verkleinert, dann verringert sich der Rechenaufwand ein wenig. Die Ergebnisse x_i ändern sich dadurch jedoch nicht. Als Lösung der simultanen Kongruenzen (1.35) ergibt sich

$$x = \sum_{i=1}^{4} a_i x_i = 2 \cdot 280 + 3 \cdot 105 + 1 \cdot 336 + 0 \cdot 120 = 1211\,.$$

Die allgemeine Lösung hat daher die Gestalt $1211 + n \cdot 420$ mit $n \in \mathbb{Z}$ und die kleinste positive Lösung ist $1211 - 2 \cdot 420 = 371$. Die Hausbewohner haben also 371 Tage – mehr als ein Jahr – Zeit, die Waschmaschine reparieren zu lassen, vorausgesetzt keine weitere Waschmaschine fällt aus und keiner der Mieter ändert seinen Waschrhythmus.

Eine genaue Betrachtung des oben beschriebenen Algorithmus zur Lösung simultaner Kongruenzen zeigt, dass in jeder Teilaufgabe mit den relativ großen Zahlen p_i gerechnet wird. Wenn eine hohe Anzahl von Kongruenzen vorliegt kann dies durchaus zu beträchtlichem Rechenaufwand führen. Durch eine schrittweise Berechnung der Lösung x kann man hier eine Verbesserung erreichen. Die Idee besteht darin, dass man induktiv aus der allgemeinen Lösung

der ersten t Kongruenzen die allgemeine Lösung der ersten $t+1$ Kongruenzen bestimmt.
Als Induktionsanfang können wir $x = a_1$ wählen. Sei x_t eine Lösung der ersten t Kongruenzen: $x_t \equiv a_i \mod m_i$ für $1 \leq i \leq t$. Dann gilt für jede Lösung x_{t+1} der ersten $t+1$ Kongruenzen

$$x_{t+1} = x_t + y \cdot m_1 \cdot \ldots \cdot m_t \qquad \text{und} \qquad x_{t+1} \equiv a_{t+1} \mod m_{t+1} \,.$$

Um x_{t+1} zu bestimmen, müssen wir alle ganzen Zahlen y ermitteln, für die

$$x_t + ym_1 \cdot \ldots \cdot m_t \equiv a_{t+1} \mod m_{t+1}$$

gilt. Die Lösung ist

$$y \equiv (a_{t+1} - x_t) \cdot (m_1 \cdot \ldots \cdot m_t)^{-1} \mod m_{t+1} \,.$$

Das Inverse $(m_1 \cdot \ldots \cdot m_t)^{-1}$ existiert in $\mathbb{Z}/m_{t+1}\mathbb{Z}$, da die m_i paarweise teilerfremd sind. Mit diesem y erhalten wir dann x_{t+1}.
Die Lösung der simultanen Kongruenzen (1.35) ergibt sich mit diesem Algorithmus wie folgt:

$$\begin{array}{ll}
x_1 = 2 & y \equiv (a_2 - x_1)m_1^{-1} \mod m_2 \\
 & y \equiv (3-2)3^{-1} \mod 4 \\
 & y \equiv 3 \mod 4 \\
x_2 = x_1 + 3y = 11 & y \equiv (a_3 - x_2)(m_1m_2)^{-1} \mod m_3 \\
 & y \equiv (1-11)12^{-1} \mod 5 \\
 & y \equiv 0 \mod 5 \\
x_3 = x_2 + 12y = 11 & y \equiv (a_4 - x_3)(m_1m_2m_3)^{-1} \mod m_4 \\
 & y \equiv (0-11)60^{-1} \mod 7 \\
 & y \equiv 6 \mod 7 \\
x_4 = x_3 + 60y = 371 & \Longrightarrow \quad x = 371 \,.
\end{array}$$

Bemerkung 1.4.26. Beim Rechnen mit sehr großen ganzen Zahlen kommt der Chinesische Restsatz in der Informatik zur Anwendung. Nehmen wir an, ein polynomialer Ausdruck $P(a_1, \ldots, a_r)$ soll für konkret gegebene, aber sehr große $a_i \in \mathbb{Z}$ berechnet werden. Bei bekanntem Polynom P kann man zunächst leicht eine obere Schranke für das Ergebnis berechnen. Sei $m \in \mathbb{Z}$ so, dass $|P(a_1, \ldots, a_r)| < m/2$ gilt. Dann genügt es, die Rechnung in $\mathbb{Z}/m\mathbb{Z}$ durchzuführen. Wenn m sehr groß ist, mag das noch keine bemerkenswerte Verbesserung bringen. An dieser Stelle kann der Chinesischen Restsatz helfen. Dazu wählen wir relativ kleine paarweise teilerfremde Zahlen m_i, deren Produkt $m = m_1 \cdot m_2 \cdot \ldots \cdot m_k$ sich als Schranke wie zuvor eignet. Bei der Berechnung von $P(a_1, \ldots, a_r) \mod m_i$ treten nun keine sehr großen Zahlen mehr auf. Mit Hilfe des obigen Algorithmus zur Lösung simultaner Kongruenzen können wir aus diesen Zwischenergebnissen dann $P(a_1, \dots, a_r) \mod m$ ermitteln. Da $|P(a_1, \dots, a_r)| < \frac{m}{2}$, ist $P(a_1, \dots, a_r)$ gleich dem eindeutig bestimmten Repräsentanten dieser Restklasse im Intervall $\left(-\frac{m}{2}, \frac{m}{2}\right)$. Auf diese Weise ist es sogar möglich, dass die Berechnung der k verschiedenen Werte $P(a_1, \dots, a_r) \mod m_i$ parallel durchgeführt wird, wodurch ein weiterer Zeitgewinn erzielt werden kann. Diese Methode kommt zum Beispiel in der Kryptographie zum Einsatz, wo momentan mit Zahlen, die mehr als 200 Dezimalstellen besitzen, gerechnet wird.

Zum Abschluss dieses Abschnittes wenden wir uns einem sowohl theoretisch als auch praktisch sehr nützlichen Resultat zu. Mit seiner Hilfe kann man Multiplikationen im Körper $\mathbb{F}_p$ für große Primzahlen p wesentlich schneller ausführen. Bei der Implementierung mancher Programmpakete der Computeralgebra macht man sich dies tatsächlich zu Nutze.

Satz 1.4.27 *$\mathbb{F}_p^*$ ist eine zyklische Gruppe.*

Beweis. Der Beweis besteht aus fünf Schritten.
<u>Schritt 1:</u> *Sei G eine zyklische Gruppe, $m = \operatorname{ord}(G)$ und $d > 0$ ein Teiler von m. Dann ist die Anzahl der Elemente von Ordnung d in G gleich $\varphi(d)$.*
Nach Satz 1.3.33 ist G isomorph zur additiven Gruppe $\mathbb{Z}/m\mathbb{Z}$. Es sind also die Elemente von Ordnung d in dieser Gruppe zu zählen. Aus Beispiel 1.3.22 (iii) (siehe auch Aufgabe 1.15) ist bekannt, dass ein Element $[a] \in \mathbb{Z}/m\mathbb{Z}$ genau dann die Ordnung d hat, wenn $\operatorname{ggT}(a, m) = \dfrac{m}{d}$. Dies ist genau dann der Fall, wenn wir $a = b \cdot \dfrac{m}{d}$ mit einem zu d teilerfremden $b \in \mathbb{Z}$ schreiben können. Daher gibt es ebenso viele Restklassen $[a] \in \mathbb{Z}/m\mathbb{Z}$ der Ordnung d wie es Elemente $[b] \in (\mathbb{Z}/d\mathbb{Z})^*$ gibt. Die Behauptung folgt nun aus $\operatorname{ord}((\mathbb{Z}/d\mathbb{Z})^*) = \varphi(d)$.
<u>Schritt 2:</u> *Für jede ganze Zahl $m \geq 1$ ist $m = \sum_{d|m} \varphi(d)$, wobei sich die Summation über alle positiven Teiler von m erstreckt.*
Da nach Satz 1.3.23 $\operatorname{ord}([a])$ Teiler von $m = \operatorname{ord}(\mathbb{Z}/m\mathbb{Z})$ ist, folgt diese Gleichung aus Schritt 1, indem man die m Elemente von $\mathbb{Z}/m\mathbb{Z}$ nach ihrer Ordnung gruppiert zählt.
<u>Schritt 3:</u> *Ein Polynom $f \in K[X]$ vom Grad $n \geq 1$ hat höchstens n Nullstellen im Körper K.*
Sei $0 \neq f \in K[X]$ und $a \in K$. Wenn wir f durch $X - a$ mit Rest dividieren (Satz 1.4.8), erhalten wir $h \in K[X]$ und $r \in K$, so dass $f - h \cdot (X - a) = r$. Wenn a eine Nullstelle von f ist, dann folgt $r = 0$ durch Einsetzen von a für X, das heißt $f = h \cdot (X - a)$. Da K nullteilerfrei ist, ergibt sich daraus mittels vollständiger Induktion: Wenn $a_1, \dots, a_k$ paarweise verschiedene Nullstellen von $f \in K[X]$ sind, dann gibt es ein Polynom $g \in K[X]$, so dass $f = (X - a_1) \cdot \ldots \cdot (X - a_k) \cdot g$ gilt. Da K ein Körper ist, addieren sich die Grade von Polynomen bei der Multiplikation. Daher gilt $n = \deg(f) = k + \deg(g) \geq k$.

Das Polynom f kann also höchstens $n = \deg(f)$ verschiedene Nullstellen in K besitzen.

<u>SCHRITT 4:</u> *Die Gruppe $\mathbb{F}_p^*$ enthält höchstens $\varphi(d)$ Elemente der Ordnung d.*
Sei $U_d := \{a \in \mathbb{F}_p^* \mid a^d = 1\} \subset \mathbb{F}_p^*$ und $G_d := \{a \in \mathbb{F}_p^* \mid \operatorname{ord}(a) = d\} \subset \mathbb{F}_p^*$. Dann ist $U_d \subset \mathbb{F}_p^*$ Untergruppe und $G_d \subset U_d$ Teilmenge. Die Menge U_d enthält genau die Nullstellen des Polynoms $X^d - 1$ in $\mathbb{F}_p$ und deshalb folgt aus Schritt 3 die Ungleichung $\operatorname{ord}(U_d) \leq d$. Wenn $G_d = \emptyset$, dann ist die behauptete Aussage klar. Wenn es wenigstens ein Element g in G_d gibt, dann erzeugt dieses eine Untergruppe $\langle g \rangle \subset U_d$ der Ordnung d. Wegen $\operatorname{ord}(U_d) \leq d$ folgt daraus $\langle g \rangle = U_d$, diese Gruppe ist also zyklisch. Die Menge G_d besteht genau aus den Elementen der Ordnung d der zyklischen Gruppe U_d, sie enthält somit nach Schritt 1 genau $\varphi(d)$ Elemente.

<u>SCHRITT 5:</u> *Die Gruppe $\mathbb{F}_p^*$ ist zyklisch.*
Wir zählen nun die $m := p - 1$ Elemente der Gruppe $\mathbb{F}_p^*$ nach ihrer Ordnung gruppiert. Das ergibt $m = \sum_{d|m} |G_d|$. Aus Schritt 4 erhalten wir $|G_d| \leq \varphi(d)$, woraus wir unter Benutzung von Schritt 2 die Ungleichungskette

$$m = \sum_{d|m} |G_d| \leq \sum_{d|m} \varphi(d) = m$$

erhalten. Das ist nur möglich, wenn jede der Ungleichungen $|G_d| \leq \varphi(d)$ eine Gleichung ist. Insbesondere muss $|G_m| = \varphi(m) \geq 1$ sein, das heißt, in der multiplikativen Gruppe $\mathbb{F}_p^*$ gibt es ein Element der Ordnung $m = p - 1$. □

Bemerkung 1.4.28. Der gleiche Beweis zeigt, dass für jeden endlichen Körper K die multiplikative Gruppe K^* zyklisch ist.

Beispiel 1.4.29. $\mathbb{F}_5^*$ ist eine zyklische Gruppe der Ordnung 4. Da $\varphi(4) = 2$ ist, gibt es zwei Erzeuger. Dies sind [2] und [3], denn

$$\begin{aligned} [2]^1 &= [2], & [2]^2 &= [4], & [2]^3 &= [3] \\ [3]^1 &= [3], & [3]^2 &= [4], & [3]^3 &= [2]\,. \end{aligned}$$

Dagegen sind [1] und [4] keine Erzeuger. Es gilt $\operatorname{ord}([1]) = 1$ und $\operatorname{ord}([4]) = 2$.

Folgerung 1.4.30. *Für jede ganze Zahl $e \geq 1$ und jede Primzahl $p > 2$ ist $(\mathbb{Z}/p^e\mathbb{Z})^*$ eine zyklische Gruppe.*

Beweis. Der Fall $e = 1$ wurde in Satz 1.4.27 behandelt. Sei nun $e \geq 2$ und $w \in \mathbb{Z}$ eine ganze Zahl, so dass $[w]_p$ ein Erzeuger der zyklischen Gruppe $(\mathbb{Z}/p\mathbb{Z})^*$ ist. Wir werden zeigen, dass

$$z := w^{p^{e-1}} \cdot (1 + p) \mod p^e$$

ein Element der Ordnung $(p-1)p^{e-1}$ in $(\mathbb{Z}/p^e\mathbb{Z})^*$ ist. Daraus folgt die Behauptung, denn $\operatorname{ord}(\mathbb{Z}/p^e\mathbb{Z})^* = (p-1)p^{e-1}$. Nach Satz 1.3.23 (2) kommen nur Zahlen der Gestalt $k \cdot p^j$ mit $k \mid p-1$ und $0 \leq j \leq e-1$ als Ordnung von z in Frage.

Nach dem kleinen Satz von Fermat (Satz 1.3.24) gilt $w^p \equiv w \mod p$, woraus $z^{kp^j} \equiv w^{p^{j+e-1}k} \equiv w^k \mod p$ folgt. Weil $[w]_p$ die Ordnung p hat, ist somit $z^{kp^j} \not\equiv 1 \mod p$ für $0 < k < p-1$. Daher gilt auch $z^{kp^j} \not\equiv 1 \mod p^e$ und es folgt $\operatorname{ord}(z) = (p-1)p^j$ für ein $0 \leq j \leq e-1$.

Wegen Satz 1.3.23 (3) gilt $w^{p^{e-1}(p-1)} \equiv 1 \mod p^e$, woraus wir $z^{(p-1)p^j} \equiv (1+p)^{(p-1)p^j} \mod p^e$ erhalten. Die Behauptung der Folgerung folgt daher, wenn wir per Induktion über $e \geq 2$ gezeigt haben, dass

$$(1+p)^{(p-1)p^{e-2}} \not\equiv 1 \mod p^e \tag{1.36}$$

gilt. Dabei werden wir benutzen, dass wegen Satz 1.3.23 (3) für alle $e \geq 1$ gilt:

$$(1+p)^{(p-1)p^{e-1}} \equiv 1 \mod p^e\,. \tag{1.37}$$

Für den Induktionsanfang bei $e = 2$ verwenden wir die Binomische Formel (vgl. Aufgabe 1.5) und erhalten

$$(1+p)^{p-1} = 1 + (p-1)p + \binom{p-1}{2}p^2 + \ldots + p^{p-1} \equiv 1 - p \not\equiv 1 \mod p^2\,.$$

Die Voraussetzung für den Induktionsschritt ist die Gültigkeit von (1.36) für ein festes $e \geq 2$. Wir haben zu zeigen, dass $(1+p)^{(p-1)p^{e-1}} \not\equiv 1 \mod p^{e+1}$ gilt. Nach (1.37) besagt die Voraussetzung gerade, dass es eine ganze Zahl c mit $c \not\equiv 0 \mod p$ gibt, so dass $(1+p)^{(p-1)p^{e-2}} = 1 + cp^{e-1}$ gilt.

Die Binomische Formel ergibt hier

$$\begin{aligned}(1+p)^{(p-1)p^{e-1}} &= \left(1 + cp^{e-1}\right)^p = \sum_{k=0}^{p} \binom{p}{k} c^k p^{k(e-1)} \\ &= 1 + cp^e + \binom{p}{2} c^2 p^{2(e-1)} + \ldots + c^p p^{p(e-1)}\,.\end{aligned}$$

Da $\binom{p}{k}$ für $1 \leq k \leq p-1$ durch p teilbar ist (vgl. Aufgabe 1.6), und für $e \geq 2$ die Ungleichungen $1 + k(e-1) \geq e+1$ und $p(e-1) \geq e+1$ gelten, ist $\binom{p}{k} c^k p^{k(e-1)}$ für $1 \leq k \leq p$ durch p^{e+1} teilbar. Daraus folgt

$$(1+p)^{(p-1)p^{e-1}} \equiv 1 + cp^e \not\equiv 1 \mod p^{e+1}\,,$$

da $c \not\equiv 0 \mod p$. Damit ist (1.36) für alle $e \geq 2$ bewiesen. □

Aufgaben

Übung 1.27. Bestimmen Sie den größten gemeinsamen Teiler der Polynome $f = X^5 - X^3 - X^2 + 1 \in \mathbb{Q}[X]$ und $g = X^3 + 2X - 3 \in \mathbb{Q}[X]$.

Übung 1.28. Dividieren Sie $f = X^5 + X^3 + X^2 + 1$ durch $g = X + 2$ mit Rest in $\mathbb{F}_3[X]$.

Übung 1.29. Beweisen Sie, dass die Menge $I = \{f \in \mathbb{Z}[X] \mid f(1) = 0\}$, aller Polynome $f \in \mathbb{Z}[X]$, die $1 \in \mathbb{Z}$ als Nullstelle haben, ein Ideal ist. Ist I ein Hauptideal?

Übung 1.30. Sei K ein Körper und $f \in K[X]$ ein irreduzibles Polynom (vgl. 1.4.13). Beweisen Sie, dass der Ring $K[X]/\langle f\rangle$ ein Körper ist.

Übung 1.31. Beweisen Sie, dass $\mathbb{F}_2[X]/\langle X^2+X+1\rangle$ ein Körper ist. Wie viel Elemente enthält dieser Körper? Beschreiben Sie die multiplikative Gruppe dieses Körpers. Ist sie zyklisch?

Übung 1.32. Beweisen Sie für jede ganze Zahl $n > 1$, dass jedes Element des Ringes $\mathbb{Z}/n\mathbb{Z}$ entweder eine Einheit oder ein Nullteiler ist.

Übung 1.33. Bestimmen sie die kleinste positive ganze Zahl x, welche das folgende System simultaner Kongruenzen erfüllt:

$$x \equiv 2 \mod 7, \qquad x \equiv 3 \mod 8, \qquad x = 4 \mod 9.$$

ZUSATZ: Denken Sie sich eine möglichst realistische Textaufgabe (aus dem Alltagsleben oder aus Wissenschaft und Technik) aus, die auf ein System simultaner Kongruenzen führt.

Übung 1.34. Bestimmen Sie alle ganzen Zahlen x, welche das folgende System simultaner Kongruenzen erfüllen:

$$x \equiv 5 \mod 7, \qquad x \equiv 7 \mod 11, \qquad x \equiv 11 \mod 13.$$

Übung 1.35. Finden Sie für jede Primzahl p ein Polynom $0 \neq f \in \mathbb{F}_p[X]$, welches *jedes* Element des Körpers $\mathbb{F}_p$ als Nullstelle hat.
Finden Sie ein Polynom vom Grad 2 in $\mathbb{F}_5[X]$, welches in $\mathbb{F}_5$ *keine* Nullstelle besitzt. Versuchen Sie das auch für alle anderen Körper $\mathbb{F}_p$!

Übung 1.36. Sei K ein Körper und $\mathbb{N}_+ := \{n \in \mathbb{Z} \mid n > 0\}$. Auf der Menge $I(K) := \{f \mid f : \mathbb{N}_+ \to K \text{ ist eine Abbildung}\}$ definieren wir eine Addition und eine Multiplikation wie folgt:

$$(f+g)(n) := f(n) + g(n) \quad \text{und} \quad (f \cdot g)(n) := \sum_{d \mid n} f(d) g\left(\frac{n}{d}\right).$$

Dabei erstreckt sich die Summe über alle positiven Teiler von n. Das Element $e \in I(K)$ sei durch $e(1) = 1$ und $e(n) = 0$ für $n > 1$ gegeben. Zeigen Sie:

(a) $I(K)$ ist ein Ring mit dem Einselement e.
(b) $f \in I(K)$ ist genau dann eine Einheit, wenn $f(1) \in K^*$.
(c) Sei $u \in I(K)$ durch $u(n) = 1$ für alle $n \in \mathbb{N}_+$ gegeben und φ wie üblich die Eulerfunktion. Berechnen Sie das Produkt $u \cdot \varphi$ in $I(K)$.

Übung 1.37. Geben Sie alle Erzeuger der multiplikativen Gruppe $\mathbb{F}_{17}^*$ an und berechnen Sie die Ordnung jedes Elements dieser Gruppe.

Übung 1.38. Bestimmen Sie die Nullstellen $a, b \in \mathbb{C}$ des Polynoms

$$2X^2 - 2X + 5$$

und berechnen Sie die komplexen Zahlen $a + b, a \cdot b, a - b$ und $\frac{a}{b}$.

1.5 Kryptographie

Kryptographie ist die Wissenschaft von der Verschlüsselung von Nachrichten. Dabei geht es darum, aus einem gegebenen Klartext ein sogenanntes Kryptogramm (Geheimtext) zu erzeugen, aus dem nur ein bestimmter Personenkreis – die rechtmäßigen Empfänger – den gegebenen Klartext rekonstruieren kann. Statt „verschlüsseln" bzw. „Rekonstruktion des Klartextes" sagt man auch *chiffrieren* bzw. *dechiffrieren.*
Wir konzentrieren uns in diesem Abschnitt auf die einfachsten mathematischen Grundlagen der Kryptographie. Nach einer kurzen Erwähnung klassischer Chiffrierverfahren und einer knappen Erläuterung des Diffie-Hellman-Schlüsselaustausches widmen wir uns hauptsächlich der Beschreibung des RSA-Verfahrens. Dabei kommen Kenntnisse aus den vorigen Abschnitten zur Anwendung.
Die Verschlüsselung von Informationen ist bei jeder Übermittlung von vertraulichen Daten über ein öffentlich zugängliches Datennetzwerk notwendig. Wenn Sie zum Beispiel bei einer online-Buchhandlung ein Buch kaufen möchten und dies mit Ihrer Kreditkarte bezahlen, dann muss gesichert sein, dass Unbefugte nicht an ihre Kreditkartendaten kommen. Außerdem gibt es seit Jahrtausenden im militärischen Bereich ein starkes Bedürfnis nach geheimer Übermittlung von Nachrichten.
Durch den griechischen Historiker Plutarch (ca. 46–120 u.Z.) ist es überliefert, dass bereits vor etwa 2500 Jahren die Regierung von Sparta zur Übermittlung geheimer Nachrichten an ihre Generäle folgende Methode benutzte:
Sender und Empfänger besaßen identische zylinderförmige Holzstäbe, sogenannte Skytale. Zur Chiffrierung wurde ein schmales Band aus Pergament spiralförmig um den Zylinder gewickelt. Dann wurde der Text parallel zur Achse des Stabes auf das Pergament geschrieben. Der Text auf dem abgewickelten Band schien dann völlig sinnlos. Nach dem Aufwickeln auf seine Skytale konnte der Empfänger den Text jedoch ohne große Mühe lesen. Hierbei

handelt es sich um eine *Permutationschiffre*: Die Buchstaben des Klartextes werden nach einer bestimmten Regel permutiert.
Eine weitere, seit langem bekannte Methode der Chiffrierung ist die *Verschiebechiffre*. Dabei werden die Buchstaben des Klartextes nach bestimmten Regeln durch andere Buchstaben ersetzt. Die älteste bekannte Verschiebechiffre wurde von dem römischen Feldherrn und Diktator Julius Cäsar (100–44 v.u.Z.) benutzt. Es existieren vertrauliche Briefe von Cäsar an Cicero, in denen diese Geheimschrift benutzt wird.
Die Methode ist denkbar einfach. Jeder Buchstabe wird durch den Buchstaben des Alphabets ersetzt, der drei Stellen weiter links im Alphabet steht. Zur praktischen Realisierung schreibt man das Alphabet jeweils gleichmäßig auf zwei kreisförmige Pappscheiben unterschiedlichen Radius (Abb. 1.5). Die Scheiben werden an ihren Mittelpunkten drehbar miteinander verbunden. Für Cäsars Chiffre muss man einfach das „A" der einen Scheibe mit dem „D" der anderen in Übereinstimmung bringen. Dadurch erhält man eine Tabel-

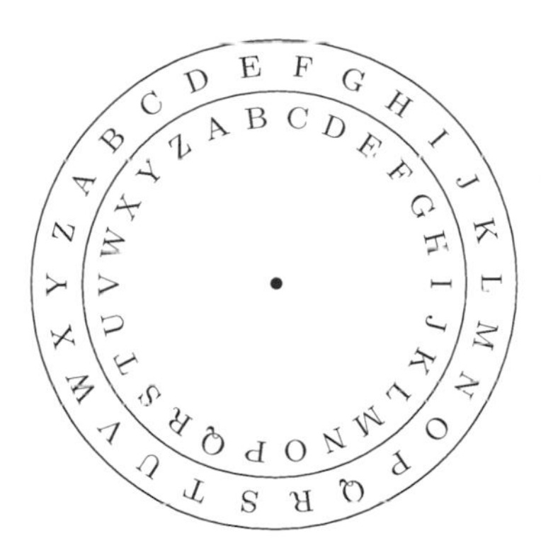

Abb. 1.5 Cäsars Chiffre

le, mit der man chiffrieren und dechiffrieren kann. Mit dem heutigen Wissen bietet eine solche Chiffrierung keinerlei Sicherheit mehr. Weitere Verfahren dieser Art findet man zum Beispiel im Buch von A. Beutelspacher [Beu]. Ein sehr schönes Beispiel einer Kryptoanalyse eines chiffrierten Textes, bei der die Buchstaben des Alphabets durch andere Zeichen ersetzt wurden, kann man in der Kurzgeschichte „Der Goldkäfer" des amerikanischen Autors E.A. Poe (1809–1849) nachlesen.
Die Sicherheit der bisher beschriebenen Verfahren ist nach heutigen Maßstäben sehr gering. Ein bekanntes Verfahren, welches perfekte Sicherheit bietet, geht auf Vigenère[16] zurück. Anstelle einer festen Regel benutzt es für die Ersetzung der Klartextbuchstaben eine zufällige und beliebig lange Buchstabenfolge, einen sogenannten Buchstabenwurm. Die Sicherheit dieses Verfahrens hängt davon ab, dass Sender und Empfänger irgendwann

[16] Blaise de Vigenère (1523–1596), französischer Diplomat.

über einen sicheren Kanal den Schlüssel und damit die Details für den Algorithmus, ausgetauscht haben. Dies kann beispielsweise durch persönliche Übergabe erfolgen. Für die Anwendung in Computernetzwerken ist dies jedoch nur unter besonderen Umständen praktikabel. Für den Alltagsgebrauch, wie zum Beispiel beim online-Buchkauf, benötigt man andere Methoden für den Schlüsselaustausch.
Moderne Methoden beruhen auf einer bahnbrechenden Idee, die erstmals 1976 von Diffie und Hellman [DH] veröffentlicht wurde. Sie besteht darin, sogenannte *Einwegfunktionen* zu benutzen. Das sind Funktionen, die leicht berechenbar sind, deren inverse Abbildung aber nur für den Besitzer von Zusatzinformationen leicht zu berechnen ist. Ohne Zusatzinformation ist die Berechnung des Inversen so aufwändig und langwierig, dass praktisch Sicherheit gegeben ist, zumindest für eine begrenzte Zeit.
Beispiele solcher Einwegfunktionen sind das *Produkt zweier Primzahlen* und die *diskrete Exponentialabbildung* $\mathbb{Z}/\varphi(n)\mathbb{Z} \to (\mathbb{Z}/n\mathbb{Z})^*$, die bei vorgegebener Basis s durch $x \mapsto s^x$ definiert ist. Für sehr große ganze Zahlen ist die Berechnung der Inversen – die *Faktorisierung in Primzahlen* bzw. der *diskrete Logarithmus* – sehr zeitaufwändig.
Der Schlüsselaustausch nach Diffie-Hellman geschieht wie folgt: Die Personen **A** und **B** wollen einen Schlüssel in Form eines Elements von $\mathbb{Z}/p\mathbb{Z}$ vereinbaren, ohne dass ein Dritter dies in Erfahrung bringen kann. Dazu wird eine große Primzahl p und eine ganze Zahl $0 < s < p$ öffentlich ausgetauscht. Nun wählt **A** eine ganze Zahl $a \in \mathbb{Z}$ und **B** eine ganze Zahl $b \in \mathbb{Z}$, so dass $0 < a, b < p - 1$. Diese Information wird von beiden geheim gehalten. Dann berechnet **A** den Wert $s^a \mod p$ in $\mathbb{Z}/p\mathbb{Z}$ und übermittelt ihn **B**. Ebenso sendet **B** den Wert $s^b \mod p$ an **A**. Schließlich berechnen beide den gleichen Wert $(s^b)^a \equiv s^{a \cdot b} \equiv (s^a)^b \mod p$. Auf diese Weise ist beiden Personen (und keinem Dritten) der gemeinsame Schlüssel $s^{a \cdot b} \mod p$ in $\mathbb{Z}/p\mathbb{Z}$ bekannt.
Zur praktischen Anwendung würde die Online-Buchhandlung eine Primzahl p, eine ganze Zahl $0 < s < p$ und $s^b \mod p$ veröffentlichen. Es ist günstig, wenn s ein Erzeuger der multiplikativen Gruppe $\mathbb{F}_p^*$ ist. Die Zahl b bleibt geheim und ist nur dem Buchhändler bekannt. Für die Sicherheit der Daten ist die Einweg-Eigenschaft des diskreten Logarithmus entscheidend.
Der Kunde wählt nun zufällig eine Zahl a und berechnet $(s^b)^a \mod p$ in $\mathbb{Z}/p\mathbb{Z}$, das ist der Schlüssel für seine Transaktion. Diesen benutzt er, um mit Hilfe eines vom Buchhändler bekanntgegebenen Verfahrens seine Daten zu chiffrieren. In der von Taher ElGamal im Jahre 1985 veröffentlichten Arbeit [EG] wurde als Chiffrierverfahren einfach die Multiplikation mit dem Schlüssel in $\mathbb{Z}/p\mathbb{Z}$ vorgeschlagen, dies wird heute als *ElGamal-Verfahren* bezeichnet. Die Chiffrierung kann jedoch auch auf jede andere, vorher vereinbarte Art erfolgen. Zusätzlich zum chiffrierten Text übermittelt er auch $s^a \mod p$, woraus der Buchhändler den Schlüssel $(s^a)^b \mod p$ berechnen kann.

Die Vorgehensweise beim *RSA-Verfahren* ist eine völlig andere. Es beruht darauf, dass die Produktabbildung $\{\text{Primzahl}\} \times \{\text{Primzahl}\} \to \mathbb{Z}$ eine Einwegfunktion ist. Es ist nach seinen Entdeckern R. Rivest, A. Shamir, L. Adle-

man [RSA] benannt. Das Grundprinzip ist das Folgende: Zu einer natürlichen Zahl n wird ein öffentlicher Schlüssel $e \in \mathbb{Z}$ mit $\text{ggT}(e, \varphi(n)) = 1$ gewählt. Durch das Lösen der Gleichung $[e] \cdot [d] = 1$ in $\mathbb{Z}/\varphi(n)\mathbb{Z}$ wird der geheime Schlüssel $d \in \mathbb{Z}$ bestimmt.
Jeder, der das Paar (n, e) kennt, kann eine Nachricht chiffrieren. Dies geschieht, indem eine Kongruenzklasse $m \in \mathbb{Z}/n\mathbb{Z}$ zu $m^e \in \mathbb{Z}/n\mathbb{Z}$ verschlüsselt wird. Um dies zu dechiffrieren benutzt man den Satz 1.3.24. Er liefert $(m^e)^d = m^{e \cdot d} = m$ in $\mathbb{Z}/n\mathbb{Z}$. Dazu ist die Kenntnis der Zahl d nötig. Daher muss man d geheim halten, wogegen die Zahlen n und e öffentlich bekanntgegeben werden.
Die Sicherheit dieses Verfahrens beruht darauf, dass die Berechnung von d bei Kenntnis von n und e ohne weitere Zusatzinformationen ein sehr aufwändiges Problem ist. Die Methoden von Abschnitt 1.2 erlauben uns, den geheimen Schlüssel d mit Hilfe des Euklidischen Algorithmus zu berechnen. Dazu muss allerdings auch die Zahl $\varphi(n)$ bekannt sein. Wenn die Faktorisierung von n in ein Produkt von Primzahlen bekannt ist, dann ist die Berechnung von $\varphi(n)$ mit Hilfe von Satz 1.3.34 oder Folgerung 1.4.24 sehr leicht. Für große n (das heißt momentan mit 200 bis 400 Dezimalstellen) ist das Auffinden der Zerlegung in Primfaktoren ein sehr aufwändiges Problem.
Zur praktischen Durchführung beschafft man sich zunächst zwei verschiedene, relativ große Primzahlen p und q. Dann berechnet man $n = pq$ und $\varphi(n) = (p-1)(q-1)$. Letzteres ist die Geheiminformation, die man nicht preisgeben darf und die nach der Berechnung von d nicht mehr benötigt wird.
Vor einigen Jahren galten dabei 100-stellige Primzahlen als hinreichend sicher. Man muss allerdings mit der Entwicklung von Technik und Algorithmen ständig Schritt halten. Heute ist es kein Problem, eine 430-Bit Zahl innerhalb einiger Monate mit einem einzigen PC zu faktorisieren. Durch die Entwicklung der Hardware und durch die Entdeckung besserer Algorithmen zur Faktorisierung großer Zahlen wird die Größe der Zahlen, die in erträglicher Zeit faktorisierbar sind, in naher Zukunft wachsen. Wer Verantwortung für Datensicherheit übernimmt, sollte sich daher regelmäßig über den aktuellen Stand der Entwicklung informieren.
Die Firma RSA-Security hatte im Jahre 1991 eine Liste von Zahlen veröffentlicht, für deren Faktorisierung Preisgelder in unterschiedlicher Höhe ausgesetzt wurden („Factoring Challenge"). Im Jahre 2001 wurde diese Liste wegen der rasanten Erfolge durch eine neue ersetzt. Die größte Zahl auf dieser Liste heißt `RSA-2048`. Sie hat 2048 Ziffern in Binärdarstellung und 617 Dezimalziffern. Es war ein Preisgeld in Höhe von 200 000 US$ auf ihre Faktorisierung ausgesetzt. Sämtliche Zahlen dieser Liste sind Produkt zweier Primzahlen.
Die Faktorisierung der 129-stelligen Zahl `RSA-129` im April 1994 hatte damals das öffentliche Interesse auf diese sogenannten RSA-Zahlen gelenkt. Diese Zahl wurde im Jahre 1977 von R. Rivest, A. Shamir, und L. Adleman zur Verschlüsselung einer der ersten Nachrichten mit dem RSA-Verfahren benutzt. Zur Zeit der Veröffentlichung der verschlüsselten Nachricht glaubte man, dass es Millionen von Jahren dauern wird, bis diese Nachricht ent-

schlüsselt sein wird. Die 1994 gefundene Entschlüsselung lautete: „The magic words are squeamish ossifrage“ [Fr].
Die Faktorisierung dieser 129-stelligen Zahl gelang unter anderem durch Parallelisierung der Rechnung, einer Idee, der wir bereits in Bemerkung 1.4.26 begegnet sind.
Anfang Dezember 2003 wurde bekanntgegeben, dass eine weitere Zahl aus der erwähnten Liste faktorisiert wurde. Es handelte sich dabei um `RSA-576`, deren Faktorisierung mit 10 000 US$ dotiert war. Die Binärdarstellung dieser Zahl besitzt 576 Ziffern. In Dezimaldarstellung handelt es sich um die 174-ziffrige Zahl

$$\begin{array}{l}188198812920607963838697239461650439807163563379417382700 7\\633564229888597152346654853190606065047430453173880113033 9\\671619969232120573403187955065699622130516875930765025705 9\end{array}$$

Die Faktorisierung wurde von einem von Prof. Jens Franke (Mathematisches Institut der Universität Bonn) geleiteten Team durchgeführt. Diese Zahl konnte unter Benutzung eines Algorithmus aus der algebraischen Zahlentheorie, den man das Zahlkörpersieb nennt, in zwei Primzahlen mit je 87 Ziffern zerlegt werden. Dadurch wurde deutlich, dass nunmehr keine Hochleistungsrechner mehr nötig sind, um solch eine Aufgabe zu lösen: Die wesentlichen Rechnungen wurden auf gewöhnlichen PC's, die in besonderer Weise vernetzt waren, durchgeführt und dauerten etwa 3 Monate.
Die Bonner Gruppe um J. Franke hat dann im Mai 2005 die Zahl `RSA-200` (200 Ziffern im Dezimalsystem, siehe Abb. 1.6) und im November 2005 auch die 193-ziffrige Zahl `RSA-640` faktorisiert. Auf die letztere war ein Preisgeld von 20 000 US$ ausgesetzt. Obwohl damit noch nicht das Ende der Liste der Firma RSA-Security erreicht war, wurde der Wettbewerb um die Faktorisierung dieser Zahlen im Frühjahr 2007 für beendet erklärt.

$$\begin{array}{l}27997833911221327870829467638722601621070446786955\\42853756000992932612840010760934567105295536085606\\18223519109513657886371059544820065767750985805576\\13579098734950144178863178946295187237869221823983\\=\\35324619344027701212726049781984643686711974001976\\25023649303468776121253679423200058547956528088349\\\times\\79258699544783330333470858414800596877379758573642\\19960734330341455767872818152135381409304740185467\end{array}$$

Abb. 1.6 Faktorisierung von `RSA-200`

Die Electronic Frontier Foundation[17] hat einen Preis von 100 000 US$ für diejenigen ausgesetzt, die eine Primzahl mit mehr als 10 000 000 Ziffern finden. Solche Zahlen wurden im Sommer 2008 gefunden. Wer eine Primzahl mit mindestens 10^8 Ziffern findet, auf den warten nun 150 000 US$. Die größte bisher gefundene Primzahl hat 12 978 189 Ziffern. Das ist die Zahl $2^{43112609} - 1$. Es handelt sich dabei um eine sogenannte Mersenne-Primzahl[18], d.h. eine Primzahl der Form $M_n := 2^n - 1$. Es ist leicht zu sehen, dass $2^n - 1$ nur Primzahl sein kann, wenn n selbst eine Primzahl ist. Mersenne behauptete, dass für $n = 2, 3, 5, 7, 13, 17, 19, 31, 67, 127, 257$ die Zahl M_n eine Primzahl ist. Für M_{67} und M_{257} erwies sich das später als falsch. So fand F. Cole[19] die Faktoren von M_{67}. Bis heute sind 46 Mersenne-Primzahlen bekannt. Es ist auch nicht klar, ob es unendlich viele gibt. Die Mersenne-Zahlen kann man verallgemeinern und Zahlen vom Typ $\frac{b^n-1}{b-1}$ betrachten. Diese Zahlen zeichnen sich dadurch aus, dass sie in der b-adischen Darstellung (vgl. Kapitel 3.4) genau n Einsen haben. Insbesondere hat $2^n - 1$ im Dualsystem genau n Einsen. Wenn $b = 10$ ist, erhält man eine sogenannte *Repunit*[20] $R_n := \frac{10^n-1}{9}$. Die Zahl R_{1031} wurde im Jahre 1986 von H. Williams und H. Dubner als Primzahl identifiziert. Sie besteht aus 1031 Ziffern, die alle gleich 1 sind, siehe [WD].

Mancher Leser mag sich fragen, wie man die bisher besprochene Verschlüsselung von Elementen aus $\mathbb{Z}/n\mathbb{Z}$ auf die Verschlüsselung realer Texte anwenden kann. Eine mögliche Antwort ist die Folgende.

Der aus Schriftzeichen bestehende Klartext wird zunächst in eine Zahl umgewandelt. Dazu kann man den ASCII-Code benutzen. ASCII ist eine Abkürzung für American Standard Code for Information Interchange. Dieser Code, der zu Beginn der 1960-er Jahre entwickelt wurde, ordnet jedem Buchstaben des englischen Alphabets und einigen Sonderzeichen eine 7-Bit Zahl zu. In der heutigen Zeit stehen normalerweise 8 Bits zur Speicherung und Verarbeitung von 7-Bit ASCII-Zeichen zur Verfügung. Das zusätzliche Bit könnte als Paritätsbit zur Fehlererkennung genutzt werden (vgl. Beispiel 2.5.6), es wird jedoch heute meist mit Null belegt.

Auf den ASCII-Code bauen viele andere Codierungen auf, die zur Digitalisierung anderer Zeichen in nicht-englischen Sprachräumen entwickelt wurden. Das gilt auch für den in den 1990-er Jahren entwickelten Unicode-Standard, der die Codierungsvielfalt abgelöst hat. Der Unicode-Standard erlaubt die Codierung tausender Symbole und Schriftzeichen aus verschiedensten Kulturen der Welt.

Die 26 Großbuchstaben entsprechen im ASCII-Code den in Tabelle 1.3 angegebenen Dezimal- bzw. Hexadezimalzahlen. Durch Addition von 32 (bzw. 20 hexadezimal) ergibt sich der Wert des entsprechenden Kleinbuchstabens.

---

[17] `www.eff.org`

[18] Marin Mersenne (1588–1648), französischer Mathematiker und Theologe.

[19] Frank Nelson Cole (1861–1926), US-amerikanischer Mathematiker.

[20] aus dem Englischen von *repeated unit*.

Buchstabe	A	B	C	D	E	F	G	H	I	J	K	L	M
ASCII (dezimal)	65	66	67	68	69	70	71	72	73	74	75	76	77
ASCII (hex)	41	42	43	44	45	46	47	48	49	4A	4B	4C	4D

Buchstabe	N	O	P	Q	R	S	T	U	V	W	X	Y	Z
ASCII (dezimal)	78	79	80	81	82	83	84	85	86	87	88	89	90
ASCII (hex)	4E	4F	50	51	52	53	54	55	56	57	58	59	5A

Tabelle 1.3 ASCII-Code für Großbuchstaben

Da beim RSA-Verfahren in $\mathbb{Z}/n\mathbb{Z}$ gerechnet wird, muss der Text in entsprechende Abschnitte zerlegt werden, so dass die durch die ASCII-Codierung entstehende Zahl kleiner als n ist.
Um mittelfristige Datensicherheit zu gewährleisten, wird heute empfohlen, dass bei praktischer Anwendung des RSA-Verfahrens, die Zahl n mindestens eine 2048-Bit Zahl ist. Diese haben bis zu 617 Ziffern in Dezimaldarstellung. Der zu verschlüsselnde Text ist dann in Blöcke zu je 256 Zeichen zu zerlegen, da $8 \cdot 256 = 2048$. Jeder so gewonnene Textblock wird mit Hilfe des ASCII-Codes in eine Zahl $0 < m < n$ übersetzt, die zur Verschlüsselung zur e-ten Potenz erhoben wird: $m^e \mod n$.
Der Empfänger der Nachricht, der als Einziger den geheimen Schlüssel d kennt, dechiffriert diese Nachricht, indem er zunächst jede der empfangenen Zahlen in die d-te Potenz modulo n erhebt. Als Binärzahl geschrieben sind die 8-er Blöcke der so erhaltenen Zahlen dann der ASCII-Code der Zeichen der ursprünglichen Textblöcke.

Beispiel 1.5.1. Sei $p = 1373$ und $q = 2281$, dann ist $n = pq = 3131813$ und $\varphi(n) = 3128160$. Da $2^{21} = 2097152 < n$ können wir drei 7-Bit ASCII Symbole am Stück verarbeiten. Zur Chiffrierung der drei Zeichen `R S A` können wir deren Hexadezimalwerte `52 53 41` aus Tabelle 1.3 als Folge von 7-Bit Zahlen schreiben: `1010010 1010011 1000001`. Für die Rechnung per Hand ist es jedoch einfacher mit den Dezimalwerten `82 83 65` zu rechnen. Die obige 21-Bit Zahl hat den Wert $82 \cdot 2^{14} + 83 \cdot 2^7 + 65 = 1354177$. Wird der öffentliche Schlüssel $e = 491$ benutzt, dann ist $1354177^{491} \mod 3131813$ zu berechnen. Dies ist kongruent 992993 modulo 3131813. Da $992993 = 60 \cdot 2^{14} + 77 \cdot 2^7 + 97$, besteht der verschlüsselte Text aus den Zeichen der ASCII-Tabelle mit den Nummern `60 77 97`, das sind: `< M a`. Wir hatten Glück, dass die Chiffrierung auf druckbare Zeichen geführt hat. Die Zeichen mit den Nummern 0–31 und 127 in der ASCII-Tabelle sind nicht-druckbare Sonderzeichen, daher wird man auf dem hier begangenen Weg nicht immer zu einem druckbaren verschlüsselten Text gelangen. Das ist kein Mangel, denn allein aus den Zahlenwerten lässt sich der Originaltext mit Hilfe des geheimen Schlüssels rekonstruieren. Eine Betrachtung des Textes in verschlüsselter Form ist in der Regel wenig informativ.
Da wir die Zerlegung von n in Primfaktoren und daher auch $\varphi(n)$ kennen, können wir Hilfe des Euklidischen Algorithmus den geheimen Schlüssel $d =$

6371 bestimmen. Es ist eine nützliche Übung, die Dechiffrierung von `< M a` mit dieser Zahl d konkret durchzuführen.

Mit Hilfe des RSA-Verfahrens kann man auch eine sogenannte digitale Unterschrift erzeugen. Zu diesem Zweck muss der Absender **A** der Nachricht einen öffentlichen Schlüssel bekanntgegeben haben. Wenn (n_A, e_A) der öffentliche Schlüssel und d_A der geheime Schlüssel von **A** sind, dann wird eine unverschlüsselte Nachricht m durch Anhängen von $m^{d_A} \mod n_A$ unterschrieben. Jeder kann jetzt durch Berechnung von $\left(m^{d_A}\right)^{e_A} \mod n_A$ feststellen, ob der angehängte chiffrierte Teil tatsächlich mit dem gesendeten Klartext übereinstimmt. In der Realität wird nicht die gesamte Nachricht, sondern nur der Wert einer Hashfunktion chiffriert (vgl. Seite 312).
Wenn auch der Empfänger **E** einen öffentlichen Schlüssel (n_E, e_E) bekanntgegeben hat, dann kann **A** ihm eine elektronisch unterschriebene und chiffrierte Nachricht senden. Dies geschieht, indem zuerst der Klartext wie beschrieben signiert und anschließend mit dem öffentlichen Schlüssel von **E** chiffriert wird. Der Empfänger geht nun umgekehrt vor. Zuerst dechiffriert er die Nachricht mit Hilfe seines geheimen Schlüssels d_E, dann prüft er die Unterschrift durch Anwendung des öffentlichen Schlüssels von **A**.
In der modernen Kryptographie werden heute algebraische Strukturen verwendet, die weit über den Rahmen dieses einführenden Kapitels hinausgehen. Zum Beispiel basiert die Verwendung von *elliptischen Kurven* auf Methoden der algebraischen Geometrie. Wer interessiert ist, findet in [Bau], [Beu], [Ko1], [Ko2], [BSW] und [We] Material unterschiedlichen Schwierigkeitsgrades für das weitere Studium.
Zum Abschluss dieses Abschnittes möchten wir nochmals die Warnung aussprechen, dass wir uns hier auf die Darlegung der mathematischen Grundideen der modernen Kryptographie beschränkt haben. In der angegebenen Form weisen die beschriebenen Verfahren beträchtliche Sicherheitslücken auf. Um wirkliche Datensicherheit zu erreichen, ist eine genaue Analyse der bekannten Angriffe auf die benutzten Kryptosysteme notwendig.

Aufgaben

Übung 1.39. Bestimmen Sie den geheimen Schüssel d für jedes der folgenden Paare (n, d) von öffentlichen RSA-Schlüsseln:
(i) $(493, 45)$ (ii) $(10201, 137)$ (iii) $(13081, 701)$ (iv) $(253723, 1759)$

Übung 1.40. Sei $p = 31991$ und $s = 7$.

(a) Sei $a = 27$ und $b = 17$. Bestimmen Sie $s^a \mod p$, $s^b \mod p$ und den Diffie-Hellman Schlüssel $s^{a \cdot b} \mod p$.
(b) Versuchen Sie den Schlüssel zu finden, den zwei Personen durch Austausch der beiden Zahlen 4531 und 13270 vereinbart hatten.

Übung 1.41. Mit dem öffentlichen RSA-Schlüssel $(n, e) = (9119, 17)$ sollen Nachrichten chiffriert werden. In diesen Texten werden nur solche Zeichen zugelassen, deren ASCII-Code einen Dezimalwert zwischen 32 und 90 hat. Der Nachrichtentext wird in Paare von Zeichen zerlegt. Die zweiziffrigen Dezimaldarstellungen dieser beiden Zeichen werden jeweils zu einer vierstelligen Dezimalzahl nebeneinandergestellt. Auf diese Weise wird aus dem Buchstabenpaar `BK` die Dezimalzahl $m = 6675$.
Die Chiffrierung erfolgt nach dem RSA-Verfahren durch die Berechnung von $m^e \mod n$. Für $m = 6675$ erhält man $4492 \mod 9119$. An den Empfänger der verschlüsselten Nachricht wird nicht diese Zahl, sondern die entsprechende ASCII-Zeichenkette übermittelt. Im Fall von 4492 finden wir in der ASCII-Tabelle zu den Dezimalzahlen 44 und 92 die Symbole `,\`
Finden Sie den aus 6 Buchstaben bestehenden Klartext, der mit diesem Verfahren zu dem Geheimtext `+TT&@/` wurde.

Kapitel 2
Lineare Algebra

Die Begriffe und Verfahren der linearen Algebra gehören zu den wichtigsten Werkzeugen eines jeden Mathematikers, Naturwissenschaftlers und Informatikers. Ohne Grundkenntnisse aus diesem Gebiet ist es oft nicht möglich, mathematische Probleme aus anderen Wissensbereichen zu lösen.
Die lineare Algebra beschäftigt sich mit Systemen linearer Gleichungen. Dabei geht es auf der einen Seite um Verfahren zur Bestimmung der Lösungen solcher Gleichungssysteme und auf der anderen Seite um eine Strukturtheorie dieser Lösungsmengen: die Theorie der Vektorräume und linearen Abbildungen.
Zur Motivation der abstrakten Begriffsbildungen beginnen wir mit der Darstellung des Gaußschen Algorithmus als wichtigstem Verfahren zur Lösung linearer Gleichungssysteme. Eine Analyse der erhaltenen Lösungsmengen führt dann in natürlicher Weise auf die Begriffe *Vektorraum* und *lineare Abbildung*.
Im Hauptteil dieses Kapitels werden die wichtigsten Resultate und Methoden der linearen Algebra entwickelt. Zum Abschluss sehen wir anhand des Beispiels der Codierungstheorie, wie die zuvor entwickelte Theorie unmittelbare Anwendung in der Informatik findet.

2.1 Lineare Gleichungssysteme

Neben der Vorstellung des Gaußschen Algorithmus ist es ein Hauptanliegen dieses Abschnittes, den Zusammenhang zwischen Algebra und Geometrie transparent zu machen. Im Unterschied zu den abstrakten Begriffsbildungen in Kapitel 1 bietet die lineare Algebra die Möglichkeit, die Begriffe und Zusammenhänge geometrisch zu interpretieren. Die Beziehung zwischen linearer Algebra und unserer geometrischen Anschauung entsteht durch die Verwendung von Koordinaten. Die heute oft verwendeten kartesischen[1] Koordinaten,

[1] René Descartes (1596–1650), franz. Mathematiker und Philosoph.

waren bereits im 17. Jahrhundert bekannt. Die Idee besteht darin, den Punkten unserer Anschauungsräume Paare bzw. Tripel von Zahlen zuzuordnen, mit denen dann algebraische Operationen ausgeführt werden können.
Zur Erleichterung des Einstiegs beschäftigen wir uns in diesem einführenden Abschnitt ausschließlich mit reellen Vektorräumen, da diese unserer Anschauung am nächsten liegen. Im Abschnitt 2.5, bei der Beschäftigung mit fehlerkorrigierenden Codes, müssen wir jedoch auch andere „Zahlen" als nur reelle Zahlen zulassen. Dazu zählen insbesondere die im Abschnitt 1.4 eingeführten endlichen Körper $\mathbb{F}_p$. Daher ist es wichtig, die Theorie in den Abschnitten 2.2 und 2.3 für beliebige Körper zu formulieren.
Unter einem *Vektor* wollen wir ein Element aus dem *Raum*

$$\mathbb{R}^n = \{(x_1, x_2, \ldots, x_n) \mid x_i \in \mathbb{R}, 1 \leq i \leq n\}$$

verstehen, wobei $n \geq 1$ eine ganze Zahl ist.
Wenn $n = 1$ ist, dann heißt der Raum $\mathbb{R}^1 = \mathbb{R}$ die *reelle Zahlengerade*:

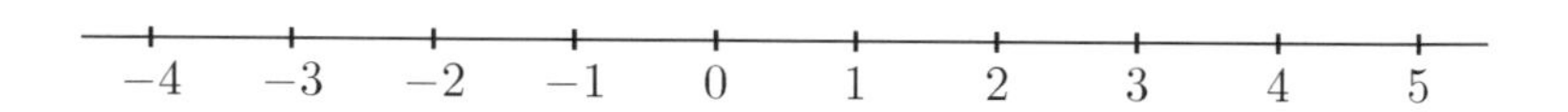

In unserer Vorstellung sollte diese Gerade jedoch kein Ende besitzen und *alle reellen Zahlen* (d.h. alle Punkte), nicht nur die benannten, beinhalten. Die genaue Bedeutung dieser Aussage wird im Abschnitt 3.1 mathematisch präzisiert.
Im Fall $n = 2$ spricht man von der *reellen Ebene* $\mathbb{R}^2$, siehe Abb. 2.1.

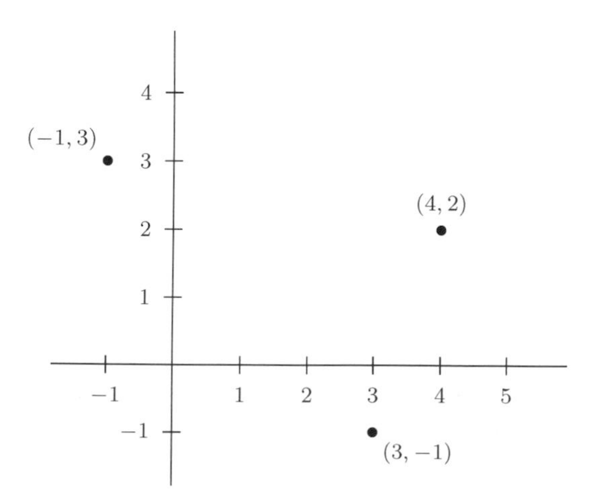

Abb. 2.1 Die reelle Ebene mit drei Punkten

Auch der dreidimensionale Raum $\mathbb{R}^3$ ist unserer Anschauung direkt zugänglich, für $n \geq 4$ sind unsere Mittel der konkreten Vorstellung jedoch sehr

begrenzt. Wir müssen uns dann auf die Algebra einlassen, können aber noch bedingt auf unsere niederdimensionale Anschauung zurückgreifen.[2]
Bisher haben wir Paare oder Tripel von Zahlen als Punkt in der Ebene oder im Raum interpretiert. Die korrekte geometrische Anschauung für ein n-Tupel reeller Zahlen $x = (x_1, \ldots, x_n) \in \mathbb{R}^n$ im Rahmen der Linearen Algebra ist jedoch die des *Vektors*. Man stellt sich einen Vektor als Pfeil vor, der durch seine Richtung und Länge bestimmt ist. Bei dieser Interpretation ist zu beachten, dass *nur* Richtung und Länge, nicht aber der Anfangspunkt des Pfeils von Bedeutung sind. Statt eines einzelnen Pfeils gibt es unendlich viele Pfeile, die den gleichen Vektor darstellen. Jeder der Pfeile in Abb. 2.2 repräsentiert den Vektor $(2, 1) \in \mathbb{R}^2$. Wem diese Erklärung Schwierigkeiten bereitet, der kann sich einen Vektor auch als *Verschiebung* der Ebene, bzw. des Raumes vorstellen. Dies ist in der Tat die beste Interpretation. Der mathematisch interessierte Leser findet den Hintergrund dazu im Kapitel über affine Räume in [Kow].

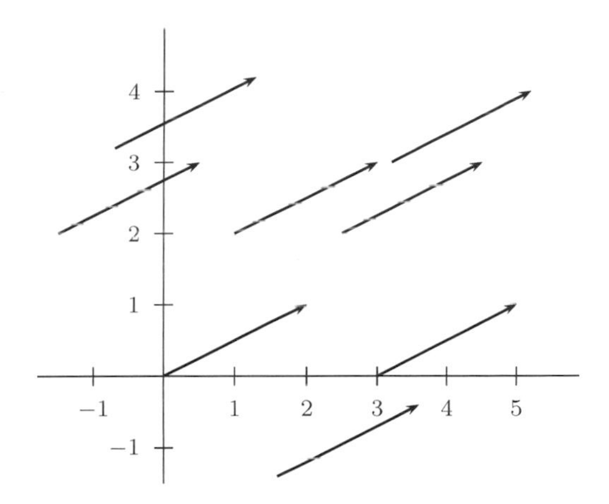

Abb. 2.2 Der Vektor $(2, 1)$

Die Menge der Vektoren erhält eine algebraische Struktur, indem wir die Addition zweier Vektoren durch

$$(x_1, \ldots, x_n) + (y_1, \ldots, y_n) := (x_1 + y_1, \ldots, x_n + y_n)$$

und die Multiplikation eines Vektors mit einer Zahl $\lambda \in \mathbb{R}$ durch

$$\lambda \cdot (x_1, \ldots, x_n) := (\lambda x_1, \ldots, \lambda x_n)$$

[2] Ein bemerkenswerter Versuch den Dimensionsbegriff in Form eines Romans einem allgemeinen Publikum nahezubringen, wurde bereits im Jahre 1884 von Edwin A. Abbott unter dem Titel *Flatland* [Abb] unternommen. Inzwischen gibt es einen auf diesem sozialsatirischen Roman basierenden Animationsfilm, siehe `http://flatlandthemovie.com/`. Auf der DVD wird auch über Möglichkeiten der Darstellung einer vierten Dimension gesprochen.

definieren. Abb. 2.3 beschreibt die anschauliche Bedeutung dieser Definition für den Fall $n = 2$.
Die Addition auf der Menge $\mathbb{R}^n$ haben wir bereits in Kapitel 1 studiert. In der dort verwendeten Begriffswelt ist $(\mathbb{R}^n, +)$ eine abelsche Gruppe, nämlich das n-fache kartesische Produkt $(\mathbb{R}, +) \times (\mathbb{R}, +) \times \ldots \times (\mathbb{R}, +)$ der additiven Gruppe $(\mathbb{R}, +)$. Die Multiplikation mit einer Zahl $\lambda \in \mathbb{R}$ ist hingegen eine neuartige Operation, denn für $n \geq 2$ handelt es sich dabei nicht um eine Operation, die zwei Elementen aus $\mathbb{R}^n$ ein Element aus $\mathbb{R}^n$ zuordnet. Vektoren werden *nicht miteinander* multipliziert, sondern nur mit *Skalaren*, das sind einfache Zahlen.

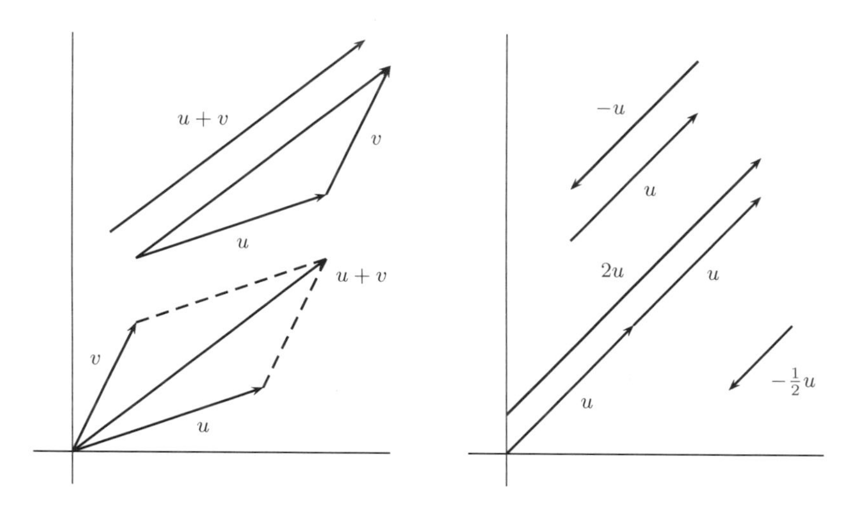

Abb. 2.3 Addition und skalare Multiplikation von Vektoren

Der *Nullvektor* $0 = (0, 0, \ldots, 0) \in \mathbb{R}^n$ besitzt als einziger Vektor keine Richtung. Aus der Definition erhalten wir $0 \cdot u = 0$ für jedes $u \in \mathbb{R}^n$. Hier ist zu beachten, dass das Symbol 0 in zwei verschiedenen Bedeutungen benutzt wird: Auf der linken Seite dieser Gleichung handelt es sich um die reelle Zahl $0 \in \mathbb{R}$, auf der rechten Seite um den Nullvektor $0 = (0, 0, \ldots, 0) \in \mathbb{R}^n$.
In der klassischen ebenen Geometrie werden *Punkte* und *Geraden* als elementare Objekte des Studiums betrachtet. Zu den Grundannahmen der euklidischen[3] Geometrie gehört, dass es durch zwei verschiedene Punkte stets genau eine Gerade gibt. Diesen Sachverhalt können wir in eine algebraisch beschriebene Aussage im Raum $\mathbb{R}^n$ übersetzen. Starten wir dazu mit zwei Punkten $x = (x_1, x_2)$ und $y = (y_1, y_2) \in \mathbb{R}^2$ in der Ebene. Die zu diesen Punkten gehörigen *Ortsvektoren* bezeichnen wir ebenfalls mit x bzw. y. Sie verbinden den Nullpunkt mit dem jeweiligen Punkt. Der Vektor $w := y - x$

[3] Euklid von Alexandria ist vor allem durch die *Elemente* berühmt. In diesem mehrbändigen Werk sind die damaligen geometrischen Ergebnisse und Anschauungen auf streng logische Weise dargestellt, vgl. auch Fußnote auf Seite 6.

gibt dann die *Richtung* der Geraden L an, die durch die Punkte x und y verläuft. Wenn wir alle Punkt der Gestalt $x + \lambda w$, $\lambda \in \mathbb{R}$ betrachten, dann erhalten wir die gesamte Gerade L (Abb.2.4), d.h.

$$L = \{x + \lambda w \mid \lambda \in \mathbb{R}\} \subset \mathbb{R}^2 .$$

Eine derartige Beschreibung nennt man *Parameterdarstellung* der Geraden L. Jede solche Darstellung entspricht einer Abbildung $f : \mathbb{R} \to \mathbb{R}^2$ der Gestalt $f(\lambda) := x + \lambda w$. Die Bildmenge $f(\mathbb{R})$ dieser Abbildung ist die Gerade L.

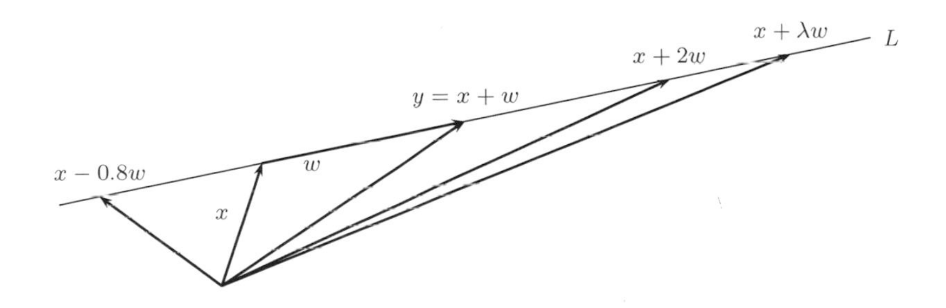

Abb. 2.4 Parameterdarstellung einer Geraden

Außer durch eine Parametrisierung lässt sich eine Gerade in der Ebene auch durch eine *lineare Gleichung* $a_1x_1 + a_2x_2 = b$ beschreiben. Bei einer solchen Beschreibung stimmt die Gerade mit der *Lösungsmenge*

$$\text{Lös}(a_1, a_2 | \, b) := \{(x_1, x_2) \in \mathbb{R}^2 \mid a_1x_1 + a_2x_2 = b\}$$

überein. Die *Koeffizienten* a_1, a_2 und die Zahl b sind dabei als feste, gegebene Größen zu betrachten.
Unter dem *Lösen* der Gleichung $a_1x_1 + a_2x_2 = b$ verstehen wir das Auffinden einer Parametrisierung $f : \mathbb{R} \to \mathbb{R}^2$ der Lösungsmenge $\text{Lös}(a_1, a_2| \, b)$. Die Parametrisierung soll die Gestalt $f(\lambda) = v + \lambda w$ haben, sie ist also vollständig bekannt, wenn die Vektoren v und w bestimmt sind.
Dies wird nicht in jedem Fall gelingen. Wenn zum Beispiel $a_1 = a_2 = 0$ und $b \neq 0$ ist, dann gibt es kein $(x_1, x_2) \in \mathbb{R}^2$, welches $a_1x_1 + a_2x_2 = b$ erfüllt. Die Lösungsmenge $\text{Lös}(0, 0| \, b) = \emptyset$ ist dann leer, vorausgesetzt $b \neq 0$. Ein weiteres Beispiel ist die Lösungsmenge $\text{Lös}(0, 0| \, 0) = \mathbb{R}^2$, auch dies ist keine Gerade. In allen anderen Fällen ist $\text{Lös}(a_1, a_2| \, b)$ eine Gerade. Um dies zu sehen, nehmen wir zunächst $a_1 \neq 0$ an. Unter dieser Voraussetzung erhalten wir aus der gegebenen Gleichung $x_1 = \frac{b}{a_1} - \frac{a_2}{a_1} \cdot x_2$ und wir können für x_2 jedes beliebige $\lambda \in \mathbb{R}$ einsetzen. Es ergibt sich

$$(x_1, x_2) = \left(\frac{b}{a_1} - \frac{a_2}{a_1}\lambda, \lambda\right) = \left(\frac{b}{a_1}, 0\right) + \lambda\left(-\frac{a_2}{a_1}, 1\right) \in \text{Lös}(a_1, a_2| \, b) .$$

Dies ist die gewünschte Parametrisierung $f(\lambda) = v + \lambda w$ mit $v = \left(\frac{b}{a_1}, 0\right)$ und $w = \left(-\frac{a_2}{a_1}, 1\right)$. Falls $a_1 = 0$ und $a_2 \neq 0$, geht alles analog.

Um die geometrische Anschauung weiter zu fördern, erhöhen wir jetzt die Dimension. Auch im dreidimensionalen Raum $\mathbb{R}^3$ ist eine Gerade durch zwei ihrer Punkte festgelegt und wir können sie durch eine Parametrisierung $f : \mathbb{R} \to \mathbb{R}^3$ der Gestalt $f(\lambda) := v + \lambda w$ beschreiben. Hierbei ist $w \neq 0$ und $v, w \in \mathbb{R}^3$. Jede Menge der Gestalt $L = \{v + \lambda w \mid \lambda \in \mathbb{R}\} \subset \mathbb{R}^3$ mit $v, w \in \mathbb{R}^3$ und $w \neq 0$ ist eine Gerade.

Zur Beschreibung einer Geraden im $\mathbb{R}^3$ reicht es jedoch nicht aus, eine einzige lineare Gleichung anzugeben. Schauen wir dazu eine lineare Gleichung

$$a_1x_1 + a_2x_2 + a_3x_3 = b$$

an, in der $a_3 \neq 0$ ist. Dann ergibt sich $x_3 = \frac{b}{a_3} - \frac{a_1}{a_3}x_1 - \frac{a_2}{a_3}x_2$ und wir können für x_1 und x_2 beliebige Werte $\lambda_1 \in \mathbb{R}$ und $\lambda_2 \in \mathbb{R}$ einsetzen. Wir erhalten dann $(\lambda_1, \lambda_2, \frac{b}{a_3} - \frac{a_1}{a_3}\lambda_1 - \frac{a_2}{a_3}\lambda_2) = (0, 0, \frac{b}{a_3}) + \lambda_1 \cdot (1, 0, -\frac{a_1}{a_3}) + \lambda_2 \cdot (0, 1, -\frac{a_2}{a_3})$ als Element in $\text{Lös}(a_1, a_2, a_3 | b) := \{(x_1, x_2, x_3) \in \mathbb{R}^3 \mid a_1x_1 + a_2x_2 + a_3x_3 = b\}$. In diesem Fall gibt es zwei freie Parameter $\lambda_1, \lambda_2 \in \mathbb{R}$ in den Lösungen, die Parametrisierung ist daher eine Abbildung $f : \mathbb{R}^2 \to \mathbb{R}^3$ der Gestalt $f(\lambda_1, \lambda_2) = u + \lambda_1 v + \lambda_2 w$. Wie zuvor ist $f(\mathbb{R}^2) = \text{Lös}(a_1, a_2, a_3 | b)$. Die Lösungsmenge einer linearen Gleichung ist also eine Ebene im $\mathbb{R}^3$. Um eine Gerade zu beschreiben, benötigen wir zwei lineare Gleichungen, die beide gleichzeitig zu erfüllen sind. Die Gerade ist dann der Durchschnitt der beiden Ebenen, die durch diese Gleichungen definiert werden.

Es folgt ein konkretes Beispiel:

$$2x_1 - x_2 + x_3 = 2 \qquad \text{(I)}$$
$$-x_1 - 4x_2 + x_3 = 2 \,. \qquad \text{(II)}$$

Um die graphische Darstellung zu erleichtern, formen wir zunächst die zweite Gleichung um, indem wir von ihr die erste Gleichung subtrahieren und das Ergebnis durch -3 teilen. Wir erhalten die folgenden beiden Gleichungen:

$$2x_1 - x_2 + x_3 = 2 \qquad \text{(I)}$$
$$x_1 + x_2 = 0 \,. \qquad \text{(II}'\text{)}$$

Die Ebenen (I), (II′) und ihr Durchschnitt L sind in Abb. 2.5 dargestellt. Da man durch Addition der Gleichung (I) zum (-3)-fachen von (II′) die Gleichung (II) zurückerhält, hat sich beim Übergang von (I) und (II) zu (I) und (II′) die Lösungsmenge nicht verändert. Geometrisch entspricht die Ersetzung von (II) durch (II′) einer Drehung der Ebene (II) um die Achse L, wie in Abb. 2.6 angedeutet.

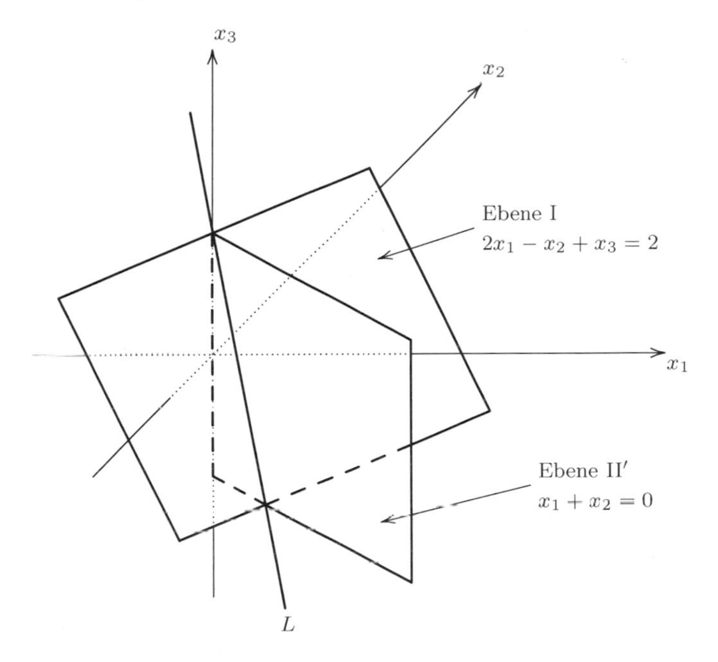

Abb. 2.5 Geometrie der Lösung zweier Gleichungen

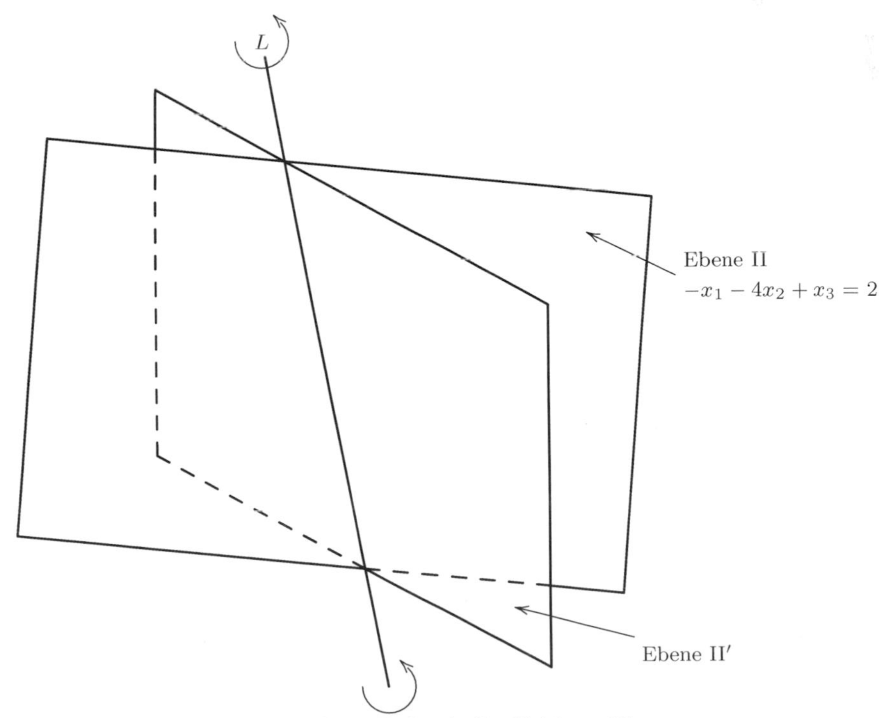

Abb. 2.6 Ersetzung der Gleichung II durch die Gleichung II′

Um eine Parametrisierung der Geraden L zu erhalten, nutzen wir die Gleichung (II′) in der Form $x_2 = -x_1$, um in Gleichung (I) die Variable x_2 zu eliminieren. Das ergibt

$$x_3 = 2 - 2x_1 + x_2 = 2 - 3x_1 \ .$$

Für x_1 können wir beliebige Werte $\lambda \in \mathbb{R}$ einsetzen und erhalten schließlich

$$(x_1, x_2, x_3) = (\lambda, -\lambda, 2 - 3\lambda) = (0, 0, 2) + \lambda(1, -1, -3)$$

als Parametrisierung der Geraden L.
Auch hier kann es passieren, dass durch zwei lineare Gleichungen keine Gerade im $\mathbb{R}^3$ definiert wird. Dies ist der Fall, wenn beide Gleichungen dieselbe Ebene beschreiben. Dann definiert das entsprechende Gleichungssystem eine Ebene. Beide Ebenen können auch parallel sein, dann ist ihr Schnitt und somit auch die Lösungsmenge leer.
Als abschließendes geometrisches Beispiel schauen wir uns ein System von drei linearen Gleichungen im $\mathbb{R}^3$ an.

$$\begin{aligned} x_1 + x_2 + x_3 &= 2 && \text{(I)} \\ 2x_1 + 3x_2 + x_3 &= 4 && \text{(II)} \\ x_1 + 3x_2 &= 3 && \text{(III)} \end{aligned}$$

Wie zuvor bilden wir Gleichungen (II′) = (II) − 2 · (I) und (III′) = (III) − (I)

$$\begin{aligned} x_1 + x_2 + x_3 &= 2 && \text{(I)} \\ x_2 - x_3 &= 0 && \text{(II}'\text{)} \\ 2x_2 - x_3 &= 1 && \text{(III}'\text{)} \end{aligned}$$

Nun eliminieren wir x_2 aus der Gleichung (III′), indem wir (III″) = (III′) − 2(II′) bilden:

$$\begin{aligned} x_1 + x_2 + x_3 &= 2 && \text{(I)} \\ x_2 - x_3 &= 0 && \text{(II}'\text{)} \\ x_3 &= 1 && \text{(III}''\text{)} \end{aligned}$$

Indem wir von unten nach oben einsetzen, erhalten wir $x_2 = x_3 = 1$ und $x_1 = 2 - x_2 - x_3 = 0$. Damit hat das gegebene lineare Gleichungssystem genau eine Lösung, nämlich $(x_1, x_2, x_3) = (0, 1, 1)$.
Die Lösungsmenge eines Systems mit drei Gleichungen und drei Variablen kann leer, oder ein einzelner Punkt, eine Gerade, eine Ebene oder gar der gesamte $\mathbb{R}^3$ sein.
Um auch bei einer größeren Zahl von Variablen oder Gleichungen eine übersichtliche Beschreibung zu ermöglichen, hat es sich eingebürgert, die Ko-

effizienten in Form einer Matrix zu schreiben. Durch seine Position in der Matrix ist für jeden Koeffizienten klar, vor welcher Variablen er steht. Im letzten Beispiel hat die Koeffizientenmatrix die Gestalt

$$\begin{pmatrix} 1 & 1 & 1 \\ 2 & 3 & 1 \\ 1 & 3 & 0 \end{pmatrix} \quad \text{bzw.} \quad \left(\begin{array}{ccc|c} 1 & 1 & 1 & 2 \\ 2 & 3 & 1 & 4 \\ 1 & 3 & 0 & 3 \end{array}\right),$$

wenn wir die rechten Seiten der Gleichungen noch hinzufügen, um die *erweiterte Koeffizientenmatrix* zu erhalten.

Nach dieser konkreten und geometrisch-anschaulichen Einführung wenden wir uns nun dem allgemeinen Fall zu. Um mit beliebig großen Zahlen von Variablen und Gleichungen umgehen zu können, benutzen wir einfach indizierte Buchstaben $x_1, x_2, x_3, \ldots$ für die Variablen und doppelt indizierte Buchstaben a_{ij} zur Bezeichnung der Koeffizienten. Dabei gibt i die Nummer der Gleichung und j die Nummer der zugehörigen Variablen x_j an. Die Koeffizientenmatrix für das Gleichungssystem aus m Gleichungen mit n Variablen:

$$\begin{array}{ccccccc} a_{11}x_1 & + & a_{12}x_2 & + \ldots + & a_{1n}x_n & = & b_1 \\ a_{21}x_1 & + & a_{22}x_2 & + \ldots + & a_{2n}x_n & = & b_2 \\ \vdots & & \vdots & & \vdots & & \vdots \\ a_{m1}x_1 & + & a_{m2}x_2 & + \ldots + & a_{mn}x_n & = & b_m \end{array} \tag{2.1}$$

hat die Gestalt

$$A = \begin{pmatrix} a_{11} & a_{12} & \ldots & a_{1n} \\ \vdots & \vdots & & \vdots \\ a_{m1} & a_{m2} & \ldots & a_{mn} \end{pmatrix},$$

wofür abkürzend $A = (a_{ij})_{i,j}$ geschrieben wird, wenn m und n aus dem Kontext klar sind. Die i-te Zeile enthält den Vektor $(a_{i1}, a_{i2}, \ldots, a_{in})$.
Die erweiterte Koeffizientenmatrix für das Gleichungssystem (2.1) lautet:

$$(A|\,b) = \left(\begin{array}{cccc|c} a_{11} & a_{12} & \ldots & a_{1n} & b_1 \\ \vdots & \vdots & & \vdots & \vdots \\ a_{m1} & a_{m2} & \ldots & a_{mn} & b_m \end{array}\right).$$

Eine Matrix mit m Zeilen und n Spalten nennt man auch $m \times n$-Matrix. Um das Gleichungssystem (2.1) platzsparend notieren zu können, vereinbaren wir, die Koeffizienten b_i und die Unbestimmten x_j jeweils als Spaltenvektor zu schreiben

$$b := \begin{pmatrix} b_1 \\ \vdots \\ b_m \end{pmatrix} \quad \text{und} \quad x := \begin{pmatrix} x_1 \\ \vdots \\ x_n \end{pmatrix}.$$

Das *Produkt* einer Matrix $A = (a_{ij})_{i,j}$ mit einem Spaltenvektor, dessen Länge gleich der Zahl der Spalten der Matrix ist, ist durch folgende Formel definiert:

$$A \cdot x := \begin{pmatrix} a_{11}x_1 & + & a_{12}x_2 & + \ldots + & a_{1n}x_n \\ a_{21}x_1 & + & a_{22}x_2 & + \ldots + & a_{2n}x_n \\ \vdots & & \vdots & & \vdots \\ a_{m1}x_1 & + & a_{m2}x_2 & + \ldots + & a_{mn}x_n \end{pmatrix}.$$

Das Ergebnis ist ein Vektor, der soviel Einträge hat, wie die Matrix A Zeilen besitzt. Zur Bestimmung der i-ten Komponente dieses Vektors genügt es, die i-te Zeile der Matrix A und den Vektor x zu kennen, denn sie ist gleich der Summe $\sum_{j=1}^{n} a_{ij}x_j$. Unter Benutzung dieses Produktes ist $A \cdot x = b$ eine Abkürzung für das System (2.1) und dessen Lösungsmenge wird mit

$$\text{Lös}(A|\,b) := \{x \in \mathbb{R}^n \mid A \cdot x = b\}$$

bezeichnet. Hierbei wird $x \in \mathbb{R}^n$ als Spaltenvektor aufgefasst.
Unser nächstes Ziel ist es, einen Algorithmus zu beschreiben, mit dessen Hilfe man jedes System der Gestalt (2.1) lösen kann. Unter einer Lösung wollen wir auch hier eine Parametrisierung $f : \mathbb{R}^s \to \mathbb{R}^n$ mit $f(\mathbb{R}^s) = \text{Lös}(A|\,b)$ verstehen. Die Bestimmung der Zahl s ist Teil des Algorithmus. Wir beginnen mit dem Studium eines Spezialfalls, auf den wir später den allgemeinen Fall zurückführen werden.

Definition 2.1.1. Eine Matrix besitzt *Zeilenstufenform*, wenn sie die in Abb. 2.7 angedeutete Gestalt hat. Dabei steht an jeder der mit $\star$ gekennzeich-

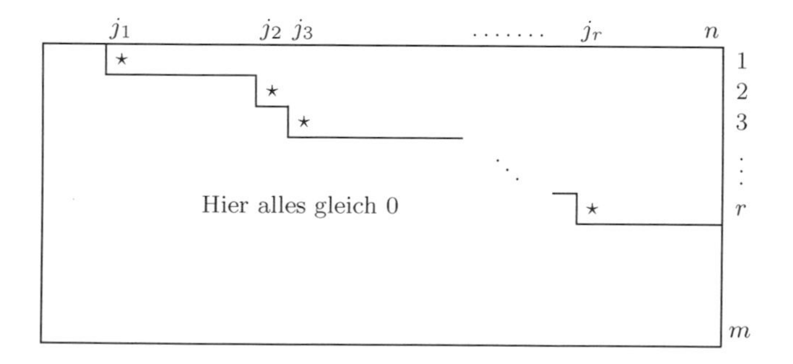

Abb. 2.7 Zeilenstufenform

neten Stellen eine von Null verschiedene reelle Zahl und der untere Bereich ist völlig mit Nullen ausgefüllt.

Etwas formaler – und somit genauer – heißt dies, dass $A = (a_{ij})_{i,j}$ genau dann Zeilenstufenform besitzt, wenn die folgenden Bedingungen erfüllt sind:

(i) Es gibt eine ganze Zahl r mit $0 \leq r \leq m$, so dass die Zeilen mit Nummer $i > r$ nur Nullen enthalten.

(ii) Wenn $j_i := \min\{j \mid a_{ij} \neq 0\}$ die kleinste Spaltennummer ist, deren Eintrag in Zeile i nicht Null ist, dann gilt $1 < j_1 < j_2 < \ldots < j_r \leq n$.

Man beachte, dass hier $r = 0$ zugelassen ist. In diesem Fall ist A die Nullmatrix, das ist die Matrix deren sämtliche Einträge gleich 0 sind.
In jedem Fall nennen wir r den Rang von A und schreiben $r = \mathrm{rk}(A)$. Da eine Vertauschung der Spalten der Matrix A lediglich einer Umbenennung der Variablen x_i entspricht, können wir zur Erläuterung der allgemeinen Theorie annehmen, dass $j_i = i$, also $j_1 = 1, j_2 = 2, \ldots, j_r = r$ gilt. Eine Matrix in dieser speziellen Zeilenstufenform vom Rang $r > 0$ erfüllt dann

$$a_{11} \neq 0,\ a_{22} \neq 0, \ldots, a_{rr} \neq 0 \quad \text{und} \quad a_{ij} = 0 \quad \text{falls } i > j \text{ oder } i > r.$$

Sie hat daher die in Abb. 2.8 angedeutete Gestalt.

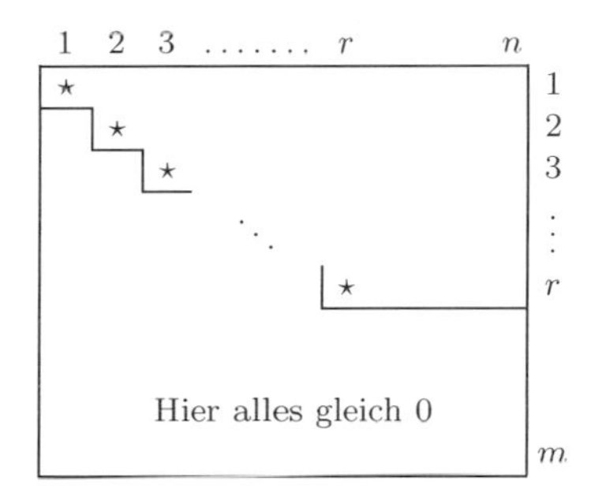

Abb. 2.8 Spezielle Zeilenstufenform

Sei nun $A = (a_{ij})_{i,j}$ eine Matrix vom Rang r in spezieller Zeilenstufenform. Wenn es ein $j > r$ gibt mit $b_j \neq 0$, dann hat $A \cdot x = b$ offenbar keine Lösung, d.h. $\mathrm{Lös}(A|\,b) = \emptyset$. Für die Existenz einer Lösung des linearen Gleichungssystems $A \cdot x = b$ ist somit

$$b_{r+1} = b_{r+2} = \ldots = b_m = 0 \tag{2.2}$$

notwendig. Diese Bedingung ist auch hinreichend, denn wenn sie erfüllt ist, können wir die Variablen $x_{r+1}, \ldots, x_n$ mit beliebigen Werten $\lambda_1, \lambda_2, \ldots, \lambda_{n-r}$ belegen. Man nennt sie daher *freie Variablen*. Durch sukzessives Einsetzen von unten nach oben erhält man aus den Gleichungen dann die Werte der *gebundenen* Variablen $x_1, \ldots, x_r$. Dazu startet man mit der letzten nichttrivialen Gleichung $a_{r,r}x_r + a_{r,r+1}x_{r+1} + \ldots + a_{r,n}x_n = b_r$. Nach Einsetzen der λ_i ergibt sich daraus der Wert von x_r

$$
\begin{aligned}
x_r &= \frac{b_r}{a_{rr}} - \frac{1}{a_{rr}} \cdot (a_{r,r+1}\lambda_1 + \ldots + a_{r,n}\lambda_{n-r}) \\
&= \frac{b_r}{a_{rr}} - \frac{1}{a_{rr}} \cdot \sum_{k=1}^{n-r} a_{r,r+k}\lambda_k \,.
\end{aligned}
$$

Wenn bereits $x_{j+1}, \ldots, x_r$ berechnet wurden, dann ergibt sich aus der j-ten Gleichung

$$
x_j = \frac{1}{a_{jj}}(b_j - a_{j,j+1}x_{j+1} - \ldots - a_{j,n}x_n) \,.
$$

Nach Einsetzen der bereits berechneten Werte enthält der Ausdruck auf der rechten Seite keine Unbekannten mehr, sondern nur die gegebenen Koeffizienten und die Parameter λ_k.
In dem wichtigen Spezialfall $r = n$ gibt es keine freien Variablen. Wenn die Lösbarkeitsbedingung (2.2) erfüllt ist, dann gibt es genau eine Lösung für das lineare Gleichungssystem $Ax = b$.
Wenn sogar $r = n = m$, dann ist jede Zeilenstufenform auch eine spezielle Zeilenstufenform und die Lösbarkeitsbedingung ist stets erfüllt. Das Gleichungssystem besitzt dann genau eine Lösung.
Wenn $r = n$ und $b = 0$, dann ist die Lösbarkeitsbedingung ebenfalls erfüllt und $x = 0$ ist die eindeutig bestimmte Lösung von $Ax = b$.
Wenn allgemeiner A eine Matrix in (nicht spezieller) Zeilenstufenform ist, dann sind lediglich die Formeln für die gebundenen Variablen anzupassen, alles andere bleibt unverändert richtig.

Beispiel 2.1.2.

$$
(A \mid b) = \left(\begin{array}{ccccccc|c}
0 & 2 & 0 & -1 & -2 & 0 & 3 & 13 \\
0 & 0 & 1 & 2 & 3 & 6 & 0 & 7 \\
0 & 0 & 0 & 0 & 0 & 3 & 1 & 3 \\
0 & 0 & 0 & 0 & 0 & 0 & 0 & 0
\end{array}\right)
$$

Die freien Variablen sind hier $x_1 = \lambda_1, x_4 = \lambda_2, x_5 = \lambda_3$ und $x_7 = \lambda_4$. Die dritte Gleichung ergibt $3x_6 = 3 - \lambda_4$. Daraus erhalten wir $x_6 = 1 - \frac{1}{3}\lambda_4$. Aus der zweiten Gleichung ergibt sich $x_3 = 7 - 2x_2 - 3x_5 - 6x_6 = 1 - 2\lambda_2 - 3\lambda_3 + 2\lambda_4$ und aus der ersten $x_2 = \frac{13}{2} + \frac{1}{2}\lambda_2 + \lambda_3 - \frac{3}{2}\lambda_4$. Der Lösungsvektor x hat somit die Gestalt

$$
\begin{pmatrix} \lambda_1 \\ \frac{13}{2} + \frac{1}{2}\lambda_2 + \lambda_3 - \frac{3}{2}\lambda_4 \\ 1 - 2\lambda_2 - 3\lambda_3 + 2\lambda_4 \\ \lambda_2 \\ \lambda_3 \\ 1 - \frac{1}{3}\lambda_4 \\ \lambda_4 \end{pmatrix}
= \begin{pmatrix} 0 \\ \frac{13}{2} \\ 1 \\ 0 \\ 0 \\ 1 \\ 0 \end{pmatrix}
+ \lambda_1 \begin{pmatrix} 1 \\ 0 \\ 0 \\ 0 \\ 0 \\ 0 \\ 0 \end{pmatrix}
+ \lambda_2 \begin{pmatrix} 0 \\ \frac{1}{2} \\ -2 \\ 1 \\ 0 \\ 0 \\ 0 \end{pmatrix}
+ \lambda_3 \begin{pmatrix} 0 \\ 1 \\ -3 \\ 0 \\ 1 \\ 0 \\ 0 \end{pmatrix}
+ \lambda_4 \begin{pmatrix} 0 \\ -\frac{3}{2} \\ 2 \\ 0 \\ 0 \\ -\frac{1}{3} \\ 1 \end{pmatrix}
$$

und wir haben die gewünschte Parametrisierung der Lösung gefunden.

Die Idee für den allgemeinen Fall, wenn die Matrix nicht in Zeilenstufenform gegeben ist, besteht darin, die gegebene Matrix A schrittweise in Zeilenstu-

fenform zu transformieren, so dass bei keinem der Schritte die Lösungsmenge verändert wird.
Das im Folgenden beschriebene Eliminationsverfahren, zusammen mit der Bestimmung der Parametrisierung aus der Zeilenstufenform, wird auch als Gauß-Verfahren[4] oder Gaußscher Algorithmus bezeichnet. Die Grundbausteine dieses Algorithmus sind die folgenden beiden *elementaren Zeilenumformungen*, die auf die erweiterte Koeffizientenmatrix $(A|\, b)$ angewendet werden.

(Z1) Vertauschung zweier Zeilen.
(Z2) Addition des λ-fachen der k-ten Zeile zur i-ten Zeile, $i \neq k$ und $\lambda \in \mathbb{R}$.

Satz 2.1.3 *Wenn* $\left(\widetilde{A}\,\middle|\,\widetilde{b}\right)$ *aus* $(A|\, b)$ *durch endlich viele elementare Zeilenumformungen hervorgeht, dann ist* $\text{Lös}\,(A|\, b) = \text{Lös}\left(\widetilde{A}\,\middle|\,\widetilde{b}\right)$.

Beweis. Mittels vollständiger Induktion über die Anzahl der elementaren Zeilenumformungen können wir das Problem darauf reduzieren, den Satz für den Fall einer einzigen elementaren Zeilenumformung zu beweisen. Da die Lösungsmenge durch die Reihenfolge der Gleichungen nicht beeinflusst wird, ändert sich durch eine Zeilenvertauschung nichts. Bei einer Umformung vom Typ (Z2) bleiben alle Zeilen außer der i-ten Zeile unverändert. Daher genügt es zu zeigen, dass die Lösungsmenge des aus zwei Gleichungen bestehenden Systems

$$\begin{array}{l} a_{i1}x_1 + a_{i2}x_2 + \ldots + a_{in}x_n = b_i \\ a_{k1}x_1 + a_{k2}x_2 + \ldots + a_{kn}x_n = b_k \end{array} \tag{2.3}$$

mit der Lösungsmenge des Systems

$$\begin{array}{rcl} (a_{i1} + \lambda a_{k1})x_1 + (a_{i2} + \lambda a_{k2})x_2 + \ldots + (a_{in} + \lambda a_{kn})x_n &=& b_i + \lambda b_k \\ a_{k1}\, x_1 + \qquad a_{k2}\, x_2 + \ldots + \qquad a_{kn}\, x_n &=& b_k \end{array} \tag{2.4}$$

übereinstimmt. Man erhält (2.4), wenn man zur ersten Gleichung von (2.3) das λ-fache der zweiten Gleichung hinzufügt. Daher ist jede Lösung von (2.3) auch Lösung von (2.4). Umgekehrt entsteht das System (2.3) dadurch, dass man zur ersten Gleichung von (2.4) das $(-\lambda)$-fache der zweiten Gleichung addiert, also ist jede Lösung von (2.4) auch Lösung von (2.3). $\square$

[4] Carl Friedrich Gauss (1777–1855), deutscher Mathematiker.
Das Gaußsche Eliminationsverfahren findet man in einem alten Chinesischen Mathematiklehrbuch, welches vermutlich bereits 200 v.u.Z. vorlag. Das Verfahren wurde von Gauß in seinem Studium der Bahn des Asteroiden Pallas verwendet. Seine zwischen 1803 und 1809 gemachten Beobachtungen führten ihn auf ein System von sechs linearen Gleichungen mit ebenso vielen Unbekannten, welches er mit dem beschriebenen Eliminationsverfahren systematisch löste.

Der Nutzen von Satz 2.1.3 wird durch den folgenden Satz offensichtlich, dessen Beweis uns überdies einen Algorithmus zur Konstruktion einer Parametrisierung der Lösungsmenge eines beliebigen linearen Gleichungssystems liefert.

Satz 2.1.4 *Jede Matrix A lässt sich durch endlich viele elementare Zeilenumformungen in Zeilenstufenform bringen.*

Beweis. Wenn $A = 0$ die Nullmatrix ist, dann ist nichts zu zeigen. Sei also $A \neq 0$. Wir nehmen an, dass A eine $m \times n$-Matrix ist und führen den Beweis per Induktion über $n \geq 1$, die Zahl der Spalten. Wenn $n = 1$ ist, können wir durch Permutation der Zeilen erreichen, dass der oberste Eintrag a_{11} nicht gleich 0 ist. Wenn wir dann für jedes $2 \leq i \leq m$ das $\left(-\frac{a_{i1}}{a_{11}}\right)$-fache dieser ersten Zeile zur Zeile i addieren, dann erhalten wir die gewünschte Zeilenstufenform. Das beweist den Induktionsanfang.
Für den Induktionsschritt nehmen wir an, dass die Behauptung des Satzes bereits für Matrizen mit bis zu $n-1$ Spalten bewiesen ist. Sei nun j die kleinste Nummer einer nichttrivialen Spalte von A, also einer Spalte die nicht nur Nullen enthält. Da wir $A \neq 0$ angenommen haben, gibt es ein solches j mit $1 \leq j \leq n$. In dieser Spalte gibt es einen Eintrag $a_{ij} \neq 0$. Wenn es mehrere gibt, wählen wir eines davon aus. Man nennt es *das Pivotelement*. Für die numerische Stabilität des Verfahrens ist die Auswahl des betragsgrößten Eintrags als Pivotelement am günstigsten. Durch Vertauschung der Zeilen 1 und i erreichen wir $a_{1j} \neq 0$. Nun addieren wir für jedes $k > 1$ das $\left(-\frac{a_{kj}}{a_{1j}}\right)$-fache der ersten Zeile zur k-ten Zeile. Wir erhalten dadurch eine Matrix der Gestalt

$$\begin{pmatrix} 0 \dots 0 & a_{1j} & \dots\dots\dots \\ 0 \dots 0 & 0 & \\ \vdots \quad \vdots & \vdots & B \\ 0 \dots 0 & 0 & \end{pmatrix}.$$

Da die Zahl der Spalten von B gleich $n - j < n$ ist, können wir nach Induktionsvoraussetzung die Matrix B durch endlich viele elementare Zeilenoperationen in Zeilenstufenform bringen. Da in den Zeilen 2 bis m links von B in der großen Matrix nur Nullen auftreten, ändert sich nichts an der Struktur von A außerhalb des Bereiches von B, wenn elementare Zeilenumformungen auf die Zeilen 2 bis m angewendet werden. Das ergibt dann insgesamt eine Zeilenstufenform für die gesamte Matrix, womit der Satz bewiesen ist. □

Damit erhalten wir folgende Beschreibung des **Gaußschen Algorithmus**:

(G1) Erweiterte Koeffizientenmatrix $(A|\, b)$ aufschreiben.
(G2) Erzeugung einer Zeilenstufenform für A, wie im Beweis von Satz 2.1.4. Die elementaren Zeilenoperationen werden auf $(A|\, b)$ angewendet, es wird jedoch kein Pivotelement in der Spalte b gesucht.

(G3) Mit dem Lösbarkeitskriterium (2.2) stelle man fest, ob es Lösungen gibt. Wenn ja, dann berechne man eine Parametrisierung für $\text{Lös}(A|b)$ in der zuvor erläuterten Weise.

Beispiel 2.1.5. (G1) Die erweiterte Koeffizientenmatrix des Gleichungssystems

$$\begin{aligned} x_1 + 2x_2 + x_3 &= -1 \\ 3x_1 + 4x_2 + 4x_3 &= -4 \\ x_1 \phantom{{}+ 4x_2} + 2x_3 &= -2 \end{aligned} \quad \text{lautet} \quad (A \mid b) = \left(\begin{array}{ccc|c} \boxed{1} & 2 & 1 & -1 \\ 3 & 4 & 4 & -4 \\ 1 & 0 & 2 & -2 \end{array}\right).$$

(G2) Das Pivotelement wurde bereits gekennzeichnet, es ist der Eintrag a_{11}. Nun führen wir zwei elementare Zeilenumformungen vom Typ (Z2) durch, nämlich (Zeile II)−3·(Zeile I) und (Zeile III)−(Zeile I). Dabei wird immer die zuerst genannte Zeile durch das erhaltene Ergebnis ersetzt. Es ergibt sich

$$\left(\begin{array}{ccc|c} 1 & 2 & 1 & -1 \\ 0 & \boxed{-2} & 1 & 1 \\ 0 & -2 & 1 & -1 \end{array}\right).$$

Das neue Pivotelement ist wieder gekennzeichnet. Durch die elementare Zeilenoperation (Zeile III)−(Zeile II) erhalten wir Zeilenstufenform:

$$\left(\begin{array}{ccc|c} 1 & 2 & 1 & -1 \\ 0 & -2 & 1 & -1 \\ 0 & 0 & 0 & 0 \end{array}\right).$$

(G3) Jetzt könnte man in der zuvor beschriebenen Weise vorgehen. Statt dessen werden wir mit Hilfe von elementaren Zeilenumformungen auch noch oberhalb der Pivotelemente Nullen erzeugen. Danach ist das Ablesen der Lösungen wesentlich weniger aufwändig. In unserem Beispiel ist dazu nur noch die elementare Zeilenoperation (Zeile I)+(Zeile II) durchzuführen. Das ergibt:

$$\left(\begin{array}{ccc|c} 1 & 0 & 2 & -2 \\ 0 & -2 & 1 & -1 \\ 0 & 0 & 0 & 0 \end{array}\right).$$

Die Lösbarkeitsbedingung (2.2) ist erfüllt. Die einzige freie Variable ist x_3, sie wird durch den Parameter λ ersetzt. Aus der ersten Gleichung erhalten wir $x_1 = -2 - 2x_3 = -2 - 2\lambda$ und aus der zweiten Gleichung $-2x_2 = -1 - x_3 = -1 - \lambda$. Das liefert schließlich die folgende Lösung des Gleichungssystems, wobei $\lambda \in \mathbb{R}$ beliebig ist:

$$\begin{pmatrix} x_1 \\ x_2 \\ x_3 \end{pmatrix} = \begin{pmatrix} -2 - 2\lambda \\ 1/2 + \lambda/2 \\ \lambda \end{pmatrix} = \begin{pmatrix} -2 \\ 1/2 \\ 0 \end{pmatrix} + \lambda \cdot \begin{pmatrix} -2 \\ 1/2 \\ 1 \end{pmatrix}.$$

Bemerkung 2.1.6. Für die praktische Durchführung von Schritt (G3) im Gaußschen Algorithmus empfiehlt es sich, so wie im Beispiel praktiziert, durch elementare Zeilenoperationen oberhalb der Pivotelemente auch noch Nullen zu erzeugen. Dazu beginnt man mit dem untersten Pivotelement und wendet elementare Zeilenoperationen (Z2) an, wie bei der Erzeugung der Nullen unterhalb der Pivotelemente. Dies ändert die Zeilenstufenstruktur nicht, da links vom Pivotelement nur Nullen stehen und von unten nach oben gearbeitet wird. Das auf diese Weise komplettierte Verfahren wird manchmal auch als Gauß-Jordan-Verfahren[5] bezeichnet.

Nachdem wir nun ein Verfahren kennengelernt haben, welches uns zu jedem linearen Gleichungssystem $A \cdot x = b$ eine Parametrisierung $f : \mathbb{R}^r \to \mathbb{R}^n$ der Lösungsmenge $\text{Lös}(A|\, b) \subset \mathbb{R}^n$ liefert, kehren wir nochmals zur analytischen Geometrie zurück.

Definition 2.1.7. Eine Teilmenge $U \subset \mathbb{R}^n$ heißt *affiner Raum*, falls es Vektoren $u, v_1, \ldots, v_r \in \mathbb{R}^n$ gibt, so dass $U = \{u + \lambda_1 v_1 + \cdots + \lambda_r v_r \mid \lambda_i \in \mathbb{R}\}$ gilt. Das minimale r, für welches eine solche Darstellung möglich ist, heißt Dimension von U. Wir schreiben dann $r = \dim U$.

Wenn $\dim U = 0$, dann besteht U nur aus einem Punkt. Wenn $\dim U = 1$, dann heißt U Gerade, und falls $\dim U = 2$, so nennt man U eine Ebene. Dies stimmt mit der zu Beginn des Kapitels eingeführten Begriffsbildung im Fall $r = 2$ und $r = 3$ überein.
Mit Hilfe des Gaußschen Algorithmus sehen wir, dass die Lösungsmenge $\text{Lös}(A|\, b) \subset \mathbb{R}^n$ jedes linearen Gleichungssystems $A \cdot x = b$ ein affiner Raum ist. Die Zahl r, also die Anzahl der von 0 verschiedenen Zeilen in der Zeilenstufenform von A, hat die geometrische Bedeutung $n - r = \dim \text{Lös}(A|\, b)$, denn $n - r$ ist gerade die Anzahl der freien Variablen. Um zu sehen, dass diese Definition der Dimension korrekt ist, zeigen wir später, wenn etwas mehr von der allgemeinen Theorie entwickelt wurde, dass jede beliebige Zeilenstufenform, die wir mit endlich vielen elementaren Zeilenoperationen aus A erhalten, denselben Rang r besitzt.
In vielen Bereichen der Mathematik, vor allem in der Algebra einschließlich der linearen Algebra, erzielt man wesentliche Fortschritte und tiefe Einsichten durch das strukturelle Studium der Untersuchungsgegenstände. Das gilt auch für das Studium der Lösungsmenge $\text{Lös}(A|\, b)$ eines linearen Gleichungssystems $Ax = b$. Die folgenden drei Beobachtungen dienen als Grundlage für die im nächsten Abschnitt durchgeführte Abstraktion – sie sollen den Übergang dorthin vorbereiten.

Beobachtung 1: Wenn $u, v \in \text{Lös}(A|\, b)$, dann $u - v \in \text{Lös}(A|\, 0)$, s. Abb. 2.9.

Wenn $u, v \in \text{Lös}(A|\, b)$, dann gilt $Au = b$ und $Av = b$. Subtraktion dieser Gleichungen ergibt $A(u - v) = 0$, d.h. $u - v \in \text{Lös}(A|\, 0)$. Um dies einzusehen,

[5] Camille Jordan (1838–1922), französischer Mathematiker.

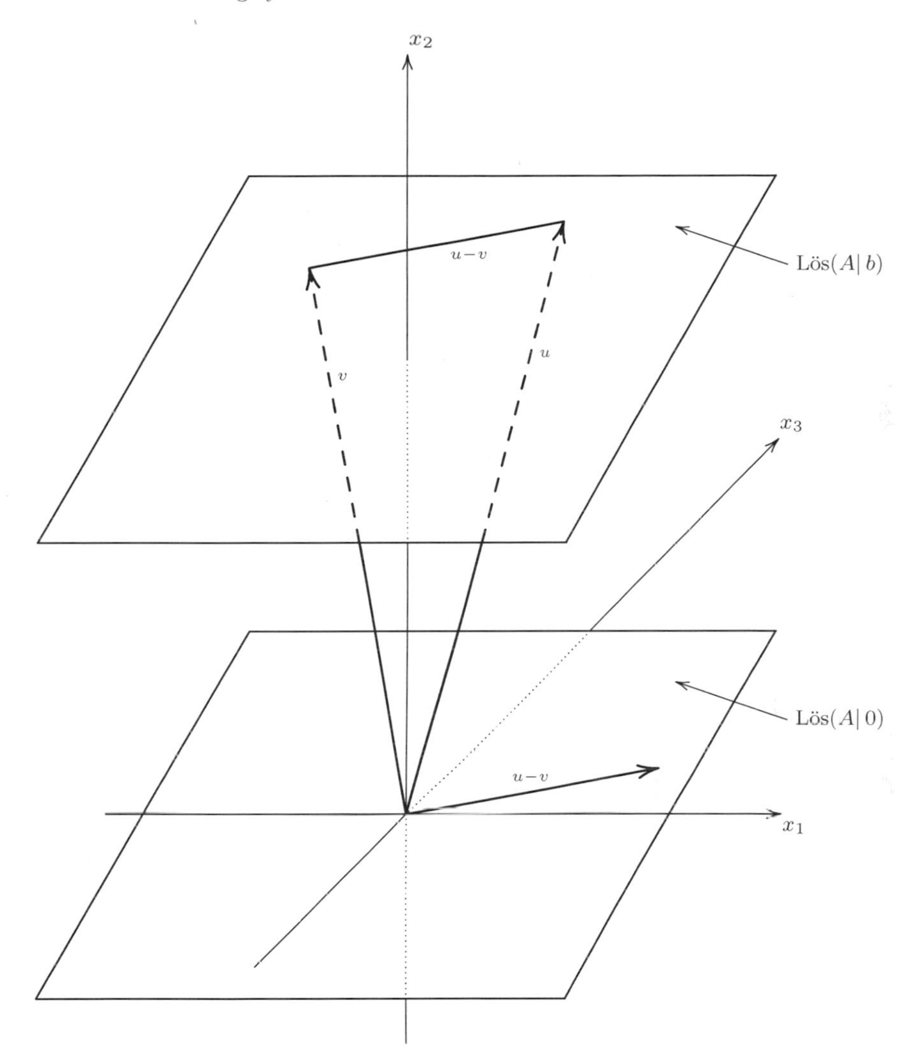

Abb. 2.9 Differenz $u - v \in$ Lös$(A|\,0)$

erinnern wir uns an die Definition des Produktes $A \cdot u$. Wenn $(a_{i1}, \ldots, a_{in})$ die i-te Zeile der Matrix A und $u = \begin{pmatrix} u_1 \\ \vdots \\ u_n \end{pmatrix}$, $v = \begin{pmatrix} v_1 \\ \vdots \\ v_n \end{pmatrix}$ ist, dann ist der i-te Eintrag von $A \cdot u$ gleich $\sum_{k=1}^{n} a_{ik} u_k$ und der von $A \cdot v$ ist gleich $\sum_{k=1}^{n} a_{ik} v_k$. Ihre Differenz ist $\sum_{k=1}^{n} a_{ik} u_k - \sum_{k=1}^{n} a_{ik} v_k = \sum_{k=1}^{n} a_{ik}(u_k - v_k)$, und dies ist der i-te Eintrag des Vektors $A \cdot (u - v)$.

Beobachtung 2: Für jedes $u \in$ Lös$(A|\,b)$ gilt, siehe Abb. 2.10,

$$\text{Lös}(A|\,b) = u + \text{Lös}(A|\,0) = \{u + v \mid v \in \text{Lös}(A|\,0)\} \,.$$

Die affinen Unterräume der Gestalt $\text{Lös}(A|\,0) \subset \mathbb{R}^n$ sind genau die, welche den Nullvektor 0 enthalten. Diese nennt man auch *lineare Unterräume* des $\mathbb{R}^n$. Da man die Addition eines Vektors auch als Parallelverschiebung interpretieren kann, besagt diese Beobachtung, dass alle affinen Unterräume durch Parallelverschiebung aus linearen Unterräumen hervorgehen.

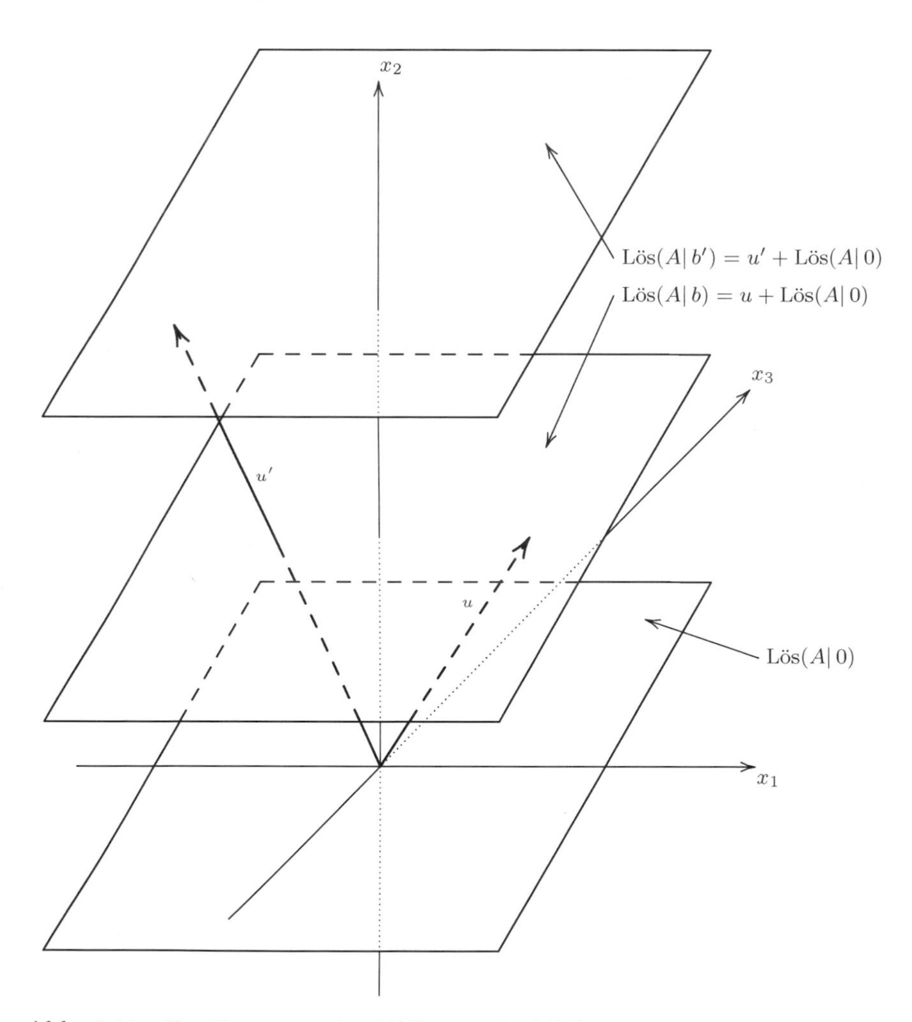

Abb. 2.10 affine Unterräume $\text{Lös}(A|\,b) = u + \text{Lös}(A|\,0)$

Dies ist in gewissem Sinne die Umkehrung der Beobachtung 1, denn aus dieser erhalten wir die Inklusion $\text{Lös}(A|\,b) \subset u + \text{Lös}(A|\,0)$. Um auch die umgekehrte Inklusion und damit die behauptete Gleichheit einzusehen, betrachten wir $u \in \text{Lös}(A|\,b)$ und $v \in \text{Lös}(A|\,0)$. Dann ist $Au = b$ und $Av = 0$ und durch Addition ergibt sich $A(u + v) = b$, wie gewünscht.

Beobachtung 3: Für $u, v \in \text{Lös}(A|\,0)$ und $\lambda \in \mathbb{R}$ gilt, siehe Abb. 2.11,

$$u + v \in \text{Lös}(A|\,0) \qquad \text{und} \qquad \lambda \cdot u \in \text{Lös}(A|\,0)\,.$$

Das bedeutet, dass die Lösungsmenge $\text{Lös}(A|\,0)$ dieselben formalen Eigenschaften wie der $\mathbb{R}^n$ besitzt. Das wird im Abschnitt 2.2 zum Begriff des Vektorraumes verallgemeinert. Zum Beweis können wir erneut die beiden

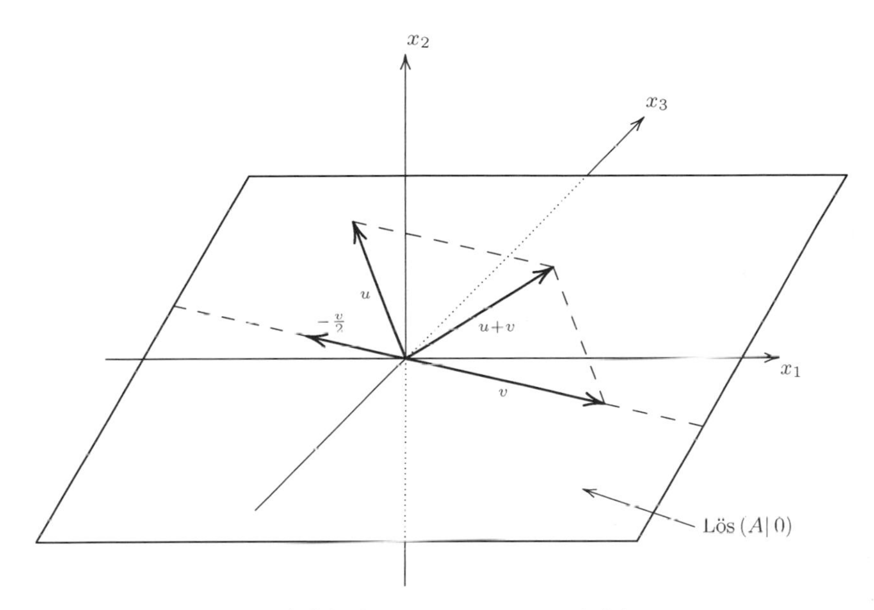

Abb. 2.11 Wenn $u, v \subset \text{Lös}(A|\,0)$, dann $\lambda \cdot u, u + v \in \text{Lös}(A|\,0)$

Gleichungen $Au = 0$ und $Av = 0$ addieren und erhalten $A(u + v) = 0$. Ein ausführliches Hinschreiben der Definition des Produktes Au liefert $\lambda \cdot (Au) = A \cdot (\lambda u)$, woraus sich $\lambda u \in \text{Lös}(A|\,0)$ ergibt.

Bemerkung 2.1.8. Der Gaußsche Algorithmus beschreibt den linearen Unterraum $\text{Lös}\,(A|\,0)$ in der Form

$$\text{Lös}\,(A|\,0) = \left\{ \sum_{k=1}^{s} \lambda_k v_k \;\middle|\; \lambda_k \in \mathbb{R} \right\},$$

wobei $v_1, \ldots, v_s \in \text{Lös}(A|\,0)$ sind. Hierbei tritt kein konstanter (d.h. parameterfreier) Summand auf, da die $b_i = 0$ sind. Eine solche Menge von Vektoren $v_1, \ldots, v_s \in \text{Lös}(A|\,0)$ werden wir später *Basis* dieses linearen Unterraumes nennen, vorausgesetzt $s = n - r$ besitzt die durch den Algorithmus gesicherte Minimalitätseigenschaft.

Wer bereits das Kapitel 1 studiert hat, mag sich beim Lesen dieses Abschnittes gefragt haben, ob es möglich wäre, den Gaußschen Algorithmus durch-

zuführen, wenn wir die reellen Zahlen $\mathbb{R}$ durch eine der im Kapitel 1 studierten algebraischen Strukturen ersetzen würden.
Da in einer linearen Gleichung Ausdrücke der Gestalt $a_{ij} \cdot x_j$ summiert werden, benötigen wir zwei Verknüpfungsoperationen, um lineare Gleichungssysteme überhaupt formulieren zu können. Unter den in Kapitel 1 studierten algebraischen Strukturen waren Ringe und Körper mit zwei Verknüpfungen ausgestattet. Da jeder Körper auch Ring ist, gehen wir zunächst der Frage nach, wie weit wir alles in diesem Abschnitt Gesagte wiederholen können, wenn die reellen Zahlen $\mathbb{R}$ durch einen beliebigen Ring R ersetzt werden.
Unter dieser Annahme kann man lineare Gleichungssysteme weiterhin mit Hilfe von Matrizen in der Gestalt $A \cdot x = b$ beschreiben. Die Einträge a_{ij} der Matrix A und die Komponenten b_i des Vektors b sind dann Elemente des Ringes R. Die beiden elementaren Zeilenoperationen (Z1) und (Z2) lassen sich für einen beliebigen Ring R formulieren. Der Beweis, dass sich $\text{Lös}(A|\, b)$ unter (Z1) und (Z2) nicht ändert, bleibt richtig.
Die erste Stelle, an der wir nicht weiterkommen, befindet sich im Beweis von Satz 2.1.4. Dort mussten wir durch das Pivotelement teilen, um die nötigen Nullen zu erzeugen. Das ist in allgemeinen Ringen jedoch nicht immer möglich. Das gleiche Problem hindert uns daran, aus einer Zeilenstufenform eine Parametrisierung der Lösung hinzuschreiben. Um alles unverändert übernehmen zu können, müssen wir durch beliebige, von Null verschiedene Elemente des Ringes R dividieren können. Dies ist genau dann der Fall, wenn der Koeffizientenbereich ein Körper ist. Wenn wir an einer Parametrisierung von $\text{Lös}(A|\, b)$ interessiert sind, dann sollten die Koeffizienten aus einem Körper K sein. Alles was in diesem Abschnitt gesagt wurde, bleibt dann richtig.

Aufgaben

Übung 2.1. Lösen Sie das folgende lineare Gleichungssystem.

$$\begin{aligned} x_2 + 2x_3 + 3x_4 &= 4 \\ x_1 + 2x_2 + 3x_3 + 4x_4 &= 5 \\ 2x_1 + 3x_2 + 4x_3 + 5x_4 &= 6 \\ 3x_1 + 4x_2 + 5x_3 + 6x_4 &= 7 \end{aligned}$$

Übung 2.2. Lösen Sie das folgende lineare Gleichungssystem.

$$\begin{aligned} x_1 + x_2 \phantom{{}+ x_3 + x_4} &= 10 \\ x_1 + x_2 + x_3 \phantom{{}+ x_4} &= 17 \\ x_2 + x_3 + x_4 &= 20 \\ x_3 + x_4 &= 12 \end{aligned}$$

Übung 2.3. Ermitteln Sie alle $t \in \mathbb{R}$, für die das durch die folgende erweiterte Koeffizientenmatrix gegebene lineare Gleichungssystem lösbar ist und bestimmen Sie im Fall der Lösbarkeit die Lösungsmenge:

$$\left(\begin{array}{ccc|c} 2 & 4 & 2 & 12t \\ 2 & 12 & 7 & 12t+7 \\ 1 & 10 & 6 & 7t+8 \end{array}\right)$$

Übung 2.4. Zeichnen Sie in der reellen Ebene $\mathbb{R}^2$ mit den Koordinaten x_1, x_2 für jede der folgenden Gleichungen die Lösungsmenge.

(I) $3x_2 = 6$.
(II) $2x_1 = 6$.
(III) $2x_1 + 4x_2 = b$ für zwei verschiedene Werte von $b \in \mathbb{R}$.
(IV) Die durch „II $- a \cdot$ I“ definierte Menge für zwei verschiedene Werte $a \in \mathbb{R}$ mit $a \neq 1, a \neq 0$.

Übung 2.5. In dieser Aufgabe sind alle Zahlen als Elemente des Körpers $\mathbb{F}_2$ zu interpretieren, insbesondere auch $x_i \in \mathbb{F}_2$. Lösen Sie das folgende lineare Gleichungssystem und geben Sie eine vollständige Liste aller Lösungen (ohne Benutzung von Parametern) an.

$$\begin{array}{ccccccccccccc} & & & & x_3 & + & x_4 & & & & & = & 0 \\ x_1 & + & x_2 & + & x_3 & + & x_4 & + & x_5 & + & x_6 & = & 0 \\ & & x_2 & + & x_3 & & & + & x_5 & & & = & 1 \\ x_1 & & & + & x_3 & & & & & + & x_6 & = & 1 \\ & & x_2 & & & + & x_4 & + & x_5 & & & = & 1 \\ x_1 & & & & & & & & & + & x_6 & = & 1 \end{array}$$

Übung 2.6. Lösen Sie das folgende System von Kongruenzen.

$$\begin{array}{rl} x + 2y \qquad \equiv 4 & \mod 7 \\ x + y + z \equiv 4 & \mod 7 \\ 3y + 2z \equiv 6 & \mod 7 \end{array}$$

2.2 Vektorräume und lineare Abbildungen

Die angekündigte Strukturtheorie basiert auf den Begriffen des Vektorraumes und der linearen Abbildung. In diesen Begriffen sind die wesentlichen Eigenschaften von Systemen linearer Gleichungen und deren Lösungsmengen festgehalten. Es handelt sich hier um eine Abstraktion, ähnlich zur Vorgehensweise in den Abschnitten 1.2 und 1.3.
Zur Vorbereitung der Anwendungen in der Codierungstheorie trennen wir uns von der unnötigen Einschränkung, nur reelle Zahlen als Skalare zu verwenden. Wie am Ende des vorigen Abschnittes bemerkt, können wir Skalare

aus einem beliebigen Körper zur Multiplikation mit Vektoren zulassen. Zur Formulierung der allgemeinen Theorie fixieren wir einen Körper K. Als konkretes Beispiel können wir dafür die im Kapitel 1 studierten Körper $\mathbb{Q}, \mathbb{R}, \mathbb{C}$, und $\mathbb{F}_p$ einsetzen.

Definition 2.2.1. Eine nichtleere Menge V, die mit zwei Verknüpfungen,

$$\begin{aligned} \text{einer Addition,} \quad & + : V \times V \to V \quad \text{und} \\ \text{einer skalaren Multiplikation,} \quad & \cdot : K \times V \to V \end{aligned}$$

ausgestattet ist, heißt *Vektorraum über dem Körper K* (kurz *K-Vektorraum*), falls die folgenden Bedingungen erfüllt sind:

$$(V, +) \quad \text{ist eine abelsche Gruppe} \tag{2.5}$$

und für beliebige $v, w \in V$ und $\lambda, \mu \in K$ gilt

$$(\lambda\mu) \cdot v = \lambda \cdot (\mu \cdot v) \tag{2.6}$$
$$(\lambda + \mu) \cdot v = \lambda \cdot v + \mu \cdot v \tag{2.7}$$
$$\lambda \cdot (v + w) = \lambda \cdot v + \lambda \cdot w \tag{2.8}$$
$$1 \cdot v = v\,. \tag{2.9}$$

Das neutrale Element 0 der additiven abelschen Gruppe $(V, +)$ nennt man den *Nullvektor*. Das additive Inverse eines Vektors $v \in V$ wird wie üblich mit $-v$ bezeichnet. Dieser Vektor ist durch die Gleichung $v + (-v) = 0$ festgelegt. Unter ausschließlicher Benutzung der in Definition 2.2.1 aufgeführten Eigenschaften können wir

$$(-1) \cdot v = -v$$

zeigen. Dazu nutzen wir zunächst (2.5) und (2.7), um zu erkennen, dass

$$0 \cdot v = (0 + 0) \cdot v = 0 \cdot v + 0 \cdot v$$

gilt. Mit Hilfe von (2.5) ergibt sich daraus $0 \cdot v = 0$. Daher ist

$$\begin{aligned} v + (-1) \cdot v &= 1 \cdot v + (-1) \cdot v && \text{wegen (2.9)} \\ &= (1 + (-1)) \cdot v && \text{wegen (2.7)} \\ &= 0 \cdot v = 0\,. \end{aligned}$$

Wegen der Eindeutigkeit des additiven Inversen folgt daraus die gewünschte Gleichung $(-1) \cdot v = -v$. Auf ähnliche Weise erhält man $\lambda \cdot 0 = 0$ für alle $\lambda \in K$. So kann man auch zeigen, dass nur dann $\lambda \cdot v = 0$ gelten kann, wenn $\lambda = 0$ oder $v = 0$.

Definition 2.2.2. Eine nichtleere Teilmenge $U \subset V$ eines K-Vektorraumes heißt *Untervektorraum* (kurz: *Unterraum*), wenn für alle $v, w \in U$ und alle $\lambda \in K$ stets $v + w \in U$ und $\lambda \cdot v \in U$ gilt.

Wenn $U \subset V$ ein Unterraum ist, dann ist U mit der von V geerbten Addition und skalaren Multiplikation ein K-Vektorraum.

Beispiel 2.2.3. (i) Für jede ganze Zahl $n \geq 1$ ist die Menge der n-Tupel $K^n := \{(x_1, \ldots, x_n) \mid x_i \in K\}$ ein K-Vektorraum, wenn wir die Addition und skalare Multiplikation durch die folgenden Formeln definieren:

$$(x_1, \ldots, x_n) + (y_1, \ldots, y_n) := (x_1 + y_1, \ldots, x_n + y_n) \text{ und}$$
$$\lambda \cdot (x_1, \ldots, x_n) := (\lambda x_1, \ldots, \lambda x_n) .$$

Es ist üblich, die Elemente von K^n als Spaltenvektoren zu denken. In diesem Buch sind sie zur Platzersparnis jedoch oft auch als Zeilenvektoren gedruckt.
Falls $K = \mathbb{R}$, dann sind das genau die im Abschnitt 2.1 studierten Vektorräume. Wenn $n = 0$ ist, setzt man $K^0 = \{0\}$. Dies ist der Vektorraum, der nur aus dem Nullvektor besteht.

(ii) Die komplexen Zahlen $\mathbb{C}$ bilden einen $\mathbb{R}$-Vektorraum. Anwendungen der linearen Algebra beim Studium von Körpern beruhen auf der Beobachtung, dass jeder Körper F als Vektorraum über jedem seiner Teilkörper $K \subset F$ aufgefasst werden kann. So ist zum Beispiel $\mathbb{R}$ ein $\mathbb{Q}$-Vektorraum, da $\mathbb{Q} \subset \mathbb{R}$ ein Teilkörper ist.

(iii) Der Polynomring $K[X]$ ist ein K-Vektorraum, dessen Addition und skalare Multiplikation bereits in der Ringstruktur enthalten sind.

(iv) Die Menge $\mathrm{Mat}(m \times n, K)$ aller $m \times n$-Matrizen mit Einträgen aus K ist ein K-Vektorraum. Die Addition und skalare Multiplikation sind komponentenweise definiert. Das heißt, wenn wir abkürzend

$$A = \begin{pmatrix} a_{11} & \cdots & a_{1n} \\ \vdots & & \vdots \\ a_{m1} & \cdots & a_{mn} \end{pmatrix} = (a_{ij})$$

schreiben und $B = (b_{ij})$ von derselben Größe wie A ist, dann ist die Summe $A + B = (a_{ij} + b_{ij})$ und das skalare Vielfache $\lambda \cdot A = (\lambda a_{ij})$. Die Bezeichnung ist immer so gewählt, dass a_{ij} in Zeile i und Spalte j steht.

(v) Wenn $K = \mathbb{R}$ und $A \in \mathrm{Mat}(m \times n, \mathbb{R})$, dann ist $\mathrm{Lös}(A|\,0) \subset \mathbb{R}^n$ ein Unterraum des $\mathbb{R}$-Vektorraumes $\mathbb{R}^n$.
Für $0 \neq b \in \mathbb{R}^m$ ist jedoch $\mathrm{Lös}(A|\,b) \subset \mathbb{R}^n$ kein Untervektorraum, zum Beispiel weil dann $0 \notin \mathrm{Lös}(A|\,b)$.

(vi) Die Menge $I := \{f \in K[X] \mid f(1) = 0\} \subset K[X]$ ist ein Untervektorraum. Allgemeiner gilt, dass jedes Ideal in $K[X]$ ein Unterraum ist.

(vii) Die Menge $K[X]_{\leq d} \subset K[X]$ aller Polynome, deren Grad höchstens gleich d ist, ist ein K-Unterraum.

Definition 2.2.4. Ein Vektor $v \in V$ in einem K-Vektorraum V heißt *Linearkombination* der Vektoren $v_1, v_2, \ldots, v_r \in V$, wenn es $\lambda_1, \ldots, \lambda_r \in K$ gibt, so dass

$$v = \sum_{i=1}^{r} \lambda_i v_i$$

gilt. Die Menge $\mathrm{Lin}(v_1, \ldots, v_r) := \{\sum_{i=1}^{r} \lambda_i v_i \mid \lambda_i \in K\}$ aller Linearkombinationen der Vektoren $v_1, \ldots, v_r$ heißt *lineare Hülle* dieser Menge von Vektoren.

Bemerkung 2.2.5. Die Menge $\mathrm{Lin}(v_1, \ldots, v_r) \subset V$ ist der kleinste Unterraum, der die Vektoren $v_1, \ldots, v_r$ enthält, denn für jeden Unterraum $W \subset V$, der $v_1, v_2, \ldots, v_r$ enthält, ist nach Definition 2.2.2 sicher $\mathrm{Lin}(v_1, \ldots, v_r) \subset W$. Dass $\mathrm{Lin}(v_1, \ldots, v_r) \subset V$ selbst ein Unterraum ist, folgt ebenso leicht aus Definition 2.2.2. Diese Eigenschaft rechtfertigt, dass man $\mathrm{Lin}(\emptyset) := \{0\}$ setzt.

Beispiel 2.2.6. (i) Sei $e_i = (0, \ldots, 0, 1, 0, \ldots, 0) \in K^n$ der Vektor mit einer 1 an der Stelle i und Nullen an allen anderen Stellen. Dann ist $\mathrm{Lin}(e_1, e_2, \ldots, e_n) = K^n$, denn $(x_1, \ldots, x_n) = \sum_{i=1}^{n} x_i e_i$.

(ii) Für den $\mathbb{R}$-Vektorraum $\mathbb{C}$ gilt $\mathrm{Lin}(1) = \mathbb{R} \subset \mathbb{C}$ und $\mathrm{Lin}(1, \mathrm{i}) = \mathbb{C}$, denn jede komplexe Zahl hat die Form $a + b\mathrm{i} = a \cdot 1 + b \cdot \mathrm{i}$, wobei $a, b \in \mathbb{R}$. Wenn wir $\mathbb{C}$ als $\mathbb{C}$-Vektorraum auffassen, dann gilt jedoch $\mathrm{Lin}(1) = \mathbb{C}$. Daher wäre es angebracht, hier $\mathrm{Lin}_{\mathbb{C}}(1) = \mathbb{C}$ und zuvor $\mathrm{Lin}_{\mathbb{R}}(1) = \mathbb{R} \subset \mathbb{C}$ zu schreiben. Wenn derartige Verwechslungsmöglichkeiten bestehen, dann werden wir $\mathrm{Lin}_K(v_1, \ldots, v_r)$ statt $\mathrm{Lin}(v_1, \ldots, v_r)$ schreiben.

Im Abschnitt 2.1 hat sich gezeigt, dass man Lösungsmengen linearer Gleichungssysteme sehr bequem mit Hilfe von Linearkombinationen von Vektoren beschreiben kann. Das legt nahe, im Kontext dieses Abschnittes ganz allgemein der Frage nachzugehen, wann jeder Vektor eines Vektorraumes V als Linearkombination gegebener Vektoren $v_1, \ldots, v_r$ dargestellt werden kann, und wann eine solche Darstellung eindeutig ist. Dazu sind die folgenden Begriffsbildungen nützlich.

Definition 2.2.7. Sei V ein K-Vektorraum und $v_1, \ldots, v_r \in V$ Vektoren, die nicht notwendigerweise paarweise verschieden sind. Die aus r Vektoren bestehende Liste $(v_1, \ldots, v_r)$ heißt:

(1) *linear unabhängig*, falls der Nullvektor *nur* mit $\lambda_1 = \lambda_2 = \cdots = \lambda_r = 0$ als Linearkombination $\sum_{i=1}^{r} \lambda_i v_i$ dargestellt werden kann. Mit anderen Worten:

$$\forall\, \lambda_1, \ldots, \lambda_r \in K : \qquad \sum_{i=1}^{r} \lambda_i v_i = 0 \quad \Longrightarrow \quad \lambda_1 = \lambda_2 = \cdots = \lambda_r = 0\,.$$

(2) *linear abhängig*, wenn sie nicht linear unabhängig ist.

(3) *Erzeugendensystem* von V, falls $\mathrm{Lin}(v_1, \ldots, v_r) = V$ gilt.

Bemerkung 2.2.8. Wir sprechen in Definition 2.2.7 von einer *Liste* von Vektoren und nicht von einer Menge, um hervorzuheben, dass zum Beispiel die Listen (v) und (v, v) voneinander verschieden sind. Wenn $v \neq 0$, dann ist die erste linear unabhängig, die zweite jedoch nicht. Es wäre falsch von einer Menge statt einer Liste von Vektoren zu sprechen, denn $\{v\} = \{v, v\}$ und somit wäre der Unterschied zwischen den Listen (v) und (v, v) verschwunden. Bei der Definition des Begriffes Erzeugendensystem spielt diese Unterscheidung jedoch keine Rolle. Außerdem beeinflusst eine Permutation der Elemente in einer Liste nicht die Eigenschaft, linear unabhängig zu sein. Schließlich wird die Definition dadurch ergänzt, dass wir auch die leere Liste als linear unabhängig betrachten.

Wenn $(v_1, \ldots, v_r)$ ein Erzeugendensystem von V ist, dann lässt sich jeder Vektor aus V als Linearkombination $\sum_{i=1}^{r} \lambda_i v_i$ schreiben. Diese Darstellung muss allerdings nicht eindeutig sein.
Wenn $(v_1, \ldots, v_r)$ eine linear unabhängige Liste ist, dann gibt es für jedes $v \in \mathrm{Lin}(v_1, \ldots, v_r) \subset V$ genau eine Darstellung der Gestalt $v = \sum_{i=1}^{r} \lambda_i v_i$, denn wenn $v = \sum_{i=1}^{r} \lambda_i v_i = \sum_{i=1}^{r} \mu_i v_i$, dann gilt $\sum_{i=1}^{r}(\lambda_i - \mu_i)v_i = 0$, woraus wegen der Definition der linearen Unabhängigkeit $\lambda_i = \mu_i$ für alle i folgt.
Wenn $(v_1, \ldots, v_r)$ ein linear unabhängiges Erzeugendensystem ist, dann können wir *jeden* Vektor aus V *eindeutig* in der Form $\sum_{i=1}^{r} \lambda_i v_i$ schreiben. Das führt zu folgender Definition.

Definition 2.2.9. Eine Liste $(v_1, \ldots, v_r)$ von Vektoren aus V heißt *Basis* des K-Vektorraumes V, falls es sich um ein linear unabhängiges Erzeugendensystem von V handelt.

Beispiel 2.2.10. (i) Falls $v \in V$, dann ist die einelementige Liste (v) genau dann linear unabhängig, wenn $v \neq 0$ gilt.
(ii) Sobald in einer Liste $(v_1, \ldots, v_r)$ ein Element $v_i = 0$ ist, ist sie linear abhängig. Das gleiche gilt, wenn für ein Paar von verschiedenen Indizes $i \neq j$ die entsprechenden Vektoren $v_i = v_j$ gleich sind.
(iii) $(e_1, \ldots, e_n)$ ist Basis von K^n.
(iv) $(1, x, x^2, \ldots, x^d)$ ist Basis von $K[X]_{\leq d}$.
(v) $(1, \mathrm{i})$ ist Basis von $\mathbb{C}$ als $\mathbb{R}$ Vektorraum.
(vi) Für jeden Körper K, betrachtet als K-Vektorraum, ist (1) eine Basis. Das ist Beispiel (iii) für $n = 1$.

Wir nennen eine linear unabhängige Liste von Vektoren $(v_1, \ldots, v_r)$ *nicht verlängerbar* oder *maximal*, falls für jeden Vektor $v \in V$ die Liste $(v_1, \ldots, v_r, v)$ linear abhängig ist. Ein Erzeugendensystem $(v_1, \ldots, v_r)$ wollen wir *unverkürzbar* oder *minimal* nennen, wenn nach Weglassen eines der Vektoren v_i aus dieser Liste kein Erzeugendensystem mehr vorliegt.

Satz 2.2.11 *Sei V ein K-Vektorraum und $(v_1, \ldots, v_r)$ eine Liste von Vektoren aus V. Folgende Aussagen sind äquivalent:*

(a) $(v_1, \ldots, v_r)$ *ist Basis von* V,
(b) $(v_1, \ldots, v_r)$ *ist eine nicht verlängerbare linear unabhängige Liste,*
(c) $(v_1, \ldots, v_r)$ *ist ein unverkürzbares Erzeugendensystem.*

Beweis. Wir beweisen die Implikationen $(a) \Rightarrow (b) \Rightarrow (c) \Rightarrow (a)$, woraus dann schließlich die Äquivalenz der drei Aussagen folgt. Dieser bequemen Beweismethode werden wir noch mehrmals begegnen.
$(a) \Rightarrow (b)$: Sei $(v_1, \ldots, v_r)$ eine Basis von V. Dann ist diese Liste auch linear unabhängig und wir müssen nur noch zeigen, dass sie nicht verlängerbar ist. Sei dazu $v \in V$ beliebig. Da die gegebene Liste eine Basis ist, gibt es $\lambda_i \in K$ mit $v = \sum_{i=1}^{r} \lambda_i v_i$ und das liefert $0 = (-1) \cdot v + \lambda_1 v_1 + \cdots + \lambda_r v_r$. Somit ist $(v_1, \ldots, v_r, v)$ linear abhängig, was zu beweisen war.
$(b) \Rightarrow (c)$: Sei $(v_1, \ldots, v_r)$ eine linear unabhängige Liste, die nicht verlängerbar ist. Das heißt, dass für jedes $v \in V$ Skalare $\lambda_i \in K$ und $\lambda \in K$ mit $\lambda v + \lambda_1 v_1 + \cdots + \lambda_r v_r = 0$ existieren, die nicht sämtlich gleich 0 sind. Wäre $\lambda = 0$, so müssten auch alle $\lambda_i = 0$ sein, da $(v_1, \ldots, v_r)$ linear unabhängig ist. Daher ist $\lambda \neq 0$ und $v = -\frac{\lambda_1}{\lambda} v_1 - \ldots - \frac{\lambda_r}{\lambda} v_r$. Also ist $(v_1, \ldots, v_r)$ ein Erzeugendensystem. Wäre es verkürzbar, so könnte man einen der Vektoren v_i als Linearkombination der restlichen darstellen, was der linearen Unabhängigkeit von $(v_1, \ldots, v_r)$ widerspräche. Das zeigt, dass $(v_1, \ldots, v_r)$ ein unverkürzbares Erzeugendensystem ist.
$(c) \Rightarrow (a)$: Sei $(v_1, \ldots, v_r)$ ein unverkürzbares Erzeugendensystem. Wäre diese Liste linear abhängig, so gäbe es $\lambda_i \in K$, die nicht sämtlich 0 sind, mit $\sum_{i=1}^{r} \lambda_i v_i = 0$. Nach geeigneter Umnummerierung können wir annehmen, dass $\lambda_r \neq 0$ ist. Dann wäre $v_r = -\frac{\lambda_1}{\lambda_r} v_1 - \ldots - \frac{\lambda_{r-1}}{\lambda_r} v_{r-1}$, woraus sich ergäbe, dass bereits $(v_1, \ldots, v_{r-1})$ ein Erzeugendensystem ist. Dies widerspräche jedoch der angenommenen Unverkürzbarkeit des Erzeugendensystems $(v_1, \ldots, v_r)$. Somit ist $(v_1, \ldots, v_r)$ linear unabhängig, also eine Basis.

□

Der Begriff der Basis eines Vektorraumes ist das entscheidende Bindeglied zwischen der allgemeinen Theorie der Vektorräume und konkreten Rechnungen und damit auch zu unserer geometrischen Anschauung. Um eine Verbindung der allgemeinen Theorie zu konkreten Rechnungen zu ermöglichen, benötigen wir die grundlegende Tatsache, dass alle Basen eines Vektorraumes dieselbe Anzahl von Elementen besitzen. Der folgende Satz dient zur Vorbereitung des Beweises dieser wichtigen und nicht offensichtlichen Tatsache.

Satz 2.2.12 *Wenn $(v_1, \ldots, v_r)$ eine Basis und $(w_1, \ldots, w_s)$ eine linear unabhängige Liste von Vektoren eines K-Vektorraumes V ist, dann gilt $r \geq s$.*

Beweis. Da $(v_1, \ldots, v_r)$ eine Basis und damit auch Erzeugendensystem ist, gibt es für jedes $1 \leq j \leq s$ Elemente $a_{ij} \in K$ mit $\sum_{i=1}^{r} a_{ij} v_i = w_j$. Wir betrachten nun das lineare Gleichungssystem $A \cdot x = 0$ mit der Matrix $A = (a_{ij}) \in \mathrm{Mat}(r \times s, K)$ und dem Vektor $x \in K^s$ mit Komponenten x_i. Wie am Ende von Abschnitt 2.1 bemerkt, sind die dortigen Resultate nicht nur für $K = \mathbb{R}$, sondern für beliebige Körper K gültig. Insbesondere können wir A mittels elementarer Zeilentransformationen in Zeilenstufenform $\widetilde{A}$ überführen. Es gilt dann $\text{Lös}(A|\,0) = \text{Lös}(\widetilde{A}|\,0)$. Die Lösbarkeitsbedingung ist für $\widetilde{A}$ erfüllt, da die rechte Seite der Gleichung der Nullvektor ist. Wäre nun, im Gegensatz zur Behauptung des Satzes, $r < s$, so hätte $\widetilde{A}$ mehr Spalten als Zeilen. Es gäbe also mindestens eine freie Variable. Das hat zur Folge, dass es eine Lösung $0 \neq x \in K^s$ gibt. Sei $x = (\lambda_1, \ldots, \lambda_s)$ eine solche Lösung. Dann gilt $\sum_{j=1}^{s} a_{ij}\lambda_j = 0$ für $1 \leq i \leq r$ und das ergibt $0 = \sum_{i=1}^{r}(\sum_{j=1}^{s} a_{ij}\lambda_j) \cdot v_i = \sum_{j=1}^{s}(\sum_{i=1}^{r} a_{ij} v_i)\lambda_j = \sum_{j=1}^{s} \lambda_j w_j$ im Widerspruch zur linearen Unabhängigkeit der Liste $(w_1, \ldots, w_s)$. Damit muss, wie behauptet, $r \geq s$ sein. □

Satz 2.2.13 *Sei V ein K-Vektorraum, welcher ein endliches Erzeugendensystem besitzt. Dann besitzt V eine Basis, die aus endlich vielen Vektoren besteht. Außerdem haben alle Basen von V dieselbe Anzahl von Elementen.*

Beweis. Durch Streichung endlich vieler Elemente eines beliebigen endlichen Erzeugendensystems erhält man ein unverkürzbares Erzeugendensystem, welches nur endlich viele Elemente enthält. Nach Satz 2.2.11 ist dies dann eine Basis.
Seien $(v_1, \ldots, v_r)$ und $(w_1, \ldots, w_s)$ zwei Basen. Da beide Listen auch linear unabhängig sind, können wir zweimal, jeweils mit vertauschten Rollen, den Satz 2.2.12 auf diese beiden Listen anwenden, und erhalten sowohl $s \geq r$ als auch $r \geq s$, das heißt $r = s$. □

Dieser Satz garantiert die Korrektheit der folgenden Definition.

Definition 2.2.14. Sei V ein K-Vektorraum. Wenn V ein endliches Erzeugendensystem besitzt, dann heißt die Zahl der Elemente einer (und somit jeder) Basis von V die *Dimension* von V. Wir schreiben für diese Zahl $\dim_K V$. Wenn es kein endliches Erzeugendensystem für V gibt, sagen wir V *ist unendlichdimensional* und schreiben $\dim_K V = \infty$.

Bemerkung 2.2.15. Mit Hilfe von Satz 2.2.11 lässt sich zeigen, dass ein K-Vektorraum V genau dann unendlichdimensional ist, wenn für *jede* natürliche Zahl $n \geq 0$ eine linear unabhängige Liste existiert, die genau n Elemente aus V enthält.

Beispiel 2.2.16. (i) Es gilt $\dim_K K^n = n$, insbesondere $\dim_K \{0\} = 0$.
(ii) Es ist $\dim_{\mathbb{R}} \mathbb{C} = 2$ und $\dim_{\mathbb{C}} \mathbb{C} = 1$.

(iii) Es gilt $\dim_K K[X] = \infty$, aber $\dim_K K[X]_{\leq d} = d + 1$.
(iv) Wir erhalten $\dim_K \mathrm{Mat}(m \times n, K) = m \cdot n$, indem wir eine Basis dieses Vektorraumes angeben. Dazu definieren wir Matrizen $E_{ij} \in \mathrm{Mat}(m \times n, K)$, deren einziger von Null verschiedener Eintrag in Zeile i und Spalte j auftritt und gleich 1 ist. Da jede $m \times n$-Matrix (a_{ij}) als $\sum_{i,j} a_{ij} E_{ij}$ geschrieben werden kann, ist die Liste $(E_{ij} \mid 1 \leq i \leq m,\ 1 \leq j \leq n)$ tatsächlich eine Basis von $\mathrm{Mat}(m \times n, K)$.
(v) Wenn $V \subset W$ Unterraum und $\dim_K V = \dim_K W$, dann ist $V = W$. Dies erhält man aus Satz 2.2.11 (b).

Der aufmerksame Leser wird bemerkt haben, dass die Beobachtungen, die wir am Ende von Abschnitt 2.1 gemacht hatten, besagen, dass die Lösungsmenge eines linearen Gleichungssystems der Gestalt $Ax = 0$ ein Vektorraum ist. Um nicht nur die Lösungsmenge, sondern auch das Gleichungssystem selbst in einem allgemeinen Begriff zu fassen, befassen wir uns nun mit strukturerhaltenden Abbildungen zwischen Vektorräumen. Das ist analog zu den im Kapitel 1 studierten Begriffen der Homomorphismen von Gruppen, Ringen und Körpern. Zur Vermeidung von Schwierigkeiten, die von einem ersten Verständnis der Grundbegriffe ablenken würden, betrachten wir ab jetzt nur noch solche Vektorräume, die ein endliches Erzeugendensystem besitzen und somit von *endlicher Dimension* sind.

Definition 2.2.17. Seien V, W zwei K-Vektorräume.

(1) Eine Abbildung $f : V \to W$ heißt *linear* (oder *Vektorraumhomomorphismus*), falls für alle $u, v \in V$ und $\lambda \in K$ gilt:

$$f(u + v) = f(u) + f(v) \quad \text{und} \tag{2.10}$$
$$f(\lambda \cdot u) = \lambda \cdot f(u)\,. \tag{2.11}$$

(2) Die Menge aller linearen Abbildungen $f : V \to W$ bezeichnen wir mit $\mathrm{Hom}_K(V, W)$. Dies wird ein K-Vektorraum, wenn wir die Summe $f + g$ und das skalare Vielfache λf von linearen Abbildungen $f, g \in \mathrm{Hom}_K(V, W)$ für alle $v \in V$ durch die Vorschriften

$$(f + g)(v) := f(v) + g(v) \quad \text{und}$$
$$(\lambda f)(v) := \lambda \cdot \big(f(v)\big) \quad \text{definieren.}$$

(3) Die Menge

$$\ker(f) := \{v \in V \mid f(v) = 0\} \subset V$$

heißt *Kern* von f und die Menge

$$\mathrm{im}(f) := \{f(v) \mid v \in V\} \subset W$$

heißt *Bild* von f.
(4) Für $w \in W$ nennen wir die Menge

$$f^{-1}(w) = \{v \in V \mid f(v) = w\} \subset V$$

die *Faser* von f über w (vergleiche Definition 6.3.9).

Satz 2.2.18 *Sei $f : V \to W$ eine lineare Abbildung. Dann gilt:*

(1) $\ker(f) \subset V$ *ist ein Unterraum.*
(2) $\operatorname{im}(f) \subset W$ *ist ein Unterraum.*
(3) f *ist surjektiv*[6] $\iff \operatorname{im}(f) = W$.
(4) f *ist injektiv* $\iff \ker(f) = \{0\}$.
(5) *Wenn f bijektiv ist, dann ist auch die inverse Abbildung f^{-1} linear.*
(6) *Für jede lineare Abbildung $g : U \to V$ ist $f \circ g : U \to W$ linear.*

Beweis. Da jede lineare Abbildung auch ein Homomorphismus der additiven Gruppen der beteiligten Vektorräume ist, können wir Satz 1.3.30 anwenden. Aus diesem Satz folgt die Aussage (4) und aus Bemerkung 1.3.29 folgt (3). Zum Beweis von (1) und (2) ist nur noch zu zeigen, dass für $\lambda \in K$, $v \in \ker(f)$ und $w \in \operatorname{im}(f)$ stets $\lambda v \in \ker(f)$ und $\lambda w \in \operatorname{im}(f)$ gilt. Das ist eine Konsequenz von $f(\lambda v) = \lambda f(v)$.
Für bijektives f folgt aus Bem. 1.3.12, dass f^{-1} ein Homomorphismus der additiven Gruppen ist. Da für $v \in V$ und $w \in W$ genau dann $f^{-1}(w) = v$ gilt, wenn $f(v) = w$ ist, folgt aus $f(\lambda v) = \lambda \cdot f(v) = \lambda w$ auch $f^{-1}(\lambda w) = \lambda v = \lambda \cdot f^{-1}(w)$. Das beweist (5). Die Aussage (6) erhält man durch direktes Nachrechnen, denn für $u, u' \in U$ und $\lambda \in K$ gilt:

$$\begin{aligned}(f \circ g)(u + u') &= f\left(g(u + u')\right) = f\left(g(u) + g(u')\right)\\ &= f\left(g(u)\right) + f\left(g(u')\right) = (f \circ g)(u) + (f \circ g)(u') \qquad \text{und}\\ (f \circ g)(\lambda u) &= f\left(g(\lambda u)\right) = f\left(\lambda g(u)\right) = \lambda f\left(g(u)\right) = \lambda\left((f \circ g)(u)\right) .\end{aligned}$$

□

Definition 2.2.19. Eine bijektive lineare Abbildung nennt man *Isomorphismus* von Vektorräumen. Wenn es einen Isomorphismus $V \to W$ gibt, dann sagen wir V und W sind *isomorph* und schreiben $V \cong W$. Um hervorzuheben, dass eine lineare Abbildung $f : V \to W$ ein Isomorphismus ist, schreiben wir oft $f : V \xrightarrow{\sim} W$.

Beispiel 2.2.20. (i) Die durch $\operatorname{pr}_i(x_1, \ldots, x_n) := x_i$ definierte Abbildung $\operatorname{pr}_i : K^n \to K$ ist für jedes $1 \leq i \leq n$ linear. Die Abbildung pr_i heißt *Projektion auf die i-te Komponente.*

(ii) Wenn $U \subset V$ ein Unterraum ist, dann definiert die Inklusion von U in V eine lineare Abbildung $U \to V$. Im Fall $U = V$ bezeichnen wir diese Abbildung mit $\mathbf{1}_V : V \to V$ und nennen sie *identische Abbildung*, weil $\mathbf{1}_V(v) = v$ für alle $v \in V$.

[6] Siehe Definition 6.3.3.

(iii) Jede $m \times n$-Matrix $A = (a_{ij}) \in \mathrm{Mat}(m \times n, K)$ definiert eine lineare Abbildung $f_A : K^n \to K^m$ durch die Formel

$$f_A(x_1, \ldots, x_n) := \left(\sum_{j=1}^{n} a_{1j}x_j, \ldots, \sum_{j=1}^{n} a_{mj}x_j \right) .$$

Das ist nichts anderes als die Multiplikation einer Matrix mit einem Vektor $f_A(x) = A \cdot x$, siehe Seite 82. Da $f_A(e_j) = f_A(0, \ldots, 0, 1, 0, \ldots, 0) = (a_{1j}, a_{2j}, \ldots, a_{mj})$ die j-te Spalte von A ist, können wir die Matrix A aus der linearen Abbildung f_A rekonstruieren. Einer beliebigen linearen Abbildung $f : K^n \to K^m$ kann man auf diese Weise eine Matrix A zuordnen. Sie hat den Vektor $f(e_j)$ als j-te Spalte. Weil $f(x_1, \ldots, x_n) = \sum_{j=1}^{n} x_j f(e_j)$, ist dann $f = f_A$ und somit ist die Zuordnung $A \mapsto f_A$ eine Bijektion

$$\mathrm{Mat}(m \times n, K) \to \mathrm{Hom}_K(K^n, K^m) .$$

Da diese Abbildung linear ist, handelt es sich um einen Isomorphismus von Vektorräumen. Falls $m = n$, dann entspricht die identische Abbildung $\mathbf{1}_{K^n}$ unter diesem Isomorphismus der *Einheitsmatrix* $\mathbf{1}_n$, für deren Einträge a_{ij} gilt: $a_{ii} = 1$ und $a_{ij} = 0$ wenn $i \neq j$. Konkret heißt dies:

$$\mathbf{1}_1 = (1),\ \mathbf{1}_2 = \begin{pmatrix} 1 & 0 \\ 0 & 1 \end{pmatrix},\ \mathbf{1}_3 = \begin{pmatrix} 1 & 0 & 0 \\ 0 & 1 & 0 \\ 0 & 0 & 1 \end{pmatrix},\ \mathbf{1}_4 = \begin{pmatrix} 1 & 0 & 0 & 0 \\ 0 & 1 & 0 & 0 \\ 0 & 0 & 1 & 0 \\ 0 & 0 & 0 & 1 \end{pmatrix} \quad \text{e.t.c.}$$

(iv) Wenn $\mathcal{F} = (v_1, \ldots, v_r)$ eine beliebige Liste von Vektoren in V ist, dann ist durch $\Phi_{\mathcal{F}}(x_1, \ldots, x_r) := \sum_{i=1}^{r} x_i v_i$ eine lineare Abbildung $\Phi_{\mathcal{F}} : K^r \to V$ definiert. Offenbar gilt $\mathrm{im}(\Phi_{\mathcal{F}}) = \mathrm{Lin}(v_1, \ldots, v_r)$. Aus den Definitionen ergibt sich unmittelbar:

$$\begin{array}{lcl} \mathcal{F} \text{ ist Erzeugendensystem von } V & \iff & \Phi_{\mathcal{F}} \text{ ist surjektiv} \\ \mathcal{F} \text{ ist linear unabhängig} & \iff & \Phi_{\mathcal{F}} \text{ ist injektiv} \\ \mathcal{F} \text{ ist eine Basis von } V & \iff & \Phi_{\mathcal{F}} \text{ ist ein Isomorphismus.} \end{array}$$

Definition 2.2.21. Ein *Koordinatensystem* eines K-Vektorraumes V ist ein Isomorphismus $S : V \xrightarrow{\sim} K^r$. Die linearen Abbildungen $x_i := \mathrm{pr}_i \circ S : V \to K$ heißen *Koordinatenfunktionen*. Wenn $\mathcal{B} = (v_1, \ldots, v_r)$ eine Basis von V ist, dann nennen wir den Isomorphismus $S_{\mathcal{B}} := \Phi_{\mathcal{B}}^{-1} : V \xrightarrow{\sim} K^r$ das zur Basis $\mathcal{B}$ gehörige Koordinatensystem.

Ganz konkret bedeutet dies das Folgende. Wenn $v \in V$ bezüglich der Basis $\mathcal{B} = (v_1, \ldots, v_r)$ die eindeutige Darstellung $v = \sum_{i=1}^{r} \lambda_i v_i$ hat, dann ist $S_{\mathcal{B}}(v) = (\lambda_1, \ldots, \lambda_r)$ und $x_i(v) = \lambda_i$. Das führt zu den Formeln $v = \sum_{i=1}^{r} x_i(v) \cdot v_i$ und $S_{\mathcal{B}}(v_i) = e_i$.

Zu jedem Koordinatensystem $S : V \xrightarrow{\sim} K^r$ gehört genau eine Basis $\mathcal{B}$, so dass $S = S_{\mathcal{B}}$ gilt. Die Basisvektoren v_i sind durch $S(v_i) = e_i$ eindeutig festgelegt. Die Wahl einer Basis ist daher gleichwertig mit der Angabe eines Koordinatensystems. Etwas mathematischer ausgedrückt: Die Abbildung $\mathcal{B} \mapsto S_{\mathcal{B}}$ ist eine Bijektion zwischen der Menge aller Basen von V und der Menge aller Koordinatensysteme von V. Wegen Satz 2.2.13 gilt genau dann $\dim_K V = n$, wenn $V \cong K^n$. Die Angabe eines solchen Isomorphismus entspricht der Auswahl einer Basis von V.

In Verallgemeinerung des Beispiels 2.2.20 (iii) können wir jeder linearen Abbildung $f : V \to W$ eine Matrix zuordnen. Diese Matrix hängt jedoch von der Wahl einer Basis $\mathcal{A} = (v_1, \ldots, v_n)$ von V und einer Basis $\mathcal{B} = (w_1, \ldots, w_m)$ von W ab. Die Einträge a_{ij} der Matrix $M^{\mathcal{A}}_{\mathcal{B}}(f) \in \mathrm{Mat}(m \times n, K)$, die wir *Matrixdarstellung von f bezüglich der Basen $\mathcal{A}$ und $\mathcal{B}$* nennen, definieren wir durch

$$f(v_j) = \sum_{i=1}^{m} a_{ij} w_i \,.$$

In Kurzform zum Einprägen:

Die *Spalten* sind die *Koordinaten der Bilder der Basisvektoren.*

Wenn uns die Basen $\mathcal{A} = (v_1, \ldots, v_n)$ und $\mathcal{B} = (w_1, \ldots, w_m)$ bekannt sind, dann können wir aus der Matrix $M^{\mathcal{A}}_{\mathcal{B}}(f)$ die lineare Abbildung $f : V \to W$ wieder zurückgewinnen. Denn für jeden Vektor $v \in V$ gibt es eine eindeutige Darstellung $v = \sum_{j=1}^{n} \lambda_j v_j$ und somit ist

$$f(v) = f\left(\sum_{j=1}^{n} \lambda_j v_j\right) = \sum_{j=1}^{n} \lambda_j f(v_j) = \sum_{i=1}^{m} \left(\sum_{j=1}^{n} \lambda_j a_{ij}\right) w_i \,.$$

Wenn wir mit Koordinatensystemen statt mit Basen arbeiten, wird alles noch übersichtlicher: Seien $S : V \to K^n$ und $T : W \to K^m$ die zu $\mathcal{A}$ und $\mathcal{B}$ gehörigen Koordinatensysteme. Dann ist die lineare Abbildung $T \circ f \circ S^{-1} : K^n \to K^m$ genau die, die unter dem Isomorphismus $\mathrm{Mat}(m \times n, K) \xrightarrow{\sim} \mathrm{Hom}_K(K^n, K^m)$ aus Beispiel 2.2.20 (iii) der Matrix $M^{\mathcal{A}}_{\mathcal{B}}(f)$ entspricht. Das kann man sich sehr einprägsam durch ein kommutatives Diagramm veranschaulichen, in dem wir $M^{\mathcal{A}}_{\mathcal{B}}(f)$ statt $f_{M^{\mathcal{A}}_{\mathcal{B}}(f)}$ schreiben:

$$\begin{array}{ccc} V & \xrightarrow{\quad f \quad} & W \\ {\scriptstyle S}\big\downarrow & & \big\downarrow{\scriptstyle T} \\ K^n & \xrightarrow[M^{\mathcal{A}}_{\mathcal{B}}(f)]{} & K^m \,. \end{array} \tag{2.12}$$

Von einem kommutativen Diagramm spricht man, wenn alle Abbildungen zwischen zwei Punkten des Diagramms übereinstimmen, die man durch Kom-

position verschiedener Pfeile des Diagramms erhalten kann. Im obigen Beispiel ist das die Übereinstimmung von $T \circ f$ und $f_{M_{\mathcal{B}}^{\mathcal{A}}(f)} \circ S$.
Zur Berechnung der Komposition $g \circ f : U \to W$ zweier linearer Abbildungen $U \xrightarrow{f} V \xrightarrow{g} W$ müssen wir verstehen, wie man aus den Matrizen $M_{\mathcal{B}}^{\mathcal{A}}(f)$ und $M_{\mathcal{C}}^{\mathcal{B}}(g)$ die Matrix $M_{\mathcal{C}}^{\mathcal{A}}(g \circ f)$ erhält. Dazu dient die folgende Definition.

Definition 2.2.22. Für zwei Matrizen $B = (b_{ij}) \in \mathrm{Mat}(m \times n, K)$ und $A = (a_{kl}) \in \mathrm{Mat}(n \times r, K)$ ist das *Produkt* $B \circ A \in \mathrm{Mat}(m \times r, K)$ die Matrix deren Eintrag an der Position (i, j) gleich

$$\sum_{k=1}^{n} b_{ik} a_{kj}$$

ist. Die j-te Spalte von $B \circ A$ ist das Produkt der Matrix B mit dem j-ten Spaltenvektor von A (siehe Seite 82).

Wenn $U \xrightarrow{f} V \xrightarrow{g} W$ lineare Abbildungen und $\mathcal{A} = (u_1, \ldots, u_r)$, $\mathcal{B} = (v_1, \ldots, v_n)$, $\mathcal{C} = (w_1, \ldots, w_m)$ Basen von U, V bzw. W sind, dann gilt

$$M_{\mathcal{C}}^{\mathcal{A}}(g \circ f) = M_{\mathcal{C}}^{\mathcal{B}}(g) \circ M_{\mathcal{B}}^{\mathcal{A}}(f) \,.$$

Um dies zu beweisen, setzen wir $M_{\mathcal{B}}^{\mathcal{A}}(f) = (a_{ij})$ und $M_{\mathcal{C}}^{\mathcal{B}}(g) = (b_{kl})$. Wir erhalten $(g \circ f)(u_j) = g(f(u_j)) = g\big(\sum_{k=1}^{n} a_{kj} v_k\big) = \sum_{k=1}^{n} a_{kj} g(v_k) = \sum_{k=1}^{n} a_{kj} \sum_{i=1}^{m} b_{ik} w_i = \sum_{i=1}^{m} \big(\sum_{k=1}^{n} b_{ik} a_{kj}\big) w_i$. In diesem Sinne entspricht das Matrizenprodukt genau der Komposition von Abbildungen.

Definition 2.2.23. Die *Transponierte* einer Matrix $A = (a_{ij}) \in \mathrm{Mat}(m \times n, K)$ ist die Matrix $A^t \in \mathrm{Mat}(n \times m, K)$, deren Eintrag an Position (i, j) gleich a_{ji} ist. Das heißt, dass die j-te Spalte von A^t mit der j-ten Zeile von A übereinstimmt.

Satz 2.2.24 *Seien* $A, A' \in \mathrm{Mat}(m \times n, K)$, $B, B' \in \mathrm{Mat}(n \times r, K)$, $C \in \mathrm{Mat}(r \times s, K)$ *und* $\lambda \in K$, *dann gilt:*

(1) $A \circ (B + B') = A \circ B + A \circ B'$ *und* $(A + A') \circ B = A \circ B + A' \circ B$.
(2) $A \circ (\lambda B) = (\lambda A) \circ B = \lambda \cdot (A \circ B)$.
(3) $(A \circ B) \circ C = A \circ (B \circ C)$.
(4) $A \circ \mathbf{1}_n = A$ *und* $\mathbf{1}_n \circ B = B$.
(5) $(A \circ B)^t = B^t \circ A^t$.

Beweis. Einfaches Nachrechnen. □

Definition 2.2.25. Eine Matrix $A \in \mathrm{Mat}(n \times n, K)$ heißt *invertierbar*, falls eine Matrix $A' \in \mathrm{Mat}(n \times n, K)$ existiert, so dass $A \circ A' = A' \circ A = \mathbf{1}_n$ gilt. Die Menge

$$\mathrm{GL}(n, K) := \{A \in \mathrm{Mat}(n \times n, K) \mid A \text{ ist invertierbar}\}$$

heißt *allgemeine lineare Gruppe*.

Satz 2.2.26 *Die Menge* $\mathrm{GL}(n, K)$ *ist mit dem Matrizenprodukt eine Gruppe.*

Beweis. Seien $A, B \in \mathrm{GL}(n, K)$, dann gibt es Matrizen $A', B' \in \mathrm{Mat}(n \times n, K)$, für die $A \circ A' = A' \circ A = B \circ B' = B' \circ B = \mathbf{1}_n$ gilt. Damit erhalten wir

$$(A \circ B) \circ (B' \circ A') = A \circ (B \circ B') \circ A' = A \circ \mathbf{1}_n \circ A' = A \circ A' = \mathbf{1}_n \text{ und}$$

$$(B' \circ A') \circ (A \circ B) = B' \circ (A' \circ A) \circ B = B' \circ \mathbf{1}_n \circ B = B' \circ B = \mathbf{1}_n .$$

Somit gilt für beliebige $A, B \in \mathrm{GL}(n, K)$ stets $A \circ B \in \mathrm{GL}(n, K)$. Die Gruppenaxiome folgen nun sehr leicht aus Satz 2.2.24 und der Definition. □

Wie für Gruppen üblich, schreiben wir A^{-1} statt A' und sprechen von der *inversen Matrix*. Aus den vorangegangenen Betrachtungen ist nun klar, dass eine Matrix $A \in \mathrm{Mat}(n \times n, K)$ genau dann in $\mathrm{GL}(n, K)$ liegt, wenn f_A ein Isomorphismus ist.

Definition 2.2.27. (1) Sei $f : V \to W$ eine lineare Abbildung, dann ist der *Rang der Abbildung* f die Zahl $\mathrm{rk}(f) := \dim_K \mathrm{im}(f)$.
(2) Sei $A \in \mathrm{Mat}(m \times n, K)$, dann ist der *Rang* $\mathrm{rk}(A)$ *der Matrix* A die maximale Anzahl linear unabhängiger Spalten von A.

Wenn $f_A : K^n \to K^m$ die zu A gehörige lineare Abbildung ist, dann ist $\mathrm{rk}(f_A) = \mathrm{rk}(A)$. Wenn $f : V \to W$ eine lineare Abbildung und $\mathcal{A}, \mathcal{B}$ Basen von V und W sind, dann ist $\mathrm{rk}(f) = \mathrm{rk}\left(M_{\mathcal{B}}^{\mathcal{A}}(f)\right)$. Beide Aussagen folgen aus Satz 2.2.11.

Satz 2.2.28 (Dimensionsformel) *Für jede lineare Abbildung* $f : V \to W$ *und jede Matrix* $A \in \mathrm{Mat}(m \times n, K)$ *gilt*

$$\begin{aligned} \dim V &= \mathrm{rk}(f) + \dim_K \ker(f) \\ n &= \mathrm{rk}(A) + \dim_K \mathrm{Lös}(A|0) . \end{aligned}$$

Beweis. Zunächst beweisen wir die Aussage für lineare Abbildungen f. Sei $r = \mathrm{rk}(f) = \dim_K \mathrm{im}(f)$ und $(w_1, \ldots, w_r)$ eine Basis von $\mathrm{im}(f) \subset W$. Sei außerdem $s := \dim_K \ker(f)$ und $(v_1, \ldots, v_s)$ eine Basis von $\ker(f) \subset V$. Wir wählen beliebige Vektoren $v_{s+1}, \ldots, v_{s+r} \in V$, für die $f(v_{s+i}) = w_i$ gilt. Dann ist $(v_1, \ldots, v_{s+r})$ eine Basis von V. Um dies zu beweisen, zeigen wir, dass diese Liste linear unabhängig und ein Erzeugendensystem ist.

Zum Beweis der linearen Unabhängigkeit nehmen wir an $\sum_{j=1}^{s+r} \lambda_j v_j = 0$. Daraus folgt $\sum_{j=s+1}^{s+r} \lambda_j f(v_j) = 0$, da $f(v_j) = 0$ für $1 \leq j \leq s$. Da für $1 \leq i \leq r$ die Vektoren $f(v_{i+s}) = w_i$ nach Voraussetzung linear unabhängig sind, folgt $\lambda_{s+1} = \ldots = \lambda_{s+r} = 0$. Aus der ursprünglichen Gleichung erhalten wir daher $\sum_{j=1}^{s} \lambda_j v_j = 0$. Da $v_1, \ldots, v_s$ linear unabhängig sind, folgt $\lambda_1 = \ldots = \lambda_s = 0$.
Um zu zeigen, dass $(v_1, \ldots, v_{s+r})$ ein Erzeugendensystem von V ist, wählen wir einen beliebigen Vektor $v \in V$. Dann gibt es $\lambda_{s+1}, \ldots, \lambda_{s+r} \in K$, so dass $f(v) = \sum_{i=1}^{r} \lambda_{s+i} w_i$ gilt. Da $f\left(v - \sum_{i=1}^{r} \lambda_{s+i} v_{s+i}\right) = f(v) - \sum_{i=1}^{r} \lambda_{s+i} w_i = 0$, ist $v - \sum_{j=s+1}^{s+r} \lambda_j v_j \in \ker(f)$. Da $(v_1, \ldots, v_s)$ eine Basis von $\ker(f)$ ist, gibt es $\lambda_1, \ldots, \lambda_s \in K$, so dass $v - \sum_{j=s+1}^{s+r} \lambda_j v_j = \sum_{j=1}^{s} \lambda_j v_j$ gilt, d.h. $v = \sum_{j=1}^{r+s} \lambda_j v_j$.
Die Aussage für Matrizen A folgt aus dem bereits Gezeigten, da $\mathrm{rk}(A) = \mathrm{rk}(f_A)$ und $\mathrm{Lös}(A|\,0) = \ker(f_A)$. □

Folgerung 2.2.29. *Sei $f : V \to W$ linear und $\dim_K V = \dim_K W$. Dann sind die folgenden drei Aussagen äquivalent:*

(i) *f ist ein Isomorphismus*
(ii) *f ist injektiv*
(iii) *f ist surjektiv.*

Für jede Matrix $A \in \mathrm{Mat}(n \times n, K)$ sind die folgenden drei Aussagen äquivalent:

(i) $\mathrm{rk}(A) = n$
(ii) $A \in \mathrm{GL}(n, K)$
(iii) $A^t \in \mathrm{GL}(n, K)$.

Beweis. Für den ersten Teil genügt es zu zeigen, dass f genau dann injektiv ist, wenn f surjektiv ist. Mit Hilfe der Dimensionsformel (Satz 2.2.28) erhalten wir:

$$\begin{aligned} f \text{ ist injektiv} &\iff \dim_K \ker(f) = 0 \iff \mathrm{rk}(f) = \dim_K V \\ &\iff \dim_K \mathrm{im}(f) = \dim_K W \iff \mathrm{im}(f) = W \\ &\iff f \text{ ist surjektiv.} \end{aligned}$$

Die Äquivalenz (i) $\iff$ (ii) im zweiten Teil folgt aus dem bereits Gezeigten. Zum Beweis von (ii) $\Rightarrow$ (iii) sei $A \in \mathrm{GL}(n, K)$. Dann gilt $A \circ A^{-1} = \mathbf{1}_n$ und $A^{-1} \circ A = \mathbf{1}_n$. Da ${\mathbf{1}_n}^t = \mathbf{1}_n$, erhalten wir aus Satz 2.2.24 (5) $(A^{-1})^t \circ A^t = \mathbf{1}_n$ und $A^t \circ (A^{-1})^t = \mathbf{1}_n$, daher gilt $A^t \in \mathrm{GL}(n, K)$. Da $(A^t)^t = A$, ergibt sich auch die umgekehrte Implikation (iii) $\Rightarrow$ (ii). □

Bemerkung 2.2.30. Aus dem Beweis sehen wir $(A^t)^{-1} = (A^{-1})^t$.

Definition 2.2.31. Sei $U \subset V$ ein Unterraum. Der *Quotientenraum* V/U besteht aus den Äquivalenzklassen $[v] \subset V$ bezüglich der Äquivalenzrelation $v \sim w \iff v - w \in U$. Dies sind die additiven Nebenklassen von U in V (vgl. Seite 33 und Abschnitt 1.2), es ist also $[v] = [w] \iff v - w \in U$. Die Elemente von V/U sind genau die zu U parallelen affinen Unterräume in V. Durch $[v] + [w] = [v + w]$ und $\lambda \cdot [v] = [\lambda v]$ erhält V/U die Struktur eines Vektorraumes. Die Abbildung $V \to V/U$, die v auf $[v]$ abbildet, ist linear und surjektiv. Sie heißt *kanonische Abbildung.*

Folgerung 2.2.32. (1) *Jeder Unterraum $U \subset V$ ist der Kern der kanonischen Abbildung $V \to V/U$ und es gilt* $\dim_K V/U = \dim_K V - \dim_K U$.
(2) ***(Homomorphiesatz)*** *Wenn $f : V \to W$ eine lineare Abbildung ist, dann ist durch $\bar{f}([v]) := f(v)$ ein Isomorphismus $\bar{f} : V/\ker(f) \xrightarrow{\sim} \mathrm{im}(f)$ definiert.*

Beweis. Die Aussage (1) ist wegen der Surjektivität der kanonischen Abbildung und Satz 2.2.28 klar. Zum Beweis von (2) können wir Satz 1.3.32 anwenden und erhalten, dass $\bar{f}$ ein Isomorphismus der zugrunde liegenden additiven Gruppen ist. Da außerdem $\bar{f}(\lambda[v]) = \bar{f}([\lambda v]) = f(\lambda v) = \lambda f(v) = \lambda \bar{f}([v])$, ist $\bar{f}$ linear und somit ein Isomorphismus von Vektorräumen. □

Satz 2.2.33 (1) *Seien lineare Abbildungen*

$$V' \xrightarrow[\varphi]{\sim} V \xrightarrow[f]{} W \xrightarrow[\psi]{\sim} W'$$

gegeben, wobei φ und ψ Isomorphismen sind. Dann gilt

$$\mathrm{rk}(f) = \mathrm{rk}(\psi \circ f \circ \varphi)\,.$$

(2) *Sei $A \in \mathrm{Mat}(m \times n, K)$, $P \in \mathrm{GL}(m, K)$, $Q \in \mathrm{GL}(n, K)$. Dann gilt*

$$\mathrm{rk}(A) = \mathrm{rk}(P \circ A \circ Q) \quad \textit{und}$$
$$\mathrm{rk}(A) = \mathrm{rk}(A^t)\,.$$

Für jede Matrix stimmt die maximale Zahl linear unabhängiger Zeilen mit der maximalen Zahl linear unabhängiger Spalten überein.

Beweis. (1) Da $\varphi : V' \to V$ ein Isomorphismus ist, ist $\mathrm{im}(f) = \mathrm{im}(f \circ \varphi)$. Da $\psi : W \to W'$ ein Isomorphismus ist, liefert er uns einen Isomorphismus $\psi : \mathrm{im}(f) = \mathrm{im}(f\varphi) \xrightarrow{\sim} \mathrm{im}(\psi \circ f \circ \varphi)$. Daraus folgt die behauptete Gleichung $\dim_K \mathrm{im}(f) = \dim_K \mathrm{im}(\psi \circ f \circ \varphi)$.
(2) Wenn wir die Matrizen A, P, Q als lineare Abbildungen interpretieren, dann folgt $\mathrm{rk}(A) = \mathrm{rk}(P \circ A \circ Q)$ aus (1). Sei nun $A \in \mathrm{Mat}(m \times n, K)$

und $f_A : K^n \to K^m$ die zugehörige lineare Abbildung. Wir wählen eine Basis $(w_1, \ldots, w_r)$ für $\mathrm{im}(f_A) \subset K^m$ und Vektoren $v_1, \ldots, v_r \in K^n$ mit $f_A(v_i) = w_i$. Dann ist $r = \mathrm{rk}(A)$. Außerdem sei $(v_{r+1}, \ldots, v_n)$ eine Basis von $\ker(f_A) \subset K^n$. Dann ergibt sich, genau wie im Beweis von Satz 2.2.28, dass $(v_1, \ldots, v_n)$ eine Basis von K^n ist. Schließlich wählen wir Vektoren $w_{r+1}, \ldots, w_m \in K^m$, so dass $(w_1, \ldots, w_m)$ eine Basis von K^m ist, das heißt, wir ergänzen $(w_1, \ldots, w_r)$ zu einer nicht verlängerbaren linear unabhängigen Liste. Dann ist die Matrixdarstellung $M(f_A)$ bezüglich dieser Basen eine Matrix, die in der linken oberen Ecke einen Block der Gestalt $\mathbf{1}_r$ und sonst nur Nullen enthält. Offenbar ist dann $\mathrm{rk}(M(f_A)) = \mathrm{rk}(M(f_A)^t) = r$. Wenn T, S die zu den gewählten Basen gehörigen Koordinatensysteme sind, dann erhalten wir $T \circ f_A \circ S^{-1} = f_{M(f_A)}$ aus (2.12). Wenn wir die Matrixdarstellungen der Isomorphismen $T : K^m \xrightarrow{\sim} K^m$ und $S : K^n \xrightarrow{\sim} K^n$ bezüglich der Standardbasen ebenfalls mit T und S bezeichnen, dann können wir dies in der Form $T \circ A \circ S^{-1} = M(f_A)$ schreiben. Unter Verwendung von Teil (1) erhalten wir schließlich:

$$\begin{aligned} \mathrm{rk}(A) &= \mathrm{rk}(TAS^{-1}) = \mathrm{rk}(M(f_A)) = \\ &= \mathrm{rk}(M(f_A)^t) = \mathrm{rk}\left((TAS^{-1})^t\right) = \mathrm{rk}\left((S^t)^{-1} \circ A^t \circ T^t\right) = \\ &= \mathrm{rk}(A^t)\,. \end{aligned}$$

□

Aufgaben

Übung 2.7. Welche der folgenden Mengen sind Untervektorräume in den jeweiligen Vektorräumen?

(a) $\{(x_1, x_2, x_3) \mid x_1 = 2x_2 = 3x_3\} \subset \mathbb{R}^3$.
(b) $\{(x_1, x_2) \mid x_1^2 + x_2^2 = 4\} \subset \mathbb{R}^2$.
(c) Die Menge der Matrizen $A \in \mathrm{Mat}(m \times n, \mathbb{R})$, deren erste und letzte Spalte übereinstimmen.
(d) Die Menge der Matrizen $A \in \mathrm{Mat}(m \times n, \mathbb{F}_2)$, für die die Anzahl der von Null verschiedenen Einträge in jeder Spalte gerade ist.

Übung 2.8. Sei V ein K-Vektorraum und $v_1, \ldots, v_r \in V$. Beweisen Sie, dass $\mathrm{Lin}(v_1, \ldots, v_r) \subset V$ ein Untervektorraum ist.

Übung 2.9. Sind die Vektoren $(0, 3, 13), (1, 5, 21), (8, 34, 144) \in \mathbb{Q}^3$ linear unabhängig?

Übung 2.10. Finden Sie alle Primzahlen p, für welche die drei Vektoren aus Aufgabe 2.9, interpretiert als Vektoren im $\mathbb{F}_p$-Vektorraum $\mathbb{F}_p^3$, linear abhängig sind.

Übung 2.11. Sei $f : \mathbb{R}^3 \to \mathbb{R}^4$ die durch die Matrix

$$A = \begin{pmatrix} 1 & 2 & 3 \\ 2 & 3 & 4 \\ 2 & 4 & 7 \\ 1 & 3 & 6 \end{pmatrix}$$

gegebene lineare Abbildung. Berechnen Sie die Matrix $M_{\mathcal{B}}^{\mathcal{A}}(f)$ bezüglich der Basen $\mathcal{A} = (a_1, a_2, a_3)$ von $\mathbb{R}^3$ und $\mathcal{B} = (b_1, b_2, b_3, b_4)$ von $\mathbb{R}^4$, wobei

$$a_1 = (1, -1, 1),\ a_2 = (0, 2, -1),\ a_3 = (-1, 1, 0) \quad \text{und}$$

$$b_1 = (1, 1, 0, 0),\ b_2 = (1, 1, 1, 0),\ b_3 = (0, 1, 1, 1),\ b_4 = (0, 0, 1, 1).$$

Übung 2.12. Sei $g : \mathbb{R}^4 \to \mathbb{R}^2$ die durch die Matrix

$$B = \begin{pmatrix} 1 & -1 & -1 & 0 \\ 0 & 1 & 1 & -1 \end{pmatrix}$$

gegebene lineare Abbildung und $f : \mathbb{R}^3 \to \mathbb{R}^4$ wie in Aufgabe 2.11.

(a) Bestimmen Sie $\dim_{\mathbb{R}}(\ker(f))$ und $\dim_{\mathbb{R}}(\operatorname{im}(f))$.
(b) Berechnen Sie die Matrix (bezüglich der Standardbasen), welche die lineare Abbildung $g \circ f : \mathbb{R}^3 \to \mathbb{R}^2$ definiert.

Übung 2.13. Finden Sie Beispiele für Matrizen $A, B \in \operatorname{Mat}(n \times n, K)$, für die $A \circ B = 0$, jedoch $A \neq 0$ und $B \neq 0$ ist. Können Sie auch ein Beispiel angeben, in dem kein Eintrag von A oder von B gleich 0 ist? Wählen Sie mindestens $n \geq 3$.

Übung 2.14. Finden Sie Beispiele für Matrizen $A, B \in \operatorname{Mat}(n \times n, K)$, für die $A \circ B \neq B \circ A$ gilt.

Übung 2.15. Sei $\mathbb{T} \subset \operatorname{GL}(n, K)$ die Teilmenge aller invertierbaren oberen Dreiecksmatrizen, das sind diejenigen $A = (a_{ij})_{i,j} \in \operatorname{GL}(n, K)$, für die $a_{ij} = 0$ für alle $i > j$. Beweisen Sie: $\mathbb{T} \subset \operatorname{GL}(n, K)$ ist eine Untergruppe.

Übung 2.16. Für die Faschingsfeier soll ein leicht alkoholhaltiges Mischgetränk hergestellt werden. Findige Studenten haben bei einem Großhändler extrem preisgünstige Angebote für drei verschiedene No-Name-Produkte ausfindig gemacht. Obwohl die Namen der Getränke nicht bekannt sind, ist durch eine Analyse deren Zusammensetzung ermittelt worden. Der prozentuale Anteil von Alkohol, Wasser und sonstiger Bestandteile kann der folgenden Tabelle entnommen werden:

	Alkohol	Wasser	Sonstiges
Getränk 1	20	20	60
Getränk 2	20	70	10
Getränk 3	0	50	50

Ist es möglich, daraus ein Getränk (wie auch immer es dann schmecken mag) zu mischen, in dem 10% Alkohol und 40% Wasser enthalten sind? Falls ja, bestimmen Sie die Menge jeder Getränkesorte, die man benötigt, um 100 Liter dieser Mischung herzustellen.

2.3 Anwendungen des Gaußschen Algorithmus

Das Ziel dieses Abschnittes ist es, die Rechenverfahren von Abschnitt 2.1 im Kontext der allgemeinen Theorie von Vektorräumen und linearen Abbildungen zu benutzen. Wir werden mit Hilfe elementarer Zeilenoperationen die folgenden Aufgaben lösen:

- Bestimmung einer maximalen linear unabhängigen Liste als Teil einer gegebenen Liste von Vektoren.
- Ergänzung einer gegebenen linear unabhängigen Liste zu einer Basis.
- Berechnung der Inversen A^{-1} einer Matrix A.
- Bestimmung eines Gleichungssystems zu vorgegebener Lösungsmenge.
- Berechnung des Durchschnittes zweier Unterräume.
- Berechnung der Summe zweier Unterräume.

Zur Vorbereitung übersetzen wir die Zeilenumformungen des Gaußschen Algorithmus in die Sprache der Matrizen. Dazu erinnern wir uns daran, dass dieser Algorithmus auf zwei Typen elementarer Zeilenumformungen beruht:

(Z1) Vertauschung von Zeile i mit Zeile j.
(Z2) Addition des λ-fachen von Zeile k zu Zeile i.

Diese Umformungen lassen sich mit Hilfe der folgenden Elementarmatrizen $P(i,j) \in \mathrm{Mat}(m \times m, K)$ und $Q_\lambda(i,k) \in \mathrm{Mat}(m \times m, K)$ beschreiben.

$$\begin{aligned} P(i,j) &:= \mathbf{1}_m - E_{ii} - E_{jj} + E_{ij} + E_{ji} \quad \text{und} \\ Q_\lambda(i,k) &:= \mathbf{1}_m + \lambda E_{ik} \quad \text{für } i \neq k. \end{aligned}$$

Die einzigen von Null verschiedenen Einträge der Matrix $P(i,j)$ sind $a_{kk} = 1$ wenn $k \neq i$ oder $k \neq j$ und $a_{ij} = a_{ji} = 1$. Die Matrix $Q_\lambda(i,k)$ unterscheidet sich von der Einheitsmatrix nur dadurch, dass sie in der i-ten Zeile und k-ten Spalte den Eintrag λ hat. So ist zum Beispiel im Fall $m = 5$

$$P(2,4) = P(4,2) = \begin{pmatrix} 1&0&0&0&0 \\ 0&0&0&1&0 \\ 0&0&1&0&0 \\ 0&1&0&0&0 \\ 0&0&0&0&1 \end{pmatrix}, \quad P(5,2) = P(2,5) = \begin{pmatrix} 1&0&0&0&0 \\ 0&0&0&0&1 \\ 0&0&1&0&0 \\ 0&0&0&1&0 \\ 0&1&0&0&0 \end{pmatrix}$$

und

$$Q_{-1}(2,4) = \begin{pmatrix} 1 & 0 & 0 & 0 & 0 \\ 0 & 1 & 0 & -1 & 0 \\ 0 & 0 & 1 & 0 & 0 \\ 0 & 0 & 0 & 1 & 0 \\ 0 & 0 & 0 & 0 & 1 \end{pmatrix}, \quad Q_\lambda(4,2) \begin{pmatrix} 1 & 0 & 0 & 0 & 0 \\ 0 & 1 & 0 & 0 & 0 \\ 0 & 0 & 1 & 0 & 0 \\ 0 & \lambda & 0 & 1 & 0 \\ 0 & 0 & 0 & 0 & 1 \end{pmatrix}.$$

Wenn $A \in \mathrm{Mat}(m \times n, K)$, dann ist $P(i,j) \circ A$ genau die Matrix, die man aus A durch Anwendung von (Z1) erhält, und $Q_\lambda(i,k) \circ A$ ist die Matrix, die durch Anwendung von (Z2) aus A entsteht. Interessant ist nun:

$$\begin{aligned} P(i,j) \circ P(i,j) &= \mathbf{1}_m \quad \text{und falls} \quad i \neq k \\ Q_\lambda(i,k) \circ Q_{-\lambda}(i,k) &= \mathbf{1}_m \,. \end{aligned}$$

Daher gilt sogar $P(i,j) \in \mathrm{GL}(m,K)$ und $Q_\lambda(i,k) \in \mathrm{GL}(m,K)$. Aus Satz 2.2.33 (2) erhalten wir damit, dass die elementaren Zeilenumformungen (Z1) und (Z2) den Rang einer Matrix nicht verändern und dass dieser Rang gleich der Zahl der von Null verschiedenen Zeilen einer Zeilenstufenform ist.
Unter Benutzung des bisher Gesagten liefert der Gaußsche Algorithmus den folgenden Satz.

Satz 2.3.1 *Für jede Matrix $A \in \mathrm{Mat}(m \times n, K)$ gibt es eine invertierbare Matrix $P \in \mathrm{GL}(m,K)$, die sich als Produkt von Elementarmatrizen schreiben lässt, so dass $P \circ A$ Zeilenstufenform besitzt.*

Bemerkung 2.3.2. Wie in Bemerkung 2.1.6 erwähnt, kann man durch elementare Zeilenumformungen auch oberhalb der Pivotelemente Nullen erzeugen. Wenn wir zusätzlich noch die Multiplikation einer Zeile mit einem Faktor $\lambda \neq 0$ zulassen, dann können wir sogar die sogenannte *reduzierte Zeilenstufenform* herstellen, bei der alle Pivotelemente gleich 1 sind. Da auch die Multiplikation einer Zeile mit einem Faktor $\lambda \neq 0$ durch die Multiplikation mit einer invertierbaren Matrix von links beschrieben werden kann, bleibt Satz 2.3.1 wahr, wenn wir darin *Zeilenstufenform* durch *reduzierte Zeilenstufenform* ersetzen und zusätzlich zu den Elementarmatrizen auch noch solche invertierbare Matrizen zulassen, die aus der Einheitsmatrix durch Multiplikation einer Zeile mit einem von Null verschiedenen $\lambda \in K$ hervorgehen. Der Vorteil der reduzierten Zeilenstufenform besteht darin, dass man eine Parametrisierung der Lösungsmenge des zugehörigen linearen Gleichungssystems unmittelbar ablesen kann. In der Sprache von Abschnitt 2.2 heißt das, dass wir aus der reduzierten Zeilenstufenform leicht eine Basis von $\ker(f_A) = \ker(f_{P \circ A}) = \mathrm{Lös}(P \circ A|\, 0) = \mathrm{Lös}(A|\, 0)$ ablesen können.

Maximale linear unabhängige Teillisten

Häufig ist man mit der Aufgabe konfrontiert, aus einer Liste $(u_1, u_2, \ldots, u_n)$ von Vektoren $u_j \in K^m$ eine maximale Liste linear unabhängiger Vektoren auszuwählen. Zur Lösung dieser Aufgabe betrachtet man die Matrix $A \in \mathrm{Mat}(m \times n, K)$, deren Spalten die gegebenen Vektoren u_j sind. Da für jede Matrix $P \in \mathrm{GL}(m, K)$ die Gleichung $(P \circ A) \cdot x = 0$ dieselbe Lösungsmenge wie die Gleichung $A \cdot x = 0$ hat, ist eine Teilliste der ursprünglich gegebenen Vektoren genau dann linear unabhängig, wenn dies für die entsprechenden Spalten von $P \circ A$ gilt. Wenn $P \circ A$ Zeilenstufenform hat, was wir wegen Satz 2.3.1 immer erreichen können, dann bilden die Spalten, in denen die Pivotelemente stehen, offenbar eine maximale Liste linear unabhängiger Spalten.

Beispiel 2.3.3. Seien die $u_j \in K^4$ die sechs Vektoren der Gestalt $e_r + e_s$, $r \neq s$. Dann ist

$$A = \begin{pmatrix} 1&0&1&0&1&0 \\ 0&1&0&1&1&0 \\ 0&1&1&0&0&1 \\ 1&0&0&1&0&1 \end{pmatrix}.$$

Durch elementare Zeilentransformationen erhält man daraus nacheinander

$$\begin{pmatrix} 1&0&1&0&1&0 \\ 0&1&0&1&1&0 \\ 0&1&1&0&0&1 \\ 0&0&-1&1&-1&1 \end{pmatrix}, \quad \begin{pmatrix} 1&0&1&0&1&0 \\ 0&1&0&1&1&0 \\ 0&0&1&-1&-1&1 \\ 0&0&-1&1&-1&1 \end{pmatrix} \quad \text{und} \quad \begin{pmatrix} 1&0&1&0&1&0 \\ 0&1&0&1&1&0 \\ 0&0&1&-1&-1&1 \\ 0&0&0&0&-2&2 \end{pmatrix}.$$

Das zeigt, dass die erste, zweite, dritte und fünfte Spalte von A eine maximale linear unabhängige Liste bilden. Die ersten vier Spalten bilden dagegen keine solche Liste.

Basisergänzung

Eine verwandte Aufgabe besteht darin, eine gegebene linear unabhängige Liste zu einer Basis zu ergänzen. Dabei kann man zwei unterschiedlichen Aufgabenstellungen begegnen. Auf der einen Seite kann die Aufgabe darin bestehen, dass man gegebene Vektoren $(u_1, u_2, \ldots, u_n)$ zu einer Basis von K^m ergänzen soll. Andererseits kann auch eine Basis $(v_1, \ldots, v_r)$ eines Unterraumes U gegeben sein, der die Vektoren u_j enthält. In diesem Fall mag man an einer Basis von U interessiert sein, in der die gegebenen u_j vorkommen. Die zuerst geschilderte Aufgabenstellung ist ein Spezialfall der zweiten mit $U = K^m$ und $v_i = e_i$.
Zur Lösung dieses Problems bildet man eine Matrix $(u_1, \ldots, u_n \mid v_1, \ldots, v_r)$, deren Spalten die gegebenen Vektoren sind. Dabei ist es wichtig, dass die

Vektoren u_j zuerst aufgeführt werden. Da sie als linear unabhängig vorausgesetzt sind, wird bei Anwendung des Gauß-Verfahrens in jeder der ersten n Spalten ein Pivotelement stehen. Nach Ermittlung einer Zeilenstufenform erhalten wir mit der weiter oben geschilderten Methode eine maximale linear unabhängige Liste, in der sicher die ersten n Spaltenvektoren vorkommen. Da die Spalten der betrachteten Matrix ein Erzeugendensystem von U bilden, ist ihr Rang gleich der Dimension von U. Daher bildet die so erhaltene linear unabhängige Liste eine Basis von U.

Beispiel 2.3.4. Die beiden Vektoren $(1, 0, 0, 1)$ und $(0, 1, 1, 0)$ sind linear unabhängig. Um eine Basis von K^4 zu finden, in der diese beiden Vektoren auftreten, überführen wir die Matrix

$$\begin{pmatrix} 1 & 0 & 1 & 0 & 0 & 0 \\ 0 & 1 & 0 & 1 & 0 & 0 \\ 0 & 1 & 0 & 0 & 1 & 0 \\ 1 & 0 & 0 & 0 & 0 & 1 \end{pmatrix}$$

wie folgt in Zeilenstufenform

$$\begin{pmatrix} 1 & 0 & 1 & 0 & 0 & 0 \\ 0 & 1 & 0 & 1 & 0 & 0 \\ 0 & 1 & 0 & 0 & 1 & 0 \\ 0 & 0 & -1 & 0 & 0 & 1 \end{pmatrix} \mapsto \begin{pmatrix} 1 & 0 & 1 & 0 & 0 & 0 \\ 0 & 1 & 0 & 1 & 0 & 0 \\ 0 & 0 & 0 & -1 & 1 & 0 \\ 0 & 0 & -1 & 0 & 0 & 1 \end{pmatrix} \mapsto \begin{pmatrix} 1 & 0 & 1 & 0 & 0 & 0 \\ 0 & 1 & 0 & 1 & 0 & 0 \\ 0 & 0 & -1 & 0 & 0 & 1 \\ 0 & 0 & 0 & -1 & 1 & 0 \end{pmatrix} .$$

Daraus sehen wir, dass die beiden gegebenen Vektoren zusammen mit e_1 und e_2 eine Basis bilden. Zusammen mit e_2 und e_3 bilden sie dagegen keine Basis.

Berechnung der inversen Matrix

Eine quadratische Matrix $A \in \mathrm{Mat}(n \times n, K)$ ist genau dann invertierbar, wenn $\mathrm{rk}(A) = n$, siehe Folgerung 2.2.29. Dies ist genau dann der Fall, wenn die durch den Gaußschen Algorithmus erzeugte Zeilenstufenform in jeder Zeile ein Pivotelement enthält. Die entsprechende reduzierte Zeilenstufenform ist dann die Einheitsmatrix $\mathbf{1}_n$. Das Produkt der Matrizen, die den durchgeführten Zeilenumformungen entsprechen, ist eine Matrix $P \in \mathrm{GL}(n, K)$, für die $P \circ A = \mathbf{1}_n$ gilt, das heißt $P = A^{-1}$. Wenn wir die Zeilenumformungen, die A in $\mathbf{1}_n$ überführen, auf die um die Einheitsmatrix erweiterte Matrix $(A|\, \mathbf{1}_n)$ anwenden, dann ergibt sich $(P \circ A|\, P \circ \mathbf{1}_n) = (\mathbf{1}_n|\, A^{-1})$.

Beispiel 2.3.5. Um die inverse Matrix von

$$A = \begin{pmatrix} 3 & 0 & 2 \\ 3 & 2 & 3 \\ 6 & 4 & 7 \end{pmatrix} \quad \text{zu berechnen, starten wir mit} \quad \left(\begin{array}{ccc|ccc} 3 & 0 & 2 & 1 & 0 & 0 \\ 3 & 2 & 3 & 0 & 1 & 0 \\ 6 & 4 & 7 & 0 & 0 & 1 \end{array}\right) .$$

Wir führen die folgenden Schritte durch

$$\begin{array}{l} \\ \text{(Zeile II)} - \text{(Zeile I)} \\ \text{(Zeile III)} - 2\text{(Zeile I)} \end{array} \quad \left(\begin{array}{ccc|ccc} 3 & 0 & 2 & 1 & 0 & 0 \\ 0 & 2 & 1 & -1 & 1 & 0 \\ 0 & 4 & 3 & -2 & 0 & 1 \end{array}\right)$$

$$\begin{array}{l} \\ \\ \text{(Zeile III)} - 2\text{(Zeile II)} \end{array} \quad \left(\begin{array}{ccc|ccc} 3 & 0 & 2 & 1 & 0 & 0 \\ 0 & 2 & 1 & -1 & 1 & 0 \\ 0 & 0 & 1 & 0 & -2 & 1 \end{array}\right)$$

$$\begin{array}{l} \text{(Zeile I)} - 2\text{(Zeile III)} \\ \text{(Zeile II)} - \text{(Zeile III)} \\ \\ \end{array} \quad \left(\begin{array}{ccc|ccc} 3 & 0 & 0 & 1 & 4 & -2 \\ 0 & 2 & 0 & -1 & 3 & -1 \\ 0 & 0 & 1 & 0 & -2 & 1 \end{array}\right)$$

$$\begin{array}{l} \text{(Zeile I)}/3 \\ \text{(Zeile II)}/2 \\ \\ \end{array} \quad \left(\begin{array}{ccc|ccc} 1 & 0 & 0 & \frac{1}{3} & \frac{4}{3} & -\frac{2}{3} \\ 0 & 1 & 0 & -\frac{1}{2} & \frac{3}{2} & -\frac{1}{2} \\ 0 & 0 & 1 & 0 & -2 & 1 \end{array}\right)$$

und erhalten somit

$$A^{-1} = \begin{pmatrix} \frac{1}{3} & \frac{4}{3} & -\frac{2}{3} \\ -\frac{1}{2} & \frac{3}{2} & -\frac{1}{2} \\ 0 & -2 & 1 \end{pmatrix} = \frac{1}{6} \begin{pmatrix} 2 & 8 & -4 \\ -3 & 9 & -3 \\ 0 & -12 & 6 \end{pmatrix}.$$

Der Leser prüfe bitte nach, dass tatsächlich $A \circ A^{-1} = \mathbf{1}_3$ gilt.

Lineare Gleichungen zu vorgegebener Lösungsmenge

Das Umkehrproblem zum Gaußschen Algorithmus besteht darin, ein Gleichungssystem zu bestimmen, welches einen gegebenen linearen Unterraum $U \subset K^m$ als Lösungsmenge besitzt. Wir nehmen dabei an, dass U durch eine Basis oder ein Erzeugendensystem $u_1, u_2, \ldots, u_s$ gegeben ist.
Ein Vektor $x \in K^m$ liegt genau dann in U, wenn es $\lambda_1, \lambda_2, \ldots, \lambda_s \in K$ gibt, so dass $x = \sum_{j=1}^{s} \lambda_j u_j$. Wenn wir $u_j = \begin{pmatrix} u_{1j} \\ \vdots \\ u_{mj} \end{pmatrix}$ und $x = \begin{pmatrix} x_1 \\ \vdots \\ x_m \end{pmatrix}$ als Spaltenvektoren schreiben, dann ist die Bedingung $x \in U$ zur Existenz einer Lösung des linearen Gleichungssystems

$$\begin{pmatrix} u_{11} & \ldots & u_{1s} \\ \vdots & & \vdots \\ u_{m1} & \ldots & u_{ms} \end{pmatrix} \begin{pmatrix} \lambda_1 \\ \vdots \\ \lambda_s \end{pmatrix} = \begin{pmatrix} x_1 \\ \vdots \\ x_m \end{pmatrix}$$

äquivalent. Uns interessiert daher die Lösbarkeitsbedingung des Gleichungssystems mit erweiterter Koeffizientenmatrix

$$\left(\begin{array}{ccc|c} u_{11} & \cdots & u_{1s} & x_1 \\ \vdots & & \vdots & \vdots \\ u_{m1} & \cdots & u_{ms} & x_m \end{array}\right) .$$

Um diese durch Gleichungen in den Variablen x_i auszudrücken, stellen wir mittels Gaußschem Algorithmus Zeilenstufenform her. Wir beachten dabei, dass die u_{ij} gegebene Elemente aus K, die x_j jedoch Variablen sind. Da diese Variablen nur in der letzten Spalte auftreten, beeinflussen sie den Ablauf des Algorithmus nicht. Nach Erreichung der Zeilenstufenform haben die unteren Zeilen der Matrix die Gestalt

$$(0\,0\,\ldots\,0 \mid L_i(x)) ,$$

wobei $L_i(x)$ eine Linearkombination $\sum_{j=1}^{m} a_{ij}x_j$ der Variablen x_j ist. Falls $U \neq K^m$, dann gibt es mindestens eine solche Zeile. Wenn $n \geq 1$ solche Zeilen in der Zeilenstufenform auftreten, dann lautet die Lösbarkeitsbedingung für das obige Gleichungssystem

$$\sum_{j=1}^{m} a_{ij}x_j = 0 \qquad \text{für } 1 \leq i \leq n .$$

Dieses neue Gleichungssystem hat als Lösungsmenge genau den gegebenen Unterraum U.

Beispiel 2.3.6. Gegeben sei der Unterraum $U = \mathrm{Lin}(u_1, u_2, u_3) \subset \mathbb{R}^5$, der von den drei Vektoren

$$u_1 = \begin{pmatrix} 0 \\ 1 \\ 0 \\ 1 \\ 2 \end{pmatrix}, u_2 = \begin{pmatrix} -1 \\ 0 \\ 3 \\ 0 \\ -3 \end{pmatrix}, u_3 = \begin{pmatrix} 1 \\ 0 \\ 1 \\ 0 \\ -1 \end{pmatrix}$$

erzeugt wird. Wir starten mit der erweiterten Koeffizientenmatrix

$$\left(\begin{array}{ccc|c} 0 & -1 & 1 & x_1 \\ 1 & 0 & 0 & x_2 \\ 0 & 3 & 1 & x_3 \\ 1 & 0 & 0 & x_4 \\ 2 & -3 & -1 & x_5 \end{array}\right)$$

und führen nacheinander die aufgelisteten elementaren Zeilenoperationen durch. Das Ergebnis ist die rechts angegebene Matrix:

$$\begin{array}{l} \text{Vertausche (Zeile I) und (Zeile II)} \\ \text{(Zeile IV)} - \text{(Zeile I)} \\ \text{(Zeile V)} - 2\text{(Zeile I)} + \text{(Zeile III)} \\ \text{(Zeile II)} \times (-1) \\ \text{(Zeile III)} - 3\text{(Zeile II)} \end{array} \qquad \left(\begin{array}{ccc|c} 1 & 0 & 0 & x_2 \\ 0 & 1 & -1 & -x_1 \\ 0 & 0 & 4 & x_3 + 3x_1 \\ \hline 0 & 0 & 0 & x_4 - x_2 \\ 0 & 0 & 0 & x_5 - 2x_2 + x_3 \end{array}\right).$$

Die Lösbarkeitsbedingung für das entsprechende Gleichungssystem ist das Verschwinden der beiden linearen Ausdrücke unterhalb der horizontalen Linie. Der Unterraum U ist somit die Lösungsmenge des Gleichungssystems

$$\begin{array}{rrrrl} -x_2 & & +x_4 & & = 0 \\ -2x_2 & +x_3 & & +x_5 & = 0\,, \end{array}$$

dessen zugehörige Koeffizientenmatrix die folgende Gestalt hat

$$\begin{pmatrix} 0 & -1 & 0 & 1 & 0 \\ 0 & -2 & 1 & 0 & 1 \end{pmatrix}.$$

Als Übungsaufgabe empfehlen wir dem Leser, mit Hilfe des Gaußschen Algorithmus eine Basis der Lösungsmenge dieses Gleichungssystems zu bestimmen und dann festzustellen, ob diese Lösungsmenge tatsächlich mit U übereinstimmt.

Durchschnitt zweier Unterräume

Die Schwierigkeiten bei der Bestimmung des Durchschnittes $U \cap V$ zweier Unterräume $U, V \subset K^n$ hängen davon ab, in welcher Form die Unterräume gegeben sind. Wenn die Unterräume durch Gleichungssysteme gegeben sind, dann ist der Durchschnitt durch die Vereinigung dieser Gleichungen bestimmt. Die Matrix des zugehörigen Gleichungssystems erhalten wir, indem wir die Zeilen der beiden gegebenen Matrizen als Zeilen einer einzigen Matrix schreiben. Mit Hilfe des Gaußschen Algorithmus kann man daraus eine Basis bestimmen.
Interessanter ist der Fall, in dem beide Unterräume durch Basen gegeben sind. Sei $(u_1, \ldots, u_r)$ eine Basis von U und $(v_1, \ldots, v_s)$ eine Basis von V. Mit dem oben erläuterten Verfahren bestimmen wir zunächst ein lineares Gleichungssystem für V, das heißt eine Matrix $A \in \mathrm{Mat}(m \times n, K)$ mit $\mathrm{Lös}(A|\,0) = V$. Die Vektoren aus $U \cap V$ sind diejenigen $x \in V$, die sich in der Form $x = \sum_{j=1}^{r} y_j u_j$ schreiben lassen. Ein solcher Vektor ist genau dann in V, wenn $A \cdot x = 0$. Wenn $u_j = \begin{pmatrix} u_{1j} \\ \vdots \\ u_{nj} \end{pmatrix}$, dann ist $x_i = \sum_{j=1}^{r} y_j u_{ij}$. Mit der Matrix $B \in \mathrm{Mat}(n \times r, K)$, deren j-te Spalte der Vektor u_j ist, und der Abkürzung $y = \begin{pmatrix} y_1 \\ \vdots \\ y_r \end{pmatrix}$ schreibt sich das als $x = B \cdot y$. Die Lösungen des

Gleichungssystems $(A \circ B) \cdot y = 0$ beschreiben genau die Linearkombinationen der Basisvektoren $u_1, \ldots, u_r$ von U, die in V liegen. Wenn $w_1, \ldots, w_t \in K^r$ eine Basis für $\text{Lös}(A \circ B | 0)$ ist, dann ist $Bw_1, \ldots, Bw_t$ eine Basis für $U \cap V$. Für diese Rechnungen genügt es, dass Erzeugendensysteme von U und V gegeben sind. Allerdings ist es möglich, dass wir am Ende nur ein Erzeugendensystem von $U \cap V$ erhalten, wenn die Vektoren $v_1, \ldots, v_s$ linear abhängig waren. Wie zuvor beschrieben, kann man daraus eine Basis von $U \cap V$ gewinnen.
Bei dem im Folgenden beschriebenen alternativen Verfahren wird die Bestimmung der Matrix A vermieden. Wegen der Größe der auftretenden Matrizen wird man darauf wohl eher bei einer Implementierung als bei einer Rechnung per Hand zurückgreifen. Sei jetzt $C \in \text{Mat}(n \times s, K)$ die Matrix, deren Spalten die Vektoren v_j sind. Für die Lösungen des linearen Gleichungssystems

$$\begin{pmatrix} \mathbf{1}_n & B & 0 \\ \mathbf{1}_n & 0 & C \end{pmatrix} \begin{pmatrix} \lambda_1 \\ \vdots \\ \lambda_{n+r+s} \end{pmatrix} = 0 \qquad \text{gilt}$$

$$\begin{pmatrix} \lambda_1 \\ \vdots \\ \lambda_n \end{pmatrix} = -B \begin{pmatrix} \lambda_{n+1} \\ \vdots \\ \lambda_{n+r} \end{pmatrix} \quad \text{und} \quad \begin{pmatrix} \lambda_1 \\ \vdots \\ \lambda_n \end{pmatrix} = -C \begin{pmatrix} \lambda_{n+r+1} \\ \vdots \\ \lambda_{n+r+s} \end{pmatrix}.$$

Daher sind die aus den ersten n Komponenten von Lösungsvektoren $\lambda \in K^{n+r+s}$ gebildeten Vektoren genau die Vektoren, die in $U \cap V$ liegen. Eine Basis von $U \cap V$ ergibt sich somit, wenn wir eine Basis von $\text{Lös}\left(\begin{pmatrix} \mathbf{1}_n & B & 0 \\ \mathbf{1}_n & 0 & C \end{pmatrix} \middle| \begin{pmatrix} 0 \\ 0 \end{pmatrix}\right)$ bestimmen und von jedem Basisvektor nur die ersten n Komponenten $(\lambda_1, \ldots, \lambda_n)$ übernehmen.

Beispiel 2.3.7. Gegeben seien die beiden Unterräume

$$U = \text{Lin}\left(\begin{pmatrix} 0 \\ 1 \\ 0 \\ 1 \\ 2 \end{pmatrix}, \begin{pmatrix} -1 \\ 0 \\ 3 \\ 0 \\ -3 \end{pmatrix}, \begin{pmatrix} 1 \\ 0 \\ 1 \\ 0 \\ -1 \end{pmatrix}\right) \quad \text{und} \quad V = \text{Lin}\left(\begin{pmatrix} 2 \\ 3 \\ 1 \\ 3 \\ 3 \end{pmatrix}, \begin{pmatrix} 1 \\ 2 \\ 0 \\ 2 \\ 2 \end{pmatrix}, \begin{pmatrix} 4 \\ 0 \\ -1 \\ 0 \\ 3 \end{pmatrix}\right)$$

im $\mathbb{R}^5$. Wir haben in Beispiel 2.3.6 eine Matrix A bestimmt, deren Kern gleich U ist. Unter Benutzung der zuvor eingeführten Bezeichnung ist somit

$$A = \begin{pmatrix} 0 & -1 & 0 & 1 & 0 \\ 0 & -2 & 1 & 0 & 1 \end{pmatrix} \quad \text{und} \quad B = \begin{pmatrix} 2 & 1 & 4 \\ 3 & 2 & 0 \\ 1 & 0 & -1 \\ 3 & 2 & 0 \\ 3 & 2 & 3 \end{pmatrix}.$$

Wir erhalten $A \circ B = \begin{pmatrix} 0 & 0 & 0 \\ -2 & -2 & 2 \end{pmatrix}$. Die reduzierte Zeilenstufenform dieser Matrix hat die Gestalt $\begin{pmatrix} 1 & 1 & -1 \\ 0 & 0 & 0 \end{pmatrix}$, woraus wir als Basis des zugehörigen Lösungsraumes die beiden Vektoren $(-1, 1, 0)$ und $(1, 0, 1)$ erhalten. Dies sind noch nicht die gesuchten Basisvektoren, sondern deren Koordinaten bezüglich (v_1, v_2, v_3). Als Basis für den Durchschnitt $U \cap V$ ergeben sich daraus die beiden Vektoren

$$B\begin{pmatrix} -1 \\ 1 \\ 0 \end{pmatrix} = -v_1 + v_2 = (-1, -1, -1, -1, -1) \quad \text{und}$$

$$B\begin{pmatrix} 1 \\ 0 \\ 1 \end{pmatrix} = \quad v_1 + v_3 = (6, 3, 0, 3, 6) \,.$$

Summe zweier Unterräume

Wenn $U, V \subset W$ Unterräume eines Vektorraumes W sind, dann ist auch

$$U + V := \{u + v \mid u \in U, v \in V\} \subset W$$

ein Unterraum. Dies ist der kleinste Unterraum, der U und V enthält.
Wenn $(u_1, \ldots, u_r)$ Basis von U und $(v_1, \ldots, v_s)$ Basis von V ist, dann ist offenbar $(u_1, \ldots, u_r, v_1, \ldots, v_s)$ ein Erzeugendensystem von $U + V$. Im Allgemeinen wird dies jedoch keine Basis sein.
Nach der Wahl von Koordinatensystemen können wir annehmen $W = K^n$. Aus der Zeilenstufenform der Matrix, deren Spalten die Koordinaten der gegebenen Vektoren sind, kann man auf zuvor beschriebene Weise eine Basis von $U + V$ ablesen. Alternativ kann man eine $(r + s) \times n$-Matrix bilden, deren Zeilen die Koordinaten der Vektoren $u_1, \ldots, u_r, v_1, \ldots, v_s$ sind. Durch elementare Zeilenumformungen können wir auch diese Matrix in Zeilenstufenform überführen. Die von 0 verschiedenen Zeilen dieser Zeilenstufenform bilden dann eine Basis von $U + V$. Der Rang dieser Matrix ist gleich der Dimension von $U + V$. Daraus sehen wir, dass im Allgemeinen nur $\dim_K(U + V) \leq r + s$ gilt. Die Situation wird durch den folgenden Satz vollständig geklärt.

Satz 2.3.8 *Wenn $U, V \subset W$ lineare Unterräume sind, dann gilt*

$$\dim_K(U + V) + \dim_K(U \cap V) = \dim_K U + \dim_K V \,.$$

Beweis. Sei $(w_1, \ldots, w_t)$ eine Basis von $U \cap V$. Diese können wir zu einer nicht verlängerbaren linear unabhängigen Liste $(w_1, \ldots, w_t, u_{t+1}, \ldots, u_r)$ von

U ergänzen. Nach Satz 2.2.11 ist das eine Basis von U. Ebenso finden wir eine Basis der Gestalt $(w_1, \ldots, w_t, v_{t+1}, \ldots, v_s)$ von V.
Wir behaupten nun, dass $(w_1, \ldots, w_t, u_{t+1}, \ldots, u_r, v_{t+1}, \ldots, v_s)$ eine Basis von $U + V$ ist, woraus die gewünschte Gleichung

$$\dim(U + V) = t + (r - t) + (s - t) = r + s - t = \dim U + \dim V - \dim(U \cap V)$$

folgt. Die angegebene Liste bildet ein Erzeugendensystem von $U + V$. Zum Beweis der linearen Unabhängigkeit nehmen wir an

$$\sum_{i=1}^{t} \lambda_i w_i + \sum_{i=1}^{r-t} \alpha_i u_{t+i} + \sum_{i=1}^{s-t} \beta_i v_{t+i} = 0 .$$

Daraus ergibt sich

$$\sum_{i=1}^{t} \lambda_i w_i + \sum_{i=1}^{r-t} \alpha_i u_{t+i} = -\sum_{i=1}^{s-t} \beta_i v_{t+i} \in U \cap V .$$

Da $(w_1, \ldots, w_i)$ Basis von $U \cap V$ ist, muss es Elemente $\mu_i \in K$ geben, für die

$$\sum_{i=1}^{t} \mu_i w_i = -\sum_{i=1}^{s-t} \beta_i v_{t+i}$$

gilt. Wegen der linearen Unabhängigkeit der Liste $(w_1, \ldots, w_t, v_{t+1}, \ldots, v_s)$ erhalten wir daraus für alle i, dass $\mu_i = 0$ und $\beta_i = 0$ ist. Das liefert jetzt

$$\sum_{i=1}^{t} \lambda_i w_i + \sum_{i=1}^{r-t} \alpha_i u_{t+i} = 0 ,$$

was wegen der linearen Unabhängigkeit von $(w_1, \ldots, w_t, u_{t+1}, \ldots, u_r)$ zur Folge hat, dass $\lambda_i = 0$ und $\alpha_i = 0$ für alle i gilt. Damit ist gezeigt, dass $(w_1, \ldots, w_t, u_{t+1}, \ldots, u_r, v_{t+1}, \ldots, v_s)$ eine Basis von $U + V$ ist. □

Aufgaben

Übung 2.17. Bestimmen Sie eine Basis des durch die Spalten der Matrix

$$\begin{pmatrix} 1 & 2 & 2 & 8 & 3 & 3 \\ 1 & 2 & 1 & 5 & 1 & 3 \\ -1 & -2 & 0 & -2 & 2 & -4 \\ 2 & 4 & 3 & 13 & 6 & 4 \end{pmatrix}$$

aufgespannten Unterraumes von $\mathbb{R}^4$.

Übung 2.18. Bestimmen sie eine Basis $(v_1, v_2, v_3, v_4, v_5)$ von $\mathbb{R}^5$, so dass

$$v_2 = (1,1,1,1,2) \qquad \text{und} \qquad v_4 = (1,1,1,1,4)\ .$$

Übung 2.19. Berechnen Sie die Inverse $A^{-1} \in \mathrm{GL}(4,\mathbb{R})$ der Matrix

$$A = \begin{pmatrix} 1&1&0&0\\ 1&1&1&0\\ 0&1&1&1\\ 0&0&1&1 \end{pmatrix} \in \mathrm{GL}(4,\mathbb{R})\ .$$

Übung 2.20. Berechnen Sie die Inverse $B^{-1} \in \mathrm{GL}(3,\mathbb{F}_{13})$ der Matrix

$$B = \begin{pmatrix} 1&2&1\\ 0&1&0\\ 1&0&-1 \end{pmatrix} \in \mathrm{GL}(3,\mathbb{F}_{13})\ .$$

Übung 2.21. Sei $A \in \mathrm{Mat}(n\times n, K)$ eine Matrix mit der Eigenschaft $A^2 = 0$. Beweisen Sie, dass die Matrix $\mathbf{1}_n - A$ invertierbar ist. Geben Sie ein Beispiel einer solchen Matrix A für den Fall $n = 4$ an, bei dem möglichst wenige Einträge der Matrix gleich 0 sind.
Ist $\mathbf{1}_n - A$ auch dann invertierbar, wenn nur bekannt ist, dass es eine ganze Zahl $k \geq 2$ gibt, für die $A^k = 0$ gilt?

Übung 2.22. Sei $U \subset \mathbb{Q}^5$ der Unterraum $U = \mathrm{Lin}(u_1, u_2, u_3)$, der durch die Vektoren $u_1 = (2,4,6,8,0), u_2 = (1,1,2,2,1), u_3 = (0,7,8,17,-6)$ aufgespannt ist. Bestimmen Sie ein lineares Gleichungssystem, dessen Lösungsmenge gleich U ist.

Übung 2.23. Sei $U \subset \mathbb{Q}^3$ die durch die beiden Vektoren $(1,2,1), (27,0,3)$ aufgespannte Ebene und sei $V \subset \mathbb{Q}^3$ die Ebene, die durch die beiden Vektoren $(2,1,2), (41,28,1)$ aufgespannt wird. Bestimmen Sie eine Basis für den Durchschnitt $U \cap V$.

Übung 2.24. Seien $e_1, \ldots, e_n \in \mathbb{R}^n$ die Standardbasisvektoren und $e_0 := 0, e_{n+1} := 0$. Für $1 \leq i \leq n$ definieren wir $v_i := e_{i-1} + e_i + e_{i+1}$. Für welche $n \geq 1$ ist $(v_1, \ldots, v_n)$ eine Basis von $\mathbb{R}^n$? Falls Sie dies schwierig finden, untersuchen Sie diese Frage zunächst für $n = 3, 4, 5$.

2.4 Quadratische Matrizen

Man nennt eine Matrix *quadratisch*, wenn sie ebenso viele Zeilen wie Spalten besitzt. Solche Matrizen treten vor allem beim Studium von Symmetrien und inneren Strukturen von Vektorräumen auf. Es gibt mindestens zwei Gründe, weshalb ihnen ein eigener Abschnitt gewidmet ist. Auf der einen Seite sind hier spezielle Methoden und Begriffsbildungen im Zusammenhang mit quadratischen Matrizen zu behandeln: *Determinanten*, *Skalarprodukte* und *Eigenwerte*. Andererseits wird damit Grundlagenwissen für Anwendungen in der Computergraphik und bei der Informationssuche in großen Datennetzen bereitgestellt. Im Abschnitt 5.3, bei der Vorstellung der Suchstrategien der populären Suchmaschine von Google, werden wir eine sehr praktische und nützliche Anwendung von Eigenwerten quadratischer Matrizen kennenlernen.

Determinanten

Definition 2.4.1. Die *Determinante* einer quadratischen Matrix $A = (a_{ij}) \in \mathrm{Mat}(n \times n, K)$ ist auf rekursive Weise durch die Formel

$$\det(A) = \sum_{i=1}^{n} (-1)^{i+1} a_{i1} \det(A_{i1})$$

definiert. Dabei bezeichnet $A_{i1} \in \mathrm{Mat}((n-1) \times (n-1), K)$ die Matrix, die durch Entfernung der ersten Spalte und i-ten Zeile aus der Matrix A entsteht. Im Fall $n = 1$ ist $\det(a) = a$.

Beispiel 2.4.2. Für $n = 2$ und $n = 3$ ergibt sich aus dieser Definition explizit

$$\det \begin{pmatrix} a & b \\ c & d \end{pmatrix} = ad - bc \qquad \text{und}$$

$$\det \begin{pmatrix} a_{11} & a_{12} & a_{13} \\ a_{21} & a_{22} & a_{23} \\ a_{31} & a_{32} & a_{33} \end{pmatrix} = a_{11} \det \begin{pmatrix} a_{22} & a_{23} \\ a_{32} & a_{33} \end{pmatrix} - a_{21} \det \begin{pmatrix} a_{12} & a_{13} \\ a_{32} & a_{33} \end{pmatrix} + a_{31} \det \begin{pmatrix} a_{12} & a_{13} \\ a_{22} & a_{23} \end{pmatrix}$$

$$= a_{11}a_{22}a_{33} + a_{12}a_{23}a_{31} + a_{13}a_{21}a_{32} - a_{31}a_{22}a_{13} - a_{32}a_{23}a_{11} - a_{33}a_{21}a_{12}.$$

Der letzte Ausdruck lässt sich mittels folgender Graphiken leichter einprägen:

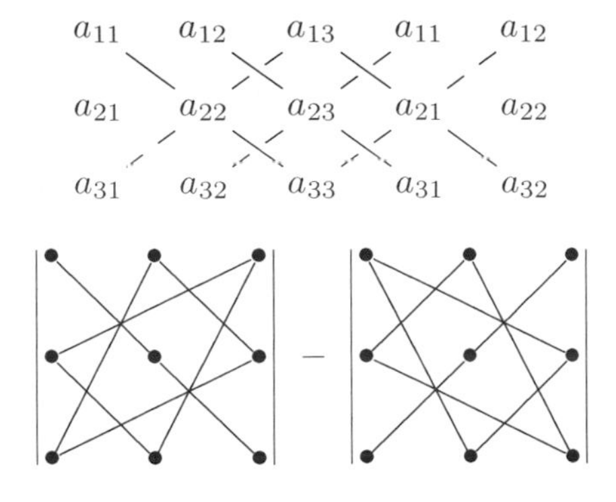

Wir werden auf den folgenden Seiten ein Verfahren zur Berechnung von Determinanten kennenlernen, welches weitaus effizienter ist als die rekursive Anwendung der Definition. Es beruht darauf, dass die Determinante einer oberen Dreiecksmatrix gleich dem Produkt ihrer Diagonalelemente ist. Dies ergibt sich aus Definition 2.4.1 wie folgt:

$$\det\begin{pmatrix} a_{11} & a_{12} & \cdots\cdots & a_{1n} \\ 0 & a_{22} & \cdots\cdots & a_{2n} \\ 0 & 0 & a_{33} \cdots & a_{3n} \\ \vdots & & \ddots \quad \ddots & \vdots \\ 0 & \cdots\cdots & 0 & a_{nn} \end{pmatrix} = a_{11}\cdot\det\begin{pmatrix} a_{22} & \cdots\cdots & a_{2n} \\ 0 & a_{33} \cdots & a_{3n} \\ \vdots & \ddots \quad \ddots & \vdots \\ 0 & \cdots \; 0 & a_{nn} \end{pmatrix} =$$

$$= a_{11}\cdot a_{22}\cdot\det\begin{pmatrix} a_{33} & \cdots\cdots & a_{3n} \\ 0 & a_{44} & \vdots \\ \vdots & \ddots & \vdots \\ 0 & \cdots \; 0 & a_{nn} \end{pmatrix} = \ldots = a_{11}\cdot a_{22}\cdot a_{33}\cdot\ldots\cdot a_{nn}\,.$$

Wir empfehlen unseren Lesern, einen formal korrekten Beweis mittels Induktion über n selbständig zu formulieren.

Satz 2.4.3 *Seien* $A, A', A'' \in \mathrm{Mat}(n\times n, K)$ *quadratische Matrizen, deren Zeilenvektoren mit* z_i, z_i' *bzw.* z_i'' *bezeichnet werden.*

(1) *Wenn* $z_i = z_i' + z_i''$ *für einen Index* i*, jedoch* $z_k = z_k' = z_k''$ *für alle anderen* $k \neq i$ *gilt, dann ist* $\det(A) = \det(A') + \det(A'')$.
(2) *Wenn* $z_i = \lambda z_i'$ *für einen Index* i*, jedoch* $z_k = z_k'$ *für alle* $k \neq i$ *gilt, dann ist* $\det(A) = \lambda\det(A')$.
(3) *Wenn es* $i \neq j$ *gibt mit* $z_i = z_j$*, dann ist* $\det(A) = 0$.
(4) *Wenn* A' *aus* A *durch das Vertauschen zweier Zeilen hervorgeht, dann ist* $\det(A) = -\det(A')$.
(5) *Wenn* $z_i = z_i' + \lambda z_j'$ *für ein Paar von Indizes* $i \neq j$*, jedoch* $z_k = z_k'$ *für alle* $k \neq i$ *gilt, dann ist* $\det(A) = \det(A')$.

Beweis. Die Aussagen (1) und (2) ergeben sich per Induktion über n unmittelbar aus Definition 2.4.1.
Wenn Aussage (3) für ein festes n gezeigt ist, dann ergibt sich daraus die Aussage (5) für denselben Wert von n. Dazu bemerken wir, dass nach (1) $\det(A) = \det(A') + \det(A'')$ gilt, wenn wir A'' durch $z_i'' = \lambda z_j'$ für das gegebene Paar von Indizes $i \neq j$ und $z_k'' = z_k'$ für alle $k \neq i$ definieren. Da aus (2) und (3) $\det(A'') = 0$ folgt, ist (5) gezeigt.
Aus der Gültigkeit von (2) und (5) für ein festes n ergibt sich die Aussage (4), da sich die Vertauschung zweier Zeilen durch eine Folge von Additionen eines Vielfachen einer Zeile zu einer anderen – was nach (5) die Determinante nicht ändert – gefolgt von der Multiplikation einer Zeile mit dem Faktor -1

beschreiben lässt:

$$\begin{pmatrix} z_i \\ z_j \end{pmatrix} \mapsto \begin{pmatrix} z_i + z_j \\ z_j \end{pmatrix} \mapsto \begin{pmatrix} z_i + z_j \\ -z_i \end{pmatrix} \mapsto \begin{pmatrix} z_j \\ -z_i \end{pmatrix} \mapsto \begin{pmatrix} z_j \\ z_i \end{pmatrix} .$$

Somit bleibt noch die Gültigkeit der Aussage (3) zu beweisen. Das geschieht per Induktion über n. Für $n = 2$ ist das aus der expliziten Formel in Beispiel 2.4.2 sofort einzusehen. Für den Induktionsschritt nehmen wir an, (3) gilt für quadratische Matrizen der Größe $n - 1 \geq 2$. Wir haben bereits gezeigt, dass dann auch alle anderen Aussagen des Satzes für Matrizen der Größe $n - 1$ gültig sind. Für eine Matrix $A \in \mathrm{Mat}(n \times n, K)$, deren Zeile i mit Zeile j übereinstimmt, haben auch die Matrizen A_{k1} für $k \neq i, j$ zwei gleiche Zeilen. Da die Matrizen A_{k1} die Größe $n-1$ haben, verschwindet deren Determinante nach Induktionsvoraussetzung und wir erhalten

$$\det(A) = (-1)^{1+i} a_{i1} \det(A_{i1}) + (-1)^{1+j} a_{j1} \det(A_{j1}) .$$

Die Matrix A_{j1} geht aus A_{i1} durch $\pm(j-i) - 1$ Zeilenvertauschungen hervor. Wegen (4) ist daher $\det(A_{j1}) = (-1)^{i-j-1} \det(A_{i1})$. Mit $a_{j1} = a_{i1}$ folgt nun die Behauptung $\det(A) = 0$. □

Mit $\lambda = 0$ in (2) erhält man, dass die Determinante einer Matrix, die eine nur aus Nullen bestehende Zeile enthält, gleich Null ist. Aus den Aussagen (4) und (5) des Satzes 2.4.3 ergibt sich $\det(P(i,j)) = -1$ und $\det(Q_\lambda(i,k)) = 1$ für $i \neq j$, $i \neq k$ und $\lambda \in K$. Es folgt außerdem für jedes $A \in \mathrm{Mat}(n \times n, K)$

$$\det(P(i,j) \circ A) = \det(P(i,j)) \det(A) = -\det(A) \qquad \text{und} \qquad (2.13)$$

$$\det(Q_\lambda(i,k) \circ A) = \det(Q_\lambda(i,k)) \det(A) = \det(A) . \qquad (2.14)$$

Das bedeutet, dass die elementare Zeilenumformung (Z1) das Vorzeichen der Determinante einer Matrix ändert, die elementare Zeilenumformung (Z2) dagegen die Determinante unverändert lässt. Dadurch ist es möglich, mit Hilfe des Gaußschen Algorithmus die Determinante einer quadratischen Matrix zu berechnen. Dazu erzeugt man Zeilenstufenform und merkt sich die Zahl v der Zeilenvertauschungen. Das Produkt der Diagonalelemente der Zeilenstufenform ist dann bis auf das Vorzeichen $(-1)^v$ gleich der Determinante der ursprünglichen Matrix. Durch Anwendung der Regel (2) aus Satz 2.4.3 lässt sich die Rechnung oft noch vereinfachen. Diese Überlegungen und Folgerung 2.2.29 zeigen, dass eine quadratische Matrix genau dann invertierbar ist, wenn ihre Determinante nicht verschwindet. Für jedes $A \in \mathrm{Mat}(n \times n, K)$ gilt

$$A \in \mathrm{GL}(n, K) \iff \det(A) \neq 0 .$$

Beispiel 2.4.4.

$$\det\begin{pmatrix}3&3&9\\2&5&13\\8&21&34\end{pmatrix} = 3\det\begin{pmatrix}1&1&3\\2&5&13\\8&21&34\end{pmatrix} = 3\det\begin{pmatrix}1&1&3\\0&3&7\\0&13&10\end{pmatrix}$$
$$= 3\det\begin{pmatrix}3&7\\13&10\end{pmatrix} = 3(30-91) = -183\,.$$

Satz 2.4.5 *Für* $A, B \in \mathrm{Mat}(n \times n, K)$ *gilt* $\det(A \circ B) = \det(A)\det(B)$.

Beweis. Wenn P das Produkt von Elementarmatrizen und T eine obere Dreiecksmatrix ist, dann gilt wegen (2.13) und (2.14) $\det(P \circ T) = \det(P)\det(T)$. Aus Satz 2.4.3 (2) folgt auf analoge Weise für jede Matrix $B \in \mathrm{Mat}(n \times n, K)$ und jede Diagonalmatrix D die Gleichung $\det(D \circ B) = \det(D)\det(B)$.
Sei T die wie beim Gauß-Jordan-Verfahren aus der quadratischen Matrix A erzeugte Zeilenstufenform, in der auch oberhalb der Pivotelemente Nullen stehen. Dann gibt es eine Matrix P, die ein Produkt von Elementarmatrizen ist, so dass $A = P \circ T$. Wenn T eine Diagonalmatrix ist, dann folgt

$$\det(A \circ B) = \det(P \circ T \circ B) = \det(P)\det(T)\det(B) = \det(A)\det(B)\,.$$

Wenn T keine Diagonalmatrix ist, muss ein Zeilenvektor von T gleich Null sein. Dies ist dann auch für die Matrix $T \circ B$ der Fall. Daraus folgt einerseits $\det(A \circ B) = \det(P)\det(T \circ B) = 0$ und andererseits $\det(A)\det(B) = \det(P)\det(T)\det(B) = 0$, woraus sich die Behauptung ergibt. □

Bemerkung 2.4.6. In der Sprache von Abschnitt 1.3 besagt Satz 2.4.5, dass $\det : \mathrm{GL}(n, K) \longrightarrow K^*$ ein Gruppenhomomorphismus ist. Sein Kern

$$\mathrm{SL}(n, K) = \{A \mid \det(A) = 1\}$$

tritt unter dem Namen *spezielle lineare Gruppe* in der Literatur auf.

Folgerung 2.4.7. *Wenn* $A \in \mathrm{Mat}(n \times n, K)$, *dann gilt für jedes* $1 \le j \le n$

(i) $\det(A) = \det(A^t)$
(ii) $\det(A) = \sum_{i=1}^{n} (-1)^{i+j} a_{ij} \det(A_{ij})$
(iii) $\det(A) = \sum_{i=1}^{n} (-1)^{i+j} a_{ji} \det(A_{ji})$

Die Matrix A_{ij} *entsteht durch Streichung von Zeile* i *und Spalte* j *aus* A. *Bei Anwendung von (ii) sagt man, die Determinante von* A *wird nach ihrer* j*-ten Spalte entwickelt. Die Formel (iii) ist eine Entwicklung nach der* j*-ten Zeile.*

Beweis. Wenn T die Zeilenstufenform von A mit Nullen oberhalb der Pivotelemente ist, dann gibt es wieder ein Produkt von Elementarmatrizen P, so

dass $A = P \circ T$. Da $A^t = T^t \circ P^t$, $P(i,j)^t = P(i,j), Q_\lambda(i,k)^t = Q_\lambda(k,i)$ und $\det(T^t) = \det(T)$, folgt (i) aus Satz 2.4.5.
Wegen (i) gelten die Aussagen in Satz 2.4.3 auch für Spalten statt Zeilen. Durch zweimaliges Vertauschen der ersten mit der j-ten Spalte ergibt sich daher (ii) aus Definition 2.4.1. Schließlich folgt (iii) aus (i) und (ii). □

Beispiel 2.4.8. Um Determinanten per Hand effizient zu berechnen, kann man die verschiedenen Methoden miteinander kombinieren. Durch elementare Zeilen- oder Spaltenoperationen kann man möglichst viele Nullen in einer Zeile oder Spalte erzeugen und dann Folgerung 2.4.7 anwenden. Im folgenden Beispiel wurden zuerst die Zeilen IV und II von Zeile III subtrahiert. Nach Verkleinerung wurde das Dreifache der Zeile III von Zeile I subtrahiert.

$$\det\begin{pmatrix} 5 & 6 & 9 & -2 \\ 1 & 0 & 7 & 4 \\ 2 & 2 & 5 & 3 \\ 1 & 2 & -5 & -1 \end{pmatrix} = \det\begin{pmatrix} 5 & 6 & 9 & -2 \\ 1 & 0 & 7 & 4 \\ 1 & 0 & 10 & 4 \\ 1 & 2 & -5 & -1 \end{pmatrix} = \det\begin{pmatrix} 5 & 6 & 9 & -2 \\ 1 & 0 & 7 & 4 \\ 0 & 0 & 3 & 0 \\ 1 & 2 & -5 & -1 \end{pmatrix} =$$

$$= 3\det\begin{pmatrix} 5 & 6 & -2 \\ 1 & 0 & 4 \\ 1 & 2 & -1 \end{pmatrix} = 3\det\begin{pmatrix} 2 & 0 & 1 \\ 1 & 0 & 4 \\ 1 & 2 & -1 \end{pmatrix} = -3{\cdot}2\det\begin{pmatrix} 2 & 1 \\ 1 & 4 \end{pmatrix} = -3{\cdot}2(8-1) = -42.$$

Satz 2.4.9 *Sei $A \in \mathrm{Mat}(n \times n, K)$ und $B = (b_{ij})$ die Matrix mit den Einträgen $b_{ij} = (-1)^{i+j}\det(A_{ji})$. Dann gilt $A \circ B = \det(A)\mathbf{1}_n$. Wenn $A \in \mathrm{GL}(n,K)$, dann ist $A^{-1} = \dfrac{1}{\det(A)}B$.*

Beweis. Der j-te Spaltenvektor v_j von B hat als k-ten Eintrag $b_{kj} = (-1)^{k+j}\det(A_{jk})$. Der i-te Eintrag des Vektors Av_j ist daher gleich

$$\sum_{k=1}^{n} a_{ik}b_{kj} = \sum_{k=1}^{n}(-1)^{k+j}a_{ik}\det(A_{jk})\,.$$

Wenn $i = j$, dann ist dies wegen Folgerung 2.4.7 (iii) gleich $\det(A)$. Wenn $i \neq j$, dann ist dieser Ausdruck gleich der Determinante der Matrix, die aus A durch Ersetzung der j-ten Zeile durch ihre i-te Zeile entsteht. Da diese Matrix zwei gleiche Zeilen besitzt, ist ihre Determinante gleich Null. □

Bemerkung 2.4.10. Im Fall $n = 2$ lauten die Formeln aus Satz 2.4.9

$$\begin{pmatrix} a & b \\ c & d \end{pmatrix} \circ \begin{pmatrix} d & -b \\ -c & a \end{pmatrix} = (ad-bc)\begin{pmatrix} 1 & 0 \\ 0 & 1 \end{pmatrix} \quad \text{und} \quad \begin{pmatrix} a & b \\ c & d \end{pmatrix}^{-1} = \frac{1}{ad-bc}\begin{pmatrix} d & -b \\ -c & a \end{pmatrix}.$$

Im Allgemeinen heißt $(-1)^{i+j}\det(A_{ij})$ das *algebraische Komplement* (oder auch *Cofaktor*) zum Eintrag a_{ij}. Die Matrix B erhält man also, indem man in A jeden Eintrag durch sein algebraisches Komplement ersetzt und anschließend die Matrix transponiert. Die Matrix B nennt man auch *Komplementärmatrix* oder *Adjunkte* der Matrix A.

Folgerung 2.4.11 (Cramersche[7] Regel). *Wenn $A \in \mathrm{GL}(n, K)$ eine invertierbare quadratische Matrix ist, dann ist*

$$x = \left(\frac{\det(A_1)}{\det(A)}, \frac{\det(A_2)}{\det(A)}, \dots, \frac{\det(A_n)}{\det(A)} \right)$$

die (als Zeilenvektor geschriebene) eindeutig bestimmte Lösung des Gleichungssystems $Ax = b$. Hierbei ist A_i die Matrix, die entsteht, wenn die i-te Spalte von A durch den Vektor b ersetzt wird.

Beweis. Da A invertierbar ist, gilt $x = A^{-1}b$. Mit den Bezeichnungen von Satz 2.4.9 heißt das $x = \frac{1}{\det(A)} Bb$. Die i-te Komponente von x ist somit gleich

$$\frac{1}{\det(A)} \sum_{k=1}^{n} (-1)^{i+k} b_k \det(A_{ki}) = \frac{1}{\det(A)} \det(A_i) \, .$$

□

Orthogonalität

Zum Einstieg in die lineare Algebra hatten wir uns im Abschnitt 2.1 mit geometrischen Objekten wie Geraden und Ebenen im dreidimensionalen Raum beschäftigt. Für unsere geometrische Anschauung verwenden wir normalerweise ein Koordinatensystem, in dem die Koordinatenachsen senkrecht aufeinander stehen. Diesen Aspekt hatten wir bisher völlig ignoriert. Begriffe wie *Länge*, *Winkel* oder *senkrecht zueinander* sind im abstrakten Konzept eines Vektorraumes nicht widergespiegelt. Im Rahmen der linearen Algebra lassen sich diese grundlegenden geometrischen Konzepte aus dem Begriff des Skalarproduktes ableiten. Erst nach dieser Erweiterung verfügen wir über ein adäquates Konzept zur Beschreibung von ebenen oder räumlichen Bewegungen, ein Grundbedürfnis der Computergraphik.
Das Standardskalarprodukt auf dem Vektorraum $\mathbb{R}^n$ ist durch

$$\langle x, y \rangle = \sum_{i=1}^{n} x_i y_i = x^t \cdot y$$

[7] Gabriel Cramer (1704–1752), Schweizer Mathematiker und Philosoph.

gegeben. Dabei ist $x^t = (x_1, x_2, \ldots, x_n)$ und $y^t = (y_1, y_2, \ldots, y_n)$. Es hat folgende wichtige Eigenschaften. Für alle $x, y, z \in \mathbb{R}^n$ und $\lambda \in \mathbb{R}$ gilt

$$\langle x + y, z\rangle = \langle x, z\rangle + \langle y, z\rangle \tag{2.15}$$

$$\langle \lambda x, y\rangle = \lambda\langle x, y\rangle \tag{2.16}$$

$$\langle x, y\rangle = \langle y, x\rangle \tag{2.17}$$

$$\langle x, x\rangle > 0\,, \qquad \text{falls } x \neq 0. \tag{2.18}$$

Wenn K ein Körper und V ein K-Vektorraum ist, dann heißt eine Abbildung $V \times V \longrightarrow K$ *symmetrische Bilinearform*, wenn sie die Bedingungen (2.15), (2.16) und (2.17) erfüllt. Die Eigenschaft (2.18) ist eine Spezialität für $K = \mathbb{Q}$ oder $K = \mathbb{R}$. Eine Bilinearform mit dieser Eigenschaft heißt *positiv definit*. Jede positiv definite, symmetrische Bilinearform $\langle\cdot,\cdot\rangle : \mathbb{R}^n \times \mathbb{R}^n \longrightarrow \mathbb{R}$ nennt man *Skalarprodukt*.
Aus (2.15) und (2.16) folgt für beliebige $v_1, \ldots, v_n \subset V$ und $a_i, b_i \in K$

$$\left\langle \sum_{i=1}^n a_i v_i, \sum_{j=1}^n b_j v_j \right\rangle = \sum_{i=1}^n \sum_{j=1}^n a_i b_j \langle v_i, v_j\rangle\,.$$

Dabei ist $\langle\cdot,\cdot\rangle$ irgendeine symmetrische Bilinearform auf dem K-Vektorraum V. Wenn $(v_1, \ldots, v_n)$ eine Basis von V ist, dann sind durch $\langle v_i, v_j\rangle$ alle Werte $\langle v, w\rangle$ bestimmt. Daher ist eine symmetrische Bilinearform durch ihre *Gramsche*[8] *Matrix* $\big(\langle v_i, v_j\rangle\big) \in \mathrm{Mat}(n \times n, K)$ eindeutig bestimmt. Wegen (2.17) ist jede Gramsche Matrix G symmetrisch, das heißt $G = G^t$. Jede symmetrische Matrix G ist die Gramsche Matrix einer symmetrischen Bilinearform

$$\langle v, w\rangle_G := \langle Gv, w\rangle = \langle v, Gw\rangle\,.$$

Ob eine solche Matrix ein positiv definites Skalarprodukt definiert, kann man leicht mit dem Hauptminorenkriterium (Satz 2.4.29) entscheiden.

Die geometrischen Grundbegriffe *Länge*, *Orthogonalität* und *Winkel* erhält man auf folgende Weise aus einem Skalarprodukt $\langle\cdot,\cdot\rangle$ auf $V = \mathbb{R}^n$.

Definition 2.4.12. (1) $\|x\| = \sqrt{\langle x, x\rangle}$ heißt *Länge* von $x \in \mathbb{R}^n$.
(2) $x \in \mathbb{R}^n$ heißt *senkrecht* (oder *orthogonal*) zu $y \in \mathbb{R}^n$, falls $\langle x, y\rangle = 0$.
(3) Der *Winkel* zwischen $x \neq 0$ und $y \neq 0$ ist die eindeutig bestimmte Zahl $0 \leq \alpha \leq \pi$, für die $\cos(\alpha) = \dfrac{\langle x, y\rangle}{\|x\| \cdot \|y\|}$ gilt.

Da $-1 \leq \cos(\alpha) \leq 1$ für jede reelle Zahl α, benötigen wir den folgenden Satz zur Rechtfertigung der Definition des Winkels zwischen zwei Vektoren.

[8] Jørgen Pedersen Gram (1850–1916), dänischer Mathematiker.

Satz 2.4.13 (Cauchy-Schwarz[9] Ungleichung) *Für alle $x, y \in \mathbb{R}^n$ gilt*

$$|\langle x, y\rangle| \leq \|x\| \cdot \|y\| \,.$$

Beweis. Für jede reelle Zahl t gilt $\langle tx+y, tx+y\rangle \geq 0$ wegen (2.18). Daher hat das quadratische Polynom $\langle tx+y, tx+y\rangle = t^2\|x\|^2 + 2t\langle x, y\rangle + \|y\|^2$ in der Variablen t höchstens eine reelle Nullstelle. Der Ausdruck unter der Wurzel in der Lösungsformel dieser quadratischen Gleichung kann damit nicht positiv sein, das heißt $(\langle x, y\rangle)^2 - \|x\|^2 \cdot \|y\|^2 \leq 0$. Daraus folgt die behauptete Ungleichung. □

Als Folgerung ergibt sich daraus die sogenannte Dreiecksungleichung, der wir beim Studium fehlerkorrigierender Codes wiederbegegnen werden, siehe Definition 2.5.3.

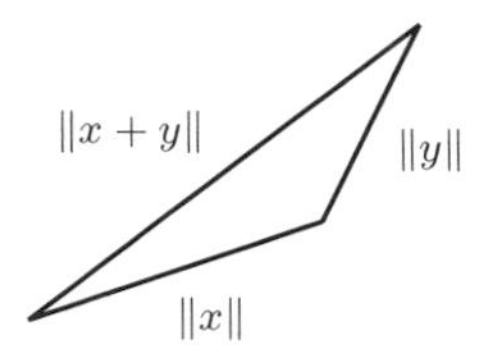

Abb. 2.12 Dreiecksungleichung

Satz 2.4.14 (Dreiecksungleichung) *Für alle $x, y \in \mathbb{R}^n$ gilt*

$$\|x+y\| \leq \|x\| + \|y\| \,.$$

Beweis. Mit Hilfe der Cauchy-Schwarz Ungleichung erhalten wir $\|x+y\|^2 = \langle x+y, x+y\rangle = \|x\|^2 + 2\langle x, y\rangle + \|y\|^2 \leq \|x\|^2 + 2\|x\| \cdot \|y\| + \|y\|^2 = (\|x\| + \|y\|)^2$, woraus die Behauptung folgt. □

Beispiel 2.4.15. Wenn $U \subset \mathbb{R}^n$ ein Unterraum ist, dann folgt aus (2.15) und (2.16), dass das *orthogonale Komplement* von U

$$U^\perp = \{x \in \mathbb{R}^n \mid \langle x, u\rangle = 0 \;\text{ für alle }\; u \in U\}$$

ein Unterraum von $\mathbb{R}^n$ ist. Wenn $(v_1, v_2, \ldots, v_m)$ eine Basis von $U \subset \mathbb{R}^n$ und $A \in \mathrm{Mat}(m \times n, \mathbb{R})$ die Matrix ist, deren Zeilen die Vektoren v_i sind, dann ist die i-te Komponente des Vektors Ax gleich $\langle v_i, x\rangle$. Somit ist $U^\perp = \mathrm{Lös}(A|\,0)$. Hier haben wir das Standardskalarprodukt des $\mathbb{R}^n$ benutzt.

---

[9] Augustin Louis Cauchy (1789–1857), französischer Mathematiker. Hermann Amandus Schwarz (1843–1921), deutscher Mathematiker.

Rechnungen mit Vektoren des Raumes $\mathbb{R}^n$ sind unter Verwendung der kanonischen Basis $(e_1, \dots, e_n)$ besonders bequem. Das liegt unter anderem daran, dass die Gramsche Matrix des Standardskalarproduktes bezüglich dieser Basis die Einheitsmatrix $\mathbf{1}_n$ ist. Basen mit dieser Eigenschaft, auch bezüglich anderer symmetrischer Bilinearformen, sind daher von besonderem Interesse.

Definition 2.4.16. Eine Basis $(v_1, v_2, \dots, v_n)$ eines K-Vektorraumes, auf dem eine symmetrische Bilinearform $\langle \cdot, \cdot \rangle$ gegeben ist, heißt *Orthonormalbasis* (kurz: *ON-Basis*), falls

$$\langle v_i, v_j \rangle = \begin{cases} 0 & \text{falls } i \neq j \\ 1 & \text{falls } i = j. \end{cases}$$

Eine ON-Basis zeichnet sich dadurch aus, dass jeder ihrer Vektoren die Länge eins hat und orthogonal zu allen anderen Basisvektoren ist.
Die Bestimmung einer ON-Basis eines Unterraumes $V \subset \mathbb{R}^n$ bezüglich des Standardskalarproduktes auf $\mathbb{R}^n$ ist bereits ein interessantes Problem. Dieses wird durch den folgenden Algorithmus gelöst.

Gram-Schmidt[10] Orthonormalisierungsverfahren

Als Eingabedaten seien die Vektoren einer Basis $(w_1, w_2, \dots, w_m)$ eines mit einer symmetrischen Bilinearform ausgestatteten Vektorraumes V gegeben. Ausgegeben wird eine ON-Basis $(v_1, v_2, \dots, v_m)$ von V.

Schritt 1: $v_1 := \frac{1}{\|w_1\|} w_1$

Schritt $k \geq 2$: $v_k := \frac{1}{\|z_k\|} z_k$ mit $z_k := w_k - \sum_{i=1}^{k-1} \langle w_k, v_i \rangle v_i$.

Für die Vektoren v_k gilt offenbar $\|v_k\| = 1$. Außerdem ist für $j < k$

$$\langle z_k, v_j \rangle = \left\langle w_k - \sum_{i=1}^{k-1} \langle w_k, v_i \rangle v_i, v_j \right\rangle = \langle w_k, v_j \rangle - \sum_{i=1}^{k-1} \langle w_k, v_i \rangle \langle v_i, v_j \rangle .$$

Wenn wir Induktion über $k \geq 2$ führen, dann können wir an dieser Stelle voraussetzen, dass $v_1, \dots, v_{k-1}$ bereits eine ON-Basis des von diesen Vektoren aufgespannten Unterraumes ist. Daher ist $\langle v_i, v_j \rangle = 0$ für $i \neq j < k$ und Obiges vereinfacht sich zu $\langle z_k, v_j \rangle = \langle w_k, v_j \rangle - \langle w_k, v_j \rangle = 0$, daher auch $\langle v_k, v_j \rangle = 0$.
Damit ist gezeigt, dass dieses Verfahren tatsächlich eine ON-Basis produziert.

[10] Jørgen Pedersen Gram (1850–1916), dänischer Mathematiker.
Erhard Schmidt (1876–1959), deutscher Mathematiker.

Beispiel 2.4.17. Sei $V \subset \mathbb{R}^4$ der durch die Basis

$$w_1 = \begin{pmatrix} 1 \\ 1 \\ 3 \\ 5 \end{pmatrix}, \qquad w_2 = \begin{pmatrix} 7 \\ -1 \\ 7 \\ 9 \end{pmatrix}, \qquad w_3 = \begin{pmatrix} 7 \\ 1 \\ 6 \\ 2 \end{pmatrix}$$

gegebene Unterraum. Wir wenden das Orthonormalisierungsverfahren an, um eine ON-Basis von V bezüglich des Standardskalarproduktes des $\mathbb{R}^4$ zu bestimmen. Dies sieht konkret wie folgt aus:

$$\begin{aligned}
z_1 &= w_1 = (1,1,3,5)^t \\
\|z_1\| &= 6, \qquad v_1 = \frac{1}{\|z_1\|} z_1 = \frac{1}{6} z_1 = \frac{1}{6}(1,1,3,5)^t \\
\langle w_2, v_1 \rangle &= \frac{1}{6} \langle w_2, z_1 \rangle = 12 \\
z_2 &= w_2 - \langle w_2, v_1 \rangle v_1 = w_2 - 12 v_1 = w_2 - 2 z_1 = (5,-3,1,-1)^t \\
\|z_2\| &= 6, \qquad v_2 = \frac{1}{\|z_2\|} z_2 = \frac{1}{6} z_2 = \frac{1}{6}(5,-3,1,-1)^t \\
\langle w_3, v_1 \rangle &= \frac{1}{6} \langle w_3, z_1 \rangle = 6, \qquad \langle w_3, v_2 \rangle = \frac{1}{6} \langle w_3, z_2 \rangle = 6 \\
z_3 &= w_3 - \langle w_3, v_1 \rangle v_1 - \langle w_3, v_2 \rangle v_2 = w_3 - z_1 - z_2 = (1,3,2,-2)^t \\
\|z_3\| &= 3\sqrt{2}, \qquad v_3 = \frac{1}{3\sqrt{2}}(1,3,2,-2)^t .
\end{aligned}$$

Wir erhalten als ON-Basis für V:

$$v_1 = \frac{1}{6} \begin{pmatrix} 1 \\ 1 \\ 3 \\ 5 \end{pmatrix}, \qquad v_2 = \frac{1}{6} \begin{pmatrix} 5 \\ -3 \\ 1 \\ -1 \end{pmatrix}, \qquad v_3 = \frac{1}{3\sqrt{2}} \begin{pmatrix} 1 \\ 3 \\ 2 \\ -2 \end{pmatrix}.$$

Diese Basis von $V \subset \mathbb{R}^4$ kann man zu einer ON-Basis von $\mathbb{R}^4$ ergänzen, indem man eine ON-Basis des orthogonalen Komplements $V^\perp$ bestimmt. Im Allgemeinen ist $V^\perp = \text{Lös}(A|\,0)$, wobei die Zeilenvektoren der Matrix A die Vektoren v_i oder Vielfache von ihnen sind. In diesem Fall wählen wir

$$A = \begin{pmatrix} 1 & 1 & 3 & 5 \\ 5 & -3 & 1 & -1 \\ 1 & 3 & 2 & -2 \end{pmatrix}.$$

Mit Hilfe des Gaußschen Algorithmus findet man $(2,2,-3,1)$ als Basisvektor von $V^\perp$. Da $\|(2,2,-3,1)\| = 3\sqrt{2}$, ergibt sich als ON-Basis des $\mathbb{R}^4$

$$v_1 = \frac{1}{6}\begin{pmatrix}1\\1\\3\\5\end{pmatrix}, \quad v_2 = \frac{1}{6}\begin{pmatrix}5\\-3\\1\\-1\end{pmatrix}, \quad v_3 = \frac{1}{3\sqrt{2}}\begin{pmatrix}1\\3\\2\\-2\end{pmatrix}, \quad v_4 = \frac{1}{3\sqrt{2}}\begin{pmatrix}2\\2\\-3\\1\end{pmatrix}.$$

Die Vektoren in V sind genau diejenigen, die zu v_4 orthogonal sind, das heißt, V ist die Lösungsmenge der Gleichung

$$2x_1 + 2x_2 - 3x_3 + x_4 = 0 .$$

Das ist eine Alternative zu dem auf Seite 114 beschriebenen Verfahren, welches ein Gleichungssystem mit vorgegebener Lösungsmenge produziert.

Bemerkung 2.4.18. Die Berechnung der Koordinaten (Def. 2.2.21) eines Vektors bezüglich einer ON-Basis ist besonders einfach. Wenn $(v_1, v_2, \ldots, v_n)$ eine ON-Basis eines Vektorraumes V bezüglich eines Skalarproduktes $\langle\cdot,\cdot\rangle$ ist und $w = \sum_{k=1}^{n} x_k v_k \in V$, dann ist $\langle v_i, w\rangle = \sum_{k=1}^{n} x_k \langle v_i, v_k\rangle = x_i$ da $\langle v_i, v_i\rangle = 1$ und $\langle v_i, v_k\rangle = 0$ für $i \neq k$. Das ergibt

$$w = \sum_{i=1}^{n} \langle v_i, w\rangle v_i .$$

Solche Ausdrücke traten bereits im Orthonormalisierungsverfahren auf. Dort handelte es sich jedoch um die Projektion eines Vektors auf den Unterraum, der durch den bereits konstruierten Teil der ON-Basis aufgespannt wird.
Da Koordinaten von Bildvektoren zu bestimmen sind, wenn die Matrixdarstellung einer linearen Abbildung berechnet werden soll, kann man vom Vorhandensein eines Skalarproduktes im Bildraum profitieren. Sei dazu $f : V \to W$ eine lineare Abbildung und auf W ein Skalarprodukt gegeben. Wenn $\mathcal{A} = (v_1, v_2, \ldots, v_n)$ irgendeine Basis von V und $\mathcal{B} = (w_1, w_2, \ldots, w_m)$ eine ON-Basis von W ist, dann ist der Eintrag der Matrix $M_{\mathcal{B}}^{\mathcal{A}}(f)$ an der Stelle (i, j) gleich der i-ten Koordinate von $f(v_j)$ bezüglich der gegebenen ON-Basis von W, vgl. Seite 103. Aus den obigen Betrachtungen folgt damit

$$M_{\mathcal{B}}^{\mathcal{A}}(f) = \big(\langle w_i, f(v_j)\rangle\big) .$$

Wenn $f : \mathbb{R}^n \to \mathbb{R}^m$ durch eine Matrix A gegeben ist, dann haben die Einträge bezüglich der neuen Basen die Gestalt $\langle w_i, Av_j\rangle$.

Eine quadratische Matrix $P \in \mathrm{Mat}(n \times n, \mathbb{R})$ heißt *orthogonal*, wenn

$$P \circ P^t = \mathbf{1}_n , \quad \text{das heißt, wenn} \quad P^{-1} = P^t .$$

Das sind genau die Matrizen, deren Spalten bezüglich des Standardskalarproduktes eine ON-Basis des $\mathbb{R}^n$ bilden. Aus $\langle x, Py\rangle = x^t Py = (P^t x)^t y = \langle P^t x, y\rangle$ ergibt sich, wenn wir x durch Px ersetzen, dass für jede orthogonale Matrix P und alle $x, y \in \mathbb{R}^n$ die Gleichung

$$\langle Px, Py \rangle = \langle x, y \rangle$$

gilt. Aus Definition 2.4.12 folgt damit, dass die durch eine Matrix P definierte lineare Abbildung $f_P : \mathbb{R}^n \to \mathbb{R}^n$, vgl. Beispiel 2.2.20, genau dann Winkel und Längen nicht verändert, wenn P orthogonal ist.
Das Produkt zweier orthogonaler Matrizen ist stets wieder orthogonal. Das folgt aus der Gleichung $(P \circ Q)^t \circ P \circ Q = Q^t \circ P^t \circ P \circ Q$. Die Menge aller orthogonalen Matrizen gleicher Größe

$$\mathrm{O}(n) := \{P \in \mathrm{GL}(n, \mathbb{R}) \mid P \circ P^t = \mathbf{1}_n\}$$

ist daher eine Gruppe. Sie heißt *orthogonale Gruppe*. Sie spielt beim Studium der Geometrie des Raumes $\mathbb{R}^n$ eine wesentliche Rolle. Da $\det(P) = \det(P^t)$, gilt für jede orthogonale Matrix $(\det(P))^2 = 1$. Die orthogonalen Matrizen, deren Determinante gleich eins ist, bilden eine Untergruppe von $\mathrm{O}(n)$, die *spezielle orthogonale Gruppe*

$$\mathrm{SO}(n) = \{P \in \mathrm{O}(n) \mid \det(P) = 1\} = \mathrm{O}(n) \cap \mathrm{SL}(n, \mathbb{R}) .$$

Jede orthogonale Matrix Q mit $\det(Q) = -1$ kann man in der Form $D \circ P$ oder $P \circ D$ schreiben, wobei $P \in \mathrm{SO}(n)$ und D eine Diagonalmatrix ist, in der ein Eintrag gleich -1 und alle anderen Diagonaleinträge gleich 1 sind. Eine solche Diagonalmatrix entspricht einer Spiegelung. Die Elemente von $\mathrm{SO}(n)$ sind Drehungen des $\mathbb{R}^n$. Bei den nicht in dieser Untergruppe enthaltenen Elementen von $\mathrm{O}(n)$ handelt es sich um Spiegelungen an $(n-1)$-dimensionalen Unterräumen.
Für die Computergraphik sind insbesondere die Gruppen SO(2) und SO(3) von Interesse, da mit ihnen Bewegungen im zwei- und dreidimensionalen Raum beschrieben werden können.
Besonders einfach ist die Beschreibung der Gruppe SO(2). Jedes ihrer Elemente entspricht einer Drehung um einen Winkel $\varphi \in [0, 2\pi)$ entgegen dem Uhrzeigersinn:

$$\mathrm{SO}(2) = \{T(\varphi) \mid \varphi \in [0, 2\pi)\} \quad \text{mit} \quad T(\varphi) = \begin{pmatrix} \cos(\varphi) & -\sin(\varphi) \\ \sin(\varphi) & \cos(\varphi) \end{pmatrix} .$$

Die Bedingung $T(\varphi) \circ T(\varphi)^t = \mathbf{1}_2$ ist zur Gleichung $\sin^2(\varphi) + \cos^2(\varphi) = 1$ äquivalent. Die Spiegelung an der Geraden mit Anstieg $\frac{1}{2}\varphi \in [0, \pi)$ ist durch die Matrix

$$T(\varphi) \circ \begin{pmatrix} 1 & 0 \\ 0 & -1 \end{pmatrix} = \begin{pmatrix} \cos(\varphi) & \sin(\varphi) \\ \sin(\varphi) & -\cos(\varphi) \end{pmatrix}$$

gegeben. Damit ist die Gruppe O(2) vollständig beschrieben.

Die Beschreibung der Gruppe SO(3) ist weitaus komplizierter. Am übersichtlichsten geht das mit Hilfe der Hamiltonschen[11] *Quaternionen*. Die Quaternionen $\mathbb{H}$ bilden einen vierdimensionalen reellen Vektorraum, der mit einer Multiplikation ausgestattet ist. Jede Quaternion $q \in \mathbb{H}$ lässt sich in der Form

$$q = a_1\mathbf{1} + a_2\,\mathbf{i} + a_3\,\mathbf{j} + a_4\,\mathbf{k} \quad \text{mit} \quad a_1, a_2, a_3, a_4 \in \mathbb{R} \tag{2.19}$$

schreiben, wobei $(\mathbf{1}, \mathbf{i}, \mathbf{j}, \mathbf{k})$ eine Basis des reellen Vektorraumes $\mathbb{H}$ ist. Die quaternionische Multiplikation erfüllt

$$\mathbf{i}^2 = \mathbf{j}^2 = \mathbf{k}^2 = -\mathbf{1}, \qquad \mathbf{i}\cdot\mathbf{j} = -\mathbf{j}\cdot\mathbf{i} = \mathbf{k}\,.$$

Sie ist *nicht kommutativ*! Alle anderen Körperaxiome, vgl. Def. 1.4.1, sind erfüllt. Statt $a_1\mathbf{1}$ schreibt man abkürzend a_1. Dadurch werden, genau wie im Fall der komplexen Zahlen, die reellen Zahlen eine Teilmenge von $\mathbb{H}$. Einer komplexen Zahl $a_1 + a_2\mathrm{i}$ ordnet man die gleichnamige Quaternion zu und erhält Inklusionen $\mathbb{R} \subset \mathbb{C} \subset \mathbb{H}$. Das ist möglich, da $\mathbf{1} \in \mathbb{H}$ das neutrale Element bezüglich der Multiplikation ist und da die Multiplikation von Quaternionen mit der gewöhnlichen Multiplikation reeller bzw. komplexer Zahlen verträglich ist. Explizit ergibt sich mit Hilfe des Distributivgesetzes

$$\begin{aligned}
&(a_1 + a_2\,\mathbf{i} + a_3\,\mathbf{j} + a_4\,\mathbf{k})\cdot(b_1 + b_2\,\mathbf{i} + b_3\,\mathbf{j} + b_4\,\mathbf{k}) = \\
&= a_1b_1 - a_2b_2 - a_3b_3 - a_4b_4 + (a_1b_2 + a_2b_1 + a_3b_4 - a_4b_3)\,\mathbf{i} \\
&+(a_1b_3 - a_2b_4 + a_3b_1 + a_4b_2)\,\mathbf{j} + (a_1b_4 + a_2b_3 - a_3b_2 + a_4b_1)\,\mathbf{k}\,.
\end{aligned}$$

Zu $q = a_1 + a_2\,\mathbf{i} + a_3\,\mathbf{j} + a_4\,\mathbf{k} \in \mathbb{H}$ definiert man die *konjugierte Quaternion*

$$\overline{q} = a_1 - a_2\,\mathbf{i} - a_3\,\mathbf{j} - a_4\,\mathbf{k}\,.$$

Als *imaginäre Quaternionen* bezeichnet man solche $q \in \mathbb{H}$, für die $\overline{q} = -q$ gilt. Eine Basis des dreidimensionalen Vektorraumes $\mathbb{IH}$ aller imaginären Quaternionen ist $(\mathbf{i}, \mathbf{j}, \mathbf{k})$. Durch eine Rechnung belegt man $\overline{p\cdot q} = \overline{q}\cdot\overline{p}$. Als *Norm* einer Quaternion bezeichnet man die reelle Zahl

$$N(q) = q\cdot\overline{q} = \overline{q}\cdot q = a_1^2 + a_2^2 + a_3^2 + a_4^2 \geq 0\,.$$

Damit lässt sich das multiplikative Inverse einer Quaternion $q \neq 0$ leicht berechnen: $q^{-1} = \dfrac{\overline{q}}{N(q)}$.

Die Quaternionen, deren Norm gleich eins ist, bilden eine multiplikative Gruppe. Wenn man einer Quaternion $q \in \mathbb{H}$ mit $N(q) = 1$ die Matrixdarstellung der linearen Abbildung $f : \mathbb{IH} \to \mathbb{IH}$ zuordnet, die durch $f(x) = q\cdot x\cdot\overline{q}$ gegeben ist, erhält man einen surjektiven Homomorphismus auf die Gruppe

[11] William Rowan Hamilton (1805–1865), irischer Mathematiker, der am 16. Oktober 1843 die Formeln $\mathbf{i}^2 = \mathbf{j}^2 = \mathbf{k}^2 = \mathbf{i}\mathbf{j}\mathbf{k} = -\mathbf{1}$, die er nach jahrelanger Suche an diesem Tag gefunden hatte, in eine Brücke in Dublin ritzte.

$\mathrm{SO}(3) = \{A \in \mathrm{O}(3) \mid \det(A) = 1\}$. Hierzu verwendet man die Basis $(\mathbf{i}, \mathbf{j}, \mathbf{k})$ von $\mathbb{H}$. Dieser Homomorphismus bildet q und $-q$ auf dieselbe Matrix ab. Indem man für x die drei Basisvektoren $\mathbf{i}$, $\mathbf{j}$, $\mathbf{k}$ einsetzt, ergibt sich als Matrix, die $\pm q = a_1 + a_2\,\mathbf{i} + a_3\,\mathbf{j} + a_4\,\mathbf{k}$ entspricht:

$$\begin{pmatrix} a_1^2 + a_2^2 - a_3^2 - a_4^2 & 2a_2a_3 - 2a_1a_4 & 2a_1a_3 + 2a_2a_4 \\ 2a_1a_4 + 2a_2a_3 & a_1^2 - a_2^2 + a_3^2 - a_4^2 & 2a_3a_4 - 2a_1a_2 \\ 2a_2a_4 - 2a_1a_3 & 2a_1a_2 + 2a_3a_4 & a_1^2 - a_2^2 - a_3^2 + a_4^2 \end{pmatrix}.$$

Der Vorteil der Darstellung von SO(3) mit Hilfe von Quaternionen gegenüber der Beschreibung durch Matrizen besteht darin, dass statt der neun Einträge der Matrix nur noch die vier Komponenten der Quaternion gespeichert werden müssen. Hamiltons Entdeckung ermöglicht somit eine signifikante Verringerung des Speicherplatzbedarfs bei der Beschreibung von Bewegungen im dreidimensionalen Raum.
Eine ausführliche Darstellung mit Beweisen findet der Leser in [EbZ].

Eigenwerte

Definition 2.4.19. Ein Skalar $\lambda \in K$ heißt *Eigenwert* einer quadratischen Matrix $A \in \mathrm{Mat}(n \times n, K)$, wenn es einen vom Nullvektor verschiedenen Vektor $v \in K^n$ gibt, so dass $A \cdot v = \lambda v$. Ein solcher Vektor v heißt *Eigenvektor* zum Eigenwert λ.

Eigenwerte sind vor allem deshalb von Interesse, weil sie eine einfache Beschreibung der durch A definierten linearen Abbildung $f_A : K^n \to K^n$ ermöglichen. Wenn es nämlich eine Basis $(v_1, v_2, \ldots, v_n)$ von K^n gibt, die sämtlich aus Eigenvektoren der Matrix A besteht, dann ist die Matrixdarstellung (siehe Seite 103) der Abbildung f_A bezüglich dieser Basis besonders einfach. Wenn der Eigenwert zu v_i gleich λ_i ist, also $f_A(v_i) = Av_i = \lambda_i v_i$, dann wird f_A bezüglich dieser Basis durch die Diagonalmatrix mit Einträgen $\lambda_1, \lambda_2, \ldots, \lambda_n$ entlang der Diagonalen dargestellt. Rechnungen mit Diagonalmatrizen sind besonders bei sehr großen Matrizen viel ökonomischer als solche mit Matrizen, in denen nicht so viele Einträge gleich Null sind.
Leider ist es nicht möglich, für jede Matrix eine Basis aus Eigenvektoren zu finden. Das ist der Fall, wenn der zugrunde liegende Körper K zu klein in dem Sinne ist, dass nicht jedes Polynom mit Koeffizienten aus K in Linearfaktoren mit Koeffizienten aus K zerlegt werden kann. So hat zum Beispiel die Matrix $\left(\begin{smallmatrix} 0 & -1 \\ 1 & 0 \end{smallmatrix}\right) \in \mathrm{Mat}(2 \times 2, \mathbb{C})$ die komplexen Eigenwerte i und $-$i, da $\left(\begin{smallmatrix} 0 & -1 \\ 1 & 0 \end{smallmatrix}\right)\left(\begin{smallmatrix} 1 \\ -\mathrm{i} \end{smallmatrix}\right) = \mathrm{i}\left(\begin{smallmatrix} 1 \\ -\mathrm{i} \end{smallmatrix}\right)$ und $\left(\begin{smallmatrix} 0 & -1 \\ 1 & 0 \end{smallmatrix}\right)\left(\begin{smallmatrix} 1 \\ \mathrm{i} \end{smallmatrix}\right) = -\mathrm{i}\left(\begin{smallmatrix} 1 \\ \mathrm{i} \end{smallmatrix}\right)$. Über dem Körper $K = \mathbb{R}$ hat diese Matrix jedoch keinen Eigenwert.
Außerdem kann es bei Vorliegen mehrfacher Eigenwerte, wie zum Beispiel bei der Matrix $\left(\begin{smallmatrix} 1 & 1 \\ 0 & 1 \end{smallmatrix}\right) \in \mathrm{Mat}(2 \times 2, \mathbb{R})$, vorkommen, dass es nicht genügend

viele Eigenvektoren gibt: Es gilt zwar $\left(\begin{smallmatrix}1&1\\0&1\end{smallmatrix}\right)\left(\begin{smallmatrix}1\\0\end{smallmatrix}\right) = \left(\begin{smallmatrix}1\\0\end{smallmatrix}\right)$, aber jeder andere Eigenvektor dieser Matrix ist ein Vielfaches des Vektors $\left(\begin{smallmatrix}1\\0\end{smallmatrix}\right)$

Definition 2.4.20. Wenn $A \in \mathrm{Mat}(n \times n, K)$ eine quadratische Matrix ist, dann heißt

$$\chi_A(\lambda) := \det(\lambda \mathbf{1}_n - A) \in K[\lambda]$$

das *charakteristische Polynom* der Matrix A.

Die Nullstellen des charakteristischen Polynoms χ_A sind genau die Eigenwerte der Matrix A. Das ergibt sich aus Folgerung 2.2.29, angewandt auf die Matrix $\lambda \mathbf{1}_n - A$, deren Kern die Eigenvektoren zum Eigenwert λ enthält. Für jeden Eigenwert λ nennt man die Menge

$$\ker(\lambda \mathbf{1}_n - A) = \{v \in K^n \mid A \cdot v = \lambda v\}$$

den zu λ gehörigen *Eigenraum*. Er enthält außer den zu λ gehörigen Eigenvektoren auch noch den Nullvektor, den wir nicht als Eigenvektor betrachten.

Beispiel 2.4.21. Zur Bestimmung der Eigenwerte und Eigenräume der Matrix $A = \left(\begin{smallmatrix}1&2\\2&1\end{smallmatrix}\right)$ gehen wir folgendermaßen vor. Zunächst bestimmen wir das charakteristische Polynom

$$\begin{aligned}\chi_A(\lambda) &= \det(\lambda \mathbf{1}_2 - A) = \det\left(\begin{pmatrix}\lambda & 0\\ 0 & \lambda\end{pmatrix} - \begin{pmatrix}1 & 2\\ 2 & 1\end{pmatrix}\right) = \det\begin{pmatrix}\lambda-1 & -2\\ -2 & \lambda-1\end{pmatrix}\\ &= (\lambda-1)^2 - 4 = \lambda^2 - 2\lambda - 3\,.\end{aligned}$$

Die beiden Nullstellen dieses Polynoms $\lambda_1 = -1$ und $\lambda_2 = 3$ sind die Eigenwerte von A. Die zugehörigen Eigenräume sind die Lösungsmengen der Gleichungssysteme mit Koeffizientenmatrizen

$$\lambda_1 \mathbf{1}_2 - A = \begin{pmatrix}-2 & -2\\ -2 & -2\end{pmatrix} \qquad \text{bzw.} \qquad \lambda_2 \mathbf{1}_2 - A = \begin{pmatrix}2 & -2\\ -2 & 2\end{pmatrix}.$$

Als Basisvektoren für diese Eigenräume bestimmt man leicht $v_1 = (1,-1)^t$ und $v_2 = (1,1)^t$. Beide Eigenräume haben Dimension eins.

Beispiel 2.4.22. Das charakteristische Polynom der Matrix

$$A = \begin{pmatrix}0 & 1 & 0\\ 0 & 0 & 1\\ -2 & 1 & 2\end{pmatrix} \quad \text{ist gleich} \quad \det\begin{pmatrix}\lambda & -1 & 0\\ 0 & \lambda & -1\\ 2 & -1 & \lambda-2\end{pmatrix} = (\lambda+1)(\lambda-1)(\lambda-2)\,.$$

Die Eigenwerte von A sind somit $\lambda_1 = -1$, $\lambda_2 = 1$ und $\lambda_3 = 2$. Die Eigenräume sind auch hier eindimensional. Aus den Koeffizientenmatrizen $\lambda_i \mathbf{1}_2 - A$ erhält man Basisvektoren v_i wie folgt:

$$\lambda_1: \begin{pmatrix} -1 & -1 & 0 \\ 0 & -1 & -1 \\ 2 & -1 & -3 \end{pmatrix} \mapsto \begin{pmatrix} 1 & 0 & -1 \\ 0 & 1 & 1 \\ 0 & 0 & 0 \end{pmatrix} \Longrightarrow v_1 = \begin{pmatrix} 1 \\ -1 \\ 1 \end{pmatrix}$$

$$\lambda_2: \begin{pmatrix} 1 & -1 & 0 \\ 0 & 1 & -1 \\ 2 & -1 & -1 \end{pmatrix} \mapsto \begin{pmatrix} 1 & 0 & -1 \\ 0 & 1 & -1 \\ 0 & 0 & 0 \end{pmatrix} \Longrightarrow v_2 = \begin{pmatrix} 1 \\ 1 \\ 1 \end{pmatrix}$$

$$\lambda_3: \begin{pmatrix} 2 & -1 & 0 \\ 0 & 2 & -1 \\ 2 & -1 & 0 \end{pmatrix} \mapsto \begin{pmatrix} 4 & 0 & -1 \\ 0 & 2 & -1 \\ 0 & 0 & 0 \end{pmatrix} \Longrightarrow v_3 = \begin{pmatrix} 1 \\ 2 \\ 4 \end{pmatrix}.$$

Satz 2.4.23 *Eigenvektoren $v_1, \ldots, v_k$ zu paarweise verschiedenen Eigenwerten $\lambda_1, \ldots, \lambda_k$ einer Matrix $A \in \mathrm{Mat}(n \times n, K)$ sind stets linear unabhängig.*

Beweis. Wir führen den Beweis per Induktion über $k \geq 1$. Wenn $k = 1$, dann ist die Behauptung äquivalent mit dem in der Definition geforderten Nichtverschwinden der Eigenvektoren. Für den Induktionsschritt nehmen wir an, dass $v_1, \ldots, v_{k-1}$ linear unabhängig sind.
Wenn $a_1v_1 + a_2v_2 + \ldots + a_kv_k = 0$ für geeignete $a_i \in K$, dann folgt einerseits durch Multiplikation mit dem Eigenwert λ_k

$$a_1\lambda_kv_1 + a_2\lambda_kv_2 + \ldots + a_{k-1}\lambda_kv_{k-1} + a_k\lambda_kv_k = 0 .$$

Andererseits liefert Anwendung von A wegen $A \cdot v_i = \lambda_iv_i$ die Gleichung

$$a_1\lambda_1v_1 + a_2\lambda_2v_2 + \ldots + a_{k-1}\lambda_{k-1}v_{k-1} + a_k\lambda_kv_k = 0 .$$

In der Differenz beider Ausdrücke tritt der Vektor v_k nicht mehr auf:

$$a_1(\lambda_k - \lambda_1)v_1 + a_2(\lambda_k - \lambda_2)v_2 + \ldots + a_{k-1}(\lambda_k - \lambda_{k-1})v_{k-1} = 0 .$$

Da $\lambda_k - \lambda_i \neq 0$ für $1 \leq i \leq k-1$, folgt aus der Induktionsvoraussetzung, dass $a_1 = \ldots = a_{k-1} = 0$ ist. Daraus ergibt sich $a_kv_k = 0$, was wegen $v_k \neq 0$ schließlich $a_k = 0$ zur Folge hat. □

Folgerung 2.4.24. *Wenn das charakteristische Polynom χ_A einer $n \times n$-Matrix A in n paarweise verschiedene Linearfaktoren zerfällt, dann gibt es eine Basis von K^n, die aus Eigenvektoren von A besteht.*

Beweis. Dass das Polynom χ_A vom Grad n in n paarweise verschiedene Linearfaktoren zerfällt, bedeutet $\chi_A(\lambda) = (\lambda - \lambda_1)(\lambda - \lambda_2) \cdots (\lambda - \lambda_n)$ mit paarweise verschiedenen $\lambda_i \in K$. Diese λ_i sind die Eigenwerte von A. Die zu diesen Eigenwerten gehörigen Eigenvektoren $v_1, v_2, \ldots, v_n$ sind nach Satz

2.4.23 linear unabhängig, bilden daher wegen der Sätze 2.2.11 und 2.2.12 eine Basis von K^n. □

Der Übergang von der Standardbasis zu einer Basis aus Eigenvektoren geschieht durch eine sogenannte *Basiswechselmatrix* $P \in \mathrm{GL}(n, K)$. Ihre Spalten werden von den Eigenvektoren $v_1, v_2, \ldots, v_n$ gebildet. Die i-te Spalte von $A \circ P$ ist der Vektor $A \cdot v_i = \lambda_i v_i$. Wenn $D(\lambda_1, \ldots, \lambda_n)$ die Diagonalmatrix mit den Eigenwerten λ_i entlang der Diagonalen (und Nullen überall sonst) bezeichnet, dann ist $\lambda_i v_i$ gerade der i-te Spaltenvektor der Matrix $P \circ D(\lambda_1, \ldots, \lambda_n)$. Das beweist

$$A \circ P = P \circ D(\lambda_1, \ldots, \lambda_n) \qquad \text{und} \qquad A = P \circ D(\lambda_1, \ldots, \lambda_n) \circ P^{-1}.$$

Eine solche Darstellung ist für konkrete Rechnungen sehr nützlich, zum Beispiel zur Berechnung sehr hoher Potenzen der Matrix A. Das liegt daran, dass hohe Potenzen von Diagonalmatrizen mit geringem Aufwand berechnet werden:

$$D(\lambda_1, \ldots, \lambda_n)^k = D(\lambda_1^k, \ldots, \lambda_n^k) \qquad \forall k > 0.$$

Das ergibt

$$\begin{aligned} A^k &= (P \circ D(\lambda_1, \ldots, \lambda_n) \circ P^{-1})^k \\ &= (P \circ D \circ P^{-1}) \circ (P \circ D \circ P^{-1}) \circ \ldots \circ (P \circ D \circ P^{-1}) \\ &= P \circ D(\lambda_1, \ldots, \lambda_n)^k \circ P^{-1} \\ &= P \circ D(\lambda_1^k, \ldots, \lambda_n^k) \circ P^{-1}. \end{aligned}$$

Beispiel 2.4.25. $A = \begin{pmatrix} 3 & -1 \\ -1 & 3 \end{pmatrix}$

$$\begin{aligned} \chi_A(\lambda) &= \det \begin{pmatrix} \lambda - 3 & 1 \\ 1 & \lambda - 3 \end{pmatrix} = (\lambda - 2)(\lambda - 4) \\ P &= \begin{pmatrix} 1 & -1 \\ 1 & 1 \end{pmatrix} \\ A^k &= P \circ D(2,4)^k \circ P^{-1} = \frac{1}{2} \begin{pmatrix} 1 & -1 \\ 1 & 1 \end{pmatrix} \begin{pmatrix} 2^k & 0 \\ 0 & 4^k \end{pmatrix} \begin{pmatrix} 1 & 1 \\ -1 & 1 \end{pmatrix} \\ &= \frac{1}{2} \begin{pmatrix} 2^k + 4^k & 2^k - 4^k \\ 2^k - 4^k & 2^k + 4^k \end{pmatrix} = 2^{k-1} \begin{pmatrix} 1 + 2^k & 1 - 2^k \\ 1 - 2^k & 1 + 2^k \end{pmatrix} \\ A^{37} &= \begin{pmatrix} 94447329658080009904128 & -94447329656705709950656 \\ -94447329656705709950656 & 94447329658080009904128 \end{pmatrix} \\ A^{43} &= \begin{pmatrix} 386856262276725316371087 36 & -38685626227663735544086528 \\ -38685626227663735544086528 & 38685626227672531637108736 \end{pmatrix} \end{aligned}$$

Beispiel 2.4.26. Eine interessante Anwendung ergibt sich mit der Matrix $A = \begin{pmatrix} 1 & 1 \\ 1 & 0 \end{pmatrix}$. Ihr charakteristisches Polynom ist $\chi_A(\lambda) = \lambda^2 - \lambda - 1$ und die Eigenwerte sind

$$\varphi = \frac{1+\sqrt{5}}{2} \quad \text{und} \quad 1-\varphi = \frac{1-\sqrt{5}}{2}\,.$$

Als Eigenvektor zu φ findet man $(\varphi, 1)$ und ein Eigenvektor zu $1-\varphi$ ist $(1-\varphi, 1)$. Damit ergibt sich

$$A = \begin{pmatrix} 1 & 1 \\ 1 & 0 \end{pmatrix} = P \begin{pmatrix} \varphi & 0 \\ 0 & 1-\varphi \end{pmatrix} P^{-1} \quad \text{mit} \quad P = \begin{pmatrix} \varphi & 1-\varphi \\ 1 & 1 \end{pmatrix}.$$

Da $\det(P) = 2\varphi - 1 = \sqrt{5}$, erhalten wir $P^{-1} = \frac{1}{\sqrt{5}} \begin{pmatrix} 1 & \varphi-1 \\ -1 & \varphi \end{pmatrix}$ und damit

$$A^n = \frac{1}{\sqrt{5}} \begin{pmatrix} \varphi & 1-\varphi \\ 1 & 1 \end{pmatrix} \begin{pmatrix} \varphi^n & 0 \\ 0 & (1-\varphi)^n \end{pmatrix} \begin{pmatrix} 1 & \varphi-1 \\ -1 & \varphi \end{pmatrix}.$$

Insbesondere ergibt sich

$$A^n \begin{pmatrix} 1 \\ 0 \end{pmatrix} = \frac{1}{\sqrt{5}} \begin{pmatrix} \varphi^{n+1} - (1-\varphi)^{n+1} \\ \varphi^n - (1-\varphi)^n \end{pmatrix}.$$

Die Fibonacci-Folge (vgl. Kapitel 3, Beispiel 3.2.3) ist rekursiv definiert durch $f_0 = 0, f_1 = 1$ und $f_{n+1} = f_n + f_{n-1}$ für $n > 0$. Daher gilt

$$\begin{pmatrix} f_1 \\ f_0 \end{pmatrix} = \begin{pmatrix} 1 \\ 0 \end{pmatrix}, \quad \begin{pmatrix} f_{n+1} \\ f_n \end{pmatrix} = \begin{pmatrix} 1 & 1 \\ 1 & 0 \end{pmatrix} \begin{pmatrix} f_n \\ f_{n-1} \end{pmatrix}, \quad \text{also} \quad \begin{pmatrix} f_{n+1} \\ f_n \end{pmatrix} = A^n \begin{pmatrix} 1 \\ 0 \end{pmatrix}.$$

Somit haben wir durch obige Rechnung die Formel von Binet[12] bewiesen

$$f_n = \frac{1}{\sqrt{5}} \left(\left(\frac{1+\sqrt{5}}{2} \right)^n - \left(\frac{1-\sqrt{5}}{2} \right)^n \right).$$

Auch wenn das charakteristische Polynom einer Matrix mehrfache Nullstellen besitzt, kann es eine Basis aus Eigenvektoren geben. Jede der folgenden Matrizen hat die Standardvektoren e_1, e_2, e_3, e_4 als Eigenvektoren. Die Eigenwerte sind die Einträge auf der Diagonalen und ihre Vielfachheit als Nullstelle des charakteristischen Polynoms stimmt mit der Häufigkeit ihres Auftretens in der Matrix überein.

[12] Jacques Philippe Marie Binet (1786–1856), französischer Mathematiker.

$$\begin{pmatrix} 1&0&0&0\\ 0&2&0&0\\ 0&0&2&0\\ 0&0&0&3 \end{pmatrix} \quad \begin{pmatrix} 2&0&0&0\\ 0&2&0&0\\ 0&0&3&0\\ 0&0&0&3 \end{pmatrix} \quad \begin{pmatrix} 1&0&0&0\\ 0&1&0&0\\ 0&0&1&0\\ 0&0&0&1 \end{pmatrix}$$

Wie bereits eingangs erwähnt, existiert nicht in jedem Fall eine Basis aus Eigenvektoren. Typische Matrizen, für die dies der Fall ist, sind

$$\begin{pmatrix} 1&0&0&0\\ 0&2&1&0\\ 0&0&2&0\\ 0&0&0&3 \end{pmatrix} \quad \begin{pmatrix} 2&1&0&0\\ 0&2&0&0\\ 0&0&3&1\\ 0&0&0&3 \end{pmatrix} \quad \begin{pmatrix} 1&1&0&0\\ 0&1&1&0\\ 0&0&1&0\\ 0&0&0&2 \end{pmatrix} \quad \begin{pmatrix} 0&1&0&0\\ 0&0&1&0\\ 0&0&0&1\\ 0&0&0&0 \end{pmatrix}.$$

Der von den Eigenvektoren aufgespannte Unterraum von $\mathbb{Q}^4$ hat für diese Matrizen jeweils nur die Dimension $3, 2, 2$ bzw. 1. Für jede quadratische Matrix, deren charakteristisches Polynom in Linearfaktoren zerfällt, gibt es eine sogenannte *Jordansche*[13] *Normalform*. Die angegebenen Beispiele haben diese Normalform, die sich dadurch auszeichnet, dass alle Einträge gleich Null sind außer den auf der Diagonalen eingetragenen Eigenwerten dieser Matrix und einigen Einträgen direkt über der Diagonalen, die gleich Eins sind. Sobald diese Normalform außerhalb der Diagonale von Null verschiedene Einträge besitzt, gibt es keine Basis, die aus Eigenvektoren besteht. Auch diese Normalformen lassen sich als $P^{-1} \circ A \circ P$ mit einer geeigneten Matrix $P \in \mathrm{GL}(n, K)$ ausdrücken.

Wir erläutern hier weder die theoretischen Grundlagen zum Beweis der Existenz der Jordanschen Normalform, noch geben wir eine Beschreibung, wie sie bestimmt werden kann. Das findet der interessierte Leser in der Standardliteratur zur linearen Algebra für Mathematiker, zum Beispiel [Br], [Fi] oder [Kow].

Statt dessen beschäftigen wir uns mit dem wesentlich einfacheren Spezialfall der symmetrischen Matrizen.

Satz 2.4.27 *Sei $A = A^t \in \mathrm{Mat}(n \times n, \mathbb{R})$ eine reelle symmetrische Matrix. Dann gilt:*

(i) *Alle Eigenwerte von A sind reell, d.h. das charakteristische Polynom χ_A zerfällt in Linearfaktoren.*

(ii) *Es gibt eine Matrix $P \in \mathrm{O}(n)$, so dass $P^{-1} \circ A \circ P = P^t \circ A \circ P$ eine Diagonalmatrix ist. Die Spalten von P bilden eine aus Eigenvektoren von A bestehende ON-Basis des Vektorraumes $\mathbb{R}^n$.*

Beweis. Da die Einträge von A reell sind, hat das charakteristische Polynom $\chi_A(\lambda) \in \mathbb{R}[\lambda]$ reelle Koeffizienten. Nach dem Fundamentalsatz der Algebra (Satz 1.4.21) zerfällt es in $\mathbb{C}[\lambda]$ in Linearfaktoren, es ist jedoch möglich, dass

[13] Camille Jordan (1838–1922), französischer Mathematiker.

nicht-reelle Nullstellen als konjugierte Paare komplexer Zahlen auftreten. Die zu solchen Eigenwerten gehörigen Eigenvektoren haben möglicherweise nicht-reelle Einträge, daher wechseln wir von $\mathbb{R}^n$ in den komplexen Vektorraum $\mathbb{C}^n$. Die Abbildung $h : \mathbb{C}^n \times \mathbb{C}^n \to \mathbb{C}$, die durch $h(v,w) = \overline{v}^t \cdot w$ gegeben ist, nennt man *hermitesches Skalarprodukt*. Es hat ähnliche Eigenschaften wie das Standardskalarprodukt auf dem $\mathbb{R}^n$. Wenn alle Komponenten von v und w reell sind, dann gilt $h(v,w) = \langle v,w\rangle$. Für jedes $v \in \mathbb{C}^n$ ist $h(v,v)$ reell und

$$h(v,v) = \overline{v}^t \cdot v = \sum_{i=1}^{n} \overline{v}_i v_i = \sum_{i=1}^{n} |v_i|^2 > 0 \qquad \text{für} \quad v \neq 0.$$

Der für uns wichtigste Unterschied zum Standardskalarprodukt besteht in

$$h(v,\lambda w) = \lambda h(v,w)\ , \quad \text{aber} \quad h(\lambda v,w) = \overline{\lambda} h(v,w) \qquad \forall\, \lambda \in \mathbb{C}, \forall\, v,w \in \mathbb{C}^n\ .$$

Aus der Definition von h ergibt sich

$$h(Av,w) = \left(\overline{Av}\right)^t \cdot w = \overline{v}^t \cdot \overline{A}^t \cdot w = h(v, \overline{A}^t w) = h(v,Aw)\ .$$

Die letzte Gleichung gilt, weil A reell und symmetrisch ist, d.h. $A = \overline{A}^t$. Damit sind alle zum Beweis von (i) nötigen Werkzeuge bereitgestellt.
Sei $\lambda \in \mathbb{C}$ ein Eigenwert von A und $v \in \mathbb{C}^n$ ein zugehöriger Eigenvektor, das heißt $v \neq 0$ und $Av = \lambda v$. Dann ergibt sich

$$\overline{\lambda} h(v,v) = h(\lambda v,v) = h(Av,v) = h(v,Av) = h(v,\lambda v) = \lambda h(v,v)\ .$$

Da $h(v,v)$ wegen $v \neq 0$ eine positive reelle Zahl ist, folgt daraus $\overline{\lambda} = \lambda$ und somit $\lambda \in \mathbb{R}$ wie behauptet.
Zum Beweis von (ii) nutzen wir Induktion über $n \geq 1$. Für den Induktionsanfang bei $n = 1$ ist nichts zu beweisen. Für den Induktionsschritt nehmen wir an, die Behauptung sei für Matrizen der Größe $n-1 \geq 1$ bereits bewiesen. Aus Teil (i) wissen wir, dass A einen reellen Eigenwert λ besitzt. Sei $v_n \in \mathbb{R}^n$ ein zugehöriger Eigenvektor. Da auch jedes von Null verschiedene reelle Vielfache dieses Vektors ein Eigenvektor zum Eigenwert λ ist, können wir annehmen, $\|v_n\| = 1$. Die Länge von v_n wird hier mit dem Standardskalarprodukt des $\mathbb{R}^n$ berechnet. Das orthogonale Komplement von v_n (siehe Beispiel 2.4.15)

$$U = \{w \in \mathbb{R}^n \mid \langle v_n, w\rangle = 0\}$$

ist ein Unterraum der Dimension $n-1$. Dort wollen wir nun die Induktionsvoraussetzung anwenden. Dazu bemerken wir zuerst, dass

$$\langle v_n, Aw\rangle = \langle Av_n, w\rangle = \langle \lambda v_n, w\rangle = \lambda\langle v_n, w\rangle\ ,$$

da A symmetrisch und $Av_n = \lambda v_n$ ist. Daher ist $Aw \in U$ für alle $w \in U$. Die Matrixdarstellung A' der durch A definierten linearen Abbildung $U \to U$

bezüglich einer ON-Basis $w_1, w_2, \ldots, w_{n-1}$ von U hat an der Position (i, j) den Eintrag $\langle w_i, Aw_j \rangle$, siehe Bemerkung 2.4.18. Da A eine symmetrische Matrix ist, folgt mit (2.17)

$$\langle w_i, Aw_j \rangle = \langle Aw_i, w_j \rangle = \langle w_j, Aw_i \rangle \,.$$

Somit ist A' eine symmetrische $(n-1) \times (n-1)$-Matrix. Die Induktionsvoraussetzung liefert nun die Existenz einer ON-Basis $v_1, v_2, \ldots, v_{n-1}$ von U, bezüglich der A' Diagonalgestalt hat. Die Vektoren $v_1, \ldots, v_n$ bilden die Spalten der gesuchten orthogonalen Matrix P. □

Dieser Satz hat vielfältige Anwendungen. Eine dieser Anwendungen ist als *Hauptachsentransformation* bekannt. Dabei geht es darum, die Gestalt einer durch eine quadratische Gleichung gegebenen Menge zu bestimmen.

Beispiel 2.4.28. Die quadratische Gleichung

$$337x_1^2 + 168x_1x_2 + 288x_2^2 = 3600$$

hat unendlich viele Lösungen $(x_1, x_2) \in \mathbb{R}^2$. Diese Punkte bilden eine Kurve in der Ebene, die wir zeichnen möchten. Dazu setzen wir $x = \binom{x_1}{x_2}$ und schreiben diese Gleichung in der Form

$$x^t \cdot A \cdot x = 3600 \qquad \text{mit der symmetrischen Matrix} \qquad A = \begin{pmatrix} 337 & 84 \\ 84 & 288 \end{pmatrix} .$$

Das charakteristische Polynom von A lautet

$$\chi_A(\lambda) = \lambda^2 - 625\lambda + 90000 = (\lambda - 400)(\lambda - 225) \,.$$

Als Eigenvektor zum Eigenwert $\lambda_1 = 400$ ermittelt man $v_1 = (4,3)^t$. Ein Eigenvektor zu $\lambda_2 = 225$ ist $v_2 = (-3,4)^t$. Diese beiden Vektoren sind orthogonal zueinander (vgl. Aufgabe 2.40). Da $\|v_1\| = \|v_2\| = 5$ erhalten wir die orthogonale Matrix

$$P = \frac{1}{5}\begin{pmatrix} 4 & -3 \\ 3 & 4 \end{pmatrix}, \qquad \text{für die} \qquad A = P \circ \begin{pmatrix} 400 & 0 \\ 0 & 225 \end{pmatrix} \circ P^t \ \text{gilt.}$$

Daraus sehen wir, dass $x = P \cdot y = \frac{1}{5}(y_1v_1 + y_2v_2)$ genau dann eine Lösung der Gleichung $x^t \cdot A \cdot x = 3600$ ist, wenn $y^t \begin{pmatrix} 400 & 0 \\ 0 & 225 \end{pmatrix} y = 3600$ gilt, d.h. $400y_1^2 + 225y_2^2 = 3600$ oder äquivalent

$$\left(\frac{y_1}{3}\right)^2 + \left(\frac{y_2}{4}\right)^2 = 1 \,.$$

Das ist die Gleichung einer Ellipse mit Halbachsen der Längen 3 und 4, siehe Abbildung 2.13.

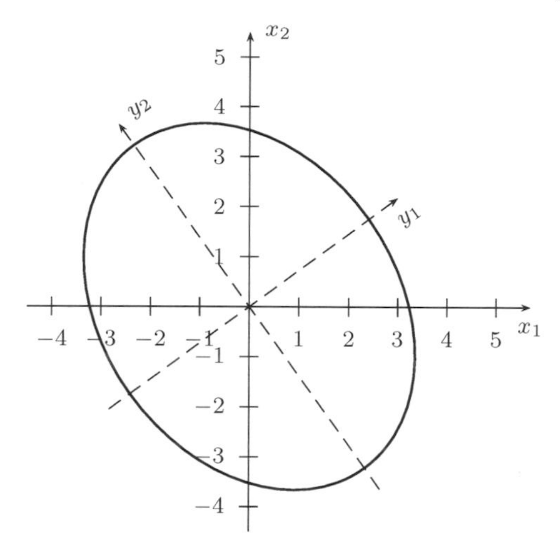

Abb. 2.13 Lösungsmenge der Gleichung $337x_1^2 + 168x_1x_2 + 288x_2^2 = 3600$

Eine zweite Anwendung beschäftigt sich mit der positiven Definitheit symmetrischer Matrizen. Eine symmetrische Matrix $A = A^t \in \mathrm{Mat}(n \times n, \mathbb{R})$ heißt *positiv definit*, wenn die Bilinearform $\langle v, w\rangle_A = \langle Av, w\rangle$, deren Gramsche Matrix gerade A ist, positiv definit ist. Explizit heißt das: $v^t \cdot A \cdot v > 0$ für alle $0 \neq v \in \mathbb{R}^n$.
Als unmittelbare Konsequenz des Satzes 2.4.27 erhalten wir, dass eine symmetrische Matrix $A = A^t \in \mathrm{Mat}(n \times n, \mathbb{R})$ genau dann positiv definit ist, wenn ihre Eigenwerte sämtlich positiv sind. Um das einzusehen, schreiben wir die aus den Eigenwerten gebildete Diagonalmatrix als $D(\lambda_1, \ldots, \lambda_n) = P^t \circ A \circ P$ mit $P \in \mathrm{O}(n)$. Somit sind die Eigenwerte

$$\lambda_i = e_i{}^t \cdot D(\lambda_1, \ldots, \lambda_n) \cdot e_i = (Pe_i)^t \cdot A \cdot Pe_i$$

positiv, wenn A positiv definit ist. Umgekehrt folgt die positive Definitheit von A daraus, dass $P \in \mathrm{GL}(n, \mathbb{R})$ und $(Py)^t \cdot A \cdot Py = y^t \cdot D \cdot y = \sum_{i=1}^n \lambda_i y_i^2 > 0$ für $y \neq 0$ gilt.
Eine interessantere und sehr nützliche Anwendung ist das *Hauptminorenkriterium von Sylvester*[14]. Als Hauptminor einer quadratischen Matrix A bezeichnet man die Determinante jeder quadratischen Teilmatrix, die die linke obere Ecke von A enthält:

[14] JAMES JOSEPH SYLVESTER (1814–1897), englischer Mathematiker.

$$\begin{array}{|ccccc|}
\hline
a_{11} & a_{12} & a_{13} & a_{14} & \dots a_{1n} \\
a_{21} & a_{22} & a_{23} & a_{24} & \dots a_{2n} \\
a_{31} & a_{32} & a_{33} & a_{34} & \dots a_{3n} \\
a_{41} & a_{42} & a_{43} & a_{44} & \dots a_{4n} \\
\vdots & \vdots & \vdots & \vdots & \vdots \\
a_{n1} & a_{n2} & a_{n3} & a_{n4} & \dots a_{nn} \\
\hline
\end{array}$$

also a_{11}, $\det\left(\begin{smallmatrix} a_{11} & a_{12} \\ a_{21} & a_{22} \end{smallmatrix}\right)$ u.s.w. bis einschließlich $\det(A)$.

Satz 2.4.29 *Eine symmetrische Matrix $A = A^t \in \mathrm{Mat}(n \times n, \mathbb{R})$ ist genau dann positiv definit, wenn alle ihre Hauptminoren positiv sind.*

Beweis. Wir führen den Beweis per Induktion über n, die Größe der Matrix A. Für den Start der Induktion bei $n = 1$ ist nichts zu beweisen. Für den Induktionsschritt nehmen wir an, dass das Kriterium für Matrizen der Größe $n - 1$ bereits bewiesen ist.

Sei nun A positiv definit. Wir haben zu zeigen, dass alle Hauptminoren von A positiv sind. Die Teilmatrix A_{nn}, die durch Streichung der letzten Zeile und Spalte aus A hervorgeht, ist ebenfalls positiv definit. Dies folgt aus der Gleichung $y^t A_{nn} y = x^t A x$, in der $y \in \mathbb{R}^{n-1}$ und $x = (y, 0) \in \mathbb{R}^n$ der in der letzten Komponente durch 0 ergänzte Vektor ist. Somit sind die Hauptminoren von A_{nn} nach Induktionsvoraussetzung positiv. Der einzige Hauptminor von A, der nicht unter den $n - 1$ Hauptminoren von A_{nn} vorkommt, ist $\det(A)$. Nach Satz 2.4.27 existiert eine invertierbare Matrix P, so dass $P^{-1} \circ A \circ P = D$ eine Diagonalmatrix ist, deren Einträge die Eigenwerte von A sind. Daher ist, unter Benutzung von Satz 2.4.5, $\det(A) = \det(P^{-1} \circ A \circ P) = \det(D) = \prod \lambda_i > 0$. Damit ist gezeigt, dass alle Hauptminoren von A positiv sind.

Zum Abschluss zeigen wir, dass A positiv definit ist, wenn alle ihre Hauptminoren positiv sind. Da die Hauptminoren von A_{nn} unter denen von A enthalten sind, ist A_{nn} nach Induktionsvoraussetzung positiv definit. Damit sind die Eigenwerte von A_{nn} positiv. Nach Satz 2.4.27 gibt es eine Basis des $\mathbb{R}^{n-1}$, die aus Eigenvektoren der Matrix A_{nn} besteht. Indem man $\mathbb{R}^{n-1}$ mit dem von $e_1, e_2, \dots, e_{n-1}$ aufgespannten Unterraum U von $\mathbb{R}^n$ identifiziert, kann man diese Eigenvektoren als Vektoren $v_1, v_2, \dots, v_{n-1}$ im $\mathbb{R}^n$ auffassen. Das werden im Allgemeinen keine Eigenvektoren von A sein, aber es gilt

$$\langle v_i, Av_j \rangle = \langle Av_i, v_j \rangle = \begin{cases} 0 & \text{falls } i \neq j \\ \lambda_i > 0 & \text{falls } i = j\,, \end{cases}$$

da diese Ausdrücke wegen des verschwindenden letzten Eintrages in den Vektoren v_i nur von A_{nn} abhängen. Wenn wir $x_i = \frac{1}{\lambda_i} \langle Ae_n, v_i \rangle$ setzen, dann gilt für den Vektor $v_n = e_n - \sum_{i=1}^{n-1} x_i v_i$ und für $j = 1, 2, \dots, n-1$

$$\langle v_n, Av_j \rangle = \langle e_n, Av_j \rangle - \sum_{i=1}^{n-1} x_i \langle v_i, Av_j \rangle = \langle Ae_n, v_j \rangle - x_j \lambda_j = 0 \,.$$

Das bedeutet, dass die Gramsche Matrix der durch A definierten symmetrischen Bilinearform $\langle \cdot, \cdot \rangle_A$ bezüglich der Basis $(v_1, v_2, \ldots, v_n)$ Diagonalgestalt besitzt. Wenn P die – im Allgemeinen nicht orthogonale – Matrix bezeichnet, deren Spalten die Vektoren v_i sind, dann ist $P^t \circ A \circ P = D$ eine Diagonalmatrix mit Einträgen $\lambda_1, \ldots, \lambda_{n-1}, \langle v_n, Av_n \rangle$. Daher ist

$$\lambda_1 \cdot \ldots \cdot \lambda_{n-1} \cdot \langle v_n, Av_n \rangle = \big(\det(P)\big)^2 \det(A) \,.$$

Da nach Voraussetzung $\det(A) > 0$ und $\lambda_i > 0$, muss auch $\lambda_n := \langle v_n, Av_n \rangle > 0$ sein. Damit ist für $0 \neq y = (y_1, \ldots, y_n) \in \mathbb{R}^n$ auch $y^t \cdot D \cdot y = \sum_{i=1}^n \lambda_i y_i^2 > 0$. Weil $P \in \mathrm{GL}(n, \mathbb{R})$ und $(Py)^t \cdot A \cdot Py = y^t \cdot D \cdot y > 0$, ist A positiv definit. □

Beispiel 2.4.30. Um festzustellen, ob die symmetrischen Matrizen

$$A = \begin{pmatrix} 2 & 2 & 2 \\ 2 & 3 & 2 \\ 2 & 2 & 4 \end{pmatrix} \quad \text{bzw.} \quad B = \begin{pmatrix} 2 & 3 & 2 \\ 3 & 2 & 2 \\ 2 & 2 & 4 \end{pmatrix}$$

positiv definit sind, berechnen wir deren Hauptminoren. Im Fall der Matrix A sind dies 2, $\det \left(\begin{smallmatrix} 2 & 2 \\ 2 & 3 \end{smallmatrix}\right) = 2$ und $\det(A) = 4$. Die Matrix A ist positiv definit. Da hingegen $\det \left(\begin{smallmatrix} 2 & 3 \\ 3 & 2 \end{smallmatrix}\right) = -5 < 0$, ist die Matrix B nicht positiv definit.

Aufgaben

Übung 2.25. Berechnen Sie die Determinanten folgender Matrizen:

$$\begin{pmatrix} 2 & 3 \\ -1 & 3 \end{pmatrix}, \quad \begin{pmatrix} 2 & 3 & 1 \\ -1 & 3 & 1 \\ 1 & 1 & 0 \end{pmatrix}, \quad \begin{pmatrix} 1 & 2 & -1 & -2 \\ 0 & 2 & 1 & 0 \\ 1 & 7 & 1 & 13 \\ 0 & -2 & 0 & -1 \end{pmatrix}, \quad \text{und} \quad \begin{pmatrix} 1 & 5 & 10 & 10 & 5 & 1 \\ 3 & 15 & 20 & 20 & 15 & 3 \\ 2 & 9 & 21 & 21 & 9 & 2 \\ 0 & 1 & 3 & 4 & 2 & 0 \\ 4 & 20 & 41 & 42 & 20 & 4 \\ 1 & 5 & 12 & 12 & 7 & 3 \end{pmatrix}.$$

Übung 2.26. Seien $x_1, x_2, \ldots, x_n$ reelle Zahlen und V_n die quadratische Matrix deren i-ter Zeilenvektor $(x_1^{i-1}, x_2^{i-1}, \ldots, x_n^{i-1})$ ist $(i = 1, \ldots, n)$. Die Determinanten einer solchen Matrix nennt man *Vandermodesche Determinante*[15]. Zeigen Sie $\det(V_n) = \prod_{i>j}(x_i - x_j)$.

Übung 2.27. Sei $\sigma \in \mathfrak{S}_n$ eine Permutation (vgl. Beispiel 1.3.3) und $P(\sigma) \in \mathrm{Mat}(n \times n, K)$ die Matrix deren Einträge a_{ij} alle gleich Null sind, außer

[15] Alexandre Théophile Vandermonde (1735–1796), französischer Mathematiker.

$a_{\sigma(j)j}$. Die von Null verschiedenen Einträge sind gleich Eins. Diese Matrizen nennt man *Permutationsmatrizen*, da sie aus der Einheitsmatrix $\mathbf{1}_n$ durch Permutation der Zeilen mittels σ entstehen.
Zeigen Sie: $P(\sigma)e_k = e_{\sigma(k)}$ und $P(\sigma\tau) = P(\sigma)P(\tau)$.

Übung 2.28. Sei $f : \mathrm{Mat}(n \times n, K) \to K$ eine Abbildung mit den folgenden, zu (1),(2),(3) in Satz 2.4.3 analogen Eigenschaften:

(i) $f(A) = f(A') + f(A'')$, wenn die i-te Zeile von A die Summe der i-ten Zeilen von A' und A'' ist, ansonsten aber A, A', A'' übereinstimmen;
(ii) $f(A) = \lambda f(A')$, wenn die i-te Zeile von A das λ-fache der i-te Zeile von A' ist, beide Matrizen ansonsten aber übereinstimmen;
(iii) $f(A) = 0$, wenn A zwei gleiche Zeilen besitzt.

Beweisen Sie:

(a) Wenn $f(\mathbf{1}_n) = 0$, dann ist $f(A) = 0$ für alle $A \in \mathrm{Mat}(n \times n, K)$.
(b) Wenn $f(\mathbf{1}_n) = 1$, dann ist $f(A) = \det(A)$ für alle $A \in \mathrm{Mat}(n \times n, K)$.

Übung 2.29. Sei $\mathrm{sgn}(\sigma) := \det(P(\sigma))$, siehe Aufgabe 2.27, das Signum oder die Parität der Permutation $\sigma \in \mathfrak{S}_n$ (vgl. Beispiel 1.3.3). Beweisen Sie für jede Matrix $A = (a_{ij}) \in \mathrm{Mat}(n \times n, K)$ die Formel

$$\det(A) = \sum_{\sigma \in \mathfrak{S}_n} \mathrm{sgn}(\sigma) a_{1\sigma(1)} a_{2\sigma(2)} \cdots a_{n\sigma(n)} \, .$$

Dies verallgemeinert die expliziten Formeln für die Determinante aus Beispiel 2.4.2.

Übung 2.30. Benutzen Sie die Cramersche Regel zum Lösen das Systems

$$\begin{aligned} 2x_1 + x_2 \phantom{{}+2x_3} &= 1 \\ -x_1 + 2x_2 + x_3 &= -26 \\ x_2 + 2x_3 &= 1 \, . \end{aligned}$$

Übung 2.31. Berechnen Sie den Winkel zwischen $v_1 = (2, 1, 0, 2)$ und $v_2 = (2, 4, 2, 1)$ bzw. zwischen $w_1 = (1, 1, 1, 1)$ und $w_2 = (1, 0, 0, 0)$ im $\mathbb{R}^4$.

Übung 2.32. Bestimmen Sie eine ON-Basis für den durch

$$u_1 = \begin{pmatrix} 2 \\ 2 \\ 1 \\ 0 \end{pmatrix}, \quad u_2 = \begin{pmatrix} 3 \\ 2 \\ -1 \\ 2 \end{pmatrix}, \quad u_3 = \begin{pmatrix} 1 \\ 3 \\ 1 \\ 5 \end{pmatrix}$$

aufgespannten Unterraum des $\mathbb{R}^4$.

Übung 2.33. Sei $U \subset \mathbb{R}^4$ der durch $v_1 = (2, 0, 0, 2)$ und $v_2 = (3, 1, 3, 1)$ aufgespannte Unterraum. Bestimmen Sie eine ON-Basis von $U^\perp$.

Übung 2.34. Bestimmen Sie für die folgenden Matrizen A alle Eigenwerte, finden Sie jeweils eine Basis aus Eigenvektoren und eine invertierbare Matrix P, so dass $P^{-1} \circ A \circ P$ Diagonalgestalt besitzt:

$$\begin{pmatrix} 0 & 1 \\ 1 & 0 \end{pmatrix}, \quad \begin{pmatrix} 3 & -2 & 1 \\ -1 & 2 & -3 \\ 1 & 2 & -5 \end{pmatrix}, \quad \begin{pmatrix} 0 & 1 & 0 \\ 1 & 0 & 0 \\ 1 & -1 & 1 \end{pmatrix} \quad \text{und} \quad \begin{pmatrix} 2 & -4 & 1 & -2 \\ 0 & -2 & 0 & 0 \\ 1 & -1 & 2 & -1 \\ -1 & 1 & 1 & 1 \end{pmatrix}.$$

Übung 2.35. Berechnen Sie $\begin{pmatrix} 32 & -33 \\ 22 & -23 \end{pmatrix}^{200}$.

Übung 2.36. Zeichnen Sie, nach Durchführung einer Hauptachsentransformation, die durch folgende Gleichungen bestimmten Mengen im $\mathbb{R}^2$:

(i) $x^2 + 4xy - 2y^2 = 3$
(ii) $5x^2 - 6xy + 5y^2 = 32$
(iii) $9x^2 + 6xy + y^2 + 3y - x = 1$

Übung 2.37. Welche der Matrizen sind positiv definit?

$$\begin{pmatrix} 7 & 8 \\ 8 & 9 \end{pmatrix}, \quad \begin{pmatrix} 1 & -1 & 1 \\ -1 & 2 & 0 \\ 1 & 0 & 1 \end{pmatrix} \quad \text{und} \quad \begin{pmatrix} 2 & 1 & 1 & 1 \\ 1 & 1 & 1 & 1 \\ 1 & 1 & 2 & -1 \\ 1 & 1 & -1 & 13 \end{pmatrix}.$$

Übung 2.38. Sei V ein Vektorraum mit Skalarprodukt und $x, y \in V$. Beweisen Sie

(i) $\|x + y\|^2 + \|x - y\|^2 = 2\|x\|^2 + 2\|y\|^2$ (Parallelogrammregel);
(ii) Wenn $\|x\| = \|y\|$ dann sind $x + y$ und $x - y$ orthogonal zueinander.

Übung 2.39. Für jede quadratische Matrix $A = (a_{ij})$ nennt man die Summe der Diagonalelemente $\mathrm{tr}(A) := \sum a_{ii}$ die *Spur* der Matrix A. Für eine 2×2-Matrix ist zum Beispiel $\mathrm{tr}\left(\begin{smallmatrix} a & b \\ c & d \end{smallmatrix}\right) = a + d$ die Spur. Sei A eine 2×2-Matrix. Zeigen Sie $\chi_A(\lambda) = \lambda^2 - \mathrm{tr}(A)\lambda + \det(A)$ und beweisen Sie $\mathrm{tr}(A) = \mathrm{tr}(P^{-1}AP)$ für jede invertierbare 2×2-Matrix P.

Übung 2.40. Zeigen Sie, dass Eigenvektoren zu verschiedenen Eigenwerten einer symmetrischen Matrix bezüglich des Standardskalarproduktes stets orthogonal zueinander sind.

Übung 2.41. Sei $n > 0$ eine positive ganze Zahl. Bestimmen Sie alle Elemente der Ordnung n in der Gruppe $\mathrm{SO}(2)$. (Die Ordnung eines Gruppenelements wurde in Definition 1.3.21 definiert.)

2.5 Fehlerkorrigierende Codes

Als Ausgangspunkte für die in den vorangegangenen Abschnitten durchgeführten Abstraktionen dienten uns unsere alltägliche Raumvorstellung und die Erfahrung im Umgang mit ganzen Zahlen. Dadurch wurden wir zu Begriffen wie *Vektorraum* und *Ring* geführt. Im Folgenden werden wir durch konkrete Anwendungen die Nützlichkeit dieser abstrakten Begriffsbildungen illustrieren. Bereits bei der Beschreibung von fehlererkennenden Codes (EAN, ISBN, Banknotennummern) im Kapitel 1 hatten wir Methoden aus der Gruppentheorie verwendet. Wir befassen uns hier mit der möglichen *Korrektur* von Fehlern bei der Datenübertragung. Die einfachsten Verfahren beruhen auf den linearen Codes – das sind Vektorräume über dem Körper $\mathbb{F}_2$ – und auf den zyklischen Codes – sie werden mit Hilfe des Polynomringes $\mathbb{F}_2[X]$ konstruiert.

In der Codierungstheorie beschäftigt man sich mit dem folgenden Problem: Gewisse Daten können nur über einen störanfälligen Kanal zu ihrem Empfänger übermittelt werden. Der Empfänger soll in der Lage sein, trotz zufälliger Störungen, aus den empfangenen Daten mit hoher Wahrscheinlichkeit die korrekten Originaldaten zu rekonstruieren.
Mit einem derartigen Problem wird man im Alltagsleben oft konfrontiert: Beim Telefonieren hören wir die Störung als Knacken und Rauschen in der Leitung. Dass dies immer seltener auftritt oder manchem Leser gänzlich unbekannt ist, ist auch ein Verdienst der Codierungstheorie. Beim Abspielen von Musik, die auf herkömmlichen Tonträgern (Schallplatte, CD, Tonband) gespeichert ist, kann durch mechanische Beschädigung des Tonträgers eine Qualitätsminderung entstehen. Im vorigen Jahrhundert war die deutlich hörbare Störung durch einen Kratzer auf einer Schallplatte ein vielen Menschen vertrautes Phänomen. Die hervorragende Tonqualität beim Abspielen einer Musik-CD oder anderer digitaler Tonträger wird ganz wesentlich durch die Anwendung moderner Codierungstheorie ermöglicht. Störungen durch Flecke oder Kratzer können dadurch weitgehend ausgeglichen werden. Auch außerhalb unseres Alltagslebens, bei der Kommunikation über sehr große Distanzen, zum Beispiel mit einem Raumschiff oder Satelliten, ist die Anwendung fehlerkorrigierender Codes wichtig.
Die Grundidee der fehlerkorrigierenden Codes besteht darin, dass man Redundanz zu den zu übermittelnden Daten hinzufügt, also Information wiederholt. Dadurch wird erreicht, dass bei Verlust oder Störung eines Teils der übermittelten Daten möglichst wenig Information verlorengegangen ist.
Die einfachste Umsetzung dieser Idee ist der sogenannte *Wiederholungscode.* Dieses Verfahren kommt bei in Seenot geratenen Schiffen zur Anwendung seit eine Nachrichtenübertragung per Funk möglich ist. Gesendet wird dann bekanntlich

SOS SOS SOS SOS SOS SOS ....

Bei einem Wiederholungscode wird jedes Zeichen n-mal wiederholt. Statt des Wortes F R E I T A G wird im Fall $n = 3$ der Text

F F F R B R E E E I I I T T T A A A G G G.

übermittelt. Falls bei der Übermittlung der elektronischen Version dieses Buches zur Druckerei einer der Buchstaben gestört wurde, können Sie den Fehler leicht selbst beheben. Wenn von je drei aufeinanderfolgenden gleichen Zeichen höchstens eins gestört ist, kann der Text korrekt rekonstruiert werden. Dieses Verfahren ist nicht besonders effizient, da die dreifache Datenmenge übermittelt werden muss. Im Folgenden werden wir Verfahren kennenlernen, die bei einer wesentlich geringeren Datenwiederholungsrate mindestens die gleichen Korrekturmöglichkeiten bieten.
Für das systematische Studium der Situation und zur Beschreibung der Codierungsverfahren legen wir zunächst eine klare Sprache fest. Wie bereits im Kapitel 1 bezeichnen wir als *Alphabet* die Menge, aus der die zu übermittelnden Zeichen stammen. Zur mathematischen Behandlung ordnen wir den Elementen des Alphabets sogenannte *Codeworte* zu. Diese Zuordnung soll injektiv sein. Anders als im Kapitel 1 ist ein Codewort hier nicht aus Elementen des Alphabets zusammengesetzt, vgl. S. 39. Wir beschränken uns hier auf die in der folgenden Definition eingeführten Codes, die auf dem Körper $\mathbb{F}_2$ beruhen. Zum Aufbau der Theorie kann man $\mathbb{F}_2$ durch jeden beliebigen endlichen Körper ersetzen. Bei praktischen Anwendungen, wie zum Beispiel beim CD-Spieler, ist das auch tatsächlich notwendig.

Definition 2.5.1. Unter einem *Code* verstehen wir eine Teilmenge $C \subset \mathbb{F}_2^n$. Die Elemente von C heißen *Codeworte*. Dabei ist $\mathbb{F}_2^n = (\mathbb{F}_2)^n$ der im Beispiel 2.2.3 eingeführte Vektorraum über dem Körper $\mathbb{F}_2$. Seine Elemente sind n-Tupel von Nullen und Einsen. Er hat die Dimension n und enthält 2^n Elemente.

Ein einfaches Beispiel für einen solchen Code ist der 128 Zeichen umfassende ASCII-Code. In diesem Fall ist $n = 8$ und C enthält 2^7 Elemente. Das überzählige Bit könnte prinzipiell als Prüfbit verwendet werden, indem es gleich der Summe der Informationsbits gesetzt wird, vgl. Beispiel 2.5.6. Das Alphabet besteht aus den Buchstaben des englischen Alphabets und einigen bei der Benutzung von Computern üblichen Sonderzeichen. Obwohl inzwischen die Verwendung eines Alphabets mit nur 128 Elementen für viele Belange als nicht mehr ausreichend gilt (Internationalisierung, Unicode), spielt der reine ASCII-Code zum Beispiel innerhalb der Programmierung (ANSI C) und im Internet (URL) noch immer eine wichtige Rolle. Das zusätzliche Bit wird heutzutage allerdings für andere Funktionen genutzt.
Etwas abweichend von unserer Definition können wir auch die Menge aller zulässigen EANs oder ISBNs als Code auffassen. Diese Codes wären, anders als in der obigen Definition, Teilmengen von $(\mathbb{Z}/10\mathbb{Z})^{13}$ bzw. $(\mathbb{Z}/11\mathbb{Z})^{10} = \mathbb{F}_{11}^{10}$ und nicht von $\mathbb{F}_2^n$. Im Gegensatz zur Sprechweise in Kapitel 1 wäre hier entsprechend der Definition 2.5.1 jede EAN bzw. ISBN ein Element des jeweiligen Alphabets.

Eine zentrale Rolle in der Codierungstheorie spielt der Hamming-Abstand.

Definition 2.5.2. Der *Hamming-Abstand*[16] $d(x, y)$ zwischen zwei Elementen $x = (x_1, \ldots, x_n), y = (y_1, \ldots, y_n) \in \mathbb{F}_2^n$ ist die Anzahl der Positionen, an denen sich beide Vektoren unterscheiden: $d(x, y) = |\{i \mid x_i \neq y_i\}|$.

Der Hamming-Abstand kann als Abbildung $d : \mathbb{F}_2^n \times \mathbb{F}_2^n \to \mathbb{Z}$ aufgefasst werden. Wir sprechen von einem *Abstand*, da diese Abbildung die gleichen Eigenschaften wie der gewöhnliche Abstandsbegriff aus der ebenen euklidischen Geometrie besitzt. Unter dem Abstand zwischen zwei Vektoren $x, y \in \mathbb{R}^n$ versteht man in der klassischen Geometrie die Länge ihres Differenzvektors

$$\|x - y\| = \sqrt{(x_1 - y_1)^2 + (x_2 - y_2)^2 + \ldots + (x_n - y_n)^2}\ .$$

Mehr dazu findet der Leser im Abschnitt 2.4 im Zusammenhang mit dem Begriff des Skalarproduktes. Die wesentlichen Eigenschaften eines derartigen Abstandsbegriffes sind in der Definition des in der Mathematik etablierten Begriffes der Metrik zusammengefasst.

Definition 2.5.3. Als *Metrik* auf einer Menge X bezeichnet man eine Abbildung $d : X \times X \to \mathbb{R}$, für die für beliebige $x, y, z \in X$ gilt:

$$d(x, y) = d(y, x) \tag{2.20}$$

$$d(x, y) \geq 0 \tag{2.21}$$

$$d(x, y) = 0 \iff x = y \tag{2.22}$$

$$d(x, y) + d(y, z) \geq d(x, z)\ . \tag{2.23}$$

Die Bedingung (2.23) heißt *Dreiecksungleichung*, vgl. Satz 2.4.14.
Da eine Kugel vom Radius r im dreidimensionalen Raum $\mathbb{R}^3$ genau aus den Punkten besteht, deren Abstand zum Mittelpunkt der Kugel höchstens r ist, nennt man ganz allgemein bei Vorliegen einer Metrik d auf einer Menge X

$$B_r(x) := \{y \in X \mid d(x, y) \leq r\} \subset X$$

die *Kugel mit Radius* r *und Zentrum* x.
Die Grundidee der *Fehlererkennung* besteht darin, dass ein empfangenes Element aus $\mathbb{F}_2^n$ als korrekt angesehen wird, wenn es sich um ein Codewort aus C handelt. Bei der *Fehlerkorrektur* ersetzt man jeden nicht korrekten Vektor durch das *nächstgelegene* Codewort. Der Hamming-Abstand ist so definiert, dass das nächstgelegene Codewort dasjenige ist, welches durch die kleinste Zahl von Änderungen aus dem fehlerhaften Vektor gewonnen werden kann. Um die Güte eines Codes quantifizieren zu können, führt man für Codes $C \subset \mathbb{F}_2^n$ die folgende Sprechweise ein.

[16] Richard Hamming (1915–1998), US-amerikanischer Mathematiker.

Definition 2.5.4. Sei $r \geq 0$ eine natürliche Zahl, dann nennen wir C

(i) *r-fehlererkennend*, wenn durch Abändern eines Codewortes $v \in C$ an höchstens r Positionen niemals ein anderes Codewort aus C entsteht.
(ii) *r-fehlerkorrigierend*, wenn es zu jedem $w \in \mathbb{F}_2^n$ maximal ein Codewort $v \in C$ gibt, welches sich an höchstens r Positionen von w unterscheidet.
(iii) *r-perfekt*, wenn es zu jedem $w \in \mathbb{F}_2^n$ genau ein Codewort $v \in C$ gibt, welches sich an höchstens r Positionen von w unterscheidet.

Mit Hilfe des Hamming-Abstands können wir diese Begriffe folgendermaßen beschreiben und graphisch veranschaulichen.
Ein Code C ist genau dann r-fehlererkennend, wenn der Abstand zwischen zwei beliebigen Codeworten mindestens $r+1$ beträgt, das heißt für alle $v \in C$ muss

$$B_r(v) \cap C = \{v\}$$

gelten. Äquivalent dazu ist

$$d_{\min}(C) := \min\{d(u,v) \mid u, v \in C, u \neq v\} \geq r+1 . \tag{2.24}$$

Die Zahl $d_{\min}(C)$ heißt *Minimalabstand* des Codes $C \subset \mathbb{F}_2^n$.

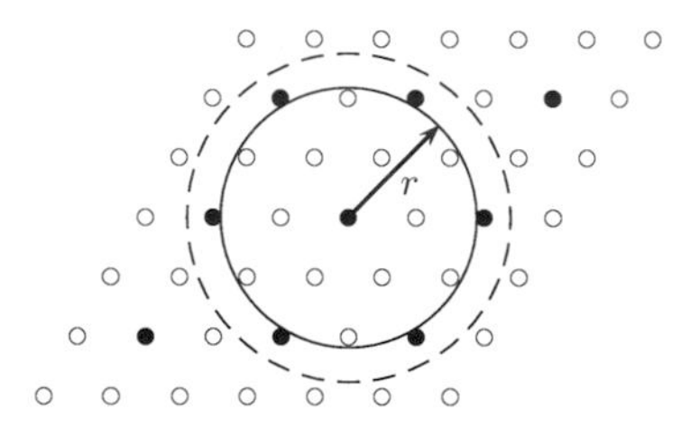

Abb. 2.14 r-fehlererkennend

Ein Code C ist genau dann r-fehlerkorrigierend, wenn es keinen Vektor in $\mathbb{F}_2^n$ gibt, der von zwei verschiedenen Codeworten höchstens Abstand r hat, das heißt, wenn für alle $u, v \in C$ mit $u \neq v$

$$B_r(u) \cap B_r(v) = \emptyset$$

gilt. Dies ist wegen der Dreiecksungleichung äquivalent zu

$$d_{\min}(C) := \min\{d(u,v) \mid u, v \in C, u \neq v\} \geq 2r+1 . \tag{2.25}$$

Schließlich ist ein Code C genau dann r-perfekt, wenn er r-fehlerkorrigierend ist und jedes Element aus $\mathbb{F}_2^n$ höchstens Abstand r zu einem Codewort hat:

$$\bigcup_{v \in C} B_r(v) = \mathbb{F}_2^n \quad \text{und} \quad \forall\, u, v \in C \text{ mit } u \neq v : \; B_r(u) \cap B_r(v) = \emptyset .$$

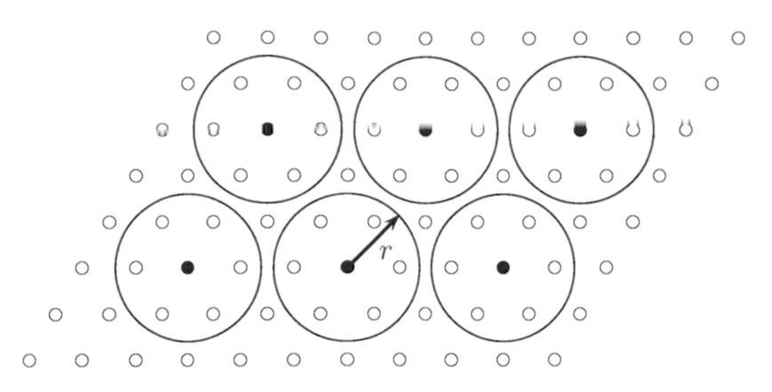

Abb. 2.15 r-fehlerkorrigierend

Das heißt, bei einem r-perfekten Code wird der Vektorraum $\mathbb{F}_2^n$ wie bei einer Äquivalenzrelation durch die in Codeworten zentrierten Kugeln $B_r(v)$ disjunkt überdeckt. Das ist anstrebenswert, da für einen solchen Code jedem empfangenen Wort $x \in \mathbb{F}_2^n$ ein eindeutig bestimmtes Codewort $v \in C$ zugeordnet werden kann, nämlich dasjenige für welches $x \in B_r(v)$ gilt.
Aus dieser Beschreibung ergeben sich für jeden Code C die folgenden Implikationen:

$$\begin{array}{ccccc} r\text{-perfekt} & \Longrightarrow & r\text{-fehlerkorrigierend} & \Longrightarrow & r\text{-fehlererkennend} \\ & & \Downarrow & & \Downarrow \\ (r-1)\text{-perfekt} & \Longrightarrow & (r-1)\text{-fehlerkorrigierend} & \Longrightarrow & (r-1)\text{-fehlererkennend.} \end{array}$$

Wir haben hier nicht vergessen einen dritten senkrechten Implikationspfeil zu drucken, denn im Allgemeinen wird kein r-perfekter Code auch $(r-1)$-perfekt sein, da man bei Verkleinerung des Kugelradius möglicherweise einige Elemente verliert. Wenn man diese Begriffe sinngemäß auf $(\mathbb{Z}/m\mathbb{Z})^n$ überträgt, dann kann man sagen, dass der ISBN-Code und der EAN-Code 1-fehlererkennende, aber nicht 1-fehlerkorrigierende Codes sind. Das ergibt sich aus der am Ende von Abschnitt 1.3 durchgeführten Analyse.
Aus der Ungleichung (2.25) folgt für jeden 1-fehlerkorrigierenden Code $d_{\min}(C) \geq 3$. Für einen 2-fehlerkorrigierenden Code gilt $d_{\min}(C) \geq 5$. Wegen (2.24) ist jeder Code C stets $(d_{\min}(C) - 1)$-fehlererkennend. Je größer der Minimalabstand eines Codes desto besser sind seine Fehlererkennungs- und -korrektureigenschaften.
Bei einem r-perfekten Code kann man bei der praktischen Durchführung der Fehlerkorrektur mit einer Tabelle arbeiten, in der zu jedem $v \in C$ alle Elemente aus $B_r(v)$ aufgelistet sind. Zu jedem übermittelten Codewort $w \in \mathbb{F}_2^n$ lässt sich daraus dasjenige $v \in C$ ablesen, für das $w \in B_r(v)$ gilt. Diese Methode ist nicht sehr effizient. Wenn viele Daten innerhalb kurzer Zeit bearbeitet werden müssen, wie zum Beispiel beim Abspielen digitalisierter Musik, dann ist diese Methode überhaupt nicht anwendbar. Ein Ausweg besteht darin, Codes zu betrachten, die mehr algebraische Struktur besitzen. Dadurch kann die Benutzung von Tabellen durch algebraische Rechnungen ersetzt werden. Dies führt zu wesentlich schnelleren Decodierverfahren.

Lineare Codes

Definition 2.5.5. Ein Code $C \subset \mathbb{F}_2^n$ heißt *linear*, falls C ein $\mathbb{F}_2$-Unterraum von $\mathbb{F}_2^n$ ist. Wenn $\dim_{\mathbb{F}_2} C = k$, nennen wir C einen linearen (n,k)-*Code.*

Da sich durch Addition des gleichen Vektors zu u und zu v die Anzahl der Einträge, an denen sich die zwei Vektoren u und v unterscheiden, nicht ändert, gilt $d(u+w, v+w) = d(u,v)$. Insbesondere ist $d(u,v) = d(u-v,0)$. Statt mit dem Hamming-Abstand zu arbeiten, können wir daher auch das *Gewicht*

$$w(v) := d(v,0)$$

des Vektors $v \in \mathbb{F}_2^n$ verwenden. Das Gewicht $w(v)$ ist gleich der Zahl der von Null verschiedenen Einträge in v. Da jeder lineare Code C den Nullvektor enthält und mit je zwei seiner Codeworte auch deren Differenz, ergibt sich aus $d(u,v) = w(u-v)$, dass

$$d_{\min}(C) = \min\{w(v) \mid v \in C, v \neq 0\} = w_{\min}(C)$$

gilt. Diese Zahl nennt man das *Minimalgewicht* des linearen Codes C. Ein linearer Code mit großem Minimalgewicht hat gute Eigenschaften bei der Fehlerkorrektur.
Um das angestrebte Ziel zu erreichen, bei der Beschreibung und Decodierung auf die Benutzung von Tabellen verzichten zu können, erinnern wir uns daran, dass wir Unterräume des Vektorraumes $\mathbb{F}_2^n$ auf zwei Weisen beschreiben können: als *Lösungsmenge* eines Gleichungssystems oder durch eine *Basis.*
Die 2^k Vektoren eines linearen (n,k)-Codes sind durch die Angabe von k Basisvektoren vollständig beschrieben. Eine Matrix $G \in \mathrm{Mat}(k \times n, \mathbb{F}_2)$, deren Zeilen eine Basis eines linearen (n,k)-Codes C bilden, heißt *Generatormatrix* dieses Codes.
Wenn $C = \mathrm{Lös}(H|\,0)$ eine Beschreibung des linearen (n,k)-Codes C als Lösungsmenge eines Gleichungssystems mit $n-k$ Gleichungen ist, dann heißt $H \in \mathrm{Mat}((n-k) \times n, \mathbb{F}_2)$ *Kontrollmatrix* des Codes C. Durch Berechnung von $H \cdot w$ kann man kontrollieren, ob w ein Codewort ist: $w \in C \iff H \cdot w = 0$. Den Vektor $H \cdot w \in \mathbb{F}_2^{n-k}$ nennt man das *Syndrom* von w, denn er ist genau dann gleich 0, wenn $w \in C$. Das Syndrom zeigt dem Empfänger Übertragungsfehler an.
Da die Zeilen einer Generatormatrix G Codeworte sind, gilt für jede Kontrollmatrix H stets $H \circ G^t = 0$.
In der Sprache der linearen Algebra (Abschnitt 2.2) definiert die Transponierte der Matrix G eine lineare Abbildung $f_{G^t} : \mathbb{F}_2^k \to \mathbb{F}_2^n$, deren Bildraum der Code $C = \mathrm{im}(f_{G^t})$ ist. Der Lösungsraum einer Kontrollmatrix H ist der Kern $C = \ker(f_H)$ der linearen Abbildung $f_H : \mathbb{F}_2^n \to \mathbb{F}_2^{n-k}$.

Beispiel 2.5.6. Die bereits erwähnte Codierung der 128 ASCII-Zeichen mit einem zusätzlichen Prüfbit ist ein linearer Code. Da er aus $128 = 2^7$ Codeworten in $\mathbb{F}_2^8$ besteht, handelt es sich um einen $(8,7)$-Code. Eine Bitfolge

$a_1a_2\dots a_8$, interpretiert als Vektor $a = (a_1,\dots,a_8) \in \mathbb{F}_2^8$, entspricht genau dann einem ASCII-Zeichen, wenn $\sum_{i=1}^8 a_i = 0$ ist. Als Basis für C kann man die 7 Vektoren $e_i + e_8$, $1 \le i \le 7$ wählen. Die entsprechende Generatormatrix ist

$$G = \begin{pmatrix} 1&0&0&0&0&0&0&1\\ 0&1&0&0&0&0&0&1\\ 0&0&1&0&0&0&0&1\\ 0&0&0&1&0&0&0&1\\ 0&0&0&0&1&0&0&1\\ 0&0&0&0&0&1&0&1\\ 0&0&0&0&0&0&1&1 \end{pmatrix} \in \mathrm{Mat}(7\times 8, \mathbb{F}_2)\,.$$

Als Kontrollmatrix kann man die folgende Matrix wählen

$$H = (1,1,1,1,1,1,1,1) \in \mathrm{Mat}(1\times 8, \mathbb{F}_2)\,.$$

Der ASCII-Code mit Paritätsbit hat daher die folgende Beschreibung:

$$C = \{G^t \cdot y \mid y \in \mathbb{F}_2^7\} = \{v \in \mathbb{F}_2^8 \mid H \cdot v = 0\}\,.$$

Da sowohl eine Basis als auch ein Gleichungssystem für einen linearen Unterraum $C \subset \mathbb{F}_2^n$ nicht eindeutig bestimmt sind, sind wir flexibel bei der Wahl der Matrizen G und H. Wir nutzen diese Flexibilität, um eine besonders ökonomische Beschreibung linearer Codes zu gewinnen. Wir starten dazu mit einer beliebigen Kontrollmatrix $H \in \mathrm{Mat}((n-k)\times n, \mathbb{F}_2)$ eines linearen (n,k)-Codes. Diese Matrix hat Rang $n-k$, da ihr Kern die Dimension k hat, vgl. Satz 2.2.28. Anwendung des Gauß-Jordan-Verfahrens auf H liefert eine Matrix, die in jeder Zeile ein Pivotelement besitzt. Durch Vertauschung der Spalten erhalten wir daraus eine Matrix, deren erste $n-k$ Spalten die Einheitsmatrix $\mathbf{1}_{n-k}$ bilden. Die Vertauschung von Spalten verändert nichts Grundsätzliches an den Eigenschaften des Codes. Durch eine Veränderung der Identifikation des Alphabets mit den Codeworten kann man eine Spaltenvertauschung wieder kompensieren.

Diese Überlegungen zeigen, dass es für jeden linearen (n,k)-Code (nach eventueller Spaltenvertauschung) eine Matrix $M \in \mathrm{Mat}((n-k)\times k, \mathbb{F}_2)$ gibt, so dass die Kontrollmatrix $H = (\mathbf{1}_{n-k} \mid M)$ ist.

Für solch eine Kontrollmatrix lässt sich die Generatormatrix G leicht berechnen. Das liegt daran, dass H bereits in reduzierter Zeilenstufenform vorliegt und somit eine Basis der Lösungsmenge $C = \mathrm{Lös}(H|\,0)$ unmittelbar abzulesen ist. Es ergibt sich hier

$$G = (-M^t \mid \mathbf{1}_k) = (M^t \mid \mathbf{1}_k) \in \mathrm{Mat}(k\times n, \mathbb{F}_2)\,.$$

Das Vorzeichen ist irrelevant, da $1 = -1$ in $\mathbb{F}_2$.

Bei der Beschreibung des ASCII-Codes mit Paritätsbit im Beispiel 2.5.6 hatten wir G und H im Wesentlichen in dieser Form angegeben. Die Matrix M ist in diesem Beispiel eine 1×7-Matrix, deren Einträge alle gleich 1 sind.

Wenn ein linearer Code durch eine Generatormatrix G der Gestalt $(M^t \mid \mathbf{1}_k)$ gegeben ist, dann tragen die letzten k Komponenten eines Vektors $v \in C$ die eigentliche Information. Die ersten $(n-k)$ Komponenten interpretieren wir als Prüfbits. Diese berechnen sich aus den letzten k Komponenten $v' \in \mathbb{F}_2^k$ – der zu codierenden Information – als $v'^t \cdot M^t$, dabei ist v'^t der zum Spaltenvektor v' gehörige Zeilenvektor. Das zu v' gehörige Codewort als Spaltenvektor lautet $v = \begin{pmatrix} M \cdot v' \\ v' \end{pmatrix} \in C$. Auf der Empfängerseite wird man aus einem empfangenen Wort $v = \begin{pmatrix} v'' \\ v' \end{pmatrix}$ mit Hilfe der Kontrollmatrix $H = (\mathbf{1}_{n-k} \mid M)$ das Syndrom $H \cdot v = v'' + Mv'$ bestimmen.

Beispiel 2.5.7. Der lineare $(7,4)$-Code, der durch die Matrix

$$M = \begin{pmatrix} 1\,1\,0\,1 \\ 1\,0\,1\,1 \\ 0\,1\,1\,1 \end{pmatrix} \in \mathrm{Mat}(3 \times 4, \mathbb{F}_2)$$

gegeben ist, hat als Kontrollmatrix die Matrix

$$H = \begin{pmatrix} 1\,0\,0\,1\,1\,0\,1 \\ 0\,1\,0\,1\,0\,1\,1 \\ 0\,0\,1\,0\,1\,1\,1 \end{pmatrix} \in \mathrm{Mat}(3 \times 7, \mathbb{F}_2)$$

und als Generatormatrix die Matrix

$$G = \begin{pmatrix} 1\,1\,0\,1\,0\,0\,0 \\ 1\,0\,1\,0\,1\,0\,0 \\ 0\,1\,1\,0\,0\,1\,0 \\ 1\,1\,1\,0\,0\,0\,1 \end{pmatrix} \in \mathrm{Mat}(4 \times 7, \mathbb{F}_2)\,.$$

Da die Generatormatrix G dieses Codes Zeilen mit nur drei Einsen enthält, ist $w_{\min} \leq 3$. Gäbe es ein Codewort $v \in C$, welches höchstens zwei von Null verschiedene Komponenten hat, dann müsste H zwei linear abhängige Spalten besitzen, da $H \cdot v = 0$ für jedes Codewort v. Ein Blick auf H verrät, dass dies nicht der Fall ist. Daher hat dieser Code das Minimalgewicht $w_{\min} = 3$. Er ist also 1-fehlerkorrigierend und 2-fehlererkennend. Mit ähnlichen Überlegungen kann man zeigen, dass für jeden linearen (n,k)-Code stets $w_{\min} \leq n - k + 1$ gilt. Dieser Wert wird bei den sogenannten Reed-Solomon-Codes auch tatsächlich erreicht.

Das zeigt, dass dieser Code wesentlich besser ist als der Wiederholungscode. Es ist eine 3-fach Wiederholung nötig, um einen 1-fehlerkorrigierenden Code zu erhalten. Bei einem solchen Wiederholungscode werden 4-Bit Zeichen durch Codeworte der Länge $3 \times 4 = 12$ Bits codiert. Mit dem angegebenen linearen $(7,4)$-Code sind zur Codierung von 4-Bit Zeichen nur 7 Bits notwendig.

Bevor wir uns mit den zyklischen Codes befassen, fragen wir nach linearen Codes, bei denen sich die *Fehlerkorrektur* besonders ökonomisch durchführen lässt. Das wird uns zu den Hamming-Codes führen, die bereits von eindrucksvoller Qualität hinsichtlich der Vermeidung von Informationsverlust sind.
Jede Kontrollmatrix H eines linearen (n, k)-Codes ist vom Rang $n - k$. Das übersetzt sich in die Aussage, dass $f_H : \mathbb{F}_2^n \to \mathbb{F}_2^{n-k}$ surjektiv ist. Da $C = \ker(f_H)$, besagt der Homomorphiesatz für lineare Abbildungen, Folgerung 2.2.32, dass das Syndrom $H \cdot v \in \mathbb{F}_2^{n-k}$ eines Vektors v angibt, in welcher Nebenklasse von $C \subset \mathbb{F}_2^n$ der Vektor v enthalten ist.
Der Fehlervektor e, um den sich das korrekte Codewort $c \in C$ und das empfangene Wort $v = c + e$ unterscheiden, hat wegen $H \cdot c = 0$ das gleiche Syndrom wie v: $Hv = He$. Zur Fehlerkorrektur nehmen wir an, dass der kleinstmögliche Fehler vorliegt. Somit müssen wir das Element kleinsten Gewichts in jeder Nebenklasse bestimmen und dies in geeigneter Weise aus dem Syndrom ablesen.
Wenn das Syndrom mit einer Spalte der Kontrollmatrix H übereinstimmt, dann ist der zugehörige Fehlervektor kleinsten Gewichts einer der Standardbasisvektoren e_i. Eine besonders günstige Situation liegt vor, wenn jedes mögliche Syndrom als Spalte der Kontrollmatrix H auftritt. Das ist bei dem $(7, 4)$-Code aus Beispiel 2.5.7 der Fall. Da $\mathbb{F}_2^3$ acht Elemente enthält, gibt es acht Nebenklassen von C in $\mathbb{F}_2^7$. Um das Element kleinsten Gewichts in jeder dieser Nebenklassen zu bestimmen, starten wir mit der Beobachtung, dass keine zwei der acht Vektoren $0, e_1, e_2, \ldots, e_7$ in der gleichen Nebenklasse liegen können. Das liegt daran, dass die Differenz zweier Vektoren aus dieser Liste höchstens vom Gewicht 2, das Minimalgewicht des Codes jedoch gleich 3 ist. Da $w(0) = 0$ und $w(e_i) = 1$, sind diese acht Vektoren die gesuchten Elemente minimalen Gewichts in den jeweiligen Nebenklassen.
Die Fehlerkorrektur kann man deshalb bei dem $(7, 4)$-Code aus Beispiel 2.5.7 auf die folgende besonders ökonomische Weise durchführen: Wenn das Syndrom eines Vektors v gleich 0 ist, dann nehmen wir an, es liegt kein Übertragungsfehler vor. Wenn das Syndrom nicht gleich 0 ist, dann tritt es als Spalte von H auf, denn die Spalten von H sind genau die von Null verschiedenen Vektoren von $\mathbb{F}_2^3$. Wenn das Syndrom die i-te Spalte von H ist, dann ist der Fehlervektor gleich e_i und v ist genau an der Stelle i zu verändern. Bei einer praktischen Umsetzung wird man die Komponenten der Codeworte so umsortieren, dass die Kontrollmatrix die Gestalt

$$H = \begin{pmatrix} 1\,0\,1\,0\,1\,0\,1 \\ 0\,1\,1\,0\,0\,1\,1 \\ 0\,0\,0\,1\,1\,1\,1 \end{pmatrix} \in \mathrm{Mat}(3 \times 7, \mathbb{F}_2)$$

hat. So geschrieben, stellen die Einträge einer Spalte die Nummer dieser Spalte als Binärzahl dar. Das Syndrom Hv ist in diesem Fall bereits *gleich* der Nummer der Position, an der v geändert werden muss.

Die Besonderheit dieses Beispiels besteht darin, dass *jeder* von Null verschiedene Vektor des Vektorraumes $\mathbb{F}_2^3$ als Spalte der Kontrollmatrix H auftritt. Dies ist der Ausgangspunkt für die folgende Definition.

Definition 2.5.8. Für jedes $r \geq 2$ sei $H_r \in \mathrm{Mat}(r \times n, \mathbb{F}_2)$ die Matrix, deren Spalten durch die $n = 2^r - 1$ von 0 verschiedenen Vektoren aus $\mathbb{F}_2^r$ gebildet werden. Den durch die Kontrollmatrix H_r definierten linearen $(n, n-r)$-Code nennt man *Hamming-Code.*

Für $r = 2$ erhalten wir den $(3, 1)$-Hamming-Code mit Kontrollmatrix

$$\begin{pmatrix} 1 & 0 & 1 \\ 0 & 1 & 1 \end{pmatrix} .$$

Dies ist der 3-fach Wiederholungscode. Mit $r = 3$ erhalten wir den $(7, 4)$-Hamming-Code, der in Beispiel 2.5.7 betrachtet wurde. Dieser wurde etwa 1950 von R.W. Hamming entdeckt, siehe [Ha]. Für jedes $r \geq 2$ ist der zugehörige Hamming-Code 1-fehlerkorrigierend und sein Minimalgewicht ist $w_{\min} = 3$.

Bemerkung 2.5.9. Zur Quantifizierung der Güte eines Codes kann man die Wahrscheinlichkeit berechnen, mit der eine bestimmte Datenmenge korrekt decodiert wird. Dazu nimmt man an, dass ein einzelnes Bit bei der Nachrichtenübertragung mit Wahrscheinlichkeit p gestört wird. Dann kommt ein n-Bit Wort mit Wahrscheinlichkeit $1 - (1 - p)^n$ gestört beim Empfänger an. Wenn ein Hamming-Code benutzt wird, tritt erst dann Informationsverlust ein, wenn mindestens zwei Bits eines Codewortes gestört sind. Die Wahrscheinlichkeit, dass dies bei einem Codewort der Länge n auftritt, beträgt[17]

$$1 - (1 - p)^n - np(1 - p)^{n-1} = 1 - (1 - p)^{n-1}(1 + (n - 1)p) .$$

Wir müssen jetzt noch berücksichtigen, dass bei einem Hamming-Code von den übertragenen $n = m + r$ Bits nur m Informationsbits sind. Da die Wortlänge beim Hamming-Code gleich $n = m + r = 2^r - 1$ ist, enthält jedes Wort $m = n - r = 2^r - 1 - r$ Informationsbits. Die Wahrscheinlichkeit, dass ein Codewort, welches m Informationsbits enthält, vom Empfänger korrekt rekonstruiert werden kann, ist somit bei einem $(n, m) = (2^r - 1, 2^r - r - 1)$-Hamming-Code gleich $(1 - p)^{m+r} + (m + r)p(1 - p)^{m+r-1}$.
Da $m + r = n$ und da jedes Codewort $n - r$ Informationsbits enthält, ergibt sich daraus, dass die Wahrscheinlichkeit, dass N Informationsbits mit Hilfe eines $(n, n - r)$-Hamming-Codes vom Empfänger korrekt erkannt werden,

$$\left((1 - p)^{n-1} (1 + (n - 1)p)\right)^{\frac{N}{n-r}}$$

[17] Die mathematischen Grundlagen für diese Rechnungen findet man in Abschnitt 5.2, insbesondere Beispiel 5.2.7 und Bemerkung 5.2.18.

beträgt. Die Wahrscheinlichkeit, dass N uncodierte Informationsbits korrekt beim Empfänger ankommen beträgt $(1-p)^N$.
Tabelle 2.1 enthält angenäherte Werte für die als Prozentzahl ausgedrückte Wahrscheinlichkeit, dass 1 MB Information, das sind $N = 8 \times 2^{20} = 2^{23}$ Informationsbits, korrekt vom Empfänger decodiert wird. Dabei wurden fünf

r	$(n, n-r)$	Rate	$p = 10^{-4}$	$p = 10^{-5}$	$p = 10^{-6}$
2	$(3, 1)$	0.33	77.75	99.75	100.00
3	$(7, 4)$	0.57	64.39	99.56	100.00
4	$(15, 11)$	0.73	44.93	99.20	99.99
5	$(31, 26)$	0.84	22.37	98.51	99.98
10	$(1023, 1013)$	0.99	0.00	65.05	99.57
	uncodiert	1.00	0.00	0.003	35.04

Tabelle 2.1 Wahrscheinlichkeit der korrekten Übermittlung von 1 MB Daten

verschiedene Hamming-Codes und die uncodierte Übertragung für drei Beispielwerte von $0 \leq p \leq 1$ verglichen. In der Tabelle ist auch die *Informationsrate* angegeben, das ist der Quotient m/n aus der Zahl der Informationsbits und der Zahl der übertragenen Bits. Die angegebenen Zahlen sind Näherungswerte, was insbesondere bei den Einträgen 0.00 und 100.00 zu beachten ist.
Da bei praktischen Anwendungen oft große Datenmengen in kurzer Zeit verarbeitet werden müssen, ist man an Codes interessiert, die eine Informationsrate besitzen, die nicht viel kleiner als 1 ist. Ein guter Code hat sowohl eine große Informationsrate als auch eine große Wahrscheinlichkeit, dass die Daten korrekt vom Empfänger rekonstruiert werden können. Die Tabelle zeigt eindrucksvoll, dass bereits mit Hamming-Codes, die ja nur 1-fehlerkorrigierend sind, befriedigende Ergebnisse erreicht werden können.

Zyklische Codes

Für praktische Anwendungen wie zum Beispiel beim Abspielen einer Musik-CD sind die Hamming-Codes noch nicht ausreichend. Zur Verbesserung kann man weitere algebraische Strukturen benutzen. Diese Vorgehensweise illustrieren wir hier am Beispiel der zyklischen Codes. Für ihr Studium kann die Ringstruktur des Polynomringes $\mathbb{F}_2[X]$ genutzt werden. Die Hamming-Codes erweisen sich bis auf Spaltenvertauschung als zyklische Codes. Die Beschreibung der für Musik-CDs relevanten Codes würde den Rahmen dieses Buches sprengen. Am Ende des Kapitels findet der interessierte Leser dazu Literaturhinweise.
Die zyklischen Codes sind spezielle lineare Codes. Die Zusatzstruktur erhält man dadurch, dass der Vektorraum $\mathbb{F}_2^n$ durch den Ring

$$\mathbb{F}_2[X]/\langle X^n - 1\rangle$$

ersetzt wird. Die Wahl einer Basis des $\mathbb{F}_2$-Vektorraumes $\mathbb{F}_2[X]/\langle X^n - 1\rangle$ legt einen Isomorphismus $\mathbb{F}_2^n \cong \mathbb{F}_2[X]/\langle X^n - 1\rangle$ fest. Wir ordnen hier jedem Vektor $(a_0, a_1, \ldots, a_{n-1}) \in \mathbb{F}_2^n$ die Restklasse des Polynoms $\sum_{i=0}^{n-1} a_i X^i \in \mathbb{F}_2[X]$ in $\mathbb{F}_2[X]/\langle X^n - 1\rangle$ zu.

Definition 2.5.10. Ein *zyklischer Code* ist ein Ideal $C \subset \mathbb{F}_2[X]/\langle X^n - 1\rangle$.

Diese Codes heißen zyklisch, weil mit jedem Codewort $(a_0, \ldots, a_{n-1}) \in \mathbb{F}_2^n$ auch jede zyklische Vertauschung $(a_i, a_{i+1}, \ldots, a_{n-1}, a_0, a_1, \ldots, a_{i-1})$ ein Codewort ist. Das kommt daher, dass die Multiplikation mit der Restklasse von X dem zyklischen Verschieben der Einträge um eine Position entspricht. Dies ist die Grundlage für eine technisch günstige Codierung zyklischer Codes mittels sogenannter Schieberegister. Mehr dazu erfährt der Leser zum Beispiel in [Sch, S. 138–140].
Da $\mathbb{F}_2[X]$ ein Hauptidealring ist (Satz 1.4.17), ist auch jedes Ideal des Ringes $\mathbb{F}_2[X]/\langle X^n - 1\rangle$ von einem Element erzeugt. Das bedeutet, dass zu jedem zyklischen Code $C \subset \mathbb{F}_2[X]/\langle X^n - 1\rangle$ ein Polynom $g \in \mathbb{F}_2[X]$ existiert, dessen Restklasse modulo $X^n - 1$ das Ideal C erzeugt. Wir nennen das Polynom kleinsten Grades mit dieser Eigenschaft das *Generatorpolynom* des zyklischen Codes C. Es ist eindeutig bestimmt, da zwei Polynome gleichen Grades aus dem Ring $\mathbb{F}_2[X]$, von denen jedes ein Vielfaches des anderen ist, bis auf einen von Null verschiedenen Faktor aus $\mathbb{F}_2$ übereinstimmen müssen.

Satz 2.5.11 *Das Generatorpolynom g jedes zyklischen Codes ist ein Teiler von $X^n - 1$ in $\mathbb{F}_2[X]$.*

Beweis. Da wir modulo $X^n - 1$ rechnen, ist sicher $\deg(g) < n$. Division mit Rest in $\mathbb{F}_2[X]$ liefert eine Darstellung $X^n - 1 = g \cdot h + r$, wobei $r, h \in \mathbb{F}_2[X]$ Polynome sind, so dass $\deg(r) < \deg(g)$. Es folgt $g \cdot h = -r$ in $\mathbb{F}_2[X]/\langle X^n - 1\rangle$, also $r \in \langle g\rangle = C$. Da g minimalen Grad hat, ist dies nur möglich, wenn $r = 0$ gilt. Daher ist $X^n - 1 = g \cdot h$ und g ist Teiler von $X^n - 1$. □

Das Generatorpolynom eines zyklischen Codes ersetzt die Generatormatrix eines linearen Codes. Da in dem Ring $\mathbb{F}_2[X]/\langle X^n - 1\rangle$ die Gleichung $X^n = 1$ gilt, können wir jedes Element dieses Ringes auf eindeutige Weise durch ein Polynom aus $\mathbb{F}_2[X]$ vom Grad kleiner als n repräsentieren. Die Repräsentanten für die Codeworte aus $C = \langle g\rangle$ erhält man durch Multiplikation des Generatorpolynoms g mit den 2^k Elementen von $\mathbb{F}_2[X]_{\leq k-1}$, der Menge aller Polynome, deren Grad kleiner als $k = n - \deg(g)$ ist. Dadurch sehen wir, dass C ein (n, k)-Code ist. Eine Basis von C, betrachtet als $\mathbb{F}_2$-Vektorraum, wird durch die Codeworte $g, Xg, X^2 g, \ldots, X^{k-1} g$ gebildet. Die zugehörige Generatormatrix für den zyklischen Code mit Generatorpolynom

$$g = g_0 + g_1 X + g_2 X^2 + \ldots + g_r X^r$$

hat die Gestalt

$$G = \begin{pmatrix} g_0 & g_1 & \dots\dots\dots & g_r & 0 & \dots\dots & 0 \\ 0 & g_0 & g_1 & \dots\dots\dots & g_r & 0 \dots & 0 \\ \vdots & \ddots & \ddots & \ddots & & \ddots & \ddots \quad \vdots \\ 0 & \dots & 0 & g_0 & g_1 & \dots\dots\dots & g_r \quad 0 \\ 0 & \dots\dots & 0 & g_0 & g_1 & \dots\dots\dots & g_r \end{pmatrix} \in \mathrm{Mat}((n-r) \times n, \mathbb{F}_2) .$$

Um eine Kontrollmatrix H eines zyklischen Codes beschreiben zu können, beobachten wir zunächst, dass es wegen Satz 2.5.11 ein Polynom $h \in \mathbb{F}_2[X]$ gibt, so dass

$$X^n - 1 = g \cdot h$$

gilt. Das Polynom kleinsten Grades mit dieser Eigenschaft nennen wir *Kontrollpolynom* des zyklischen Codes C, da das Ideal C mit dem Kern der durch Multiplikation mit h definierten Abbildung

$$\mathbb{F}_2[X]/\langle X^n - 1\rangle \longrightarrow \mathbb{F}_2[X]/\langle X^n - 1\rangle$$

übereinstimmt. Das heißt, dass $f \in \mathbb{F}_2[X]$ genau dann ein Codewort ist, wenn $f \cdot h = 0$ in $\mathbb{F}_2[X]/\langle X^n - 1\rangle$. Wenn

$$h = h_0 + h_1 X + h_2 X^2 + \ldots + h_{n-r} X^{n-r} ,$$

dann ist die Matrix

$$H = \begin{pmatrix} h_{n-r} & \dots\dots\dots & h_0 & 0 & \dots\dots & 0 \\ 0 & h_{n-r} & \dots\dots\dots & h_0 & 0 \dots & 0 \\ \vdots & \ddots & \ddots & & \ddots \quad \ddots & \vdots \\ 0 & \dots & 0 & h_{n-r} & \dots\dots\dots & h_0 \quad 0 \\ 0 & \dots\dots\dots & 0 & h_{n-r} & \dots\dots & h_0 \end{pmatrix} \in \mathrm{Mat}(r \times n, \mathbb{F}_2)$$

eine Kontrollmatrix für den durch g definierten zyklischen Code.

Beispiel 2.5.12. Im Ring $\mathbb{F}_2[X]$ lässt sich $X^7 - 1$ folgendermaßen zerlegen:

$$X^7 - 1 = (X+1)(X^3 + X + 1)(X^3 + X^2 + 1) .$$

Wenn wir

$$\begin{aligned} h &= (X+1)(X^3 + X + 1) = X^4 + X^3 + X^2 + 1 \quad \text{und} \\ g &= X^3 + X^2 + 1 \end{aligned}$$

wählen, dann erhalten wir als Kontrollmatrix

$$H = \begin{pmatrix} 1&1&1&0&1&0&0 \\ 0&1&1&1&0&1&0 \\ 0&0&1&1&1&0&1 \end{pmatrix} .$$

Durch Umsortierung der Spalten entsteht daraus die Kontrollmatrix des im Beispiel 2.5.7 betrachteten $(7, 4)$-Hamming-Codes. Das gilt gleichermaßen bei der Wahl $g = X^3 + X + 1$ und $h = (X + 1)(X^3 + X^2 + 1) = X^4 + X^2 + X + 1$. Man kann sogar zeigen, dass alle Hamming-Codes, nach eventueller Spaltenvertauschung, zyklisch sind.

Bei der praktischen Realisierung der Codierung bei einem zyklischen Code mit Generatorpolynom g vom Grad r betrachtet man die Codeworte als Polynome

$$f = c_{n-1}X^{n-1} + c_{n-2}X^{n-2} + \cdots + c_2X^2 + c_1X + c_0$$

vom Grad kleiner als n. Die $n - r$ Koeffizienten $c_{n-1}, \ldots, c_r$ werden für die Informationsbits genutzt. Aus ihnen ergibt sich der restliche Teil

$$p = c_{r-1}X^{r-1} + \ldots + c_1X + c_0$$

des Codewortes durch Division mit Rest:

$$c_{n-1}X^{n-1} + c_{n-2}X^{n-2} + \cdots + c_rX^r = gq + p, \qquad \deg(p) < \deg(g) = r.$$

Um die Fehlerkorrektur im Fall zyklischer Codes effizient durchführen zu können, beschränken wir uns auf irreduzible Generatorpolynome $g \in \mathbb{F}_2[X]$. Unter dieser Voraussetzung ist $K := \mathbb{F}_2[X]/\langle g \rangle$ ein Körper. Da $\deg(g) = r$, enthält dieser endliche Körper 2^r Elemente. Nach Satz 1.4.27 und Bemerkung 1.4.28 ist K^* eine zyklische Gruppe. Wenn $\alpha \in K^*$ ein erzeugendes Element von K^* ist, dann ist

$$\left\{1, \alpha, \alpha^2, \ldots, \alpha^{2^r-2}\right\}$$

eine vollständige Liste aller Elemente von K^*. Insbesondere kommt die Restklasse von X modulo $\langle g \rangle$ in dieser Liste vor, es gibt somit eine ganze Zahl $1 \le e \le 2^r - 2$, für die $X = \alpha^e$ in K gilt.

Das Syndrom eines Codewortes $f \in \mathbb{F}_2[X]$ ist das Bild von f in $K = \mathbb{F}_2[X]/C$. Da die kanonische Abbildung $\mathbb{F}_2[X] \longrightarrow \mathbb{F}_2[X]/C$ ein Ringhomomorphismus ist, ist das Syndrom gleich $f(\alpha^e) \in K$. Wenn sich f von einem Codewort aus C an genau einer Position unterscheidet, sagen wir bei X^t, dann ist $f(\alpha^e) = \alpha^{te}$. Im Fall $e = 1$ ist der Fehler besonders leicht zu korrigieren.

Das im Beispiel 2.5.12 betrachtete Polynom $g = X^3 + X^2 + 1$ für den $(7, 4)$-Hamming-Code ist irreduzibel und es gilt $e = 1$. Das heißt, $\alpha \equiv X \mod g$ ist ein Erzeuger der multiplikativen Gruppe K^*. Das Syndrom ist somit gleich $f(\alpha) \equiv f \mod g$. Die Elemente von K^* entsprechen dabei genau den sieben erzeugenden Monomen $1, X, X^2, \ldots, X^6$ von $\mathbb{F}_2[X]/\langle X^7 - 1 \rangle$.

Die Codierungstheorie ist ein aktuelles Gebiet, welches die Mathematik eng mit der Informatik verbindet. Um die Darstellung möglichst einfach zu halten, haben wir unsere Betrachtungen auf den Körper $\mathbb{F}_2$ beschränkt. Ohne Probleme lässt er sich durch den Körper $\mathbb{F}_p$ ersetzen. Außer den in Abschnitt 1.4 studierten Körpern $\mathbb{F}_p$ gibt es noch weitere endliche Körper. Bis auf Iso-

morphie gibt es für jede Primzahlpotenz $q = p^s$ genau einen endlichen Körper $\mathbb{F}_q$. Diesen kann man als Restklassenring $\mathbb{F}_p[X]/\langle g\rangle$ mit irreduziblem Polynom $g \in \mathbb{F}_p[X]$ konkret beschreiben. Einem solchen Körper sind wir beim Studium zyklischer Codes bereits begegnet.
Durch systematisches Ausnutzen der Struktur endlicher Körper $K = \mathbb{F}_q$ kann man noch bessere Codes konstruieren. Dazu gehören die etwa 1960 entdeckten Reed-Solomon-Codes [RS]. Das sind lineare $(q-1, q-d)$-Codes mit Minimalgewicht $w_{\min} = d$. Dabei ist $q = p^s$ eine Primzahlpotenz und diese zyklischen Codes können durch ein Generatorpolynom

$$\prod_{j=1}^{d-1}(X - \alpha^j) \in \mathbb{F}_q[X]$$

beschrieben werden, wobei $\alpha \in \mathbb{F}_q^*$ ein erzeugendes Element ist.
Bei praktischen Anwendungen, wie zum Beispiel bei der Digitalisierung von Musik, werden mehrere Codes kombiniert. Eine detaillierte Beschreibung der Codierung der digitalisierten Musik auf einer CD findet der interessierte Leser in [Ju], wo auch Verweise auf Literatur mit weiteren technischen Einzelheiten zu finden sind.

Zum Abschluss folgt eine Liste weitergehender Einführungen in die Codierungstheorie, in die auf der Basis der hier erworbenen Grundkenntnisse ein Einstieg möglich sein sollte: [Bet], [EH], [HP], [Ju], [Li], [Lü] und [Sch].

Aufgaben

Übung 2.42. Beweisen Sie, dass der Hamming-Abstand (siehe 2.5.2) eine Metrik auf der Menge $\mathbb{F}_2^n$ definiert, das heißt die Eigenschaften (2.20)–(2.23) besitzt.

Übung 2.43. Zeigen Sie, dass für jeden linearen (n, k)-Code die Ungleichung $w_{\min} \leq n - k + 1$ gilt.

Übung 2.44. Zeigen Sie, dass jeder Hamming-Code das Minimalgewicht 3 besitzt.

Übung 2.45. Bestimmen Sie alle Erzeuger der multiplikativen Gruppe des Körpers $\mathbb{F}_2[X]/\langle X^3 + X + 1\rangle$.

Übung 2.46. Bestimmen Sie Generatorpolynome für die durch H_r gegebenen Hamming-Codes für $r = 2, 3, 4, 5$, vgl. Definition 2.5.8.

Teil II
Analysis

Kapitel 3
Reelle Zahlen und Folgen

Im Kapitel 1 wurden die algebraischen Eigenschaften der Zahlen studiert. Dies führt zu den abstrakten algebraischen Strukturen Gruppe, Ring und Körper. In diesem Kapitel konzentrieren wir uns auf die analytischen Eigenschaften der reellen Zahlen. Diese haben ihren historischen Ursprung in der anschaulichen Vorstellung, dass es zu jedem Punkt einer Geraden eine entsprechende reelle Zahl gibt. Das wird im Begriff der Vollständigkeit der reellen Zahlen mathematisch gefasst, der die Analysis von der rein algebraischen Betrachtungsweise der vorigen Kapitel unterscheidet. Das führt zu den für die Analysis grundlegenden Begriffen Folge und Reihe und deren Konvergenz.
In diesem Kapitel werden nicht nur die Grundlagen für die im Kapitel 4 behandelte Differential- und Integralrechnung gelegt, sondern es wird auch diskutiert, wie reelle Zahlen in Computern dargestellt werden und warum $1 = 0{,}999\ldots$ ist. Am Ende dieses Kapitels gibt es eine kurze Einführung in die bei der Analyse der Laufzeit von Algorithmen gebräuchliche asymptotische Notation wie etwa $O(n)$ oder $O(\ln(n))$.

3.1 Reelle und komplexe Zahlen

Wir setzen die reellen Zahlen als gegeben voraus. Statt über deren Existenz zu philosophieren, werden wir zunächst die grundlegenden Eigenschaften der uns allen „wohlbekannten" reellen Zahlen zusammentragen. Diese Eigenschaften (auch als Axiome bezeichnet) sind so grundlegend, dass sich *alles*, was wir über reelle Zahlen sagen werden, daraus ableiten lässt.
Für die Menge der *reellen Zahlen* hat sich das Symbol $\mathbb{R}$ eingebürgert. Die von ihnen erfüllten Axiome lassen sich in drei Gruppen unterteilen:

- algebraische Eigenschaften,
- Ordnungseigenschaften,
- Vollständigkeitseigenschaft.

Die erste Gruppe grundlegender Eigenschaften der reellen Zahlen besagt, dass die Menge der reellen Zahlen $\mathbb{R}$ ein Körper[1] ist. Das bedeutet, dass auf der Menge $\mathbb{R}$ zwei Verknüpfungen definiert sind, die Addition $+ : \mathbb{R}\times\mathbb{R} \to \mathbb{R}$, die jedem Zahlenpaar (a,b) ihre Summe $a+b$ zuordnet und die Multiplikation $\cdot : \mathbb{R}\times\mathbb{R} \to \mathbb{R}$, die jedem Zahlenpaar (a,b) ihr Produkt $a \cdot b$ zuordnet. Für diese Verknüpfungen gelten die folgenden Axiome:
Assoziativgesetze: Für beliebige $a,b,c \in \mathbb{R}$ gilt

$$(a+b)+c = a+(b+c) \quad \text{und} \quad (a\cdot b)\cdot c = a\cdot(b\cdot c). \tag{3.1}$$

Neutrale Elemente: Es gibt eine „Null" $0 \in \mathbb{R}$ und eine von Null verschiedene „Eins" $1 \in \mathbb{R}$, so dass für jedes $a \in \mathbb{R}$ gilt:

$$0 + a = a \quad \text{und} \quad 1\cdot a = a. \tag{3.2}$$

Inverse Elemente: Zu jedem $a \in \mathbb{R}$ gibt es ein $-a \in \mathbb{R}$ und zu jedem $b \in \mathbb{R}$ mit $b \neq 0$ gibt es ein Inverses $b^{-1} \in \mathbb{R}$, mit[2]

$$a + (-a) = 0 \quad \text{und} \quad b\cdot\left(b^{-1}\right) = 1. \tag{3.3}$$

Kommutativgesetze: Für beliebige $a,b \in \mathbb{R}$ gilt:

$$a+b = b+a \quad \text{und} \quad a\cdot b = b\cdot a. \tag{3.4}$$

Distributivgesetz: Für beliebige $a,b,c \in \mathbb{R}$ gilt:

$$a\cdot(b+c) = a\cdot b + a\cdot c. \tag{3.5}$$

Jede Menge mit zwei Verknüpfungen, welche die Eigenschaften (3.1)–(3.5) besitzt, nennt man *Körper*. Dieser Begriff wurde detaillierter im ersten Teil des Buches studiert.
Zwei weitere bekannte Beispiele von Körpern sind die *rationalen Zahlen* $\mathbb{Q}$ und die *komplexen Zahlen* $\mathbb{C}$, mit den bekannten Operationen $\cdot$ und $+$.
Um anzudeuten, was mit der obigen Bemerkung, dass aus den Axiomen *alles* andere folgt, gemeint ist, wollen wir hier Folgendes beweisen:[3]

$$\text{Für alle } a \in \mathbb{R} \text{ gilt} \qquad 0\cdot a = 0. \tag{3.6}$$

Da $0+0=0$ wegen (3.2), folgt $(0+0)\cdot a = 0\cdot a$ und mit Hilfe von (3.5) und (3.4) daraus $0\cdot a = 0\cdot a + 0\cdot a$. Wenn wir nun das Element $-(0\cdot a)$ auf beiden Seiten addieren (und das Assoziativgesetz der Addition anwenden), erhalten wir mit Hilfe von (3.3) die Gleichung $0 = 0\cdot a + 0$, somit $0 = 0\cdot a$, wie gewünscht.

---

[1] Körper werden auch im Abschnitt 1.4 des Buches ab Seite 46 studiert.

[2] Wir schreiben auch $\frac{1}{b}$ für b^{-1}.

[3] siehe auch Seite 4

Die größte Schwierigkeit bei solchen Rechnungen, bei denen scheinbar selbstverständliche Dinge aneinandergereiht werden, ist, die Übersicht darüber zu behalten, welche Aussagen benutzt werden dürfen (die Axiome) und welche der „selbstverständlichen" Aussagen erst gezeigt werden sollen. Weshalb eine derartige Exaktheit sowohl in der Mathematik als auch für die Informatik von Bedeutung ist, ist im Kapitel 1 ausführlich erläutert.
Eine oft benutzte Folgerung aus den Körperaxiomen ist das *allgemeine Distributivgesetz*, welches mittels *vollständiger Induktion* aus (3.5) folgt. Es besagt, wenn für $i = 1, 2, \ldots n$ und $j = 1, 2, \ldots, m$ reelle Zahlen a_i, b_j gegeben sind, dann gilt:

$$\left(\sum_{i=1}^{n} a_i\right) \cdot \left(\sum_{j=1}^{m} b_j\right) = \sum_{i=1}^{n}\sum_{j=1}^{m} a_i \cdot b_j \,. \tag{3.7}$$

Im Verlauf dieses Kapitels (Abschnitt 3.3, Satz 3.3.16) werden wir auch klären, unter welchen Umständen eine solche Aussage „für unendlich große n, m" gilt, und wie dies zu interpretieren ist.
Als Nächstes möchten wir an die *Potenzschreibweise* erinnern. Für $a \in \mathbb{R}$ und $n \in \mathbb{Z}$ wird die n-te Potenz von a, a^n, wie folgt erklärt:

$$\begin{aligned} a^0 &:= 1 && \text{(auch wenn } a = 0\text{)} \\ a^1 &:= a \\ a^{n+1} &:= a \cdot a^n && \text{für } n \geq 1 \\ a^{-n} &:= (a^{-1})^n && \text{für alle } a \neq 0 \text{ und } n \geq 1. \end{aligned}$$

Die Potenz a^n ist damit für jede reelle Zahl $a \neq 0$ und alle $n \in \mathbb{Z}$ definiert. Erneut mittels vollständiger Induktion ergeben sich aus dieser Definition die Potenzgesetze, die für alle $a, b \in \mathbb{R}$, $a, b \neq 0$ und $m, n \in \mathbb{Z}$ besagen:

$$\begin{aligned} a^n a^m &= a^{n+m} \\ (a^n)^m &= a^{n \cdot m} \\ a^n \cdot b^n &= (a \cdot b)^n \,. \end{aligned}$$

Jetzt wenden wir uns der zweiten Gruppe grundlegender Eigenschaften zu. Sie befasst sich mit den Ordnungseigenschaften der reellen Zahlen. Es ist allgemein bekannt, dass gewisse reelle Zahlen *positiv*, andere *negativ* sind. Auch dies wollen wir als gegeben voraussetzen. Wenn $a \in \mathbb{R}$ positiv ist, schreiben wir $a > 0$. Wenn $-a$ positiv ist, sagen wir a ist negativ und schreiben $a < 0$. Die folgende Notation ist sehr praktisch:

$$\mathbb{R}_{>0} := \{a \in \mathbb{R} \mid a > 0\} \quad \text{und} \quad \mathbb{R}_{<0} := \{a \in \mathbb{R} \mid a < 0\} \,.$$

Die grundlegenden Eigenschaften, die der Begriff der *Positivität* erfüllt, sind die beiden *Anordnungs-Axiome*:

Für jede reelle Zahl $a \in \mathbb{R}$ gilt *genau* eine der drei Bedingungen:

$$a > 0 \quad \text{oder} \quad a = 0 \quad \text{oder} \quad a < 0. \tag{3.8}$$

$$\text{Wenn } a > 0 \text{ und } b > 0, \text{ so ist } a + b > 0 \text{ und } a \cdot b > 0. \tag{3.9}$$

Definition 3.1.1. Für beliebige reelle Zahlen $a, b \in \mathbb{R}$ schreiben wir $a > b$, falls $a - b > 0$ gilt. Wir schreiben $a \geq b$, wenn $a - b > 0$ oder $a = b$ gilt. Analog sind $<$ und $\leq$ erklärt.

Aus den Axiomen (3.8) und (3.9) lassen sich einige bekannte Eigenschaften herleiten.

Lemma 3.1.2 *Wenn $a < b$ und $b < c$, so folgt $a < c$ (Transitivität).*

Beweis. Nach Voraussetzung ist $a - b < 0$ und $b - c < 0$, woraus mit (3.9) die Ungleichung $(a - b) + (b - c) < 0$ folgt. Das ergibt $a - c < 0$, d.h. $a < c$. □

Ebenso lassen sich folgende Aussagen zeigen:

$$\text{falls } a < b \text{ und } c \in \mathbb{R}, \text{ dann folgt } a + c < b + c \tag{3.10}$$

$$\text{falls } a < b \text{ und } c > 0, \text{ dann folgt } a \cdot c < b \cdot c \tag{3.11}$$

$$\text{falls } a < b \text{ und } c < 0, \text{ dann folgt } a \cdot c > b \cdot c \tag{3.12}$$

$$\text{falls } a \neq 0, \text{ dann folgt } a^2 > 0 \tag{3.13}$$

$$\text{falls } 0 < a < b \text{ oder } a < b < 0, \text{ dann folgt } b^{-1} < a^{-1} \tag{3.14}$$

$$1 > 0 \tag{3.15}$$

Ausgehend von dem Begriff der Positivität können wir den *Betrag* $|a|$ einer reellen Zahl $a \in \mathbb{R}$ definieren:

$$|a| := \begin{cases} a & \text{falls } a \geq 0 \\ -a & \text{falls } a < 0. \end{cases}$$

Satz 3.1.3 *Für beliebige $a, b \in \mathbb{R}$ gilt:*

(1) $|a \cdot b| = |a| \cdot |b|$.
(2) $|a + b| \leq |a| + |b|$ *(Dreiecksungleichung).*
(3) $|a - b| \geq \big||a| - |b|\big|$.

Beweis. (1) Wir führen eine Fallunterscheidung durch, das heißt, wir untersuchen jede der vier Möglichkeiten der Vorzeichen von a und b einzeln. Wenn $a \geq 0$ und $b \geq 0$ ist, dann gilt $|a| = a, |b| = b$ und $|ab| = ab$ und damit

$|a \cdot b| = a \cdot b = |a| \cdot |b|$. Wenn $a \geq 0$ ist und $b < 0$, dann ist $ab \leq 0$ und es gilt $|a| = a, |b| = -b, |ab| = -ab$. Daraus folgt $|ab| = -ab = a \cdot (-b) = |a||b|$. Die anderen beiden Fälle, $a < 0$ und $b \geq 0$ bzw. $a < 0$ und $b < 0$, gehen analog.
(2) Da $a \leq |a|$ und $b \leq |b|$ folgt mit Eigenschaft (3.10) $a + b \leq |a| + |b|$. Ebenso folgt aus $|a| \geq -a$, $|b| \geq -b$ auch $|a| + |b| \geq -(a + b)$ und somit $|a + b| \leq |a| + |b|$.
(3) Nach eventueller Vertauschung von a und b können wir o.B.d.A. voraussetzen, dass $|a| \geq |b|$ gilt. Die Dreiecksungleichung für $u := a+b$, $v := -b$ liefert $|a| = |u+v| \leq |u|+|v| = |a-b|+|b|$ und somit $|a-b| \geq |a|-|b| = \big||a|-|b|\big|$.
□

Bemerkung 3.1.4. Ein Körper, in dem es einen Begriff der Positivität gibt, für den (3.8) und (3.9) gelten, heißt *geordneter Körper*. Auch $\mathbb{Q}$ ist ein geordneter Körper, aber für $\mathbb{C}$ kann man keine solche Ordnung finden, denn, im Widerspruch zu (3.13), gibt es $i \in \mathbb{C}$ mit $i^2 = -1 < 0$. Der Begriff des Betrages ist jedoch übertragbar auf $\mathbb{C}$.

Eine wichtige Zusatzbedingung für die Ordnung auf $\mathbb{R}$ wurde bisher noch nicht erwähnt: $\mathbb{R}$ ist ein archimedisch geordneter Körper. Das heißt, dass zusätzlich zu den Axiomen (3.8) und (3.9) noch das *Archimedische Axiom*[4] gilt:

$$\text{Für } a > 0 \text{ und } b > 0 \text{ gibt es ein } n \in \mathbb{N} \text{ mit}^5 \quad n \cdot b > a. \tag{3.16}$$

Wenn wir im Archimedischen Axiom $b = 1$ setzen, erhalten wir zu jeder reellen Zahl $a > 0$ ein $n \in \mathbb{N}$ mit $a < n$. Daher gibt es ein eindeutig bestimmtes $n \in \mathbb{N}$ mit $n \leq a < n + 1$. Wenn $a < 0$, d.h. $-a > 0$, dann gibt es aus demselben Grund eine eindeutig bestimmte natürliche Zahl $n \in \mathbb{N}$ mit $n-1 < -a \leq n$, was sich auch als $-n \leq a < -n+1$ schreiben lässt. Also lässt sich jede reelle Zahl a zwischen zwei benachbarte ganze Zahlen einschließen, d.h. es gibt ein $n \in \mathbb{Z}$ mit $n \leq a < n + 1$.

Definition 3.1.5. Wenn $a \in \mathbb{R}$ und $n \in \mathbb{Z}$ die eindeutig bestimmte Zahl mit $n \leq a < n + 1$ ist, dann heißt $\lfloor a \rfloor := n$ *ganzer Teil* von a. Statt $\lfloor a \rfloor$ ist auch die Bezeichnung $[a]$ gebräuchlich.

Satz 3.1.6 (Bernoullische Ungleichung) *Für jede reelle Zahl $a \geq -1$ und jedes $n \in \mathbb{N}$ gilt*

$$(1 + a)^n \geq 1 + n \cdot a\,. \tag{3.17}$$

Beweis. Wir wenden hier das Prinzip der vollständigen Induktion an.
INDUKTIONSANFANG: Für $n = 0$ erhalten wir auf der linken Seite $(1+a)^0 = 1$ und $1 + 0 \cdot a = 1$ auf der rechten Seite der Ungleichung.

[4] ARCHIMEDES VON SYRAKUS (ca. 287–212 v.u.Z.), griechischer Mathematiker und Physiker.
[5] Hier bezeichnet $\mathbb{N} = \{0, 1, 2, \dots\}$ die Menge der *natürlichen Zahlen*.

INDUKTIONSSCHRITT: Wir nehmen an, die Behauptung gilt für ein festes $n \geq 0$ und wollen daraus die Gültigkeit für $n+1$ zeigen.
Voraussetzung. $(1+a)^n \geq 1 + n \cdot a$ für ein $n \in \mathbb{N}$.
Behauptung. $(1+a)^{n+1} \geq 1 + (n+1) \cdot a$.
Beweis. Da $a \geq -1$, ist $a+1 \geq 0$ und somit folgt aus der Induktionsvoraussetzung $(1+a)^{n+1} \geq (1+a)(1+na) = 1+a+na+na^2 = 1+(n+1)\cdot a+n\cdot a^2 \geq 1+(n+1)\cdot a$, da $a^2 \geq 0$ und $n \geq 0$. □

Satz 3.1.7 *Sei $a \in \mathbb{R}_{>0}$ beliebig.*

(1) *Wenn $a > 1$, dann gibt es zu jedem $K > 0$ ein $n \in \mathbb{N}$ mit $a^n > K$.*
(2) *Wenn $a < 1$, dann gibt es zu jedem $\varepsilon > 0$ ein $n \in \mathbb{N}$ mit $a^n < \varepsilon$.*

Beweis. (1) Da $a > 1$, ist $x := a - 1 > 0$ und nach Satz 3.1.6 ist daher $a^n = (1+x)^n \geq 1 + n \cdot x$. Wegen des Archimedischen Axioms (3.16) gibt es ein $n \in \mathbb{N}$ mit $n \cdot x > K - 1$, d.h. $a^n \geq 1 + nx > K$.
(2) Aus $0 < a < 1$ folgt $b = \frac{1}{a} > 1$ und nach (1) gibt es $n \in \mathbb{N}$ mit $b^n > K := \frac{1}{\varepsilon}$. Wegen (3.14) folgt daraus $a^n < \varepsilon$. □

Die letzte hier behandelte grundlegende Eigenschaft der reellen Zahlen ist ihre Vollständigkeit. Anschaulich bedeutet sie, dass es auf der Zahlengeraden keine Lücken gibt. Das ist die für die Analysis wichtigste Eigenschaft. Für eine mathematisch korrekte Formulierung benötigen wir einige neue Begriffe (siehe auch Def. 6.3.21).

Definition 3.1.8. Sei $M \subset \mathbb{R}$ eine beliebige Teilmenge.

(1) $K \in \mathbb{R}$ heißt *obere Schranke* von M, falls für alle $x \in M$ gilt: $x \leq K$. Wenn ein solches K existiert, heißt M *nach oben beschränkt.*
(2) $K \in \mathbb{R}$ heißt *untere Schranke* von M, falls für alle $x \in M$ gilt: $K \leq x$. Die Menge M heißt *nach unten beschränkt*, falls eine untere Schranke $K \in \mathbb{R}$ für M existiert.
(3) M heißt *beschränkt*, wenn diese Menge nach oben *und* nach unten beschränkt ist. Dies ist äquivalent zur Existenz einer Zahl $K \in \mathbb{R}$, so dass $|x| \leq K$ für alle $x \in M$ gilt.
(4) $a \in \mathbb{R}$ heißt *Infimum* von M, falls *a größte untere Schranke* von M ist. Wir schreiben dann $a = \inf(M)$. Ausführlich bedeutet das
   - a ist eine untere Schranke von M und
   - wenn K eine untere Schranke von M ist, so ist $K \leq a$.
(5) $b \in \mathbb{R}$ heißt *Supremum* von M, falls *b kleinste obere Schranke* von M ist. Wir schreiben dann $b = \sup(M)$. Ausführlich bedeutet das
   - b ist eine obere Schranke von M und
   - wenn K eine obere Schranke von M ist, so ist $K \geq b$.

Beispiel 3.1.9.

(1) Für $a < b$ ist $\inf([a,b]) = \inf((a,b)) = a$ und $\sup([a,b]) = \sup((a,b)) = b$. Wie üblich bezeichnen wir hier mit $[a,b] = \{x \in \mathbb{R} \mid a \leq x \leq b\}$ das abgeschlossene Intervall und mit $(a,b) = \{x \in \mathbb{R} \mid a < x < b\}$ das offene Intervall.
(2) Sei $M := \left\{\frac{1}{n} \,\middle|\, n \geq 1, n \in \mathbb{N}\right\}$. Dann ist $\inf(M) = 0$ und $\sup(M) = 1$. Man beachte, dass in diesem Beispiel $\inf(M) \notin M$ aber $\sup(M) \in M$ gilt.

Bemerkung 3.1.10. Wenn $\inf(M) \in M$, so heißt das Infimum $\inf(M)$ auch *Minimum* der Menge M. Entsprechend heißt $\sup(M)$ *Maximum* der Menge M, wenn $\sup(M) \in M$.

Definition 3.1.11. Wenn $M \subset \mathbb{R}$ nicht nach unten beschränkt ist, so schreiben wir $\inf(M) = -\infty$. Wenn $M \subset \mathbb{R}$ nicht nach oben beschränkt ist, dann schreiben wir $\sup(M) = +\infty$.

Jetzt können wir die wichtigste Eigenschaft der reellen Zahlen formulieren, das *Vollständigkeitsaxiom*:

$$\begin{aligned}&\text{Jede nichtleere, nach unten beschränkte Menge } M \subset \mathbb{R}\\ &\qquad\qquad \text{besitzt ein Infimum } \inf(M) \in \mathbb{R}.\end{aligned} \tag{3.18}$$

Eine Menge auf der eine Addition und eine Multiplikation definiert sind, für welche die Axiome (3.1)–(3.5), (3.8), (3.9), (3.16) und (3.18) gelten, heißt archimedisch geordneter, vollständiger Körper. Dadurch sind die reellen Zahlen vollständig charakterisiert, d.h. jeder archimedisch geordnete, vollständige Körper ist isomorph zu $\mathbb{R}$. Ein Beweis dieser Aussage würde den Rahmen dieses Buches sprengen, siehe z.B. [ReL].

Satz 3.1.12 *Jede nichtleere, nach oben beschränkte Menge $M \subset \mathbb{R}$ besitzt ein Supremum* $\sup(M) \in \mathbb{R}$.

Beweis. Sei $-M := \{-x \mid x \in M\}$ und $a \in \mathbb{R}$ eine obere Schranke für M. Dann ist $-a$ eine untere Schranke für $-M$. Aus dem Vollständigkeitsaxiom folgt, dass $-M$ ein Infimum $b = \inf(-M)$ besitzt. Dann ist $-b$ das Supremum von M. □

Satz 3.1.13 *Das Supremum (bzw. Infimum) einer nach oben (bzw. unten) beschränkten Menge M ist eindeutig bestimmt.*

Beweis. Wenn $m \leq m'$ Suprema von M sind, dann muss $m = m'$ sein, da m' kleinste obere Schranke ist. Die Eindeutigkeit des Infimums folgt analog. □

Der Körper der komplexen Zahlen[6] $\mathbb{C}$ erweitert den von uns bisher studierten Körper der reellen Zahlen $\mathbb{R}$. Die wichtigste Eigenschaft dieser Körpererweiterung ist, dass sich jedes Polynom mit Koeffizienten in $\mathbb{C}$ als Produkt linearer Polynome schreiben lässt (die algebraische Abgeschlossenheit, Satz 1.4.21). Die komplexen Zahlen spielen in der Algebra, Analysis, Physik und Technik eine bedeutende Rolle. Hier werden wir sie vor allem nutzen, um später die trigonometrischen Funktionen Sinus und Kosinus zu definieren.
Die $\mathbb{C}$ zugrunde liegende Menge ist $\mathbb{R}^2$, d.h. wir können uns komplexe Zahlen als Punkte der Ebene vorstellen (siehe Abb. 3.1 und Beispiel 1.4.20). Für ein

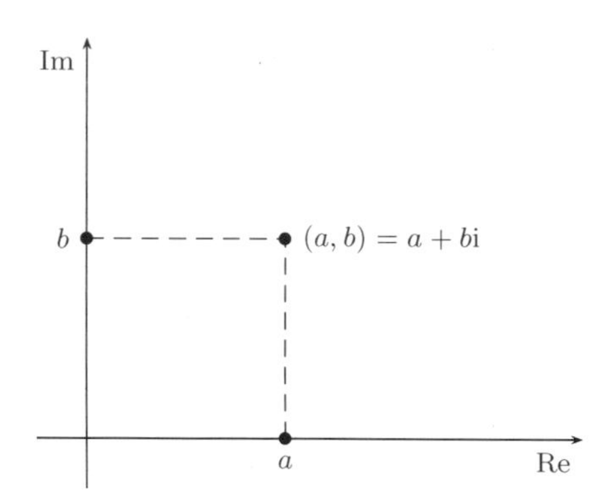

Abb. 3.1 Die komplexe Zahlenebene

Zahlenpaar $(a,b) \in \mathbb{R}^2$ schreiben wir $a + b\mathrm{i} \in \mathbb{C}$, d.h. wir schreiben $(a,b) = a \cdot (1,0) + b \cdot (0,1)$ und verwenden die Abkürzungen $1 = (1,0)$ und $\mathrm{i} = (0,1)$. Die Zahlen a, b sind die Koordinaten bezüglich der Basis $\big((1,0),(0,1)\big)$ des reellen Vektorraumes $\mathbb{R}^2$. Die Addition und Multiplikation sind nun derart definiert, dass die gewöhnlichen Gesetze (Assoziativität, Kommutativität und Distributivität) gelten. Das einzig Neue ist

$$\mathrm{i}^2 = -1 \,.$$

Für beliebige $a, b, c, d \in \mathbb{R}$ ergibt sich:

$$(a + b\mathrm{i}) + (c + d\mathrm{i}) = (a + c) + (b + d)\mathrm{i} \tag{3.19}$$

$$(a + b\mathrm{i}) \cdot (c + d\mathrm{i}) = ac - bd + (ad + bc)\mathrm{i} \tag{3.20}$$

und falls $a \neq 0$ oder $b \neq 0$, dann gilt

$$\frac{1}{a + b\mathrm{i}} = \frac{a - b\mathrm{i}}{(a + b\mathrm{i}) \cdot (a - b\mathrm{i})} = \frac{a - b\mathrm{i}}{a^2 + b^2} = \frac{a}{a^2 + b^2} - \frac{b}{a^2 + b^2}\mathrm{i} \,. \tag{3.21}$$

Bemerkung 3.1.14. $\mathbb{C}$ ist ein Körper und $\mathbb{R} \subset \mathbb{C}$ Teilkörper.

[6] Siehe auch Seite 53.

Für viele Rechnungen ist die Benutzung der *konjugierten komplexen Zahl* sehr nützlich. Wenn $z = a + bi \in \mathbb{C}$, dann heißt $\bar{z} := a - bi \in \mathbb{C}$ die konjugierte komplexe Zahl, wobei stets $a, b \in \mathbb{R}$. Es gilt dann $z \cdot \bar{z} = a^2 + b^2 \in \mathbb{R}$. Wir definieren den *Betrag* $|z|$ der komplexen Zahl $z = a + bi$ wie folgt:

$$|z| := \sqrt{z \cdot \bar{z}} = \sqrt{a^2 + b^2} \tag{3.22}$$

Für $z = a + bi \in \mathbb{C}$ heißt $a = \operatorname{Re}(z) \in \mathbb{R}$ der *Realteil* und $b = \operatorname{Im}(z) \in \mathbb{R}$ der *Imaginärteil* von z. Es gilt: $\operatorname{Re}(z) = \frac{z+\bar{z}}{2}$ und $\operatorname{Im}(z) = \frac{z-\bar{z}}{2i}$. Der Betrag

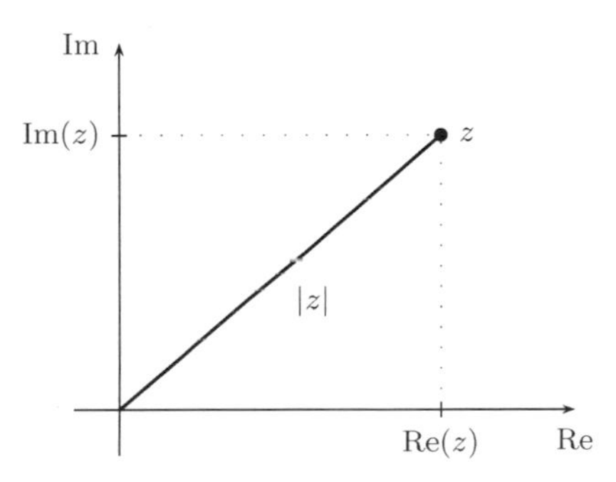

Abb. 3.2 Imaginär- und Realteil einer komplexen Zahl z

$|z|$ einer komplexen Zahl $z \in \mathbb{C}$ ist der Abstand von z zum Nullpunkt der komplexen Zahlenebene (Abb. 3.2).

Satz 3.1.15 *Für alle $z, z_1, z_2 \in \mathbb{C}$ gilt:*

$$\bar{\bar{z}} = z, \quad \overline{z_1 + z_2} = \overline{z_1} + \overline{z_2}, \quad \overline{z_1 z_2} = \overline{z_1} \cdot \overline{z_2} \tag{3.23}$$

$$|z| \geq 0 \quad \textit{und} \quad |z| = 0 \iff z = 0 \tag{3.24}$$

$$|z_1 + z_2| \leq |z_1| + |z_2| \quad \textit{(Dreiecksungleichung)} \tag{3.25}$$

$$|z_1 z_2| = |z_1| \cdot |z_2| \tag{3.26}$$

Beweis. Die Aussagen (3.23) und (3.24) folgen sofort aus den Definitionen. Zum Beweis von (3.26) benutzen wir die Kommutativität der Multiplikation und (3.23): $|z_1 z_2|^2 = z_1 z_2 \cdot \overline{z_1 z_2} = z_1 \cdot \overline{z_1} \cdot z_2 \cdot \overline{z_2} = |z_1|^2 \cdot |z_2|^2$. Die Dreiecksungleichung (3.25) ergibt sich folgendermaßen. Da für $a, b \in \mathbb{R}$ stets $a^2 \leq a^2 + b^2$, ist $|a| \leq \sqrt{a^2 + b^2}$, d.h. für $z = a + bi \in \mathbb{C}$ gilt stets $|\operatorname{Re}(z)| \leq |z|$. Also $\operatorname{Re}(z_1 \overline{z_2}) \leq |\operatorname{Re}(z_1 \overline{z_2})| \leq |z_1 \overline{z_2}| = |z_1| \cdot |z_2|$. Damit erhalten wir: $|z_1 + z_2|^2 = (z_1 + z_2)(\overline{z_1 + z_2}) = z_1 \overline{z_1} + z_1 \overline{z_2} + \overline{z_1} z_2 + z_2 \overline{z_2} = |z_1|^2 + 2\operatorname{Re}(z_1 \overline{z_2}) + |z_2|^2 \leq |z_1|^2 + 2|z_1| \cdot |z_2| + |z_2|^2 = (|z_1| + |z_2|)^2$ und somit $|z_1 + z_2| \leq |z_1| + |z_2|$. □

Die geometrische Interpretation der Dreiecksungleichung ist in Abbildung 3.3 veranschaulicht.

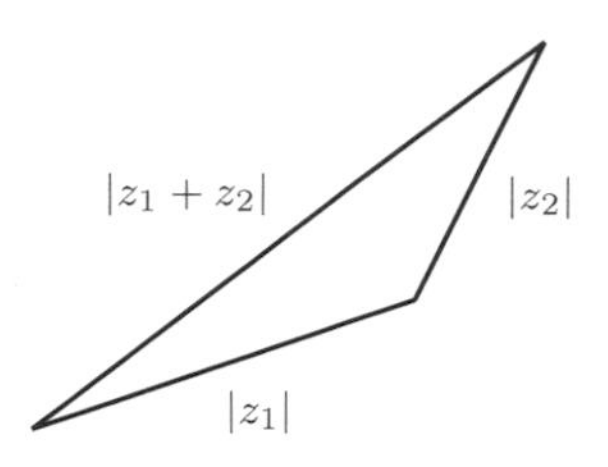

Abb. 3.3 Dreiecksungleichung

Bemerkung 3.1.16. Ein Körper mit einer Betragsfunktion, welche die im Satz 3.1.15 aufgeführten Eigenschaften besitzt, nennt man einen *bewerteten Körper*. Die Körper $\mathbb{Q}, \mathbb{R}, \mathbb{C}$ sind *bewertete Körper* mit dem gewöhnlichen Betrag. Dabei ist $\mathbb{R}$ archimedisch geordnet und vollständig, $\mathbb{Q}$ ist nicht vollständig und $\mathbb{C}$ ist nicht geordnet.

Aufgaben

Übung 3.1. Beweisen Sie, dass jede nichtleere Menge $A \subset \mathbb{N}$ eine kleinste Zahl enthält.

Übung 3.2. Sei $A \subset \mathbb{Q}_{>0} = \{x \in \mathbb{Q} \mid x > 0\}$ eine nichtleere Menge, für die $\inf(A) = 0$ gilt. Beweisen Sie, dass es zu jedem $n \in \mathbb{N}$ eine Zahl $\frac{p}{q} \in A$ gibt, so dass $q > n$ ist und p und q teilerfremde natürliche Zahlen sind.

Übung 3.3. Beweisen Sie mittels vollständiger Induktion:

(a) $n^2 \leq 2^n$ für jede natürliche Zahl $n \geq 4$.
(b) $2^n < n!$ für jede natürliche Zahl $n \geq 4$.

Übung 3.4. Beweisen Sie für beliebige Teilmengen $A, B \subset \mathbb{R}$ die Gleichung $\sup(A + B) = \sup(A) + \sup(B)$, wobei $A + B := \{a + b \mid a \in A,\, b \in B\}$.

Übung 3.5. Bestimmen Sie Real- und Imaginärteil der komplexen Zahlen

(a) $\dfrac{2 - \mathrm{i}}{2 - 3\mathrm{i}}$ (b) $\dfrac{(1 + \mathrm{i})^5}{(1 - \mathrm{i})^3}$

Übung 3.6. Skizzieren Sie folgende Mengen in der komplexen Zahlenebene:

(a) $\{z \in \mathbb{C} \mid |z - 1| + |z + 1| < 4\}$
(b) $\{z \in \mathbb{C} \mid \mathrm{Im}((1 - \mathrm{i})z) = 0\}$.

3.2 Folgen

Wegen des Vollständigkeitsaxioms ist es für den Umgang mit reellen Zahlen erforderlich, Folgen und deren Grenzwerte zu beherrschen. Das ist bereits bei der Berechnung der irrationalen Zahl $\sqrt{2}$ erkennbar. Die Zahl $\sqrt{2}$ ist die positive Lösung der Gleichung $a^2 = 2$. Eine effiziente Methode, diese Zahl näherungsweise zu berechnen, beginnt damit, dass man $a^2 = 2$ zu $2a = a + \frac{2}{a}$ umschreibt. Dies führt zu der Gleichung

$$a = \frac{1}{2}\left(a + \frac{2}{a}\right) .$$

Die Idee ist nun, den Wert der rechten Seite dieser Gleichung für einen groben Näherungswert a_1 zu berechnen und so eine (hoffentlich) bessere Näherung an $\sqrt{2}$ zu erhalten. Wenn wir zum Beispiel mit $a_1 = 1$ beginnen, erhalten wir $a_2 = \frac{1}{2}\left(a_1 + \frac{2}{a_1}\right) = \frac{3}{2}$. Bei nochmaliger Anwendung dieser Berechnung ergibt sich $a_3 = \frac{1}{2}\left(a_2 + \frac{2}{a_2}\right) = \frac{17}{12} \approx 1{,}4167$. Im dritten Schritt erhalten wir

$$a_4 = \frac{1}{2}\left(a_3 + \frac{2}{a_3}\right) = \frac{577}{408} \approx 1{,}4142$$

und dies ist bereits eine gute Näherung. Wir werden später sehen, dass $a_n = \frac{1}{2}\left(a_{n-1} + \frac{2}{a_{n-1}}\right)$ für wachsendes n immer dichter an $\sqrt{2}$ herankommt. Das führt zum Begriff der *Zahlenfolge* a_n und ihrem *Grenzwert* $\lim_{n\to\infty} a_n = \sqrt{2}$.

Definition 3.2.1. Eine *Folge* reeller Zahlen ist eine Abbildung $f : \mathbb{N} \to \mathbb{R}$, das heißt, für jedes $n \in \mathbb{N}$ ist eine reelle Zahl $f_n := f(n)$ gegeben. Daher schreiben wir für eine Folge $(f_n)_{n\in\mathbb{N}}$ oder $(f_n)_{n>0}$. Wir erlauben auch Folgen, die mit einem höheren Index beginnen, z.B. $(f_n)_{n\geq n_0}$ für beliebiges $n_0 \in \mathbb{N}$.

Definition 3.2.2. Eine Folge $(a_n)_{n\in\mathbb{N}}$ heißt *monoton wachsend* (bzw. *streng monoton wachsend*), falls für alle $n \in \mathbb{N}$ gilt: $a_{n+1} \geq a_n$ (bzw. $a_{n+1} > a_n$).
Eine Folge heißt *monoton fallend* (bzw. *streng monoton fallend*), falls für alle $n \in \mathbb{N}$ gilt: $a_{n+1} \leq a_n$ (bzw. $a_{n+1} < a_n$).
Eine Folge heißt (streng) *monoton*, falls sie (streng) monoton wachsend oder (streng) monoton fallend ist.

Beispiel 3.2.3.

(1) Die durch $a_n = 0,\underbrace{99\ldots9}_{n}$ definierte Folge ist streng monoton wachsend.
(2) Sei $a \in \mathbb{R}$ eine reelle Zahl, dann nennen wir die Folge $(a_n)_{n\in\mathbb{N}}$ mit $a_n := a$ für alle $n \in \mathbb{N}$ *konstante* Folge. Diese Folge ist monoton wachsend und monoton fallend.
(3) $a_n := \frac{1}{n}$ für $n \geq 1$ ergibt die Folge $\left(1, \frac{1}{2}, \frac{1}{3}, \frac{1}{4}, \ldots\right)$. Sie ist streng monoton fallend.
(4) $b_n := (-1)^n$ liefert die alternierende Folge $(1, -1, 1, -1, \ldots)$.
(5) Sei $a \in \mathbb{R}$ beliebig, dann ist durch $a_n := a^n$ $(n \geq 0)$ die Folge $(1, a, a^2, a^3, a^4, \ldots)$ definiert. Diese Folge ist für $a > 1$ streng monoton wachsend, für $a = 1$ monoton wachsend, für $0 < a < 1$ streng monoton fallend.

(6) Die *Fibonacci-Folge*[7] ist rekursiv definiert durch $f_0 = 0$, $f_1 = 1$ und $f_n := f_{n-1} + f_{n-2}$ für $n \geq 2$. Das ergibt die monoton wachsende Zahlenfolge $(0, 1, 1, 2, 3, 5, 8, 13, 21, 34, 55, 89, 144, 233, 377, 610, \ldots)$.

Definition 3.2.4 (Konvergenz). Eine Folge reeller Zahlen $(a_n)_{n\in\mathbb{N}}$ heißt *konvergent gegen* $a \in \mathbb{R}$ (Schreibweise $\lim_{n\to\infty} a_n = a$ oder $\lim a_n = a$), wenn es für jedes $\varepsilon > 0$ ein $N \in \mathbb{N}$ gibt, so dass für alle $n \geq N$ die Ungleichung $|a_n - a| < \varepsilon$ gilt. Die Zahl a heißt *Grenzwert* der Folge. Eine Folge $(a_n)_{n\in\mathbb{N}}$, die nicht konvergent ist, heißt *divergent*.

Aussagen wie in Definition 3.2.4 werden ab jetzt häufiger auftreten, daher bedienen wir uns folgender Abkürzungen, siehe auch Abschnitt 6.1:

$$\begin{aligned} \forall &:= \text{„für alle“} \\ \exists &:= \text{„es gibt ein“} \\ \Longrightarrow &:= \text{„daraus folgt“} \\ \Longleftrightarrow &:= \text{„genau dann, wenn“}. \end{aligned}$$

Damit sieht die Definition der Konvergenz wie folgt aus:

$$\forall\, \varepsilon > 0\, \exists\, N \in \mathbb{N}\, \forall\, n \geq N : |a_n - a| < \varepsilon\,. \tag{3.27}$$

Hierbei ist zu beachten, dass das $N \in \mathbb{N}$ von dem *zuvor* gewählten $\varepsilon > 0$ abhängen darf!
Wir werden oft damit konfrontiert sein, eine Aussage dieser Art zu verneinen. Wenn $\mathbb{A}$ eine Aussage oder eine Aussageform ist (siehe Abschnitt 6.1), dann bezeichnet $\neg\mathbb{A}$ ihr logisches Gegenteil („Verneinung“). So ist zum Beispiel $\neg\,(|a_n - a| < \varepsilon)$ äquivalent zu $|a_n - a| \geq \varepsilon$. Das logische Gegenteil von (3.27) lässt sich am sichersten mit Hilfe der folgenden formalen Rechenregeln bestimmen (vgl. Seite 368):

$$\begin{aligned} \neg\,\big(\forall\, \varepsilon > 0 :\ \mathbb{A}(\varepsilon)\big) &\Longleftrightarrow \exists\, \varepsilon > 0 : \neg\, \mathbb{A}(\varepsilon) \\ \neg\,\big(\exists\, N \in \mathbb{N} :\ \mathbb{B}(N)\big) &\Longleftrightarrow \forall\, N \in \mathbb{N} : \neg\, \mathbb{B}(N)\,. \end{aligned}$$

Damit erhalten wir zum Beispiel:

$$\begin{aligned} &\text{Die Folge } (a_n)_{n\in\mathbb{N}} \text{ konvergiert nicht gegen } a \\ \Longleftrightarrow\ &\neg\,\Big(\lim_{n\to\infty} a_n = a\Big) \\ \Longleftrightarrow\ &\exists\, \varepsilon > 0\, \forall\, N \in \mathbb{N}\, \exists\, n \geq N : \quad |a_n - a| \geq \varepsilon\,. \end{aligned}$$

[7] LEONARDO VON PISA (ca. 1170 bis 1240) genannt Fibonacci (Kurzform von filius Bonacci) hat die Zahlenfolge am Beispiel eines Kaninchenzüchters beschrieben, der herausfinden will, wie viele Paare aus einem einzigen Paar innerhalb eines Jahres entstehen, wenn jedes Paar nach zwei Lebensmonaten genau ein weiteres Paar pro Monat zur Welt bringt. Man kann beweisen, dass $f_n = \frac{\left(\frac{1+\sqrt{5}}{2}\right)^n - \left(\frac{1-\sqrt{5}}{2}\right)^n}{\sqrt{5}}$ gilt (Formel von Binet, siehe Bsp. 2.4.26, S. 137).

Neben der Beherrschung dieser formalen Sprache ist es auch wichtig und nützlich eine geometrische Anschauung vom Begriff der Konvergenz zu besitzen. Zu diesem Zweck ist es bequem und üblich, für jeden Punkt $a \in \mathbb{R}$ und jedes $\varepsilon > 0$, was man sich meist als sehr kleine positive Zahl vorstellt, die Menge $(a - \varepsilon, a + \varepsilon) := \{x \in \mathbb{R} \mid a - \varepsilon < x < a + \varepsilon\}$ als ε-Umgebung von a zu bezeichnen (vgl. Abb. 3.4). Das heißt,

$$\begin{aligned} a_n \text{ ist in der } \varepsilon\text{-Umgebung von } a &\iff |a_n - a| < \varepsilon \\ &\iff a_n \in (a - \varepsilon, a + \varepsilon). \end{aligned}$$

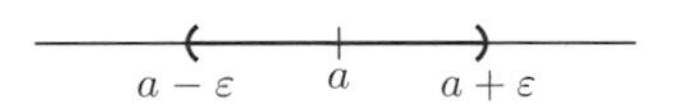

Abb. 3.4 ε-Umgebung

Damit hat „Konvergenz gegen a" folgende anschauliche Bedeutung:

> Die Folgenglieder a_n liegen für hinreichend großes n in jeder noch so kleinen ε-Umgebung von a.

Bemerkung 3.2.5. Das Abändern von *endlich* vielen Folgengliedern hat keinen Einfluss auf die Konvergenz und den Grenzwert einer Folge. Wenn z.B. $(a_n)_{n\in\mathbb{N}}$ gegen $a \in \mathbb{R}$ konvergiert, so gilt das auch für $(a_n)_{n\geq n_0}$ für jedes $n_0 \in \mathbb{N}$. Natürlich verändert auch eine *Verschiebung* der Nummerierung nichts. Wenn $b_n := a_{n+n_0}$ für fixiertes n_0, dann ist $(a_n)_{n\geq 0}$ genau dann konvergent, wenn $(b_n)_{n\geq n_0}$ konvergiert und im Fall der Konvergenz gilt $\lim_{n\to\infty} a_n = \lim_{n\to\infty} b_n$.

Beispiel 3.2.6.

(1) Die Folge $(a_n)_{n\geq 1}$ mit $a_n = 0,\underbrace{99\ldots9}_{n}$ konvergiert gegen 1.

Beweis. Sei $\varepsilon > 0$ beliebig. Dann gibt es $N \in \mathbb{N}$ mit $N > \frac{1}{\varepsilon}$ (Archimedisches Axiom). Nun ist $1 - a_n = 0,\underbrace{0\ldots01}_{n} = 10^{-n}$. Wenn $10^n > N$ ist, folgt $10^{-n} < \varepsilon$, d.h. $1 - a_n = |1 - a_n| < \varepsilon$. □

(2) Die Folge $(a_n)_{n\geq 1}$ mit $a_n = \frac{1}{n}$ konvergiert gegen 0.

Beweis. Sei $\varepsilon > 0$ beliebig. Dann gibt es $N \in \mathbb{N}$ mit $N > \frac{1}{\varepsilon}$ (Archimedisches Axiom) und für $n \geq N$ gilt nun $|a_n - 0| = |\frac{1}{n} - 0| = |\frac{1}{n}| = \frac{1}{n} \leq \frac{1}{N} < \varepsilon$. □

(3) Die Folge $(b_n)_{n\in\mathbb{N}}$ mit $b_n := (-1)^n$ divergiert.

Beweis (Indirekt). Angenommen, es gäbe eine Zahl $a \in \mathbb{R}$, so dass $\lim_{n\to\infty} b_n = a$. Dann gäbe es für $\varepsilon = \frac{1}{2} > 0$ ein $N \in \mathbb{N}$, so dass

$|b_n - a| < \frac{1}{2}$ für alle $n \geq N$. Da $b_{n+1} - b_n = \pm 2$, gälte für $n \geq N$ stets $2 = |b_{n+1} - b_n| = |b_{n+1} - a - (b_n - a)| \leq |b_{n+1} - a| + |b_n - a| < \frac{1}{2} + \frac{1}{2} = 1$, ein Widerspruch. □

Definition 3.2.7.

(1) Eine Folge $(a_n)_{n\in\mathbb{N}}$ heißt *nach oben beschränkt*, wenn $A \in \mathbb{R}$ existiert, so dass für alle $n \in \mathbb{N}$ gilt: $a_n \leq A$.
(2) Eine Folge $(a_n)_{n\in\mathbb{N}}$ heißt *nach unten beschränkt*, wenn $A \in \mathbb{R}$ existiert, so dass für alle $n \in \mathbb{N}$ gilt: $a_n \geq A$.
(3) Eine Folge $(a_n)_{n\in\mathbb{N}}$ heißt *beschränkt*, wenn sie nach oben *und* unten beschränkt ist.

Bemerkung 3.2.8.

$$(a_n)_{n\in\mathbb{N}} \text{ ist beschränkt} \iff \exists\, K \in \mathbb{R}\, \forall\, n \in \mathbb{N} : |a_n| \leq K\,.$$

Satz 3.2.9 *Jede konvergente Folge ist beschränkt.*

Beweis. Sei $(a_n)_{n\in\mathbb{N}}$ konvergent gegen $a \in \mathbb{R}$, das heißt, es gibt ein $N \in \mathbb{N}$, so dass $|a_n - a| < 1$ für alle $n \geq N$ gilt, siehe Abb. 3.5.

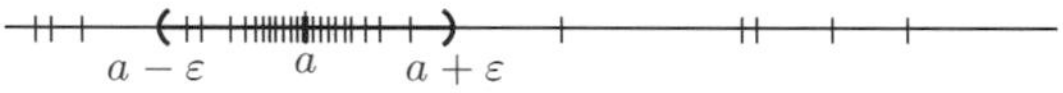

Abb. 3.5 Nur endlich viele Folgenglieder außerhalb der ε-Umgebung

Mit der Dreiecksungleichung folgt daraus für alle $n \geq N$:

$$|a_n| = |a + (a_n - a)| \leq |a| + |a_n - a| < |a| + 1\,.$$

Wenn K das Maximum der *endlich* vielen Zahlen $|a_1|, |a_2|, \ldots, |a_N|, |a| + 1$ ist, dann gilt für alle $n \in \mathbb{N}$: $|a_n| \leq K$. □

Bemerkung 3.2.10. Es gibt beschränkte Folgen, die divergent sind, siehe Beispiel 3.2.6 (3).

Satz 3.2.11 *Jede beschränkte monotone Folge reeller Zahlen konvergiert.*

Beweis. O.B.d.A. genügt es, eine beschränkte, monoton wachsende Folge $(a_n)_{n\in N}$ zu betrachten. Sei $a = \sup\{a_n | \; n \in \mathbb{N}\}$ und $\varepsilon > 0$. Da $a - \varepsilon$ keine obere Schranke ist, existiert ein $N \in \mathbb{N}$ mit $a - \varepsilon < a_N \leq a$. Da $(a_n)_{n\in\mathbb{N}}$ monoton wachsend ist, gilt $a - \varepsilon < a_m \leq a$ für alle $m \geq N$. Somit konvergiert die Folge gegen a. □

Satz 3.2.12 *Wenn die Folge* $(a_n)_{n\in\mathbb{N}}$ *gegen* $a \in \mathbb{R}$ und $b \in \mathbb{R}$ *konvergiert, dann ist* $a = b$.

Beweis. Angenommen $a \neq b$, dann liefert die geometrische Anschauung einen Widerspruch, siehe Abb. 3.6. Dies setzen wir jetzt in einen formal korrekten

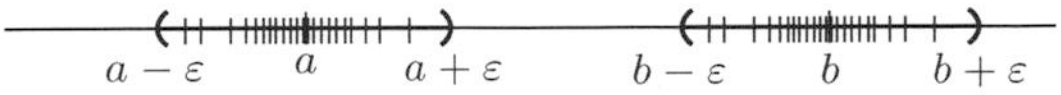

$a-\varepsilon$ a $a+\varepsilon$ $b-\varepsilon$ b $b+\varepsilon$

Abb. 3.6 Zwei verschiedene Grenzwerte sind nicht möglich.

Beweis um. Sei $\varepsilon := \frac{1}{2}|b-a|$, dann gilt nach Voraussetzung:

$$\begin{aligned} &\exists\, N_1 \in \mathbb{N}\ \forall\, n \geq N_1 : |a_n - a| < \varepsilon \qquad \text{und} \\ &\exists\, N_2 \in \mathbb{N}\ \forall\, n \geq N_2 : |a_n - b| < \varepsilon\,. \end{aligned}$$

Unter Benutzung der Dreiecksungleichung folgt daraus für alle $n \geq N_1 + N_2$

$$|b-a| = |(b-a_n) + (a_n - a)| \leq |a_n - b| + |a_n - a| < \varepsilon + \varepsilon = |b-a|\,,$$

ein Widerspruch. □

Satz 3.2.13 (Rechenregeln für konvergente Folgen) *Wenn die Folgen* $(a_n)_{n\in\mathbb{N}}$ *und* $(b_n)_{n\in\mathbb{N}}$ *konvergent sind, dann gilt:*

$(a_n + b_n)_{n\in\mathbb{N}}$ *ist konvergent und* $\lim(a_n + b_n) = \lim a_n + \lim b_n$. (3.28)

$(a_n b_n)_{n\in\mathbb{N}}$ *ist konvergent und* $\lim(a_n b_n) = \lim a_n \cdot \lim b_n$. (3.29)

$(\lambda a_n)_{n\in\mathbb{N}}$ *ist konvergent und* $\lim(\lambda a_n) = \lambda \cdot \lim a_n$ *für* $\lambda \in \mathbb{R}$. (3.30)

$(a_n - b_n)_{n\in\mathbb{N}}$ *ist konvergent und* $\lim(a_n - b_n) = \lim a_n - \lim b_n$. (3.31)

Wenn $\lim b_n \neq 0$, *dann gibt es ein* $n_0 \in \mathbb{N}$ *mit* $b_n \neq 0$ *für* $n \geq n_0$

$$\text{und} \left(\frac{a_n}{b_n}\right)_{n\geq n_0} \text{ist konvergent und } \lim\left(\frac{a_n}{b_n}\right) = \frac{\lim a_n}{\lim b_n}. \tag{3.32}$$

Wenn $a_n \leq b_n$ *für alle* $n > n_0$, *so ist* $\lim a_n \leq \lim b_n$. (3.33)

Bevor wir den Satz beweisen, betrachten wir ein Beispiel als Anwendung. Sei $a_n = 0,\underbrace{99\ldots9}_{n}$, dann gilt $10a_n - a_{n-1} = 9$. In Beispiel 3.2.6 (1) haben wir gezeigt, dass $(a_n)_{n\geq 1}$ konvergiert. Wenn $a = \lim_{n\to\infty} a_n$, dann gilt wegen (3.31) $10a - a = 9$ und damit $a = 1$.

Beweis (Satz 3.2.13). Sei $a := \lim a_n$ und $b := \lim b_n$.
(3.28) Sei $\varepsilon > 0$. Nach Voraussetzung gilt $\exists\, N_1\ \forall\, n \geq N_1 : |a_n - a| < \frac{\varepsilon}{2}$ und $\exists\, N_2\ \forall\, n \geq N_2 : |b_n - b| < \frac{\varepsilon}{2}$. Sei $N = \max\{N_1, N_2\}$, dann gilt für alle $n \geq N$

$$|a_n + b_n - (a+b)| \leq |a_n - a| + |b_n - b| < \frac{\varepsilon}{2} + \frac{\varepsilon}{2} = \varepsilon\,.$$

(3.29) Nach Satz 3.2.9 gibt es ein $K \in \mathbb{R}$, so dass $|b| \leq K$ und $|a_n| \leq K$ für alle $n \in \mathbb{N}$ gilt. Nach Voraussetzung gibt es zu beliebigem $\varepsilon > 0$ natürliche Zahlen $N_1, N_2 \in \mathbb{N}$, so dass für alle $n \geq N_1 : |a_n - a| < \frac{\varepsilon}{2K}$ und für alle $n \geq N_2$: $|b_n - b| < \frac{\varepsilon}{2K}$ gilt. Daraus ergibt sich für alle $n \geq \max\{N_1, N_2\}$

$$\begin{aligned} |a_n b_n - ab| &= |a_n \cdot (b_n - b) + (a_n - a) \cdot b| \leq |a_n| \cdot |b_n - b| + |a_n - a| \cdot |b| \\ &< K \cdot \frac{\varepsilon}{2K} + \frac{\varepsilon}{2K} \cdot K = \varepsilon\,. \end{aligned}$$

(3.30) folgt aus (3.29) mit $b_n := \lambda$ für alle $n \in \mathbb{N}$.
(3.31) folgt aus (3.28) und (3.30).
(3.32) Wegen (3.29) genügt es, den Fall der konstanten Folge $a_n = 1$ für alle $n \in \mathbb{N}$ zu betrachten. Nach Voraussetzung gibt es ein $n_0 \in \mathbb{N}$, so dass für alle $n \geq n_0$, $|b_n - b| < \frac{|b|}{2}$ gilt. Mit Satz 3.1.3 (3) und da $b \neq 0$ folgt nun

$$|b_n| = |b_n + (b - b)| \geq |b| - |b_n - b| > |b| - \frac{|b|}{2} = \frac{|b|}{2} > 0\,.$$

Es bleibt die Konvergenz von $\left(\frac{1}{b_n}\right)_{n \geq n_0}$ und $\lim \frac{1}{b_n} = \frac{1}{b}$ zu zeigen. Sei dazu $\varepsilon > 0$ beliebig, dann gilt nach Voraussetzung: $\exists\, N_1\ \forall\, n \geq N_1 : |b_n - b| < \frac{\varepsilon \cdot |b|^2}{2}$. Für alle $n \geq N := \max\{N_1, n_0\}$ gilt damit

$$\left|\frac{1}{b_n} - \frac{1}{b}\right| = \left|\frac{b - b_n}{b_n b}\right| = \frac{1}{|b_n|} \cdot \frac{1}{|b|} \cdot |b - b_n| < \frac{2}{|b|} \cdot \frac{1}{|b|} \cdot \frac{\varepsilon \cdot |b|^2}{2} = \varepsilon\,.$$

(3.33) Angenommen $a > b$. Wir wählen $\varepsilon := \frac{a-b}{2} > 0$. Nach Voraussetzung gilt: $\exists\, N_1\ \forall\, n \geq N_1 : |a_n - a| < \varepsilon$ und $\exists\, N_2\ \forall\, n \geq N_2 : |b_n - b| < \varepsilon$. Für $n \geq N := \max\{N_1, N_2\}$ folgt dann: $a - \varepsilon < a_n < a + \varepsilon$ und $b - \varepsilon < b_n < b + \varepsilon$. Da wir ε so gewählt haben, dass $b + \varepsilon = a - \varepsilon$, ergibt sich: $b_n < b + \varepsilon = a - \varepsilon < a_n$, im Widerspruch zu $a_n \leq b_n$. □

Bemerkung 3.2.14. Aus $a_n < b_n$ (für alle $n \in \mathbb{N}$) folgt im Allgemeinen nur $\lim a_n \leq \lim b_n$ und *nicht* $\lim a_n < \lim b_n$. Man betrachte dazu das Beispiel $a_n := -\frac{1}{n}$, $b_n := \frac{1}{n}$ für $n \geq 1$. Hier ist $a_n < b_n$ für alle $n \geq 1$, aber $\lim a_n = \lim b_n = 0$.

Satz 3.2.15 (Prinzip der zwei Polizisten) *Seien $(a_n)_{n\in\mathbb{N}}$ und $(b_n)_{n\in\mathbb{N}}$ zwei konvergente Folgen mit $a = \lim a_n = \lim b_n$. Sei außerdem $(c_n)_{n\in\mathbb{N}}$*

eine Folge mit der Eigenschaft, dass ein $n_0 \in \mathbb{N}$ existiert, so dass für alle $n > n_0$ gilt $a_n \le c_n \le b_n$. Dann ist $(c_n)_{n\in\mathbb{N}}$ konvergent und $\lim c_n = a$.

Beweis. Nach Voraussetzung gibt es natürliche Zahlen N_1 und N_2, so dass $\forall\, n \ge N_1 : a - \varepsilon < a_n < a + \varepsilon$ und $\forall\, n \le N_2 : a - \varepsilon < b_n < a + \varepsilon$. Somit gilt für $n \ge N := \max\{n_0, N_1, N_2\} : a - \varepsilon < a_n \le c_n \le b_n < a + \varepsilon$, also $|c_n - a| < \varepsilon$. □

Beispiel 3.2.16. (1) Sei $(a_n)_{n\in\mathbb{N}}$ eine Zahlenfolge mit $0 \le a_n \le \frac{1}{n}$, dann ist $\lim_{n\to\infty} a_n = 0$.

(2) Die Folge $a_n = \sqrt{2n} - \sqrt{n}$ ist divergent, weil

$$a_n = \sqrt{2n} - \sqrt{n} = \left(\sqrt{2n} - \sqrt{n}\right) \cdot \left(\frac{\sqrt{2n} + \sqrt{n}}{\sqrt{2n} + \sqrt{n}}\right) = \frac{2n - n}{\sqrt{2n} + \sqrt{n}}$$

$$= \frac{n}{\left(\sqrt{2} + 1\right)\sqrt{n}} \ge \frac{n}{3\sqrt{n}} = \frac{\sqrt{n}}{3}$$

ist und damit bei wachsendem n beliebig groß werden kann.

Definition 3.2.17. Eine Folge $(a_n)_{n\in\mathbb{R}}$ heißt *bestimmt divergent* gegen $+\infty$ (bzw. $-\infty$), wenn gilt: $\forall\, K \in \mathbb{R}\ \exists\, N \in \mathbb{N}\ \forall\, n \ge N : a_n > K$ (bzw. $a_n < K$). In diesem Fall schreiben wir $\lim_{n\to\infty} a_n = +\infty$ (bzw. $\lim_{n\to\infty} a_n = -\infty$).

Beispiel 3.2.18. (1) Die Fibonacci-Folge divergiert bestimmt gegen $+\infty$.

(2) Die Folge $a_n := n$ divergiert bestimmt gegen $+\infty$.

(3) Wenn $(a_n)_{n\in\mathbb{N}}$ bestimmt gegen $+\infty$ divergiert, so divergiert $(-a_n)_{n\in\mathbb{N}}$ bestimmt gegen $-\infty$.

(4) Die Folge $a_n := (-1)^n \cdot n$ divergiert, sie divergiert jedoch nicht bestimmt.

(5) Sei $\lim_{n\to\infty} a_n = +\infty$ oder $\lim_{n\to\infty} a_n = -\infty$, dann gilt $\lim_{n\to\infty} \frac{1}{a_n} = 0$. Etwas präziser: Es gibt ein $n_0 \in \mathbb{N}$, so dass $a_n \ne 0$ für alle $n \ge n_0$ und die Folge $\left(\frac{1}{a_n}\right)_{n\ge n_0}$ gegen 0 konvergiert.

Beweis. Für jedes $\varepsilon > 0$ gibt es ein N, so dass $a_n > \frac{1}{\varepsilon}$ (falls $\lim_{n\to\infty} a_n = +\infty$) bzw. $a_n < -\frac{1}{\varepsilon}$ (falls $\lim_{n\to\infty} a_n = -\infty$) für alle $n \ge N$. In beiden Fällen gilt $\left|\frac{1}{a_n}\right| < \varepsilon$ für jedes $n \ge N$. Die Behauptung ergibt sich nun leicht aus den Definitionen. □

Definition 3.2.19. Sei $(a_n)_{n\in\mathbb{N}}$ eine Folge reeller Zahlen und $\{n_0, n_1, n_2, \ldots\}$ eine Teilmenge von $\mathbb{N}$, so dass $n_0 < n_1 < n_2 < \ldots$. Dann heißt die Folge $(a_{n_k})_{k\in\mathbb{N}}$ *Teilfolge* der Folge $(a_n)_{n\in\mathbb{N}}$, vgl. Abb. 3.7.

Bemerkung 3.2.20. Wenn $(a_n)_{n\in\mathbb{N}}$ gegen $a \in \mathbb{R}$ konvergiert, so gilt dies auch für jede Teilfolge von $(a_n)_{n\in\mathbb{N}}$.

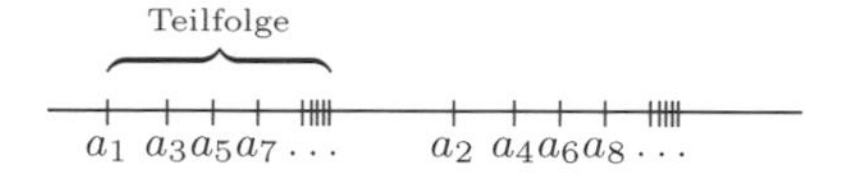

Abb. 3.7 Teilfolge

Definition 3.2.21. Eine Zahl $a \in \mathbb{R}$ heißt *Häufungspunkt* der Folge $(a_n)_{n\in\mathbb{N}}$, wenn es eine Teilfolge gibt, die gegen a konvergiert.

Beispiel 3.2.22. Jede konvergente Folge besitzt genau einen Häufungspunkt, nämlich ihren Grenzwert (s. Bemerkung 3.2.20). Eine bestimmt divergente Folge besitzt keinen Häufungspunkt. Die Folge $a_n := \frac{1}{n} + (-1)^n$, $n \geq 1$ besitzt zwei Häufungspunkte, nämlich $+1$ und -1.

Wir haben im Satz 3.2.9 gesehen, dass jede konvergente Folge beschränkt ist. Die Umkehrung dieser Tatsache gilt nicht, jedoch noch der äußerst wichtige Satz von Bolzano-Weierstraß.

Satz 3.2.23 (Bolzano-Weierstraß[8]) *Jede beschränkte Folge reeller Zahlen $(a_n)_{n\in\mathbb{N}}$ besitzt eine konvergente Teilfolge.*

Beweis. Da $(a_n)_{n\in\mathbb{N}}$ beschränkt ist, gibt es ein $A \in \mathbb{R}$, so dass $A \geq a_n \geq -A$ für alle $n \in \mathbb{N}$. Sei $A_n = \{a_m \mid m \in \mathbb{N}, m \geq n\}$, dann ist jede der Mengen A_n beschränkt und es existiert $x_k = \inf(A_k)$. Da $A_0 \supset A_1 \supset A_2 \supset A_3 \supset \dots$, gilt $x_k \leq x_{k+1} \leq A$ für alle $k \geq 0$. Nach Satz 3.2.11 ist die Folge $(x_k)_{k\in\mathbb{N}}$ konvergent mit Grenzwert $z = \lim x_k$. Dann ist z Häufungspunkt von $(a_n)_{n\in\mathbb{N}}$. Sei nämlich $\varepsilon > 0$, so existiert N mit $|x_m - z| < \frac{\varepsilon}{2}$ für $m \geq N$, da $\lim x_m = z$. Weiterhin existiert $M \geq N$ mit $a_M \in A_N$ und $|x_N - a_M| < \frac{\varepsilon}{2}$, da $\inf(A_N) = x_N$. Also ist $|a_M - z| \leq |a_M - x_N| + |x_N - z| < \varepsilon$. □

Mit Hilfe der für die Analysis wichtigsten Eigenschaft der reellen Zahlen, ihrer Vollständigkeit, ist es möglich, eine für praktische Anwendungen sehr nützliche Charakterisierung der Konvergenz anzugeben. Der zentrale Begriff ist dabei der einer Cauchy-Folge.

Definition 3.2.24. Eine Folge $(a_n)_{n\in\mathbb{N}}$ heißt *Cauchy-Folge*[9], wenn gilt

$$\forall\, \varepsilon > 0\; \exists\, N \in \mathbb{N}\; \forall\, m, n \geq N\colon |a_m - a_n| < \varepsilon\,.$$

Der entscheidende Unterschied zur Definition der Konvergenz ist, dass hier keine Zusatzinformation, der Grenzwert a, für die Formulierung benötigt wird.

[8] Bernard Bolzano (1781–1848), böhmischer Mathematiker.
Karl Weierstrass (1815–1897), deutscher Mathematiker.

[9] Augustin Louis Cauchy (1789–1857), französischer Mathematiker.

Satz 3.2.25 *Jede konvergente Folge ist eine Cauchy-Folge.*

Beweis. Sei $(a_n)_{n\in N}$ eine konvergente Folge und $a = \lim a_n$. Für jedes $\varepsilon > 0$ gilt dann: $\exists\, N\ \forall\, n \geq N$: $|a_n - a| < \frac{\varepsilon}{2}$. Wir erhalten für $m, n \geq N$: $|a_m - a_n| = |a_m - a + (a - a_n)| \leq |a_m - a| + |a_n - a| < \frac{\varepsilon}{2} + \frac{\varepsilon}{2} = \varepsilon$, die Folge ist somit eine Cauchy-Folge. □

Satz 3.2.26 *Jede Cauchy-Folge reeller Zahlen ist konvergent.*

Beweis. Wir zeigen zunächst, dass jede Cauchy-Folge beschränkt ist. Dazu wählen wir $\varepsilon = 1$ für eine gegebene Cauchy-Folge $(a_n)_{n\in\mathbb{N}}$. Dann existiert ein $N \in \mathbb{N}$, so dass für $m, n \geq N$ gilt $|a_m - a_n| < 1$. Insbesondere ist $|a_m - a_N| < 1$ für $m \geq N$. Wegen Satz 3.1.3 bedeutet das $|a_m| \leq 1 + |a_N|$ für alle $m \geq N$. Damit ist $|a_m| \leq \max\{1 + |a_N|, |a_0|, \ldots, |a_{N-1}|\}$ für alle $m \in \mathbb{N}$, d.h. die Folge ist beschränkt. Nach Satz 3.2.11 existiert eine konvergente Teilfolge $(a_{n_k})_{k\in\mathbb{N}}$ von $(a_n)_{n\in\mathbb{N}}$. Sei $a = \lim a_{n_k}$. Wir zeigen dass $a = \lim a_n$. Sei $\varepsilon > 0$ gegeben. Wir wählen $N \in \mathbb{N}$ so, dass $|a_n - a_m| < \frac{\varepsilon}{2}$ für alle $n, m \geq N$ und $|a - a_{n_k}| < \frac{\varepsilon}{2}$ für alle $k \geq N$. Sei nun $k, n \geq N$, dann gilt $|a - a_n| = |a - a_{n_k} + a_{n_k} - a_n| \leq |a - a_{n_k}| + |a_{n_k} - a_n| < \varepsilon$, weil $n_k \geq k \geq N$. □

Bemerkung 3.2.27. Wir haben in diesem Buch die reellen Zahlen als gegeben betrachtet. Man kann mit Hilfe von Cauchy-Folgen rationaler Zahlen die reellen Zahlen konstruieren. Dazu betrachtet man auf der Menge aller Cauchy-Folgen rationaler Zahlen die Äquivalenzrelation: $(a_n)_{n\in\mathbb{N}} \sim (b_n)_{n\in\mathbb{N}}$ wenn $(a_n - b_n)_{n\in\mathbb{N}}$ eine Nullfolge ist, d.h. eine Folge, die gegen $0 \in \mathbb{R}$ konvergiert. Allgemeines zu Äquivalenzrelationen ist in Abschnitt 6.3 zu finden.
Jede reelle Zahl ist Grenzwert einer Cauchy-Folge rationaler Zahlen. Zwei verschiedene Cauchy-Folgen mit dem gleichen Grenzwert sind äquivalent. Daher gehört zu jeder reellen Zahl genau eine Äquivalenzklasse von Cauchy-Folgen rationaler Zahlen.
Damit wird klar, warum $0{,}9999999\ldots = 1$ ist: Auf der einen Seite haben wir schon gezeigt, dass die Folge $a_n = 0,\underbrace{99\ldots9}_{n}$ eine Cauchy-Folge mit dem Grenzwert 1 ist. Andererseits ist auch die konstante Folge $b_n = 1$ eine Cauchy-Folge mit dem Grenzwert 1. Somit gilt $(a_n)_{n\in\mathbb{N}} \sim (b_n)_{n\in\mathbb{N}}$, d.h. $0{,}9999999\ldots = 1$.

Als Anwendung möchten wir jetzt ein Verfahren zur Berechnung von Quadratwurzeln in $\mathbb{R}$ vorstellen.
Sei $a \in \mathbb{R}_{\geq 0}$ gegeben. Wir suchen $x \geq 0$ mit $x^2 = a$. Wenn $x \neq 0$, dann ist $x = \frac{a}{x}$. Die Grundidee des Verfahrens besteht darin, für jedes $x > 0$ das arithmetische Mittel $\dfrac{1}{2}\left(x + \dfrac{a}{x}\right)$ als Näherung für $\sqrt{a}$ zu betrachten.

Satz 3.2.28 *Seien $a > 0$, $x_0 > 0$ reelle Zahlen. Wir definieren eine Folge $(x_n)_{n\in\mathbb{N}}$ rekursiv durch $x_{n+1} := \frac{1}{2}\left(x_n + \frac{a}{x_n}\right)$ für $n \geq 0$. Diese Folge ist konvergent und für den Grenzwert $x := \lim_{n\to\infty} x_n$ gilt $x > 0$ und $x^2 = a$.*

Beweis. Zunächst zeigen wir $x_n > 0$ für alle $n \in \mathbb{N}$. Das ergibt sich per Induktion, da $x_0 > 0$ und wenn $x_n > 0$, so ist auch $x_{n+1} = \frac{1}{2}\left(x_n + \frac{a}{x_n}\right) > 0$, da $a > 0$. Insbesondere ist die Folge $(x_n)_{n\in\mathbb{N}}$ nach unten beschränkt. Für jedes $n \geq 1$ ist $x_n^2 \geq a$, denn

$$x_n^2 - a = \frac{1}{4}\left(x_{n-1} + \frac{a}{x_{n-1}}\right)^2 - a = \frac{1}{4}\left(x_{n-1} - \frac{a}{x_{n-1}}\right)^2 \geq 0\,.$$

Daraus ergibt sich, dass die Folge $(x_n)_{n\in\mathbb{N}}$ monoton fallend ist, denn

$$x_n - x_{n+1} = x_n - \frac{1}{2}\left(x_n + \frac{a}{x_n}\right) = \frac{1}{2}\left(x_n - \frac{a}{x_n}\right) = \frac{1}{2x_n}\left(x_n^2 - a\right) \geq 0\,.$$

Nach Satz 3.2.11 ist $(x_n)_{n\in\mathbb{N}}$ konvergent. Mit $x = \lim x_n$ folgt aus Satz 3.2.13

$$\begin{aligned} x &= \lim_{n\to\infty} x_n = \lim_{n\to\infty} \frac{1}{2}\left(x_{n-1} + \frac{a}{x_{n-1}}\right) = \frac{1}{2} \cdot \lim_{n\to\infty} x_{n-1} + \frac{a}{2} \cdot \lim_{n\to\infty} \frac{1}{x_{n-1}} \\ &= \frac{1}{2}\left(x + \frac{a}{x}\right)\,, \end{aligned}$$

d.h. $2x = x + \frac{a}{x}$, also $x^2 = a$, wie behauptet. □

Definition 3.2.29. Für jedes $a > 0$ schreiben wir $\sqrt{a}$ für die eindeutig bestimmte positive Lösung x der Gleichung $x^2 = a$.

Bemerkung 3.2.30. Das beschriebene Verfahren ist außerordentlich effektiv. Mit dem relativen Fehler $F_n := \frac{x_n - \sqrt{a}}{\sqrt{a}}$ können wir $x_n = \sqrt{a}(1 + F_n)$ schreiben. Aus $x_{n+1} = \frac{1}{2}\left(x_n + \frac{a}{x_n}\right)$ ergibt sich

$$\sqrt{a}(1 + F_{n+1}) = \frac{1}{2}\left(\sqrt{a}(1 + F_n) + \frac{a}{\sqrt{a}(1 + F_n)}\right)$$

und daraus

$$1 + F_{n+1} = \frac{1}{2}\left(\frac{(1 + F_n)^2 + 1}{1 + F_n}\right) = \frac{1}{2}\left(\frac{2 + 2F_n + F_n^2}{1 + F_n}\right) = 1 + \frac{1}{2} \cdot \frac{F_n^2}{1 + F_n}\,.$$

Also $F_{n+1} = \frac{F_n^2}{2(1+F_n)}$. Wenn z.B. $F_n < 10^{-1}$, dann ist bereits $F_{n+3} < 10^{-10}$.

Genauso wie in den reellen Zahlen kann man auch in den komplexen Zahlen Folgen betrachten und deren Konvergenz studieren.

Definition 3.2.31.

(1) Eine Folge komplexer Zahlen $(z_n)_{n\in\mathbb{N}}$ *konvergiert* gegen $z \in \mathbb{C}$, falls

$$\forall\, \varepsilon > 0\, \exists\, N \in \mathbb{N}\, \forall\, n \geq N : \quad |z_n - z| < \varepsilon\,.$$

Wir schreiben dann: $\lim_{n\to\infty} z_n = z$. Zu beachten ist hier, dass ε reell ist.

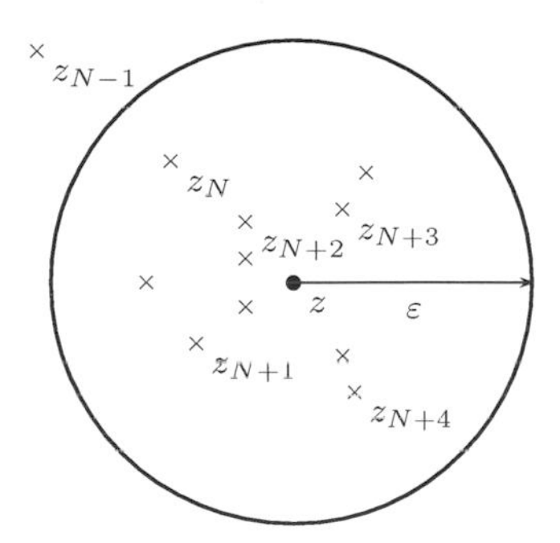

Abb. 3.8 Konvergenz in $\mathbb{C}$

(2) Eine Folge komplexer Zahlen $(z_n)_{n\in\mathbb{N}}$ heißt *Cauchy-Folge*, falls gilt:

$$\forall\, \varepsilon > 0\, \exists\, N \in \mathbb{N}\, \forall\, m, n \geq N : \quad |z_m - z_n| < \varepsilon\,.$$

Aus der Definition erhalten wir nun leicht: Eine Folge komplexer Zahlen $(z_n)_{n\in\mathbb{N}}$ mit $z_n = a_n + b_n\mathrm{i}$, wobei $a_n \in \mathbb{R}$ und $b_n \in \mathbb{R}$, konvergiert genau dann, wenn die beiden Folgen reeller Zahlen $(a_n)_{n\in\mathbb{N}}$ und $(b_n)_{n\in\mathbb{N}}$ konvergieren. Wenn $a = \lim_{n\to\infty} a_n$ und $b = \lim_{n\to\infty} b_n$, dann ist $a + b\mathrm{i} = \lim_{n\to\infty} z_n$. Daraus erhalten wir:

- Eine Folge $(z_n)_{n\in\mathbb{N}}$ konvergiert genau dann, wenn die Folge $(\overline{z_n})_{n\in\mathbb{N}}$ der konjugiert komplexen Zahlen konvergiert. Es gilt: $\lim_{n\to\infty} \overline{z_n} = \overline{\lim_{n\to\infty} z_n}$.
- Die Rechenregeln aus Satz 3.2.13, (3.28)–(3.32) und die Aussagen über Cauchy-Folgen, Satz 3.2.25 und Satz 3.2.26, gelten auch für komplexe Zahlen.

Eine Folge $(z_n)_{n\in\mathbb{N}}$ komplexer Zahlen heißt *beschränkt*, falls:

$$\exists\, K \in \mathbb{R}\, \forall\, n \in \mathbb{N} : \, |z_n| < K\,.$$

Konvergente Folgen komplexer Zahlen sind beschränkt und auch der Satz von Bolzano-Weierstraß (Satz 3.2.23) gilt in $\mathbb{C}$. Zu beachten ist allerdings, dass wir für Folgen komplexer Zahlen *keinen* Monotoniebegriff haben, denn $\mathbb{C}$ ist kein geordneter Körper!

Aufgaben

Übung 3.7. Sei $(a_n)_{n\in\mathbb{N}}$ definiert durch $a_0 = 1$, $a_{n+1} = 2a_n - \frac{1}{2}a_n^2$. Beweisen Sie, dass $0 \leq a_n \leq 2$ und $(a_n)_{n\in\mathbb{N}}$ monoton wachsend ist. Berechnen Sie $a = \lim_{n\to\infty} a_n$.

Übung 3.8. Sei $c > 0$ eine reelle Zahl, berechnen Sie $\lim\limits_{n\to\infty} \dfrac{c^n}{n!}$.

Übung 3.9. Beweisen Sie, dass jede Folge reeller Zahlen eine monoton wachsende oder eine monoton fallende Teilfolge besitzt.

Übung 3.10. Untersuchen Sie die nachstehenden Folgen auf Konvergenz und berechnen Sie gegebenenfalls den Grenzwert.

(a) $a_n = \sqrt{n + \sqrt{n}} - \sqrt{n}$
(b) $a_0 = a,\ a_1 = b,\ a_n = \frac{1}{2}(a_{n-1} + a_{n-2})$
(c) $a_0 = 1,\ a_{n+1} = \sqrt{1 + a_n}$
(d) $a_n = \frac{1}{n+1}(x_0 + x_1 + \ldots + x_n),\ \lim_{n\to\infty} x_i = x$
(e) $a_n = \left(1 - \frac{1}{2}\right)\left(1 - \frac{1}{3}\right) \cdot \ldots \cdot \left(1 - \frac{1}{n}\right)$

Übung 3.11. Seien $a_0 = a, b_0 = b$ reelle Zahlen mit $0 < b \leq a$. Die Folgen $(a_n)_{n\in\mathbb{N}}$ und $(b_n)_{n\in\mathbb{N}}$ sind rekursiv durch $a_{n+1} = \frac{a_n + b_n}{2}$, $b_{n+1} = \sqrt{a_n b_n}$ definiert. Beweisen Sie, dass $\lim_{n\to\infty} a_n = \lim_{n\to\infty} b_n$.

Übung 3.12. Beweisen Sie, dass $\lim\limits_{n\to\infty} \dfrac{b^n}{n^k} = \infty$ für $b \in \mathbb{R}, b > 1$ und jede fixierte natürliche Zahl k gilt.

3.3 Reihen

Wer möchte nicht gern wissen, wie man die Zahl π näherungsweise berechnen kann. Unter Benutzung der Theorie der Reihen und der Integralrechnung (Beispiele 4.4.24 und 4.5.37) lässt sich zeigen, dass

$$\frac{\pi}{4} = 1 - \frac{1}{3} + \frac{1}{5} - \frac{1}{7} + \frac{1}{9} - \frac{1}{11} + \frac{1}{13} - \frac{1}{15} + \cdots$$

gilt. Den Ausdruck auf der rechten Seite bezeichnet man als unendliche Reihe und man schreibt $\frac{\pi}{4} = \sum_{i=0}^{\infty}(-1)^i \frac{1}{2i+1}$.

Definition 3.3.1. Sei $(a_i)_{i\in\mathbb{N}}$ eine Folge reeller Zahlen. Die Folge der *Partialsummen* $(S_n)_{n\in\mathbb{N}}$, deren Glieder die endlichen Summen $S_n := \sum_{i=0}^{n} a_i$ sind, heißt (unendliche) *Reihe* und wird mit $\sum_{i=0}^{\infty} a_i$ bezeichnet. Wenn die Folge $(S_n)_{n\in\mathbb{N}}$ konvergiert, so wird ihr Grenzwert *ebenfalls* mit dem Symbol $\sum_{i=0}^{\infty} a_i$ oder kurz $\sum a_i$ bezeichnet und man sagt die Reihe $\sum_{i=0}^{\infty} a_i$ konvergiert.

Bemerkung 3.3.2. Wenn $(c_n)_{n\in\mathbb{N}}$ eine Folge ist und $a_0 := c_0$, $a_n := c_n - c_{n-1}$ $(\forall n \geq 1)$ die Folge der Differenzen ist, dann ist die zugehörige Reihe $S_n = \sum_{k=0}^{n} a_k = c_0 + (c_1 - c_0) + \cdots + (c_n - c_{n-1}) = c_n$ die ursprüngliche Folge. *Reihen* und *Folgen* sind also in gewissem Sinne äquivalente (aber nicht gleiche) Begriffe!

Beispiel 3.3.3.

(1) Sei $a \in \mathbb{R}$ mit $|a| < 1$, dann ist die *geometrische Reihe* $\sum_{k=0}^{\infty} a^k$ konvergent und es gilt $\sum_{k=0}^{\infty} a^k = \frac{1}{1-a}$. Ist $|a| \geq 1$, dann ist sie divergent.

Beweis. Per Induktion zeigt man leicht $\sum_{k=0}^{n} a^k = \frac{1-a^{n+1}}{1-a}$. Da $|a| < 1$, ist $\lim_{n\to\infty} a^n = 0$ wegen Satz 3.1.7 (2) und Definition 3.2.4. Mit Satz 3.2.13 folgt nun $\lim_{n\to\infty} \frac{1-a^{n+1}}{1-a} = \frac{1}{1-a}$. Ist $a \geq 1$, dann ist $\sum_{k=0}^{n} a^k \geq \sum_{k=0}^{n} 1 = n+1$. Damit ist $\lim_{n\to\infty} \sum_{k=0}^{n} a^k = \infty$. Ist $a \leq -1$ und $b = -a$, dann ist $\sum_{k=0}^{n} a^k = \sum_{k=0}^{n} (-1)^k b^k$. Diese Reihe konvergiert auch nicht. $\square$

(2) Die *harmonische Reihe* $\sum_{k=1}^{\infty} \frac{1}{k}$ ist divergent und zwar bestimmt divergent gegen ∞. Das sieht man durch folgende Gruppierung in Teilsummen

$$1 + \frac{1}{2} + \underbrace{\frac{1}{3} + \frac{1}{4}}_{>\frac{2}{4}=\frac{1}{2}} + \underbrace{\frac{1}{5} + \frac{1}{6} + \frac{1}{7} + \frac{1}{8}}_{>\frac{4}{8}=\frac{1}{2}} + \underbrace{\frac{1}{9} + \cdots + \frac{1}{16}}_{>\frac{8}{16}=\frac{1}{2}} + \underbrace{\frac{1}{17} + \cdots + \frac{1}{32}}_{>\frac{16}{32}=\frac{1}{2}} + \cdots$$

Für jedes $k > 0$ finden wir eine ganze Zahl $j \geq 0$, so dass $2^j < k \leq 2^{j+1}$. Dann ist $\frac{1}{k} \geq 2^{-j-1}$ und daher $\sum_{k=2^j+1}^{2^{j+1}} \frac{1}{k} \geq 2^{-j-1}(2^{j+1} - 2^j) = \frac{1}{2}$. Daher ist $S_{2^n} > \frac{n}{2}$, d.h. die harmonische Reihe ist bestimmt divergent gegen $+\infty$.

(3) Die Reihe $\sum_{k=1}^{\infty} \frac{1}{k^2}$ konvergiert, wie wir in 4.4.35 sehen werden. Es gilt $\sum_{k=1}^{\infty} \frac{1}{k^2} = \frac{\pi^2}{6}$.

(4) $\sum_{k=1}^{\infty} \frac{1}{k(k+1)} = 1$. Man zeigt per Induktion $S_n = \sum_{k=1}^{n} \frac{1}{k(k+1)} = 1 - \frac{1}{n+1}$, woraus die behauptete Gleichheit folgt.

Aus Satz 3.1.7 ergibt sich sofort der folgende Satz.

Satz 3.3.4 *Wenn $\sum_{k=0}^{\infty} a_k$ und $\sum_{k=0}^{\infty} b_k$ konvergente Reihen und $\lambda \in \mathbb{R}$ sind, dann sind auch die Reihen $\sum(a_k + b_k)$, $\sum(a_k - b_k)$ und $\sum \lambda a_k$ konvergent und es gilt: $\sum(a_k \pm b_k) = \sum a_k \pm \sum b_k$ und $\sum \lambda a_k = \lambda \sum a_k$.*

Wir stellen nun einige nützliche Konvergenzkriterien für Reihen zusammen.

Satz 3.3.5 (Cauchy-Kriterium) *Für jede Folge reeller Zahlen $(a_n)_{n\in\mathbb{N}}$ konvergiert die Reihe $\sum_{k=0}^{\infty} a_k$ genau dann, wenn*

$$\forall\, \varepsilon > 0\, \exists\, N \in \mathbb{N}\, \forall\, n \geq m \geq N : \left| \sum_{k=m}^{n} a_k \right| < \varepsilon\,.$$

Beweis. Da $S_n - S_{m-1} = \sum_{k=m}^{n} a_k$ folgt die Behauptung aus den Sätzen 3.2.26 und 3.2.25. □

Satz 3.3.6 *Sei $(a_k)_{n\in\mathbb{N}}$ eine Folge reeller Zahlen. Dann gilt:*

(1) *Wenn $\sum_{k=0}^{\infty} a_k$ konvergiert, dann ist $\lim_{n\to\infty} a_n = 0$.*
(2) *Wenn $a_n \geq 0$ für alle $n \in \mathbb{N}$, dann konvergiert $\sum_{k=0}^{\infty} a_k$ genau dann, wenn die Partialsummenfolge $(S_n)_{n\in\mathbb{N}}$ beschränkt ist.*
(3) *Wenn $a_n \geq a_{n+1} \geq 0$ für alle $n \in \mathbb{N}$ und $\lim_{n\to\infty} a_n = 0$, dann konvergiert die Reihe $\sum_{k=0}^{\infty}(-1)^k a_k$ (*Leibniz-Kriterium[10]*für alternierende Reihen).*

Beweis. (1) folgt sofort aus dem Cauchy-Kriterium, da $a_n = S_n - S_{n-1}$.
(2) Wenn $a_n \geq 0$ für alle $n \in \mathbb{N}$, dann ist die Folge $(S_n)_{n\in\mathbb{N}}$ monoton wachsend und somit wegen der Sätze 3.2.9 und 3.2.11 genau dann konvergent, wenn sie beschränkt ist.
(3) Zunächst betrachten wir nur die *geraden* Partialsummen. Da nach Voraussetzung $a_{2k+2} \leq a_{2k+1}$, ist $S_{2k+2} - S_{2k} = -a_{2k+1} + a_{2k+2} \leq 0$ und somit $S_0 \geq S_2 \geq S_4 \geq \ldots$. Ebenso ergibt sich $S_1 \leq S_3 \leq S_5 \leq \ldots$. Da $S_{2k+1} - S_{2k} = -a_{2k+1} \leq 0$, ist $S_{2k+1} \leq S_{2k}$, insbesondere also $S_1 \leq S_{2k+1} \leq S_{2k}$ und analog $S_0 \geq S_{2k} \geq S_{2k+1}$. Daher ist die Folge $(S_{2k})_{k\in\mathbb{N}}$ monoton fallend und beschränkt und $(S_{2k+1})_{k\in\mathbb{N}}$ monoton wachsend und beschränkt. Nach Satz 3.2.11 sind diese Folgen konvergent. Sei $a := \lim_{k\to\infty} S_{2k}$ und $b = \lim_{k\to\infty} S_{2k+1}$. Da nach Voraussetzung $a - b = \lim_{k\to\infty}(S_{2k} - S_{2k+1}) = \lim_{k\to\infty} a_{2k+1} = 0$, ist $a = b$.
Sei nun $\varepsilon > 0$ beliebig, dann gibt es $N_1, N_2 \in \mathbb{N}$, so dass $\forall\, k \geq N_1$: $|a - S_{2k}| < \varepsilon$ und $\forall\, k \geq N_2$: $|a - S_{2k+1}| < \varepsilon$. Daraus folgt $\forall\, n \geq N = \max(2N_1, 2N_2+1)$: $|a - S_n| < \varepsilon$, d.h. $\lim_{n\to\infty} S_n = a$. □

Beispiel 3.3.7.

(1) $\sum_{n=0}^{\infty}(-1)^n \frac{1}{n+1} = \ln(2)$, vgl. Beispiel 4.3.10 (2).
(2) $\sum_{n=0}^{\infty}(-1)^n \frac{1}{2n+1} = \frac{\pi}{4}$, vgl. Beispiel 4.4.24.

Definition 3.3.8. Eine Reihe $\sum_{k=0}^{\infty} a_k$ heißt *absolut konvergent*, wenn die Reihe $\sum_{k=0}^{\infty} |a_k|$ konvergiert.

[10] Gottfried Wilhelm Leibniz (1646–1716), deutscher Mathematiker.

Beispiel 3.3.9. (1) Wenn $a_n \geq 0$ für alle $n \in \mathbb{N}$, dann ist die Reihe $\sum a_k$ genau dann konvergent, wenn sie absolut konvergent ist.
(2) Die alternierende Reihe $\sum_{n\geq 1} \frac{(-1)^n}{n}$ ist nach dem Leibniz-Kriterium konvergent, aber *nicht* absolut konvergent (harmonische Reihe).

Der Begriff der absoluten Konvergenz ist stärker (d.h. es gibt „weniger" Reihen, die diese Eigenschaft haben) als der Begriff der Konvergenz, denn es gilt der folgende Satz.

Satz 3.3.10 *Wenn $\sum a_k$ absolut konvergiert, dann konvergiert diese Reihe.*

Beweis. Wir wenden Satz 3.3.5, das Cauchy-Kriterium, auf die Reihe $\sum |a_k|$ an und erhalten $\forall\ \varepsilon > 0\ \exists\ N\ \forall\ n \geq m \geq N : \sum_{k=m}^{n} |a_k| < \varepsilon$. Da $|\sum_{k=m}^{n} a_k| \leq \sum_{k=m}^{n} |a_k|$ (Dreiecksungleichung), folgt daraus auch die gewöhnliche Konvergenz. □

Satz 3.3.11 *Sei $(a_n)_{n\in\mathbb{N}}$ eine Folge reeller Zahlen.*

(1) **Majorantenkriterium:** *Wenn eine konvergente Reihe $\sum_{k=0}^{\infty} b_k$ mit nicht-negativen Gliedern, d.h. $b_k \geq 0$ für alle $k \in \mathbb{N}$, existiert, so dass für alle $n \in \mathbb{N}$: $|a_n| \leq b_n$ gilt, dann ist $\sum_{k=0}^{\infty} a_k$ absolut konvergent.*
(2) **Quotientenkriterium:** *Wenn es ein $n_0 \in \mathbb{N}$ und eine reelle Zahl q mit $0 < q < 1$ gibt, so dass $a_n \neq 0$ und $\left|\frac{a_{n+1}}{a_n}\right| \leq q$ für alle $n \geq n_0$ gilt, dann ist die Reihe $\sum_{k=0}^{\infty} a_k$ absolut konvergent.*
(3) **Wurzelkriterium:** *Wenn es eine reelle Zahl q mit $0 \leq q < 1$ und ein $n_0 \in \mathbb{N}$ gibt, so dass für alle $n \geq n_0$ die Ungleichung $\sqrt[n]{|a_n|} \leq q$ gilt, dann ist die Reihe $\sum_{k=0}^{\infty} a_k$ absolut konvergent.*

Beweis. (1) Da nach Voraussetzung $\sum_{k=0}^{n} |a_k| \leq \sum_{k=0}^{n} b_k$, folgt die Behauptung aus Satz 3.3.6 (2).
(2) Aus $\left|\frac{a_{n+1}}{a_n}\right| \leq q$ ergibt sich induktiv die Ungleichung $|a_{n_0+k}| \leq q^k \cdot |a_{n_0}|$ für alle $k \geq 0$. Die Behauptung folgt nun aus Teil (1) mit $c_k := q^k \cdot |a_{n_0}|$ und der geometrischen Reihe.
(3) Die Ungleichung $\sqrt[n]{|a_n|} \leq q$ impliziert $|a_n| \leq q^n$. Damit konvergiert die Reihe absolut nach dem Majorantenkriterium und Beispiel 3.3.3 (1). □

Beispiel 3.3.12. (1) Die Reihe $\sum_{k=1}^{\infty} \frac{k^2}{2^k}$ konvergiert, nach dem Quotientenkriterium, denn es gilt $\frac{a_{n+1}}{a_n} = \frac{1}{2}\left(1 + \frac{1}{n}\right)^2 \leq \frac{1}{2}\left(1 + \frac{1}{3}\right)^2 = \frac{8}{9}$.
(2) Die Folge $(a_n)_{n\in\mathbb{N}}$ sei durch $a_n = \begin{cases} 2^{-n} & n \text{ gerade} \\ 2^{2-n} & n \text{ ungerade} \end{cases}$ definiert. Da $\sqrt[n]{|a_n|} = \frac{1}{2}$ für gerades n und $\sqrt[n]{|a_n|} = \frac{1}{2}\sqrt[n]{4}$ für ungerades n, gilt

$\sqrt[n]{|a_n|} \leq \frac{\sqrt[3]{4}}{2} < 1$ für alle $n \in \mathbb{N}$. Somit ist die Reihe $\sum a_n$ nach dem Wurzelkriterium absolut konvergent.
Das Quotientenkriterium kann zum Konvergenzbeweis jedoch nicht benutzt werden, weil $\frac{a_{2k+1}}{a_{2k}} = 2$ und $\frac{a_{2k+2}}{2_{2k+1}} = \frac{1}{8}$ ist.

Rechnungen mit absolut konvergenten Reihen sind wesentlich einfacher als mit Reihen allgemein. Das liegt vor allem daran, dass man sich im Fall der absoluten Konvergenz über die Reihenfolge der Summanden keine Gedanken machen muss. Wenn keine absolute Konvergenz vorliegt, dann ist es möglich, dass die Konvergenz verloren geht, wenn die Glieder einer Reihe in einer anderen Reihenfolge addiert werden. Um derartige Aussagen exakt fassen zu können, benötigen wir den Begriff der Umordnung einer Reihe.

Definition 3.3.13. Wenn $\sum_{k=0}^{\infty} a_k$ eine Reihe und $\sigma : \mathbb{N} \to \mathbb{N}$ eine bijektive Abbildung ist, dann heißt die Reihe $\sum_{k=0}^{\infty} a_{\sigma(k)}$ eine *Umordnung* von $\sum_{k=0}^{\infty} a_k$.

Satz 3.3.14 *Sei $\sum_{k=0}^{\infty} a_k$ eine absolut konvergente Reihe mit Grenzwert $a \in \mathbb{R}$. Dann ist* jede *Umordnung dieser Reihe ebenfalls absolut konvergent und sie hat denselben Grenzwert.*

Beweis. Sei σ irgendeine Umordnung und $\varepsilon > 0$. Da $\sum_{k=0}^{\infty} |a_k|$ konvergiert, gibt es ein n_0, so dass $\sum_{k=0}^{\infty} |a_k| - \sum_{k=0}^{n_0-1} |a_k| = \sum_{k=n_0}^{\infty} |a_k| < \frac{\varepsilon}{2}$ gilt. Daraus ergibt sich $\left|a - \sum_{k=0}^{n_0-1} a_k\right| = \left|\sum_{k=n_0}^{\infty} a_k\right| \leq \sum_{k=n_0}^{\infty} |a_k| < \frac{\varepsilon}{2}$. Sei $N \in \mathbb{N}$ so gewählt, dass alle Zahlen $0, 1, \ldots, n_0 - 1$ in der Menge $\{\sigma(0), \sigma(1), \ldots, \sigma(N)\}$ auftreten. Dann ist für jedes $n \geq N$

$$\begin{aligned}\left|\sum_{k=0}^{n} a_{\sigma(k)} - a\right| &\leq \left|\sum_{k=0}^{n} a_{\sigma(k)} - \sum_{j=0}^{n_0-1} a_j\right| + \left|\sum_{j=0}^{n_0-1} a_j - a\right| \\ &\leq \sum_{k=n_0}^{\infty} |a_k| + \frac{\varepsilon}{2} < \frac{\varepsilon}{2} + \frac{\varepsilon}{2} = \varepsilon\end{aligned}$$

und damit konvergiert auch $\sum a_{\sigma(k)}$ gegen a. Zum Beweis der absoluten Konvergenz verwenden wir das Cauchy-Kriterium. Es liefert ein n_1, so dass $\sum_{k=n_1}^{m} |a_k| < \varepsilon$ für alle $m \geq n_1$. Wenn nun N so groß ist, dass alle natürlichen Zahlen die kleiner als n_1 sind, in der Menge $\{\sigma(0), \sigma(1), \ldots, \sigma(N)\}$ enthalten sind, dann ist für alle $n > m > N$

$$\sum_{k=m}^{n} |a_{\sigma(k)}| \leq \sum_{k=n_1}^{m_1} |a_k| < \varepsilon ,$$

wobei $m_1 = \max\{\sigma(m), \sigma(m+1), \ldots, \sigma(n)\}$ ist. Mit dem Cauchy-Kriterium folgt die absolute Konvergenz. □

Bemerkung 3.3.15. Die konvergente Reihe $\sum_{k=1}^{\infty} \frac{(-1)^{n+1}}{n}$ lässt sich so umordnen, dass sie bestimmt gegen $+\infty$ divergiert:

$$1 - \frac{1}{2} + \frac{1}{3} - \frac{1}{4} + \overbrace{\frac{1}{5} + \frac{1}{7}}^{>\frac{1}{4}} - \frac{1}{6} + \overbrace{\frac{1}{9} + \frac{1}{11} + \frac{1}{13} + \frac{1}{15}}^{>\frac{1}{4}} - \frac{1}{8} + \cdots,$$

das heißt, dass wir für $n \geq 2$ jeweils zwischen die beiden negativen Terme $-\frac{1}{2n}$ und $-\frac{1}{2n+2}$ die positive Summe

$$\frac{1}{2^n+1} + \frac{1}{2^n+3} + \ldots + \frac{1}{2^{n+1}-1} > 2^{n-1} \cdot \frac{1}{2^{n+1}} = \frac{1}{4}$$

einfügen. Auf diese Weise kommt jeder negative und jeder positive Summand der ursprünglichen Reihe genau einmal in der umgeordneten Reihe vor. Da $\frac{1}{4} - \frac{1}{2n+2} > \frac{1}{8}$ für $n \geq 3$, wachsen die Partialsummen über jede Schranke, d.h. die umgeordnete Reihe divergiert bestimmt gegen $+\infty$.
Mit einer ähnlichen Idee lässt sich zeigen, dass man diese Reihe so umordnen kann, dass sie gegen einen beliebig vorgegebenen Grenzwert konvergiert. Bei Reihen, die nicht absolut konvergent sind, ist die Reihenfolge der Summanden entscheidend für den Grenzwert. Das steht im krassen Gegensatz zu Satz 3.3.14 für absolut konvergente Reihen.

Satz 3.3.16 (Cauchy-Produkt) *Seien $\sum_{k=0}^{\infty} a_k$ und $\sum_{k=0}^{\infty} b_k$ absolut konvergente Reihen und*

$$c_n := \sum_{k=0}^{n} a_k \cdot b_{n-k} = a_0 b_n + a_1 b_{n-1} + a_2 b_{n-2} + \ldots + a_{n-1} b_1 + a_n b_0 .$$

Dann ist die Reihe $\sum_{k=0}^{\infty} c_k$ absolut konvergent und es gilt

$$\sum_{k=0}^{\infty} c_k = \left(\sum_{k=0}^{\infty} a_k \right) \cdot \left(\sum_{k=0}^{\infty} b_k \right) .$$

Beweis. Sei $a := \sum_{k=0}^{\infty} a_k$ und $b := \sum_{k=0}^{\infty} b_k$, sowie $S_n := \sum_{k=0}^{n} c_k$. Wir zeigen zunächst, dass $(S_n)_{n\in\mathbb{N}}$ gegen $a \cdot b$ konvergiert. Sei dazu $S'_n := (\sum_{k=0}^{n} a_k) \cdot (\sum_{k=0}^{n} b_k)$, dann ist nach Satz 3.2.13 (3.29) $a \cdot b = (\lim_{n\to\infty} \sum_{k=0}^{n} a_k) \cdot (\lim_{n\to\infty} \sum_{k=0}^{n} b_k) = \lim_{n\to\infty} ((\sum_{k=0}^{n} a_k) \cdot (\sum_{k=0}^{n} b_k)) = \lim_{n\to\infty} S'_n$.
Wegen Satz 3.2.13 (3.28) genügt es daher zu zeigen, dass die Folge $(S'_n - S_n)_{n\in\mathbb{N}}$ gegen 0 konvergiert. Mit den Bezeichnungen aus Abbildung 3.9 erhalten wir

$$
\begin{aligned}
S_n' - S_n &= \sum_{k=0}^{n} a_k \sum_{k=0}^{n} b_k - \sum_{k=0}^{n}\sum_{i=0}^{k} a_i b_{k-i} \\
&= \sum_{(k,l)\in Q_n} a_k b_l - \sum_{(k,l)\in T_n} a_k b_l = \sum_{(k,l)\in Q_n \setminus T_n} a_k b_l \,.
\end{aligned}
$$

Bereich D_n für $\sum\limits_{k=0}^{n} a_k b_{n-k}$ $\quad$ T_n für $\sum\limits_{k=0}^{n}\sum\limits_{i=0}^{k} a_i b_{k-i}$ $\quad$ Q_n für $\sum\limits_{k=0}^{n} a_k \sum\limits_{k=0}^{n} b_k$

Abb. 3.9 Veranschaulichung der verschiedenen Summen

Da $\sum_{k=0}^{\infty} a_k$ und $\sum_{k=0}^{\infty} b_k$ absolut konvergent sind, konvergiert auch die Folge $t_n := \sum_{k=0}^{n} |a_k| \cdot \sum_{k=0}^{n} |b_k| = \sum_{(k,l)\in Q_n} |a_k b_l|$, also gibt es nach dem Cauchy-Kriterium zu beliebigem $\varepsilon > 0$ ein $N \in \mathbb{N}$, so dass für alle $n \geq N$ die Ungleichung $|t_n - t_N| < \varepsilon$ gilt. Wenn $n > 2N$, dann ist $Q_N \subset T_n$, d.h. $Q_n \setminus T_n \subset Q_n \setminus Q_N$, vgl. Abb. 3.10. Mit $t_n - t_N = \sum_{(k,l)\in Q_n \setminus Q_N} |a_k b_l|$,

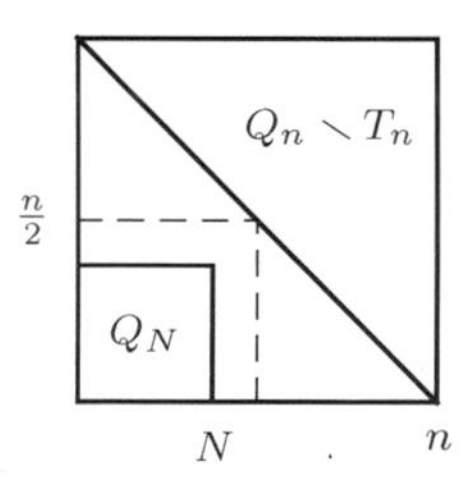

Abb. 3.10 $Q_N \subset T_n$

erhalten wir daher

$$
\begin{aligned}
|S_n' - S_n| &= \left| \sum_{(k,l)\in Q_n \setminus T_n} a_k b_l \right| \leq \sum_{(k,l)\in Q_n \setminus T_n} |a_k b_l| \\
&\leq \sum_{(k,l)\in Q_n \setminus Q_N} |a_k b_l| = |t_n - t_N| < \varepsilon \,,
\end{aligned}
$$

d.h. $\lim_{n\to\infty}(S_n' - S_n) = 0$ und somit $\lim_{n\to\infty} S_n = a \cdot b$.

Die behauptete absolute Konvergenz der Reihe $\sum_{k=0}^{\infty} c_n$ ergibt sich nun aus Satz 3.3.11 (1) wie folgt: Anwendung des bereits Gezeigten auf die beiden absolut konvergenten Reihen $\sum_{k=0}^{\infty} |a_k|$ und $\sum_{k=0}^{\infty} |b_k|$ liefert die Konvergenz der Reihe $\sum_{k=0}^{\infty} c'_n$, wobei $c'_n := \sum_{k=0}^{n} |a_k| \cdot |b_{n-k}|$. Da $|c_n| = |\sum_{k=0}^{n} a_k b_{n-k}| \leq \sum_{k=0}^{n} |a_k| \cdot |b_{n-k}| = c'_n$, folgt die Behauptung. □

Beispiel 3.3.17 (Exponentialfunktion).
Die Funktion $e^x = \exp(x) := \sum_{k=0}^{\infty} \frac{1}{k!} x^k$ heißt *Exponentialfunktion*. Diese Definition ist gerechtfertigt, denn es gilt:

$$\text{Die Reihe } \sum_{k=0}^{\infty} \frac{1}{k!} x^k \text{ ist für jedes } x \in \mathbb{R} \text{ absolut konvergent.} \tag{3.34}$$

$$\forall\, x, y \in \mathbb{R}: \quad \exp(x) \cdot \exp(y) = \exp(x+y)\,. \tag{3.35}$$

Beweis. Wegen $\frac{\frac{|x|^{k+1}}{(k+1)!}}{\frac{|x|^k}{k!}} = \frac{|x|}{k+1}$ folgt mit dem Quotientenkriterium die absolute Konvergenz der Exponentialreihe für jedes $x \in \mathbb{R}$. Die Funktionalgleichung (3.35) folgt aus $\frac{(x+y)^n}{n!} = \sum_{k=0}^{n} \binom{n}{k} \frac{1}{n!} x^k y^{n-k} = \sum_{k=0}^{n} \frac{1}{k!(n-k)!} x^k y^{n-k}$ mit Hilfe des Cauchy-Produktes

$$\sum_{k=0}^{\infty} \frac{x^k}{k!} \cdot \sum_{k=0}^{\infty} \frac{y^k}{k!} = \sum_{n=0}^{\infty} \sum_{k=0}^{n} \frac{x^k}{k!} \frac{y^{n-k}}{(n-k)!} = \sum_{n=0}^{\infty} \frac{(x+y)^n}{n!}\,.$$

□

Definition 3.3.18. Die Zahl $e := \exp(1)$ heißt *Eulerzahl*.

Bemerkung 3.3.19. Es gilt $e = \lim_{n\to\infty} \left(1 + \frac{1}{n}\right)^n$ und $e \approx 2{,}7182818284$.

Ebenso wie für reelle Zahlen können wir auch zu einer Folge komplexer Zahlen $(z_k)_{k\in\mathbb{N}}$ die zugehörige Reihe $\sum_{k=0}^{\infty} z_k$ bilden. Darunter verstehen wir wieder die Folge ihrer Partialsummen $S_n = \sum_{k=0}^{n} z_k$ und (im Fall seiner Existenz) den Grenzwert $\lim_{n\to\infty} S_n \in \mathbb{C}$. Erneut übertragen sich die Rechenregeln (Satz 3.2.13), das Cauchy-Kriterium (Satz 3.3.5) und Satz 3.3.6 (1) (Konvergenz impliziert $\lim_{k\to\infty} z_k = 0$) auf Reihen komplexer Zahlen.
Wir nennen eine Reihe komplexer Zahlen $\sum z_k$ *absolut konvergent*, falls die Reihe reeller Zahlen $\sum |z_k|$ konvergiert. Es gelten dann wieder Satz 3.3.10 (absolute Konvergenz zieht Konvergenz nach sich) und Satz 3.3.11 (Majorantenkriterium, Quotientenkriterium und Wurzelkriterium). Auch Satz 3.3.14 (Umordnen absolut konvergenter Reihen) und Satz 3.3.16 (Cauchy-Produkt) gelten. Insbesondere erhalten wir für $z \in \mathbb{C}$ mit $|z| < 1$ die konvergente geometrische Reihe $\sum_{n=0}^{\infty} z^n = \frac{1}{1-z}$. Die Menge $\{z \mid |z| < 1\}$ ist das Innere des Einheitskreises (Abb. 3.11).
Neben der geometrischen Reihe ist für uns hier die komplexe *Exponentialreihe* die wichtigste absolut konvergente Reihe. Für beliebiges $z \in \mathbb{C}$ definieren wir

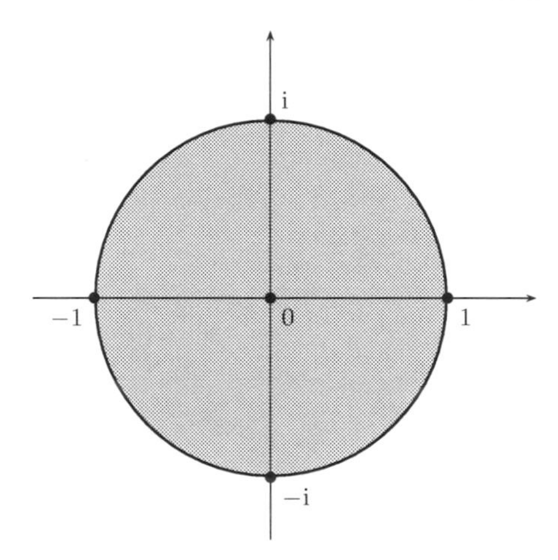

Abb. 3.11 Der Einheitskreis in $\mathbb{C}$

$$\exp(z) := \sum_{n=0}^{\infty} \frac{z^n}{n!} \,.$$

Nach dem Quotientenkriterium ist diese Reihe für alle $z \in \mathbb{C}$ absolut konvergent. Ebenso wie im Reellen erhalten wir für alle $z_1, z_2 \in \mathbb{C}$ die wichtige Funktionalgleichung

$$\exp(z_1 + z_2) = \exp(z_1) \cdot \exp(z_2) \,.$$

Da $\exp(0) = 1$, ergibt sich mit der Funktionalgleichung $1 = \exp(z - z) = \exp(z) \cdot \exp(-z)$ und somit ist $\exp(z) \neq 0$ für alle $z \in \mathbb{C}$. Aus der Definition folgt leicht $\exp(\bar{z}) = \overline{\exp(z)}$.

Bemerkung 3.3.20. Der aufmerksame Leser hat sicher bemerkt, dass wir die meisten Aussagen, die nicht die Ordnungsrelation benutzen, von $\mathbb{R}$ auf $\mathbb{C}$ übertragen konnten. Im Zusammenhang mit der Exponentialfunktion entsteht die Frage, ob es im Komplexen ein Analogon für die für alle $z \in \mathbb{R}$ geltende Ungleichung $\exp(z) > 0$ gibt.
Wir haben schon gezeigt, dass stets $\exp(z) \neq 0$ gilt. Die Null ist interessanterweise die einzige komplexe Zahl, die nicht als Wert der komplexen Exponentialfunktion auftreten kann. Wir werden später beweisen, dass $\exp : H_\alpha \to \mathbb{C} \setminus \{0\}$ für alle $\alpha \in \mathbb{R}$ bijektiv ist, wobei

$$H_\alpha := \{a + b\mathrm{i} \in \mathbb{C} \mid a, b \in \mathbb{R},\ \alpha \leq b < \alpha + 2\pi\} \subset \mathbb{C}$$

ein horizontaler Streifen der Höhe 2π in der komplexen Zahlenebene ist. Insbesondere gibt es komplexe Zahlen $z \in \mathbb{C}$, so dass $\exp(z)$ eine negative reelle Zahl ist, z.B. $\exp(\pi\mathrm{i}) = -1$.

Aufgaben

Übung 3.13. Untersuchen Sie die folgenden Reihen auf Konvergenz.

(a) $\sum\limits_{k=1}^{\infty} \binom{4k}{3k}^{-1}$ (b) $\sum\limits_{k=1}^{\infty} \left(\frac{k}{k+1}\right)^k$ (c) $\sum\limits_{k=1}^{\infty} \frac{k!}{(2k)!}$

(d) $\sum\limits_{k=1}^{\infty} \frac{k!}{k^k}$ (e) $\sum\limits_{k=1}^{\infty} \frac{1}{k(k+1)(k+2)}$

Übung 3.14. Beweisen Sie, dass die Reihe $\sum_{n=0}^{\infty} \left(\frac{a_{n+1}}{a_n} - 1\right)$ für jede monoton wachsende und beschränkte Folge $(a_n)_{n\in\mathbb{N}}$ positiver reeller Zahlen konvergiert.

Übung 3.15. Für welche komplexen Zahlen $z \neq -1$ konvergiert $\sum\limits_{k=0}^{\infty} \left(\frac{1-z}{1+z}\right)^k$?

Übung 3.16. Bestimmen Sie die Menge aller $x \in \mathbb{R}$, für die die Reihe konvergiert: (a) $\sum_{k=0}^{\infty} k!(x-1)^k$ (b) $\sum_{k=1}^{\infty} \frac{1}{k^k \cdot k!} x^k$

Übung 3.17. Zeigen Sie, dass die Reihe $\sum_{n=1}^{\infty} \frac{(-1)^n}{\sqrt{n+1}}$ konvergiert, und dass das Cauchy-Produkt der Reihe mit sich selbst nicht konvergiert.

Übung 3.18. Sei $\varphi : \mathbb{N} \to \mathbb{N}$ eine bijektive Abbildung und d eine positive natürliche Zahl, so dass $|n - \varphi(n)| \leq d$ ist für alle $n \in \mathbb{N}$. Sei $\sum_{k=1}^{\infty} a_k$ eine konvergente Reihe. Beweisen Sie, dass $\sum_{k=1}^{\infty} a_{\varphi(k)}$ konvergiert.

3.4 Zahlen im Computer

Zahlen werden im Computer meist binär (d.h. bezüglich der Basis 2) dargestellt. Wir wollen hier zunächst etwas allgemeiner die *b-adische Darstellung reeller Zahlen* betrachten, wobei $b \geq 2$ eine natürliche Zahl ist. Eine Reihe der Gestalt

$$\pm \sum_{n=-k}^{\infty} a_n \cdot b^{-n} = \pm \left(a_{-k}b^k + \ldots + a_{-1}b + a_0 + a_1 b^{-1} + a_2 b^{-2} + \ldots\right)$$

heißt *b-adischer Bruch*, wenn $k \geq 0$ und die a_n ganze Zahlen mit $0 \leq a_n < b$ sind. Im Fall $b = 10$ handelt es sich um die vertrauten *Dezimalbrüche*. Wenn $b = 2$, dann spricht man von einem *dyadischen Bruch*.

Satz 3.4.1

(1) *Jeder b-adische Bruch konvergiert gegen eine reelle Zahl.*

(2) *Jede reelle Zahl lässt sich als b-adischer Bruch darstellen.*
(3) *Zu jeder reellen Zahl* $r \geq 0$ *gibt es* genau einen *b-adischen Bruch ohne* $(b-1)$*-Periode, d.h.* $r = \sum_{n\geq -k} a_n b^{-n}$ *mit* $\forall\, N \in \mathbb{N}, \exists\, n \geq N : a_n \neq b-1$.
(4) *Ein b-adischer Bruch konvergiert genau dann gegen eine rationale Zahl* r*, wenn er* periodisch *ist, d.h. wenn es ganze Zahlen* N *und* $p \geq 1$ *gibt, so dass* $a_{n+p} = a_n$ *für alle* $n \geq N$.
Das kleinste derartige p *heißt dann Länge der Periode und wir schreiben* $r = \pm[a_{-k}a_{-k+1}\ldots a_0, a_1a_2\ldots\overline{a_Na_{N+1}\ldots a_{N+p-1}}]_b$.

Beweis. (1) Da $b > 1$, ist die geometrische Reihe $\sum_{j=0}^{\infty} b^{-j}$ konvergent, also nach Multiplikation mit b^{k+1} auch $\sum_{n=-k}^{\infty} b^{-n+1}$. Da $0 \leq a_n \leq b-1$, ist $|a_n| < b$ und somit $|a_n b^{-n}| < b^{-n+1}$. Daher erhalten wir die absolute Konvergenz der Reihe $\sum_{n=-k}^{\infty} a_n b^{-n}$ aus dem Majorantenkriterium, Satz 3.3.11 (1).
(2) Für beliebiges $a \in \mathbb{R}_{\geq 0}$ konstruieren wir induktiv die Partialsummenfolge $S_n = \sum_{j=-k}^{n} a_j b^{-j}$ mit $0 \leq a_j \leq b-1$. Zunächst bestimmen wir den Startpunkt der Reihe, die Zahl $k \geq 0$. Da $b > 1$, gibt es nach dem Archimedischen Axiom ein $k \in \mathbb{N}$ mit $0 \leq a < b^{k+1}$. Wir wählen das kleinstmögliche solche $k \geq 0$.
Induktionsanfang (Bestimmung von a_{-k}): Da $0 \leq a < b^{k+1}$, gibt es genau eine ganze Zahl $0 \leq a_{-k} \leq b-1$, für die $a_{-k} \cdot b^k \leq a < (a_{-k}+1) \cdot b^k$ gilt. Wir wählen dieses a_{-k} und setzen $S_{-k} := a_{-k}b^k$.
Induktionsschritt: Sei für ein festes $n \geq -k$ bereits S_n, d.h. a_j für $-k \leq j \leq n$, konstruiert, so dass $S_n \leq a < S_n + b^{-n}$ gilt. Dann gibt es erneut genau eine natürliche Zahl a_{n+1} mit $0 \leq a_{n+1} \leq b-1$, so dass

$$S_{n+1} := S_n + a_{n+1}b^{-(n+1)} \leq a < S_n + (a_{n+1}+1)b^{-(n+1)} = S_{n+1} + b^{-(n+1)}$$

und dieses a_{n+1} wählen wir. Damit ist auch $S_{n+1} \leq a < S_{n+1} + b^{-(n+1)}$. Insbesondere ist $|a - S_n| < b^{-n}$ und somit $\lim_{n\to\infty} S_n = a$. Für $a < 0$ erhalten wir die gewünschte Darstellung aus der von $-a > 0$.
(3) (Indirekter Beweis) Angenommen, wir haben zwei verschiedene b-adische Brüche $\sum_{n=-k}^{\infty} a_n b^{-n} = \sum_{n=-k}^{\infty} a_n' b^{-n}$, von denen keiner die Periode $(b-1)$ hat. Wir setzen $c_n := a_n - a_n'$ und wählen N so, dass $c_n = 0$ für $n < N$ und $c_N \neq 0$ ist. O.B.d.A. können wir $1 \leq c_N \leq b-1$ annehmen. Dann ist

$$0 = \sum_{n=-k}^{\infty} a_n b^{-n} - \sum_{n=-k}^{\infty} a_n' b^{-n} = \sum_{n=N}^{\infty} c_n b^{-n}\,.$$

Da $-(b-1) \leq c_n \leq b-1$ für alle $n \geq N$ und für mindestens ein $n_0 > N$ sogar $-(b-1) < c_{n_0} < b-1$ gilt, ist für jedes $M > n_0$

$$b^{-M} - b^{-N} = -\sum_{n=N+1}^{M} (b-1)b^{-n} \leq \sum_{n=N+1}^{M} c_n b^{-n} - b^{-n_0}\,,$$

woraus durch Grenzübergang $M \to \infty$ nach Satz 3.2.13 (3.33)

$$-b^{-N} \leq \sum_{n=N+1}^{\infty} c_n b^{-n} - b^{-n_0} < \sum_{n=N+1}^{\infty} c_n b^{-n}$$

folgt. Daraus erhalten wir den folgenden Widerspruch:

$$0 = \sum_{n \geq N}^{\infty} c_n b^{-n} = c_N b^{-N} + \sum_{n=N+1}^{\infty} c_n b^{-n} > (c_N - 1) b^{-N} \geq 0 \,.$$

(4) Ein *endlicher* b-adischer Bruch ist durch eine endliche Summe der Gestalt $\sum_{n=-k}^{N} a_n b^{-n}$ gegeben. Man kann einen solchen Bruch auch als unendlichen periodischen b-adischen Bruch mit Periode 0 der Länge 1 auffassen. Da $p := b^N \cdot \sum_{n=-k}^{N} a_n b^{-n}$ eine ganze Zahl ist, stellt er die rationale Zahl $\frac{p}{b^N}$ dar. Ein beliebiger periodischer b-adischer Bruch mit Periodenlänge $p \geq 1$ lässt sich als Summe eines endlichen b-adischen Bruches und eines Bruches der Gestalt $\sum_{n=-k}^{\infty} a_n b^{-n}$ schreiben, bei dem $a_{n+p} = a_n$ für alle $n \geq -k$ gilt. Für solch eine Reihe erhalten wir $\sum_{n=-k}^{\infty} a_n b^{-n} = \sum_{j=0}^{p-1} a_{-k+j} b^{k-j} \cdot \sum_{i=0}^{\infty} b^{-ip}$. Da $b > 1$ ist, gilt $\sum_{i=0}^{\infty} b^{-ip} = \frac{1}{1-b^{-p}} = \frac{b^p}{b^p-1}$ und somit $\sum_{n=-k}^{\infty} a_n b^{-n} = \frac{b^p}{b^p-1} \cdot \sum_{j=0}^{p-1} a_{-k+j} \cdot b^{k-j} \in \mathbb{Q}$.
Sei schließlich $a = \frac{p}{q} \in \mathbb{Q}$ mit $p, q \in \mathbb{N}$, $q \neq 0$, eine positive rationale Zahl. Wir haben zu zeigen, dass für ein solches a die in (2) konstruierte Reihe ein periodischer b-adischer Bruch ist. Für $n \geq -k$ erfüllen die Partialsummen S_n die Ungleichungen $S_n \leq \frac{p}{q} < S_n + b^{-n}$ und a_{n+1} ist durch die Bedingungen

$$0 \leq a_{n+1} < b \qquad \text{und}$$
$$S_{n+1} = S_n + a_{n+1} b^{-(n+1)} \leq \frac{p}{q} < S_n + (a_{n+1} + 1) b^{-(n+1)}$$

festgelegt. Multiplikation mit q und Subtraktion von qS_n liefert

$$0 \leq p - qS_n < qb^{-n} \qquad \text{und} \qquad a_{n+1} q b^{-(n+1)} \leq p - qS_n < (a_{n+1} + 1) q b^{-(n+1)} .$$

Sei $N_n := (p - qS_n) b^n$, dann ist $0 \leq N_n < q$ für alle n und $N_n \in \mathbb{N}$, falls $n \geq 0$. Außerdem ist $N_{n+1} = (p - qS_{n+1})\, b^{n+1} = \left(p - qS_n - qa_{n+1} b^{-(n+1)}\right) b^{n+1} = N_n \cdot b - q \cdot a_{n+1}$. Insbesondere ist, bei fixiertem b und q, N_{n+1} durch N_n und a_{n+1} eindeutig bestimmt. Schließlich ist die ganze Zahl a_{n+1} durch die Ungleichung $a_{n+1} q b^{-1} \leq N_n < (a_{n+1} + 1) q b^{-1}$ eindeutig festgelegt. Daher ist a_{n+1} und somit auch N_{n+1} allein durch N_n bestimmt. Da $N_n \in \mathbb{N}$ für $n \geq 0$ und $0 \leq N_n < q$, gibt es nur q verschiedene mögliche Werte für N_n, d.h. spätestens nach q Schritten wiederholt sich der Wert für N_n, wenn $n \geq 0$. Aus dem Gesagten folgt nun, dass sich auch die a_i spätestens bei $i = q$ wiederholen, dass wir also einen periodischen b-adischen Bruch erhalten. □

Aus dem vorigen Satz erhalten wir folgenden Algorithmus zur Bestimmung der b-adischen Darstellung rationaler Zahlen:
Sei $a \in \mathbb{Q}$ eine positive rationale Zahl. Wir zerlegen $a = g + \frac{p}{q}$ in seinen ganzen Teil $g \in \mathbb{N}$ und den gebrochenen Teil $\frac{p}{q}$ mit teilerfremden natürlichen Zahlen $0 < p < q$. Die b-adische Darstellung von g kann man auf folgende Weise bestimmen. Wenn $g = 0$ ist, ist das trivial. Sei $g \neq 0$. Zuerst ermittelt man die ganze Zahl $k \geq 0$, für die $b^k \leq g < b^{k+1}$ gilt. Dann setzt man $R_k := g$ und bestimmt nacheinander die Zahlen $a_{-k}, a_{-k+1}, \ldots, a_{-1}, a_0$, so dass für jedes $k \geq n \geq 0$ gilt:

$$a_{-n}b^n \leq R_n < (a_{-n} + 1)b^n \quad \text{und} \quad R_{n-1} := R_n - a_{-n}b^n \,.$$

Zur Bestimmung der b-adische Darstellung des gebrochenen Teils $\frac{p}{q}$ setzen wir als Startwert $N_0 = p$. Für jedes $n \geq 1$ ermitteln wir nacheinander die eindeutig bestimmte natürliche Zahl a_n für die die Ungleichung

$$a_n \cdot \frac{q}{b} \leq N_{n-1} < (a_n + 1) \cdot \frac{q}{b}$$

gilt. Diese Zahl gibt an, in welchem der b gleichen Teilstücke des Intervalls $[0, q]$ die ganze Zahl N_{n-1} liegt (Abb. 3.12). Für die Fortsetzung des Algo-

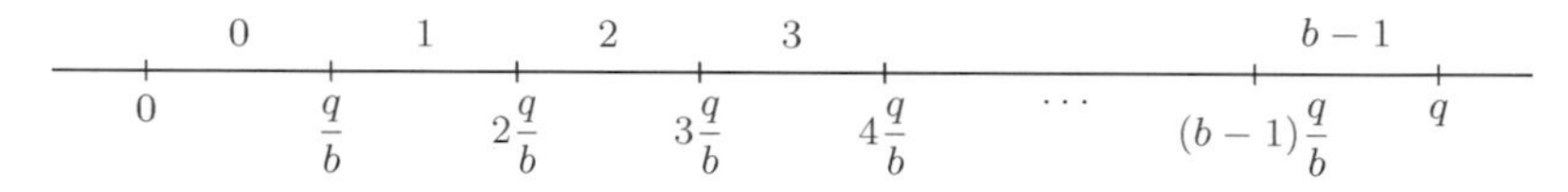

Abb. 3.12 Bestimmung von a_n

rithmus berechnen wir noch $N_n = b \cdot N_{n-1} - q \cdot a_n$. Die ganzen Zahlen a_n und N_n erfüllen stets $0 \leq a_n < b$ und $0 \leq N_n < q$. Beim ersten Auftreten eines Wertes N_n, der bereits früher auftrat, d.h. $N_n = N_{n-t}$ für ein $t \geq 1$, haben wir die Periodenlänge t und damit den gesamten b-adischen Bruch gefunden. Aus dem Beweis von Satz 3.4.1 wissen wir, dass $t \leq q$ ist.

Beispiel 3.4.2. Im Fall $b = 2$ ergibt sich die jeweils nächste Ziffer $a_n \in \{0, 1\}$ nach der folgenden einfachen Regel:

- Wenn $0 \leq N_{n-1} < \frac{q}{2}$, so ist $a_n = 0$ und $N_n = 2N_{n-1}$.
- Wenn $\frac{q}{2} \leq N_{n-1} < q$, so ist $a_n = 1$ und $N_n = 2N_{n-1} - q$.

(1) Sei $a = \frac{1}{7}$. Da $0 < \frac{1}{7} < 1$, geschieht die Bestimmung der dyadischen Darstellung von $\frac{1}{7}$ nach dem angegebenen Algorithmus für den gebrochenen Teil einer rationalen Zahl. Hier haben wir $p = 1$ und $q = 7$. Daher starten wir mit $N_0 = 1$. Für $2N_{n-1} < 7$ ist $a_n = 0$ und für $2N_{n-1} \geq 7$ setzen wir $a_n = 1$. Das führt zu folgender Rechnung:

$$\begin{array}{lllll} 2N_0 = 2 & \Longrightarrow & a_1 = 0 & \Longrightarrow & N_1 = 2N_0 = 2 \\ 2N_1 = 4 & \Longrightarrow & a_2 = 0 & \Longrightarrow & N_2 = 2N_1 = 4 \\ 2N_2 = 8 & \Longrightarrow & a_3 = 1 & \Longrightarrow & N_3 = 2N_2 - 7 = 1 = N_0 \end{array}$$

Damit erhalten wir eine Periode der Länge 3 und es gilt $a_{n+3} = a_n$ für $n \geq 1$. Konkret ergibt sich $\frac{1}{7} = [0{,}001001001\ldots]_2 = [0{,}\overline{001}]_2$.

(2) Die Berechnung der dyadischen Darstellung von $\frac{1}{5}$ geschieht wie in (1), mit dem Unterschied, dass hier $q = 5$ ist und daher $2N_{n-1}$ mit 5 zu vergleichen ist.

$$\begin{array}{lllll} 2N_0 = 2 & \Longrightarrow & a_1 = 0 & \Longrightarrow & N_1 = 2N_0 = 2 \\ 2N_1 = 4 & \Longrightarrow & a_2 = 0 & \Longrightarrow & N_2 = 2N_1 = 4 \\ 2N_2 = 8 & \Longrightarrow & a_3 = 1 & \Longrightarrow & N_3 = 2N_2 - 5 = 3 \\ 2N_3 = 6 & \Longrightarrow & a_4 = 1 & \Longrightarrow & N_4 = 2N_3 - 5 = 1 = N_0 \end{array}$$

Damit erhalten wir eine Periode der Länge 4 und $\frac{1}{5} = [0{,}\overline{0011}]_2$.
Das ist ein Beispiel dafür, dass ein endlicher Dezimalbruch $\frac{1}{5} = 0{,}2$ als dyadischer Bruch unendlich periodisch ist und damit im Computer nur näherungsweise in der dyadischen Darstellung vorhanden sein kann.

(3) Die rationale Zahl zum periodischen dyadischen Bruch $[0{,}\overline{01}]_2$ berechnet sich folgendermaßen unter Benutzung der geometrischen Reihe.

$$[0{,}\overline{01}]_2 = 2^{-2} + 2^{-4} + 2^{-6} + \ldots = \sum_{k \geq 1} 2^{-2k} = \frac{1}{1 - \frac{1}{4}} - 1 = \frac{1}{3}\,.$$

Allgemeiner gilt $[0{,}\underbrace{\overline{000\ldots01}}_{m}]_2 = \sum_{k \geq 1} 2^{-mk} = \frac{1}{1-\frac{1}{2^m}} - 1 = \frac{1}{2^m - 1}$.
Für den endlichen dyadischen Bruch $[0{,}11011]_2$ erhalten wir

$$[0{,}11011]_2 = 2^{-1} + 2^{-2} + 2^{-4} + 2^{-5} = \frac{1}{2} + \frac{1}{4} + \frac{1}{16} + \frac{1}{32} = \frac{27}{32}\,.$$

Im Computer ist es natürlich unmöglich, reelle Zahlen als unendliche 2-adische Brüche zu speichern. Man verwendet die Fließkomma-Darstellung, bei der Zahlen von großem und von kleinem Betrag mit derselben relativen Genauigkeit dargestellt werden. Der *IEEE-Standard* (Institute of Electrical and Electronics Engineering) verwendet zum Beispiel 64 Bits $(s, e_{10}, e_9, \ldots, e_0, a_1, \ldots, a_{52}) \in \{0,1\}^{64}$ zur Darstellung einer reellen Zahl $x \in \mathbb{R}$. Dabei ist $e = \sum_{j=0}^{10} e_j 2^j$ ein Exponent mit $0 \leq e \leq 2047$ und

$$x = (-1)^s 2^{e-1023} \left(1 + \sum_{k=1}^{52} a_k 2^{-k}\right)\,.$$

In dieser Darstellung ist die Null die betragsmäßig kleinste Zahl $(-1)^s 2^{-1023}$, es gibt also eine positive Null und eine negative Null.

Aufgaben

Übung 3.19. Berechnen Sie die 2-adische Darstellung von 0,3.

Übung 3.20. Berechnen Sie die 16-adische Darstellung für die Zahl $\frac{1}{7}$, d.h. die Darstellung im *Hexadezimalsystem*. Hier verwendet man die Buchstaben A bis F für die Ziffern 10 bis 15.

3.5 Asymptotische Notation

Edmund Landau[11] hat beim Vergleich des Wachstums von Funktionen Bezeichnungen benutzt und bekannt gemacht, die sich für viele Bereiche der Mathematik als sehr nützlich erwiesen haben. In der Informatik spielen sie eine Rolle beim Vergleich von Algorithmen bezüglich Laufzeit und Speicherbedarf. So ist die Zeitkomplexität eines Algorithmus eine Folge $\{a_n\}$ von Zahlen, die für jedes $n \in \mathbb{N}$ die maximale Schrittzahl gibt. Man spricht von der Raumkomplexität, wenn man den Speicherbedarf betrachtet. Hierbei können die einzelnen Schritte arithmetische Operationen, Vergleiche oder Zugriffe auf bestimmte Speicherplätze sein. Die Komplexität kann oft nicht genau berechnet werden. Man verwendet die *Landauschen Symbole*, um ihr Wachstum abzuschätzen.

Definition 3.5.1. Für Folgen positiver Zahlen $A = (a_n)_{n\in\mathbb{N}}$ und $B = (b_n)_{n\in\mathbb{N}}$

- schreiben wir $A = O(B)$ und sagen[12] „A ist groß O von B", wenn $\left(\frac{a_n}{b_n}\right)_{n\in\mathbb{N}}$ eine beschränkte Folge ist;
- schreiben wir $A = o(B)$ und sagen[13] „A ist klein o von B", wenn $\left(\frac{a_n}{b_n}\right)_{n\in\mathbb{N}}$ eine Nullfolge ist.

Bemerkung 3.5.2. $A = o(B)$ bedeutet, dass A echt langsamer wächst als B. $A = O(B)$ bedeutet, dass A nicht schneller wächst als B. Statt $O((a_n)_{n\in\mathbb{N}})$, bzw. $o((a_n)_{n\in\mathbb{N}})$ ist es üblich, abkürzend $O(a_n)$ bzw. $o(a_n)$ zu schreiben.

---

[11] Edmund Landau (1877–1938), deutscher Mathematiker

[12] Die O-Notation wurde schon 1894 von Paul Bachmann (1837–1920), deutscher Mathematiker, benutzt.

[13] Das Symbol o taucht bereits 1871 bei dem deutschen Mathematiker Paul Du Bois-Reymond (1831–1889) auf.

Man muss sich bei der Schreibweise $A = O(B)$ (bzw. $A = o(B)$) im Klaren sein, dass sie nur von links nach rechts zu lesen ist. Präziser wäre es, $A \in O(B)$ zu schreiben, wobei $O(B)$ dann die Menge der Folgen mit der Größenordnung B ist.

Beispiel 3.5.3. (1) Wenn $A = (3n^2+5)_{n\in\mathbb{N}}$, $B = (n^2)_{n\in\mathbb{N}}$ und $C = (n^3)_{n\in\mathbb{N}}$, dann gilt $A = O(B), A = o(C)$.

(2) Sei $p = \sum_{j=0}^{k} a_j x^j$ ein Polynom mit $a_j > 0$ für alle j. Für die Folge $p(n)$ der Funktionswerte gilt $(p(n))_{n\in\mathbb{N}} = O((n^k)_{n\in\mathbb{N}})$, kurz: $p(n) = O(n^k)$.

(3) Sei p wie in (2), dann gilt $p(n) = o(a^n)$ und $\log_a(n) = o(p(n))$ für $a > 1$.

(4) $n! = O\left(\sqrt{n}\left(\frac{n}{e}\right)^n\right)$ wegen der Stirlingschen Formel (Satz 4.4.28).

(5) Wenn $k \in \mathbb{N}$ und $c > 1$ reell, dann ist $n^k = o(c^n)$, vgl. Übung 3.12.

Bemerkung 3.5.4. Die Algorithmen der Komplexität $O(n^k)$ heißen polynomial und haben sich in der Praxis als effizient gezeigt. Im Gegensatz dazu stehen Algorithmen mit exponentiellem Wachstum $O(a^n), a > 1$.

Satz 3.5.5 *Für Zahlenfolgen $A = (a_n)_{n\in\mathbb{N}}, B = (b_n)_{n\in\mathbb{N}}$ und $C = (c_n)_{n\in\mathbb{N}}$ mit positiven Folgengliedern gilt:*

(1) $A = O(A)$

(2) $c \cdot O(A) = O(A)$ *und* $c \cdot o(A) = o(A)$ *für* $c > 0$

(3) $O(A) + O(A) = O(A)$ *und* $o(A) + o(A) = o(A)$

(4) $O(A) \cdot O(B) = O(A \cdot B)$ *und* $o(A) \cdot o(B) = o(A \cdot B)$

(5) $A \cdot O(B) = O(A \cdot B)$ *und* $A \cdot o(B) = o(A \cdot B)$

(6) *Ist* $A = O(B)$ *und* $B = O(C)$, *dann ist* $A = O(C)$.
Ist $A = o(B)$ *und* $B = o(C)$, *dann ist* $A = o(C)$.

(7) $O(A) + O(B) = O(C)$ *mit* $c_n = \max\{a_n, b_n\}$

Beweis. (1) Die Folge $\left(\frac{a_n}{a_n}\right)_{n\in\mathbb{N}}$ ist durch 1 beschränkt.

(2) Wenn die Folge $\left(\frac{b_n}{a_n}\right)_{n\in\mathbb{N}}$ durch K beschränkt (bzw. eine Nullfolge) ist, ist auch die Folge $\left(\frac{cb_n}{a_n}\right)_{n\in\mathbb{N}}$ durch cK beschränkt (bzw. eine Nullfolge).

(3) Wenn die Folgen $\left(\frac{b_n}{a_n}\right)_{n\in\mathbb{N}}$ und $\left(\frac{c_n}{a_n}\right)_{n\in\mathbb{N}}$ beschränkt (bzw. Nullfolgen) sind, dann gilt das auch für die Folge $\left(\frac{b_n+c_n}{a_n}\right)_{n\in\mathbb{N}}$.

(4) Wenn die Folgen $\left(\frac{c_n}{a_n}\right)_{n\in\mathbb{N}}$ und $\left(\frac{d_n}{b_n}\right)_{n\in\mathbb{N}}$ beschränkt (bzw. Nullfolgen) sind, dann gilt das auch für die Produktfolge $\left(\frac{c_n d_n}{a_n b_n}\right)$.

(5) folgt aus (4) und (1).

(6) Wenn die Folgen $\left(\frac{a_n}{b_n}\right)_{n\in\mathbb{N}}$ und $\left(\frac{b_n}{c_n}\right)_{n\in\mathbb{N}}$ beschränkt (bzw. Nullfolgen) sind, ist es auch deren Produkt $\left(\frac{a_n}{c_n}\right)_{n\in\mathbb{N}}$.

(7) Siehe Aufgabe 3.21. □

Bemerkung 3.5.6. Die Aussage (3) im Satz 3.5.5 ist folgendermaßen zu interpretieren: Wenn $B \in O(A)$ und $C \in O(A)$, dann ist auch $B + C \in O(A)$. Entsprechendes gilt für die Aussagen (2), (4), (5) und (7).

In der Informatik ist die Laufzeitanalyse eines Algorithmus das Studium des Wachstums der Laufzeit, gemessen in der Anzahl der Schritte, in Abhängigkeit von den Eingabegrößen. Deklarationen, Zuweisungen, arithmetische und logische Operationen haben konstante Laufzeit $O(1)$. Bei einer Folge von Algorithmen addieren sich die Laufzeiten. Verzweigungen (`if` B `then` A_1 `else` A_2) werden wie Folgen (B, A_1, A_2) behandelt. Schleifen mit n Durchläufen der Einzellaufzeit $O(k)$ haben die Laufzeit $O(n \cdot k)$. Das folgt aus Satz 3.5.5.
In Tabelle 3.1 sind übliche Bezeichnungen für spezielle, häufig auftretende Laufzeiten aufgelistet.

Laufzeit	Bezeichnung
$O(1)$	konstant
$O(\log(n))$	logarithmisch
$O(n)$	linear
$O(n \log(n))$	quasilinear

Laufzeit	Bezeichnung
$O(n^2)$	quadratisch
$O(n^k)$	polynomial
$O(c^n)$	exponentiell

Tabelle 3.1 Namen für spezielles Wachstumsverhalten

Beispiel 3.5.7. Als erstes Beispiel betrachten wir die Berechnung von $n!$. Wir schreiben dazu die einzelnen Schritte des Algorithmus als Zeilen einer Tabelle und dahinter die jeweilige Laufzeit.

Fakultät(n)	Laufzeit	
$r := 1$		$O(1)$
while $n > 0$ **do**	$O(1)$	
$r := r \cdot n$	$O(1)$	$O(n)$
$n := n - 1$	$O(1)$	
end while		
return r		$O(1)$

Daraus folgt, dass der Algorithmus zur Berechnung von $n!$ eine Laufzeit von $O(n)$ hat, seine Laufzeit also linear ist.

Beispiel 3.5.8. In diesem Beispiel vergleichen wir das Laufzeitverhalten zweier Algorithmen, die für gegebenes q und n die Summe $\sum_{k=0}^{n} q^k$ berechnen. Die eine Variante benutzt eine bereits implementierte Funktion f, die mit Laufzeit $O(k)$ den Wert $f(q, k) = q^k$ berechnet. Der andere Algorithmus benutzt keine schon implementierte Funktion.
1. Variante: Der Algorithmus berechnet für jedes k mit Hilfe der gegebenen Funktion den Wert $f(q, k) = q^k$ und addiert diese.

Schritt	Laufzeit	
$k := 0$		$O(1)$
$r := 1$		$O(1)$
while $n > k$ **do**	$O(1)$	
$k := k + 1$	$O(1)$	$O(n^2)$
$r := r + f(q, k)$	$O(k)$	
end while		
return r		$O(1)$

Die while-Schleife hat eine Laufzeit von $O(n^2)$, weil für $k \geq \frac{n}{2}$ die Laufzeit zur Berechnung von $f(q, k)$ gleich $O(n)$ ist. Damit ist der Algorithmus quadratisch, er hat eine Laufzeit von $O(n^2)$.
2. Variante: Der Algorithmus benutzt keine schon implementierte Funktion, sondern verwendet in jedem Schritt den bereits zuvor berechneten Wert q^{k-1}.

Schritt	Laufzeit	
$k := 0$		$O(1)$
$r := 1$		$O(1)$
$s := 1$		$O(1)$
while $n > k$ **do**	$O(1)$	
$k := k + 1$	$O(1)$	$O(n)$
$s := s \cdot q$	$O(1)$	
$r := r + s$	$O(1)$	
end while		
return r		$O(1)$

Dieser Algorithmus ist linear, hat eine Laufzeit von $O(n)$. Wenn man die Gleichung $1 + q + q^2 + q^3 + \ldots + q^n = 1 + q\left(1 + q + q^2 + q^3 + \ldots + q^{n-1}\right)$ verwendet, kann man in diesem Algorithmus die Variable s einsparen. Statt der beiden Schritte $s := s \cdot q$ und $r := r + s$ würde man dann $r := r \cdot q$ und $r := r + 1$ abarbeiten. Dadurch wird das Laufzeitverhalten zwar nicht wesentlich verändert, aber der Speicherbedarf ist geringer.
Moral: Bevor man bei der Implementierung eines Algorithmus schon implementierte Teile benutzt ist es gut, darüber nachzudenken, ob ihr Einsatz effizient ist.

Neben den in Definition 3.5.1 eingeführten Symbolen O und o (asymptotisch obere Schranken) gibt es auch Symbole für asymptotisch untere Schranken beziehungsweise asymptotisch scharfe Schranken.

Definition 3.5.9. Für Folgen positiver Zahlen $A = (a_n)_{n\in\mathbb{N}}$ und $B = (b_n)_{n\in\mathbb{N}}$

- sagen wir „A ist Ω von B“ und schreiben $A = \Omega(B)$, wenn $\left(\frac{b_n}{a_n}\right)_{n\in\mathbb{N}}$ eine beschränkte Folge ist;
- sagen wir „A ist ω von B“ und schreiben $A = \omega(B)$, wenn $\left(\frac{b_n}{a_n}\right)_{n\in\mathbb{N}}$ eine Nullfolge ist;

- sagen wir „A ist Θ von B“ und schreiben $A = \Theta(B)$, wenn beide Folgen, $\left(\frac{a_n}{b_n}\right)_{n\in\mathbb{N}}$ und $\left(\frac{b_n}{a_n}\right)_{n\in\mathbb{N}}$, beschränkt sind.

Bemerkung 3.5.10. Offensichtlich gilt

(1) $A = \Omega(B)$ genau dann, wenn $B = O(A)$;
(2) $A = \omega(B)$ genau dann, wenn $B = o(A)$;
(3) $A = \Theta(B)$ genau dann, wenn $A = O(B)$ und $B = O(A)$;
(4) $A = \Theta(B)$ genau dann, wenn $A = O(B)$ und $A = \Omega(B)$.

Beispiel 3.5.11. (1) Sei $k \in \mathbb{N}$, dann gilt $\binom{n}{k} = \Theta(n^k)$, weil $\lim\limits_{n\to\infty} \frac{n^k}{\binom{n}{k}} = k!$.
(2) $n + \ln(n) = \Theta(n)$, weil $0 \le \ln(n) \le n$ ist.

Aufgaben

Übung 3.21. Beweisen Sie Satz 3.5.5 (7).

Übung 3.22. Welche Laufzeit hat der Algorithmus zur Berechnung von $\binom{n}{k}$?

Übung 3.23. Sei $f : \mathbb{N} \to \mathbb{N}$ die Funktion, die jeder natürlichen Zahl n die Länge ihrer 2-adischen Darstellung zuordnet. Zeigen Sie

$$(f(n))_{n\in\mathbb{N}} = O(\ln(n)) \, .$$

Kapitel 4
Funktionen

Obwohl viele mathematische Sachverhalte, die wir heute mit Hilfe von Funktionen ausdrücken, bereits in der Antike bekannt waren, tritt das Konzept der *Funktion* erst im 14. Jahrhundert auf, als man versuchte Naturgesetze als Abhängigkeiten einer Größe von einer anderen zu beschreiben. Der heutige Funktionenbegriff, der sich erst im vergangenen Jahrhundert durchgesetzt hat, beruht auf der Mengenlehre (vgl. Abschnitt 6.3).
Die Ideen der Ableitung und des Integrals einer Funktion wurden bereits im 17. Jahrhundert entwickelt, obwohl der Begriff der Funktion zu dieser Zeit noch nicht in der heutigen Form entwickelt war. Bereits Barrow[1] erkannte, dass Differentiation und Integration zueinander inverse Operationen sind, das ist heute der Hauptsatz der Differential- und Integralrechnung (Satz 4.4.15). Bevor wir uns dieser Perle der Analysis zuwenden, befassen wir uns mit dem wichtigen Begriff der stetigen Funktion. Für die stückweise stetigen Funktionen werden wir einen Integralbegriff definieren.
Als Anwendung wird beschrieben, wie Funktionen durch Polynome bzw. wie periodische Funktionen durch trigonometrische Polynome approximiert werden können. Das führt uns schließlich zu den Fourier-Transformationen, die uns erlauben, am Ende auf Datenkompressionen (JPEG, MP3) einzugehen.

4.1 Stetigkeit

Die Anwendungen der Methoden aus dem vorigen Kapitel auf Funktionen führt zum Begriff des Grenzwertes einer Funktion und, darauf aufbauend, auf den für die Analysis zentralen Begriff der Stetigkeit. Ein erfolgreiches Studium dieses Abschnittes ist die Grundlage für das Verständnis der folgenden, mehr anwendungsorientierten Abschnitte dieses Kapitels.

---

[1] Isaac Barrow (1630–1677), englischer Mathematiker.

Unter einer *Funktion* wollen wir in Kapitel 4 immer eine Abbildung $f : D \to \mathbb{R}$ mit Definitionsbereich $D \subset \mathbb{R}$ verstehen. Das bedeutet, dass für jedes $x \in D$ genau ein Wert $f(x) \in \mathbb{R}$ gegeben ist. Die Menge

$$\Gamma_f = \{(x, f(x)) \mid x \in D\} \subset D \times \mathbb{R}$$

heißt Graph der Funktion f. Allgemeine Betrachtungen zum Begriff der Abbildung sind im Abschnitt 6.3 zu finden.

Beispiel 4.1.1. Aus bekannten Funktionen können wir mit einfachen Operationen neue Funktionen gewinnen.

(1) Man kann Summe, Produkt und Komposition von Funktionen bilden:

- Wenn $f, g : D \to \mathbb{R}$ Funktionen sind, so sind $f+g$, $f \cdot g : D \to \mathbb{R}$ durch $(f+g)(x) := f(x) + g(x)$ bzw. $(f \cdot g)(x) := f(x) \cdot g(x)$ für alle $x \in D$ definiert. Wenn $f(x) = \lambda$ konstant ist, dann erhalten wir als Spezialfall $(\lambda g)(x) = \lambda \cdot g(x)$.
- Wenn $f : D \to \mathbb{R}$, $g : D' \to \mathbb{R}$ und $f(D) \subset D' \subset \mathbb{R}$, dann ist die Komposition $g \circ f : D \to \mathbb{R}$ durch $(g \circ f)(x) := g\big(f(x)\big)$ für alle $x \in D$ definiert.

(2) Eine Funktion $f : \mathbb{R} \to \mathbb{R}$, die für alle $x \in \mathbb{R}$ durch eine Formel der Gestalt $f(x) = \sum_{i=0}^{n} a_i x^i$ gegeben ist, wobei $a_i \in \mathbb{R}$ beliebige reelle Zahlen sind, heißt *Polynomfunktion*. Genau solche Funktionen erhalten wir aus der identischen Funktion $\mathrm{Id}_{\mathbb{R}}$ und den konstanten Funktionen durch Addition und Multiplikation von Funktionen.

(3) Bei der Bildung von *Quotienten* ist Vorsicht geboten. Für Funktionen $f, g : D \to \mathbb{R}$ ist der Definitionsbereich des durch $\left(\frac{f}{g}\right)(x) := \frac{f(x)}{g(x)}$ definierten Quotienten $\frac{f}{g} : D' \to \mathbb{R}$ im Allgemeinen nicht die gesamte Menge D, sondern nur $D' := \{x \in D \mid g(x) \neq 0\} \subset D \subset \mathbb{R}$. Der Quotient $\frac{f}{g}$ heißt *rationale Funktion*, wenn f und g Polynomfunktionen sind.

Definition 4.1.2 (Grenzwerte bei Funktionen). Sei $f : D \to \mathbb{R}$ eine Funktion und $a \in \mathbb{R}$ eine Zahl, so dass es mindestens eine Folge $(a_n)_{n\in\mathbb{N}}$ mit $a_n \in D$ für alle $n \in \mathbb{N}$ gibt, die gegen a konvergiert. Wenn es ein $c \in \mathbb{R}$, $c = \infty$ oder $c = -\infty$ gibt, so dass für *jede* Folge $(a_n)_{n\in\mathbb{N}}$ mit $a_n \in D$, die gegen a konvergiert, $\lim_{n\to\infty} f(a_n) = c$ gilt, dann schreiben wir $\lim_{x\to a} f(x) = c$ und nennen c den *Grenzwert der Funktion* f für x gegen a.
Analog definieren wir $\lim_{x\to\infty} f(x) = c$ unter Benutzung von Folgen $(a_n)_{n\in\mathbb{N}}$ mit $a_n \in D$ und $\lim_{n\to\infty} a_n = \infty$.

Beispiel 4.1.3.

(1) Sei $f : \mathbb{R} \to \mathbb{R}$ eine Polynomfunktion und $a \in \mathbb{R}$ beliebig. Dann gilt $\lim_{x\to a} f(x) = f(a)$. Denn für jede Folge $(x_n)_{n\in\mathbb{N}}$ mit $\lim_{n\to\infty} x_n = a$ gilt nach Satz 3.2.13: $\lim_{n\to\infty} f(x_n) = f\left(\lim_{n\to\infty} x_n\right) = f(a)$, siehe Abb. 4.1.

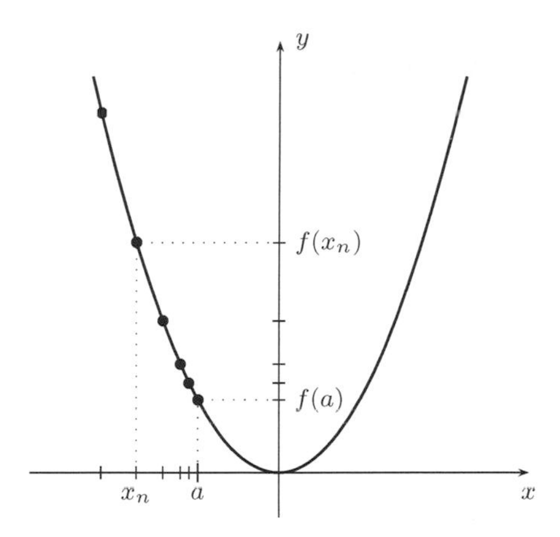

Abb. 4.1 Stetigkeit: $\lim_{n\to\infty} f(x_n) = f\left(\lim_{n\to\infty} x_n\right) = f(a)$

(2) Sei $f : \mathbb{R}_{>0} \to \mathbb{R}$ die Funktion $f(x) = 1$ für alle $x > 0$. Dann ist $\lim_{x\to 0} f(x) = 1$, denn für *jede* Folge $(x_n)_{n\in\mathbb{N}}$ mit $x_n > 0$ ist $f(x_n) = 1$ und somit $\lim_{n\to\infty} f(x_n) = \lim_{n\to\infty} 1 = 1$. Aber $f(0)$ ist nicht definiert.

(3) Die Funktion $f : \mathbb{R} \to \mathbb{R}$, die durch $f(x) := \begin{cases} 1 & x > 0 \\ -1 & x \leq 0 \end{cases}$ gegeben ist, hat bei $x = 0$ einen Sprung (Abb. 4.2). Deshalb ist $\lim_{x\to 0} f(x)$ nicht definiert,

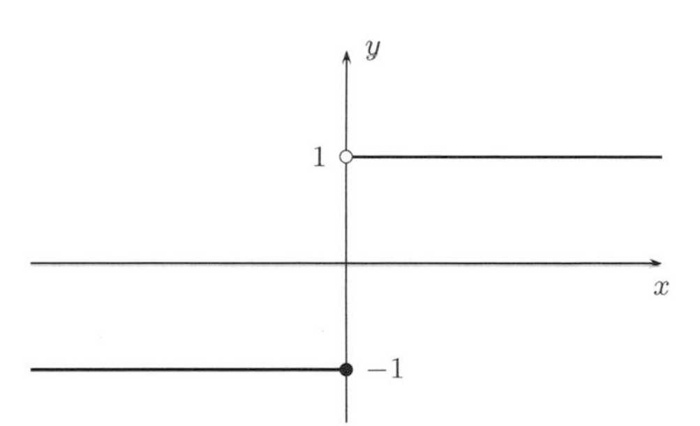

Abb. 4.2 Funktion mit Sprung bei $x = 0$

denn für $x_n := \frac{1}{n}$ ist $\lim_{n\to\infty} f(x_n) = 1$ und mit $y_n = -\frac{1}{n}$ erhalten wir $\lim_{n\to\infty} f(y_n) = -1$. In der Definition haben wir jedoch gefordert, dass der Grenzwert für jede Folge, die gegen Null konvergiert, der gleiche sein muss.

Bei der Betrachtung dieser Beispiele fällt auf, dass wir mit Hilfe dieses Grenzwertbegriffes das Vorhandensein von „Sprüngen“ mathematisch fassen können. Funktionen „ohne Sprünge“ werden durch folgende Definition präzise gefasst.

Definition 4.1.4 (Stetigkeit). Sei $f : D \to \mathbb{R}$ eine Funktion und $a \in D$. Die Funktion f heißt *stetig in* a, falls $\lim_{x\to a} f(x) = f(a)$ gilt. Wir nennen f *stetig in* D, falls f in jedem Punkt $a \in D$ stetig ist.

Beispiel 4.1.5.

(1) Aus Beispiel 4.1.3 (1) folgt, dass alle Polynomfunktionen in $\mathbb{R}$ stetig sind.
(2) Mit Hilfe von Satz 3.2.13 erhalten wir: Wenn $D \subset \mathbb{R}$ und f, g stetig in D sind, so sind auch die Funktionen $f+g$ und $f \cdot g$ stetig in D. Die Funktion $\frac{f}{g}$ ist stetig in $D' := \{x \in D \mid g(x) \neq 0\}$. Insbesondere sind alle rationalen Funktionen in ihrem Definitionsbereich stetig.
(3) Die Exponentialfunktion $\exp : \mathbb{R} \to \mathbb{R}$ ist stetig. Diese Funktion ist definiert durch $\mathrm{e}^x = \exp(x) := \sum_{n=0}^{\infty} \frac{x^n}{n!}$. Sie erfüllt für alle $x, y \in \mathbb{R}$ die Funktionalgleichung $\exp(x+y) = \exp(x) \cdot \exp(y)$ und es gilt nach Definition $\exp(0) = 1$, vgl. Beispiel 3.3.17.

Beweis. Wir zeigen zuerst die Stetigkeit der Funktion exp in $0 \in \mathbb{R}$. Dazu zeigen wir zunächst, dass für alle x mit $|x| \leq 1$ die Ungleichung

$$|\exp(x) - 1| \leq 2 \cdot |x|$$

gilt. Für $m \geq 1$ ist $\left|\sum_{n=1}^{m} \frac{x^n}{n!}\right| \leq |x| \cdot \sum_{n=0}^{m} \frac{|x|^n}{(n+1)!} \leq |x| \cdot \sum_{n=0}^{m} \left(\frac{|x|}{2}\right)^n$, da für $n \geq 0$ stets $(n+1)! \geq 2^n$ gilt, was man leicht per Induktion beweist. Somit ist

$$\begin{aligned} |\exp(x) - 1| &= \left|\sum_{n=1}^{\infty} \frac{x^n}{n!}\right| = \lim_{m\to\infty} \left|\sum_{n=1}^{m} \frac{x^n}{n!}\right| \\ &\leq \lim_{m\to\infty} |x| \cdot \sum_{n=0}^{m} \left(\frac{|x|}{2}\right)^n = |x| \cdot \frac{1}{1 - \frac{|x|}{2}} \leq 2 \cdot |x|. \end{aligned}$$

Die letzte Ungleichung gilt wegen $|x| \leq 1$. Für jede beliebige Nullfolge $(x_n)_{n\in\mathbb{N}}$ ergibt sich aus der soeben gezeigten Ungleichung

$$\lim_{n\to\infty} |\exp(x_n) - 1| \leq \lim_{n\to\infty} 2|x_n| = 2 \lim_{n\to\infty} |x_n| = 0\,,$$

somit ist $\lim_{n\to\infty} \exp(x_n) = 1$, d.h. exp ist stetig in 0.
Zum Beweis der Stetigkeit von exp in $a \in \mathbb{R}$ betrachten wir eine beliebige Folge $(x_n)_{n\in\mathbb{N}}$, die gegen a konvergiert. Das heißt, $\lim_{n\to\infty}(x_n - a) = 0$, woraus mit der bereits gezeigten Stetigkeit in 0 auch $\lim_{n\to\infty} \exp(x_n - a) = 1$ folgt. Die Funktionalgleichung liefert $\exp(x_n) = \exp(x_n - a) \cdot \exp(a)$, also gilt

$$\lim_{n\to\infty} \exp(x_n) = \exp(a) \cdot \lim_{n\to\infty} \exp(x_n - a) = \exp(a)$$

wie für die Stetigkeit erforderlich. □

(4) Seien $f : D \to \mathbb{R}$ und $g : E \to \mathbb{R}$ Funktionen mit $f(D) \subset E$. Wenn f in $a \in D$ und g in $f(a) \in E$ stetig sind, so ist $g \circ f : D \to \mathbb{F}$ in $a \in D$ stetig.

Die Vollständigkeit der reellen Zahlen bedeutet nicht nur, dass die Punkte einer Geraden lückenlos reellen Zahlen entsprechen, sondern auch, dass der Graph einer stetigen Funktion keine Lücke hat. Das ist in dem folgenden Satz mathematisch exakt formuliert.

Satz 4.1.6 (Zwischenwertsatz) *Sei $a < b$ und $f : [a, b] \to \mathbb{R}$ stetig, so dass $f(a) < 0$ und $f(b) > 0$ gilt. Dann gibt es ein $x \in (a, b)$ mit $f(x) = 0$.*

Beweis. Wir konstruieren durch Intervallhalbierung eine Folge, deren Grenzwert eine Nullstelle von f ist. Wir definieren dazu induktiv Folgen $(a_n)_{n\in\mathbb{N}}$ und $(b_n)_{n\in\mathbb{N}}$, für die $0 < b_n - a_n \le \frac{b-a}{2^n}$ und $f(a_n) < 0 < f(b_n)$ gilt.
Wir starten mit $a_0 := a$ und $b_0 := b$. Wenn a_n, b_n bereits konstruiert sind, dann definieren wir $M := \frac{1}{2}(a_n + b_n)$, das ist die Intervallmitte. Wenn $F(M) = 0$, dann setzen wir $x := M$ und sind mit dem Beweis fertig. Ansonsten definieren wir a_{n+1} und b_{n+1} wie folgt:

$$\begin{aligned} a_{n+1} &:= M \qquad & b_{n+1} &:= b_n \qquad & \text{falls} \quad f(M) < 0, \\ a_{n+1} &:= a_n \qquad & b_{n+1} &:= M \qquad & \text{falls} \quad f(M) > 0. \end{aligned}$$

Wenn niemals der Fall $f(M) = 0$ eintritt, erhalten wir zwei Folgen $(a_n)_{n\in\mathbb{N}}$ und $(b_n)_{n\in\mathbb{N}}$ mit den gewünschten Eigenschaften, da stets

$$0 < b_{n+1} - a_{n+1} = \frac{1}{2}(b_n - a_n) \le \frac{b-a}{2^{n+1}}$$

gilt. Nach Konstruktion ist $(a_n)_{n\in\mathbb{N}}$ eine monoton wachsende Folge, die durch b nach oben beschränkt ist. Sie konvergiert daher nach Satz 3.2.11. Ebenso ist die Folge $(b_n)_{n\in\mathbb{N}}$ monoton fallend und beschränkt, somit konvergent. Aus $|b_n - a_n| \le \frac{b-a}{2^n}$ erhalten wir $\lim_{n\to\infty} a_n = \lim_{n\to\infty} b_n =: x \in (a, b)$. Da f stetig ist, folgen aus $0 < f(b_n)$ und $f(a_n) < 0$ die Ungleichungen

$$0 \le \lim_{n\to\infty} f(b_n) = f(x) = \lim_{n\to\infty} f(a_n) \le 0\,,$$

also $f(x) = 0$. □

Bemerkung 4.1.7. Durch Betrachtung der Funktion $-f$ statt f erhält man die gleiche Aussage, wenn $f(a) > 0$ und $f(b) < 0$.

Definition 4.1.8. Eine Funktion $f : D \to \mathbb{R}$ heißt *beschränkt*, falls die Menge $f(D) := \{f(x) \mid x \in D\} \subset \mathbb{R}$ ihrer Werte beschränkt ist.

Funktionen, die auf abgeschlossenen Intervallen $[a, b]$ definiert sind, besitzen nützliche Eigenschaften, die über offenen Intervallen im Allgemeinen nicht gelten. Hier ist natürlich immer $a < b$ vorausgesetzt.

Satz 4.1.9 *Jede stetige Funktion $f : [a,b] \to \mathbb{R}$ ist beschränkt und nimmt ihr Maximum und Minimum an, d.h. es existieren $x_+, x_- \in [a,b]$, so dass $f(x_+) = \sup\{f(x) \mid x \in [a,b]\}$ und $f(x_-) = \inf\{f(x) \mid x \in [a,b]\}$.*

Beweis. Wir beschäftigen uns zunächst mit dem Maximum. Sei $M := \sup\{f(x) \mid x \in [a,b]\}$. Wenn f nicht nach oben beschränkt ist, dann ist $M = \infty$, sonst ist $M \in \mathbb{R}$. In beiden Fällen gibt es eine Folge $(x_n)_{n\in\mathbb{N}}$ mit $x_n \in [a,b]$ und $\lim_{n\to\infty} f(x_n) = M$.
Da $a \leq x_n \leq b$ für alle $n \in \mathbb{N}$, ist die Folge $(x_n)_{n\in\mathbb{N}}$ beschränkt, besitzt also nach dem Satz von Bolzano-Weierstraß eine konvergente Teilfolge mit Grenzwert $x_+ \in [a,b]$. Da f stetig ist, folgt $f(x_+) = M$.
Weil das Minimum von f gerade das Maximum von $-f$ ist, folgt auch die Behauptung über das Minimum. □

Bemerkung 4.1.10. Neben der Stetigkeit von f ist die Abgeschlossenheit des Intervalls $[a,b]$ eine wesentliche Voraussetzung, denn zum Beispiel ist die Funktion $f : (0,1) \to \mathbb{R}$, $f(x) := \frac{1}{x}$ zwar stetig, jedoch nicht beschränkt. Andererseits nimmt die stetig und beschränkte Funktion $g : (0,1) \to \mathbb{R}$, die durch $g(x) = x^2$ gegeben ist, weder ihr Maximum, noch ihr Minimum im offenen Intervall $(0,1)$ an.

Satz 4.1.11 (ε-δ-Definition der Stetigkeit) *Sei $D \subset \mathbb{R}$, $f : D \to \mathbb{R}$ eine Funktion und $a \in D$. Dann ist f* genau dann stetig *in a,* wenn *für jedes $\varepsilon > 0$ ein δ existiert, so dass für alle $x \in D$ mit $|x-a| < \delta$ die Ungleichung $|f(x) - f(a)| < \varepsilon$ gilt. Kurz:*

$$\forall\, \varepsilon > 0\ \exists\, \delta\ \forall\, x \in D: \quad |x-a| < \delta \implies |f(x) - f(a)| < \varepsilon\,.$$

Beweis. Das ε-δ-Kriterium sei erfüllt. Wir wollen die Stetigkeit von f in a zeigen. Sei dazu $(x_n)_{n\in\mathbb{N}}$ eine beliebige Folge mit $x_n \in D$, die gegen a konvergiert. Wir haben zu zeigen, dass $\lim_{n\to\infty} f(x_n) = f(a)$ gilt.
Sei $\varepsilon > 0$, dann gibt es nach Voraussetzung ein $\delta > 0$, so dass aus $|x - a| < \delta$ stets $|f(x) - f(a)| < \varepsilon$ folgt. Wegen $\lim_{n\to\infty} x_n = a$, gibt es ein, möglicherweise von δ abhängiges $N \in \mathbb{N}$, so dass für alle $n \geq N$: $|x_n - a| < \delta$ gilt. Dann folgt für alle $n \geq N$ die Ungleichung $|f(x_n) - f(a)| < \varepsilon$, d.h. $\lim_{n\to\infty} f(x_n) = f(a)$.

Sei nun umgekehrt angenommen, dass f in a stetig ist. Wir möchten nun das ε-δ-Kriterium beweisen. Wir führen den Beweis indirekt, d.h. wir nehmen an, das Gegenteil von $\forall\, \varepsilon > 0\ \exists\, \delta > 0\ \forall\, x \in D$: $|x-a| < \delta \implies |f(x) - f(a)| < \varepsilon$ gilt. Dieses Gegenteil[2] lautet:

[2] Wenn $\mathbb{A}$ und $\mathbb{B}$ zwei Aussagen sind, dann ist $\neg(\mathbb{A} \Rightarrow \mathbb{B})$ äquivalent zu ($\mathbb{A}$ und $\neg\mathbb{B}$). Genau das liegt dem indirekten Beweis zugrunde, vgl. Satz 6.1.1.

$$\exists\, \varepsilon > 0\, \forall\, \delta > 0\, \exists\, x \in D : |x - a| < \delta \text{ und } |f(x) - f(a)| \geq \varepsilon\,.$$

In Worten: Es existiert ein $\varepsilon > 0$, so dass für jedes $\delta > 0$ ein $x \in D$ existiert, für welches $|x - a| < \delta$ und $|f(x) - f(a)| \geq \varepsilon$ gilt. Sei nun $\varepsilon > 0$ ein solches. Das heißt insbesondere, dass es zu jeder natürlichen Zahl $n \geq 1$ ein $x_n \in D$ mit $|x_n - a| < \frac{1}{n} =: \delta$ und $|f(x_n) - f(a)| \geq \varepsilon$ gibt. Für diese Folge $(x_n)_{n\in\mathbb{N}}$ gilt $\lim_{n\to\infty} x_n = a$ und wegen der vorausgesetzten Stetigkeit von f im Punkte a dann auch $\lim_{n\to\infty} f(x_n) = f(a)$. Dies widerspricht jedoch der für alle $n \geq 1$ geltenden Ungleichung $|f(x_n) - f(a)| \geq \varepsilon$. □

Als Anwendung des Satzes 4.1.11 ergibt sich ein ε-δ-Kriterium für die Stetigkeit einer Funktion im gesamten Definitionsbereich. Eine Funktion $f : D \to \mathbb{R}$ ist genau dann in D stetig, wenn

$$\forall\, a \in D\, \forall\, \varepsilon > 0\, \exists\, \delta > 0\, \forall\, x \in D : |x - a| < \delta \Rightarrow |f(x) - f(a)| < \varepsilon\,.$$

Hierbei darf δ von a und ε abhängig sein. Wenn wir die Abhängigkeit von a nicht mehr zulassen, erhalten wir den folgenden schärferen Stetigkeitsbegriff, der bei der Integralrechnung eine wichtige Rolle spielt.

Definition 4.1.12. $f : D \to \mathbb{R}$ heißt *gleichmäßig stetig* in D, wenn

$$\forall\, \varepsilon > 0\, \exists\, \delta > 0\, \forall\, a, x \in D : |x - a| < \delta \Longrightarrow |f(x) - f(a)| < \varepsilon\,.$$

Den Unterschied zwischen stetigen und gleichmäßig stetigen Funktionen versteht man am besten an Beispielen.

(1) $f : \mathbb{R}_{>0} \to \mathbb{R}$, $f(x) := \frac{1}{x}$ ist nicht gleichmäßig stetig in $\mathbb{R}_{>0}$.
(2) $g : \mathbb{R} \to \mathbb{R}$, $g(x) := x^2$ ist nicht gleichmäßig stetig in $\mathbb{R}$.

In beiden Beispielen ist der anschauliche Grund, dass es im Definitionsbereich Punkte gibt, wo der Anstieg der Funktion beliebig groß wird.

(3) $h : \mathbb{R}_{\geq 0} \to \mathbb{R}$, $h(x) := \sqrt{x}$ ist gleichmäßig stetig in $\mathbb{R}_{\geq 0}$.

Der folgende Satz zeigt eine weitere Besonderheit stetiger Funktionen auf abgeschlossenen Intervallen.

Satz 4.1.13 *Jede stetige Funktion $f : [a, b] \to \mathbb{R}$ ist gleichmäßig stetig.*

Beweis. Wäre f nicht gleichmäßig stetig, dann gälte

$$\exists\, \varepsilon > 0\, \forall\, \delta > 0\, \exists\, a, x \in D : |x - a| < \delta \text{ und } |f(x) - f(a)| \geq \varepsilon\,.$$

Für ein solches $\varepsilon > 0$ gibt es Folgen $a_n, x_n \in D$, für die $|x_n - a_n| < \frac{1}{n}$ und $|f(x_n) - f(a_n)| \geq \varepsilon$ gilt. Nach dem Satz von Bolzano-Weierstraß (Satz 3.2.23) besitzt die Folge $(x_n)_{n\in\mathbb{N}}$ eine konvergente Teilfolge $(x_{k_i})_{i\in\mathbb{N}}$, die wegen $x_n \in$

$[a,b]$ beschränkt ist. Ihr Grenzwert $x := \lim_{i\to\infty} x_{k_i}$ liegt im Intervall $[a,b]$, da es sich um ein abgeschlossenes Intervall handelt. Da $|x_n - a_n| < \frac{1}{n}$, folgt auch $\lim_{i\to\infty} a_{k_i} = x$ und wegen der Stetigkeit von f gilt $\lim_{i\to\infty}\big(f(x_{k_i}) - f(a_{k_i})\big) = f(x) - f(x) = 0$, im Widerspruch zu $|f(x_{k_i}) - f(a_{k_i})| \geq \varepsilon$ für alle $i \in \mathbb{N}$. □

Um einige der bekannten, in der Praxis häufig benutzten Funktionen bequem konstruieren zu können, beweisen wir nun den Satz über die Umkehrfunktion.

Definition 4.1.14. Sei $D \subset \mathbb{R}$. Eine Funktion $f : D \to \mathbb{R}$ heißt

- *monoton wachsend*, wenn $\forall\, a,b \in D : a < b \Longrightarrow f(a) \leq f(b)$;
- *streng monoton wachsend*, wenn $\forall\, a,b \in D : a < b \Longrightarrow f(a) < f(b)$;
- *monoton fallend*, wenn $\forall\, a,b \in D : a < b \Longrightarrow f(a) \geq f(b)$;
- *streng monoton fallend*, wenn $\forall\, a,b \in D : a < b \Longrightarrow f(a) > f(b)$.

Satz 4.1.15 *Sei $f : [a,b] \to \mathbb{R}$ eine stetige und streng monoton wachsende Funktion und $A := f(a)$, $B := f(b)$. Dann ist $f : [a,b] \to [A,B]$ bijektiv und $f^{-1} : [A,B] \to [a,b] \subset \mathbb{R}$ ist stetig und streng monoton wachsend. Die gleichen Aussagen gelten, wenn man überall „wachsend“ durch „fallend“ ersetzt und $A := f(b), B := f(a)$ definiert.*

Beweis. Aus der Monotonie folgt $f([a,b]) \subset [A,B]$ und aus der strengen Monotonie folgt sofort die Injektivität.[3] Wenn wir für beliebiges $C \in [A,B]$ den Zwischenwertsatz (Satz 4.1.6) auf $f - C$ anwenden, erhalten wir die Surjektivität von f. Somit ist $f : [a,b] \to [A,B]$ bijektiv. Die Umkehrabbildung f^{-1} ist offenbar wieder streng monoton wachsend.
Zum Beweis der Stetigkeit von $g := f^{-1}$: $[A,B] \to [a,b]$ sei $y \in [A,B]$ und $(y_n)_{n\in\mathbb{N}}$ eine Folge mit $y_n \in [A,B]$ und $\lim_{n\to\infty} y_n = y$. Wir haben zu zeigen, dass die durch $x_n := g(y_n)$ definierte Folge $(x_n)_{n\in\mathbb{N}}$ gegen $x := g(y) \in [a,b]$ konvergiert. Angenommen, dies gälte nicht. Dann gäbe es ein $\varepsilon > 0$, so dass für eine Teilfolge $(x_{n_i})_{i\in\mathbb{N}}$ gilt: $|x_{n_i} - x| \geq \varepsilon$. Nach dem Satz von Bolzano-Weierstraß können wir diese Teilfolge sogar so wählen, dass sie konvergiert. Wegen der Stetigkeit von f gilt $y = \lim_{n\to\infty} y_n = \lim_{i\to\infty} y_{n_i} = \lim_{i\to\infty} f(x_{n_i}) = f\left(\lim_{i\to\infty} x_{n_i}\right)$ und somit $x = g(y) = g\left(f\left(\lim_{i\to\infty} x_{n_i}\right)\right) = \lim_{i\to\infty} x_{n_i}$. Das widerspricht jedoch der für alle $i \in \mathbb{N}$ gültigen Ungleichung $|x_{n_i} - x| \geq \varepsilon$. □

Beispiel 4.1.16 (Umkehrfunktionen).

(1) Die *Wurzelfunktionen* sind die Umkehrfunktionen der für ganzes $k \geq 2$ definierten Potenzfunktionen $f : \mathbb{R} \longrightarrow \mathbb{R}$, die durch $f(x) := x^k$ definiert sind. Für $x \geq 0$ sind diese Funktionen streng monoton wachsend und

[3] Die Begriffe injektiv, surjektiv und bijektiv werden in Kapitel 6, Definition 6.3.3 erklärt.

stetig. Wir erhalten eine Bijektion $f : \mathbb{R}_{\geq 0} \to \mathbb{R}_{\geq 0}$ und daher eine stetige Umkehrfunktion $f^{-1} : \mathbb{R}_{\geq 0} \to \mathbb{R}_{\geq 0}$. Die übliche Bezeichnung ist $\sqrt[k]{x} := f^{-1}(x)$, das heißt

$$y = \sqrt[k]{x} \quad \Longleftrightarrow \quad y^k = x.$$

Für ungerades k besitzen die Wurzelfunktionen einen größeren Definitionsbereich $\sqrt[k]{\cdot} : \mathbb{R} \to \mathbb{R}$.

(2) Der *natürliche Logarithmus* ist die Umkehrfunktion der Exponentialfunktion $\exp : \mathbb{R} \to \mathbb{R}_{>0}$, die streng monoton wachsend ist. Das ergibt sich mit Hilfe der Funktionalgleichung aus $\exp(x) > 1$ für $x > 0$, was unmittelbar aus der Definition folgt. Da für $n \in \mathbb{N}$ stets $\exp(n) > 1 + n$ gilt, ist $\lim_{x \to \infty} \exp(x) = \infty$. Entsprechend ergibt sich aus $\exp(-n) = \frac{1}{\exp(n)} < \frac{1}{1+n}$, dass $\lim_{x \to -\infty} \exp(x) = 0$ gilt. Daher ist $\exp(\mathbb{R}) = \mathbb{R}_{>0}$ und wir erhalten eine stetige Umkehrabbildung $\ln : \mathbb{R}_{>0} \to \mathbb{R}$, den natürlichen Logarithmus. Aus der Funktionalgleichung für exp folgt für alle $x, y \in \mathbb{R}_{>0}$ die Funktionalgleichung

$$\ln(x \cdot y) = \ln(x) + \ln(y) .$$

(3) Die *allgemeine Potenz* definiert man für reelles $a > 0$ mit Hilfe der Exponentialfunktion wie folgt:

$$a^x := \exp\big(x \cdot \ln(a)\big) .$$

Diese Definition ist durch die Gleichung $\exp\big(n \cdot \ln(a)\big) = \Big(\exp\big(\ln(a)\big)\Big)^n = a^n$ motiviert, die wegen der Funktionalgleichung der Exponentialfunktion für alle $n \in \mathbb{Z}$ und alle reellen $a > 0$ gilt.
Wenn wir $x \in \mathbb{R}$ auf die Potenz a^x abbilden, erhalten wir eine *stetige* Funktion $\mathbb{R} \to \mathbb{R}_{>0}$ (Komposition stetiger Funktionen). Aus der Funktionalgleichung für exp folgt für alle $x, y \in \mathbb{R}$:

$$a^{x+y} = a^x \cdot a^y .$$

Da für alle natürlichen Zahlen $n \geq 2$ und alle $t \in \mathbb{R}$ $\big(\exp(t)\big)^n = \exp(nt)$ gilt, folgt $\Big(a^{\frac{1}{n}}\Big)^n = \exp\big(\frac{1}{n}(a)\big)^n = \exp\left(\ln(a)\right) = a$ und somit $a^{\frac{1}{n}} = \sqrt[n]{a}$ für $a > 0$ und $n \geq 2, n \in \mathbb{N}$. Es gilt allgemeiner für beliebige $a > 0$, $x, y \in \mathbb{R}$

$$(a^x)^y = a^{x \cdot y} ,$$

denn weil ln die Umkehrfunktion von exp ist, folgt aus der Definition $a^x = \exp\big(x \cdot \ln(a)\big)$ die Gleichung $\ln(a^x) = x \cdot \ln(a)$. Somit ist $(a^x)^y = \exp\big(y \cdot \ln(a^x)\big) = \exp\big(y \cdot x \cdot \ln(a)\big) = a^{x \cdot y}$.

(4) Der allgemeine *Logarithmus* ist die Umkehrfunktion zu $x \mapsto a^x$. Er wird mit $\log_a : \mathbb{R}_{>0} \to \mathbb{R}$ bezeichnet. Das heißt, $\log_a(a^x) = x$ für $x \in \mathbb{R}$ und $a^{\log_a(x)} = x$ für $x > 0$. Es gilt $\log_a(x) = \frac{\ln(x)}{\ln(a)}$.

Der Begriff der stetigen Funktion lässt sich leicht von $\mathbb{R}$ auf $\mathbb{C}$ übertragen.

Definition 4.1.17. Eine Funktion $f : D \to \mathbb{C}$ mit Definitionsbereich $D \subset \mathbb{C}$ heißt *stetig* in $z \in D$, falls für jede gegen z konvergente Folge $(z_n)_{n\in\mathbb{N}}$ mit $z_n \in D$ gilt:

$$\lim_{n\to\infty} f(z_n) = f(z) .$$

Äquivalent dazu ist die ε-δ-Definition der Stetigkeit, die besagt, dass f genau dann in $z \in D$ stetig ist, wenn

$$\forall\, \varepsilon > 0\, \exists\, \delta > 0\, \forall\, w \in D\colon \qquad |z - w| < \delta \Longrightarrow |f(z) - f(w)| < \varepsilon .$$

In Worten: Für alle $\varepsilon > 0$ existiert ein $\delta > 0$, so dass für alle $w \in D$ mit $|z - w| < \delta$ die Ungleichung $|f(z) - f(w)| < \varepsilon$ gilt.

Satz 4.1.18 *Die Exponentialfunktion* $\exp : \mathbb{C} \to \mathbb{C} \setminus \{0\}$ *ist stetig.*

Der Beweis ist der gleiche wie für die reelle Exponentialfunktion.

Bemerkung 4.1.19. Die Exponentialfunktion $\exp : \mathbb{C} \to \mathbb{C} \setminus \{0\}$ ist nicht bijektiv. Daher ist die Definition der Logarithmusfunktion im Komplexen mit Schwierigkeiten verbunden.

Mit Hilfe der komplexen Exponentialfunktion definieren wir jetzt die *trigonometrischen Funktionen* $\sin(x)$ und $\cos(x)$.

Definition 4.1.20. Für $x \in \mathbb{R}$ definieren wir

$$\cos(x) := \mathrm{Re}\big(\exp(\mathrm{i}x)\big) \qquad \text{und} \qquad \sin(x) := \mathrm{Im}\big(\exp(\mathrm{i}x)\big) .$$

Das heißt, die *Eulersche Formel* $\exp(\mathrm{i}x) = \cos(x) + \mathrm{i} \cdot \sin(x)$ gilt.

Eine geometrische Interpretation dieser Definition ergibt sich wie folgt. Da $\overline{\mathrm{i}x} = -\mathrm{i}x$ für $x \in \mathbb{R}$ gilt, erhalten wir

$$\begin{aligned} 1 &= \exp(\mathrm{i}x - \mathrm{i}x) = \exp(\mathrm{i}x)\exp(-\mathrm{i}x) = \exp(\mathrm{i}x)\exp(\overline{\mathrm{i}x}) \\ &= \exp(\mathrm{i}x) \cdot \overline{\exp(\mathrm{i}x)} = |\exp(\mathrm{i}x)|^2 . \end{aligned}$$

Das bedeutet, dass $\exp(\mathrm{i}x)$ auf dem Einheitskreis in $\mathbb{C} = \mathbb{R}^2$ liegt und die reellen Koordinaten $(\cos(x), \sin(x))$ besitzt (Abb. 4.3).
Aus der Definition erhalten wir leicht für alle $x \in \mathbb{R}$:

$$\cos(x) = \frac{\exp(\mathrm{i}x) + \exp(-\mathrm{i}x)}{2} \qquad \sin(x) = \frac{\exp(\mathrm{i}x) - \exp(-\mathrm{i}x)}{2\mathrm{i}}$$
$$\cos^2(x) + \sin^2(x) = 1 .$$

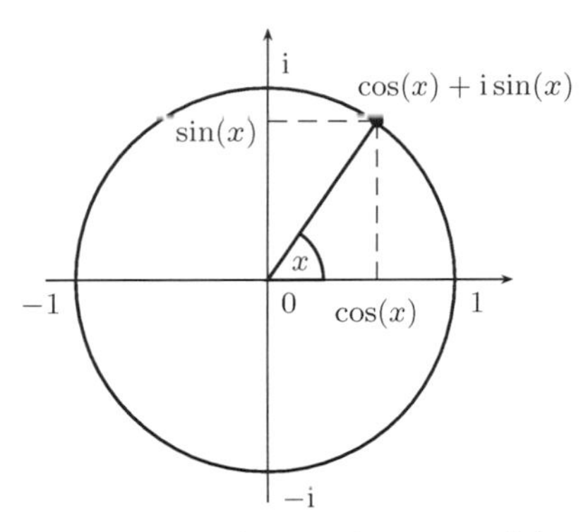

Abb. 4.3 Definition der Trigonometrischen Funktionen $\cos(x)$ und $\sin(x)$.

Die Funktionen $\cos : \mathbb{R} \to \mathbb{R}$ und $\sin : \mathbb{R} \to \mathbb{R}$ sind stetig, da eine komplexwertige Funktion genau dann stetig ist, wenn ihr Real- und ihr Imaginärteil stetig sind.

Satz 4.1.21 (Additionstheoreme) *Für alle $x, y \in \mathbb{R}$ gilt:*

$$\cos(x+y) = \cos(x) \cdot \cos(y) - \sin(x) \cdot \sin(y)$$
$$\sin(x+y) = \sin(x) \cdot \cos(y) + \cos(x) \cdot \sin(y) .$$

Beweis. Es gilt $\cos(x+y) + \mathrm{i}\sin(x+y) = \exp\big(\mathrm{i}(x+y)\big) = \exp(\mathrm{i}x) \cdot \exp(\mathrm{i}y) = \big(\cos(x) + \mathrm{i}\sin(x)\big) \cdot \big(\cos(y) + \mathrm{i}\sin(y)\big) = \cos(x)\cos(y) - \sin(x)\sin(y) + \mathrm{i}\big(\sin(x)\cos(y) + \cos(x)\sin(y)\big)$. Durch Vergleich der Real- und Imaginärteile folgt die Behauptung. □

Nun wollen wir die trigonometrischen Funktionen etwas genauer untersuchen. Als erstes erhalten wir den folgenden Satz.

Satz 4.1.22 *Für alle $x \in \mathbb{R}$ gilt:*

$$\cos(x) = \sum_{n=0}^{\infty} (-1)^n \frac{x^{2n}}{(2n)!} = 1 - \frac{x^2}{2!} + \frac{x^4}{4!} - \frac{x^6}{6!} + \frac{x^8}{8!} - \dots$$
$$\sin(x) = \sum_{n=0}^{\infty} (-1)^n \frac{x^{2n+1}}{(2n+1)!} = x - \frac{x^3}{3!} + \frac{x^5}{5!} - \frac{x^7}{7!} + \frac{x^9}{9!} - \dots$$

und beide Reihen sind absolut konvergent.

Beweis. Die absolute Konvergenz folgt wegen $|\operatorname{Re}(z)| \leq |z|$, $|\operatorname{Im}(z)| \leq |z|$ aus der absoluten Konvergenz der Exponentialreihe. Da $\mathrm{i}^2 = -1$, $\mathrm{i}^3 = -\mathrm{i}$ und $\mathrm{i}^4 = 1$ ist, gilt $\mathrm{i}^{4k+l} = \mathrm{i}^l$ und wir erhalten:

$$(\mathrm{i}x)^{2n} = \mathrm{i}^{2n} \cdot x^{2n} = (-1)^n \cdot x^{2n} \text{ und}$$
$$(\mathrm{i}x)^{2n+1} = \mathrm{i}^{2n+1} \cdot x^{2n+1} = \mathrm{i} \cdot (-1)^n \cdot x^{2n+1}.$$

Das liefert dann die Behauptung, da $\exp(\mathrm{i}x) = \sum_{n=0}^{\infty} \frac{1}{n!}(\mathrm{i}x)^n$. □

Satz 4.1.23 *Die Kosinusfunktion hat genau eine Nullstelle im Intervall* $[0, 2]$.

Beweis. Wir wissen bereits $\cos(0) = \mathrm{Re}\big(\exp(0)\big) = 1$. Zum Beweis der Existenz einer Nullstelle wenden wir den Zwischenwertsatz an. Dazu genügt es zu zeigen, dass $\cos(2) < 0$ gilt.
Zunächst zeigen wir $-\frac{x^{2n}}{(2n)!} + \frac{x^{2n+2}}{(2n+2)!} < 0$ für alle $n \geq 1$ und $x \in [0, 2]$. Aus $n \geq 1$ folgt $(2n+1)(2n+2) > 2 \cdot 2 \geq x^2$, somit $\frac{x^2}{(2n+1)(2n+2)} - 1 < 0$. Nach Multiplikation mit $\frac{x^{2n}}{(2n)!}$ ergibt sich die gewünschte Ungleichung. Das liefert für alle $x \in [0, 2]$

$$\cos(x) = \sum_{n=0}^{\infty} (-1)^n \frac{x^{2n}}{(2n)!} = 1 - \frac{x^2}{2} + \frac{x^4}{4!} + \sum_{\substack{n \geq 3 \\ \text{ungerade}}} \left(-\frac{x^{2n}}{(2n)!} + \frac{x^{2n+2}}{(2n+2)!} \right)$$
$$< 1 - \frac{x^2}{2} + \frac{x^4}{4!} .$$

Die Glieder der Reihe darf man in der angegebenen Weise zusammenfassen, weil die Reihe absolut konvergiert (vgl. Satz 4.3.2). Daraus erhalten wir $\cos(2) < 1 - \frac{2^2}{2} + \frac{2^4}{4!} = 1 - \frac{4}{2} + \frac{16}{24} = 1 - 2 + \frac{2}{3} = -\frac{1}{3} < 0$.
Um auszuschließen, dass cos mehrere Nullstellen im Intervall $[0, 2]$ besitzt, zeigen wir, dass $\cos : [0, 2] \to \mathbb{R}$ streng monoton fallend ist. Aus Satz 4.1.21 erhält man mit $x = \frac{x_1 + x_2}{2}$ und $y = \frac{x_2 - x_1}{2}$ für beliebige $x_1, x_2 \in \mathbb{R}$ die Gleichung $\cos(x_2) - \cos(x_1) = -2 \cdot \sin\left(\frac{x_2 + x_1}{2}\right) \cdot \sin\left(\frac{x_2 - x_1}{2}\right)$. Dabei wurde $x_2 = x + y$, $x_1 = x - y$, sowie $\cos(-x) = \cos(x)$ und $\sin(-x) = -\sin(x)$ benutzt.
Wenn $0 \leq x_1 < x_2 \leq 2$, dann ist $\frac{x_1 + x_2}{2} \in (0, 2)$ und $\frac{x_2 - x_1}{2} \in (0, 2)$ und es genügt für die strenge Monotonie von $\cos : [0, 2] \to \mathbb{R}$ zu zeigen, dass für $x \in (0, 2)$ stets $\sin(x) > 0$ gilt. Dies erhält man genau wie oben aus der Reihe

$$\sin(x) = \sum_{n=0}^{\infty} (-1)^n \frac{x^{2n+1}}{(2n+1)!} = x - \frac{x^3}{3!} + \left(\frac{x^5}{5!} - \frac{x^7}{7!} \right) + \left(\frac{x^9}{9!} - \frac{x^{11}}{11!} \right) + \ldots$$
$$> x - \frac{x^3}{3!} = \frac{x}{6}(6 - x^2) > 0 ,$$

da $x > 0$ und $x^2 < 6$. □

Definition 4.1.24. Wenn $x_0 \in [0,2]$ die eindeutig bestimmte Nullstelle von $\cos : [0,2] \to \mathbb{R}$ bezeichnet, dann definieren wir die sogenannte *Kreiszahl*

$$\pi := 2 \cdot x_0 \ .$$

Eine Berechnung mittels obiger Reihe ergibt

$$\pi = 3{,}141592653589793\ldots \ .$$

Mit Hilfe der Integralrechnung werden wir später (Bsp. 4.4.19) zeigen, dass π der Flächeninhalt des Einheitskreises ist. Man kann auch zeigen, dass π die Länge des Halbkreises mit Radius 1 ist. Wir haben per definitionem $\cos\left(\frac{\pi}{2}\right) = 0$. Da $\cos^2\left(\frac{\pi}{2}\right) + \sin^2\left(\frac{\pi}{2}\right) = 1$ und $\sin\left(\frac{\pi}{2}\right) > 0$, erhalten wir $\sin\left(\frac{\pi}{2}\right) = 1$. Daraus ergibt sich $\exp\left(\mathrm{i} \cdot \frac{\pi}{2}\right) = \mathrm{i}$. Also ist $-1 = \mathrm{i}^2 = \exp(\mathrm{i}\pi)$, $-\mathrm{i} = \mathrm{i}^3 = \exp\left(\frac{3\mathrm{i}\pi}{2}\right)$ und da $\mathrm{i}^4 = 1$, schließlich $\exp(2\pi\mathrm{i}) = 1$. Mit Hilfe des Additionstheorems folgt daraus $\exp(z + 2\pi\mathrm{i}) = \exp(z)\ \forall\, z \in \mathbb{C}$ und $\exp\big(\mathrm{i}(x + 2\pi)\big) = \exp(\mathrm{i}x)\ \forall\, x \in \mathbb{R}$. Somit haben sin und cos die Periode 2π. (Siehe Abb. 4.4 und Tabelle 4.1.)

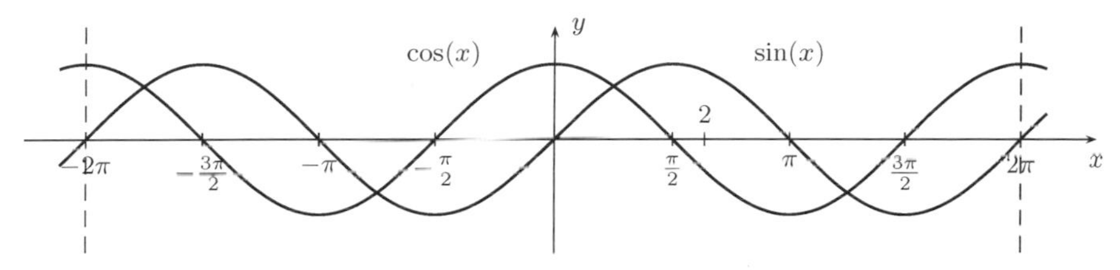

Abb. 4.4 Die Funktionen $\sin(x)$ und $\cos(x)$

x	0	$\frac{\pi}{6}$	$\frac{\pi}{4}$	$\frac{\pi}{3}$	$\frac{\pi}{2}$	π	$\frac{2\pi}{3}$	2π
$\cos(x)$	1	$\frac{1}{2}\sqrt{3}$	$\frac{1}{2}\sqrt{2}$	$\frac{1}{2}$	0	-1	0	1
$\sin(x)$	0	$\frac{1}{2}$	$\frac{1}{2}\sqrt{2}$	$\frac{1}{2}\sqrt{3}$	1	0	-1	0

Tabelle 4.1 Spezielle Werte der Funktionen $\sin(x)$ und $\cos(x)$

Wir können nun alle *Nullstellen* von sin und cos bestimmen:

$$\sin(x) = 0 \Longleftrightarrow \exists\, k \in \mathbb{Z} : x = k \cdot \pi$$
$$\cos(x) = 0 \Longleftrightarrow \exists\, k \in \mathbb{Z} : x = \frac{\pi}{2} + k\pi \ .$$

Dazu bemerken wir zunächst, dass $\cos(x) > 0$ für alle $x \in \left(-\frac{\pi}{2}, \frac{\pi}{2}\right)$ gilt, weil $\cos(x) = \cos(-x)$ und cos in $[0,2]$ streng monoton fällt. Da $\exp(\mathrm{i}\pi) = -1$, gilt $\exp\big(\mathrm{i}(x+\pi)\big) = -\exp(\mathrm{i}x)$ und daher auch $\cos(x+\pi) = -\cos(x)$. Also

$$\cos(x) < 0 \text{ für alle } x \in \left(\frac{\pi}{2}, \frac{3\pi}{2}\right).$$

Daher sind die Nullstellen von $\cos : \left[-\frac{\pi}{2}, \frac{3\pi}{2}\right] \to \mathbb{R}$ genau die drei Zahlen $-\frac{\pi}{2}, \frac{\pi}{2}, \frac{3\pi}{2}$. Wegen $\cos(x + 2\pi) = \cos(x)$ folgt die Behauptung für die Nullstellen der Kosinusfunktion. Schließlich ist $\sin\left(x + \frac{\pi}{2}\right) = \cos(x)$ wegen $\exp\left(\mathrm{i}\frac{\pi}{2}\right) = \mathrm{i}$ und somit erhalten wir auch die Behauptung über die Nullstellen der Sinusfunktion.

Aus diesen Überlegungen können wir nun wichtige Informationen über die komplexe Exponentialfunktion herleiten. Seien $z_1, z_2 \in \mathbb{C}$, dann gilt:

$$\exp(z_1) = \exp(z_2) \iff z_2 = z_1 + 2\pi\mathrm{i}k \quad \text{für ein } k \in \mathbb{Z}.$$

Um das zu zeigen, bemerken wir zuerst, dass $\exp(z_1) = \exp(z_2)$ genau dann gilt, wenn $\exp(z_2 - z_1) = 1$ ist (Additionstheorem der Exponentialfunktion). Wenn $\exp(z) = 1$, dann ist $\exp(z + \bar{z}) = 1$ und $\exp(z - \bar{z}) = 1$. Daraus ergibt sich $\exp\big(2\,\mathrm{Re}(z)\big) = 1$ und $\exp\big(2\mathrm{i}\,\mathrm{Im}(z)\big) = 1$. Damit erhalten wir $\mathrm{Re}(z) = 0$ und $\cos\big(2 \cdot \mathrm{Im}(z)\big) = 1$, $\sin\big(2 \cdot \mathrm{Im}(z)\big) = 0$, woraus $z = \mathrm{i}\pi k$ mit $k \in \mathbb{Z}$ folgt. Da $\exp(\mathrm{i}\pi k) = \cos(\pi k) + \mathrm{i}\sin(\pi k) = \cos(\pi k) = (-1)^k$, muss k gerade sein und wir sehen, dass genau dann $\exp(z) = 1$ gilt, wenn $z \in 2\pi\mathrm{i}\,\mathbb{Z}$.
Dies erklärt, warum wir uns auf einen Streifen H_α der Höhe 2π beschränken müssen, um im Komplexen eine Umkehrfunktion für exp zu erhalten.

Zu den trigonometrischen Funktionen gehören noch zwei weitere Funktionen: die *Tangensfunktion* $\tan : \mathbb{R} \setminus \left\{\frac{\pi}{2} + k\pi \mid k \in \mathbb{Z}\right\} \to \mathbb{R}$ und die *Kotangensfunktion* $\cot : \mathbb{R} \setminus \{k\pi \mid k \in \mathbb{Z}\} \longrightarrow \mathbb{R}$ (Abb. 4.5). Sie sind durch $\tan(x) := \frac{\sin(x)}{\cos(x)}$, bzw. $\cot(x) := \frac{\cos(x)}{\sin(x)}$ definiert.
Diese Funktionen sind stetig und sowohl $\tan : \left(-\frac{\pi}{2}, \frac{\pi}{2}\right) \to \mathbb{R}$ als auch $\cot : (0,\pi) \to \mathbb{R}$ sind streng monoton wachsend und surjektiv. Ihre Umkehrfunktionen heißen Arcus-Tangens $\arctan : \mathbb{R} \to \left(\frac{\pi}{2}, \frac{\pi}{2}\right)$ bzw. Arcus-Kotangens $\mathrm{arccot} : \mathbb{R} \to (0,\pi)$. Analog haben wir die Umkehrfunktion $\arccos : [-1,1] \to [0,\pi]$ zur streng monoton fallenden stetigen Funktion $\cos : [0,\pi] \to \mathbb{R}$ und $\arcsin : [-1,1] \to \left[-\frac{\pi}{2}, \frac{\pi}{2}\right]$ zur streng monoton wachsenden stetigen Funktion $\sin : \left[-\frac{\pi}{2}, \frac{\pi}{2}\right] \to \mathbb{R}$.

Abschließend möchten wir noch die Darstellung komplexer Zahlen mit Hilfe von Polarkoordinaten erläutern:

Satz 4.1.25 *Für jede komplexe Zahl $z \in \mathbb{C}$ gibt es reelle Zahlen $r \geq 0$ und φ, so dass $z = r \cdot \exp(\mathrm{i}\varphi) = r(\cos(\varphi) + \mathrm{i}\sin(\varphi))$. Wenn $z \neq 0$, so ist $r > 0$ und φ ist bis auf einen Summanden der Form $2\pi k$ $(k \in \mathbb{Z})$ eindeutig bestimmt.*

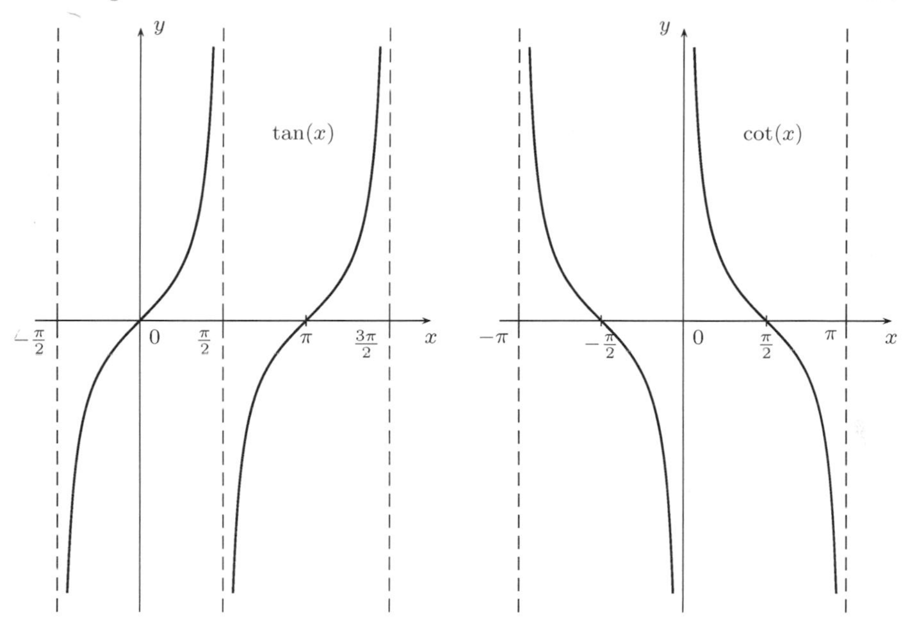

Abb. 4.5 Die Funktionen $\tan(x)$ und $\cot(x)$

Beweis. Sei $r := |z|$, dann sind wir mit beliebigem $\varphi \in \mathbb{R}$ im Fall $z = 0$ fertig. Sei nun $z \neq 0$, dann ist $\left|\frac{z}{|z|}\right| = 1$. Sei $a := \mathrm{Re}\left(\frac{z}{|z|}\right)$ und $b := \mathrm{Im}\left(\frac{z}{|z|}\right)$, dann gilt $a^2 + b^2 = \left|\frac{z}{|z|}\right| = 1$, insbesondere $|a| \leq 1$, $|b| \leq 1$. Wenn $\alpha := \arccos(a)$, d.h. $\cos(\alpha) = a$ und $0 \leq \alpha \leq \pi$, dann ist $\sin(\alpha) = \pm b$ und wir definieren

$$\varphi := \begin{cases} \alpha & \text{falls } \sin(\alpha) = b \\ -\alpha & \text{falls } \sin(\alpha) = -b. \end{cases}$$

Damit ist $\cos(\varphi) = a$ und $\sin(\varphi) = b$, d.h. $\frac{z}{|z|} = \exp(\mathrm{i}\varphi)$. Der Rest folgt aus dem bereits Gezeigten. □

Bemerkung 4.1.26.

- Mit der Polardarstellung ist die Multiplikation komplexer Zahlen besonders einfach (vgl. Abb. 1.4, Seite 54).
- Die Gleichung $z^n = 1$ hat genau n verschiedene komplexe Lösungen. Dies sind die Zahlen $z_k = \exp\left(\frac{2k\pi\mathrm{i}}{n}\right)$, $0 \leq k < n$, die man auch *Einheitswurzeln* nennt (Abb. 4.6).
- Aus der Gleichung $r \cdot \exp(\mathrm{i}\varphi) = \exp(\ln(r) + \mathrm{i}\varphi)$, die für reelle $r > 0$ und φ gilt, sehen wir, dass $\exp : \mathbb{C} \to \mathbb{C} \setminus \{0\}$ surjektiv ist. Wenn wir $H_\alpha := \{z \in \mathbb{C} \mid \alpha \leq \mathrm{Im}(z) < \alpha + 2\pi\mathrm{i}\}$ setzen, ergibt sich die Bijektivität von $\exp : H_\alpha \to \mathbb{C} \setminus \{0\}$.

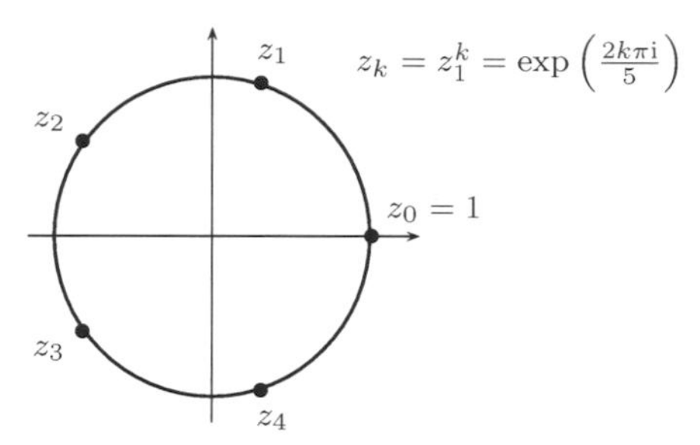

Abb. 4.6 Die komplexen Lösungen der Gleichung $z^5 = 1$.

Aufgaben

Übung 4.1. Berechnen Sie folgende Grenzwerte:

(a) $\lim\limits_{x\to 0} \dfrac{x+2}{x^2-1}$ (b) $\lim\limits_{x\to 0} \dfrac{\tan(x)}{x}$ (c) $\lim\limits_{x\to\infty} \dfrac{3x^2+1}{4x^2+3}$.

Übung 4.2. Sei $f : [0,1] \to [0,1]$ eine stetige Funktion. Beweisen Sie, dass f einen *Fixpunkt* hat, d.h., dass ein $x \in [0,1]$ mit $f(x) = x$ existiert. Geben Sie ein Beispiel für eine stetige Funktion $f : (0,1) \to (0,1)$ an, die keinen Fixpunkt hat.

Übung 4.3. Beweisen Sie, dass aus $\lim\limits_{x\to\infty} f(x) = \infty$ stets $\lim\limits_{x\to\infty} \frac{1}{f(x)} = 0$ folgt.

Übung 4.4. Seien $f, g : [a,b] \to \mathbb{R}$ stetige Funktionen und sei die Funktion $h : [a,b] \to \mathbb{R}$ durch $h(x) = \max\{f(x), g(x)\}$ definiert. Beweisen Sie, dass h stetig ist.

Übung 4.5. Sei $f : \mathbb{R} \to \mathbb{R}$ definiert durch $f(x) := \begin{cases} x & \text{falls} \quad x \in \mathbb{Q} \\ 0 & \text{falls} \quad x \notin \mathbb{Q}\,. \end{cases}$
Zeigen Sie, dass f genau an der Stelle $0 \in \mathbb{R}$ stetig ist.

Übung 4.6. Seien $f, g : \mathbb{R} \to \mathbb{R}$ stetige Funktionen, für die $f(x) = g(x)$ für alle $x \in \mathbb{Q}$ ist. Beweisen Sie, dass $f(x) = g(x)$ für alle $x \in \mathbb{R}$ gilt.

Übung 4.7. Eine Funktion $f : (a,b) \to \mathbb{R}$ hat in $x_0 \in (a,b]$ einen *linksseitigen* Grenzwert $c \in \mathbb{R}$, wenn es zu jedem $\varepsilon > 0$ ein $\delta > 0$ gibt, so dass für alle $x \in (a, x_0)$ mit $|x - x_0| < \delta$ die Ungleichung $|f(x) - c| < \varepsilon$ gilt. Analog definiert man einen *rechtsseitigen* Grenzwert in $x_0 \in [a,b)$ durch obige Bedingung für $x \in (x_0, b)$.
Beweisen Sie, dass jede beschränkte monotone Funktion $f : (a,b) \to \mathbb{R}$ in jedem Punkt von $[a,b]$ linksseitige und rechtsseitige Grenzwerte besitzt.

4.2 Differentialrechnung

Viele in der Praxis anzutreffende Funktionen sind nicht nur stetig, sondern sogar differenzierbar. Dadurch ist es möglich, bei Anwendungen der Mathematik auf Probleme der realen Welt die vielfältigen Werkzeuge der Differential- und Integralrechnung anzuwenden. Die wichtigsten werden wir in den folgenden Abschnitten entwickeln. Wir beginnen mit einer mathematisch exakten Fassung des Begriffes der Ableitung einer Funktion. Diese basiert wesentlich auf dem Grenzwertbegriff, den wir deshalb im Kapitel 3 studiert haben.

Definition 4.2.1. Sei $D \subset \mathbb{R}$, $f : D \to \mathbb{R}$ eine Funktion und $x \in D$. Wir nennen f *differenzierbar in* x, falls der Grenzwert

$$f'(x) := \lim_{h \to 0} \frac{f(x+h) - f(x)}{h}$$

existiert. Wir nennen f *differenzierbar in* D, wenn f in jedem $x \in D$ differenzierbar ist.
Hierbei ist zu beachten, dass wir dies, entsprechend unseren früheren Definitionen, folgendermaßen zu verstehen haben:

(1) Es gibt *mindestens eine* Folge $(h_n)_{n\in\mathbb{N}}$ von Null verschiedener reeller Zahlen mit $\lim_{n\to\infty} h_n = 0$ *und* $x + h_n \in D$ für alle $n \in \mathbb{N}$.
(2) Für *jede* Folge $(h_n)_{n\in\mathbb{N}}$ von Null verschiedener reeller Zahlen, für die $\lim_{n\to\infty} h_n = 0$ *und* $x + h_n \in D$ für alle $n \in \mathbb{N}$ gilt, ist die Folge $\left(\frac{f(x+h_n)-f(x)}{h_n}\right)_{n\in\mathbb{N}}$ konvergent und ihr Grenzwert ist *immer* ein und dieselbe Zahl, die wir $f'(x)$ nennen.

Als alternative Schreibweisen sind manchmal $f'(x_0) = \frac{\mathrm{d}f}{\mathrm{d}x}(x_0) = \left.\frac{\mathrm{d}f(x)}{\mathrm{d}x}\right|_{x=x_0}$ anzutreffen. Die geometrische Interpretation (Abb. 4.7) der Ableitung $f'(x_0)$ als Anstieg der *Tangente* an den Graphen Γ_f im Punkte $\big(x_0, f(x_0)\big)$ ergibt sich unmittelbar aus der Definition.
Wenn wir für $x_0 \in D$ den *Differenzenquotienten* mit $x = x_0 + h$ schreiben, erhalten wir

$$f'(x_0) = \lim_{\substack{x \to x_0 \\ x \neq x_0}} \frac{f(x) - f(x_0)}{x - x_0} .$$

Existiert für jedes $x \in D$ der Grenzwert $f'(x)$, dann heißt die so definierte Funktion f' *Ableitung* von f.

Beispiel 4.2.2. (1) Die konstante Funktion $f : \mathbb{R} \to \mathbb{R}$, die durch $f(x) := c$ für ein festes $c \in \mathbb{R}$ gegeben ist, ist überall differenzierbar, denn

$$f'(x) = \lim_{h\to 0} \frac{f(x+h) - f(x)}{h} = \lim_{h\to 0} \frac{c-c}{h} = \lim_{h\to 0} 0 = 0 .$$

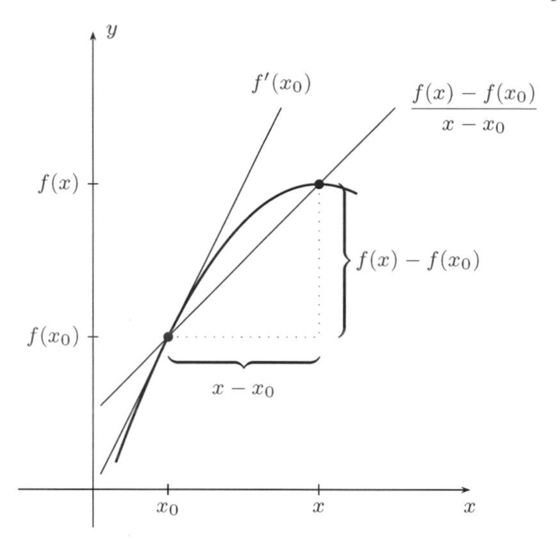

Abb. 4.7 Ableitung als Anstieg der Tangente

(2) Für jedes $a \in \mathbb{R}$ ist die durch $f(x) = a \cdot x$ definierte lineare Funktion $f : \mathbb{R} \to \mathbb{R}$ differenzierbar, denn

$$f'(x_0) = \lim_{x \to x_0} \frac{f(x) - f(x_0)}{x - x_0} = \lim_{x \to x_0} \frac{ax - ax_0}{x - x_0} = a\,.$$

(3) Für jede natürliche Zahl $n \geq 1$ ist die durch $f(x) = x^n$ definierte Funktion $f : \mathbb{R} \to \mathbb{R}$ differenzierbar, denn

$$\begin{aligned} f'(x_0) &= \lim_{x \to x_0} \frac{f(x) - f(x_0)}{x - x_0} = \lim_{x \to x_0} \frac{x^n - x_0^n}{x - x_0} = \lim_{x \to x_0} \left(\sum_{k=0}^{n-1} x^k x_0^{n-1-k} \right) \\ &= \sum_{k=0}^{n-1} x_0^{n-1} = n \cdot x_0^{n-1}\,. \end{aligned}$$

(4) Die Exponentialfunktion $\exp : \mathbb{R} \to \mathbb{R}$ ist differenzierbar, denn

$$\exp'(x) = \lim_{h \to 0} \frac{\exp(x+h) - \exp(x)}{h} = \exp(x) \cdot \lim_{h \to 0} \frac{\exp(h) - 1}{h} = \exp(x)\,.$$

Hier haben wir $\lim_{h \to 0} \frac{\exp(h)-1}{h} = 1$ benutzt. Das zeigt man folgendermaßen: Da für $n \in \mathbb{N}$ stets $(n+2)! \geq 2 \cdot 3^n$, gilt $\left| \frac{h^n}{(n+2)!} \right| \leq \frac{1}{2} \left(\frac{|h|}{3} \right)^n$. Wenn $|h| \leq \frac{3}{2}$, dann folgt mit Hilfe der Exponentialreihe

$$|\exp(h) - 1 - h| \leq h^2 \sum_{n=0}^{\infty} \left| \frac{h^n}{(n+2)!} \right| \leq \frac{h^2}{2} \sum_{n=0}^{\infty} \left(\frac{|h|}{3} \right)^n = \frac{h^2}{2} \cdot \frac{1}{1 - \frac{|h|}{3}} \leq h^2\,.$$

Das ergibt $\left|\frac{\exp(h)-1}{h} - 1\right| \leq |h|$, woraus die benötigte Konvergenz folgt. Die Ableitung der Exponentialfunktion ist wieder die Exponentialfunktion! Das bedeutet, dass exp eine Lösung der Differentialgleichung $f' = f$ ist. Derartige Gleichungen treten bei der mathematischen Modellierung natürlicher Prozesse in Physik, Technik, Biologie, Chemie ... häufig auf. Daher spielt die Exponentialfunktion eine sehr große Rolle bei solchen Anwendungen.

(5) Es gilt $\sin' = \cos$ und $\cos' = -\sin$.

(6) Die Betragsfunktion $f : \mathbb{R} \to \mathbb{R}$, die durch $f(x) = |x|$ gegeben ist, ist in 0 *nicht* differenzierbar, da $-1 = \lim_{\substack{h\to 0\\ h<0}} \frac{|h|}{h} \neq \lim_{\substack{h\to 0\\ h>0}} \frac{|h|}{h} = 1$.

Satz 4.2.3 *Sei $D \subset \mathbb{R}$, $a \in D$ und $f : D \to \mathbb{R}$ eine Funktion, so dass mindestens eine gegen a konvergente Folge $(a_n)_{n\in\mathbb{N}}$ mit $a_n \in D \setminus \{a\}$ existiert. Dann ist f genau dann in a differenzierbar, wenn es eine reelle Zahl $c \in \mathbb{R}$ und eine Funktion $\varphi : D \to \mathbb{R}$ mit $\lim_{x\to a} \frac{\varphi(x)}{x-a} = 0$ gibt, so dass*

$$\forall\, x \in D: \quad f(x) = f(a) + c \cdot (x-a) + \varphi(x)$$

gilt. Es ist dann $f'(a) = c$.

Beweis. (1) Sei f differenzierbar in a und $c := f'(a)$. Wir definieren eine Funktion $\varphi : D \to \mathbb{R}$ durch $\varphi(x) := f(x) - f(a) - c \cdot (x-a)$. Dann erhalten wir aus der Definition von $f'(a)$ wie behauptet

$$\lim_{x\to a} \frac{\varphi(x)}{x-a} = \lim_{x\to a} \frac{f(x)-f(a)}{x-a} - c = 0\,.$$

(2) Nun setzen wir die Existenz von c und φ mit den angegebenen Eigenschaften voraus. Dann erhalten wir $\frac{f(x)-f(a)}{x-a} = c + \frac{\varphi(x)}{x-a}$ und somit die Konvergenz dieses Differenzenquotienten für $x \to a$ und $\lim_{x\to a} \frac{f(x)-f(a)}{x-a} = c + \lim_{x\to a} \frac{\varphi(x)}{x-a} = c$, d.h. $c = f'(a)$. □

Folgerung 4.2.4. *Wenn $f : D \to \mathbb{R}$ in $a \in D$ differenzierbar ist, so ist f auch in a stetig.*

Beweis. Nach Satz 4.2.3 gibt es eine Funktion $\varphi : D \to \mathbb{R}$ mit $f(x) = f(a) + f'(a) \cdot (x-a) + \varphi(x)$ und $\lim_{x\to a} \frac{\varphi(x)}{x-a} = 0$. Da $\lim_{x\to a}(x-a) = 0$, erhalten wir $\lim_{x\to a} \varphi(x) = 0$ und damit $\lim_{x\to a} f(x) = f(a)$. Das ist die Stetigkeit von f in a. □

Bemerkung 4.2.5. Satz 4.2.3 besagt, dass eine Funktion f in $a \in D$ genau dann differenzierbar ist, wenn man sie dort durch eine lineare Funktion gut approximieren kann.

Satz 4.2.6 (Rechenregeln) *Seien* $f, g : D \to \mathbb{R}$ *in* $a \in D$ *differenzierbar und* $\lambda \in \mathbb{R}$ *beliebig. Dann gilt:*

(1) $f+g : D \to \mathbb{R}$ *ist in* $a \in D$ *differenzierbar und* $(f+g)'(a) = f'(a)+g'(a)$.
(2) $\lambda \cdot f : D \to \mathbb{R}$ *ist in* $a \in D$ *differenzierbar und* $(\lambda f)'(a) = \lambda \cdot f'(a)$.
(3) *(Produktregel)* $f \cdot g : D \to \mathbb{R}$ *ist in* $a \in D$ *differenzierbar und*

$$(fg)'(a) = f'(a) \cdot g(a) + f(a) \cdot g'(a) .$$

(4) *(Quotientenregel) Wenn* $g(x) \neq 0$ *für alle* $x \in D$ *ist, so ist* $\frac{f}{g} : D \to \mathbb{R}$ *in* $a \in D$ *differenzierbar und*

$$\left(\frac{f}{g}\right)'(a) = \frac{f'(a)g(a) - f(a)g'(a)}{g(a)^2} .$$

Beweis. (1) und (2) folgen aus Satz 3.2.13.
(3) Wir schreiben den Differenzenquotienten für $f \cdot g$ in folgender Weise:

$$\begin{aligned}
&\frac{1}{h}\big(f(a+h)g(a+h) - f(a)g(a)\big) = \\
&= \frac{1}{h}\big(f(a+h)g(a+h) - f(a+h)g(a) + f(a+h)g(a) - f(a)g(a)\big) \\
&= \frac{1}{h}\Big(f(a+h)\big(g(a+h) - g(a)\big) + \big(f(a+h) - f(a)\big)g(a)\Big) \\
&= f(a+h) \cdot \frac{g(a+h) - g(a)}{h} + \frac{f(a+h) - f(a)}{h} \cdot g(a) .
\end{aligned}$$

Damit ergibt sich die erforderliche Konvergenz. Unter Ausnutzung der Stetigkeit von f an der Stelle a ergibt ein Grenzübergang $h \to 0$ die Produktregel.
(4) Wir betrachten zunächst den Spezialfall der konstanten Funktion $f(x) = 1$. Der Differenzenquotient lautet hier

$$\frac{1}{h}\left(\frac{1}{g(a+h)} - \frac{1}{g(a)}\right) = \frac{g(a) - g(a+h)}{h \cdot g(a+h) \cdot g(a)} = -\frac{g(a+h) - g(a)}{h} \cdot \frac{1}{g(a+h)g(a)}$$

woraus nach Grenzübergang $h \to 0$ die gewünschte Formel $-g'(a) \cdot \frac{1}{g(a)^2}$ folgt. Die Produktregel (3) liefert nun die Differenzierbarkeit von $\frac{f}{g}$ und

$$\begin{aligned}
\left(\frac{f}{g}\right)'(a) &= \left(f \cdot \frac{1}{g}\right)'(a) = f'(a) \cdot \frac{1}{g(a)} + f(a) \cdot \left(\frac{1}{g}\right)'(a) \\
&= \frac{f'(a)}{g(a)} - \frac{f(a)g'(a)}{g(a)^2} = \frac{f'(a) \cdot g(a) - f(a) \cdot g'(a)}{g(a)^2} .
\end{aligned}$$

□

Beispiel 4.2.7. (1) Für jedes $n \in \mathbb{Z}$ ist die Ableitung der Funktion $f(x) = x^n$ gleich $f'(x) = n \cdot x^{n-1}$.
(2) $\tan' = \frac{1}{\cos^2} = 1 + \tan^2$

Beweis. (1) Wir führen den Beweis für $n \geq 0$ induktiv. Die Fälle $n = 0$ und $n = 1$ wurden bereits in Beispiel 4.2.2 (1) bzw. (2) behandelt. Wir hatten zwar in Beispiel 4.2.2 (3) die Ableitung der Funktion f für $n \geq 0$ schon bestimmt, wollen aber hier mit Hilfe der Produktregel einen alternativen Beweis angeben. Wir nehmen an, die Behauptung sei schon für ein gewisses $n \geq 1$ bewiesen. Mit $g(x) = x^n$, $f(x) = x^{n+1}$ und $h(x) = x$ gilt dann $g'(x) = nx^{n-1}$ und $h'(x) = 1$. Da $f = g \cdot h$, erhalten wir, wie behauptet, mit der Produktregel

$$f'(x) = g'(x)h(x) + g(x)h'(x) = n \cdot x^{n-1} \cdot x + x^n \cdot 1 = (n+1) \cdot x^n .$$

Wenn $n > 0$ und $f(x) = x^{-n} = \frac{1}{x^n}$, dann erhalten wir aus der Quotientenregel $f'(x) = -\frac{n \cdot x^{n-1}}{x^{2n}} = -n \cdot x^{-n-1}$ und die Formel ist für alle $n \in \mathbb{Z}$ bewiesen.
(2) Folgt aus der Quotientenregel und 4.2.2 (5). □

Satz 4.2.8 (Kettenregel) *Seien $f : D \to \mathbb{R}$, $g : D' \to \mathbb{R}$ Funktionen mit $f(D) \subset D' \subset \mathbb{R}$ und $x \in D \subset \mathbb{R}$. Wenn f in $x \in D$ und g in $f(x) \in D'$ differenzierbar sind, dann ist $g \circ f : D \to \mathbb{R}$ in x differenzierbar und es gilt*

$$(g \circ f)'(x) = g'\big(f(x)\big) \cdot f'(x) .$$

Beweis. Um bequem mit dem Differenzenquotienten von g arbeiten zu können, definieren wir eine Funktion $r : D' \to \mathbb{R}$ durch

$$r(y) := \begin{cases} \dfrac{g(y) - g\big(f(x)\big)}{y - f(x)} & \text{falls } y \neq f(x) \\ g'\big(f(x)\big) & \text{falls } y = f(x). \end{cases}$$

Da g in $f(x) \in D'$ differenzierbar ist, gilt $\lim_{y \to f(x)} r(y) = g'\big(f(x)\big)$, d.h. r ist in $f(x) \in D'$ stetig. Der Differenzenquotient für $g \circ f$ bei $x \in D$ lautet damit

$$\frac{g\big(f(x+h)\big) - g\big(f(x)\big)}{h} = \frac{r\big(f(x+h)\big) \cdot \big(f(x+h) - f(x)\big)}{h} ,$$

auch wenn $f(x+h) = f(x)$ gilt. Da r in $f(x)$ und f in x stetig sind, haben wir $\lim_{h \to 0} r\big(f(x+h)\big) = r\big(f(x)\big) = g'\big(f(x)\big)$. Weil f in x differenzierbar ist, ergibt sich die Konvergenz des Differenzenquotienten $\frac{f(x+h)-f(x)}{h}$ und es folgt

$$\begin{aligned}(g \circ f)'(x) &= \lim_{h \to 0} \frac{g\big(f(x+h)\big) - g\big((f(x)\big)}{h} \\ &= \lim_{h \to 0} r\big(f(x+h)\big) \cdot \lim_{h \to 0} \frac{f(x+h) - f(x)}{h} \\ &= g'\big(f(x)\big) \cdot f'(x) \,,\end{aligned}$$

wie behauptet. □

Beispiel 4.2.9. (1) Sei $f : \mathbb{R} \to \mathbb{R}$ durch $f(x) = \exp(ax)$ mit $a \in \mathbb{R}$ gegeben. Diese Funktion fassen wir als Komposition von exp mit der Funktion $g(x) := ax$ auf. Da $g'(x) = a$ und $\exp' = \exp$, erhalten wir $f'(x) = a \cdot \exp(ax) = a \cdot f(x)$ für alle $x \in \mathbb{R}$.

(2) Die allgemeine Potenz x^a (siehe Beispiel 4.1.16) ist durch die Gleichung $x^a = \exp\big(a \cdot \ln(x)\big)$ definiert. Mit der Kettenregel erhalten wir als Ableitung dieser Funktion $\frac{a}{x} \cdot \exp\big(a \cdot \ln(x)\big)$. Damit ergibt sich in Verallgemeinerung von Bsp. 4.2.7 (1) für $x > 0$ und alle $a \in \mathbb{R}$: $(x^a)' = a \cdot x^{a-1}$.

(3) Die Funktion $f(x) = \sin^2(x)$ ist die Komposition von sin und $g(x) = x^2$. Wir erhalten unter Benutzung von Satz 4.1.21 und der Kettenregel $f'(x) = 2 \cdot \sin(x) \cdot \cos(x) = \sin(2x)$.

(4) Die durch $f(x) = \cos(x^n)$ gegebene Funktion $f : \mathbb{R} \to \mathbb{R}$ ist die Komposition von cos und x^n, also $f'(x) = -nx^{n-1} \sin(x^n)$.

Um auch noch solche Funktionen wie ln und arcsin ableiten zu können, benötigen wir den folgenden Satz.

Satz 4.2.10 (Ableitung der Umkehrfunktion) *Sei $D = [a, b] \subset \mathbb{R}$ mit $a < b$ und $f : D \to \mathbb{R}$ eine stetige, streng monotone Funktion. Sei außerdem $D' := f(D) = [A, B] \subset \mathbb{R}$ und $g : D' \to \mathbb{R}$ die Umkehrfunktion zu f. Wenn f in $x \in D$ differenzierbar ist und $f'(x) \neq 0$ gilt, dann ist g in $y := f(x) \in D'$ differenzierbar und $g'(y) = \frac{1}{f'\left(g(y)\right)}$.*

Beweis. Die Voraussetzungen und Satz 4.1.15 liefern die Stetigkeit der Umkehrfunktion $g : D' \to \mathbb{R}$. Um die Differenzierbarkeit von g in $y := f(x) \in D'$ zu zeigen, untersuchen wir den Differenzenquotienten $\frac{g(y_n)-g(y)}{y_n-y}$, wobei $(y_n)_{n\in\mathbb{N}}$ eine gegen y konvergente Folge mit $y_n \in D'$ und $y_n \neq y$ ist. Wegen der Stetigkeit von g konvergiert die durch $x_n := g(y_n)$ gegebene Folge $(x_n)_{n\in\mathbb{N}}$ gegen x. Weil f und g nach Satz 4.1.15 bijektiv sind, ist $x_n \in D$ und $x_n \neq x$ für alle $n \in \mathbb{N}$. Da $f'(x) \neq 0$, ist somit $\frac{g(y_n)-g(y)}{y_n-y} = \frac{x_n-x}{f(x_n)-f(x)} = \frac{1}{\frac{f(x_n)-f(x)}{x_n-x}}$ konvergent mit Grenzwert $\frac{1}{f'(x)} = \frac{1}{f'\left(g(y)\right)}$, siehe Satz 3.2.13 (3.32). □

Beispiel 4.2.11. (1) Die Logarithmusfunktion $\ln : \mathbb{R}_{>0} \to \mathbb{R}$ ist als Umkehrfunktion von $\exp : \mathbb{R} \to \mathbb{R}$ definiert. Wenn wir $g(y) = \ln(y)$ und

$f(x) = \exp(x)$ setzen, erhalten wir wegen $f' = f = \exp$ aus Satz 4.2.10: $\ln'(y) = \frac{1}{\exp(\ln(y))} = \frac{1}{y}$, oder anders geschrieben

$$\frac{\mathrm{d}\ln(x)}{\mathrm{d}x} = \frac{1}{x}\,.$$

(2) Die Funktion $\arctan : \mathbb{R} \to \left(-\frac{\pi}{2}, \frac{\pi}{2}\right)$ ist die Umkehrfunktion der Tangensfunktion $\tan : \left(-\frac{\pi}{2}, \frac{\pi}{2}\right) \to \mathbb{R}$. Da $\tan'(x) = \frac{1}{\cos^2(x)}$, ergibt Satz 4.2.10

$$\arctan'(y) = \frac{1}{\tan'\left(\arctan(y)\right)} = \cos^2\left(\arctan(y)\right)\,.$$

Wenn $x := \arctan(y)$, dann ist $y = \tan(x) = \frac{\sin(x)}{\cos(x)}$, also $y^2 = \frac{\sin^2(x)}{\cos^2(x)} = \frac{1-\cos^2(x)}{\cos^2(x)}$. Daher gilt $\cos^2(x) = \frac{1}{1+y^2}$ und somit $\arctan'(y) = \frac{1}{1+y^2}$.

(3) Mit Hilfe einer ähnlichen Rechnung erhalten wir $\arcsin'(x) = \frac{1}{\sqrt{1-x^2}}$ für $-1 < x < 1$ und $\arccos'(x) = \frac{-1}{\sqrt{1-x^2}}$ für $-1 < x < 1$.

Definition 4.2.12. Wenn $f : D \to \mathbb{R}$ eine in D differenzierbare Funktion ist, deren Ableitung $f' : D \to \mathbb{R}$ in $x_0 \in D$ differenzierbar ist, dann heißt die Ableitung von f' *zweite Ableitung von* f. Sie wird durch $f''(x_0) = \frac{d^2 f}{dx^2}(x_0)$ bezeichnet. Induktiv definiert man für jedes $n \geq 2$ die n-te Ableitung $f^{(n)}(x_0) = \frac{d^n f}{dx^n}(x_0)$. Wir sagen f ist stetig differenzierbar (bzw. n-mal stetig differenzierbar), wenn f differenzierbar ist (bzw. n-mal differenzierbar ist) und f' (bzw. $f^{(n)}$) stetig ist.

Einer der wichtigsten Sätze der Differentialrechnung ist der Mittelwertsatz. Sein Beweis wird durch das vorgelagerte Studium eines Spezialfalls vereinfacht.

Satz 4.2.13 (Satz von Rolle[4]) *Sei $a < b$ und $f : [a, b] \to \mathbb{R}$ eine stetige Funktion, die auf dem offenen Intervall (a, b) differenzierbar ist. Wenn $f(a) = f(b) = 0$, dann gibt es ein $x_0 \in (a, b)$ mit $f'(x_0) = 0$ (Abb. 4.8).*

Beweis. Wenn $f(x) = 0$ für alle $x \in (a, b)$, dann ist $f'(x) = 0$ für alle $x \in (a, b)$ und nichts ist zu beweisen. Indem wir notfalls $-f$ statt f betrachten, können wir annehmen, dass es ein $x \in (a, b)$ mit $f(x) > 0$ gibt. Nach Satz 4.1.9 nimmt die Funktion f auf $[a, b]$ ihr Maximum an. Sei $x_0 \in [a, b]$ ein Punkt mit maximalem $f(x_0)$. Dann ist $f(x_0) > 0$, $x_0 \in (a, b)$ und für alle $x \in (a, b)$ gilt $f(x) \leq f(x_0)$. Daher erhalten wir

$$\frac{f(x) - f(x_0)}{x - x_0} \leq 0, \text{ falls } x > x_0 \quad \text{und} \quad \frac{f(x) - f(x_0)}{x - x_0} \geq 0, \text{ falls } x < x_0.$$

[4] Michel Rolle (1652–1719), französischer Mathematiker.

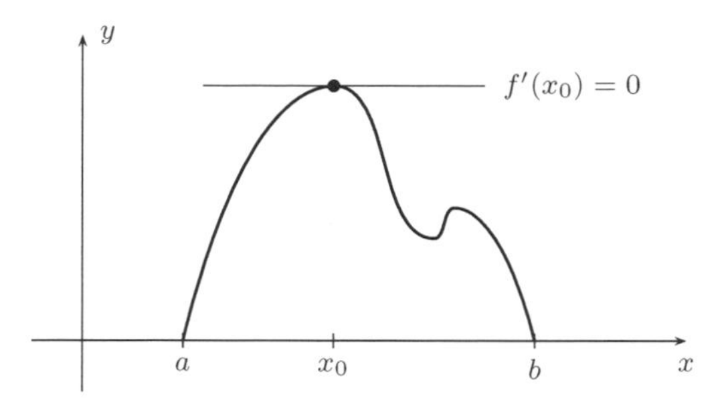

Abb. 4.8 Satz von Rolle

Für jede gegen x_0 konvergente Folge $(x_n)_{n\in\mathbb{N}_{>0}}$ mit $x_n > x_0$ erhalten wir daher $f'(x_0) = \lim_{n\to\infty} \frac{f(x_n)-f(x_0)}{x_n-x_0} \leq 0$. Für gegen x_0 konvergente Folgen mit $x_n < x_0$ ergibt sich hingegen $f'(x_0) = \lim_{n\to\infty} \frac{f(x_n)-f(x_0)}{x_n-x_0} \geq 0$. Damit ist gezeigt, dass $f'(x_0) = 0$ ist und somit ist x_0 der gesuchte Punkt. □

Satz 4.2.14 (Mittelwertsatz) *Sei $a < b$ und $f : [a,b] \to \mathbb{R}$ eine stetige Funktion, die auf dem offenen Intervall (a,b) differenzierbar ist. Dann gibt es ein $x_0 \in (a,b)$ mit*

$$\frac{f(b)-f(a)}{b-a} = f'(x_0)\,.$$

Beweis. Hier handelt es sich nur um eine „gekippte“ Variante des vorigen Satzes, so auch der Beweis, vgl. Abb. 4.9. Wir definieren uns eine Hilfsfunk-

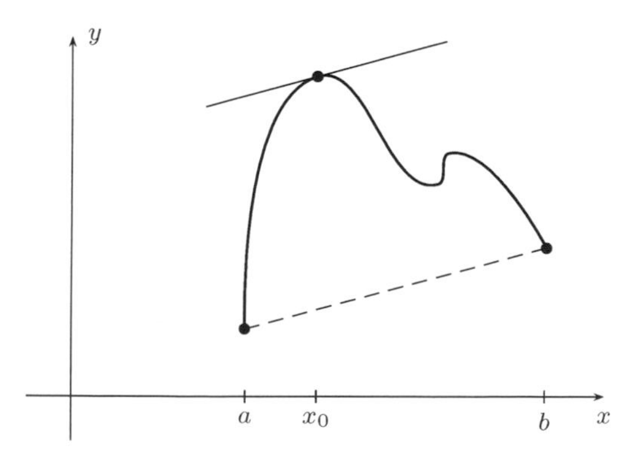

Abb. 4.9 Mittelwertsatz der Differentialrechnung

tion $h : [a,b] \to \mathbb{R}$, welche die Voraussetzungen des Satzes von Rolle erfüllt und die Gestalt $h(x) = f(x) - r \cdot x - s$ hat. Um $h(a) = h(b) = 0$ zu erhalten, muss $r \cdot a + s = f(a)$ und $r \cdot b + s = f(b)$ gelten. Das ist für $r = \frac{f(b)-f(a)}{b-a}$ und

$s = f(a) - \frac{a}{b-a}\big(f(b) - f(a)\big) = \frac{bf(a)-af(b)}{b-a}$ erfüllt. Nach dem Satz von Rolle gibt es ein $x_0 \in (a,b)$ mit $h'(x_0) = 0$, d.h. $f'(x_0) - r = 0$ und das bedeutet $f'(x_0) = r = \frac{f(b)-f(a)}{b-a}$. □

Bemerkung 4.2.15. Achten Sie genau auf die Voraussetzungen des Satzes! Es ist wichtig, dass die Funktion auf dem gesamten abgeschlossenen Intervall stetig ist, also auch in den Randpunkten. Ansonsten könnte man eine neue Funktion konstruieren, indem man die Werte bei a oder b willkürlich abändert, für die die Behauptung des Satzes dann nicht mehr gilt. Die Differenzierbarkeit in den Randpunkten wird dagegen nicht benötigt.
Dazu betrachten wird das Beispiel $f(x) = \sqrt{x}$, $f : [0,1] \to \mathbb{R}$. Da $g(y) = y^2$ in $[0,1]$ differenzierbar und $g'(y) \neq 0$ für $y \in (0,1]$ gilt, ist $f : (0,1] \to \mathbb{R}$ nach Satz 4.2.10 differenzierbar. Da $g : [0,1] \to [0,1]$ streng monoton wächst, ist $f : [0,1] \to \mathbb{R}$ stetig. Die Funktion $f : [0,1] \to \mathbb{R}$ ist jedoch *nicht* differenzierbar in $0 \in [0,1]$, denn für jede Nullfolge $(x_n)_{n\in\mathbb{N}}$ mit $x_n \in (0,1]$ gilt $\frac{\sqrt{x_n}-\sqrt{0}}{x_n-0} = \frac{\sqrt{x_n}}{x_n} = \frac{1}{\sqrt{x_n}}$ und somit ist $\lim_{n\to\infty} \frac{\sqrt{x_n}-\sqrt{0}}{x_n-0} = \lim_{n\to\infty} \frac{1}{\sqrt{x_n}} = \infty$, es liegt also bestimmte Divergenz und keine Konvergenz vor. Trotzdem können wir den Mittelwertsatz anwenden und erhalten ein $x_0 \in (0,1)$ mit $f'(x_0) = 1$.

Bemerkung 4.2.16. Der Mittelwertsatz lässt sich wie folgt verallgemeinern. Seien $f, g : [a,b] \to \mathbb{R}$ stetig und in (a,b) differenzierbar, so dass $g'(x) \neq 0$ für alle $x \in (a,b)$ gilt. Dann ist $g(b) \neq g(a)$ und es gibt ein $x_0 \in (a,b)$ mit

$$\frac{f(b)-f(a)}{g(b)-g(a)} = \frac{f'(x_0)}{g'(x_0)} .$$

Der Beweis ergibt sich, genau wie der des Mittelwertsatzes, aus dem Satz von Rolle mit der Hilfsfunktion

$$h(x) = f(x) - \frac{f(b)-f(a)}{g(b)-g(a)}\big(g(x) - g(a)\big) .$$

Die beiden folgenden Sätze zeigen die Nützlichkeit des Mittelwertsatzes.

Satz 4.2.17 *Sei $a < b$ und $f : [a,b] \to \mathbb{R}$ eine stetige Funktion, die auf dem offenen Intervall (a,b) differenzierbar ist. Dann gilt:*

(1) *Wenn $f'(x) = 0$ für alle $x \in (a,b)$, dann ist f konstant.*
(2) *Wenn es ein $c \in \mathbb{R}$ gibt, so dass $f'(x) = c \cdot f(x)$ für alle $x \in (a,b)$ gilt, dann gibt es ein $d \in \mathbb{R}$ mit $f(x) = d \cdot \exp(c \cdot x)$.*

Beweis. (1) Angenommen, f wäre nicht konstant, dann gäbe es a', b' mit $a \leq a' < b' \leq b$ und $f(a') \neq f(b')$. Der Mittelwertsatz lieferte uns dann die Existenz eines Punktes $x \in (a', b')$ mit $f'(x) = \frac{f(b')-f(a')}{b'-a'} \neq 0$, im Widerspruch zur Voraussetzung.

(2) Sei $F : [a, b] \to \mathbb{R}$ durch $F(x) := f(x) \cdot \exp(-c \cdot x)$ definiert. Dann ist F nach Satz 4.2.6 (3) in (a, b) differenzierbar und es gilt nach der Produktregel $F'(x) = f'(x) \cdot \exp(-cx) + f(x) \cdot \exp(-cx) \cdot (-c) = \exp(-cx) \cdot \big(f'(x) - c \cdot f(x)\big)$. Nach Voraussetzung ergibt sich daraus $F'(x) = 0$ für alle $x \in (a, b)$. Somit ist $F(x) = d$ nach (1) für ein $d \in \mathbb{R}$, d.h. $f(x) = d \cdot \exp(cx)$ für alle $x \in (a, b)$. □

Bemerkung 4.2.18. Die beiden Aussagen im Satz 4.2.17 sind auch für Funktionen $f : \mathbb{R} \to \mathbb{R}$ richtig. Um das zu beweisen, betrachtet man die Einschränkungen von f auf Intervalle $[-n, n]$ für alle $n \in \mathbb{N}$.

Satz 4.2.19 *Sei $a < b$ und $f : [a, b] \to \mathbb{R}$ eine stetige Funktion, die auf dem offenen Intervall (a, b) differenzierbar ist. Wenn $f'(x) > 0$ für alle $x \in (a, b)$, dann ist f in $[a, b]$ streng monoton wachsend.*

Beweis. Angenommen, f wäre nicht streng monoton wachsend, dann gäbe es a', b' mit $a \leq a' < b' \leq b$ und $f(a') \geq f(b')$. Der Mittelwertsatz für f auf dem Intervall $[a', b']$ liefert uns die Existenz von $x \in (a', b')$ mit $f'(x) = \frac{f(b') - f(a')}{b' - a'} \leq 0$, im Widerspruch zur Voraussetzung. □

Bemerkung 4.2.20. Ebenso beweist man die folgenden Aussagen:

$$f'(x) \geq 0 \text{ für alle } x \in (a, b) \Longrightarrow f \text{ monoton wachsend in } [a, b]$$
$$f'(x) \leq 0 \text{ für alle } x \in (a, b) \Longrightarrow f \text{ monoton fallend in } [a, b]$$
$$f'(x) < 0 \text{ für alle } x \in (a, b) \Longrightarrow f \text{ streng monoton fallend in } [a, b]$$

Bemerkung 4.2.21. Mit Hilfe von Satz 4.2.19 lassen sich die Sätze 4.1.15 und 4.2.10 mit leichter nachprüfbaren Voraussetzungen wie folgt formulieren: Wenn $f : [a, b] \to \mathbb{R}$ eine stetige, auf dem offenen Intervall (a, b) differenzierbare Funktion mit stetiger Ableitung f' ist, für die $f'(x) \neq 0$ für alle $x \in (a, b)$ gilt, dann existiert die *Umkehrfunktion* g von f. Sie ist differenzierbar und somit auch stetig in (a, b) und erfüllt $g'(y) = \frac{1}{f'\left(g(y)\right)}$.

Bemerkung 4.2.22. Die Umkehrung von Satz 4.2.19 gilt nicht. So ist zum Beispiel die Funktion $f(x) = x^3$ auf dem Intervall $x \in [-1, 1]$ streng monoton wachsend, aber $f'(0) = 0$.

Als Nächstes wollen wir uns der Untersuchung der *Extremwerte* von Funktionen zuwenden. Viele Optimierungsprobleme aus dem Alltagsleben lassen sich mathematisch als Extremwertproblem modellieren. Für differenzierbare Funktionen gibt es effektive Methoden zur Bestimmung der Extremwerte, für die wir hier die grundlegenden Techniken bereitstellen.

Definition 4.2.23. Sei $D \subset \mathbb{R}$ und $f : D \to \mathbb{R}$ eine Funktion. Wir sagen, f hat in $x_0 \in D$ ein *lokales Maximum*, falls

$$\exists\, \varepsilon > 0\, \forall\, x \in (x_0 - \varepsilon, x_0 + \varepsilon) \cap D : f(x) \leq f(x_0)$$

gilt (bzw. *lokales Minimum*, wenn $f(x) \geq f(x_0)$). Außerdem sagt man, f hat in $x_0 \in D$ ein *lokales Extremum*, wenn dort ein lokales Maximum oder lokales Minimum vorliegt.

Bemerkung 4.2.24. Wir hatten früher (Satz 4.1.9) bereits den Begriff des (globalen) Maximums bzw. Minimums kennen gelernt. Der Unterschied ist, dass bei einem globalen Maximum x_0 die Ungleichung $f(x) \leq f(x_0)$ für alle $x \in D$ gelten muss, nicht nur für x in einer kleinen Umgebung von x_0.

Beispiel 4.2.25. (1) Die Funktion $f : [-1, 1] \to \mathbb{R}$, $f(x) = x^2$ hat ein lokales Maximum bei ± 1 und bei 0 ein lokales Minimum. Ebenso hat f ihr globales Maximum bei ± 1 und ihr globales Minimum bei 0.

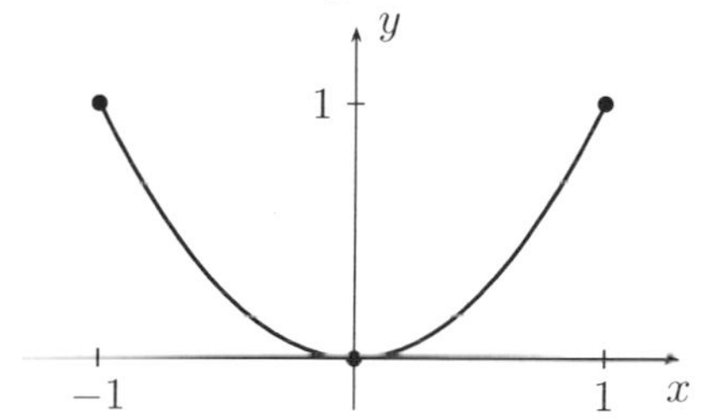

(2) Ein graphisches Beispiel:

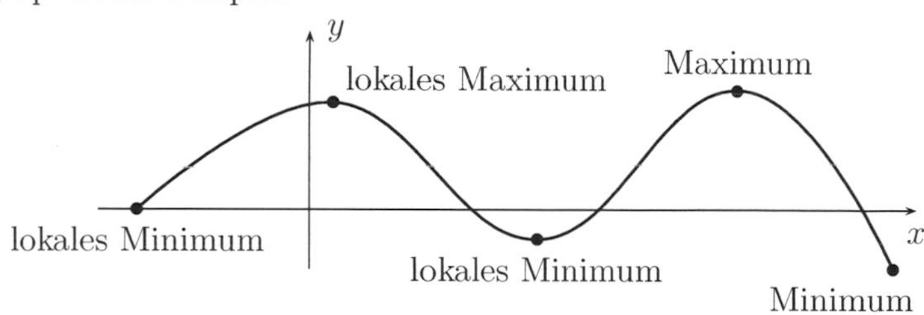

(3) Die Sinusfunktion $\sin : \mathbb{R} \to \mathbb{R}$ hat ihre lokalen und globalen Maxima bei $x = \frac{\pi}{2} + 2k\pi$ und ihre Minima bei $x = \frac{3\pi}{2} + 2k\pi$.

(4) Die Tangensfunktion $\tan : \left(-\frac{\pi}{2}, \frac{\pi}{2}\right) \to \mathbb{R}$ hat weder lokale noch globale Extremwerte.

Satz 4.2.26 *Sei $a < b$ und $f : (a, b) \to \mathbb{R}$ eine differenzierbare Funktion.*

(1) *Wenn f in $x \in (a, b)$ ein lokales Extremum besitzt, dann ist $f'(x) = 0$.*
(2) *Wenn $f'(x) = 0$ für ein $x \in (a, b)$, in dem auch f'' existiert und $f''(x) < 0$ ist, dann ist x ein lokales Maximum von f. Wenn $f'(x) = 0$, $f''(x) > 0$, dann liegt ein lokales Minimum vor.*

Beweis. (1) Das haben wir bereits beim Beweis des Satzes von Rolle gezeigt. (2) Falls nötig gehen wir zu $-f$ über, wir müssen also nur den Fall $f''(x) < 0$ betrachten. Da $f''(x) = \lim_{y\to x} \frac{f'(y)-f'(x)}{y-x}$, folgt aus $f''(x) < 0$, dass es ein $\varepsilon > 0$ gibt, so dass für alle $y \in (x-\varepsilon, x+\varepsilon)$ mit $y \neq x$ gilt: $\frac{f'(y)-f'(x)}{y-x} < 0$. Also muss für solche y, für die zusätzlich $y-x > 0$ ist, $f'(y)-f'(x) > 0$ sein. Daher ist für $y \in (x-\varepsilon, x)$ stets $f'(y) > f'(x) = 0$. Ebenso ist $f'(y) < f'(x) = 0$ für $y \in (x, x+\varepsilon)$. Nach Satz 4.2.19 ist daher f auf $(x-\varepsilon, x)$ streng monoton wachsend und auf $(x, x+\varepsilon)$ streng monoton fallend. Das heißt, f hat in x ein lokales Maximum. □

Bemerkung 4.2.27. Auch hier gilt *nicht* die Umkehrung von Teil (1) oder (2). So hat zum Beispiel die Funktion $f(x) = x^4$ ein lokales Minimum in $x = 0$, aber es gilt $f'(0) = f''(0) = 0$. Ebenso ist für $f(x) = x^3$ zwar $f'(0) = 0$, aber $x = 0$ ist kein lokaler Extrempunkt.

Als weitere Anwendung des Mittelwertsatzes beweisen wir die Regel von de l'Hospital[5] zur Berechnung von Grenzwerten.

Satz 4.2.28 (Regel von de l'Hospital) *Seien $f, g : (a,b) \to \mathbb{R}$ differenzierbar, $-\infty \leq a < b \leq \infty$. Für alle $x \in (a,b)$ sei $g'(x) \neq 0$ und es existiere der einseitige Grenzwert $c := \lim\limits_{\substack{x\to a\\ x>a}} \frac{f'(x)}{g'(x)} \in \mathbb{R}$. Dann gilt*

(1) *Falls $\lim\limits_{\substack{x\to a\\ x>a}} f(x) = \lim\limits_{\substack{x\to a\\ x>a}} g(x) = 0$, dann ist $g(x) \neq 0$ für alle $x \in (a,b)$ und es gilt $\lim\limits_{\substack{x\to a\\ x>a}} \frac{f(x)}{g(x)} = c$.*

(2) *Falls $\lim\limits_{\substack{x\to a\\ x>a}} f(x) = \lim\limits_{\substack{x\to a\\ x>a}} g(x) = \pm\infty$, dann ist $g(x) \neq 0$ für $x \in (a,b)$, und es gilt $\lim\limits_{\substack{x\to a\\ x>a}} \frac{f(x)}{g(x)} = c$.*

Analoge Aussagen gelten für den Grenzübergang nach b.

Beweis. Wir wollen hier nur (1) beweisen. Aus dem verallgemeinerten Mittelwertsatz (Bemerkung 4.2.16) folgt, dass zu jedem $x \in (a,b)$ ein $t_x \in (a,x)$ existiert mit $\frac{f(x)}{g(x)} = \frac{f'(t_x)}{g'(t_x)}$. Wenn x gegen a konvergiert, muss auch t_x gegen a konvergieren und es folgt die Behauptung. □

Beispiel 4.2.29. (1) $\lim_{x\to 0} \frac{\sin(x)}{x} = \lim_{x\to 0} \frac{\cos(x)}{1} = 1$, da $\sin' = \cos$ und $x' = 1$.

(2) $\lim_{x\to 0} (x\ln(x)) = \lim_{x\to 0} \frac{\ln(x)}{\frac{1}{x}} = \lim_{x\to 0} \frac{\frac{1}{x}}{-\frac{1}{x^2}} = \lim_{x\to 0}(-x) = 0$.

[5] Guillaume Francois Antonie, Marquis de l'Hospital (1661–1704), französischer Mathematiker.

Zum Abschluss stellen wir das *Newton-Verfahren* zur Berechnung von Nullstellen einer Funktion vor.
Sei $f : [a, b] \to \mathbb{R}$ stetig differenzierbar mit $f'(x) \neq 0$ für alle $x \in [a, b]$. Sei $f(a) < 0$ und $f(b) > 0$. Dann besitzt f nach dem Zwischenwertsatz (Satz 4.1.6) eine Nullstelle $t \in (a, b)$. Das Newton Verfahren zur näherungsweisen Berechnung einer Nullstelle beruht auf folgender Überlegung (Abb. 4.10).
Als ersten Näherungswert wählt man irgendein $x_0 \in [a, b]$. Die Tangente an den Graphen von f im Punkt $(x_0, f(x_0))$ hat die Gleichung $y = f(x_0) + f'(x_0)(x - x_0)$. Ihr Schnittpunkt mit der x-Achse ergibt sich als

$$x_1 = x_0 - \frac{f(x_0)}{f'(x_0)} \, .$$

Jetzt verfährt man mit x_1 analog. Sei x_n definiert, dann schneidet die Tangente im Punkt $(x_n, f(x_n))$ die x-Achse an der Stelle $x_{n+1} = x_n - \frac{f(x_n)}{f'(x_n)}$. Falls

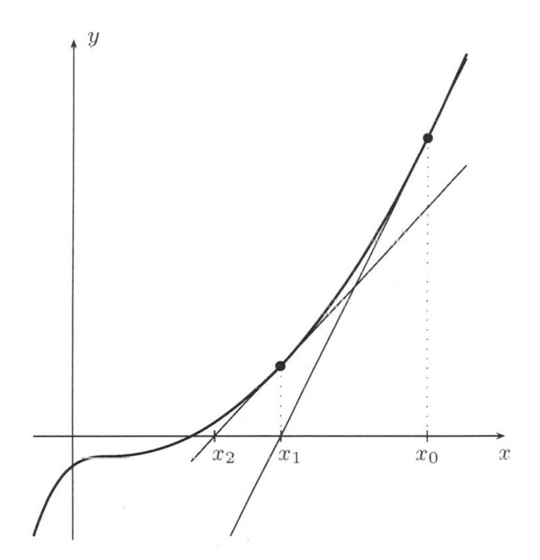

Abb. 4.10 Das Newton-Verfahren

die Folge $(x_n)_{n \in \mathbb{N}}$ gegen $t \in (a, b)$ konvergiert, dann folgt aus der Stetigkeit von f und f', dass

$$t = t - \frac{f(t)}{f'(t)}, \quad \text{also } f(t) = 0 \text{ gilt.}$$

Das Verfahren, d.h. die Folge $(x_n)_{n \in \mathbb{N}}$, muss im Allgemeinen nicht konvergieren. Ohne Beweis geben wir folgenden Satz an, der die Konvergenz des Verfahrens impliziert.

Satz 4.2.30 *Sei $f : [a,b] \to \mathbb{R}$ zweimal differenzierbar, $f(a) < 0$, $f(b) > 0$ und $f''(x) \geq 0$ für alle $x \in [a,b]$. Dann gilt:*

(1) *Es gibt genau ein $t \in [a,b]$ mit $f(t) = 0$.*
(2) *Ist $x_0 \in [a,b], f(x_0) \geq 0$, so ist die für $n \geq 0$ induktiv durch*

$$x_{n+1} = x_n - \frac{f(x_n)}{f'(x_n)}$$

definierte Folge wohldefiniert und sie konvergiert gegen die Nullstelle t.

Beispiel 4.2.31. (1) Sei $f : [0,2] \to \mathbb{R}$ die durch $f(x) = x^2 - 2$ definierte Funktion. Dann setzen wir $x_0 = 1$ und erhalten mit

$$x_n = x_{n-1} - \frac{x_{n-1}^2 - 2}{2x_{n-1}} = \frac{1}{2}\left(x_{n-1} + \frac{2}{x_{n-1}}\right)$$

die Werte $x_1 = 1{,}5$, $x_2 = 1{,}4167$, $x_3 = 1{,}4142$ als Näherung für $\sqrt{2}$.
(2) Der Fall $f(x) = x^2 - a$ wurde in Satz 3.2.28 behandelt.

Aufgaben

Übung 4.8. Berechnen Sie die Ableitung der folgenden Funktionen:

(a) $f : \mathbb{R}_{>0} \to \mathbb{R}$ mit $f(x) = x^{x\ln(x)}$
(b) $f : \mathbb{R} \to \mathbb{R}$ mit $f(x) = \operatorname{arccot}(x)$

Übung 4.9. Untersuchen Sie Differenzierbarkeit und Stetigkeit der Funktion $f : \mathbb{R} \to \mathbb{R}$, die wie folgt definiert ist:

$$f(x) := \begin{cases} |x| + 1 & \text{für } x \leq 0 \\ \cos(x) & \text{für } x > 0\,. \end{cases}$$

Übung 4.10. Beweisen Sie, dass es genau eine reelle Zahl x mit $\cos(x) = 2x - 3$ gibt.

Übung 4.11. Berechnen Sie $\lim_{x\to 0}\left(\frac{1}{\sin(x)} - \frac{1}{x}\right)$.

Übung 4.12. Sei $f : \mathbb{R}_{\geq 0} \to \mathbb{R}$ definiert durch $f(x) = \sqrt{x}\,\mathrm{e}^{-x}$. Bestimmen Sie die lokalen Extrema von f und alle Intervalle, auf denen f eine stetige Umkehrfunktion besitzt.

Übung 4.13. Berechnen Sie $\lim_{x\to\frac{\pi}{2}}\left(x - \frac{\pi}{2}\right)\tan(x)$.

Übung 4.14. Eine Funktion $f : [a,b] \to \mathbb{R}$ ist in $x_0 \in [a,b]$ *rechtsseitig* (bzw. *linksseitig*) differenzierbar, wenn der rechtsseitige (bzw. linksseitige) Grenzwert des Differenzenquotienten $\frac{f(x)-f(x_0)}{x-x_0}$ existiert. Diesen Grenzwert nennt man auch *rechtsseitige* bzw. *linksseitige* Ableitung.

(a) Beweisen Sie, dass die Funktion $f(x) = |x|$ in 0 rechtsseitig und linksseitig differenzierbar ist.
(b) Zeigen Sie, dass die Funktion $f(x) = \sqrt{x}$ in 0 nicht rechtsseitig differenzierbar ist.

4.3 Potenzreihen

Wir haben bisher nur eine sehr eingeschränkte Menge von Funktionen kennengelernt: Polynomfunktionen, trigonometrische Funktionen, die Exponentialfunktion und deren Umkehrfunktionen, bzw. weitere Funktionen, die man durch Addition, Multiplikation, Division oder Komposition daraus gewinnen kann. Funktionen, die sich durch Potenzreihen darstellen lassen, bilden eine sehr große Klasse von Funktionen, die für die meisten praktischen Belange ausreichend ist. Durch die Betrachtung von Potenzreihen erweitern wir einerseits das Repertoire, erhalten aber andererseits auch neue Methoden zum Studium und zur Approximation bekannter Funktionen.

Definition 4.3.1. Sei $(c_n)_{n\in\mathbb{N}}$ eine Folge reeller Zahlen und $a \in \mathbb{R}$. Der Ausdruck $\sum_{n=0}^{\infty} c_n(x-a)^n$ heißt *Potenzreihe* um a (mit der Variablen x).

Wenn man x als formale Variable betrachtet und keine reelle Zahl dafür einsetzt, somit Konvergenzfragen außer Acht lässt, dann sprechen wir von einer formalen Potenzreihe. Die formalen Potenzreihen bilden einen Ring (eine mathematische Struktur, die im Teil I studiert wurde). Wir werden hier nicht die Eigenschaften dieses Ringes untersuchen, sondern die Frage, für welche $x \in \mathbb{R}$ eine solche Potenzreihe konvergiert.

Satz 4.3.2 *Wenn die Reihe $\sum_{n=0}^{\infty} c_n(x-a)^n$ für eine reelle Zahl $x_0 \neq a$ konvergiert, dann konvergiert sie absolut für alle $x \in \mathbb{R}$ mit $|x-a| < |x_0-a|$.*

Beweis. Da die Reihe $\sum_{n=0}^{\infty} c_n(x_0-a)^n$ nach Voraussetzung konvergiert, muss die Folge $(c_n(x_0-a)^n)_{n\in\mathbb{N}}$ eine Nullfolge, insbesondere also beschränkt sein (siehe Satz 3.3.6). Das heißt, es gibt ein $M \in \mathbb{R}$ mit $|c_n(x_0-a)^n| < M$ für alle $n \geq 0$. Für beliebiges $x \in \mathbb{R}$ mit $|x-a| < |x_0-a|$ gilt dann $0 \leq q := \left|\frac{x-a}{x_0-a}\right| < 1$. Für ein solches x folgt $|c_n(x-a)^n| = |c_n(x_0-a)^n| \cdot \left|\frac{x-a}{x_0-a}\right|^n < M \cdot q^n$. Die absolute Konvergenz von $\sum_{n=0}^{\infty} c_n(x-a)^n$ ergibt sich damit aus der Konvergenz der geometrischen Reihe $\sum_{n=0}^{\infty} q^n$ für $|q| < 1$ und dem Majorantenkriterium (Satz 3.3.11). □

Definition 4.3.3. Die reelle Zahl oder das Symbol ∞

$$r := \sup\left\{ |x-a| \;\middle|\; \sum_{n=0}^{\infty} c_n(x-a)^n \text{ konvergiert} \right\}$$

heißt *Konvergenzradius* der Potenzreihe $\sum_{n=0}^{\infty} c_n(x-a)^n$.

Beispiel 4.3.4. (1) Die geometrische Reihe $\sum_{n=0}^{\infty} x^n$ hat den Konvergenzradius 1, d.h. sie konvergiert absolut für alle $x \in (-1,1)$. Hier ist $a = 0$.
(2) Die Exponentialreihe $\sum_{n=0}^{\infty} \frac{x^n}{n!}$ hat Konvergenzradius ∞, sie konvergiert absolut für alle $x \in \mathbb{R}$.
(3) Wenn der Grenzwert $r := \lim_{n\to\infty} \frac{|c_n|}{|c_{n+1}|}$ existiert oder ∞ ist, dann ist der Konvergenzradius der Reihe $\sum_{n=0}^{\infty} c_n(x-a)^n$ gleich r. Das ergibt sich mit Hilfe des Quotientenkriteriums, Satz 3.3.11 (2).

Satz 4.3.5 *Sei $r > 0$ der Konvergenzradius der Reihe $\sum_{n=0}^{\infty} c_n(x-a)^n$, dann ist die durch $f(x) := \sum_{n=0}^{\infty} c_n(x-a)^n$ gegebene Funktion $f : (a-r, a+r) \to \mathbb{R}$ differenzierbar. Wenn $r = \infty$, setzen wir $(a-r, a+r) = \mathbb{R}$.*
Es gilt $f'(x) = \sum_{n=1}^{\infty} nc_n(x-a)^{n-1}$ und $F(x) := \sum_{n=0}^{\infty} \frac{1}{n+1} c_n(x-a)^{n+1}$ erfüllt $F'(x) = f(x)$. Beide Potenzreihen haben ebenfalls Konvergenzradius r.

Dieser Satz wird erst in Abschnitt 4.5 (Folgerungen 4.5.13 und 4.5.14) bewiesen, da für einen einfachen Beweis Kenntnisse über Funktionenfolgen und die Integralrechnung benötigt werden.

Bemerkung 4.3.6. Aus Satz 4.3.5 ergibt sich sofort, dass eine durch eine Potenzreihe gegebene Funktion f beliebig oft differenzierbar ist. Im Konvergenzintervall dürfen wir gliedweise differenzieren und integrieren.

Der folgende Satz gibt uns Aufschluss darüber, unter welchen Bedingungen sich eine Funktion als Potenzreihe darstellen lässt.

Satz 4.3.7 *Sei $D = [A,B] \subset \mathbb{R}$ ein Intervall ($A < B$) und $f : D \to \mathbb{R}$ $(n+1)$-mal stetig differenzierbar[6]. Dann gilt für alle $a, x \in D$:*

$$f(x) = \sum_{k=0}^{n} \frac{f^{(k)}(a)}{k!}(x-a)^k + R_{n+1}(x) \qquad \textit{Taylor-Formel}^7,$$

wobei $R_{n+1}(x) = \frac{(x-a)^{n+1}}{(n+1)!} f^{(n+1)}(c)$ für ein $c \in (a,x)$.

[6] das heißt, f ist $(n+1)$-mal differenzierbar und $f^{(n+1)}$ ist stetig.
[7] Brook Taylor (1685–1731), englischer Mathematiker.

Beweis. Für $n = 0$ ist dies der Mittelwertsatz. Sei

$$g(t) := f(x) - \sum_{k=0}^{n} \frac{f^{(k)}(t)}{k!}(x-t)^k - \frac{(x-t)^{n+1}}{(n+1)!}d\,,$$

wobei d durch die Gleichung $g(a) = 0$ definiert ist. Offenbar ist $g(x) = 0$. Nach dem Mittelwertsatz existiert somit ein c zwischen a und x mit $g'(c) = 0$. Da

$$g'(t) = -\frac{1}{n!}f^{(n+1)}(t)(x-t)^n + \frac{1}{n!}(x-t)^n d\,,$$

folgt $f^{(n+1)}(c) = d$. □

Definition 4.3.8. Wenn $f : D \to \mathbb{R}$ beliebig oft differenzierbar ist, dann heißt $\sum_{k=0}^{\infty} \frac{f^{(k)}(a)}{k!}(x-a)^k$ *Taylorreihe* von f mit Entwicklungspunkt a.

Bemerkung 4.3.9. (1) Der Konvergenzradius einer Taylorreihe kann 0 sein.
(2) Wenn der Konvergenzradius der Taylorreihe einer Funktion f positiv ist, dann muss diese Reihe nicht gegen $f(x)$ konvergieren.
(3) Wenn eine Funktion f durch eine Potenzreihe $\sum_{n=0}^{\infty} c_n(x-a)^n$ gegeben ist, dann ist diese Potenzreihe die Taylorreihe von f.

Beispiel 4.3.10. (1) Die Funktion $f(x) = \begin{cases} e^{-\frac{1}{x^2}} & x \neq 0 \\ 0 & x = 0 \end{cases}$ ist beliebig oft differenzierbar und es gilt $f^{(n)}(0) = 0$ für alle $n \geq 0$, ihre Taylorreihe ist also gleich 0.
(2) Die *Logarithmusreihe* ist die Taylorreihe der durch $f(x) = \ln(1+x)$ gegebenen Funktion $f : \mathbb{R}_{>-1} \to \mathbb{R}$. Die n-te Ableitung dieser Funktion ist gleich $(-1)^{n-1}(n-1)!(x+1)^{-n}$. Damit ergibt sich mit der Taylor-Formel

$$\ln(x+1) = \sum_{k=0}^{n}(-1)^{k-1}\frac{1}{k}x^k + (-1)^{n+1}\frac{x^{n+1}}{(n+1)(c+1)^{n+1}}$$

für ein geeignetes $c \in (0, x)$. Falls $x \geq 0$ ist, gilt $0 \leq \frac{x}{c+1} < 1$. Daraus folgt $\lim_{n\to\infty} R_{n+1}(x) = 0$. Das gilt auch für $x \in (-1, 0)$ und wir erhalten für $x \in (-1, 1)$

$$\ln(1+x) = \sum_{n=1}^{\infty}(-1)^{n-1}\frac{x^n}{n} = x - \frac{x^2}{2} + \frac{x^3}{3} - \frac{x^4}{4} + \frac{x^5}{5} - \dots\,.$$

(3) Die *Sinusreihe* (vgl. 4.1.22) lautet $\sin(x) = \sum_{k=0}^{\infty}(-1)^k \frac{x^{2k+1}}{(2k+1)!}$ für $x \in \mathbb{R}$.
(4) Die *Kosinusreihe* (vgl. 4.1.22) lautet $\cos(x) = \sum_{k=0}^{\infty}(-1)^k \frac{x^{2k}}{(2k)!}$ für $x \in \mathbb{R}$.
(5) Die *binomische Reihe* ist die Taylorreihe des Binoms $(1+x)^\alpha$ für $\alpha \in \mathbb{R}$. Sie hat Konvergenzradius 1. Für $x \in (-1, 1)$ gilt $(1+x)^\alpha = \sum_{k=0}^{\infty}\binom{\alpha}{k}x^k$,

wobei $\binom{\alpha}{k} := \frac{\alpha(\alpha-1)\cdot\ldots\cdot(\alpha-k+1)}{k!}$. Das hatte schon Newton[8] im Jahre 1669 herausgefunden. Speziell gilt:

$$\sqrt{1+x} = \sum_{k=0}^{\infty} \binom{\frac{1}{2}}{k} x^k = 1 + \frac{1}{2}x - \frac{1}{8}x^2 + \frac{3}{48}x^3 - \frac{15}{384}x^4 + \ldots .$$

(6) Die *Arcustangensreihe* (vgl. 4.4.24) $\arctan(x) = \sum_{k=0}^{\infty}(-1)^k \frac{x^{2k+1}}{2k+1}$ hat den Konvergenzradius 1.

Aufgaben

Übung 4.15. Bestimmen Sie die Konvergenzradien der folgenden Potenzreihen:

(a) $\sum_{k=0}^{\infty}(-1)^k \frac{x^{2k}}{(2k)!}$ (b) $\sum_{k=0}^{\infty} 3^k (x-2)^k$

Übung 4.16. Bestimmen Sie die Taylorreihe von $f(x) = \sqrt{1+x^2}$ mit Entwicklungspunkt 0 bis zur Ordnung 3.

Übung 4.17. Zeigen Sie

(a) $\ln\left(\frac{1+x}{1-x}\right) = 2 \sum_{k=0}^{\infty} \frac{x^{2k+1}}{2k+1}$ für $|x| < 1$.

(b) $\frac{\exp(x) + \exp(-x)}{2} = \sum_{k=0}^{\infty} \frac{x^{2k}}{(2k)!}$ für $x \in \mathbb{R}$.

Übung 4.18. Sei $(a_n)_{n\in\mathbb{N}}$ eine monoton fallende Nullfolge. Zeigen Sie, dass der Konvergenzradius der Potenzreihe $\sum_{n=0}^{\infty} a_n x^n$ größer oder gleich 1 ist.

4.4 Integralrechnung

Als Perle der Analysis kann man den sogenannten Hauptsatz der Differential- und Integralrechnung (Satz 4.4.15) bezeichnen. Er sagt im Wesentlichen aus, dass Differentiation und Integration zueinander inverse Operationen sind. Dies war bereits vor den grundlegenden Arbeiten von Newton[8] und Leibniz[9], die als Väter der Differential- und Integralrechnung gelten, bekannt. Die rigorose Grundlegung in moderner Sprache erfolgte schließlich durch Cauchy[10]. In diesem Abschnitt werden wir einen Integralbegriff für eine spezielle Klasse

---

[8] Isaac Newton (1643–1727), englischer Mathematiker.

[9] Gottfried Wilhelm von Leibniz (1646–1716), deutscher Mathematiker.

[10] Augustin Louis Cauchy (1789–1857), französischer Mathematiker.

von Funktionen einführen, den Hauptsatz beweisen und einige interessante Anwendungen (Wallissches Produkt und Stirlingsche Formel) studieren. In der Informatik ist die Integralrechnung eine wichtige mathematische Grundlage für verschiedene Signalverarbeitungstechniken.
Die anschauliche Definition, die dem Integralbegriff zugrunde liegt, ist die Folgende: Wenn $f : [a, b] \to \mathbb{R}$ eine Funktion mit $f(x) \geq 0$ für alle $x \in [a, b]$ ist, dann soll das Integral $\int_a^b f(x)\mathrm{d}x$ die Fläche zwischen x-Achse, den durch $x = a$ beziehungsweise $x = b$ definierten Senkrechten und dem Graphen Γ_f von f sein (Abb. 4.11).

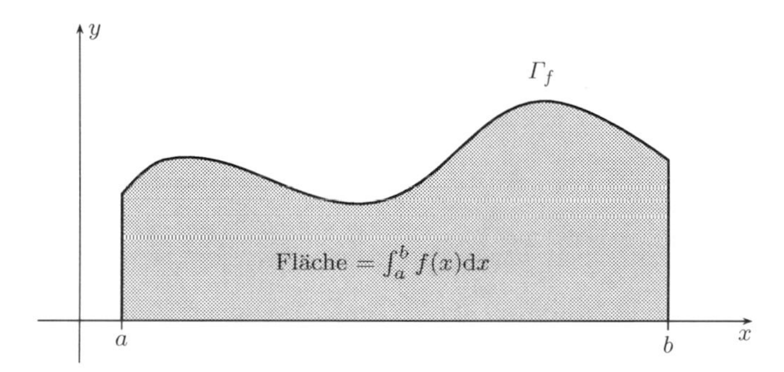

Abb. 4.11 Das bestimmte Integral

Diese anschauliche Definition suggeriert die folgenden grundlegenden Eigenschaften, denen eine mathematisch exakte Definition des Integralbegriffes genügen soll:

(1) *Rechtecksfläche* (Abb. 4.12): $\int_a^b 1 \cdot \mathrm{d}x = b - a$;

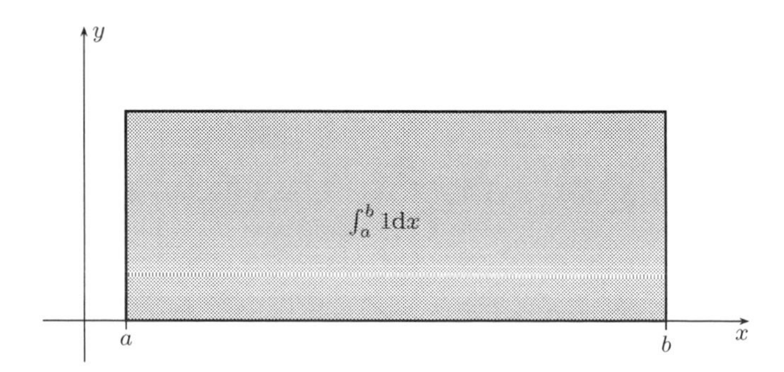

Abb. 4.12 Rechtecksfläche

(2) *Zerschneiden* (Abb. 4.13): $\int_a^b f(x)\mathrm{d}x = \int_a^t f(x)\mathrm{d}x + \int_t^b f(x)\mathrm{d}x$ für $a < t < b$;
(3) *Positivität*: $f(x) \geq 0 \; \forall \, x \in [a, b] \Longrightarrow \int_a^b f(x)\mathrm{d}x \geq 0$;

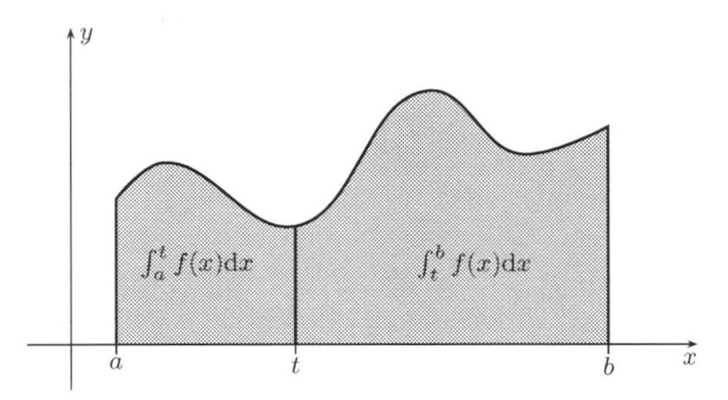

Abb. 4.13 Vertikales Zerschneiden

(4) *Linearität:* $\int_a^b \big(f(x)+g(x)\big)\mathrm{d}x = \int_a^b f(x)\mathrm{d}x + \int_a^b g(x)\mathrm{d}x$ und $\int_a^b (\lambda f)(x)\mathrm{d}x = \lambda \cdot \int_a^b f(x)\mathrm{d}x$.

Aus (3) und (4) folgt: Wenn $f(x) \leq 0$ für alle $x \in [a,b]$, so ist $\int_a^b f(x)\mathrm{d}x \leq 0$. Im Folgenden werden wir zunächst festlegen, für welche Klasse von Funktionen f wir überhaupt ein Integral definieren wollen. Danach werden wir eine mathematisch exakte Definition des Integrals geben, wobei wir wieder auf den Grenzwertbegriff zurückgreifen. Schließlich beweisen wir die vier oben aufgeführten Eigenschaften.

Definition 4.4.1. Sei $a < b$ und $f : [a,b] \to \mathbb{R}$ eine Funktion. Wir nennen f *stückweise stetig*, wenn es endlich viele Punkte $x_0, x_1, \ldots, x_n$ mit $a = x_0 < x_1 < \cdots < x_n = b$ gibt, so dass f in jedem der Intervalle (x_{i-1}, x_i) für $1 \leq i \leq n$ stetig ist *und* zu einer stetigen Funktion $f_i : [x_{i-1}, x_i] \to \mathbb{R}$ fortsetzbar ist. Das heißt, dass stetige Funktionen $f_i : [x_{i-1}, x_i] \to \mathbb{R}$ existieren, die mit f auf den offenen Intervallen (x_{i-1}, x_i) übereinstimmen.

Beispiel 4.4.2. (1) Jede stetige Funktion $f : [a,b] \to \mathbb{R}$ ist stückweise stetig.

(2) Wenn $g : [a,b] \to \mathbb{R}$ stetig ist, $a = x_0 < x_1 < \cdots < x_n = b$ beliebige Punkte sind und f dadurch entsteht, dass man g an den Stellen $x_0, x_1, \ldots, x_n$ beliebig abändert, dann ist f stückweise stetig.

(3) Die Funktion $f : [0,1] \to \mathbb{R}$ mit $f(x) := \frac{1}{x}$ für $x \in [0,1]$ und $f(0) = 0$ ist *nicht* stückweise stetig, da $\lim_{x\to 0} f(x) = \infty$.

(4) Seien $a = x_0 < x_1 < \cdots < x_n = b$ beliebig und $c_i \in \mathbb{R}$ $(1 \leq i \leq n)$ beliebige reelle Zahlen. Dann heißt jede Funktion $T : [a,b] \to \mathbb{R}$ mit $T(x) = c_i$ falls $x_{i-1} < x < x_i$ eine *Treppenfunktion*. Die Werte $T(x_i)$, $0 \leq i \leq n$ sind dabei beliebig. Jede Treppenfunktion ist stückweise stetig.

Wir werden für alle stückweise stetigen Funktionen ein Integral definieren. Wir beginnen dabei mit dem einfachsten Fall, den Treppenfunktionen. Sei $T : [a,b] \to \mathbb{R}$ eine Treppenfunktion mit $T(x) = c_i$ für $x_{i-1} < x < x_i$, wobei $a = x_0 < x_1 < \cdots < x_n = b$. Dann definieren wir das Integral von T

$$\int_a^b T = \int_a^b T(x)\mathrm{d}x := \sum_{i=1}^{n} c_i \cdot (x_i - x_{i-1}) .$$

Dies ist die vorzeichenbehaftete Fläche unter der Treppe T, genauso wie wir es anschaulich haben wollen. Die Idee für die allgemeine Definition besteht darin, zu versuchen, beliebige stückweise stetige Funktionen durch Treppenfunktionen so zu approximieren, dass man die gewünschte Fläche beliebig genau erreicht. Dazu dient der folgende Satz.

Satz 4.4.3 *Für jede stückweise stetige Funktion $f : [a,b] \to \mathbb{R}$ und jedes $\varepsilon > 0$ gibt es eine Unterteilung $a = x_0 < x_1 < \cdots < x_n = b$ des Intervalls $[a,b]$ und zwei dazu passende Treppenfunktionen T_+ und T_-, so dass für alle $1 \le i \le n$ und alle $x \in (x_{i-1}, x_i)$ die Ungleichungen $T_-(x) \le f(x) \le T_+(x)$ und $|T_+(x) - T_-(x)| \le \varepsilon$ gelten (Abb. 4.14).*

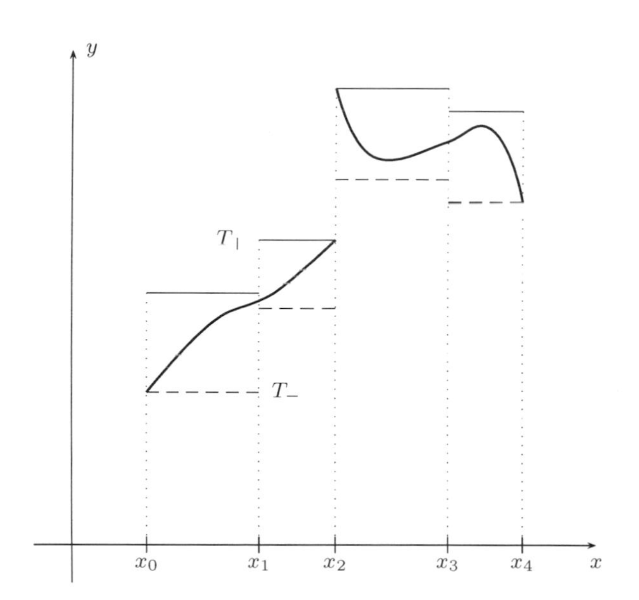

Abb. 4.14 $T_-(x) \le f(x) \le T_+(x)$

Beweis. Es genügt, diesen Satz für stetiges $f : [a,b] \to \mathbb{R}$ zu beweisen, denn wir können bei einer stückweise stetigen Funktion die Treppenfunktionen der endlich vielen Teilstücke einfach zusammensetzen. Hierbei ist wichtig, dass wir bei der Definition der stückweisen Stetigkeit gefordert haben, dass es stetige Fortsetzungen auf die abgeschlossenen Teilintervalle $[x_{i-1}, x_i]$ gibt. Sei nun $f : [a,b] \to \mathbb{R}$ stetig und $\varepsilon > 0$ beliebig. Dann gibt es ein $\delta > 0$, so dass für $x, y \in [a,b]$ mit $|x - y| < \delta$ stets $|f(x) - f(y)| < \frac{\varepsilon}{2}$ gilt. Diese

Eigenschaft von f kennen wir als *gleichmäßige Stetigkeit* (Def. 4.1.12), da das δ nur noch von ε und nicht mehr von $y \in [a, b]$ abhängt.
Nun definieren wir die Punkte x_i durch äquidistante Unterteilung des Intervalls $[a, b]$, d.h. $n \in \mathbb{N}$ wird so gewählt, dass $n \cdot \delta > b - a$ (Archimedisches Axiom) und $x_i := a + i \cdot \frac{b-a}{n}$, für $0 \leq i \leq n$. Dann ist $x_{i+1} - x_i = \frac{b-a}{n} < \delta$.
Sei zusätzlich $t_i \in (x_{i-1}, x_i)$ beliebig gewählt für $1 \leq i \leq n$ (z.B. der Mittelpunkt dieses Intervalls). Wir setzen $c_i := f(t_i)$, dann ist für $x \in (x_{i-1}, x_i)$ stets $|x - t_i| < \delta$, also $|f(x) - f(t_i)| = |f(x) - c_i| < \frac{\varepsilon}{2}$, d.h. $c_i - \frac{\varepsilon}{2} < f(x) < c_i + \frac{\varepsilon}{2}$.
Mit $T_\pm(x) := c_i \pm \frac{\varepsilon}{2}$ für $x \in (x_{i-1}, x_i)$ haben wir somit die gewünschten Treppenfunktionen erhalten. Sie erfüllen sogar $|T_+(x) - T_-(x)| = \varepsilon$ für alle $x \in (x_{i-1}, x_i)$. □

Bemerkung 4.4.4. Für Treppenfunktionen T_+, T_-, die $T_+(x) - T_-(x) \leq \varepsilon$ erfüllen, gilt $0 \leq \int_a^b T_+ - \int_a^b T_- \leq \varepsilon \cdot (b - a)$.

Zur Definition des Integrals betrachten wir zwei Mengen:

$$\sum\nolimits_+(f) := \left\{ \int_a^b T_+ \;\middle|\; \begin{array}{l} T_+ \text{ ist Treppenfunktion zu einer Unterteilung} \\ a = x_0 < x_1 < \cdots < x_n = b, \text{ so dass} \\ \forall\, i \geq 1\ \forall\, x \in (x_{i-1}, x_i) : f(x) \leq T_+(x) \text{ gilt.} \end{array} \right\}$$

und

$$\sum\nolimits_-(f) := \left\{ \int_a^b T_- \;\middle|\; \begin{array}{l} T_- \text{ ist Treppenfunktion zu einer Unterteilung} \\ a = x_0 < \cdots < x_n = b, \text{ so dass} \\ \forall\, i \geq 1\ \forall\, x \in (x_{i-1}, x_i) : f(x) \geq T_-(x) \text{ gilt.} \end{array} \right\}.$$

Lemma 4.4.5 *Für $A_+ \in \sum_+(f)$ und $A_- \in \sum_-(f)$ gilt stets: $A_+ \geq A_-$. Somit existieren $I_+(f) := \inf \sum_+(f)$ und $I_-(f) := \sup \sum_-(f)$. Es gilt $I_+(f) = I_-(f)$.*

Beweis. Seien $T_+ \in \sum_+(f)$ und $T_- \in \sum_-(f)$ beliebige Treppenfunktionen und sei $a = x_0 < x_1 < \cdots < x_n = b$ die Vereinigung der beiden Unterteilungen zu diesen Treppenfunktionen. Da dann für alle $i \geq 1$ und $x \in (x_{i-1}, x_i)$ $T_-(x) \leq f(x) \leq T_+(x)$ gilt, folgt aus der Definition sofort $\int_a^b T_- \leq \int_a^b T_+$.
Da nach Satz 4.4.3 beide Mengen $\sum_+(f)$ und $\sum_-(f)$ nicht leer sind, ist somit $\sum_+(f)$ nach unten und $\sum_-(f)$ nach oben beschränkt. Daher existiert $I_+(f)$ und $I_-(f)$ und es gilt $I_+(f) \geq I_-(f)$. Schließlich gibt es zu jedem $n > 0$ nach Satz 4.4.3 Treppenfunktionen $T_\pm \in \sum_\pm(f)$, so dass $0 \leq \int_a^b T_+ - \int_a^b T_- \leq \frac{1}{n}$ ist (man wähle $\varepsilon = \frac{1}{n \cdot (b-a)}$). Das liefert schließlich $I_+(f) = I_-(f)$. □

Definition 4.4.6. Für jede stückweise stetige Funktion $f : [a, b] \to \mathbb{R}$ heißt $\int_a^b f = \int_a^b f(x)\mathrm{d}x := I_+(f) = I_-(f)$ das *bestimmte Integral* von f.

Bemerkung 4.4.7. Diese Definition kann man auf eine größere Klasse von Funktionen ausdehnen. Für jede beschränkte Funktion $f : [a, b] \to \mathbb{R}$ können wir (wie in Lemma 4.4.5) $I_+(f)$ und $I_-(f)$ definieren. Stets gilt $I_+(f) \geq I_-(f)$. Man nennt eine beschränkte Funktion f *integrierbar*, wenn $I_+(f) = I_-(f)$ ist, und schreibt $\int_a^b f(x)\mathrm{d}x = I_+(f) = I_-(f)$. In diesem Sinne haben wir im Lemma 4.4.5 bewiesen, dass eine stückweise stetige Funktion integrierbar ist. Die Klasse der beschränkten integrierbaren Funktionen umfasst viel mehr als nur stückweise stetige Funktionen.

Bemerkung 4.4.8. Mit den bisherigen Resultaten lässt sich leicht zeigen, dass wir $\int_a^b f$ durch sogenannte *Riemannsche Summen*[11] approximieren können, das heißt, dass es für jedes $\varepsilon > 0$ ein $\delta > 0$ gibt, so dass für jede Unterteilung $a = x_0 < \cdots < x_n = b$, für die $|x_{i+1} - x_i| < \delta$ gilt, für beliebige $t_i \in (x_{i-1}, x_i)$ die Ungleichung $\left|\int_a^b f(x)\mathrm{d}x - \sum_{i=1}^n f(t_i) \cdot (x_i - x_{i-1})\right| < \varepsilon$ erfüllt ist. Das auf diese Weise eingeführte Integral nennt man auch *Riemannsches Integral.*

Satz 4.4.9 (Rechenregeln) *Seien $f, g : [a, b] \to \mathbb{R}$ stückweise stetige Funktionen, $a < t < b$ und $\lambda, k \in \mathbb{R}$ beliebig. Dann gilt:*

(1) $\int_a^b k \cdot \mathrm{d}x = k \cdot (b - a)$.
(2) $\int_a^b f = \int_a^t f + \int_t^b f$.
(3) $\int_a^b (f + g) = \int_a^b f + \int_a^b g$ *und* $\int_a^b \lambda f = \lambda \cdot \int_a^b f$.
(4) *Wenn $f(x) \geq g(x)$ für alle $x \in [a, b]$, so ist* $\int_a^b f(x)\mathrm{d}x \geq \int_a^b g(x)\mathrm{d}x$.

Beweis. (1) Die konstante Funktion $f(x) = k$ ist selbst eine Treppenfunktion. Aus Lemma 4.4.5 folgt, dass $\int_a^b T = I_+(T) = I_-(T)$ für jede Treppenfunktion T gilt, daher die Behauptung.
(2) Dies folgt aus der entsprechenden Regel für Treppenfunktionen, die offensichtlich wahr ist.
(3) Für Treppenfunktionen sind diese Gleichungen leicht einzusehen. Wenn T_1 und T_2 Treppenfunktionen sind, für die $f(x) \leq T_1(x)$ und $g(x) \leq T_2(x)$ außerhalb der Unterteilungspunkte gilt, dann ist $f(x) + g(x) \leq T_1(x) + T_2(x)$ und $\lambda g(x) \leq \lambda T_1(x)$. Da die behaupteten Gleichungen für Treppenfunktionen gelten, ergibt sich $I_+(f) + I_+(g) \geq I_+(f + g)$ und $\lambda I_+(g) \geq I_+(\lambda g)$. Analog sieht man $I_-(f) + I_-(g) \leq I_-(f + g)$ und $\lambda I_-(g) \leq I_-(\lambda g)$. Die Behauptung folgt nun aus Definition 4.4.6, da auch $f + g$ und λg stückweise stetig sind.
(4) Es genügt, wegen (3) den Fall der konstanten Funktion $g(x) = 0$ zu betrachten. Dies ist eine Treppenfunktion. Wegen $f(x) \geq g(x)$ folgt daher $\int_a^b f = I_-(f) = \sup \Sigma_-(f) \geq \int_a^b g = 0$. □

[11] Bernhard Riemann (1826–1866), deutscher Mathematiker.

Bemerkung 4.4.10. In Übereinstimmung mit den Rechenregeln in Satz 4.4.9 setzen wir $\int_a^a f := 0$ und $\int_a^b f := -\int_b^a f$ für $a > b$.

Satz 4.4.11 (Mittelwertsatz der Integralrechnung) *Sei $f : [a,b] \to \mathbb{R}$ stetig, dann gibt es ein $t \in [a,b]$ mit*

$$\int_a^b f(x)\mathrm{d}x = f(t) \cdot (b-a) .$$

Beweis. Sei $m := \inf\{f(x) \mid x \in [a,b]\}$ und $M := \sup\{f(x) \mid x \in [a,b]\}$. Dann gilt $m \leq f(x) \leq M$ für alle $x \in [a,b]$. Mit Satz 4.4.9 folgt daraus

$$m(b-a) = \int_a^b m\mathrm{d}x \leq \int_a^b f(x)\mathrm{d}x \leq \int_a^b M\mathrm{d}x = M(b-a).$$

Da f stetig ist, liefert uns der Zwischenwertsatz (Satz 4.1.6) die Existenz eines $t \in [a,b]$ mit $f(t) = \frac{1}{b-a}\int_a^b f(x)\mathrm{d}x$, wie behauptet. □

Bemerkung 4.4.12. Wenn man im Beweis des Mittelwertsatzes mit der Ungleichung $m \cdot g(x) \leq f(x)g(x) \leq M \cdot g(x)$ startet, wobei $g : [a,b] \to \mathbb{R}_{\geq 0}$ eine stückweise stetige Funktion ist, dann ergibt sich der *verallgemeinerte Mittelwertsatz*, der besagt, dass es ein $t \in [a,b]$ gibt, so dass

$$\int_a^b f(x)g(x)\mathrm{d}x = f(t) \cdot \int_a^b g(x)\mathrm{d}x.$$

Die Berechnung von Integralen durch direkte Anwendung der Definition 4.4.6 ist nicht besonders praktikabel. Neben den bereits bewiesenen Rechenregeln für Integrale, ist der Hauptsatz der Differential- und Integralrechnung das mächtigste Werkzeug zur Berechnung von Integralen. Er handelt von der engen Beziehung zwischen Integration und Differentiation, die bereits von den Vätern der Infinitesimalrechnung am Ende des 17. Jahrhunderts erkannt wurde. Zur Formulierung dieses Satzes benötigen wir einige vorbereitende Begriffsbildungen.

Definition 4.4.13. Sei $a < b$ und $f : [a,b] \to \mathbb{R}$ eine Funktion. Eine Funktion $F : [a,b] \to \mathbb{R}$ heißt *Stammfunktion* von f, falls F differenzierbar ist und $F' = f$ gilt. Wir schreiben dann $F(x) = \int f(x)\mathrm{d}x$ und nennen F ein *unbestimmtes Integral* von f.

Wenn F und G Stammfunktionen für f sind, dann ist ihre Differenz $F - G$, wegen Satz 4.2.17 (1), eine konstante Funktion. Wenn man umgekehrt zu einer Stammfunktion F von f eine Konstante $c \in \mathbb{R}$ addiert, erhält man erneut eine Stammfunktion von f. Wenn es eine Stammfunktion für f gibt, dann ist sie also nur bis auf eine additive Konstante eindeutig bestimmt. In diesem Sinne ist die Schreibweise $F(x) = \int f(x)\mathrm{d}x$ mit sehr großer Vorsicht zu benutzen.

Satz 4.4.14 *Sei $f : [a,b] \to \mathbb{R}$ stetig, dann ist die durch $F(x) := \int_a^x f(t)\mathrm{d}t$ definierte Funktion $F : [a,b] \to \mathbb{R}$ eine Stammfunktion von f.*

Beweis. Zum Beweis der Differenzierbarkeit von F betrachten wir für jedes $x \in [a,b]$ den Differenzenquotienten $\frac{F(x+h)-F(x)}{h}$. Für jede Nullfolge $(h_n)_{n\in\mathbb{N}}$ mit $h_n \neq 0$ und $x + h_n \in [a,b]$ erhalten wir

$$F(x+h_n) - F(x) = \int_a^{x+h_n} f(t)\mathrm{d}t - \int_a^x f(t)\mathrm{d}t = \int_x^{x+h_n} f(t)\mathrm{d}t\,.$$

Nach dem Mittelwertsatz der Integralrechnung (Satz 4.4.11) gibt es ein $x_n \in [x, x+h_n]$ (bzw. $x_n \in [x+h_n, x]$ falls $h_n < 0$) mit $\int_x^{x+h_n} f(t)\mathrm{d}t = h_n \cdot f(x_n)$. Da $\lim_{n\to\infty} h_n = 0$, folgt $\lim_{n\to\infty} x_n = x$ und wir erhalten aus der Stetigkeit von f im Punkt x, dass

$$\lim_{n\to\infty} \frac{F(x+h_n) - F(x)}{h_n} = \lim_{n\to\infty} \frac{h_n \cdot f(x_n)}{h_n} = \lim_{n\to\infty} f(x_n) = f(x)$$

gilt. Somit ist F differenzierbar und $F' = f$. □

Satz 4.4.15 (Hauptsatz der Differential- und Integralrechnung) *Wenn $f : [a,b] \to \mathbb{R}$ stetig mit Stammfunktion F ist, dann gilt*

$$\int_a^b f(x)\mathrm{d}x = F(b) - F(a) =: F\Big|_a^b\,.$$

Beweis. Nach Satz 4.4.14 und der Bemerkung davor gibt es ein $c \in \mathbb{R}$, so dass für alle $x \in [a,b]$ gilt: $F(x) = c + \int_a^x f(t)\mathrm{d}t$. Also ist $F(b) - F(a) = c + \int_a^b f(t)\mathrm{d}t - \left(c + \int_a^a f(t)\mathrm{d}t\right) = \int_a^b f(x)\mathrm{d}x$. □

Um in einem konkreten Fall diesen Satz anwenden zu können, ist die Kenntnis einer Stammfunktion der gegebenen Funktion notwendig. Wir werden hier einige der bekanntesten Techniken zum Auffinden von unbestimmten Integralen vorstellen. Gewissermaßen handelt es sich dabei um die Umkehrungen der Ableitungsregeln aus Abschnitt 4.2. Zunächst ein einfaches Beispiel.

Beispiel 4.4.16.

$$\int_0^{\pi} \sin(x)\mathrm{d}x = -\cos(x)\Big|_0^{\pi} = -\cos(\pi) + \cos(0) = 1 + 1 = 2$$

$$\int_0^{2\pi} \sin(x)\mathrm{d}x = -\cos(x)\Big|_0^{2\pi} = -\cos(2\pi) + \cos(0) = 0$$

Aufgrund der Beispiele 4.2.2, 4.2.7, 4.2.9 und 4.2.11 aus Kapitel 4.2 erhalten wir sofort die folgenden elementaren Stammfunktionen.

$$\begin{aligned}
&\int x^a \mathrm{d}x &&= \tfrac{1}{a+1} \cdot x^{a+1} &&\text{für } a \in \mathbb{R}, a \neq -1 \text{ und } x > 0 \text{ falls } a \notin \mathbb{N}\\
&\int \tfrac{\mathrm{d}x}{x} &&= \ln|x| &&\text{für } x \neq 0\\
&\int \sin(x)\mathrm{d}x &&= -\cos(x) &&\\
&\int \cos(x)\mathrm{d}x &&= \sin(x) &&\\
&\int \exp(x)\mathrm{d}x &&= \exp(x) &&\\
&\int \tfrac{\mathrm{d}x}{1+x^2} &&= \arctan(x) &&\\
&\int \tfrac{\mathrm{d}x}{\cos^2(x)} &&= \tan(x) &&\text{für } x \neq \tfrac{\pi}{2} + k\pi, k \in \mathbb{Z}\\
&\int \tfrac{\mathrm{d}x}{\sqrt{1-x^2}} &&= \arcsin(x) &&\text{für } |x| < 1\ .
\end{aligned}$$

Um jedoch das Integral $4\int_0^1 \sqrt{1-x^2}\mathrm{d}x$, welches die Fläche des Einheitskreises berechnet, oder ein Integral der Gestalt $\int_a^b \ln(x)\mathrm{d}x$ berechnen zu können, reicht die obige Liste nicht aus. Mit dem folgenden Satz, der in gewissem Sinne eine Umkehrung der Ketten- und Produktregel darstellt, erhalten wir zwei sehr nützliche Werkzeuge, mit deren Hilfe man die genannten Integrale berechnen kann.

Satz 4.4.17 (1) *(Substitutionsregel) Sei $\varphi : [a, b] \to \mathbb{R}$ eine stetig differenzierbare*[12] *Funktion, $D \subset \mathbb{R}$ ein Intervall mit $\varphi([a, b]) \subset D$ und $f : D \to \mathbb{R}$ stetig. Dann gilt:*

$$\int_a^b f(\varphi(t)) \cdot \varphi'(t)\mathrm{d}t = \int_{\varphi(a)}^{\varphi(b)} f(x)\mathrm{d}x\ .$$

(2) *(Partielle Integration) Wenn $f, g : [a, b] \to \mathbb{R}$ stetig differenzierbare Funktionen sind, dann gilt:*

$$\int_a^b f(x) \cdot g'(x)\mathrm{d}x = f(x) \cdot g(x)\Big|_a^b - \int_a^b g(x) \cdot f'(x)\mathrm{d}x\ .$$

Beweis. (1) Sei $F : D \to \mathbb{R}$ eine Stammfunktion für f. Dann gilt nach der Kettenregel für $t \in [a,b]$: $(F \circ \varphi)'(t) = F'\big(\varphi(t)\big) \cdot \varphi'(t) = f\big(\varphi(t)\big) \cdot \varphi'(t)$. Nach Satz 4.4.15 (Hauptsatz) erhalten wir daraus:

$$\int_a^b f\big(\varphi(t)\big)\varphi'(t)\mathrm{d}t = (F \circ \varphi)(t)\Big|_a^b = F\big(\varphi(b)\big) - F\big(\varphi(a)\big) = \int_{\varphi(a)}^{\varphi(b)} f(x)\mathrm{d}x \,.$$

(2) Sei $F(x) := f(x) \cdot g(x)$, dann erhalten wir aus der Produktregel für alle $x \in [a,b]$ die Gleichung $F'(x) = f'(x) \cdot g(x) + f(x) \cdot g'(x)$ und daraus

$$\begin{aligned} \int_a^b f(x)g'(x)\mathrm{d}x + \int_a^b g(x)f'(x)\mathrm{d}x &= \int_a^b \big(f(x)g'(x) + f'(x)g(x)\big)\mathrm{d}x \\ &= \int_a^b F'(x)\mathrm{d}x = F(x)\Big|_a^b = f(x)g(x)\Big|_a^b = f(b)g(b) - f(a)g(a)\,, \end{aligned}$$

wie behauptet. □

Bemerkung 4.4.18. Sei $a \in \mathbb{R}$, $R > 0$ reell und $f : (a-R, a+R) \to \mathbb{R}$ eine Funktion, die durch die konvergente Potenzreihe $f(x) = \sum_{n=0}^{\infty} a_n(x-a)^n$ gegeben ist. Dann ist $F(x) = \sum_{n=0}^{\infty} \frac{a_n}{n+1}(x-a)^{n+1}$ in $(a-R, a+R)$ konvergent und F ist eine Stammfunktion von f. Das wird in Folgerung 4.5.14 bewiesen.

Beispiel 4.4.19. Jetzt werden wir den Flächeninhalt des Einheitskreises bestimmen. Dazu berechnen wir durch Integration den Inhalt eines Viertelkreises, das ist die Fläche zwischen der x-Achse und dem Graphen der durch $f(x) = \sqrt{1-x^2}$ gegebenen Funktion $f : [0,1] \to \mathbb{R}$ (Abb. 4.15). Der

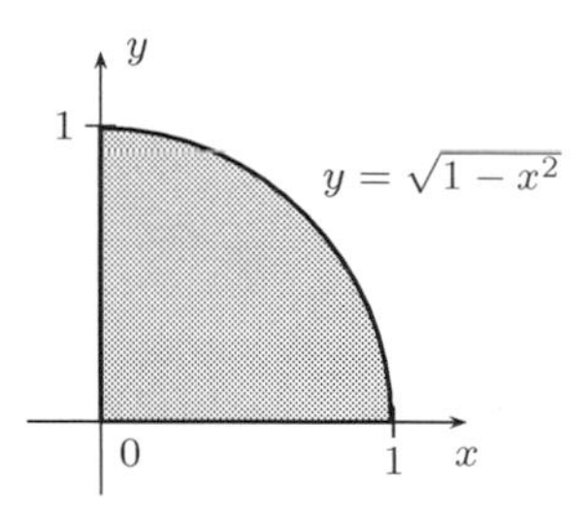

Abb. 4.15 Viertelkreisfläche

Flächeninhalt des Einheitskreises ist gleich $4\int_0^1 \sqrt{1-x^2}\mathrm{d}x$. Wir wenden die Substitutionsregel an mit $\varphi(t) := \sin(t)$, d.h. wir ersetzen x durch $\sin(t)$. Da $\varphi(0) = 0$ und $\varphi\left(\frac{\pi}{2}\right) = 1$, sollten wir $a = 0$, $b = \frac{\pi}{2}$ wählen.

[12] d.h. φ ist differenzierbar und φ' ist stetig

$$4\int_0^1 \sqrt{1-x^2}\mathrm{d}x = 4\int_{\varphi(0)}^{\varphi(\frac{\pi}{2})} f(x)\mathrm{d}x = 4\int_0^{\frac{\pi}{2}} f\big(\varphi(t)\big)\varphi'(t)\mathrm{d}t$$
$$= 4\int_0^{\frac{\pi}{2}} \sqrt{1-\sin^2(t)}\cdot\cos(t)\mathrm{d}t = 4\int_0^{\frac{\pi}{2}} \cos^2(t)\mathrm{d}t\,.$$

Letztere Gleichung gilt, da für $t \in \big[0, \frac{\pi}{2}\big]$ stets $\cos(t) \geq 0$ ist. Zur Berechnung dieses Integrals verwenden wir das Additionstheorem (Satz 4.1.21) für die Kosinusfunktion, woraus wir $\cos(2t) = \cos^2(t) - \sin^2(t) = 2\cos^2(t) - 1$ erhalten. Daher ist $\cos^2(t) = \frac{1}{2}\big(\cos(2t)+1\big)$ und als Flächeninhalt des Einheitskreises ergibt sich

$$4\int_0^{\frac{\pi}{2}} \cos^2(t)\mathrm{d}t = 2\int_0^{\frac{\pi}{2}} \big(\cos(2t)+1\big)\mathrm{d}t = \int_0^{\frac{\pi}{2}} 2\cos(2t)\mathrm{d}t + \int_0^{\frac{\pi}{2}} 2\mathrm{d}t$$
$$= \sin(2t)\Big|_0^{\frac{\pi}{2}} + 2t\Big|_0^{\frac{\pi}{2}} = \sin(\pi) - \sin(0) + \pi - 0 = \pi\,.$$

Beispiel 4.4.20. Als zweites illustrierendes Beispiel berechnen wir das versprochene Integral $\int_a^b \ln(x)\mathrm{d}x$ für $0 < a < b$. Wir wenden partielle Integration mit $f(x) = \ln(x)$ und $g(x) = x$ an, denn damit gilt $\ln(x) = f(x)\cdot g'(x)$. Wir erhalten

$$\int_a^b \ln(x)\mathrm{d}x = \int_a^b f(x)g'(x)\mathrm{d}x = f(x)g(x)\Big|_a^b - \int_a^b f'(x)g(x)\mathrm{d}x$$
$$= x\cdot\ln(x)\Big|_a^b - \int_a^b \frac{1}{x}\cdot x\mathrm{d}x = b\ln(b) - a\ln(a) - (b-a)$$
$$= x\big(\ln(x)-1\big)\Big|_a^b\,.$$

Daran sehen wir unter anderem, dass $F(x) = x\cdot\ln(x) - x$ eine Stammfunktion von $f(x) = \ln(x)$ ist.

Beispiel 4.4.21. Die in diesem Beispiel betrachteten Integrale trigonometrischer Funktionen werden im Abschnitt 4.5 zur Berechnung von Fourierreihen benötigt. Für jede ganze Zahl $k \geq 1$ gilt nach partieller Integration

$$\int_0^{2\pi} \sin^2(kx)\mathrm{d}x = -\frac{1}{k}\cos(kx)\sin(kx)\Big|_0^{2\pi} + \int_0^{2\pi} \cos^2(kx)\mathrm{d}x$$
$$= x\Big|_0^{2\pi} - \int_0^{2\pi} \sin^2(kx)\mathrm{d}x.$$

Daraus folgt $\int_0^{2\pi} \sin^2(kx)\mathrm{d}x = \pi$. Ebenso gilt

$$\int_0^{2\pi} \sin(kx)\cos(kx)\mathrm{d}x = \frac{1}{k}\sin(kx)\sin(kx)\Big|_0^{2\pi} - \int_0^{2\pi} \cos(kx)\sin(kx)\mathrm{d}x\ .$$

Daraus folgt $\int_0^{2\pi} \sin(kx)\cos(kx)\mathrm{d}x = 0$. Wenn l, k ganze Zahlen mit $l^2 \neq k^2$ sind, dann gilt $\sin(kx)\cdot\cos(lx) = \frac{1}{2}\Big(\sin\big((k+l)x\big) + \sin\big((k-l)x\big)\Big)$. Daraus folgt $\int_0^{2\pi} \sin(kx)\cos(lx)\mathrm{d}x = 0$.

Beispiel 4.4.22. Als viertes Anwendungsbeispiel wollen wir eine interessante Formel herleiten, mit deren Hilfe man π annäherungsweise berechnen kann:

$$\frac{\pi}{2} = \prod_{n=1}^{\infty} \frac{4n^2}{4n^2-1} = \frac{4}{3}\cdot\frac{16}{15}\cdot\frac{36}{35}\cdot\frac{64}{63}\cdot\frac{100}{99}\cdot\ldots,$$

das sogenannte *Wallissche*[13] *Produkt*. Hier ist für jede Zahlenfolge $(a_n)_{n\geq 1}$ das unendliche Produkt als Grenzwert definiert $\prod_{n=1}^{\infty} a_n := \lim_{k\to\infty}\prod_{n=1}^{k} a_n$, falls dieser Limes existiert. Die entscheidende Beobachtung zur Herleitung des Wallisschen Produktes besteht darin, dass die beiden Faktoren der Zerlegung $\frac{4n^2}{4n^2-1} = \frac{2n}{2n-1}\cdot\frac{2n}{2n+1}$ in den Rekursionsformeln

$$A_{2n} = \frac{2n-1}{2n}\cdot A_{2n-2} \qquad\qquad A_{2n+1} = \frac{2n}{2n+1}\cdot A_{2n-1} \tag{4.1}$$

für die bestimmten Integrale $A_m := \int_0^{\frac{\pi}{2}} \sin^m(x)\mathrm{d}x$ auftreten. Aus diesen Formeln folgt für alle $j \geq 1$ durch vollständige Induktion:

$$A_{2j} = A_0 \cdot \prod_{n=1}^{j}\frac{2n-1}{2n} \qquad \text{und} \qquad A_{2j+1} = A_1\cdot\prod_{n=1}^{j}\frac{2n}{2n+1}\ .$$

Daraus ergibt sich $\frac{A_{2j+1}}{A_{2j}} = \frac{A_1}{A_0}\cdot\prod_{n=1}^{j}\frac{4n^2}{4n^2-1}$ und für den Beweis der Wallisschen Formel genügt es neben (4.1) zu zeigen, dass die Folge $\left(\frac{A_{2j+1}}{A_{2j}}\right)_{j\in\mathbb{N}}$ gegen 1 konvergiert und $\frac{A_0}{A_1} = \frac{\pi}{2}$ gilt. Letzteres folgt sofort aus $A_0 = \int_0^{\frac{\pi}{2}} 1\mathrm{d}x = \frac{\pi}{2}$ und

$$A_1 = \int_0^{\frac{\pi}{2}} \sin(x)\mathrm{d}x = -\cos(x)\Big|_0^{\frac{\pi}{2}} = -\cos\left(\frac{\pi}{2}\right) + \cos(0) = 1\ .$$

Zum Beweis der für alle $m \geq 2$ gültigen Rekursionsformel $A_m = \frac{m-1}{m}\cdot A_{m-2}$, wovon die beiden Formeln (4.1) Spezialfälle sind, verwenden wir partielle Integration mit $f(x) = \sin^{m-1}(x)$ und $g(x) = -\cos(x)$, so dass $f(x)g'(x) = \sin^m(x)$. Es ergibt sich unter Benutzung von $\cos^2(x) = 1 - \sin^2(x)$

[13] John Wallis (1616–1703), englischer Mathematiker.

$$\begin{aligned}
A_m &= \int_0^{\frac{\pi}{2}} \sin^m(x)\mathrm{d}x \\
&= -\sin^{m-1}(x)\cos(x)\Big|_0^{\frac{\pi}{2}} + \int_0^{\frac{\pi}{2}} (m-1)\sin^{m-2}(x)\cos^2(x)\mathrm{d}x \\
&= \int_0^{\frac{\pi}{2}} (m-1)\sin^{m-2}(x)\mathrm{d}x - \int_0^{\frac{\pi}{2}} (m-1)\sin^m(x)\mathrm{d}x \\
&= (m-1)A_{m-2} - (m-1)A_m\,,
\end{aligned}$$

woraus die benötigte Rekursionsformel folgt. Um schließlich $\lim_{j\to\infty}\frac{A_{2j+1}}{A_{2j}}$ zu bestimmen, starten wir mit der Beobachtung, dass für alle $x \in \left[0, \frac{\pi}{2}\right]$ die Ungleichungen $0 \le \sin(x) \le 1$ gelten. Daher gilt für alle $j \ge 0$ und $x \in \left[0, \frac{\pi}{2}\right]$ auch $0 \le \sin^{2j+2}(x) \le \sin^{2j+1}(x) \le \sin^{2j}(x)$. Mit Satz 4.4.9 (4) erhalten wir daraus $0 < A_{2j+2} \le A_{2j+1} \le A_{2j}$. Unter Verwendung von (4.1) folgt daraus $\frac{2j+1}{2j+2} = \frac{A_{2j+2}}{A_{2j}} \le \frac{A_{2j+1}}{A_{2j}} \le 1$, was wegen $\lim_{j\to\infty}\frac{2j+1}{2j+2} = 1$ und Satz 3.2.15 die Konvergenz der Folge $\left(\frac{A_{2j+1}}{A_{2j}}\right)_{j\in\mathbb{N}}$ mit $\lim_{j\to\infty}\frac{A_{2j+1}}{A_{2j}} = 1$ und damit die Wallissche Formel liefert.

Bei der Bestimmung von Integralen, in denen rationale Funktionen auftreten, kann die Methode der *Partialbruchzerlegung* von Nutzen sein. Sie erlaubt, Ausdrücke, in deren Nenner Polynome hohen Grades stehen, in eine Summe von Ausdrücken mit Nennern kleineren Grades zu zerlegen. Dies geschieht dadurch, dass man für Polynome $P_1(x), P_2(x), \ldots, P_k(x)$, von denen keine zwei einen gemeinsamer Teiler positiven Grades besitzen, die Gleichung

$$\frac{1}{P_1(x)\cdot\ldots\cdot P_k(x)} = \frac{A_1(x)}{P_1(x)} + \frac{A_2(x)}{P_2(x)} + \ldots + \frac{A_k(x)}{P_k(x)}$$

mit Polynomen $A_i(x)$ löst, deren Grad kleiner als der von $P_i(x)$ ist.

Beispiel 4.4.23. (1) Zur Partialbruchzerlegung von $\frac{1}{x^2-1}$ beginnen wir mit der Zerlegung des Nenners in lineare Faktoren $x^2-1 = (x-1)(x+1)$. Nun ist die Gleichung $\frac{1}{x^2-1} = \frac{A}{x-1} + \frac{B}{x+1}$ mit Konstanten $A, B \in \mathbb{R}$ zu lösen. Das führt auf die Gleichung $1 = A\cdot(x+1) + B\cdot(x-1)$, aus der man durch Einsetzen von $x = \pm 1$ die Lösung $A = \frac{1}{2}$, $B = -\frac{1}{2}$ erhält. Damit ergibt sich $\frac{1}{x^2-1} = \frac{1}{2}\left(\frac{1}{x-1} - \frac{1}{x+1}\right)$, was man zur Bestimmung des Integrals $\int\frac{\mathrm{d}x}{x^2-1}$ verwenden kann:

$$\begin{aligned}
\int\frac{\mathrm{d}x}{x^2-1} &= \frac{1}{2}\left(\int\frac{\mathrm{d}x}{x-1} - \int\frac{\mathrm{d}x}{x+1}\right) = \frac{1}{2}\left(\ln(x-1) - \ln(x+1)\right) \\
&= \frac{1}{2}\ln\left(\frac{x-1}{x+1}\right) = \ln\sqrt{\frac{x-1}{x+1}} \qquad \text{für } x > 1.
\end{aligned}$$

(2) Um das Integral $\int\frac{\mathrm{d}x}{1+x^4}$ zu bestimmen, schreiben wir

$$1 + x^4 = (1 + x^2)^2 - 2x^2 = \left(1 - \sqrt{2}x + x^2\right) \cdot \left(1 + \sqrt{2}x + x^2\right) .$$

Da das Polynom $x^4 + 1$ keine reelle Nullstelle besitzt, können wir dies nicht weiter zerlegen. Zur Partialbruchzerlegung suchen wir somit reelle Zahlen a, b, c, d, so dass

$$\frac{1}{1 + x^4} = \frac{ax + b}{1 + \sqrt{2}x + x^2} + \frac{cx + d}{1 - \sqrt{2}x + x^2}$$

gilt. Nach dem Ausmultiplizieren und einem Koeffizientenvergleich erhalten wir $b = d = \frac{1}{2}$ und $a = -c = \frac{1}{4}\sqrt{2}$, d.h.

$$\frac{1}{1 + x^4} = \frac{1}{4}\left(\frac{\sqrt{2}x + 2}{x^2 + \sqrt{2}x + 1} - \frac{\sqrt{2}x - 2}{x^2 - \sqrt{2}x + 1}\right)$$

Um damit $\int \frac{\mathrm{d}x}{1+x^4} = \frac{1}{4}\int \left(\frac{\sqrt{2}x+2}{x^2+\sqrt{2}x+1} - \frac{\sqrt{2}x-2}{x^2-\sqrt{2}x+1}\right)\mathrm{d}x$ zu berechnen, schreiben wir die Zähler in der Form $\sqrt{2}x \pm 2 = \sqrt{2}x \pm 1 \pm 1$. Dadurch reduziert sich das Problem auf die Berechnung der Integrale

$$\int \frac{\sqrt{2}x \pm 1}{x^2 \pm \sqrt{2}x + 1}\mathrm{d}x \quad \text{und} \quad \int \frac{1}{x^2 \pm \sqrt{2}x + 1}\mathrm{d}x .$$

Mit Hilfe der Substitution $u = x^2 \pm \sqrt{2}x + 1$ erhält man

$$\int \frac{\sqrt{2}x \pm 1}{x^2 \pm \sqrt{2}x + 1}\mathrm{d}x = \frac{1}{\sqrt{2}}\int \frac{\mathrm{d}u}{u} = \frac{1}{\sqrt{2}}\ln\left(x^2 \pm \sqrt{2}x + 1\right) .$$

Zur Berechnung des zweiten Integrals nutzen wir die Gleichung

$$x^2 \pm \sqrt{2}x + 1 = \frac{1}{2}\left(\left(\sqrt{2}x \pm 1\right)^2 + 1\right) ,$$

aus der wir sehen, dass die Substitution $u = \sqrt{2}x \pm 1$ zum Ziel führt:

$$\int \frac{1}{x^2 \pm \sqrt{2}x + 1}\mathrm{d}x = \sqrt{2}\int \frac{\mathrm{d}u}{u^2 + 1} = \sqrt{2}\arctan\left(\sqrt{2}x \pm 1\right) .$$

Insgesamt haben wir damit erhalten:

$$\begin{aligned}
\int \frac{\mathrm{d}x}{1 + x^4} &= \frac{1}{4\sqrt{2}}\ln\left(x^2 + \sqrt{2}x + 1\right) - \frac{1}{4\sqrt{2}}\ln\left(x^2 - \sqrt{2}x + 1\right) \\
&\quad + \frac{1}{2\sqrt{2}}\arctan\left(\sqrt{2}x + 1\right) + \frac{1}{2\sqrt{2}}\arctan\left(\sqrt{2}x - 1\right) \\
&= \frac{1}{4\sqrt{2}}\ln\left(\frac{x^2 + \sqrt{2}x + 1}{x^2 - \sqrt{2}x + 1}\right) + \frac{1}{2\sqrt{2}}\arctan\left(\frac{\sqrt{2}x}{1 - x^2}\right) .
\end{aligned}$$

Beispiel 4.4.24. Um die Formel $\arctan(x) = \sum_{n=0}^{\infty}(-1)^n \frac{x^{2n+1}}{2n+1}$ zu zeigen, wenden wir gliedweise Integration auf $\frac{1}{1+t^2} = \frac{1}{1-(-t^2)} = \sum_{n=0}^{\infty}(-1)^n t^{2n}$ an:

$$\arctan(x) = \int_0^x \frac{\mathrm{d}t}{1+t^2} = \sum_{n=0}^{\infty}(-1)^n \int_0^x t^{2n}\mathrm{d}t. = \sum_{n=0}^{\infty}(-1)^n \frac{x^{2n+1}}{2n+1}\,.$$

Da $\arctan(1) = \frac{\pi}{4}$, folgt jetzt die bereits früher erwähnte Formel, der wir nochmals im Bsp. 4.5.37 begegnen werden:

$$\frac{\pi}{4} = 1 - \frac{1}{3} + \frac{1}{5} - \frac{1}{7} + \frac{1}{9} - \frac{1}{11} + \frac{1}{13} - \frac{1}{15} + \cdots\,.$$

Satz 4.4.25 (Trapezregel) *Sei $f : [0,1] \to \mathbb{R}$ zweimal stetig differenzierbar, dann gibt es ein $t \in [0,1]$, so dass*

$$\int_0^1 f(x)\mathrm{d}x = \frac{f(0)+f(1)}{2} - \frac{1}{12}f''(t)\,.$$

Beweis. Wir definieren eine Funktion $g : [0,1] \to \mathbb{R}$ durch $g(x) := \frac{x(1-x)}{2}$. Diese erfüllt $g'(x) = \frac{1}{2} - x$ und $g''(x) = -1$. Zweimalige partielle Integration liefert: $\int_0^1 f(x)\mathrm{d}x = -\int_0^1 f(x)g''(x)\mathrm{d}x = -f(x)g'(x)\Big|_0^1 + \int_0^1 f'(x)g'(x)\mathrm{d}x = \frac{f(0)+f(1)}{2} + f'(x)g(x)\Big|_0^1 - \int_0^1 f''(x)g(x)\mathrm{d}x = \frac{f(0)+f(1)}{2} - \int_0^1 f''(x)g(x)\mathrm{d}x$.
Da $g(x) \geq 0$ für alle $x \in [0,1]$, folgt aus dem verallgemeinerten Mittelwertsatz (Bemerkung 4.4.12) die Existenz eines $t \in [0,1]$ mit

$$\int_0^1 f''(x)g(x)\mathrm{d}x = f''(t) \cdot \int_0^1 g(x)\mathrm{d}x = f''(t) \cdot \left(\frac{1}{4}x^2 - \frac{1}{6}x^3\right)\Big|_0^1 = \frac{1}{12}f''(t)$$

und die Behauptung ist gezeigt. □

Wir werden die Trapezregel nutzen, um die berühmte Stirlingsche Formel zu beweisen, mit deren Hilfe man für große n Näherungswerte für $n!$ berechnen kann.

Definition 4.4.26. Wenn $(a_n)_{n\in\mathbb{N}}$, $(b_n)_{n\in\mathbb{N}}$ zwei Zahlenfolgen sind, die nicht notwendig konvergieren müssen, dann schreiben wir $a_n \sim b_n$ und nennen die beiden Folgen *asymptotisch gleich*[14], wenn $\lim_{n\to\infty} \frac{a_n}{b_n} = 1$ gilt.

Beispiel 4.4.27. $n^2 + 4n + 8 \sim n^2 - 17n - 13$.

---

[14] Notwendig, aber nicht hinreichend dafür, dass die Folgen asymptotisch gleich sind, ist $(a_n) = O((b_n))$ und $(b_n) = O((a_n))$, vgl. Abschnitt 3.5.

Satz 4.4.28 (Stirlingsche[15] Formel) *Mit der Eulerschen Zahl* e *gilt:*

$$n! \sim \sqrt{2\pi n} \cdot \left(\frac{n}{\mathrm{e}}\right)^n .$$

Beweis. Wir haben zu zeigen, dass der Quotient beider Seiten gegen 1 konvergiert. Sei dazu $c_n := \frac{n!}{\sqrt{n}n^n \mathrm{e}^{-n}} = n! \exp\left(n - \left(n+\frac{1}{2}\right)\ln(n)\right)$. Wir werden die Konvergenz der Folge $(c_n)_{n\geq 1}$ mit Hilfe der Trapezregel zeigen und danach ihren Grenzwert $\lim_{n\to\infty} c_n = \sqrt{2\pi}$ unter Benutzung des Wallisschen Produktes bestimmen.
Da $\ln(x)$ und $\exp(x)$ stetig sind, folgt die Konvergenz von $(c_n)_{n\geq 1}$ aus der von $\ln(c_n) = \ln(n!) - \left(n+\frac{1}{2}\right)\ln(n) + n = n - n\ln(n) + \sum_{k=1}^n \ln(k) - \frac{1}{2}\ln(n)$. Da $\sum_{k=1}^n \ln(k) - \frac{1}{2}\ln(n) = \sum_{k=1}^{n-1} \frac{\ln(k)+\ln(k+1)}{2}$, wenden wir die Trapezregel auf die Funktion $f(x) = \ln(x)$ an. Mit $\ln''(x) = -\frac{1}{x^2}$ ergibt sich $\int_k^{k+1} \ln(x)\mathrm{d}x = \frac{\ln(k)+\ln(k+1)}{2} + \frac{1}{12t_k^2}$ für gewisse $t_k \in [k, k+1]$. Daraus erhalten wir

$$\ln(c_n) = n - n\ln(n) + \int_1^n \ln(x)\mathrm{d}x - \frac{1}{12}\sum_{k=1}^{n-1}\frac{1}{t_k^2} .$$

Da $\int_1^n \ln(x)\mathrm{d}x = \left(x\ln(x) - x\right)\Big|_1^n = n\ln(n) - n + 1$, vgl. Bsp. 4.4.20, vereinfacht sich Obiges zu $\ln(c_n) = 1 - \frac{1}{12}\sum_{k=1}^{n-1}\frac{1}{t_k^2}$. Somit ist die Folge $\left(\ln(c_n)\right)_{n\geq 1}$ streng monoton fallend.
Da $0 < \frac{1}{t_k^2} \leq \frac{1}{k^2}$ wegen $t_k \in [k, k+1]$ und weil die Reihe $\sum_{k=1}^\infty \frac{1}{k^2}$ konvergiert, folgt aus $\ln(c_n) = 1 - \frac{1}{12}\sum_{k=1}^{n-1}\frac{1}{t_k^2} \geq 1 - \frac{1}{12}\sum_{k=1}^{n-1}\frac{1}{k^2} > 1 - \frac{1}{12}\sum_{k=1}^{\infty}\frac{1}{k^2}$, dass $\left(\ln(c_n)\right)_{n\geq 1}$ nach unten beschränkt und somit konvergent ist. Damit ist auch die Konvergenz der Folge $(c_n)_{n\geq 1}$ gezeigt.
Zur Berechnung des Grenzwertes $\lim_{n\to\infty} c_n$ betrachten wir den Ausdruck

$$\sqrt{\prod_{k=1}^n \frac{4k^2}{4k^2-1}} = \frac{\prod_{k=1}^n 2k}{\sqrt{\prod_{k=1}^n (2k-1)(2k+1)}} = \frac{(n!)\cdot 2^n}{\prod_{k=1}^n (2k-1)\cdot\sqrt{2n+1}} ,$$

wobei die zweite Gleichung aus $\prod_{k=1}^n (2k-1)(2k+1) = \prod_{k=1}^n (2k-1) \cdot \prod_{k=1}^{n+1} (2k-1) = \prod_{k=1}^n (2k-1)^2 \cdot (2n+1)$ folgt. Da $\prod_{k=1}^n (2k-1) = \frac{(2n)!}{n!2^n}$, ergibt sich

$$\sqrt{\prod_{k=1}^n \frac{4k^2}{4k^2-1}} = \frac{(n!)^2\cdot 2^{2n}}{(2n)!\sqrt{2n+1}} .$$

[15] James Stirling (1692–1770), schottischer Mathematiker.

Da $\frac{c_n^2}{c_{2n}} = \frac{(n!)^2}{n \cdot n^{2n} \cdot \mathrm{e}^{-2n}} \cdot \frac{\sqrt{2n}(2n)^{2n}\mathrm{e}^{-2n}}{(2n)!} = \frac{2^n \cdot (n!) \cdot 2^n (n!)}{(2n)! \cdot \sqrt{n}} \sqrt{2}$, erhalten wir schließlich

$$\lim_{n\to\infty} c_n = \frac{\lim_{n\to\infty} c_n^2}{\lim_{n\to\infty} c_{2n}} = \lim_{n\to\infty} \frac{c_n^2}{c_{2n}} = \sqrt{\frac{2n+1}{n}} \cdot \sqrt{2 \prod_{k=1}^{n} \frac{4k^2}{4k^2-1}} = \sqrt{2\pi}\,,$$

unter Benutzung von Beispiel 4.4.22 (Wallissches Produkt). □

Bemerkung 4.4.29. $\sqrt{2\pi n}\left(\frac{n}{e}\right)^n < n! < \sqrt{2\pi n}\left(\frac{n}{e}\right)^n \cdot \exp\left(\frac{1}{12(n-1)}\right)$

Beweis. Wir benutzen die Bezeichnungen aus dem Beweis von Satz 4.4.28. Da $\ln(c_n)$ monoton fällt, ist $\ln(\sqrt{2\pi}) = \ln\left(\lim_{n\to\infty}(c_n)\right) < \ln(c_n)$. Andererseits gilt $\ln(c_n) - \lim_{n\to\infty}\left(\ln(c_n)\right) = 1 - \frac{1}{12}\sum_{k=1}^{n-1}\frac{1}{t_n^2} - \left(1 - \frac{1}{12}\sum_{k=1}^{\infty}\frac{1}{t_k^2}\right) = \frac{1}{12}\sum_{k=n}^{\infty}\frac{1}{t_k^2} \le \frac{1}{12}\sum_{k=n}^{\infty}\frac{1}{k^2}$. Man kann zeigen (Bem. 4.4.34), dass $\sum_{k=n}^{\infty}\frac{1}{k^2} < \frac{1}{n-1}$ gilt. Damit ergibt sich $\ln(\sqrt{2\pi}) < \ln(c_n) < \ln(\sqrt{2\pi}) + \frac{1}{12(n-1)}$, woraus nach Anwendung der Exponentialfunktion und der Definition von c_n die Behauptung folgt. □

Zum Abschluss dieses Abschnittes betrachten wir *uneigentliche Integrale* und nutzen sie, um ein weiteres Konvergenzkriterium für Reihen anzugeben.

Definition 4.4.30. Sei $f : [a, \infty) \to \mathbb{R}$ stetig. Falls $\lim_{N\to\infty}\int_a^N f(x)\mathrm{d}x$ existiert, sagen wir: das Integral $\int_a^\infty f(x)\mathrm{d}x$ konvergiert und setzen

$$\int_a^\infty f(x)\mathrm{d}x := \lim_{N\to\infty}\int_a^N f(x)\mathrm{d}x\,.$$

Beispiel 4.4.31. Sei $s > 1$ und $f : [1, \infty) \to \mathbb{R}$ durch $f(x) = x^{-s}$ gegeben, dann ist $\int_1^N \frac{\mathrm{d}x}{x^s} = \frac{1}{(-s+1)} \cdot x^{-s+1}\Big|_1^N = \frac{1}{s-1}\left(1 - \frac{1}{N^{s-1}}\right)$. Da $s - 1 > 0$, existiert eine natürliche Zahl q mit $\frac{1}{q} \le s - 1$. Für diese Zahl gilt $0 \le \frac{1}{N^{s-1}} \le \frac{1}{\sqrt[q]{N}}$ und wegen $\lim_{N\to\infty}\frac{1}{\sqrt[q]{N}} = 0$ folgt $\lim_{N\to\infty}\frac{1}{N^{s-1}} = 0$. Also ist $\int_1^\infty \frac{\mathrm{d}x}{x^s} = \frac{1}{s-1}$ für $s > 1$.

Andererseits ist $\int_1^\infty \frac{\mathrm{d}x}{x}$ nicht konvergent, denn $\int_1^N \frac{\mathrm{d}x}{x} = \ln(x)\Big|_1^N = \ln(N)$ und das divergiert für $N \to \infty$ bestimmt gegen $+\infty$.

Bemerkung 4.4.32. Die *Γ-Funktion*, die auf Euler zurückgeht, kann man durch das uneigentliche Integral $\Gamma(x) = \int_0^\infty t^{x-1}\mathrm{e}^{-t}\mathrm{d}t$ für $x > 0$ definieren. Dieses Integral konvergiert, weil $\lim_{t\to\infty} t^{x+1}\mathrm{e}^{-t} = 0$. Gauß hat gezeigt, dass

$$\Gamma(x) = \lim_{n\to\infty}\frac{n!n^x}{x(x+1)\dots(x+n)}$$

gilt. Die Γ-Funktion ist eine Interpolation von $n!$, denn es gilt $\Gamma(1) = 1$ und $x\Gamma(x) = \Gamma(x+1)$. Sie spielt eine wichtige Rolle in der Statistik und Wahrscheinlichkeitsrechnung.

Satz 4.4.33 (Integralkriterium) *Sei $f : [1,\infty) \to \mathbb{R}_{>0}$ eine monoton fallende und stetige Funktion. Dann konvergiert die Reihe $\sum_{n=1}^{\infty} f(n)$ genau dann, wenn das Integral $\int_1^{\infty} f(x)\mathrm{d}x$ konvergiert.*

Beweis. Da f fällt, ist für $1 \le n-1 \le x \le n$ stets $f(n) \le f(x) \le f(n-1)$. Somit gilt $f(n) \le \int_{n-1}^{n} f(x)\mathrm{d}x \le f(n-1)$ und es folgt für alle $N \ge 2$

$$\sum_{n=2}^{N} f(n) \le \int_1^N f(x)\mathrm{d}x \le \sum_{n=1}^{N-1} f(n)\,.$$

Da die Summanden der Reihe positiv sind, ist sie genau dann konvergent, wenn sie nach oben beschränkt ist. Somit impliziert die Konvergenz des Integrals die der Reihe. Konvergenz der Reihe impliziert umgekehrt die Konvergenz des Integrals, da auch $\int_1^N f(x)\mathrm{d}x$ monoton wächst. □

Bemerkung 4.4.34. Wir erhalten sogar

$$\int_1^{\infty} f(x)\mathrm{d}x \le \sum_{n=1}^{\infty} f(n) \le f(1) + \int_1^{\infty} f(x)\mathrm{d}x$$

und für strikt monoton fallendes f für alle $n \ge 2$

$$\int_n^{\infty} f(x)\mathrm{d}x < \sum_{k=n}^{\infty} f(k) < \int_{n-1}^{\infty} f(x)\mathrm{d}x\,.$$

Mit $f(x) = \frac{1}{x^2}$, ergibt sich zum Beispiel $\sum_{k=n}^{\infty} \frac{1}{k^2} < \frac{1}{n-1}$.

Beispiel 4.4.35. Für reelle Zahlen $s > 1$ konvergiert die Reihe $\sum_{n=1}^{\infty} \frac{1}{n^s}$, da das Integral $\int_1^{\infty} \frac{1}{x^s}\mathrm{d}x$ konvergiert (vgl. Bsp. 4.4.31). Die Funktion

$$\zeta(s) := \sum_{n=1}^{\infty} \frac{1}{n^s}$$

heißt *Riemannsche*[16] *Zeta-Funktion*. Sie spielt eine wichtige Rolle in der Funktionentheorie, wo sie ins Komplexe fortgesetzt wird. Sie hat eine Reihe bemerkenswerter Eigenschaften und birgt noch viele Geheimnisse in sich. Sie hat alle negativen geraden ganzen Zahlen als Nullstellen. Es wird vermutet,

[16] Bernhard Riemann (1826–1866), deutscher Mathematiker.

dass alle weiteren Nullstellen den Realteil $\frac{1}{2}$ besitzen (*Riemannsche Vermutung*[17]). Viele Rechnungen belegen diese Vermutung, sie konnte aber noch nicht bewiesen werden.
Wenn $(p_k)_{k\geq 1}$ die Folge der Primzahlen ist, dann gilt für $s \in \mathbb{C}$ mit $\mathrm{Re}(s) > 1$

$$\zeta(s) = \lim_{n\to\infty} \prod_{k=1}^{n} \frac{1}{1 - p_k^{-s}} .$$

Aufgaben

Übung 4.19. Berechnen Sie die folgenden bestimmten Integrale:
(a) $\int_0^{\pi} x^2 \cos\left(\frac{x}{3}\right) \mathrm{d}x$ (b) $\int_1^{\mathrm{e}} \frac{\mathrm{d}x}{x\sqrt{\ln(x)}}$ (c) $\int_1^{\infty} \frac{\ln(x)}{x^2}\mathrm{d}x$
(d) $\int_{-\frac{\pi}{2}}^{\frac{\pi}{2}} x \sin(2x)\mathrm{d}x$ (e) $\int_1^2 \frac{1}{(x-1)^2}\mathrm{d}x$ (f) $\int_1^{\infty} x\mathrm{e}^{-x}\mathrm{d}x$.

Übung 4.20. Berechnen Sie für jede der folgenden Funktionen eine Stammfunktion
(a) $f(x) = \dfrac{1}{x^4 - 1}$ (b) $f(x) = \dfrac{x}{x^2 - 3x + 2}$ im Intervall $(1, 2)$
(c) $f(x) = \dfrac{\exp(x)}{3 + 2\exp(x)}$ (d) $f(x) = \dfrac{1}{\sin(x)}$ (e) $f(x) = |x|$.

Übung 4.21. Beweisen Sie

(a) $\int_0^{2\pi} \cos(kx)\cos(lx)\mathrm{d}x = 0$ für alle $k, l \in \mathbb{Z}$, $|k| \neq |l|$
(b) $\int_0^{2\pi} \sin(kx)\sin(lx)\mathrm{d}x = 0$ für alle $k, l \in \mathbb{Z}$, $|k| \neq |l|$.

Übung 4.22. Berechnen Sie $\int_0^{2\pi} \cos^2(kx)\mathrm{d}x$ für alle ganzen Zahlen $k \geq 1$.

Übung 4.23. Berechnen sie den Flächeninhalt der durch $\dfrac{x^2}{a^2} + \dfrac{y^2}{b^2} = 1$ definierten Ellipse.

Übung 4.24. Untersuchen Sie, ob die Reihe $\sum_{n=2}^{\infty} \frac{1}{n\ln(n)}$ konvergiert.

4.5 Approximation von Funktionen

Da polynomiale Funktionen relativ leicht zu berechnen sind, ist es sinnvoll, stetige Funktionen durch Polynome zu approximieren. Auf einem gegebenen

[17] Im Jahr 2000 hat das Clay Mathematics Institute einen Preis von einer Million Dollar auf den Beweis ausgesetzt.

Intervall ist dies mit beliebig hoher Genauigkeit möglich. Dabei kann allerdings der Grad der benötigten Polynome sehr hoch werden, was für praktische Berechnungen ungünstig ist. In der Praxis verwendet man deshalb meist Splines, das sind Funktionen, die stückweise aus Polynomen kleineren Grades zusammengesetzt sind.
Bei der Approximation von periodischen Funktionen kann man trigonometrische Polynome verwenden. Das sind Summen von Termen der Gestalt $a_n \cos(nx) + b_n \sin(nx)$. Durch Übergang zum Grenzwert führt das zu den Fourier-Reihen. Wir werden bei dieser Gelegenheit auf die schnellen Fourier-Transformationen eingehen, die bei der Bildkompression (JPEG-Verfahren) oder Audiokompression (MP3-Verfahren) eine wichtige Rolle spielen.

Definition 4.5.1. Sei $I \subset \mathbb{R}$ ein Intervall, $f_n : I \to \mathbb{R}$ eine Folge beschränkter Funktionen.

(1) Die Folge (f_n) konvergiert auf I *punktweise* gegen f, wenn für alle $x \in I$ gilt: $\lim_{n\to\infty} f_n(x) = f(x)$.
(2) Die Folge (f_n) konvergiert auf I *gleichmäßig* gegen f, wenn für jedes $\varepsilon > 0$ ein $N(\varepsilon)$ existiert, so dass $|f(x) - f_n(x)| < \varepsilon$ für alle $x \in I$ und $n \geq N(\varepsilon)$.

Satz 4.5.2 *Sei $I \subset \mathbb{R}$ ein Intervall und $f_n : I \to \mathbb{R}$ eine Folge beschränkter, stetiger Funktionen, die auf I gleichmäßig gegen f konvergiert. Dann ist f stetig.*

Beweis. Sei $\varepsilon > 0$ gegeben. Wegen der gleichmäßigen Konvergenz existiert ein N, so dass $|f_n(x) - f(x)| < \frac{\varepsilon}{3}$ für alle $x \in I$ und alle $n \geq N$. Sei jetzt $x \in I$ und $\delta > 0$ so gewählt, dass für $x' \in I$ mit $|x - x'| < \delta$ folgt $|f_N(x) - f_N(x')| < \frac{\varepsilon}{3}$. Ein solches δ existiert wegen der Stetigkeit von f_N. Nun gilt für $x' \in I$ mit $|x - x'| < \delta$

$$\begin{aligned} |f(x) - f(x')| &= |f(x) - f_N(x) + f_N(x) - f_N(x') + f_N(x') - f(x')| \\ &\leq |f(x) - f_N(x)| + |f_N(x) - f_N(x')| + |f_N(x') - f(x')| < \varepsilon \,. \end{aligned}$$

□

Beispiel 4.5.3. Sei $I = [0,1]$ und $f_n(x) = x^n$. Da $\lim_{n\to\infty} f_n(1) = 1$ und $\lim_{n\to\infty} f_n(x) = 0$ für $0 \leq x < 1$, konvergiert die Folge $(f_n)_{n\in\mathbb{N}}$ punktweise gegen die Funktion $f : [0,1] \to \mathbb{R}$, die durch $f(x) = \begin{cases} 0 & x < 1 \\ 1 & x = 1 \end{cases}$ gegeben ist.
Da die Grenzfunktion f nicht stetig ist, konvergiert die Folge $(f_n)_{n\in\mathbb{N}}$ nicht gleichmäßig.

Definition 4.5.4. Sei $I \subset \mathbb{R}$ ein Intervall und $f : I \to \mathbb{R}$ eine Funktion. Dann definieren wir $\|f\|_I := \sup\{|f(x)| \mid x \in I\}$. Wenn I aus dem Zusammenhang klar ist, schreiben wir auch $\|f\|$ statt $\|f\|_I$.

Beispiel 4.5.5. Für die Funktion $f : I \to \mathbb{R}$, die auf dem Intervall $I = [-1, 1]$ durch $f(x) = x^2$ gegeben ist, gilt $\|f\|_I = 1$.

Definition 4.5.6. Sei $I \subset \mathbb{R}$ ein Intervall und $f_n : I \to \mathbb{R}$ eine Folge stetiger, beschränkter Funktionen. Die Funktionenreihe $\sum_n f_n$ heißt *gleichmäßig absolut konvergent* auf I, wenn die Reihe reeller Zahlen $\sum_n \|f_n\|_I$ konvergiert.

Beispiel 4.5.7.

(1) Sei $I = \mathbb{R}$ und $f_n = \frac{\sin(nx)}{n^2}$ dann ist $\|f_n\|_\mathbb{R} \leq \frac{1}{n^2}$ und damit ist $\sum_n \frac{\sin(nx)}{n^2}$ gleichmäßig absolut konvergent auf $\mathbb{R}$.

(2) Sei $I = [x_0 - r, x_0 + r]$ und $f_n = a_n(x - x_0)^n$, so dass $\sum |a_n| r^n$ konvergiert, dann ist $\|f_n\|_I = |a_n| r^n$ und die Potenzreihe $\sum_n a_n(x - x_0)^n$ ist auf I gleichmäßig absolut konvergent.
Wenn $R = \sup \{r \mid \sum |a_n| r^n \text{ ist konvergent}\}$, dann ist R der Konvergenzradius der Potenzreihe und die Reihe ist auf jedem abgeschlossenen Teilintervall von $(x_0 - R, x_0 + R)$ gleichmäßig absolut konvergent.

Satz 4.5.8 *Sei $I \subset \mathbb{R}$ ein Intervall und $f_n : I \to \mathbb{R}$ eine Folge stetiger, beschränkter Funktionen. Wenn $\sum f_n$ auf I gleichmäßig absolut konvergiert, dann konvergiert $\sum f_n$ auf I gleichmäßig gegen eine beschränkte, stetige Funktion.*

Beweis. Sei $x \in I$. Wegen $|f_n(x)| \leq \|f_n\|_I$ folgt, dass $\sum_n |f_n(x)|$ konvergiert. Sei $F(x) := \sum_n f_n(x)$, d.h. die Reihe $\sum f_n$ konvergiert punktweise gegen F. Wir wollen zeigen, dass die Reihe $\sum f_n$ gleichmäßig gegen F konvergiert. Sei $\varepsilon > 0$. Da $\sum_n \|f_n\|_I$ konvergiert, existiert ein N, so dass $\sum_{k=n+1}^{\infty} \|f_k\|_I < \varepsilon$ für alle $n \geq N$. Nun gilt für jedes $x \in I$:

$$\left| F(x) - \sum_{k=1}^{n} f_k(x) \right| = \left| \sum_{k=n+1}^{\infty} f_k(x) \right| \leq \sum_{k=n+1}^{\infty} |f_k(x)| \leq \sum_{k=n+1}^{\infty} \|f_k\|_I < \varepsilon \,.$$

Daraus folgt, dass $\sum f_n$ gleichmäßig gegen F konvergiert. Wegen Satz 4.5.2 folgt, dass F stetig ist. □

Folgerung 4.5.9. *Sei $f(x) = \sum_{n=0}^{\infty} a_n(x - x_0)^n$ eine Potenzreihe mit Konvergenzradius R, dann ist f in $(x_0 - R, x_0 + R)$ stetig.*

Bemerkung 4.5.10. Wenn die Potenzreihe in $x_0 + R$ noch konvergiert, ist $f(x)$ in $(x_0 - R, x_0 + R]$ stetig. Dieses Resultat wird auch *Abelscher*[18] *Grenzwertsatz* genannt.

---

[18] Niels Henrik Abel (1802–1829), norwegischer Mathematiker.

Satz 4.5.11 *Sei $f_n : [a,b] \to \mathbb{R}$ eine Folge stetiger Funktionen, die gleichmäßig gegen $f : [a,b] \to \mathbb{R}$ konvergiert, dann gilt*

$$\int_a^b f(x)\mathrm{d}x = \lim_{n\to\infty} \int_a^b f_n(x)\mathrm{d}x .$$

Beweis. Die Funktionen f_n sind stetig und beschränkt (Satz 4.1.9). Damit ist nach Satz 4.5.2 auch die Funktion f stetig und die Funktionen sind integrierbar. Es gilt:

$$\begin{aligned}\left|\int_a^b f(x)\mathrm{d}x - \int_a^b f_n(x)\mathrm{d}x\right| &\le \int_a^b |f(x) - f_n(x)|\mathrm{d}x \\ &\le \int_a^b \|f(x) - f_n(x)\|\mathrm{d}x = (b-a)\|f(x) - f_n(x)\| .\end{aligned}$$

Sei jetzt $\varepsilon > 0$ gegeben. Aus der gleichmäßigen Konvergenz folgt, dass ein N existiert mit $\|f(x) - f_n(x)\| < \frac{\varepsilon}{b-a}$ für alle $n \ge N$. Damit gilt für $n \ge N$

$$\left|\int_a^b f(x)\mathrm{d}x - \int_a^b f_n(x)\mathrm{d}x\right| < \varepsilon$$

und die behauptete Vertauschbarkeit von Integral und Limes ist gezeigt. □

Satz 4.5.12 *Sei $f_n : [a,b] \to \mathbb{R}$ eine Folge stetig differenzierbarer Funktionen, die punktweise auf $[a,b]$ gegen die Funktion f konvergiert. Die Folge f'_n der Ableitungen konvergiere gleichmäßig auf $[a,b]$. Sei $x \in (a,b)$. Dann ist f differenzierbar in x und $f'(x) = \lim_{n\to\infty} f'_n(x)$.*

Beweis. Sei $g = \lim_{n\to\infty} f'_n$. Wegen der gleichmäßigen Konvergenz der f'_n und ihrer Stetigkeit ist g auf $[a,b]$ stetig. Es gilt $f_n(x) = f_n(a) + \int_a^x f'_n(t)\mathrm{d}t$ für $x \in (a,b)$ wegen Satz 4.4.15. Nach Satz 4.5.11 konvergiert $\int_a^x f'_n(t)\mathrm{d}t$ gegen $\int_a^x g(t)\mathrm{d}t$. Daraus folgt $f(x) = f(a) + \int_a^x g(t)\mathrm{d}t$. Durch Differenzieren erhalten wir mit Satz 4.4.14 daraus $f'(x) = g(x)$. □

Folgerung 4.5.13. *Sei $f(x) = \sum_{n=0}^{\infty} a_n(x-x_0)^n$ eine Potenzreihe und R ihr Konvergenzradius. Dann ist f in $(x_0 - R, x_0 + R)$ differenzierbar mit*

$$f'(x) = \sum_{n=0}^{\infty} n a_n (x-x_0)^{n-1} .$$

Folgerung 4.5.14. *Sei $f(x) = \sum_{n=0}^{\infty} a_n(x - x_0)^n$ eine Potenzreihe und R ihr Konvergenzradius. Dann hat f in $(x_0 - R, x_0 + R)$ eine Stammfunktion F mit*

$$F(x) = \sum_{n=0}^{\infty} \frac{a_n}{n+1}(x - x_0)^{n+1} .$$

Wir haben gesehen, dass eine Funktion f, die in der Umgebung des Punktes x_0 in eine Potenzreihe $f(x) = \sum_{k=0}^{\infty} a_k(x - x_0)^k$ entwickelt werden kann, im Konvergenzbereich $(x_0 - R, x_0 + R)$ stetig ist. Die Potenzreihe konvergiert auf jedem abgeschlossenen Teilintervall $K \subset (x_0 - R, x_0 + R)$ gleichmäßig. Damit kann die Funktion dort durch die Polynome $p_n(x) := \sum_{k=0}^{n} a_k(x-x_0)^k$ beliebig genau approximiert werden, denn für jedes $\varepsilon > 0$ existiert wegen der gleichmäßigen Konvergenz ein N, so dass $\|f(x)-p_n(x)\|_K < \varepsilon$ für alle $n \geq N$. Wir wollen jetzt zeigen, dass dies auch für jede stetige Funktion gilt.

Satz 4.5.15 (Weierstraßscher[19] Approximationssatz) *Für jede stetige Funktion $f : [a, b] \to \mathbb{R}$ und jedes $\varepsilon > 0$ existiert ein Polynom p, so dass*

$$\|f - p\| < \varepsilon .$$

Bemerkung 4.5.16. Die Intervalle $[0, 1]$ und $[a, b]$ werden durch die lineare Funktion $h : [0, 1] \to [a, b]$, die durch $h(x) = (b - a)x + a$ gegeben ist und das Inverse $h^{-1}(y) = \frac{1}{b-a}y - \frac{a}{b-a}$ besitzt, bijektiv aufeinander abgebildet. Daher genügt es, den Satz 4.5.15 für das Intervall $[0, 1]$ zu beweisen.

Die Approximation einer Funktion durch ihre Taylorpolynome[20] ist für relativ kleine Grade vor allem in der Nähe des Entwicklungspunktes sehr gut. Im Gegensatz dazu kann man mit Hilfe von sogenannten Bernsteinpolynomen global eine gute Näherung erreichen. Wir werden einen konstruktiven Beweis des Weierstraßschen Approximationssatzes mit Hilfe solcher Polynome geben. Zur Vorbereitung benötigen wir das folgende Lemma.

Lemma 4.5.17 *Für alle $x \in [0, 1]$ und $n > 0$ gilt*

$$\sum_{k=0}^{n} \binom{n}{k} x^k(1 - x)^{n-k} \left(x - \frac{k}{n}\right)^2 = \frac{x(1 - x)}{n} \leq \frac{1}{4n} .$$

---

[19] CARL WEIERSTRASS (1815–1897), deutscher Mathematiker.

[20] Das n-te Taylorpolynom ist die n-te Partialsumme der Taylorreihe.

Beweis. Für $x \in [0,1]$ gilt $x(1-x) \leq \frac{1}{4}$, weil die Funktion $f(x) = x(1-x)$ in $[0,1]$ ihr Maximum bei $x = \frac{1}{2}$ annimmt ($f'(x) = 1-2x$, $f''(x) = -2$). Damit gilt $\frac{x(1-x)}{n} \leq \frac{1}{4n}$. Aus der binomischen Formel erhalten wir

$$1 = (x+1-x)^n = \sum_{k=0}^{n} \binom{n}{k} x^k (1-x)^{n-k} .$$

Mit Hilfe der leicht nachzuprüfenden Gleichungen

$$\frac{k}{n}\binom{n}{k} = \binom{n-1}{k-1} \quad \text{und} \quad \frac{k^2}{n^2}\binom{n}{k} = \left(1-\frac{1}{n}\right)\binom{n-2}{k-2} + \frac{1}{n}\binom{n-1}{k-1}$$

ergibt sich daraus

$$\begin{aligned} x^2 &= \sum_{k=0}^{n} \binom{n}{k} x^k (1-x)^{n-k} x^2 \\ -2x^2 &= \sum_{k=0}^{n} \binom{n}{k} x^k (1-x)^{n-k} \left(-\frac{2k}{n}x\right) \\ \frac{x}{n} + \left(1-\frac{1}{n}\right)x^2 &= \sum_{k=0}^{n} \binom{n}{k} x^k (1-x)^{n-k} \frac{k^2}{n^2} , \end{aligned}$$

woraus die Behauptung folgt. □

Definition 4.5.18. Wenn $f : [0,1] \to \mathbb{R}$ eine stetige Funktion ist, dann heißt

$$B_n(f) = \sum_{k=0}^{n} \binom{n}{k} f\left(\frac{k}{n}\right) x^k (1-x)^{n-k}$$

das n-te *Bernsteinpolynom*[21] von f.

Beispiel 4.5.19. (1) Wenn $f(x) = \left|x - \frac{1}{2}\right|$, dann ist

$$B_2(f) = \frac{1}{2}(1-x)^2 + 2 \cdot 0 \cdot x(1-x) + \frac{1}{2}x^2 = \frac{1}{2} - x + x^2 .$$

(2) Für $f(x) = x$ ist $B_2(f) = 0 \cdot (1-x)^2 + 2 \cdot \frac{1}{2}x(1-x) + x^2 = x$.
(3) Mit $f(x) = \mathrm{e}^x$ gilt $B_2(f) = (1-x)^2 + 2\mathrm{e}^{\frac{1}{2}}x(1-x) + \mathrm{e}\,x^2 = (1 + (\sqrt{\mathrm{e}}-1)\,x)^2$.

Beweis (Satz 4.5.15). Sei $\varepsilon > 0$ gegeben. Da $f : [0,1] \to \mathbb{R}$ stetig ist, existiert wegen Satz 4.1.9 ein $c \in \mathbb{R}$ mit $|f(x)| \leq c$ für alle $x \in [0,1]$. Wegen Satz 4.1.13 gibt es ein $\delta \in \mathbb{R}$, so dass $|f(x) - f(y)| < \frac{\varepsilon}{2}$ für alle $x, y \in [0,1]$ mit $|x-y| < \delta$ gilt. Wir wählen $n > \frac{c}{\varepsilon\delta^2}$ und zeigen $\|f - B_n(f)\| < \varepsilon$. Für $x \in [0,1]$ gilt

[21] Sergei Natanowitsch Bernstein (1880–1968), russischer Mathematiker.

$$\begin{aligned}|B_n(f)(x) - f(x)| &= \left|\sum_{k=0}^{n} \binom{n}{k} x^k (1-x)^{n-k} \left(f\left(\frac{k}{n}\right) - f(x)\right)\right| \\ &\leq \sum_{k=0}^{n} \binom{n}{k} x^k (1-x)^{n-k} \left|f\left(\frac{k}{n}\right) - f(x)\right| .\end{aligned}$$

Für diejenigen k, für die $\left|x - \frac{k}{n}\right| < \delta$ gilt, ist $\left|f(\frac{k}{n}) - f(x)\right| < \frac{\varepsilon}{2}$. Wenn $\left|x - \frac{k}{n}\right| \geq \delta$, dann ist $\delta^2 \leq \left(x - \frac{k}{n}\right)^2$ und somit $\left|f(x) - f\left(\frac{k}{n}\right)\right| \leq 2c \leq \frac{2c}{\delta^2}\left(x - \frac{k}{n}\right)^2$. Daher gilt für alle $0 \leq k \leq n$ und $x \in [0,1]$

$$\left|f\left(\frac{k}{n}\right) - f(x)\right| < \frac{\varepsilon}{2} + \frac{2c}{\delta^2}\left(x - \frac{k}{n}\right)^2 .$$

Wegen $\sum_k \binom{n}{k} x^k (1-x)^{n-k} = 1$ und $\sum_k \binom{n}{k} x^k (1-x)^{n-k} \left(x - \frac{k}{n}\right)^2 \leq \frac{1}{4n}$, vgl. Lemma 4.5.17, folgt nun für alle $x \in [0,1]$

$$\begin{aligned}|B_n(f)(x) - f(x)| &\leq \sum_k \binom{n}{k} x^k (1-x)^{n-k} \frac{\varepsilon}{2} \\ &+ \sum_k \binom{n}{k} x^k (1-x)^{n-k} \frac{2c}{\delta^2}\left(x - \frac{k}{n}\right)^2 \leq \frac{\varepsilon}{2} + \frac{c}{2n\delta^2} < \varepsilon ,\end{aligned}$$

das heißt $\|f - B_n(f)\| < \varepsilon$, wie behauptet. □

Beispiel 4.5.20. Um zu demonstrieren, dass die im Beweis gefundene Schranke $\frac{c}{\varepsilon\delta^2}$ für den Grad des Bernsteinpolynoms sehr groß sein kann, betrachten wir die Funktion $f : [0,1] \to \mathbb{R}$, die durch $f(x) = \frac{1}{1+25x^2}$ definiert ist. (Abb. 4.16). Da $f(x) \leq 1$ für alle $x \in [0,1]$, können wir $c = 1$

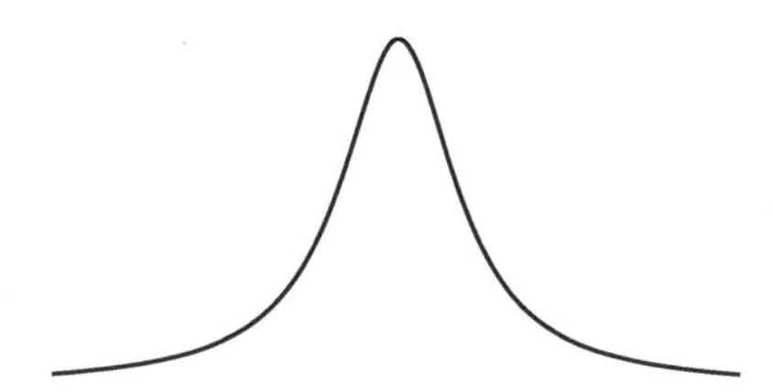

Abb. 4.16 $f(x) = \frac{1}{1+25x^2}$ für $-1 \leq x \leq 1$

wählen. Um diese Funktion durch ein Bernsteinpolynom im Intervall $[0,1]$ mit der Genauigkeit $\varepsilon = 0,001$ zu approximieren, suchen wir ein $\delta > 0$, so dass $|f(x) - f(y)| < \varepsilon$ für alle $|x - y| < \delta$ gilt. Da $x + y \leq 2$ und $\frac{1}{(1+25x^2)(12+25y^2)} \leq 1$, erhalten wir

$$\left|\frac{1}{1+25x^2}-\frac{1}{1+25y^2}\right|=\frac{25(y+x)\,|y-x|}{(1+25x^2)(1+25y^2)}\le 50|y-x|\,.$$

Wenn wir $\delta=\frac{\varepsilon}{50}$ wählen, erhalten wir $|f(x)-f(y)|<\varepsilon$ für alle $x,y\in[0,1]$ mit $|y-x|<\delta$. Das heißt, die im Beweis gefundene Schranke für den Grad n des Bernsteinpolynoms $B_n(f)$, welches diese Funktion f mit der Genauigkeit $\varepsilon=0,001$ approximiert, ist gleich $\frac{c}{\varepsilon\delta^2}=\frac{2500}{\varepsilon^3}=2{,}5\cdot 10^{12}=2\,500\,000\,000\,000$.

Eine weitere Methode zur Approximation einer Funktion $f:[a,b]\to\mathbb{R}$ besteht darin, dass man ein Polynom p vom Grad höchstens n bestimmt, welches an $n+1$ sogenannten Stützstellen $a=x_0<x_1<\ldots,<x_n=b$ dieselben Werte wie die Funktion f annimmt. Wenn $y_0=f(x_0),y_1=f(x_1)\ldots,y_n=f(x_n)$, dann wird ein solches Polynom $p=p_n$ wie folgt rekursiv definiert:

$$p_0(x)=y_0$$

$$p_{k+1}(x)=p_k(x)+\big(y_{k+1}-p_k(x_{k+1})\big)\prod_{j=0}^{k}\frac{x-x_j}{x_{k+1}-x_j}\qquad\text{für } k\ge 0.$$

Obwohl p und f an den Stützstellen $x_0,\ldots,x_n$ übereinstimmen, kann der Fehler $\|f-p\|$ sehr groß werden. Auch wenn man durch geschickte Wahl der Stützstellen den Fehler $\|f-p\|$ bei vorgegebenem Grad minimiert, wird man im Allgemeinen kein optimales Ergebnis erhalten.

Für die Funktion $f(x)=\frac{1}{1+25x^2}$ aus Beispiel 4.5.20 erhalten wir mit dieser Methode bei gleichmäßig verteilen Stützstellen $x_k=\frac{k}{n}$, $k=0,\ldots,n$ im Intervall $[0,1]$ eine bessere Approximation als durch das entsprechende Bernsteinpolynom vom gleichen Grad. Trotzdem ist die Approximation am Rand des Intervalls $[-1,1]$ nicht gut, wie in Abb. 4.17 zu sehen ist. Die Funktion $f(x)=\frac{1}{1+25x^2}$ hat die in der Literatur als Phänomen von Runge[22] bekannte Eigenschaft, dass sie sich schlecht über dem gesamten Intervall $[-1,1]$ durch ein Polynom approximieren lässt.

Um dieses Phänomen zu vermeiden, werden sogenannte *Splines* eingeführt, d.h. man verwendet stückweise Polynome von kleinerem Grad, die an den Stützstellen glatt zusammenpassen. So sind zum Beispiel Splines erster Ordnung die Verbindungen der Funktionswerte in den Stützstellen durch Geradenstücke. In Abb. 4.17 ist zu sehen, dass bereits mit linearen Splines eine gute Approximation erreicht werden kann.

Splines k-ter Ordnung sind Funktionen, die auf den Intervallen $[x_i,x_{i+1}]$ durch Polynome p_{i+1} vom Grad k gegeben sind, die an den Stützstellen $x_0,\ldots,x_n$ glatt zusammenpassen. Für vorgegebene Funktionswerte $y_0=f(x_0),\ldots,y_n=f(x_n)$ bedeutet das konkret

---

[22] Carl David Tolmé Runge (1856–1927), deutscher Mathematiker.

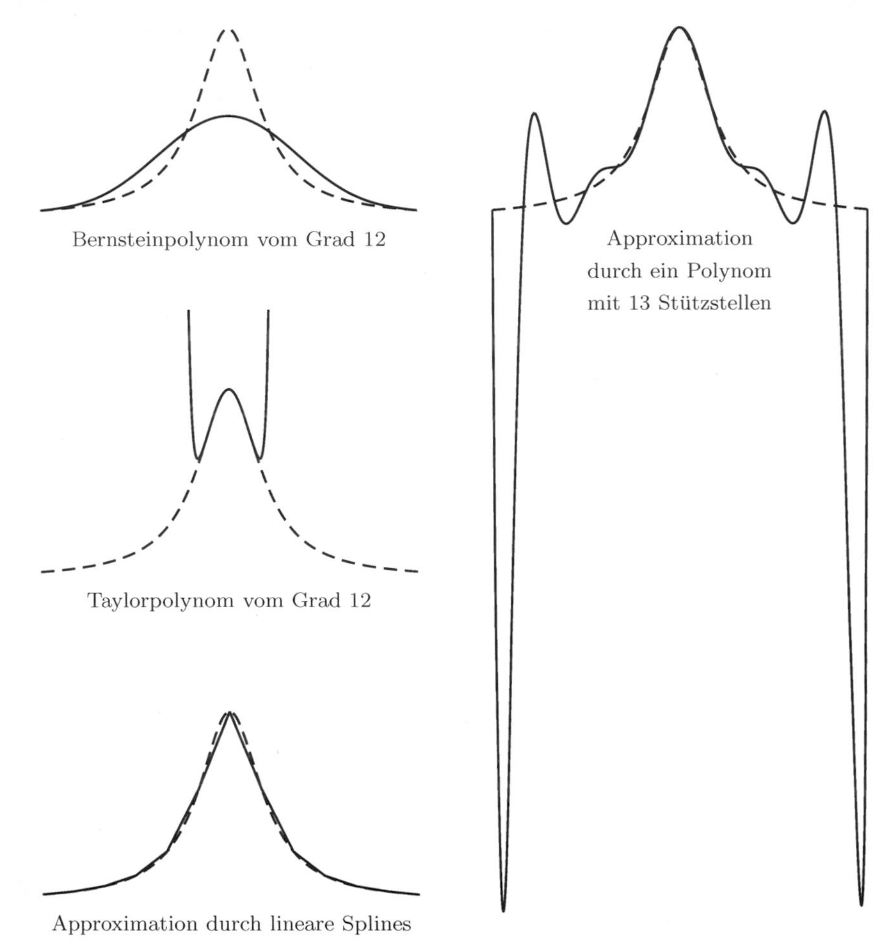

Abb. 4.17 Verschiedene Approximationen für $f(x) = \dfrac{1}{1+25x^2}$

$$\begin{aligned}
p_1(x_0) &= y_0,\ p_1(x_1) = y_1 ,\\
p_2(x_1) &= y_1,\ p_2(x_2) = y_2 ,\\
&\quad p_2'(x_1) = p_1'(x_1), \ldots, p_2^{(k-1)}(x_1) = p_1^{(k-1)}(x_1) ,\\
p_3(x_2) &= y_2,\ p_3(x_3) = y_3 ,\\
&\quad p_3'(x_2) = p_2'(x_2), \ldots, p_3^{(k-1)}(x_2) = p_2^{(k-1)}(x_2) ,\\
&\quad \vdots\\
p_n(x_{n-1}) &= y_{n-1},\ p_n(x_n) = y_n ,\\
&\quad p_n'(x_{n-1}) = p_{n-1}'(x_{n-1}), \ldots, p_n^{(k-1)}(x_{n-1}) = p_{n-1}^{(k-1)}(x_{n-1}) .
\end{aligned}$$

Die Glattheit an den Stützstellen wird also durch die Übereinstimmung der Ableitungen der benachbarten Polynome bis zur Ordnung $k-1$ erreicht. Durch diese Bedingungen werden die Polynome $p_1, \ldots, p_n$ erst nach Wahl von beliebigen Werten für die Ableitungen $p_1'(x_0), \ldots, p_1^{(k-1)}(x_0)$ von p_1 im Anfangspunkt $x_0 = a$ eindeutig festgelegt. Für lineare Splines ist $k-1=0$ und eine solche zusätzliche Wahl ist nicht nötig.
In Abb. 4.18 ist die Approximation durch lineare Splines im Intervall $[-1, 1]$ mit Stützstellen $x_0 = -1, x_1 = 0, x_2 = 1$ und Funktionswerten $y_0 = 1, y_1 = 0, y_2 = 1$ zu sehen.

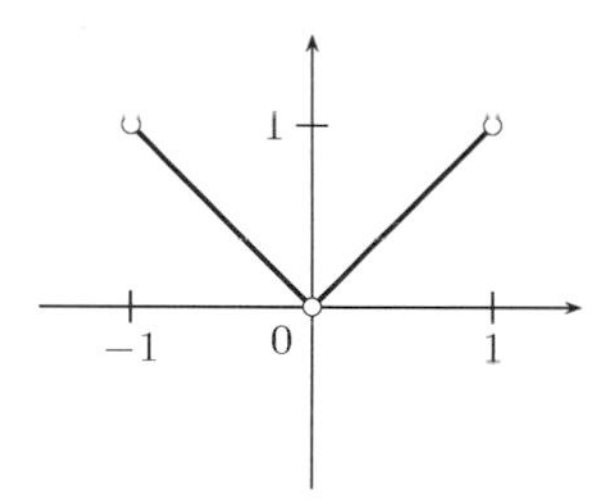

Abb. 4.18 Lineare Splines

Interessanter ist bereits die Approximation durch Splines 2. Ordnung. Die Bedingungen $p_1(-1) = 1, p_1(0) = 0$ und $p_2(0) = 0, p_2'(0) = p_1'(0), p_2(1) = 1$ sind für die beiden quadratischen Polynome

$$p_1(x) = (b+1)x^2 + bx$$
$$p_2(x) = (1-b)x^2 + bx$$

für jede reelle Zahl b erfüllt. Die Wahl der Zahl b ist zur Fixierung von $p_1'(0)$ äquivalent, denn $p_1'(0) = -b-2$. Für die Werte $b = -4, -3, -2, -1, 0$ ergeben sich die in Abb. 4.19 angegebenen Funktionen. In der Praxis werden vorwiegend Splines 3. Ordnung verwendet.
Wir werden als Nächstes untersuchen, wie periodische Funktionen approximiert werden können.

Definition 4.5.21. Eine Funktion $f : \mathbb{R} \to \mathbb{R}$ heißt *periodisch* mit Periode $L > 0$, falls $f(x+L) = f(x)$ für alle $x \in \mathbb{R}$ gilt.

Beispiel 4.5.22. (1) Die Funktionen $\sin(x)$ und $\cos(x)$ sind periodisch mit Periode 2π.
(2) Sei f eine periodische Funktion mit Periode L, dann ist $g(x) := f\left(x\frac{L}{2\pi}\right)$ eine Funktion mit Periode 2π.

Beispiel 4.5.22 (2) zeigt, dass man sich bei der Behandlung periodischer Funktionen auf den Fall der Periode 2π beschränken kann. Das wollen wir im Folgenden stets tun.

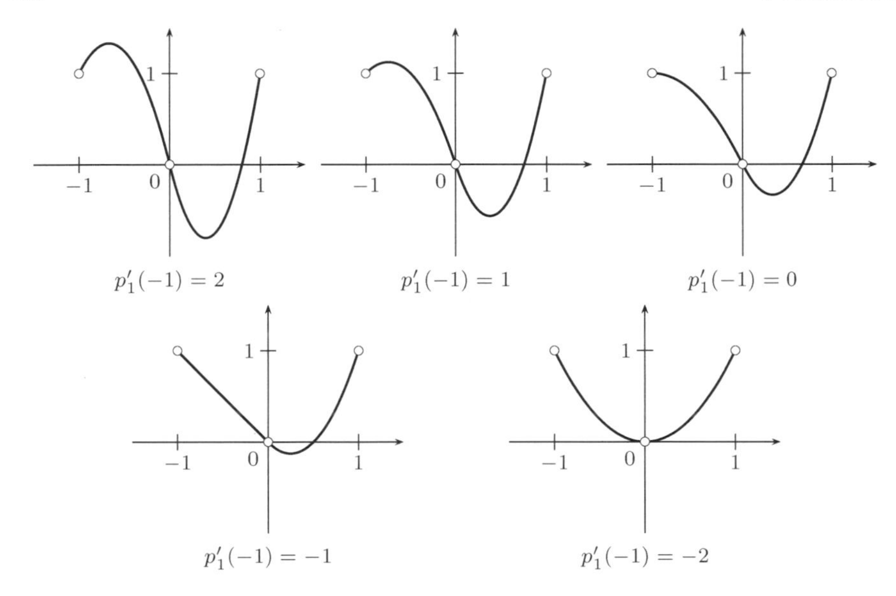

Abb. 4.19 Splines 2. Ordnung

Definition 4.5.23. Eine Funktion $f : \mathbb{R} \to \mathbb{R}$ heißt *trigonometrisches Polynom* der Ordnung n, falls es reelle Zahlen $a_0, \ldots, a_n, b_1, \ldots, b_n$ gibt, so dass

$$f(x) = \frac{a_0}{2} + \sum_{k=1}^{n} \big(a_k \cos(kx) + b_k \sin(kx)\big) .$$

Satz 4.5.24 *Wenn* $f(x) = \frac{a_0}{2} + \sum_{k=1}^{n}(a_k \cos(kx) + b_k \sin(kx))$ *ein trigonometrisches Polynom ist, dann gilt*

$$a_k = \frac{1}{\pi}\int_0^{2\pi} f(x)\cos(kx)\,\mathrm{d}x \qquad \textit{für } k = 0, \ldots, n \qquad \textit{und}$$

$$b_k = \frac{1}{\pi}\int_0^{2\pi} f(x)\sin(kx)\,\mathrm{d}x \qquad \textit{für } k = 1, \ldots, n .$$

Beweis. Aus Kapitel 4.4 (Bsp. 4.4.21, Aufg. 4.21 und 4.22) wissen wir

$$\int_0^{2\pi} \cos(kx)\sin(lx)\,\mathrm{d}x = 0 \qquad \text{für alle } k,l \in \mathbb{Z}$$
$$\int_0^{2\pi} \cos(kx)\cos(lx)\,\mathrm{d}x = 0 \qquad \text{für alle } k,l \in \mathbb{Z} \text{ mit } k \neq l$$
$$\int_0^{2\pi} \sin(kx)\sin(lx)\,\mathrm{d}x = 0 \qquad \text{für alle } k,l \in \mathbb{Z} \text{ mit } k \neq l$$
$$\int_0^{2\pi} \cos^2(kx)\,\mathrm{d}x = \int_0^{2\pi} \sin^2(kx)\,\mathrm{d}x = \pi \qquad \text{für alle } k \geq 1\,,$$

woraus die Behauptung folgt. □

Bemerkung 4.5.25. Entsprechend unserer Def. 4.1.20 haben wir

$$\cos(x) = \frac{\mathrm{e}^{\mathrm{i}x} + \mathrm{e}^{-\mathrm{i}x}}{2} \quad \text{und} \quad \sin(x) = \frac{\mathrm{e}^{\mathrm{i}x} - \mathrm{e}^{-\mathrm{i}x}}{2\mathrm{i}}\,.$$

Damit lassen sich trigonometrische Polynome auch mit Hilfe von komplexwertigen Funktionen schreiben. Mit $c_0 := \frac{a_0}{2}$ und $c_k := \frac{1}{2}(a_k - \mathrm{i}b_k)$, $c_{-k} := \overline{c_k} = \frac{1}{2}(a_k + \mathrm{i}b_k)$ für $k \geq 1$ ergibt sich nämlich

$$f(x) = \frac{a_0}{2} + \sum_{k=1}^{n}\big(a_k\cos(kx) + b_k\sin(kx)\big) = \sum_{k=-n}^{n} c_k \mathrm{e}^{\mathrm{i}kx}\,.$$

Insbesondere gilt

$$c_k = \frac{1}{2\pi}\int_0^{2\pi} f(x)\mathrm{e}^{-\mathrm{i}kx}\mathrm{d}x\,,$$

wobei das Integral einer komplexwertigen Funktion $f = u + \mathrm{i}v : [a,b] \to \mathbb{C}$ durch Integration von Real- und Imaginärteil definiert ist, das heißt

$$\int_a^b f(x)\mathrm{d}x := \int_a^b u(x)\mathrm{d}x + \mathrm{i}\int_a^b v(x)\mathrm{d}x\,,$$

falls die reellen Funktionen u, v integrierbar sind.

Wir werden zunächst periodische Funktionen durch trigonometrische Polynome approximieren.

Satz 4.5.26 *Sei $f : \mathbb{R} \to \mathbb{R}$ eine stetige, periodische*[23] *Funktion. Dann gibt es für jedes $\varepsilon > 0$ ein trigonometrisches Polynom p, so dass $\|f - p\|_{\mathbb{R}} < \varepsilon$.*

Zum Beweis benötigen wir zwei Hilfssätze. Wir bezeichnen die Menge aller stetigen, periodischen Funktionen $f : \mathbb{R} \to \mathbb{R}$, die sich im Sinne des obigen Satzes durch reelle trigonometrische Polynome approximieren lassen, mit $\mathcal{T}$.

[23] Nach unserer Vereinbarung mit Periode 2π.

Lemma 4.5.27 *Wenn $f, g \in \mathcal{T}$, dann gilt*

(1) $f + g \in \mathcal{T}$ *und* $f \cdot g \in \mathcal{T}$, *sowie*
(2) $|f| \in \mathcal{T}$, $\max\{f, g\} \in \mathcal{T}$ *und* $\min\{f, g\} \in \mathcal{T}$.

Beweis. Sei $\varepsilon > 0$ gegeben. Wir wählen trigonometrische Polynome p, q, so dass $\|f - p\| < \frac{\varepsilon}{2}$ und $\|g - q\| < \frac{\varepsilon}{2}$ gilt. Dann ist $\|f + g - (p + q)\| \leq \|f - p\| + \|g - q\| < \varepsilon$, d.h. $f + g \in \mathcal{T}$. Wenn wir p und q so wählen, dass $\|f - p\| < \frac{\varepsilon}{2\|g\|}$ und $\|g - q\| < \frac{\varepsilon}{2\|p\|}$ gilt, dann folgt

$$\|fg - pq\| = \|fg - pg + pg - pq\| \leq \|g\| \cdot \|f - p\| + \|p\| \cdot \|g - q\| < \varepsilon .$$

Damit ist (1) bewiesen. Um (2) zu beweisen, bemerken wir zunächst, dass $\max\{f, g\} = \frac{1}{2}\big(f + g + |f - g|\big)$ und $\min\{f, g\} = \frac{1}{2}\big(f + g - |f - g|\big)$ ist. Damit genügt es wegen (1) für jedes $f \in \mathcal{T}$ zu zeigen, dass auch $|f| \in \mathcal{T}$ gilt.
Wenn $f \in \mathcal{T}$ und $\|f\| < c$, dann ist $\frac{1}{c} f \in \mathcal{T}$. Damit können wir ohne Beschränkung der Allgemeinheit voraussetzen, dass $\|f\| < 1$ ist. Aus der binomischen Reihe (Bsp. 4.3.10 (5)) folgt wegen $\big(f(x)^2\big)^{\frac{1}{2}} \doteq |f(x)| \leq \|f\| < 1$ die Formel

$$|f(x)| = \sum_{k=0}^{\infty} \binom{\frac{1}{2}}{k} (f(x)^2 - 1)^k .$$

Wegen der gleichmäßigen Konvergenz der binomischen Reihe auf jedem abgeschlossenen Intervall in ihrem Konvergenzbereich, existiert für jedes $\varepsilon > 0$ ein $n \in \mathbb{N}$, so dass $\||f| - g_n\| < \frac{\varepsilon}{2}$ mit $g_n(x) := \sum_{k=0}^{n} \binom{\frac{1}{2}}{k}(f(x)^2 - 1)^k$ gilt. Da es sich um eine endliche Summe handelt, folgt aus dem ersten Teil des Satzes $g_n \in \mathcal{T}$, das heißt, es existiert ein trigonometrisches Polynom p, so dass $\|g_n - p\| < \frac{\varepsilon}{2}$ gilt. Dann ist

$$\||f| - p\| \leq \||f| - g_n\| + \|g_n - p\| < \varepsilon ,$$

das heißt $|f| \in \mathcal{T}$. □

Lemma 4.5.28 *Für jede periodische Funktion $f : \mathbb{R} \to \mathbb{R}$, jedes $x_0 \in [0, 2\pi]$ und $\varepsilon > 0$ existiert ein $p \in \mathcal{T}$ mit $p(x_0) = f(x_0)$ und $p(x) \leq f(x) + \varepsilon$ für alle $x \in [0, 2\pi]$.*

Beweis. Zu jedem $z \in [0, 2\pi]$ gibt es ein trigonometrisches Polynom p_z mit $p_z(z) = f(z)$ und $p_z(x_0) = f(x_0)$. Wegen der Stetigkeit von $p_z - f$ existiert ein offenes Intervall I_z, welches z enthält, so dass

$$p_z(x) \leq f(x) + \varepsilon \quad \text{für alle} \quad x \in I_z \cap [0, 2\pi] .$$

Da jeder Punkt aus dem abgeschlossenen Intervall $[0, 2\pi]$ in mindestens einer der offenen Mengen I_z enthalten ist, genügen endlich viele Intervalle $I_{z_1}, \ldots, I_{z_n}$ um $[0, 2\pi]$ zu überdecken: $[0, 2\pi] \subset \cup_{k=1}^{n} I_{z_k}$. Denn, wäre dies nicht der Fall, dann könnte man wenigstens eine der beiden Hälften des Intervalls $[0, 2\pi]$ nicht mit endlich vielen der I_z überdecken. Sei H_1 eine solche Hälfte. Durch immer weiteres Halbieren fänden wir eine Folge von Intervallen $H_1 \supset H_2 \supset H_3 \supset \cdots$, von denen keines durch endlich viele der I_z überdeckt wird. Sei $t_k \in H_k$ für $k \geq 1$. Da jedes der Intervalle H_k die Länge $2^{1-k}\pi$ besitzt und das Intervall $[0, 2\pi]$ abgeschlossen ist, konvergiert die Folge $(t_k)_{k\geq 1}$ gegen ein $t \in [0, 2\pi]$. Daraus folgt, dass es ein k_0 gibt, so dass $H_k \subset I_t$ für alle $k \geq k_0$, im Widerspruch zur Konstruktion der H_k. Sei nun $p := \min\{p_{z_1}, \ldots, p_{z_n}\}$, dann ist $p \in \mathcal{T}$ (Lemma 4.5.27) und nach Konstruktion gilt sowohl $p(x_0) = f(x_0)$ als auch $p(x) \leq f(x) + \varepsilon$ für alle $x \in [0, 2\pi]$. □

Beweis (Satz 4.5.26). Sei $\varepsilon > 0$ gegeben. Nach Lemma 4.5.28 gibt es für jedes $z \in [0, 2\pi]$ ein $q_z \in \mathcal{T}$, so dass $q_z(z) = f(z)$ und $q_z(x) \leq f(x) + \frac{\varepsilon}{2}$ für alle $x \subset [0, 2\pi]$ gilt. Da $q_z - f$ stetig ist, gibt es ein offenes Intervall I_z, welches z enthält, so dass für alle $x \in I_z \cap [0, 2\pi]$ die Ungleichung $q_z(x) \geq f(x) - \frac{\varepsilon}{2}$ gilt.
Da $[0, 2\pi]$ ein abgeschlossenes Intervall ist, genügen wieder endlich viele Intervalle $I_{z_1}, \ldots, I_{z_m}$ zur Überdeckung, d.h. $[0, 2\pi] \subset \cup_{k=1}^{m} I_{z_k}$. Wegen Lemma 4.5.27 gilt $g := \max\{q_{z_1}, \ldots, q_{z_m}\} \in \mathcal{T}$. Diese Funktion erfüllt $f(x) - \frac{\varepsilon}{2} \leq g(x) \leq f(x) + \frac{\varepsilon}{2}$ für alle $x \in [0, 2\pi]$ und es existiert ein trigonometrisches Polynom p mit $\|g - p\| < \frac{\varepsilon}{2}$. Daraus folgt $\|f - p\| \leq \|f - g\| + \|g - p\| < \varepsilon$. □

Dieser Beweis von Satz 4.5.26 ist ein abstrakter Existenzbeweis, der für konkrete Rechnungen wenig Information liefert. Daher werden wir uns als Nächstes mit dem Problem der expliziten Konstruktion einer Approximation durch trigonometrische Polynome befassen. Dabei lassen wir uns von Satz 4.5.24 leiten.

Definition 4.5.29. Sei $f : \mathbb{R} \to \mathbb{R}$ eine periodische, über $[0, 2\pi]$ integrierbare Funktion. Dann heißen die Zahlen

$$a_k = \frac{1}{\pi} \int_0^{2\pi} f(x) \cos(kx) \mathrm{d}x \qquad \text{für } k \geq 0$$
$$b_k = \frac{1}{\pi} \int_0^{2\pi} f(x) \cos(kx) \mathrm{d}x \qquad \text{für } k \geq 1$$

die *Fourier-Koeffizienten*[24] von f und die Reihe

$$\frac{a_0}{2} + \sum_{k=1}^{\infty} \left(a_k \cos(kx) + b_k \sin(kx)\right)$$

heißt *Fourier-Reihe* von f.

[24] Jean Baptiste Joseph Fourier (1768–1830), französischer Mathematiker.

Bemerkung 4.5.30. Wenn a, b reelle Zahlen mit $b - a = 2\pi$ und $f : \mathbb{R} \to \mathbb{R}$ eine periodische Funktion ist, dann gilt $\int_a^b f(x)\mathrm{d}x = \int_0^{2\pi} f(x)\mathrm{d}x$. Deshalb werden die Fourier-Koeffizienten auch oft in der Form $a_n = \frac{1}{\pi}\int_{-\pi}^{\pi} f(x)\cos(nx)\mathrm{d}x$ bzw. $b_n = \frac{1}{\pi}\int_{-\pi}^{\pi} f(x)\sin(nx)\mathrm{d}x$ geschrieben.
Wie in Bemerkung 4.5.25 können wir auch komplexwertige, periodische Funktionen $f : \mathbb{R} \to \mathbb{C}$ betrachten. Dann heißen die komplexen Zahlen $c_k := \frac{1}{2\pi}\int_0^{2\pi} f(x)\mathrm{e}^{-\mathrm{i}kx}\mathrm{d}x$, $k \in \mathbb{Z}$ die Fourier-Koeffizienten von f und die Fourier-Reihe hat die Gestalt $\sum_{k=-\infty}^{\infty} c_k \mathrm{e}^{\mathrm{i}kx}$.

Satz 4.5.31 *Wenn die stetigen, periodischen Funktionen $f, g : \mathbb{R} \to \mathbb{R}$ die gleichen Fourier-Koeffizienten haben, dann gilt $f = g$.*

Beweis. Ohne Beschränkung der Allgemeinheit sei $g = 0$. Dann besagt die Voraussetzung, dass alle Fourier-Koeffizienten von f verschwinden. Wegen Definition 4.5.29 hat das die Gleichung $\int_0^{2\pi} p(x)f(x)\mathrm{d}x = 0$ für jedes trigonometrisches Polynom p zur Folge. Nach Satz 4.5.26 existiert eine Folge $(p_n)_{n\in\mathbb{N}}$ trigonometrischer Polynome, die auf $[0, 2\pi]$ gleichmäßig gegen f konvergiert. Für diese Folge gilt

$$\int_0^{2\pi} f(x)^2\mathrm{d}x = \int_0^{2\pi} f(x) \lim_{n\to\infty} p_n(x)\mathrm{d}x = \lim_{n\to\infty}\int_0^{2\pi} f(x)p_n(x)\mathrm{d}x = 0\,.$$

Da f^2 eine auf $[0, 2\pi]$ stetige Funktion ist und $f(x)^2 \geq 0$ gilt, folgt $f = 0$. □

Satz 4.5.32 *Wenn $f : \mathbb{R} \to \mathbb{R}$ eine stetige, periodische Funktion ist, deren Fourier-Reihe $g(x) := \frac{a_0}{2} + \sum_{k=1}^{\infty}\big(a_k\cos(kx) + b_k\sin(kx)\big)$ auf dem Intervall $[0, 2\pi]$ gleichmäßig konvergiert, dann ist $f = g$.*

Beweis. Wegen der gleichmäßigen Konvergenz ist g eine stetige Funktion, die dieselben Fourier-Koeffizienten wie f hat. Nach Satz 4.5.31 folgt $f = g$. □

Bemerkung 4.5.33. Die Voraussetzung von Satz 4.5.32 ist nicht für jede stetige Funktion erfüllt. Im Allgemeinen konvergiert die Fourier-Reihe von f selbst für stetige Funktionen weder gleichmäßig noch punktweise gegen f. Paul Du Bois–Reymond[25] fand im Jahre 1873 eine stetige Funktion, deren Fourier-Reihe divergiert.

Bevor wir zu Beispielen kommen, stellen wir ohne Beweis noch einige Resultate über die Konvergenz der Fourier-Reihe zusammen (vgl. [Koe]).

[25] Paul Du Bois–Reymond (1831–1889), deutscher Mathematiker.

Satz 4.5.34 (1) *Wenn $f : \mathbb{R} \to \mathbb{R}$ eine stückweise stetig differenzierbare*[26], *periodische Funktion ist, dann konvergiert die Fourier-Reihe auf jedem Intervall, in dem keine Unstetigkeitsstelle von f liegt, gleichmäßig gegen f.*
(2) *Wenn f in den Unstetigkeitsstellen links- und rechtsseitige Ableitungen besitzt, dann konvergiert die Fourier-Reihe an diesen Stellen gegen das arithmetische Mittel des links- und rechtsseitigen Grenzwertes von f.*

Das Taylorpolynom approximiert die Funktion in der Nähe des Entwicklungspunktes. Im Gegensatz dazu gibt die Fourier-Reihe für eine große Klasse von Funktionen global eine gute Näherung.

Satz 4.5.35 *Wenn $f : \mathbb{R} \to \mathbb{R}$ eine periodische, über $[0, 2\pi]$ integrierbare Funktion ist, dann konvergiert die Fourier-Reihe von f im quadratischen Mittel gegen f, d.h.*

$$\lim_{n\to\infty} \int_0^{2\pi} \left(f(x) - f_n(x)\right)^2 \mathrm{d}x = 0\,,$$

wobei $f_n(x)$ die n-te Partialsumme der Fourier-Reihe von f ist.

Kommen wir jetzt zu einigen Beispielen.

Beispiel 4.5.36. Sei f die periodische Funktion, die durch $f(x) = |x|$ für alle $x \in [-\pi, \pi]$ definiert ist, siehe Abb. 4.20. Diese Funktion ist stückweise stetig

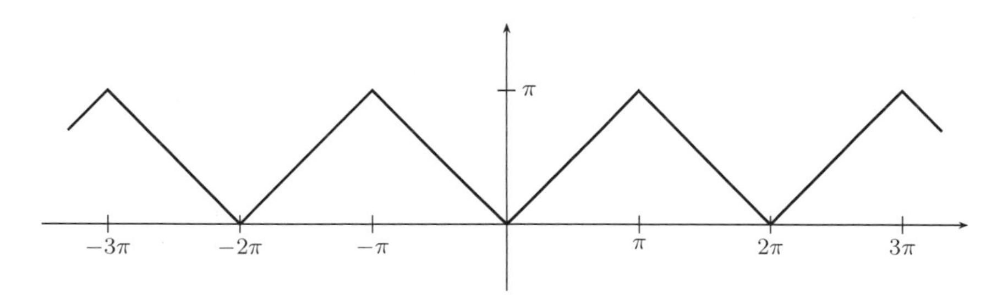

Abb. 4.20 Eine stückweise stetig differenzierbare periodische Funktion

differenzierbar. Ihre Fourier-Koeffizienten berechnen sich unter wiederholter Verwendung der partiellen Integration für $k \neq 0$ wie folgt:

[26] Eine Funktion f heißt stückweise stetig differenzierbar auf $[0, 2\pi]$, wenn es eine Zerlegung $0 = x_0 < x_1 < \ldots < x_n = 2\pi$ dieses Intervalls und stetig differenzierbare Funktionen f_k auf $[x_{k-1}, x_k]$ gibt, die mit f auf (x_{k-1}, x_k) übereinstimmen. Weiterhin sollen die rechts- und linksseitigen Grenzwerte von f in den x_k existieren.

$$\begin{aligned}
a_k &= \frac{1}{\pi}\int_0^{2\pi} f(x)\cos(kx)\mathrm{d}x \\
&= \frac{1}{\pi}\int_0^{\pi} x\cos(kx)\mathrm{d}x + \frac{1}{\pi}\int_\pi^{2\pi}(-x+2\pi)\cos(kx)\mathrm{d}x \\
&= \frac{1}{\pi}\left(\frac{x}{k}\sin(kx)\Big|_0^\pi - \frac{1}{k}\int_0^\pi \sin(kx)\mathrm{d}x\right) \\
&\qquad + \frac{1}{\pi}\left(\frac{2\pi-x}{k}\sin(kx)\Big|_\pi^{2\pi} + \frac{1}{k}\int_\pi^{2\pi}\sin(kx)\mathrm{d}x\right) \\
&= \frac{1}{\pi k^2}\cos(kx)\Big|_0^\pi - \frac{1}{\pi k^2}\cos(kx)\Big|_\pi^{2\pi} = \frac{1}{\pi k^2}\big(\cos(k\pi)-1-1+\cos(k\pi)\big) \\
&= \frac{2}{\pi k^2}(\cos(k\pi)-1) = \begin{cases} 0 & \text{für } k \text{ gerade} \\ -\frac{4}{\pi k^2} & \text{für } k \text{ ungerade.}\end{cases}
\end{aligned}$$

Eine analoge Rechnung liefert $b_k = 0$ für alle $k > 0$. Da $a_0 = \frac{1}{\pi}\int_0^{2\pi} f(x)\mathrm{d}x = \pi$, ergibt sich als Fourier-Reihe von f die Reihe

$$\begin{aligned}
f(x) &= \frac{\pi}{2} - \frac{4}{\pi}\sum_{k=0}^{\infty}\frac{1}{(2k+1)^2}\cos((2k+1)x) \\
&= \frac{\pi}{2} - \frac{4}{\pi}\left(\cos(x) + \frac{\cos(3x)}{9} + \frac{\cos(5x)}{25} + \frac{\cos(7x)}{49} + \ldots\right),
\end{aligned}$$

die gleichmäßig gegen f konvergiert. Da $f(0) = 0$ ergibt sich daraus das interessante Resultat

$$\frac{\pi^2}{8} = \sum_{k=0}^{\infty}\frac{1}{(2k+1)^2} = 1 + \frac{1}{9} + \frac{1}{25} + \frac{1}{49} + \frac{1}{81} + \frac{1}{121} + \frac{1}{169} + \ldots .$$

Beispiel 4.5.37. Sei f die periodische Funktion, die durch

$$f(x) = \begin{cases} 1 & \text{für } x \in (0,\pi) \\ -1 & \text{für } x \in (-\pi, 0) \end{cases}$$

definiert ist (Abb. 4.21). Auch diese Funktion ist stückweise stetig differen-

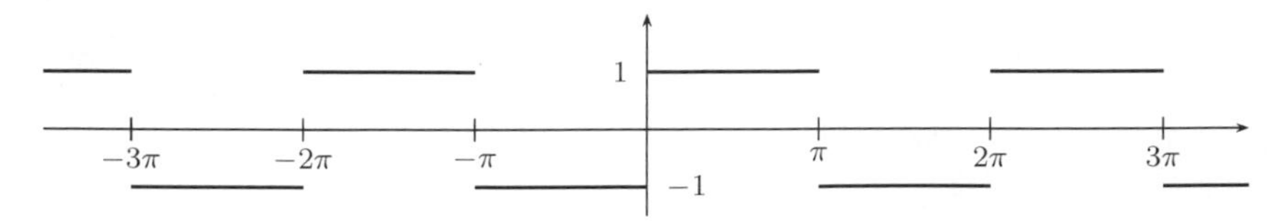

Abb. 4.21 Noch eine stückweise stetig differenzierbare, periodische Funktion

zierbar. Offenbar ist $a_0 = \frac{1}{\pi}\int_0^{2\pi} f(x)\mathrm{d}x = 0$. Für $k > 0$ berechnen sich die Fourier-Koeffizienten wie folgt:

$$\begin{aligned}
a_k &= \frac{1}{\pi}\int_0^{2\pi} f(x)\cos(kx)\mathrm{d}x = \frac{1}{\pi}\int_0^{\pi}\cos(kx)\mathrm{d}x - \frac{1}{\pi}\int_{\pi}^{2\pi}\cos(kx)\mathrm{d}x \\
&= \frac{1}{k\pi}\sin(kx)\Big|_0^{\pi} - \frac{1}{k\pi}\sin(kx)\Big|_{\pi}^{2\pi} = 0\,, \\
b_k &= \frac{1}{\pi}\int_0^{2\pi} f(x)\sin(kx)\mathrm{d}x \\
&= \frac{1}{\pi}\int_0^{\pi}\sin(kx)\mathrm{d}x - \frac{1}{\pi}\int_{\pi}^{2\pi}\sin(kx)\mathrm{d}x = -\frac{1}{k\pi}\cos(kx)\Big|_0^{\pi} + \frac{1}{k\pi}\cos(kx)\Big|_{\pi}^{2\pi} \\
&= \frac{1}{k\pi}\left(1-(-1)^k+1-(-1)^k\right) = \begin{cases} 0 & \text{für } k \text{ gerade} \\ \frac{4}{k\pi} & \text{für } k \text{ ungerade.} \end{cases}
\end{aligned}$$

Damit ergibt sich als Fourier-Reihe für die Funktion f die Reihe

$$\begin{aligned}
&\frac{4}{\pi}\sum_{k=0}^{\infty}\frac{1}{2k+1}\sin((2k+1)x) \\
&\qquad = \frac{4}{\pi}\left(\sin(x) + \frac{\sin(3x)}{3} + \frac{\sin(5x)}{5} + \frac{\sin(7x)}{7} + \frac{\sin(9x)}{9} + \ldots\right).
\end{aligned}$$

Sie konvergiert in jedem abgeschlossenen Teilintervall von $(k\pi,(k+1)\pi)$ gleichmäßig gegen f. In den Unstetigkeitsstellen konvergiert sie gegen 0, das ist das arithmetische Mittel des rechtsseitigen und linksseitigen Grenzwertes. Am Bild von $\frac{4}{\pi}\left(\sin(x) + \frac{\sin(3x)}{3} + \frac{\sin(5x)}{5}\right)$ kann man das bereits gut erkennen (Abb. 4.22). Da $f\left(\frac{\pi}{2}\right) = 1$ und $\sin\left((2k+1)\frac{\pi}{2}\right) = (-1)^k$ ergibt sich aus

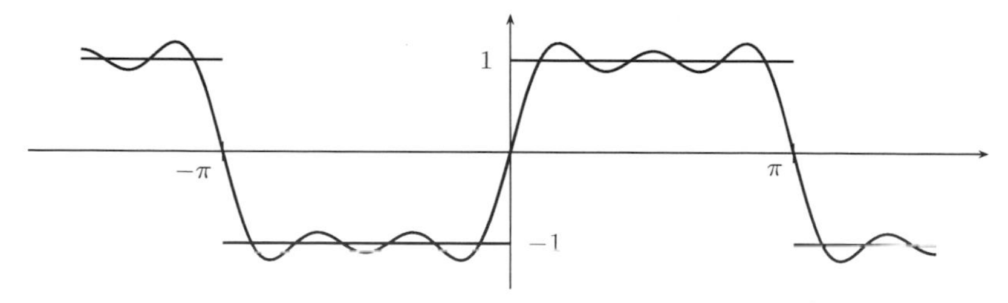

Abb. 4.22 Fourierpolynom p_5

der Konvergenz in $x = \frac{\pi}{2}$ die interessante Formel:

$$\frac{\pi}{4} = \sum_{k=0}^{\infty}(-1)^k\frac{1}{2k+1} = 1 - \frac{1}{3} + \frac{1}{5} - \frac{1}{7} + \frac{1}{9} - \frac{1}{11} + \frac{1}{13} - \ldots\,,$$

der wir bereits in Beispiel 4.4.24 begegnet sind.

Zum Abschluss dieses Abschnittes werden wir, aufbauend auf die hier dargestellte Theorie der Fourier-Reihen, einen kurzen Einblick in die diskrete Fourier-Transformation geben, die bei der Datenkompression in der modernen Bild- und Tonverarbeitung zur Anwendung kommt. Zur Motivation und Erklärung der Idee der Fourier-Transformation starten wir mit der Beobachtung, dass eine 2π-periodische Funktion $f : \mathbb{R} \to \mathbb{R}$ unter hinreichend guten Voraussetzungen mit Hilfe ihrer (komplexen) Fourier-Reihe

$$f(x) = \sum_{k=-\infty}^{\infty} c_k \mathrm{e}^{\mathrm{i}kx}$$

aus der diskreten Menge von komplexen Zahlen $c_k = \frac{1}{2\pi}\int_0^{2\pi} f(x)\mathrm{e}^{-\mathrm{i}kx}\mathrm{d}x$, $k \in \mathbb{Z}$ rekonstruierbar ist. Für Funktionen mit Periode 1, d.h. $f(x+1) = f(x)$, erhält man durch die Substitution $\varphi(x) = 2\pi x$ die folgende Formel für die Fourier-Koeffizienten

$$c_k = \int_0^1 f(t)\mathrm{e}^{-2\pi\mathrm{i}kt}\mathrm{d}t\ .$$

In der reellen Darstellung einer Funktion mit Periode 2π

$$f(x) = \frac{a_0}{2} + \sum_{k=1}^{\infty}(a_k\cos(kx) + b_k\sin(kx))$$

sieht man, dass die Größe der Koeffizienten a_k, b_k bestimmt, welchen Einfluss die Funktionen $\cos(kx), \sin(kx)$ in der Darstellung der Funktion f haben. Wenn wir, wie es in der Praxis oft der Fall ist, die Variable x als Zeitvariable ansehen, dann ist der Übergang von einer Funktion zu ihren Fourier-Koeffizienten eine Abbildung vom Zeitbereich in den Frequenzbereich. Als Frequenz einer Funktion mit Periode $T > 0$ bezeichnet man die reelle Zahl $\frac{2\pi}{T}$. Da die Funktionen $\sin(kx)$ und $\cos(kx)$ die Periode $\frac{2\pi}{k}$ besitzen, ist ihre Frequenz gleich k.
Wenn man etwa bei der Tonverarbeitung bestimmte Frequenzen im Ton nicht haben will, z.B. weil der Mensch sie sowieso nicht wahrnimmt, kann man die entsprechenden Fourier-Koeffizienten einfach Null setzen. Aus den Fourier-Koeffizienten kann man die Funktion mittels der Fourier-Reihe wieder zurückgewinnen. Das ist die klassische Methode, ein Signal in seine einzelnen Frequenzen zu zerlegen, zu bearbeiten und anschließend wieder zu rekonstruieren. Heute benutzt man dazu oft die sogenannten *Wavelets* (vgl. [BEL]), die für den Computer besser geeignet sind.
Die Übertragung dieser Idee von Funktionen der Periode 1 auf nichtperiodische Funktionen, die man sich als Funktionen mit der Periode ∞ vorstellt, führt zu den *Fourier-Transformationen*. Dazu betrachten wir eine stückweise stetig Funktion $f : \mathbb{R} \to \mathbb{R}$, die absolut integrierbar ist, das heißt, für die das uneigentliche Integral $\int_{-\infty}^{\infty} |f(x)|\mathrm{d}x$ existiert. Man kann

zeigen, dass dann auch

$$\widehat{f}(x) := \int_{-\infty}^{\infty} f(t)\mathrm{e}^{-2\pi\mathrm{i}xt}\mathrm{d}t$$

konvergiert. Die Funktion $\widehat{f}(x)$ wird die *Fourier-Transformierte* von f genannt. Die Normierung ist in der Literatur nicht einheitlich. Manchmal wird $\widehat{f}$ auch durch $\widehat{f}(x) = \frac{1}{\sqrt{2\pi}} \int_{-\infty}^{\infty} f(t)\mathrm{e}^{-\mathrm{i}xt}\mathrm{d}t$ definiert.

Beispiel 4.5.38. Die Fourier-Transformierte der durch $f(x) = \begin{cases} 1 & |x| \leq 1 \\ 0 & \text{sonst} \end{cases}$ definierten Funktion f, berechnet sich wie folgt:

$$\begin{aligned} \widehat{f}(x) &= \int_{-1}^{1} \mathrm{e}^{-2\pi\mathrm{i}xt}\mathrm{d}t = \int_{-1}^{1} \cos(2\pi xt)\mathrm{d}t - \mathrm{i}\int_{-1}^{1} \sin(2\pi xt)\mathrm{d}t \\ &= \frac{1}{2\pi x}\sin(2\pi xt)\Big|_{-1}^{1} + \frac{\mathrm{i}}{2\pi x}\cos(2\pi xt)\Big|_{-1}^{1} = \frac{\sin(2\pi x)}{\pi x}\,. \end{aligned}$$

Wie in diesem Beispiel kann man die Fourier-Transformierte $\widehat{f}(x)$ ganz allgemein in Real- und Imaginärteil zerlegen: $\widehat{f}(x) = \widehat{f}_c(x) - \mathrm{i}\widehat{f}_s(x)$, wobei $\widehat{f}_c$ und $\widehat{f}_s$ reelle Funktionen sind. Man nennt $\widehat{f}_c$ die Kosinus-Transformierte und $\widehat{f}_s$ Sinus-Transformierte von f.
Die Fourier-Transformation kann, wie beim Übergang von den Fourier-Koeffizienten zu den Fourier-Reihen, umgekehrt werden, denn für jeden Punkt $x \in \mathbb{R}$, in dem f stetig ist, gilt

$$f(x) = \lim_{a\to\infty} \int_{-a}^{a} \widehat{f}(t)\mathrm{e}^{2\pi\mathrm{i}xt}\mathrm{d}t\,.$$

In den Unstetigkeitsstellen liefert dieser Ausdruck das arithmetische Mittel der rechts- und linksseitigen Grenzwerte der Funktionswerte.
Bei dieser inversen Fourier-Transformation ist zu beachten, dass das unbestimmte Integral $\int_{-\infty}^{\infty} \widehat{f}(t)\mathrm{e}^{2\pi\mathrm{i}xt}\mathrm{d}t = \lim_{a,b\to\infty} \int_{-a}^{-b} \widehat{f}(t)\mathrm{e}^{2\pi\mathrm{i}xt}\mathrm{d}t$, in dem beide Grenzen unabhängig voneinander gegen $\pm\infty$ gehen, nicht immer existieren muss, selbst wenn $\lim_{a\to\infty} \int_{-a}^{a} \widehat{f}(t)\mathrm{e}^{2\pi\mathrm{i}xt}\mathrm{d}t$, der sogenannte Cauchysche Hauptwert, existiert. Zum Beispiel existiert das Integral $\int_{-\infty}^{\infty} \widehat{f}(t)\mathrm{e}^{2\pi\mathrm{i}xt}\mathrm{d}t$ nicht, wenn $\widehat{f}(x) = \frac{\sin(2\pi x)}{\pi x}$ die Fourier-Transformierte der im Beispiel 4.5.38 betrachteten Funktion f ist.

Bei praktischen Anwendungen, wie zum Beispiel in der Ton- oder Bildverarbeitung, hat man in der Regel eine Funktion f durch *endlich viele* Funktionswerte $f_0, \ldots, f_{N-1}$ gegeben. Die Fourier-Transformation $\widehat{f}(x) = \int_{-\infty}^{\infty} f(t)\mathrm{e}^{2\pi\mathrm{i}xt}\mathrm{d}t$ wird dann durch die *diskrete Fourier-Transformation*

$$\widehat{f_n} := \sum_{k=0}^{N-1} f_k e^{\frac{-2\pi i n k}{N}}$$

ersetzt. Die *inverse diskrete Fourier-Transformation* ist durch die Gleichung

$$f_n = \frac{1}{N} \sum_{k=0}^{N-1} \widehat{f_k} e^{\frac{2\pi i n k}{N}}$$

gegeben. Zum Beweis, dass diese beiden Transformationen wirklich invers zueinander sind, benutzt man, dass $e^{\frac{2\pi i n k}{N}}$ eine N-te Einheitswurzel ist und zeigt, dass die Matrizen $\left(e^{-\frac{2\pi i n k}{N}}\right)_{0 \le n,k \le N-1}$ und $\left(\frac{1}{N} e^{\frac{2\pi i n k}{N}}\right)_{0 \le n,k \le N-1}$ zueinander invers sind (siehe Kapitel 2).

Die diskreten Fourier-Transformationen haben ein breites Anwendungsspektrum. Sie werden zum Beispiel zur *Datenkompression* bei der Bild- und Tonverarbeitung eingesetzt. Für JPEG benutzt man die *diskrete Kosinustransformation*

$$\widehat{f_n} = \sum_{k=0}^{N-1} f_k \cos\left(\frac{\pi}{N} n \left(k + \frac{1}{2}\right)\right)$$

und bei dem MP3-Format wird

$$\widehat{f_n} = \sum_{k=0}^{N-1} f_k \cos\left(\frac{\pi}{N} \left(n + \frac{1}{2}\right) \left(k + \frac{1}{2}\right)\right)$$

benutzt. Die Idee der *Datenkompression im Audiobereich* besteht darin, dass der Mensch nur Töne in einem bestimmten Frequenzbereich wahrnehmen[27] kann. Die anderen Frequenzen, die in den Tönen der Musik enthalten sind, kann man beruhigt weglassen, ohne dass sich die Wahrnehmung ändert. Deshalb transformiert man das zeitabhängige Tonsignal, das man bei der Aufnahme der Musik erhält und welches aus endlich viele Funktionswerten besteht, mit Hilfe der diskreten Fourier-Transformation in den Frequenzbereich. Das bedeutet, nach der Fourier-Transformation kann man direkt die Frequenzen ablesen und die nicht wahrnehmbaren Frequenzen herausfiltern, was dadurch erreicht wird, dass die entsprechenden Fourierkoeffizienten Null gesetzt werden. Man kann mit dieser Methode auch gewisse Effekte verstärken (z.B. die Bässe in einer Aufnahme), indem man die entsprechenden Frequenzen verstärkt. Auf diese Weise erhält man eine wesentlich kleinere Datenmenge. Diese transformiert man mit der inversen Fourier-Transformation zurück und erhält schließlich Töne beziehungsweise Musik, die sich für den Menschen von der ursprünglichen nicht unterscheidet, aber wesentlich weniger Speicherplatz beansprucht.

[27] von etwa 20 Hz bis 18 kHz (1Hz=1 Periode pro Sekunde)

Ähnlich funktioniert es in der *Bildverarbeitung*. Das Bild wird in kleine Quadrate (8×8 Bildpunkte) aufgeteilt. Die Bildpunkte sind charakterisiert durch Helligkeit und Farbwerte. Das menschliche Auge nimmt Fehler bei der Helligkeit stärker wahr als Fehler bei den Farben. Deshalb kann man auf einen Teil der Farbinformation verzichten. Die diskrete Kosinustransformation ist die am weitesten verbreitete Transformation zur Redundanzreduktion von Bildsignalen.
Die diskrete Fourier-Transformation wird auch zur *Trennung von Nutz- und Stördaten* im Audio- und Videobereich verwendet[28]. Die Störungen lassen sich nach der Transformation leichter erkennen. Wenn zum Beispiel ein Satellitenbild Störungen aufweist, kann man sie nach der Fourier-Transformation als Streifen erkennen.
Für die genannten Anwendungen besteht die Notwendigkeit, die diskrete Fourier-Transformation sehr schnell durchzuführen. Sie würde bei normaler Ausführung in einer Zeit von $O(N^2)$ erfolgen. Deshalb wurde die sogenannte *schnelle Fourier-Transformation* entwickelt, die in der Zeit $O(N \log(N))$ abläuft. Der diesbezüglich verbreitete Algorithmus stammt von Cooley-Tukey[29]und geht eigentlich auf Gauß zurück. Die Idee besteht darin, eine Zerlegung $N = N_1 \cdot N_2$ zu betrachten und den Algorithmus rekursiv für N_1 und N_2 aufzurufen. In der Regel benutzt man bei den Anwendungen $N = 2^k$. Zur Beschreibung des Algorithmus sei $\omega = \mathrm{e}^{\frac{2\pi \mathrm{i}}{N}}$. Dann ist ω eine sogenannte *primitive* N-te Einheitswurzel, das heißt, $\omega^N = 1$ und $\omega^k \neq 1$ für $1 \leq k < N$. Es gilt auch $\omega^{\frac{N}{2}} = -1$.
Es werden zunächst die Komponenten mit geradem Index berechnet

$$g_n := \widehat{f}_{2n} = \sum_{k=0}^{N-1} f_k \omega^{2kn} .$$

Dazu wird die Summe in zwei Teile zerlegt

$$\begin{aligned} g_n &= \sum_{k=0}^{\frac{N}{2}-1} f_k \omega^{2kn} + \sum_{k=0}^{\frac{N}{2}-1} f_{k+\frac{N}{2}} \omega^{2n\left(k+\frac{N}{2}\right)} \\ &= \sum_{k=0}^{\frac{N}{2}-1} \left(f_k + f_{k+\frac{N}{2}}\right) \omega^{2kn} = \sum_{k=0}^{\overline{N}-1} \left(f_k + f_{k+\frac{N}{2}}\right) \nu^{kn} \end{aligned}$$

mit $\nu = \omega^2$ und $\overline{N} = \frac{N}{2}$. Nun ist ν eine primitive $\overline{N}$-te Einheitswurzel und g_n ist die n-te Komponente der Fourier-Transformation des Vektors mit den Komponenten $f_k + f_{k+\frac{N}{2}}$ für $k = 0, \ldots, \overline{N} - 1$.
Analog werden die Komponenten mit ungeradem Index berechnet.

[28] Frequenzfilter, Trennung von gesprochener Sprache und Musik.

[29] J.W. Tukey (1915–2000), US-amerikanischer Mathematiker.

$$h_n := \widehat{f}_{2n+1} = \sum_{k=0}^{N-1} f_k \omega^{k(2n+1)} = \sum_{k=0}^{\overline{N}-1} \omega^k \left(f_k + f_{k+\frac{N}{2}} \right) \nu^{kn} ,$$

d.h. h_n ist die n-te Komponente der Fourier-Transformation des Vektors mit den Komponenten $\omega^k \cdot \left(f_k - f_{k+\frac{N}{2}} \right)$ für $k = 0, \ldots, \overline{N} - 1$. Damit können wir den Algorithmus rekursiv auf Vektoren der halben Länge anwenden, wodurch er sehr schnell wird.

Aufgaben

Übung 4.25. Ersetzen Sie den konstruktiven Beweis des Weierstraßschen Approximationssatzes für stetige Funktionen durch einen Beweis analog dem Beweis des Satzes 4.5.26 für periodische Funktionen.

Übung 4.26. Berechnen Sie die Fourier-Reihe für die 2π-periodische Funktion f, die durch $f(x) = |\sin(x)|$ auf $[-\pi, \pi]$ definiert ist.

Übung 4.27. Zeigen Sie, dass jede gerade 2π-periodische Funktion $f : \mathbb{R} \to \mathbb{R}$ eine Fourier-Reihe der Gestalt $\frac{a_0}{2} + \sum_{k=1}^{\infty} a_k \cos(kx)$ besitzt. Wir nennen eine Funktion *gerade*, wenn $f(-x) = f(x)$ für alle $x \in \mathbb{R}$ gilt.
Wie lautet der entsprechende Satz für *ungerade* Funktionen, das sind solche, für die $f(-x) = -f(x)$ gilt?

Übung 4.28. Berechnen Sie die Fourierreihe der 2π-periodischen Funktion f, die durch $f(x) = \pi^2 - x^2$ auf $[-\pi, \pi]$ definiert ist.

Übung 4.29. Beweisen Sie $\displaystyle\frac{x}{2} = \sum_{k=1}^{\infty} (-1)^{k+1} \frac{\sin(kx)}{k}$ für alle $x \in (-\pi, \pi)$.

Übung 4.30. Berechnen Sie die Fourier-Reihe für die 2π-periodische Funktion f, die durch $f(x) = \mathrm{e}^x$ für $x \in (0, 2\pi)$ definiert ist.

Teil III
Diskrete Strukturen

Kapitel 5
Diskrete Mathematik

Dieses Kapitel stellt die elementaren Grundlagen der Kombinatorik, Wahrscheinlichkeitstheorie und Graphentheorie bereit. Dabei handelt es sich um unverzichtbares Rüstzeug eines jeden Informatikers, wie an den behandelten Beispielen unschwer zu erkennen ist. In diesem Zusammenhang werden hier diskutiert: die Funktionsweise von Spamfiltern, die Verwaltung großer Datenmengen mit Hashtabellen, Eigenschaften großer Netzwerke wie z.B. des Internets, wie Suchmaschinen effizient Informationen im Internet finden und wie ein Routenplaner einen optimalen Weg bestimmt. Am Ende dieses Kapitels werden effiziente Primzahltests, die auf Methoden der Wahrscheinlichkeitstheorie beruhen, vorgestellt. Solche Tests kommen in der Kryptographie zur Anwendung, wo sehr große Primzahlen benötigt werden (Abschnitt 1.5).

5.1 Kombinatorik

Die Kombinatorik ist die Wissenschaft vom systematischen Zählen. Der Name rührt daher, dass es oft darum geht, zu ermitteln, wie viele Möglichkeiten es gibt, bestimmte Objekte zu kombinieren. Es folgen einige typische Fragen dieser Art:

(1) Wie viele Tipps gibt es beim Lotto „6 aus 49“?
(2) Wie viele Möglichkeiten gibt es für die Zielreihenfolge beim 100-Meter-Lauf mit 8 Teilnehmern?
(3) Wie viele Möglichkeiten der Medaillenverteilung (Gold, Silber Bronze) gibt es beim 100-Meter-Lauf mit 8 Läufern?
(4) Wie viele Möglichkeiten gibt es, ein Zahlenschloss mit 3 Ringen einzustellen?
(5) Wie viele verschiedene (auch nicht sinnvolle) Wörter kann man aus den Buchstaben „Entenei“ bilden?
(6) Wie viele Farbzusammenstellungen gibt es, wenn aus einer großen Tüte Gummibärchen mit 7 verschiedenen Farben, 3 ausgewählt werden?

Diese Fragen klingen alle irgendwie ähnlich, gehören jedoch zu verschiedenen Kategorien. Ein wichtiges Werkzeug zu ihrer Beantwortung sind Binomialkoeffizienten, deren Eigenschaften wir deshalb zu Beginn untersuchen.

Definition 5.1.1. Seien n und k natürliche Zahlen mit $n \geq k \geq 0$. Dann ist $n!$ (n-Fakultät) durch $0! := 1$ und $n! := n \cdot (n-1)!$ induktiv definiert und der („n über k" gesprochene) Ausdruck

$$\binom{n}{k} := \frac{n!}{(n-k)!k!}$$

heißt *Binomialkoeffizient.*

Die im folgenden Lemma angegebene Rekursionsgleichung ist äquivalent zu unserer Definition der Binomialkoeffizienten. Deshalb werden wir in vielen Rechnungen darauf zurückgreifen.

Lemma 5.1.2

(1) $\binom{n}{k} = \binom{n}{n-k}$ *für* $n, k \in \mathbb{N}$, $n \geq k$,

(2) $\binom{n-1}{k-1} + \binom{n-1}{k} = \binom{n}{k}$ *für* $n \geq k \geq 1$ *und* $n, k \in \mathbb{N}$.

Beweis. (1) folgt unmittelbar aus der Definition. Für (2) berechnen wir

$$\begin{aligned}\binom{n-1}{k-1} + \binom{n-1}{k} &= \frac{(n-1)!}{(n-k)! \cdot (k-1)!} + \frac{(n-1)!}{(n-k-1)! \cdot k!} \\ &= \frac{(n-1)! \cdot k + (n-1)! \cdot (n-k)}{(n-k)! \cdot k!} \\ &= \frac{n!}{(n-k)! \cdot k!} = \binom{n}{k}.\end{aligned}$$

□

Bemerkung 5.1.3. Die rekursive Berechnung der Binomialkoeffizienten mit Hilfe der Gleichung (2) kann man besonders übersichtlich in Form des Pascalschen[1] Dreiecks durchführen. Wenn man darin die Zeilen von oben nach unten mit Null beginnend nummeriert, dann sind in Zeile n die Binomialkoeffizienten $\binom{n}{0}$ $\binom{n}{1}$ $\binom{n}{2}$ $\ldots \binom{n}{n}$ in dieser Reihenfolge eingetragen. Jeder Eintrag ergibt sich als Summe der beiden benachbarten Einträge der direkt darüberliegenden Zeile. Die Eigenschaft (1) aus Lemma 5.1.2 besagt, dass das Pascalsche Dreieck symmetrisch bezüglich der vertikalen Mittellinie ist.

[1] Blaise Pascal (1623–1662), französischer Mathematiker.

$$\begin{array}{ccccccccccc} & & & & & 1 & & & & & \\ & & & & 1 & & 1 & & & & \\ & & & 1 & & 2 & & 1 & & & \\ & & 1 & & 3 & & 3 & & 1 & & \\ & 1 & & 4 & & 6 & & 4 & & 1 & \\ 1 & & 5 & & 10 & & 10 & & 5 & & 1 \\ . & & . & & . & & . & & . & & . \end{array}$$

Satz 5.1.4 (Binomische Formel) $(x+y)^n = \sum_{k=0}^{n} \binom{n}{k} x^k y^{n-k}.$

Beweis. Siehe Übung 1.5. □

Durch Einsetzen von $x = 1, y = 1$ bzw. $x = 1, y = -1$ erhalten wir zwei interessante und nützliche Gleichungen:

$$2^n = \sum_{k=0}^{n} \binom{n}{k} = \binom{n}{0} + \binom{n}{1} + \binom{n}{2} + \ldots + \binom{n}{n} \tag{5.1}$$

$$0 = \sum_{k=0}^{n} (-1)^k \binom{n}{k} = \binom{n}{0} - \binom{n}{1} + \binom{n}{2} - \ldots + (-1)^n \binom{n}{n}. \tag{5.2}$$

Aufbauend auf diese einfachen Eigenschaften lassen sich auch kompliziertere Gleichungen herleiten.

Satz 5.1.5

(1) $\sum_{i=0}^{k} \binom{n}{i}\binom{m}{k-i} = \binom{n+m}{k}$

(2) $\sum_{i=0}^{n} \binom{n}{i}^2 = \binom{2n}{n}$

(3) $(n+1)\binom{n}{k} = (k+1)\binom{n+1}{k+1}$ *für* $n \geq k$ *und* $n, k \in \mathbb{N}$.

Beweis. Aus Satz 5.1.4 und $(1+x)^n(1+x)^m = (1+x)^{n+m}$ folgt

$$\sum_{i=0}^{n} \binom{n}{i} x^i \cdot \sum_{j=0}^{m} \binom{m}{j} x^j = \sum_{k=0}^{n+m} \binom{n+m}{k} x^k .$$

Koeffizientenvergleich ergibt

$$\sum_{i=0}^{k} \binom{n}{i} \binom{m}{k-i} = \sum_{i+j=k} \binom{n}{i} \binom{m}{j} = \binom{n+m}{k}$$

und das ist (1). Mit $m = n = k$ und $\binom{n}{n-i} = \binom{n}{i}$ ergibt sich daraus (2). Die Gleichung (3) ist eine unmittelbare Konsequenz von Definition 5.1.1. □

Um die binomische Formel (Satz 5.1.4) auf r Variablen zu verallgemeinern, definieren wir

$$\binom{n}{k_1, k_2, \ldots, k_r} := \frac{n!}{k_1! \cdot k_2! \cdot \ldots \cdot k_r!} \tag{5.3}$$

Satz 5.1.6 $(x_1 + \ldots + x_r)^n = \sum\limits_{\substack{k_1, \ldots, k_r \\ k_1 + \ldots + k_r = n}} \binom{n}{k_1, k_2, \ldots, k_r} x_1^{k_1} \cdot x_2^{k_2} \cdot \ldots \cdot x_r^{k_r}$

Beweis. Der Beweis wird mittels Induktion nach r geführt. Der Induktionsanfang bei $r = 2$ ist der Satz 5.1.4. Wir nehmen an, die Behauptung ist für $r - 1$ Variablen bereits bewiesen. Nun gilt

$$\begin{aligned}
(x_1 + \ldots + x_r)^n &= ((x_1 + \ldots + x_{r-1}) + x_r)^n \\
&= \sum_{i=0}^{n} \binom{n}{i} \sum_{\substack{k_1, \ldots, k_{r-1} \\ k_1 + \ldots + k_{r-1} = i}} \binom{i}{k_1, \ldots, k_{r-1}} x_1^{k_1} \cdot \ldots \cdot x_{r-1}^{k_{r-1}} x_r^{n-i} \\
&= \sum_{\substack{k_1, \ldots, k_r \\ k_1 + \ldots + k_r = n}} \binom{n}{n-k_r} \binom{n-k_r}{k_1, \ldots, k_{r-1}} x_1^{k_1} \cdot \ldots \cdot x_r^{k_r} \\
&= \sum_{\substack{k_1, \ldots, k_r \\ k_1 + \ldots + k_r = n}} \binom{n}{k_1, \ldots, k_r} x_1^{k_1} \cdot \ldots \cdot x_r^{k_r} ,
\end{aligned}$$

weil $\binom{n}{n-k_r}\binom{n-k_r}{k_1,\ldots,k_{r-1}} = \frac{n!}{k_r!(n-k_r)!} \cdot \frac{(n-k_r)!}{k_1! \cdot \ldots \cdot k_{r-1}!} = \frac{n!}{k_1! \cdot \ldots \cdot k_r!} = \binom{n}{k_1,\ldots,k_r}$. □

Folgerung 5.1.7. $\sum\limits_{\substack{k_1, \ldots, k_r \\ k_1 + \ldots + k_r = n}} \binom{n}{k_1, \ldots, k_r} = r^n$

Beweis. Man setze $x_1 = \ldots = x_r = 1$ in Satz 5.1.6. □

Bei den verschiedenen Möglichkeiten die Elemente einer Menge anzuordnen, unterscheiden wir zwischen Kombinationen, Variationen und Permutationen.

Definition 5.1.8. Sei M eine Menge mit n Elementen.

(1) Eine *Kombination* K von k Elementen von M ist eine Auswahl von k Elementen dieser Menge, bei der es nicht auf die Reihenfolge ankommt.
(2) Eine *Variation* K von k Elementen von M ist eine Auswahl von k Elementen dieser Menge in einer bestimmten Reihenfolge.
(3) Wir sprechen von Kombinationen bzw. Variationen *ohne Wiederholung*, wenn jedes Element höchstens einmal gewählt werden kann. Wenn dagegen die Elemente mehrmals gewählt werden dürfen, handelt es sich um Kombinationen bzw. Variationen *mit Wiederholung*.

Bemerkung 5.1.9. Die eingangs gestellte Frage (1) beinhaltet eine Kombination ohne Wiederholung, Frage (6) eine Kombination mit Wiederholung. Die Frage (3) ist eine Frage über eine Variation ohne Wiederholung und die Frage (4) eine Variation mit Wiederholung.

Satz 5.1.10

(1) *Die Anzahl aller Kombinationen ohne Wiederholung von k Elementen einer n-elementigen Menge beträgt* $\binom{n}{k}$.
(2) *Die Anzahl aller Kombinationen mit Wiederholung von k Elementen einer n-elementigen Menge ist gleich* $\binom{n+k-1}{k}$.
(3) *Die Anzahl aller Variationen ohne Wiederholung von k Elementen einer n-elementigen Menge beträgt* $\frac{n!}{(n-k)!}$.
(4) *Die Anzahl aller Variationen mit Wiederholung von k Elementen einer n-elementigen Menge ist gleich* n^k.

Beweis. Für $k = 1$ sind alle diese Anzahlen gleich n und der Satz ist klar. Wir können daher $n \geq k \geq 2$ annehmen.
(1) Wir führen den Beweis durch Induktion nach n. Der Induktionsanfang $n = 2$ ist klar. Wir setzen voraus, die Behauptung ist für jede Menge mit $n - 1$ Elementen bereits bewiesen. Die Anzahl aller Kombinationen von k Elementen der Menge $M = \{a_1, \ldots, a_n\}$, in denen a_1 enthalten ist, ist gleich der Anzahl der Kombinationen von $k-1$ Elementen aus der Menge $M \setminus \{a_1\}$. Nach Induktionsvoraussetzung ist diese Anzahl gleich $\binom{n-1}{k-1}$. Andererseits ist die Anzahl der Kombinationen von k Elementen von $M \setminus \{a_1\}$ gerade $\binom{n-1}{k}$. Beide zusammen ergeben die Anzahl aller Kombinationen von k Elementen, also $\binom{n-1}{k-1} + \binom{n-1}{k} = \binom{n}{k}$ nach Lemma 5.1.2.
(2) Hier benötigen wir Induktion nach $n + k$. Der Induktionsanfang ($n + k = 4$, d.h. $n = k = 2$) ist klar. Wir setzen voraus, die Formel ist für k-elementige Kombinationen einer $(n - 1)$-elementigen Menge und für $(k - 1)$-elementige Kombinationen einer n-elementigen Menge richtig. Sei $M = \{a_1, \ldots, a_n\}$, dann ist die Anzahl der Kombinationen von k Elementen mit Wiederholung, die a_1 enthalten, gleich der Anzahl der Kombinationen von $k-1$ Elementen aus M. Deren Anzahl ist $\binom{n+k-2}{k-1}$ nach Induktionsvoraussetzung.

Die Kombinationen, die a_1 nicht enthalten, sind die Kombinationen von k Elementen mit Wiederholung der Menge $M \setminus \{a_1\}$. Davon gibt es $\binom{n-1+k-1}{k}$, nach Induktionsvoraussetzung. Beides zusammen ergibt

$$\binom{n+k-2}{k-1} + \binom{n+k-2}{k} = \binom{n+k-1}{k}.$$

(3) Wir führen den Beweis durch Induktion nach n. Erneut ist der Induktionsanfang klar. Wir setzen voraus, die Anzahl der k-elementigen Variationen einer $(n-1)$-elementigen Menge ist gleich $\frac{(n-1)!}{(n-1-k)!}$. Sei jetzt $M = \{a_1, \ldots, a_n\}$. Dann ist die Anzahl der Variationen von k Elementen aus M, bei denen a_1 an der i-ten Stelle steht, gleich der Anzahl der Variationen von $k-1$ Elementen der Menge $M \setminus \{a_1\}$. Deren Anzahl ist gleich $\frac{(n-1)!}{(n-1-(k-1))!} = \frac{(n-1)!}{(n-k)!}$. Damit ist die Anzahl der Variationen von k Elementen von M ohne Wiederholung, bei denen a_1 vorkommt, gleich $k\frac{(n-1)!}{(n-k)!}$. Die Anzahl der k-elementigen Variationen von $M \setminus \{a_1\}$ ohne Wiederholung ist nach Induktionsvoraussetzung gleich $\frac{(n-1)!}{(n-1-k)!}$. Beides zusammen ergibt

$$k\frac{(n-1)!}{(n-k)!} + \frac{(n-1)!}{(n-1-k)!} = \frac{(n-1)!k + (n-1)!(n-k)}{(n-k)!} = \frac{n!}{(n-k)!}.$$

(4) Wir führen den Beweis durch Induktion nach k. Der Fall $k = 2$ ist klar. Wir setzen voraus, dass die Anzahl der Variationen mit Wiederholung von $k-1$ Elementen einer n-elementigen Menge gleich n^{k-1} ist. Die Anzahl der Variationen mit Wiederholung von k Elementen der Menge $M = \{a_1, \ldots, a_n\}$, bei denen a_i an der k-ten Stelle steht, ist dann gleich der Anzahl der Variationen mit Wiederholung von $k-1$ Elementen der Menge M, also gleich n^{k-1}. Da es n verschiedene Möglichkeiten für die Besetzung der k-ten Position gibt, ist die Anzahl der Variationen mit Wiederholung von k Elementen der Menge M gleich $n \cdot n^{k-1} = n^k$. □

Neben Kombinationen und Variationen werden in der Kombinatorik auch Permutationen gezählt. Das ist ein Spezialfall von Variationen.

Definition 5.1.11. Sei M eine n-elementige Menge. Eine *Permutation* von M ist eine Variation (ohne Wiederholung) aller n Elemente von M.

Bei der Zielankunft eines 100-Meter-Laufs handelt es sich um eine Permutation der teilnehmenden Läufer. Aus Satz 5.1.10 (3) ergibt sich, dass die Anzahl der möglichen Permutationen einer n-elementigen Menge gleich $n!$ ist.
Mit den bisherigen Ergebnissen lassen sich bereits fünf der sechs eingangs gestellten Fragen beantworten.

Folgerung 5.1.12. (1) *Bei der Ziehung der Lottozahlen „6 aus 49" gibt es* $\binom{49}{6} = 13\,983\,816$ *verschiedene Möglichkeiten.*
(2) *Es gibt* $8! = 40\,320$ *verschiedene Möglichkeiten für die Zielankunft von 8 Läufern beim 100-Meter-Lauf.*
(3) *Beim 100-Meter-Lauf von 8 Läufern gibt es* $\frac{8!}{(8-3)!} = \frac{8!}{5!} = 8 \cdot 7 \cdot 6 = 336$ *Möglichkeiten, Gold, Silber und Bronze zu verteilen.*
(4) *Bei einem Zahlenschloss mit drei Ringen gibt es* $10^3 = 1000$ *verschiedene mögliche Einstellungen (10 ist die Anzahl der Ziffern von 0 bis 9).*
(5) *Für die Farbzusammenstellung einer Auswahl von 3 Gummibärchen aus einer großen Tüte, die jeweils viele Gummibärchen in 7 verschiedenen Farben enthält, gibt es* $\binom{7+3-1}{3} = \binom{9}{3} = 84$ *Möglichkeiten.*

Beispiel 5.1.13. In einer Urne befinden sich 6 verschiedenfarbige Kugeln. Wie viele Möglichkeiten gibt es, 3 Kugeln ohne (bzw. mit) Zurücklegen ohne Beachtung der Reihenfolge oder mit Beachtung der Reihenfolge zu ziehen? Das sind vier verschiedene Fragen. Wenn wir die Reihenfolge außer Acht lassen, handelt es sich um Kombinationen, wenn wir die Reihenfolge beachten um Variationen. Wir erhalten mit Satz 5.1.10

	Reihenfolge beachten	Reihenfolge nicht beachten
mit Zurücklegen	$6^3 = 216$	$\binom{8}{3} = 56$
ohne Zurücklegen	$\frac{6!}{3!} = 120$	$\binom{6}{3} = 20$

In komplizierteren Situationen ist es oftmals sinnvoll, die anschaulichen Begriffe Kombination, Variation und Permutation durch abstrakte und damit präzisere Begriffsbildungen aus der Mengenlehre zu ersetzen. Das geschieht zum Beispiel dadurch, dass man die Auswahl von k Elementen aus einer Menge M als Abbildung $\varphi : \{1, 2, \ldots, k\} \to M$ interpretiert, wobei $\varphi(i)$ das i-te ausgewählte Element ist.

Folgerung 5.1.14. *Sei* N *eine* k*-elementige und* M *eine* n*-elementige Menge,* $n \geq k$*. Wir bezeichnen mit* $\mathrm{Abb}(N, M) = \{\varphi : N \to M\}$ *die Menge der Abbildungen von* N *nach* M *und mit* $\mathrm{Inj}(N, M) = \{\varphi : N \to M \mid \varphi \text{ injektiv}\}$ *die Menge aller injektiven Abbildungen (vgl. Abschnitt 6.3). Außerdem bezeichne* $\mathfrak{P}_k(M) = \{T \mid T \subset M \text{ und } |T| = k\}$ *die Menge aller* k*-elementigen Teilmengen von* M*. Dann ist* $\mathfrak{P}(M) = \bigcup_{k=0}^{n} \mathfrak{P}_k(M)$ *die Potenzmenge von* m *und es gilt*

$$|\mathrm{Inj}(N, M)| = \frac{n!}{(n-k)!} \qquad |\mathfrak{P}_k(M)| = \binom{n}{k}$$

$$|\mathrm{Abb}(N, M)| = n^k \qquad |\mathfrak{P}(M)| = 2^n\,.$$

Beweis. Sei $N = \{n_1, \dots, n_k\}$. Eine Abbildung $\varphi : N \to M$ ist festgelegt durch die Bilder $\varphi(n_1), \dots, \varphi(n_k)$ der k Elemente von N. Jede Variation von k Elementen aus M mit Wiederholung definiert eine solche Abbildung. Bei einer injektiven Abbildung darf es keine Wiederholung geben, d.h. sie entspricht einer Variation ohne Wiederholung. Eine k-elementige Teilmenge von M ist eine Kombination ohne Wiederholung von k Elementen aus M. Damit folgen die behaupteten Gleichungen aus Satz 5.1.10 und Gleichung (5.1). □

Folgerung 5.1.14 legt die folgenden, in der Literatur mitunter verwendeten Bezeichnungen nahe: $\binom{M}{k} := \mathfrak{P}_k(M)$, $M^N := \mathrm{Abb}(N, M)$ und $2^M := \mathfrak{P}(M)$. Wenn M und N die gleiche (endliche) Anzahl n von Elementen besitzen, dann ist jede injektive Abbildung $\varphi : N \to M$ automatisch bijektiv und $\mathrm{Inj}(N, M) = \mathrm{Bij}(N, M) = \{\varphi : N \to M \mid \varphi \text{ ist bijektiv}\}$ ist die Menge aller bijektiven Abbildungen von N nach M. Aus Folgerung 5.1.14 erhalten wir

$$|\,\mathrm{Bij}(N, M)| = n!\ .$$

Eine Permutation von M ist eine bijektive Abbildung von M auf sich selbst. Die Anzahl der surjektiven Abbildungen zwischen zwei Mengen wird in Folgerung 5.1.19 bestimmt.
Um nicht nur Variationen, sondern auch Kombinationen in dieser mengentheoretischen Sprache beschreiben zu können, führen wir auf der Menge der Abbildungen $\mathrm{Abb}(N, M)$ die folgende Äquivalenzrelation ein.

$$\varphi \sim \psi \text{ genau dann, wenn } \sigma \in \mathrm{Bij}(N, N) \text{ mit } \varphi = \psi \circ \sigma \text{ existiert .}$$

Auch auf der Teilmenge $\mathrm{Inj}(N, M) \subset \mathrm{Abb}(N, M)$ ist dadurch eine Äquivalenzrelation definiert. Zwei Abbildungen liegen genau dann in derselben Äquivalenzklasse, wenn sich ihre Bildelemente nur in der Reihenfolge unterscheiden. Zusammen mit dem Beweis von Folgerung 5.1.14 zeigt das, dass wir für jede n-elementige Menge M und jede k-elementige Menge N auf folgende Weise die mengentheoretischen Konstruktion mit Variationen bzw. Kombinationen von k Elementen aus M identifizieren können:

$$\begin{aligned}
\mathrm{Abb}(N, M) &= \text{Variationen mit Wiederholung,}\\
\mathrm{Inj}(N, M) &= \text{Variationen ohne Wiederholung,}\\
\mathrm{Abb}(N, M)/\sim &= \text{Kombinationen mit Wiederholung,}\\
\mathrm{Inj}(N, M)/\sim &= \text{Kombinationen ohne Wiederholung.}
\end{aligned}$$

Von den sechs einleitenden, auf Seite 281 gestellten Fragen ist noch Frage (5) zu beantworten. Dazu studieren wir die Zahl der möglichen Anordnungen von Objekten aus mehreren Klassen, wobei angenommen wird, dass die Objekte innerhalb einer Klasse nicht unterscheidbar sind. Solche Anordnungen werden auch als Permutationen mit Wiederholung bezeichnet. Als typisches Beispiel kann man sich als Objekte farbige Kugeln vorstellen und Kugeln gleicher Farbe in einer Klasse zusammenfassen.

Satz 5.1.15 *Sei M eine n-elementige Menge, die in r Klassen $K_1, \ldots, K_r$ mit jeweils $k_1, \ldots, k_r$ Elementen unterteilt ist, so dass $n = \sum_{i=1}^{r} k_i$. Die Objekte innerhalb einer Klasse seien nicht unterscheidbar. Die Anzahl der verschiedenen Anordnungen (unter Beachtung der Reihenfolge) dieser n Objekte ist gleich $\binom{n}{k_1,\ldots,k_r}$.*

Wir beweisen diesen Satz am Ende des Abschnittes.

Beispiel 5.1.16. Sei K_1 die Klasse, die aus 3 Exemplaren des Buchstaben e besteht, K_2 die Klasse aus 2 Exemplaren von n, K_3 die Klasse, die nur den Buchstaben i und K_4 die Klasse, die nur t enthält. Dann ist $k_1 = 3, k_2 = 2, k_3 = 1, k_4 = 1$ und $n = 7$. Die Anzahl der verschiedenen Worte, die man aus dem Wort „Entenei" durch Vertauschen der Buchstaben bilden kann, ist nach Satz 5.1.15 gleich

$$\binom{7}{3,2,1,1} = \frac{7!}{3! \cdot 2! \cdot 1! \cdot 1!} = 420 \,.$$

Das Prinzip der Inklusion und Exklusion ist ein Hilfsmittel, welches nicht nur für den Beweis von Satz 5.1.15 nützlich ist, sondern auch zur Lösung anderer komplexer Zählprobleme. Die einfachste Version ist die für zwei Teilmengen A und B einer Menge M:

$$|A \cup B| = |A| + |B| - |A \cap B| \,. \tag{5.4}$$

Satz 5.1.17 (Prinzip der Inklusion und Exklusion)
Wenn $A_1, A_2, \ldots, A_r$ beliebige Teilmengen einer Menge M sind, dann gilt

$$\begin{aligned} \left|\bigcup_{j=1}^{r} A_j\right| &= \sum_{j=1}^{r} |A_j| - \sum_{j_1<j_2} |A_{j_1} \cap A_{j_2}| \\ &\quad + \sum_{j_1<j_2<j_3} |A_{j_1} \cap A_{j_2} \cap A_{j_3}| - \ldots + (-1)^{r-1}|A_1 \cap \ldots \cap A_r| \,. \end{aligned}$$

Beweis. Wir führen den Beweis durch Induktion nach r. Für $r = 1$ ist der Satz offensichtlich richtig und für $r = 2$ handelt es sich um die Formel (5.4). Wir setzen voraus, dass der Satz für $r-1 \geq 2$ Teilmengen einer Menge bereits gezeigt ist. Aus (5.4) erhalten wir zunächst

$$\left|\bigcup_{j=1}^{r} A_j\right| = \left|\bigcup_{j=1}^{r-1} A_j \cup A_r\right| = \left|\bigcup_{j=1}^{r-1} A_j\right| + |A_r| - \left|\left(\bigcup_{j=1}^{r-1} A_j\right) \cap A_r\right|$$
$$= \left|\bigcup_{j=1}^{r-1} A_j\right| + |A_r| - \left|\bigcup_{j=1}^{r-1} (A_j \cap A_r)\right| . \quad (5.5)$$

Nach Induktionsvoraussetzung gilt

$$\left|\bigcup_{j=1}^{r-1} A_j\right| = \sum_{j=1}^{r-1} |A_j| - \sum_{j_1<j_2<r} |A_{j_1} \cap A_{j_2}| + \ldots + (-1)^r |A_1 \cap \ldots \cap A_{r-1}| \quad (5.6)$$

und
$$\left|\bigcup_{j=1}^{r-1} (A_j \cap A_r)\right| = \sum_{j=1}^{r-1} |A_j \cap A_r|$$
$$- \sum_{j_1<j_2<r} |A_{j_1} \cap A_{j_2} \cap A_r| + \ldots + (-1)^{r-2} |A_1 \cap \ldots \cap A_r| . \quad (5.7)$$

Durch Einsetzen von (5.6) und (5.7) in (5.5) ergibt sich die Behauptung. □

Beispiel 5.1.18. Bei der Vorbereitung einer studentischen Weihnachtsfeier wird verabredet, dass jeder ein Geschenk erhalten soll. Dazu werden kleine Zettelchen mit den Namen der Teilnehmer in einen Lostopf gelegt. Jeder zieht nun ein Los und wird zur Weihnachtsfeier ein Geschenk für die Person mitbringen, deren Namen er auf dem gezogenen Los gefunden hat[2]. Wie viele Möglichkeiten gibt es, dass bei der Ziehung keiner der Teilnehmer das Los mit seinem eigenen Namen zieht?
Mathematisch gesehen ist das die Frage nach der Anzahl der Permutationen ohne Fixpunkt, d.h. solcher Permutationen, die kein Element der Menge an seiner Position belassen. Um diese Zahl zu bestimmen, bezeichnen wir mit S_n die Menge der Permutationen der Menge $M = \{a_1, \ldots, a_n\}$ und mit $A_i \subset S_n$ die Teilmenge der Permutationen, die a_i fest lassen d.h. bei denen a_i wieder an der i-ten Stelle steht. Dann ist $\bigcup_{i=1}^n A_i$ die Menge der Permutationen mit Fixpunkt und wir interessieren uns für $|S_n \setminus \bigcup_{i=1}^n A_i| = n! - |\bigcup_{i=1}^n A_i|$. Mit dem Prinzip der Inklusion und Exklusion erhalten wir $|\bigcup_{i=1}^n A_i| = \sum_{j=1}^n |A_j| - \sum_{j_1<j_2\le n} |A_{j_1} \cap A_{j_2}| + \ldots + (-1)^{n-1} |A_1 \cap \ldots \cap A_n|$. Die Menge $A_{j_1} \cap \ldots \cap A_{j_k}$ besteht aus den Permutationen von M, bei denen $a_{j_1}, \ldots, a_{j_k}$ fest bleiben, bei denen also nur die Elemente von $M \setminus \{a_{j_1}, \ldots, a_{j_k}\}$ permutiert werden. Daraus folgt $|A_{j_1} \cap \ldots \cap A_{j_k}| = (n-k)!$. Summation über alle möglichen derartigen Durchschnitte von k Teilmengen ergibt:

[2] Dieser Brauch ist in manchen Regionen als *Julklapp* oder *Wichteln* bekannt.

$$\sum_{j_1<\ldots<j_k} |A_{j_1} \cap \ldots \cap A_{j_k}| = \binom{n}{k}(n-k)!$$

und somit

$$\begin{aligned}\left|\bigcup_{i=1}^{n} A_i\right| &= \binom{n}{1} \cdot (n-1)! - \binom{n}{2} \cdot (n-2)! + \ldots + (-1)^{n-1}\binom{n}{n} \cdot 0! \\ &= n!\left(1 - \frac{1}{2!} + \frac{1}{3!} - \ldots + (-1)^{n-1}\frac{1}{n!}\right) .\end{aligned}$$

Das bedeutet

$$\left|S_n \setminus \bigcup_{i=1}^{n} A_i\right| = n!\sum_{j=0}^{n} \frac{(-1)^j}{j!} .$$

Bemerkenswert ist hier, dass der Faktor $\sum_{j=0}^{n} \frac{(-1)^j}{j!}$ für große n etwa den Wert 0,368 besitzt, denn die Taylorreihe der Exponentialfunktion (siehe Beispiel 3.3.17) lautet $\mathrm{e}^x = \sum_{j=0}^{\infty} \frac{x^j}{j!}$ und es gilt $\mathrm{e}^{-1} \approx 0{,}367879441$.
Bei einer Gruppe von $n = 12$ Studenten gibt es bereits $479\,001\,600 - 239\,500\,800 + 79\,833\,600 - 19\,958\,400 + 3\,991\,680 - 665\,280 + 95\,040 - 11\,880 + 1\,320 - 132 + 12 - 1 = 302\,594\,015$ Möglichkeiten, dass jemand seinen eigenen Namen zieht. Das sind etwa 63,2% aller $12! = 479\,001\,600$ Möglichkeiten wie die Lose gezogen werden können. Nur bei etwa 36,8% aller Möglichkeiten zieht keiner ein Los mit seinem eigenen Namen.

Folgerung 5.1.19. *Wenn M und N Mengen mit $|M| = n \geq k = |N|$ Elementen sind, dann bezeichne $\mathrm{Sur}(M,N) = \{\varphi : M \to N \mid \varphi \text{ surjektiv}\}$ die Menge aller surjektiven*[3] *Abbildungen von M nach N. Es gilt*

$$|\,\mathrm{Sur}(M,N)| = \sum_{i=0}^{k}(-1)^i\binom{k}{i}(k-i)^n .$$

Beweis. Sei $N = \{n_1, \ldots, n_k\}$ und $A_j = \{\varphi : M \to N \mid n_j \notin \mathrm{im}(\varphi)\}$, dann ist $\mathrm{Sur}(M,N) = \mathrm{Abb}(M,N) \setminus \bigcup_{j=1}^{k} A_j$ und mit Folgerung 5.1.14 $|\,\mathrm{Sur}(M,N)| = k^n - \left|\bigcup_{j=1}^{k} A_j\right|$. Wir können A_j mit der Menge $\mathrm{Abb}\,(M, N \setminus \{n_j\})$ der Abbildungen von M nach $N \setminus \{n_j\}$ identifizieren. Daher ist $|A_j| = (k-1)^n$. Auf ähnliche Weise sieht man $|A_{j_1} \cap A_{j_2} \cap \ldots \cap A_{j_i}| = (k-i)^n$. Damit folgt wie im Beispiel 5.1.18, dass $\left|\bigcup_{j=1}^{k} A_j\right| = \binom{k}{1}(k-1)^n - \binom{k}{2}(k-2)^n + \ldots + \binom{k}{k}(k-k)^n$ und somit $|\,\mathrm{Sur}(M,N)| = \sum_{i=0}^{k}(-1)^i\binom{k}{i}(k-i)^n$ gilt. □

[3] Siehe Definition 6.3.3.

Beweis (von Satz 5.1.15). Eventuell vorhandene leere Klassen K_i können ignoriert werden, da sie weder die Zählung noch die angegebene Formel beeinflussen. Wir nehmen daher für $1 \leq i \leq r$ an, dass $k_i > 0$ gilt.
Wir beweisen den Satz durch Induktion nach n. Der Induktionsanfang $n = 1$ ist klar. Der Satz sei für ein $n \geq 1$ bereits bewiesen. Mit A_j bezeichne wir die Menge der Anordnungen von Objekten aus $K_1, \ldots, K_r$, bei denen an der j-ten Stelle ein Element aus K_1 steht. Da $k_1 > 0$, ist $\bigcup_{j=1}^{n+1} A_j$ die Menge aller Anordnungen von Objekten aus $M = K_1 \cup \ldots \cup K_r$. Aus Satz 5.1.17 folgt

$$\left|\bigcup_{j=1}^{n+1} A_j\right| = \sum_{j=1}^{n+1} |A_j| - \sum_{j_1 < j_2} |A_{j_1} \cap A_{j_2}| + \ldots$$
$$\ldots + (-1)^{k_1 - 1} \sum_{j_1 < \ldots < j_{k_1} \leq n+1} |A_{j_1} \cap \ldots \cap A_{j_{k_1}}|,$$

denn nach Definition der A_j ist der Durchschnitt von mehr als k_1 der Mengen A_j leer. Da nach Induktionsvoraussetzung $|A_{j_1} \cap \ldots \cap A_{j_i}| = \binom{n+1-i}{k_1 - i, k_2, \ldots, k_r}$ ist, folgt $\left|\bigcup_{j=1}^{n+1} A_j\right| = \sum_{i=1}^{k_1} \binom{n+1}{i}(-1)^{i+1}\binom{n+1-i}{k_1-i,k_2,\ldots,k_r}$. Aus der Gleichung

$$\begin{aligned}\binom{n+1}{i}\binom{n+1-i}{k_1 - i, k_2, \ldots, k_r} &= \frac{(n+1)!}{i!(n+1-i)!} \cdot \frac{(n+1-i)!}{(k_1 - i)!k_2! \cdot \ldots \cdot k_r!} \\ &= \frac{(n+1)!}{k_1! \cdot \ldots \cdot k_r!} \cdot \frac{k_1!}{i!(k_1 - i)!} = \binom{n+1}{k_1, \ldots, k_r}\binom{k_1}{i}\end{aligned}$$

ergibt sich

$$\left|\bigcup_{j=1}^{n+1} A_j\right| = \binom{n+1}{k_1, \ldots, k_r} \sum_{i=1}^{k_1} (-1)^{i+1} \binom{k_1}{i} = \binom{n+1}{k_1, \ldots, k_r},$$

da $\sum_{v=0}^{k_1} (-1)^{v+1} \binom{k_1}{v} = 0$ nach Gleichung (5.2). □

Aufgaben

Übung 5.1. Wie viele dreistellige Zahlen gibt es im Dezimalsystem?

Übung 5.2. Wie viele verschiedene Tippreihen gibt es beim Fußballtoto (11 Tipps, jeweils Spiel unentschieden, verloren oder gewonnen)?

Übung 5.3. An einem Pferderennen nehmen 20 Pferde teil. Wie viele Möglichkeiten gibt es, die ersten drei Plätze zu besetzen?

Übung 5.4. Wie viele Bitfolgen der Länge 5 kann man im Morsealphabet (Punkt, Strich, ohne Pause) bilden?

Übung 5.5. Beweisen Sie $\sum_{i=1}^{n-2}\binom{n-i}{2}=\binom{n}{3}$ für alle $n\geq 3$.

Übung 5.6. Wie viele Möglichkeiten gibt es, die 36 Karten eines Kartenspiels auf 8 Stapel $S_1,\ldots,S_8$ zu verteilen, so dass der i-te Stapel i Karten enthält?

Übung 5.7. Die *Stirling-Zahl*[4] $S_{(n,k)}$ zweiter Art ist definiert als die Anzahl der verschiedenen Möglichkeiten, eine Menge mit n Elementen in k nichtleere disjunkte Teilmengen zu zerlegen. So ist offenbar $S_{(n,n)}=1$ und $S_{(n,k)}=0$, wenn $k>n$ ist. Es wird auch oft die Notation $\left\{ n \atop k \right\}=S_{(n,k)}$ benutzt, die an die Schreibweise der Binomialkoeffizienten angelehnt ist. Beweisen Sie:

$$\begin{aligned} S_{(n,k)} &= S_{(n-1,k-1)}+k\cdot S_{(n-1,k)} \\ &= \frac{1}{k!}\sum_{j=0}^{k}(-1)^{k-j}\binom{k}{j}j^n\,. \end{aligned}$$

5.2 Wahrscheinlichkeit

Durch die Fernsehsendung „Geh aufs Ganze“ ist das sogenannte Ziegenproblem bekannt geworden. Bei der Quizshow soll der Kandidat eines von drei Toren wählen. Hinter einem Tor steht der Gewinn (z.B. ein Auto), hinter den anderen beiden jeweils eine Ziege (in der Sendung wurde die Ziege durch den Zonk, eine Stoffpuppe, ersetzt). Nach der Wahl des Kandidaten wird das Tor noch nicht geöffnet. Der Moderator öffnet eines der anderen Tore, und zwar eins, hinter dem nicht der Gewinn steht. Der Kandidat darf sich dann noch einmal entscheiden. Entweder bleibt er bei seiner Wahl oder er wählt das andere verschlossene Tor. Wie soll der Kandidat entscheiden, um seine Gewinnchance zu maximieren? Dieses Problem taucht schon im 19. Jahrhundert in der Literatur auf. Wir werden diese Frage in diesem Abschnitt beantworten.

Mit Hilfe der Wahrscheinlichkeitstheorie lassen sich exakte Aussagen über zufällige Ereignisse machen. Ein solches Ereignis ist zum Beispiel der Wurf eines fairen Würfels, bei dem keine Zahl bevorzugt gewürfelt wird. Wenn nach n-maligem Würfeln n_i-mal die Zahl $i\in\{1,\ldots,6\}$ auftrat, dann nennen wir den Quotienten $\frac{n_i}{n}$ die *relative Häufigkeit* von i. Obwohl wir den Ausgang eines Wurfs nicht vorhersehen können, ist für großes n die Aussage, dass $\frac{n_i}{n}$ ungefähr gleich $\frac{1}{6}$ ist, meist korrekt. Die Wahrscheinlichkeitstheorie wird den mathematischen Rahmen für derartige Aussagen liefern.

Als Anwendung werden wir unter anderem die Frage beantworten, wie wahrscheinlich es ist, dass in einer Schulklasse zwei Schüler am gleichen Tag Geburtstag haben. Außerdem werden wir auf das sogenannte Hashing eingehen

---

[4] James Stirling (1692–1770), schottischer Mathematiker.

und zeigen, wie man mit Hilfe der Wahrscheinlichkeitstheorie große Datenmengen effizient verwalten kann.
Konzeptionell wird als Grundlage der mathematischen Betrachtung von einem Zufallsexperiment ausgegangen. Laplace[5] definierte als Wahrscheinlichkeit eines Ereignisses die Anzahl der positiven Ausgänge eines Experiments dividiert durch die Anzahl der möglichen Ergebnisse. Ein *Zufallsexperiment* liefert ein Ergebnis, das nicht exakt vorhersehbar ist. Jedes mögliche Ergebnis nennt man elementares Ereignis. Die Menge aller elementaren Ereignisse eines Zufallsexperiments heißt Ereignisraum. Wir befassen uns hier nur mit endlichen oder abzählbaren[6] Ereignisräumen.

Definition 5.2.1. Ein Paar $(\mathcal{S}, P)$, bestehend aus einer endlichen oder abzählbaren Menge $\mathcal{S}$ und einer Abbildung $P : \mathcal{A} = \mathfrak{P}(\mathcal{S}) \to [0,1]$, heißt diskreter *Wahrscheinlichkeitsraum*, wenn gilt:

(1) $P(\mathcal{S}) = 1$ und $P(A \cup B) = P(A) + P(B)$ für alle $A, B \subset \mathcal{S}$ mit $A \cap B = \emptyset$.
(2) Wenn $\mathcal{S}$ nicht endlich ist, gilt zusätzlich $P\left(\bigcup_{n=1}^{\infty} A_n\right) = \sum_{n=1}^{\infty} P(A_n)$ für beliebige paarweise disjunkte Mengen $A_n \subset \mathcal{S}$.

Die Menge $\mathcal{S}$ heißt Ereignisraum, ihre Elemente nennt man *Elementarereignisse* und die Potenzmenge $\mathcal{A} := \mathfrak{P}(\mathcal{S})$ ist die Menge aller Ereignisse. Demnach ist jede Teilmenge von $\mathcal{S}$ ein Ereignis. Die Abbildung P bezeichnet man als *Wahrscheinlichkeitsverteilung*.

Bemerkung 5.2.2. Aus der Definition folgt unmittelbar $P(\emptyset) = 0$, denn $P(\emptyset) = P(\emptyset \cup \emptyset) = P(\emptyset) + P(\emptyset)$. Allgemeiner ergibt sich $P(\mathcal{S} \setminus A) = 1 - P(A)$ aus $1 = P(\mathcal{S}) = P((\mathcal{S} \setminus A) \cup A) = P(\mathcal{S} \setminus A) + P(A)$.

Bemerkung 5.2.3. Da $\mathcal{S}$ eine endliche oder abzählbare Menge ist, folgt aus den Eigenschaften (1) und (2) der Definition 5.2.1, dass die Wahrscheinlichkeitsverteilung P durch die Angabe der Werte $P(\{e\}) \in [0,1]$ für alle $e \in \mathcal{S}$ vollständig festgelegt ist. Diese Werte haben die Bedingung $\sum_{e \in \mathcal{S}} P(\{e\}) = 1$ zu erfüllen. Für $A \subset \mathcal{S}$ gilt dann $P(A) = \sum_{e \in A} P(\{e\})$.

Bemerkung 5.2.4. Für nicht-abzählbare Mengen, wie zum Beispiel die Menge der reellen Zahlen, gibt es auch den allgemeineren Begriff des (nicht-diskreten) Wahrscheinlichkeitsraumes. Die Menge der Ereignisse $\mathcal{A}$ ist dann nur noch eine Teilmenge von $\mathfrak{P}(\mathcal{S})$, die bestimmte Eigenschaften zu erfüllen hat (eine sogenannte σ-Algebra). Da das Studium solcher Verteilungen ein tieferes Eindringen in die Maß- und Integrationstheorie erfordert, werden wir außerhalb dieser Bemerkung nicht weiter darauf eingehen.
In wichtigen Beispielen nicht-diskreter Wahrscheinlichkeitsräume ist $\mathcal{S} = \mathbb{R}$ und die Wahrscheinlichkeitsverteilung P ist durch eine stückweise stetige

---

[5] Pierre-Simon, marquis de Laplace (1749–1827), französischer Mathematiker und Astronom.

[6] eine Menge $\mathcal{S}$ heißt *abzählbar*, wenn es eine bijektive Abbildung $\mathbb{N} \to \mathcal{S}$ gibt, siehe Abschnitt 6.3

Dichtefunktion $f : \mathbb{R} \to \mathbb{R}_{\geq 0}$ gegeben, für die $\int_{-\infty}^{\infty} f(x)\mathrm{d}x = 1$ gilt. Für abgeschlossene Intervalle $[a, b]$ definiert man $P([a, b]) = \int_a^b f(x)\mathrm{d}x$. Unter Verwendung einer geeigneten Integrationstheorie kann man $P(A)$ auch für allgemeinere Mengen $A \subset \mathbb{R}$ definieren.
In diese Beispielklasse fallen die *Normalverteilung* mit der Dichte (Abb. 5.1)

$$f_{a,\sigma}(x) = \frac{1}{\sigma\sqrt{2\pi}} \mathrm{e}^{-\frac{(x-a)^2}{2\sigma}}$$

und die *Exponentialverteilung* mit der Dichte

$$f_\lambda(x) = \begin{cases} \lambda \mathrm{e}^{-\lambda x} & \text{wenn } x \geq 0 \\ 0 & \text{wenn } x < 0\,. \end{cases}$$

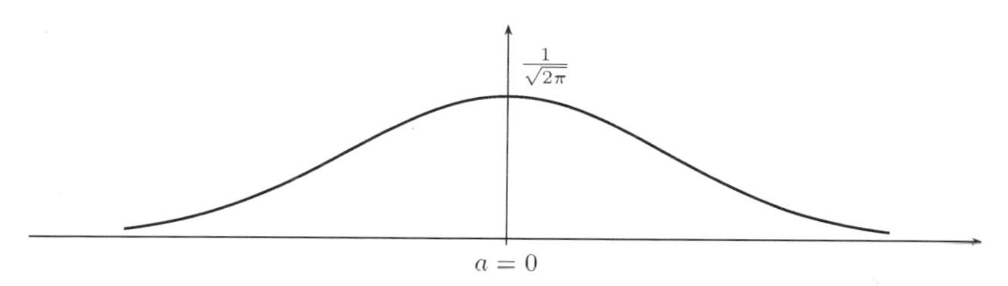

Abb. 5.1 Dichte der Standardnormalverteilung ($a = 0, \sigma = 1$)

Definition 5.2.5. Sei $(\mathcal{S}, P)$ ein Wahrscheinlichkeitsraum. Zwei Ereignisse $A, B \in \mathcal{A} = \mathfrak{P}(\mathcal{S})$ heißen *unabhängig*, wenn $P(A \cap B) = P(A) \cdot P(B)$.

Beispiel 5.2.6.

(1) Beim einmaligen Würfeln ist $\mathcal{S} = \{1, 2, \ldots, 6\}$ und nach der Laplaceschen Definition erhalten wir $P(A) = \frac{|A|}{6}$ für jedes Ereignis $A \subset \{1, 2, \ldots, 6\}$. Die Ereignisse $A_1 = \{1, 4\}$ und $A_2 = \{2, 4\}$ sind nicht unabhängig, denn $P(A_1) = \frac{2}{6} = \frac{1}{3} = P(A_2)$, aber $P(A_1 \cap A_2) = P(\{4\}) = \frac{1}{6}$. Wenn $A_3 = \{2, 4, 6\}$, dann ergibt sich $P(A_3) = \frac{3}{6}$, $P(A_1) \cdot P(A_3) = \frac{1}{6} = P(\{4\}) = P(A_1 \cap A_3)$, da $A_1 \cap A_3 = \{4\}$. Die Ereignisse A_1 und A_3 sind also unabhängig. Unabhängigkeit ist nicht mit Disjunktheit zu verwechseln.
(2) Beim Lotto „6 aus 49" ist ein elementares Ereignis ein Tipp von 6 Zahlen, also $\mathcal{S} = \{A \subset \{1, \ldots, 49\} \mid |A| = 6\}$. In Folgerung 5.1.12 haben wir gesehen, dass $|\mathcal{S}| = \binom{49}{6}$ ist. Nach Laplace ergibt sich damit für jeden Tipp $A \in \mathcal{S}$

$$P(A) = \frac{1}{\binom{49}{6}} = \frac{1}{13\,983\,816} \approx 0{,}00000007\,.$$

Die Wahrscheinlichkeit, dass man bei einem Tipp 6 Richtige hat, ist damit verschwindend gering. Zum Vergleich kann man die Sterbetafeln [ST] heranziehen. Aus ihnen geht hervor, dass ein 20-jähriger männlicher Bewohner Deutschlands mit einer Wahrscheinlichkeit von etwa 0,0006 innerhalb der kommenden 12 Monate verstirbt. Diese Zahl ist etwa das 10 000-fache der Wahrscheinlichkeit, bei „6 aus 49“ mit einem Tipp 6 Richtige zu erzielen.
Für den zweiten Vergleich entnehmen wir der Unfallstatistik für das Jahr 2007, dass es in jenem Jahr 4 970 Verkehrstote in Deutschland gab. Wenn wir von circa 82 Millionen Menschen in Deutschland ausgehen, erhalten wir hierfür eine relative Häufigkeit von $4970/82000000 \approx 0{,}00006$, was etwa tausendmal so groß ist wie die Wahrscheinlichkeit, bei „6 aus 49“ mit einem Tipp 6 Richtige zu erzielen.
Wesentlich seltener tritt Blitzschlag als Todesursache auf. In Deutschland werden pro Jahr durchschnittlich 3 Menschen vom Blitz erschlagen. Die Wahrscheinlichkeit, innerhalb der nächsten 12 Monate auf diese Weise ums Leben zu kommen, beträgt daher etwa $3/82000000 \approx 0{,}00000004$. Sie liegt somit in der Größenordnung der Wahrscheinlichkeit, bei „6 aus 49“ mit einem Tipp 6 Richtige zu erzielen.
Im Jahr 2007 wurden übrigens in Deutschland rund 4,975 Milliarden Euro für die Teilnahme am Lotto „6 aus 49“ ausgegeben. Das entspricht etwa ebenso vielen Tipps. In dieser Zeit gab es 436-mal 6 Richtige. Die relative Häufigkeit $436/4975000000 \approx 0{,}000000088$ liegt dicht bei dem theoretisch vorhergesagten Ergebnis.

(3) In Verallgemeinerung der Beispiele (1) und (2) spricht man von einer *Laplace-Verteilung* wenn der Ereignisraum $\mathcal{S}$ endlich ist und alle Elementarereignisse gleichberechtigt sind. Man kann zeigen (Übungsaufgabe 5.13), dass für eine Laplace-Verteilung P immer $P(\{e\}) = \frac{1}{|\mathcal{S}|}$ für alle $e \in \mathcal{S}$ gelten muss. Für jedes Ereignis $A \subset \mathcal{S}$ ist dann nach Bem. 5.2.3

$$P(A) = \sum_{e \in A} P(\{e\}) = \frac{|A|}{|\mathcal{S}|}\,.$$

Die folgenden Wahrscheinlichkeitsverteilungen treten häufig in der Praxis auf.

Beispiel 5.2.7 (Binomialverteilung). Diese Verteilung beschreibt ein Zufallsexperiment, welches aus einer Folge von n gleichartigen (unabhängigen) Versuchen besteht, die jeweils nur zwei mögliche Ergebnisse (Erfolg oder Misserfolg) haben. Die Zahl n ist fest vorgegeben. Es kommt hierbei nicht auf die Reihenfolge der n Versuche an, sie können auch gleichzeitig stattfinden. Solche Versuche werden auch *Bernoulli-Versuche*[7] genannt. Man denke etwa an das Würfeln mit n Würfeln, mit dem Ziel eine Sechs zu erhalten. Die Binomialverteilung für $n = 1$ heißt auch *Bernoulli-Verteilung*.

[7] Jacob Bernoulli (1654–1705), Schweizer Mathematiker.

Ein Elementarereignis ist die Anzahl der Erfolge, d.h. $\mathcal{S} = \{0, 1, 2, \ldots, n\}$. Die Binomialverteilung ist für $k \in \mathcal{S}$ durch

$$P(\{k\}) = \binom{n}{k} p^k (1-p)^{n-k} \tag{5.8}$$

gegeben, wobei $p \in [0, 1]$ die Wahrscheinlichkeit ist, mit der das gewünschte Ergebnis bei jedem der n Versuche eintritt. Da wegen der binomischen Formel $\sum_{k \in \mathcal{S}} P(\{k\}) = \sum_{k=0}^{n} \binom{n}{k} p^k (1-p)^{n-k} = (p + 1 - p)^n = 1$ gilt, handelt es sich tatsächlich um eine Wahrscheinlichkeitsverteilung.
Wir beweisen nun durch Induktion nach n, dass (5.8) tatsächlich die Wahrscheinlichkeit ist, mit der sich bei n Versuchen, deren Erfolgswahrscheinlichkeit gleich p ist, genau k Erfolge einstellen. Für $n = 1$ ist $k \leq 1$ und die Formel offensichtlich richtig. Wir nehmen als Induktionsvoraussetzung an, dass bei $n - 1$ unabhängigen Bernoulli-Versuchen mit Erfolgswahrscheinlichkeit p die Wahrscheinlichkeit, genau k-mal Erfolg zu habe, gleich $P_{n-1}(\{k\}) := \binom{n-1}{k} p^k (1-p)^{n-1-k}$ ist
Wegen Def. 5.2.1 (1) ist die Wahrscheinlichkeit, bei n Versuchen genau k-mal Erfolg zu haben, gleich der Summe der folgenden beiden Ausdrücke

- $P_{n-1}(\{k\}) \cdot (1-p)$ – Wahrscheinlichkeit bei $n - 1$ Versuchen k-mal Erfolg zu haben und im n-ten Versuch keinen Erfolg zu haben;
- $P_{n-1}(\{k-1\}) \cdot p$ – Wahrscheinlichkeit bei $n - 1$ Versuchen $(k - 1)$-mal Erfolg zu haben und im n-ten Versuch Erfolg zu haben.

Das ergibt $P_n(\{k\}) = P_{n-1}(\{k\}) \cdot (1-p) + P_{n-1}(\{k\}) \cdot p$. Aus der Induktionsvoraussetzung folgt mit Lemma 5.1.2 (2)

$$\begin{aligned} P_n(\{k\}) &= \binom{n-1}{k} p^k (1-p)^{n-1-k} (1-p) + \binom{n-1}{k-1} p^{k-1} (1-p)^{n-k} p \\ &= \left(\binom{n-1}{k} + \binom{n-1}{k-1} \right) p^k (1-p)^{n-k} \\ &= \binom{n}{k} p^k (1-p)^{n-k} . \end{aligned}$$

Damit ist induktiv gezeigt, dass die Binomialverteilung wirklich zum beschriebenen Modell von n unabhängigen Bernoulli-Versuchen gehört.
Als Beispiel einer Anwendung der Binomialverteilung können wir die Frage beantworten, wie groß die Wahrscheinlichkeit $P(\{k\})$ ist, dass bei n Würfen eines (fairen) Würfels genau k-mal die 2 auftritt. Hier ist $p = \frac{1}{6}$ und wir erhalten mit (5.8)

$$P(\{k\}) = \binom{n}{k} \frac{1}{6^k} \cdot \left(\frac{5}{6} \right)^{n-k} = \binom{n}{k} \frac{5^{n-k}}{6^n} .$$

Beispiel 5.2.8 (Geometrische Verteilung). Diese Verteilung beschreibt die Wahrscheinlichkeit dafür, dass bei einer Folge von Bernoulli-Versuchen

der erste Erfolg im k-ten Versuch eintritt. Man betrachtet also wie bei der Binomialverteilung eine Folge gleichartiger (unabhängiger) Versuche, die jeweils nur zwei mögliche Ergebnisse haben. Im Unterschied zu Beispiel 5.2.7 ist die Zahl der Versuche nicht vorgegeben oder beschränkt. Die Bernoulli-Versuchen werden nacheinander durchgeführt, bis der erste Erfolg eintritt. Man denke etwa an ein Würfelspiel, bei dem es gilt mit einem Würfel eine Sechs zu würfeln, um mit den eigentlichen Aktionen zu beginnen.
Ein Elementarereignis ist die Anzahl der Versuche bis zum ersten Erfolg, d.h. $\mathcal{S} = \mathbb{N}$ ist eine unendliche Menge. Für $k \in \mathbb{N}$ ist die Geometrische Verteilung durch

$$P(\{k\}) = (1-p)^{k-1}p \tag{5.9}$$

gegeben, wobei $0 < p < 1$ wieder die Erfolgswahrscheinlichkeit der Versuche ist. Unter Benutzung der geometrischen Reihe (Bsp. 3.3.3(1)) ergibt sich die nötige Gleichung $\sum_{k\in\mathcal{S}} P(\{k\}) = \sum_{k=1}^{\infty}(1-p)^{k-1}p = 1$.

Beispiel 5.2.9 (Poisson-Verteilung[8]). Diese Verteilung eignet sich als Approximation der Binomialverteilung, wenn die Erfolgswahrscheinlichkeit p der Versuche sehr klein, deren Anzahl n jedoch sehr groß ist. Der Ereignisraum ist wieder die Menge der natürlichen Zahlen $S = \mathbb{N}$ und für $k \in \mathbb{N}$ ist

$$P(\{k\}) = \frac{\lambda^k}{k!}\,\mathrm{e}^{-\lambda}\,, \tag{5.10}$$

wobei $\lambda > 0$ eine reelle Zahl ist. Wenn $\lambda = np$ ist, wird bei großem n und kleinem p die Binomialverteilung approximiert (Poissonscher Grenzwertsatz). Ein Beispiel für die Anwendung der Poisson-Verteilung ist die Frage nach der Wahrscheinlichkeit des Vorhandenseins von Druckfehlern auf einer bestimmten Anzahl von Seiten in einem Buch, wenn pro Seite durchschnittlich $\lambda = 0{,}2$ Druckfehler vorkommen.

Beispiel 5.2.10 (Geburtstags-Paradoxon). Wie groß ist die Wahrscheinlichkeit, dass zwei Schüler einer Schulklasse am gleichen Tag Geburtstag haben?
Der Einfachheit halber schließen wir den 29. Februar aus und nehmen an, dass jeder Tag im Jahr mit gleicher Wahrscheinlichkeit als Geburtstag in Frage kommt. Wenn die Anzahl der Schüler gleich k ist, dann enthält der Ereignisraum $\mathcal{S}$ alle Folgen aus k möglichen Geburtstagen, d.h. $\mathcal{S} = \{1, 2, \ldots, 365\}^k$ und $|\mathcal{S}| = 365^k$ (vgl. Satz 5.1.10, Variationen mit Wiederholung). Das uns interessierende Ereignis A, dass zwei Schüler am gleichen Tag Geburtstag haben, ist dann die Menge aller Folgen aus $\mathcal{S}$, in denen mindestens ein Tag doppelt vorkommt. Das komplementäre Ereignis $\mathcal{S} \setminus A$ besteht aus allen Folgen, in denen alle Tage verschieden sind. Es handelt sich hier um Variationen ohne Wiederholung, nach Satz 5.1.10 ist daher $|\mathcal{S} \setminus A| = 365 \cdot (365-1) \cdot \ldots \cdot (365-k+1)$ und damit $P(\mathcal{S} \setminus A) = \frac{|\mathcal{S} \setminus A|}{|\mathcal{S}|} = \frac{365(365-1)\cdot\ldots\cdot(365-k+1)}{365^k}$. Wir

[8] Siméon Poisson (1781–1840), französischer Physiker und Mathematiker.

erhalten

$$P(A) = 1 - P(\mathcal{S} \setminus A) = 1 - \frac{365(365-1) \cdot \ldots \cdot (365-k+1)}{365^k} .$$

Durch Einsetzen sieht man nun, dass für $k \geq 23$ bereits $P(A) \geq \frac{1}{2}$ gilt. Das heißt, dass mit Wahrscheinlichkeit größer als $\frac{1}{2}$ in einer Klasse mit mindestens 23 Schülern, zwei der Schüler am gleichen Tag Geburtstag haben. Diese verblüffende Tatsache ist als *Geburtstags-Paradoxon* bekannt.

Um das eingangs angesprochene *Ziegenproblem* zu behandeln, benötigen wir noch den Begriff der bedingten Wahrscheinlichkeit.

Definition 5.2.11. Seien $(\mathcal{S}, P)$ ein Wahrscheinlichkeitsraum, $A, B \subset \mathcal{S}$ Ereignisse und $P(B) > 0$. Die *bedingte Wahrscheinlichkeit* des Eintretens des Ereignisses A unter der Bedingung, dass das Ereignis B eingetreten ist, ist definiert durch $P(A|B) := \frac{P(A \cap B)}{P(B)}$.

Beispiel 5.2.12. Wie groß ist die Wahrscheinlichkeit, dass bei zwei Würfen eines Würfels mindestens eine Sechs auftrat, wenn bereits bekannt ist, dass die Summe der beiden Würfe mindestens 7 ist?
Das Ereignis A ist hier das Auftreten von mindestens einer Sechs bei 2 Würfen. Das Ereignis B besteht aus allen Paaren gewürfelter Zahlen, deren Summe mindestens 7 beträgt, d.h.

$$\begin{aligned}
\mathcal{S} &= \{1, \ldots, 6\}^2 \\
A &= \{(1,6), (2,6), \ldots, (5,6), (6,6), (6,5), \ldots, (6,2), (6,1)\} \\
B &= \{(6,6), (6,5), \ldots, (6,1), (5,6), (5,5), \ldots, (5,2), \\
&\qquad (4,6), (4,5), \ldots, (4,3), (3,6), (3,5), (3,4)(2,6), (2,5), (1,6)\}
\end{aligned}$$

und P ist die Laplace-Verteilung (Bsp. 5.2.6). Daraus erhalten wir

$$A \cap B = A, \quad P(A) = \frac{|A|}{|\mathcal{S}|} = \frac{11}{36} \quad \text{und} \quad P(B) = \frac{|B|}{|\mathcal{S}|} = \frac{21}{36} ,$$

woraus sich $P(A|B) = \frac{11}{21}$ ergibt.

Bemerkung 5.2.13. Wenn A und B unabhängige Ereignisse sind, dann gilt wie erwartet $P(A|B) = P(A)$, denn $P(A \cap B) = P(A) \cdot P(B)$.

Beispiel 5.2.14 (Ziegenproblem).
In einer Quizshow sind drei Tore aufgebaut (kurz mit 1, 2 und 3 bezeichnet). Hinter einem Tor steht ein Auto, hinter den beiden anderen je eine Ziege. Der Kandidat entscheidet sich für ein Tor. Dann öffnet der Moderator ein nicht vom Kandidaten gewähltes Tor, hinter dem das Auto nicht steht. Der Kandidat hat die Möglichkeit, seine Entscheidung zu revidieren. Mit welcher Strategie ist die Wahrscheinlichkeit am größten, das Auto zu gewinnen?

Folgende Argumentation ist falsch:
Nachdem der Moderator ein Tor geöffnet hat, muss sich das Auto hinter einem den beiden anderen Toren befinden. Die Wahrscheinlichkeit, dass es sich hinter einem bestimmten Tor befindet ist jeweils $\frac{1}{2}$. Es ist also sinnlos, sich umzuentscheiden.
Um die korrekte Antwort zu finden, analysieren wir die Situation mit den bisher dargelegten Methoden der Wahrscheinlichkeitstheorie. Dazu stellen wir zunächst die Menge aller Elementarereignisse auf. Ein Elementarereignis ist hier ein Tripel (i, j, k), wobei dies so interpretiert wird, dass sich das Auto hinter Tor i befindet, der Kandidat sich für Tor j entscheidet und der Moderator das Tor k öffnet. Nicht alle Tripel sind nach den Spielregeln sinnvoll. In Tabelle 5.1 sind alle Elemente von $\mathcal{S} \subset \{1, 2, 3\}^3$ mit ihren Wahrscheinlichkeiten aufgelistet. Die Wahrscheinlichkeiten der Elementarereignisse sind nicht gleich, es handelt sich nicht um eine Laplace-Verteilung. Wenn der Kandidat das Tor wählt, hinter dem das Auto steht, hat der Moderator die Wahl zwischen 2 Toren. Im anderen Fall hat er keine Wahl, d.h. die Wahrscheinlichkeit für (i, i, k) ist halb so groß wie die Wahrscheinlichkeit für (i, j, k) mit $i \neq j$. Man beachte, dass die Summe aller Wahrscheinlichkeiten 1 ergeben muss, wodurch sie dann festgelegt sind.

Tor des Gewinns	Torwahl des Kandidaten	Torwahl des Moderators	P
1	1	2	$\frac{1}{18}$
1	1	3	$\frac{1}{18}$
1	2	3	$\frac{1}{9}$
1	3	2	$\frac{1}{9}$
2	1	3	$\frac{1}{9}$
2	2	1	$\frac{1}{18}$
2	2	3	$\frac{1}{18}$
2	3	1	$\frac{1}{9}$
3	1	2	$\frac{1}{9}$
3	2	1	$\frac{1}{9}$
3	3	1	$\frac{1}{18}$
3	3	2	$\frac{1}{18}$

Tabelle 5.1 Wahrscheinlichkeitsverteilung beim Ziegenproblem

Um herauszufinden, ob die Gewinnchance des Kandidaten höher ist, wenn er sich umentscheidet, betrachten wir als Beispiel das Ereignis A, das darin besteht, dass der Kandidat Tor 1 gewählt und der Moderator Tor 2 geöffnet hat. In diesem Fall kann sich das Auto nur hinter Tor 1 oder Tor 3 befinden, d.h. $A = \{(1, 1, 2),\ (3, 1, 2)\}$.
Andererseits ist das Ereignis „das Auto befindet sich hinter Tor 3“ durch die Menge $B = \{(3, 1, 2),\ (3, 2, 1),\ (3, 3, 1),\ (3, 3, 2)\}$ beschrieben. Wir berechnen

die bedingte Wahrscheinlichkeit $P(B|A)$, dass B unter Voraussetzung von A eintritt, wie folgt:

$$P(B|A) = \frac{P(B \cap A)}{P(A)} = \frac{P((3,1,2))}{P(A)} = \frac{\frac{1}{9}}{\frac{1}{18} + \frac{1}{9}} = \frac{2}{3} \,.$$

Da die Rechnung bei jeder anderen Nummerierung der Tore die Gleiche ist, ist die Gewinnstrategie klar: Der Kandidat muss sich immer umentscheiden[9].

Satz 5.2.15 (Bayes[10]) *Wenn A, B Ereignisse mit $P(B) > 0$ sind, dann gilt*

$$P(A|B) = \frac{P(A)}{P(B)} \cdot P(B|A) \,.$$

Beweis. Nach Definition gilt $P(A \cap B) = P(B) \cdot P(A|B)$ und $P(A \cap B) = P(A) \cdot P(B|A)$, woraus die Behauptung folgt. □

Bemerkung 5.2.16. Eine aktuelle Anwendung des Satzes von Bayes ist der sogenannte *bayessche Spamfilter* zum Herausfiltern unerwünschter E-Mails. Dabei werden gewissen charakteristischen Wörtern Wahrscheinlichkeiten zugeordnet, mit denen sie in Spam-Mail oder Nicht-Spam-Mail vorkommen. Von der eingehenden Mail wird dann die Wahrscheinlichkeit dafür berechnet, ob sie Spam ist oder nicht. Wenn diese einen gegebenen Wert überschreitet, wird die Mail aussortiert. So kann zum Beispiel der Filter die Information erhalten, dass in einer Spam-Mail das Wort „Erotik“ mit 18% Wahrscheinlichkeit enthalten ist, in einer Nicht-Spam-Mail mit 0,5%. Weiterhin sei bekannt, dass z.B. 20% der Mails Spam sind. Wie hoch ist die Wahrscheinlichkeit, dass eine an uns gerichtete E-Mail, die das Wort „Erotik“ enthält, eine Spam-Mail ist? Das ist die bedingte Wahrscheinlichkeit $P(S|E)$, wobei S für Spam und E für Erotik steht. Wenn wir außerdem NS für Nicht-Spam schreiben, dann lauten die Voraussetzungen

$$\begin{aligned} P(E|S) &= 0{,}18 & \qquad P(S) &= 0{,}2 \\ P(E|NS) &= 0{,}005 & \qquad P(NS) &= 0{,}8 \,. \end{aligned}$$

Mit Satz 5.2.15 und $P(E) = P(E|S) \cdot P(S) + P(E|NS) \cdot P(NS)$ ergibt sich

$$P(S|E) = \frac{P(E|S) \cdot P(S)}{P(E)} = \frac{0{,}18 \cdot 0{,}2}{0{,}18 \cdot 0{,}2 + 0{,}005 \cdot 0{,}8} = 0{,}9 \,.$$

---

[9] Es wird gemunkelt, dass dies den Produzenten der Quizsendungen zu Beginn nicht klar war. Die Sendungen wurden jedenfalls nach einiger Zeit modifiziert.

[10] Thomas Bayes (1702–1761), englischer Mathematiker.

Das bedeutet, wenn wir eine Mail erhalten, die das Wort „Erotik“ enthält, handelt es sich (unter den obigen Voraussetzungen) mit 90%-iger Wahrscheinlichkeit um eine Spam-Mail.
In der Praxis ist das so organisiert, dass der Benutzer den Filter dadurch trainiert, dass er etwa die ersten 500 E-Mails manuell nach Spam oder Nicht-Spam klassifizieren muss. Dabei werden automatisch die entsprechenden Wahrscheinlichkeiten für charakteristische Spam-Worte vergeben. Die Erfahrung zeigt, dass Spam-Mails mit dieser Methode etwa mit 95% Wahrscheinlichkeit richtig erkannt werden.

Als Nächstes beschäftigen wir uns mit einer wichtigen, in der Praxis häufig verwendeten Methode, statistische Eigenschaften von Ereignissen zu untersuchen und zu beschreiben.

Definition 5.2.17. Sei $(\mathcal{S}, P)$ ein (diskreter) Wahrscheinlichkeitsraum.

(1) Eine *Zufallsvariable* X ist eine Abbildung $X : \mathcal{S} \to \mathbb{R}$.
(2) Die Wahrscheinlichkeit, dass X den Wert a annimmt, ist

$$P(X = a) = \sum_{e \in X^{-1}(\{a\})} P(\{e\}) .$$

Bemerkung 5.2.18. Die Wahrscheinlichkeit, dass X einen Wert, der größer oder gleich a ist, annimmt, beträgt

$$P(X \geq a) = \sum_{b \geq a} P(X = b) .$$

Das folgt aus dem Axiom der Additivität. Wenn $\mathcal{S}$ eine endliche Menge ist, handelt es sich um eine endliche Summe. Wenn jedoch $\mathcal{S}$ unendlich ist, kann dies eine unendliche Reihe sein. Die Konvergenz solcher Reihen ist dadurch gesichert, dass die Reihe $\sum_{a \in \mathcal{S}} P(a) = 1$, die keine negativen Summanden enthält, wegen Def. 5.2.1 (2) konvergiert. Wenn nicht-diskrete Wahrscheinlichkeitsräume untersucht werden, dann muss an dieser Stelle ein Integral verwendet werden.

Beispiel 5.2.19. Beim Würfeln mit zwei Würfeln ist der Ereignisraum $\mathcal{S} = \{1, \ldots, 6\}^2$ die Menge aller möglichen Würfelergebnisse. Bei zwei fairen Würfeln haben wir für jedes Paar $(a, b) \in \mathcal{S}$ als Wahrscheinlichkeitsverteilung $P(a, b) = \frac{1}{36}$. Die durch $X(a, b) = \max\{a, b\}$ definierte Funktion $X : \mathcal{S} \to \mathbb{R}$ ist eine Zufallsvariable. Die Wahrscheinlichkeit $P(X = 4)$ berechnet sich z.B. wie folgt

$$P(X = 4) = \sum_{e \in X^{-1}(\{4\})} P(\{e\}) = \frac{1}{36} \cdot |X^{-1}(4)| = \frac{7}{36} ,$$

denn $X^{-1}(4) = \{(1, 4), (2, 4), (3, 4), (4, 4), (4, 3), (4, 2), (4, 1)\}$.

Mit Hilfe einer Zufallsvariablen $X : \mathcal{S} \to \mathbb{R}$ können wir einen neuen Wahrscheinlichkeitsraum $(\mathcal{S}_X, P_X)$ definieren. Dazu setzen wir $\mathcal{S}_X := X(\mathcal{S}) \subset \mathbb{R}$, das ist die Bildmenge der Abbildung X, und $P_X(a) := P(X = a)$ für $a \in \mathcal{S}_X$, sowie $P_X(\emptyset) := 0$.

Satz 5.2.20 *$(\mathcal{S}_X, P_X)$ ist ein Wahrscheinlichkeitsraum.*

Beweis. Wir müssen zeigen, dass die Eigenschaften (1) und (2) aus Definition 5.2.1 erfüllt sind. Da $P_X(\mathcal{S}_X) = \sum_{a \in \mathcal{S}_X} P_X(a) = \sum_{a \in \mathcal{S}_X} P(X = a)$, gilt

$$P_X(\mathcal{S}_X) = \sum_{a \in X(\mathcal{S})} \sum_{e \in X^{-1}(\{a\})} P(\{e\}) = \sum_{e \in \mathcal{S}} P(\{e\}) = 1 .$$

Seien jetzt $A, B \subset \mathcal{S}_X$ mit $A \cap B = \emptyset$, dann gilt

$$\begin{aligned} P_X(A \cup B) &= \sum_{a \in A \cup B} P_X(a) = \sum_{a \in A} P_X(a) + \sum_{a \in B} P_X(a) \\ &= P_X(A) + P_X(B) . \end{aligned}$$

Damit ist Teil (1) gezeigt. Zum Beweis von Teil (2) sei A_n eine Folge von paarweise disjunkten Teilmengen von $\mathcal{S}_X$. Wegen der Disjunktheit gilt

$$P_X\left(\bigcup_{n=1}^{\infty} A_n\right) = \sum_{a \in \cup_{n=1}^{\infty} A_n} P_X(a) = \sum_{n=1}^{\infty} \sum_{a \in A_n} P(X = a) = \sum_{n=1}^{\infty} P_X(A_n) ,$$

wie erforderlich. □

Eine wichtige Kenngröße einer Zufallsvariablen X ist ihr Erwartungswert. Er entspricht dem Mittelwert bei unendlich häufiger Versuchswiederholung und stellt sich bei oftmaligem Wiederholen des zugrunde liegenden Experiments etwa als Mittelwert der Ergebnisse ein.

Definition 5.2.21. Sei $(\mathcal{S}, P)$ ein diskreter Wahrscheinlichkeitsraum und X eine Zufallsvariable für $\mathcal{S}$. Der *Erwartungswert* von X ist definiert durch

$$E(X) = \sum_{a \in X(\mathcal{S})} a \cdot P(X = a) ,$$

falls die Summe endlich ist bzw. die Reihe konvergiert.

Beispiel 5.2.22. Sei $\mathcal{S} = \{0, \ldots, n\}$ und P die Binomialverteilung, d.h. $P(\{k\}) = \binom{n}{k} p^k (1-p)^{n-k}$ für ein $0 < p < 1$. Für die Zufallsvariable X, die jedes Ereignis von $\mathcal{S}$ (d.h. n unabhängige Bernoulli-Versuche mit Erfolgswahrscheinlichkeit p) auf die Anzahl der erfolgreichen Versuche abbildet, gilt $P(X = k) = P(\{k\})$, da $X(k) = k$ für alle $k \in \mathcal{S}$. Ihr Erwartungswert ist:

$$\begin{aligned}E(X) &= \sum_{k=1}^{n} k\binom{n}{k}p^k(1-p)^{n-k} = \sum_{k=1}^{n} k \cdot \frac{n}{k}\binom{n-1}{k-1}p^k(1-p)^{n-k} \\ &= n \cdot p\sum_{k=1}^{n}\binom{n-1}{k-1}p^{k-1}(1-p)^{n-k} = n \cdot p\sum_{k=0}^{n-1}\binom{n-1}{k}p^k(1-p)^{n-1-k} \\ &= n \cdot p\,.\end{aligned}$$

Das bedeutet zum Beispiel, dass bei 600 Würfen eines fairen Würfels der Erwartungswert für eine Zwei bei $600 \cdot \frac{1}{6} = 100$ Würfen liegt.

Beispiel 5.2.23. Wir führen Beispiel 5.2.19 fort und berechnen den Erwartungswert der dort definierten Zufallsvariablen $X(a,b) = \max\{a,b\}$ für $(a,b) \in \mathcal{S} = \{1,\ldots,6\}^2$. Wie im Beispiel 5.2.19 für $a = 4$ berechnen wir dazu für alle a die folgende Tabelle (Übungsaufgabe 5.8):

a	1	2	3	4	5	6
$P(X=a)$	$\frac{1}{36}$	$\frac{3}{36}$	$\frac{5}{36}$	$\frac{7}{36}$	$\frac{9}{36}$	$\frac{11}{36}$

Damit ergibt sich für den Erwartungswert von X

$$\begin{aligned}E(X) &= \sum_{a\in\{1,\ldots,6\}} a \cdot P(X=a) \\ &= \frac{1}{36}(1+6+15+28+45+66) = \frac{160}{36} = \frac{40}{9} \approx 4{,}44\,.\end{aligned}$$

Aus der Tabelle ergibt sich außerdem z.B.

$$\begin{aligned}P(X \geq 3) &= \sum_{b\geq 3} P(X=b) \\ &= P(X=3) + P(X=4) + P(X=5) + P(X=6) \\ &= \frac{32}{36} = \frac{8}{9}\,.\end{aligned}$$

Beispiel 5.2.24. Sei $\mathcal{S} = \mathbb{N}$ und P die geometrische Verteilung (Bsp. 5.2.8), d.h. $P(\{k\}) = p(1-p)^{k-1}$. Durch $X(k) = k$ für alle $k \in \mathbb{N}$ ist eine Zufallsvariable X definiert, für die $P(X=k) = p(1-p)^{k-1}$ gilt. Diese Zufallsvariable beschreibt die Anzahl der nötigen Versuche im Bernoulliexperiment bis zum ersten Mal Erfolg eintritt. Unter Benutzung der Gleichung $\sum_{k=1}^{\infty} kx^{k-1} = \frac{1}{(1-x)^2}$ mit $x = 1-p$, die sich als Ableitung der geometrischen Reihe $\sum_{k=0}^{\infty} x^k = \frac{1}{1-x}$ für alle $|x| < 1$ ergibt (Folg. 4.5.13), erhalten wir

$$E(X) = \sum_{k=1}^{\infty} kp(1-p)^{k-1} = p\sum_{k=1}^{\infty} k(1-p)^{k-1} = p\frac{1}{p^2} = \frac{1}{p}\,.$$

Das ist ein plausibles Ergebnis: Wenn die Erfolgswahrscheinlichkeit für einen Versuch gleich p ist, braucht man im Mittel $\frac{1}{p}$ Versuche, bis sich der Erfolg einstellt.

Beispiel 5.2.25. In einer Urne befinden sich w weiße und s schwarze Kugeln. Man zieht nacheinander Kugeln, die jeweils gleich wieder zurückgelegt werden. Die Wahrscheinlichkeit für die Ziehung einer weißen Kugel ist dann immer gleich $\frac{w}{s+w}$. Nach Beispiel 5.2.24 erhält man $1 + \frac{s}{w}$ als Erwartungswert für die Anzahl der Ziehungen, bis man eine weiße Kugel erhält.

Satz 5.2.26 *Sei $(\mathcal{S}, P)$ ein diskreter Wahrscheinlichkeitsraum und X, Y Zufallsvariablen, deren Erwartungswerte $E(X)$ und $E(Y)$ definiert[11] sind. Dann gilt für alle $c \in \mathbb{R}$*

$$E(X+Y) = E(X) + E(Y) \tag{5.11}$$

$$E(cX) = c \cdot E(X) . \tag{5.12}$$

Beweis. Es gilt

$$\begin{aligned} E(X) &= \sum_{a \in X(\mathcal{S})} aP(X=a) = \sum_{a \in X(\mathcal{S})} \sum_{e \in X^{-1}(\{a\})} aP(\{e\}) \\ &= \sum_{a \in X(\mathcal{S})} \sum_{e \in X^{-1}(\{a\})} X(e)P(\{e\}) = \sum_{e \in \mathcal{S}} X(e)P(\{e\}) \end{aligned}$$

und analog

$$\begin{aligned} E(Y) &= \sum_{e \in \mathcal{S}} Y(e)P(\{e\}) \qquad \text{und} \\ E(X+Y) &= \sum_{e \in \mathcal{S}} (X(e)+Y(e))P(\{e\}) . \end{aligned}$$

Daraus ergibt sich

$$E(X) + E(Y) = \sum_{e \in \mathcal{S}} (X(e)+Y(e))P(\{e\}) = E(X+Y)$$

und (5.11) ist bewiesen, (5.12) folgt analog. □

Definition 5.2.27. Sei $(\mathcal{S}, P)$ ein Wahrscheinlichkeitsraum und X, Y Zufallsvariablen. Das Ereignis $\{e \in \mathcal{S} | X(e) = x \text{ und } Y(e) = y\}$ wird kurz als

[11] Der Erwartungswert existiert nur, wenn die ihn definierende Summe endlich oder eine konvergente Reihe ist.

$$X = x \text{ und } Y = y$$

bezeichnet. Die Wahrscheinlichkeit, dass dieses Ereignis eintritt, ist gleich

$$P(X = x \text{ und } Y = y) = \sum_{\substack{e \in \mathcal{S} \\ X(e)=x \\ Y(e)=y}} P(\{e\}) \, .$$

Die Variablen X, Y heißen *unabhängig*, wenn für alle $x, y \in \mathbb{R}$ gilt:

$$P(X = x \text{ und } Y = y) \;=\; P(X = x) \cdot P(Y = y) \, .$$

Satz 5.2.28 *Sei $(\mathcal{S}, P)$ ein diskreter Wahrscheinlichkeitsraum und X, Y unabhängige Zufallsvariablen, deren Erwartungswerte $E(X)$ und $E(Y)$ definiert sind. Dann gilt $E(X \cdot Y) = E(X) \cdot E(Y)$.*

Beweis. Unter Benutzung der Rechnung im Beweis von Satz 5.2.26 erhalten wir

$$\begin{aligned} E(XY) &= \sum_{e \in \mathcal{S}} (XY)(e) P(\{e\}) = \sum_{e \in \mathcal{S}} X(e) Y(e) P(\{e\}) \\ &= \sum_{x,y} \sum_{\substack{e \\ X(e)=x \\ Y(e)=y}} xyP(\{e\}) = \sum_x \sum_y xyP(X = x \text{ und } Y = y) \\ &= \sum_{x,y} xyP(X = x) P(Y = y) \qquad \text{wegen der Unabhängigkeit} \\ &= \sum_x xP(X = x) \cdot \sum_y yP(Y = y) \\ &= E(X) \cdot E(Y) \, , \end{aligned}$$

wie gewünscht. □

Satz 5.2.29 (Markoffsche[12] Ungleichung) *Sei $(\mathcal{S}, P)$ ein Wahrscheinlichkeitsraum, $a > 0$ eine reelle Zahl und X eine Zufallsvariable mit $X(s) \geq 0$ für alle $s \in \mathcal{S}$. Dann gilt*

$$P(X \geq a) \leq \frac{E(X)}{a} \, .$$

Beweis. Da $1 \leq \frac{b}{a}$ für $b \geq a$ und $P(X = b) = 0$ für $b < 0$ gilt, erhalten wir

[12] Andrei Andrejewitsch Markoff (1856–1922), russischer Mathematiker.

$$\begin{aligned} P(X \geq a) &= \sum_{b \geq a} P(X = b) \leq \sum_{b \geq a} \frac{b}{a} P(X = b) \\ &= \frac{1}{a} \sum_{b \geq a} b P(X = b) \leq \frac{1}{a} \sum_{b} b P(X = b) = \frac{1}{a} E(X) , \end{aligned}$$

wie behauptet. □

Beispiel 5.2.30. Für die Zufallsvariable aus Beispiel 5.2.23 hatten wir den Erwartungswert $E(X) = \frac{40}{9}$ und $P(X \geq 3) = \frac{4}{9}$ berechnet. Die Markoffsche Ungleichung besagt in diesem Fall $\frac{1}{3}E(X) = \frac{40}{27} \geq \frac{12}{27} = \frac{4}{9} = P(X \geq 3)$.

Der Erwartungswert $E(X)$ reicht zur Charakterisierung einer Zufallsvariablen X meist nicht aus. Es ist notwendig, auch die Ausbreitung oder Streuung der Zufallsvariablen um ihren Erwartungswert zu berücksichtigen. Das entsprechende Maß ist die Varianz, bzw. mittlere quadratische Abweichung.

Definition 5.2.31. Sei $(\mathcal{S}, P)$ ein Wahrscheinlichkeitsraum und X eine Zufallsvariable, für die $E(X)$ definiert ist. Die *Varianz* $\mathrm{Var}(X)$ ist definiert durch

$$\mathrm{Var}(X) = E\left((X - E(X))^2\right)$$

und die *Standardabweichung* (oder *Streuung*) durch

$$\sigma(X) = \sqrt{\mathrm{Var}(X)} .$$

Satz 5.2.32 *Sei $(\mathcal{S}, P)$ ein Wahrscheinlichkeitsraum und X eine Zufallsvariable, für die $E(X)$ definiert ist. Dann gilt*

$$\mathrm{Var}(X) = E\left(X^2\right) - E(X)^2 .$$

Beweis. Mit $c = E(X)$ folgt aus Satz 5.2.26 (5.12) $E(XE(X)) = E(X)^2$. Daraus und mit (5.11) folgt aus der Definition der Varianz

$$\begin{aligned} \mathrm{Var}(X) &= E\left((X - E(X))^2\right) = E\left(X^2 - 2XE(X) + E(X)^2\right) \\ &= E\left(X^2\right) - 2E\left(XE(X)\right) + E(X)^2 = E\left(X^2\right) - E(X)^2 , \end{aligned}$$

wie behauptet. □

Folgerung 5.2.33. *Sei $(\mathcal{S}, P)$ ein diskreter Wahrscheinlichkeitsraum und X, Y unabhängige Zufallsvariablen. Dann gilt*

$$\begin{aligned} \mathrm{Var}(X + Y) &= \mathrm{Var}(X) + \mathrm{Var}(Y) && \text{und} \\ \mathrm{Var}(aX) &= a^2 \, \mathrm{Var}(X) && \text{für alle } a \in \mathbb{R}. \end{aligned}$$

Beweis. Übungsaufgaben 5.9 und 5.12. □

Beispiel 5.2.34. Um die Varianz der Zufallsvariablen aus Beispiel 5.2.23 zu berechnen, benötigen wir noch $E(X^2) = \sum_{a\in\{1,4,9\dots,36\}} aP(X^2 = a)$. Da die möglichen Werte für X alle nicht-negativ sind, gilt $P(X = a) = P(X^2 = a^2)$. Aus der Tabelle in Beispiel 5.2.23 ergibt sich daher sofort

a	1	4	9	16	25	36
$P(X^2 = a)$	$\frac{1}{36}$	$\frac{3}{36}$	$\frac{5}{36}$	$\frac{7}{36}$	$\frac{9}{36}$	$\frac{11}{36}$

und somit $E(X^2) = \frac{1}{36}(1+12+45+112+225+396) = \frac{791}{36}$. Mit $E(X) = \frac{40}{9}$ erhalten wir schließlich $\mathrm{Var}(X) = \frac{791}{36} - \left(\frac{40}{9}\right)^2 = \frac{719}{324} \approx 2{,}2$.
Statt mit Hilfe des Satzes 5.2.32, kann man die Varianz auch direkt, unter Benutzung der Definition 5.2.31, berechnen. Das führt zu folgender Rechnung, in der benutzt wird, dass $\left(k - \frac{40}{9}\right)^2$ für $k = 1, 2, \dots, 6$ sechs verschiedene Werte annimmt:

$$
\begin{aligned}
\mathrm{Var}(X) &= E\left((X - E(X))^2\right) = E\left(\left(X - \frac{40}{9}\right)^2\right) \\
&= \sum_{a\in\{(1-\frac{40}{9})^2,\dots,(6-\frac{40}{9})^2\}} aP\left(\left(X - \frac{40}{9}\right)^2 = a\right) \\
&= \sum_{k\in\{1,\dots,6\}} \left(k - \frac{40}{9}\right)^2 P(X = k) \\
&= \left(\frac{31}{9}\right)^2 \cdot \frac{1}{36} + \left(\frac{22}{9}\right)^2 \cdot \frac{3}{36} + \left(\frac{13}{9}\right)^2 \cdot \frac{5}{36} \\
&\quad + \left(\frac{4}{9}\right)^2 \cdot \frac{7}{36} + \left(\frac{5}{9}\right)^2 \cdot \frac{9}{36} + \left(\frac{14}{9}\right)^2 \cdot \frac{11}{36}\,.
\end{aligned}
$$

Beispiel 5.2.35 (Varianz der Binomialverteilung). In Beispiel 5.2.22 hatten wir für die Zufallsvariable $X(k) = k$ und die Binomialverteilung $P(\{k\}) = \binom{n}{k}p^k(1-p)^{n-k}$ mit $0 < p < 1$ und $\mathcal{S} = \{0,\dots,n\}$ den Erwartungswert $E(X) = np$ berechnet. Da $k\binom{m}{k} = m\binom{m-1}{k-1}$, erhalten wir unter Benutzung der binomischen Formel

$$\begin{aligned}
E\left(X^2\right) &= \sum_{k=0}^{n} k^2 \binom{n}{k} p^k (1-p)^{n-k} = np \sum_{k=1}^{n} k \binom{n-1}{k-1} p^{k-1}(1-p)^{n-k} \\
&= np \sum_{k=0}^{n-1} (k+1) \binom{n-1}{k} p^k (1-p)^{n-k-1} \\
&= np \sum_{k=1}^{n-1} k \binom{n-1}{k} p^k (1-p)^{n-1-k} + np \sum_{k=0}^{n-1} \binom{n-1}{k} p^k (1-p)^{n-1-k} \\
&= np(n-1) \sum_{k=1}^{n-1} \binom{n-2}{k-1} p^k (1-p)^{n-1-k} + np \\
&= np^2(n-1) \sum_{k=0}^{n-2} \binom{n-2}{k} p^k (1-p)^{n-2-k} + np = np((n-1)p+1)\,.
\end{aligned}$$

Damit folgt $\mathrm{Var}(X) = E\left(X^2\right) - E(X)^2 = np(1-p)$. Für $n = 20$ und $p = \frac{1}{2}$ enthält die folgende Tabelle die auf drei Stellen hinter dem Komma gerundeten Werte von $P(X = k)$.

k	0	1	2	3	4	5	6	7	8	9	10
$P(X = k)$	0	0	0	0,001	0,005	0,015	0,037	0,074	0,12	0,16	0,176

Da $P(X = 10 + k) = P(X = 10 - k)$ für $0 \le k \le 10$, ergibt sich daraus die Abb. 5.2. Der Erwartungswert ist $E(X) = np = 20 \cdot \frac{1}{2} = 10$, die Varianz

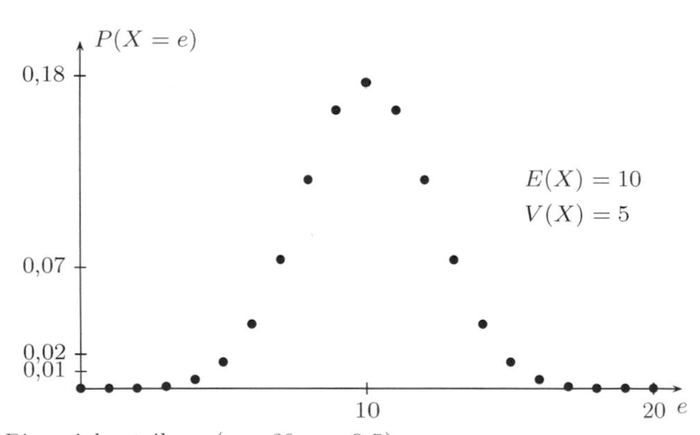

Abb. 5.2 Binomialverteilung ($n = 20, p = 0{,}5$)

$\mathrm{Var}(X) = np(1-p) = 20 \cdot \frac{1}{2} \cdot \frac{1}{2} = 5$ und die Standardabweichung $\sqrt{5} \approx 2{,}2$.

Beispiel 5.2.36 (Varianz der Geometrischen Verteilung). Sei $\mathcal{S} = \mathbb{N}$ und P die geometrische Verteilung: $P(\{k\}) = p(1-p)^{k-1}$ mit $0 < p < 1$. Für die Zufallsvariable $X(k) = k$ aus Beispiel 5.2.24 gilt $P(X = e) = p(p-1)^{e-1}$ und $E(X) = \frac{1}{p}$. Mit Hilfe der zweiten Ableitung der geometrischen Reihe erhalten wir $\sum_{k=1}^{\infty} k^2 x^{k-1} = \frac{2x}{(1-x)^3} + \frac{1}{(1-x)^2}$, woraus mit $x = 1-p$, analog zu Beispiel 5.2.24, $E\left(X^2\right) = \frac{2-p}{p^2}$ folgt. Mit Satz 5.2.32 folgt $\mathrm{Var}(X) = \frac{1-p}{p^2}$.

Satz 5.2.37 (Ungleichung von Tschebyscheff[13]) *Sei $(\mathcal{S}, P)$ ein Wahrscheinlichkeitsraum, X eine Zufallsvariable und $c > 0, c \in \mathbb{R}$. Dann gilt*

$$P(|X - E(X)| \geq c) \leq \frac{\mathrm{Var}(X)}{c^2} .$$

Beweis. Da $P(|X - E(X)| \geq c) = P((X - E(X))^2 \geq c^2)$, folgt die Behauptung aus der Ungleichung von Markoff (Satz 5.2.29). □

Als Nächstes werden wir das schwache Gesetz der großen Zahlen ableiten. Es liefert die theoretische Rechtfertigung dafür, die relative Häufigkeit in großen Stichproben zur Schätzung unbekannter Wahrscheinlichkeitsverteilungen zu verwenden.

Satz 5.2.38 (Gesetz der Großen Zahlen) *Gegeben seien ein diskreter Wahrscheinlichkeitsraum $(\mathcal{S}, P)$ und eine Folge $(X_i)_{i \in \mathbb{N}}$ von Zufallsvariablen mit dem gleichen Erwartungswert $E(X_i) = c$, für die gilt:*

(1) *Es existiert eine positive reelle Zahl M, so dass $\mathrm{Var}(X_i) \leq M$ für alle i.*
(2) *Für jedes n sind $X_1, \ldots, X_n$ unabhängige Zufallsvariablen.*

Sei $Y_n := \frac{1}{n} \sum_{i=1}^{n} X_i$ das arithmetische Mittel, dann gilt für jedes $\varepsilon > 0$

$$\lim_{n \to \infty} P\left(|Y_n - c| > \varepsilon\right) = 0 .$$

Man sagt auch: Y_n konvergiert stochastisch gegen c.

Beweis. Aus der Tschebyscheffschen Ungleichung folgt

$$P(|Y_n - c| > \varepsilon) \leq \frac{E\left((Y_n - c)^2\right)}{\varepsilon^2} .$$

Da $E(X_i) = c$ für alle i, gilt $E(Y_n) = E\left(\frac{1}{n} \sum_{i=1}^{n} X_i\right) = \frac{1}{n} \sum_{i=1}^{n} E(X_i) = c$. Damit ist $E\left((Y_n - c)^2\right) = \mathrm{Var}(Y_n)$. Andererseits ist wegen der Unabhängigkeit der X_i nach Folgerung 5.2.33

$$\mathrm{Var}\left(Y_n\right) = \mathrm{Var}\left(\frac{1}{n} \sum_{i=1}^{n} X_i\right) = \frac{1}{n^2} \sum_{i=1}^{n} \mathrm{Var}\left(X_i\right) .$$

---

[13] Pafnuti Lwowitsch Tschebyscheff (1821–1894), russischer Mathematiker.

Da $\mathrm{Var}(X_i) \leq M$ für alle i, folgt $\mathrm{Var}(Y_n) \leq \frac{M}{n}$. Wir erhalten insgesamt $P(|Y_n - c| > \varepsilon) \leq \frac{M}{\varepsilon^2} \cdot \frac{1}{n}$ und das konvergiert gegen 0 wenn $n \to \infty$. □

Es gibt auch ein *starkes Gesetz der großen Zahlen*. Mit den Bezeichnungen von Satz 5.2.38 besagt es, dass unter geeigneten Voraussetzungen $P(\lim_{n\to\infty} Y_n = c) = 1$ ist. Man sagt, die Folge (Y_n) konvergiert fast sicher gegen c.

Bemerkung 5.2.39. Wenn in Satz 5.2.38 für alle Zufallsvariablen X_i

$$P(X_i = 1) = p \quad \text{und} \quad P(X_i = 0) = 1 - p$$

gilt, dann ist $E(X_i) = p$. Es handelt sich dann um eine Folge unabhängiger Bernoulliexperimente mit Erfolgswahrscheinlichkeit p. Wenn bei n solchen Experimenten b Erfolge eingetreten sind, dann besagt die Rechnung im Beweis des Gesetzes der großen Zahlen, dass für die relative Häufigkeit b/n gilt:

$$P\left(\left|\frac{b}{n} - p\right| > \varepsilon\right) \leq \frac{1}{4\varepsilon^2 n},$$

denn wegen $\mathrm{Var}(X_i) = E\left(X_i^2\right) - E(X_i)^2 = p - p^2 = \frac{1}{4} - \left(p - \frac{1}{2}\right)^2 \leq \frac{1}{4}$ können wir $M = \frac{1}{4}$ wählen. Das Gesetz der großen Zahlen besagt also, dass sich (mit sehr hoher Wahrscheinlichkeit) die relative Erfolgshäufigkeit bei einem Zufallsexperiment immer weiter an die Erfolgswahrscheinlichkeit annähert, je häufiger das Zufallsexperiment durchgeführt wird. Das bedeutet jedoch nicht, dass ein Ergebnis, das bisher nicht so häufig eintrat, demnächst häufiger auftreten muss.

Das ist ein weit verbreiteter Irrtum beim Lottospielen. Man glaubt, wenn gewisse Zahlen lange nicht gezogen wurden, dass sie dann mit höherer Wahrscheinlichkeit kommen müssen. Solange man 6 aus 49 Kugeln zieht, beträgt die Gewinnchance für jede der Kugeln $\frac{6}{49}$ (Beispiel 5.2.6), unabhängig davon, wann die Kugel das letzte Mal gezogen wurde. Das gleiche gilt für das Roulette. Auch hier hat die Kugel kein Gedächtnis. Sie „weiß“ nicht, welche Zahlen seltener gekommen sind. Bei jeder Runde können alle Zahlen gleichberechtigt mit der Wahrscheinlichkeit $\frac{1}{37}$ kommen.

Wenn wir einen Münzwurf („Kopf“ oder „Zahl“) sehr oft durchführen, könnte zum Beispiel folgendes Bild entstehen: Nach 100 Würfen kam 47-mal Zahl (theoretisch sollten es 50-mal sein). Das ist ein absoluter Abstand von 3 und ein relativer Abstand von $\frac{3}{100} = 0{,}03$. Nach 1000 Würfen kam 490-mal Zahl (es sollten 500-mal sein). Das ist ein absoluter Abstand von 10 und ein relativer Abstand von 0,01. Nach 10000 Würfen kam 4960-mal Zahl (es sollte 5000 sein). Das ist ein absoluter Abstand von 40 und ein relativer Abstand von 0,004. Man sieht, der relative Abstand wird immer kleiner (Gesetz der großen Zahlen), während der absolute Abstand größer werden kann. Die Münze holt ihren Rückstand bezüglich des Auftretens von „Zahl“ nicht auf und trotzdem pendelt sich die relative Häufigkeit nach sehr vielen Wiederholungen meist gut auf die Wahrscheinlichkeit ein.

Bemerkung 5.2.40. Im Beweis von Satz 5.2.37 haben wir die folgende Ungleichung erhalten:

$$\operatorname{Var}\left(\frac{1}{n}\sum_{i=1}^{n} X_i - c\right) = \operatorname{Var}\left(\frac{1}{n}\sum_{i=1}^{n} X_i\right) \le \frac{M}{n}\,.$$

Wenn man die Standardabweichung $\sqrt{\operatorname{Var}\left(\frac{1}{n}\sum_{i=1}^{n} X_i - c\right)}$ als Maß für die mittlere Abweichung auffasst, sieht man daraus, dass die mittlere Genauigkeit bei Erhöhung der Zahl der Versuche nur wie $O\left(\frac{1}{\sqrt{n}}\right)$ besser wird. Eine Forderung nach einer zusätzlichen Stelle Genauigkeit erfordert eine Vergrößerung von n um den Faktor 100.

Bei der Verwaltung großer Datenmengen verwendet man heute oft sogenannte *Hashtabellen*. Da die Zahl der Vorgänge dabei sehr groß ist, eignet sich die Wahrscheinlichkeitsrechnung zur Analyse. Die Grundidee besteht in der Benutzung von Hashfunktionen. Eine *Hashfunktion*[14] ist eine einfach zu berechnende Funktion, die beliebige Strings bzw. Zahlen auf Strings bzw. Zahlen beschränkter Länge bzw. Größe abbildet. Natürlich werden dabei einige Elemente den gleichen Hashwert haben, aber bei einer „guten" Hashfunktion kommen solche Kollisionen „selten" vor und folgen keinem vorhersagbaren Muster. In der Anwendung dient der *Hashwert* eines Strings als dessen nahezu eindeutige Kennzeichnung. Hashfunktionen spielen eine wichtige Rolle in der Kryptographie.
Eine Analogie sind Fingerabdrücke. Man kann sie leicht abnehmen. Es gibt praktisch keine zwei Personen mit gleichen Fingerabdrücken, obwohl das nicht völlig ausgeschlossen ist. Beim Übergang vom Individuum zum Fingerabdruck gehen sehr viele Informationen verloren, trotzdem kann man Personen anhand von Fingerabdrücken identifizieren.
Ein Beispiel einer einfachen Hashfunktion für Zahlen ist die Funktion $h : \mathbb{Z} \to \mathbb{Z}/p\mathbb{Z}$, die durch $h(a) = a \mod p$ gegeben ist. Dabei ist p eine feste natürliche Zahl. Für $p = 10$ ist $h(a)$ die letzte Ziffer der natürlichen Zahl a.
Ein Beispiel welches auf Strings angewendet wird, ist die Hashfunktion MD5, die jeder auf seinem Computer ausprobieren kann. Unter Linux geht das so: Wenn wir eine Datei mit Namen `test` haben, in der nur `Oscar` (gefolgt von `return`) steht, liefert `md5sum test` als Ergebnis die Hexadezimalzahl 8edfe37dae96cfd2466d77d3884d4196.
Wenn man Strings sucht oder vergleicht, ist es viel schneller, statt der langen Strings nur die kurzen „Fingerabdrücke" zu vergleichen. Eine praktische Anwendung dieser Idee finden wir bei der Kontrolle heruntergeladener Dateien auf ihre Unversehrtheit. Die Datei und ihr Hashwert (z.B. durch MD5 gegeben) liegen auf einem Server. Nachdem man beides heruntergeladen hat, wird der Hashwert der heruntergeladenen Datei berechnet und mit dem ur-

[14] *to hash* ist englisch und heißt zerhacken.

sprünglichen Hashwert verglichen. Unterscheiden sich beide, liegt ein Fehler vor und die Datei sollte erneut heruntergeladen werden.
Eine wichtige Anwendung im Rahmen der Informatik sind die Hashtabellen. Sie werden benutzt, um Daten in großen Datenmengen zu finden. Dazu werden die Daten in einer Hashtabelle gespeichert. Die Hashfunktion definiert dabei zu jedem Datum einen Hashwert, der als Index in der Tabelle verwendet wird.
Jedem Datum ist ein sogenannter Schlüssel[15] aus einer Schlüsselmenge $S = \{0, \ldots, m-1\}$ zugeordnet. Die Schlüsselmenge muss nicht unbedingt in der Menge der natürlichen Zahlen enthalten sein, sie kann aber stets injektiv in sie abgebildet werden. Ein Beispiel für derartige Schlüssel sind Paare (Nachname, Vorname) als Schlüssel für die im Telefonbuch enthaltenen Daten Telefonnummer und Adresse. Wichtig ist, dass verschiedenen Daten verschiedene Schlüssel zugeordnet sind.
Bei direkter Adressierung, d.h. wenn keine Hashtabellen verwendet werden, ist die Position des Datums in der Tabelle durch den Schlüssel gegeben. Wenn die Anzahl m der möglichen Schlüssel sehr groß im Verhältnis zur Anzahl der tatsächlich auftretenden Schlüssel ist, dann ist die Verwendung von Hashtabellen günstig. Ein Datum mit dem Schlüssel k wird in der Tabelle nun nicht an Position k, sondern an der Position $h(k)$ gespeichert, wobei $h : S \to \{0, \ldots, p-1\}$ eine Hashfunktion ist. Wenn in einer Hashtabelle mit t Plätzen gerade n Elemente gespeichert sind, dann nennt man $\frac{n}{t}$ den *Auslastungsfaktor*.
Sobald $m > p$ ist, wird es Kollisionen geben, d.h. $h(k) = h(l)$ für $l \neq k$ ist möglich. Eine gute Hashfunktion zeichnet sich dadurch aus, dass die Anzahl der Kollisionen so gering wie möglich ist. Wenn p eine Primzahl in der Größenordnung der tatsächlich auftretenden Schlüssel ist und $1 < x < p$, dann ist $h : \mathbb{Z} \to \mathbb{Z}/p\mathbb{Z}$, definiert durch $h(a) = xa \mod p$, ein Beispiel für eine gute Hashfunktion.

Beispiel 5.2.41. Es seien 23 Dinge gegeben, die in 365 Schubfächer zufällig einsortiert werden sollen. Dann ist die Wahrscheinlichkeit, dass zwei Dinge im gleichen Schubfach landen, größer als 0,5 (Geburtstags-Paradoxon, Bsp. 5.2.10). Folglich wird es bei einer zufälligen Hashfunktion mit 365 Werten und 23 Schlüsseln mit Wahrscheinlichkeit größer 0,5 zu einer Kollision kommen, obwohl die Hashtabelle nur zu etwa 6% ausgelastet ist.

Dieses Beispiel illustriert die Notwendigkeit der Behandlung von Kollisionen bei der Verwendung von Hashtabellen. Wir werden hier die *Kollisionsbehandlung* durch das sogenannte *Chaining* und durch die *offene Adressierung* mit der *linearen Sondierung* und dem *doppelten Hashing* als Sondierungsverfahren besprechen.
Bei der Kollisionsbehandlung durch *Chaining* steht in der Hashtabelle an jeder Stelle eine Liste. Tritt beim Einfügen eine Kollision auf, so wird der neue

[15] Ein Beispiel für einen Schlüssel für die Gesamtheit aller Informationen über einen Studenten ist seine Matrikelnummer.

Eintrag in die dortige Liste (z.B. am Ende) eingetragen. Beim Suchen muss dann nach Berechnen des Hashwertes die entsprechende Liste durchsucht werden.
Wir nehmen jetzt an, dass die Hashfunktion die Daten gleichmäßig verteilt, d.h. die Wahrscheinlichkeit dafür, dass ein Datum auf eine bestimmte Stelle in der Hashtabelle mit t Plätzen abgebildet wird, ist $\frac{1}{t}$, unabhängig von dieser Stelle und unabhängig davon, was schon in der Hashtabelle steht. Der Erwartungswert für die Länge der Liste an jeder Stelle der Tabelle ist dann gleich $\frac{n}{t}$ (Bsp. 5.2.22). Wenn wir außerdem annehmen, dass der Wert der Hashfunktion in konstanter Zeit berechnet werden kann, dann wird die Dauer der Suche von der Länge der Listen dominiert und der Zeitaufwand für die Suche beträgt im Mittel $O\left(1+\frac{n}{t}\right)$.
Eine weitere Methode der Kollisionsbehandlung ist die sogenannte *offene Adressierung*. Hier werden alle Elemente in der Hashtabelle gespeichert, ohne dass Listen verwendet werden. Wenn dabei ein Eintrag an eine schon belegte Stelle in der Tabelle abgelegt werden soll, wird nach einem bestimmten Sondierungsverfahren ein freier Platz gesucht, d.h. die Kollisionsbehandlung erfolgt so, dass auf eine bestimmte Weise eine Sondierungssequenz zur Suche nach einer Ersatzadresse angegeben wird.
Als einfachstes Beispiel betrachten wir die *lineare Sondierung*. Sei $h : S \to \{0,1,\ldots,t-1\}$ eine Hashfunktion. Wir erweitern h zu einer Hashfunktion

$$H : S \times \{0,\ldots,t-1\} \to \{0,1,\ldots,t-1\}\,,$$

definiert durch[16] $H(k,j) = h(k) + c \cdot j \mod t$, wobei das zweite Argument die Anzahl der erfolgten Sondierungen sein soll. Die so entstehende Folge $\{H(k,0),\ldots,H(k,t-1)\}$ nennt man *Sondierungsfolge*. Wenn t eine Primzahl ist, dann bilden die Elemente einer solchen Sondierungsfolge stets eine Permutation von $\{0,\ldots,t-1\}$. Analog kann man durch $H(k,i) = h(k)+c_1 i+c_2 i^2 \mod t$ quadratische Sondierungen beschreiben.
Als vorteilhafter hat sich das sogenannte *doppelte Hashing* erwiesen. Hier startet man mit zwei Hashfunktionen $h_1, h_2 : S \to \{0,1,\ldots,t-1\}$ und kombiniert sie durch $H(k,i) = h_1(k)+i\cdot h_2(k) \mod t$ zu einer Hashfunktion

$$H : S \times \{0,\ldots,t-1\} \to \{0,\ldots,t-1\}\,.$$

Damit die Sondierungsfolge $\{H(k,0),\ldots,H(k,t-1)\}$ eine Permutation von $\{0,\ldots,t-1\}$ ist, genügt es, dass $h_2(k)$ und t für alle k teilerfremd sind. Das ist zum Beispiel für $h_1(k) = k \mod 17$ und $h_2(k) = (k \mod 13) + 2$ erfüllt.
Zur Untersuchung des Aufwandes bei der offenen Adressierung mit doppeltem Hashing nehmen wir wieder an, dass jede Sondierung eine Adresse mit der gleichen Wahrscheinlichkeit $\frac{1}{t}$ wählt. Wenn der Auslastungsfaktor $\frac{n}{t} < 1$ ist, dann ist die erwartete Anzahl der Sondierungen beim Einfügen in die Tabelle

---

[16] Im Zusammenhang mit Hashfunktionen verstehen wir unter $a \mod t$ stets den eindeutigen Repräsentanten dieser Restklasse, der in $\{0,1,\ldots,t-1\}$ liegt.

gleich $\frac{t}{t-n}$. Das sieht man mit Hilfe des in Bsp. 5.2.25 betrachteten Urnenmodells. Dem Ziehen einer weißen Kugel entspricht das Finden einer leeren Stelle in der Tabelle durch die Hashfunktion. Dem Ziehen einer schwarzen Kugel entspricht das Finden einer besetzten Stelle in der Hashtabelle. Das darauffolgende Ziehen mit Zurücklegen entspricht der zufälligen Wahl eines neuen Platzes. Damit ist gezeigt, dass die Anzahl der Sondierungen in doppeltem Hashing $\frac{t}{t-n}$ ist.

Beispiel 5.2.42. Als Schlüssel verwenden wir die Buchstaben des Alphabets $\mathtt{A}, \mathtt{B}, \mathtt{C}, \ldots, \mathtt{Y}, \mathtt{Z}$, die wir mit den Zahlen $0, 1, 2, \ldots, 24, 25$ identifizieren. Die gegebenen Daten sind die Namen

$$\{\mathtt{Alfons}, \mathtt{Claus}, \mathtt{Doris}, \mathtt{Helga}, \mathtt{Inge}, \mathtt{Lutz}, \mathtt{Max}, \mathtt{Otto}, \mathtt{Wilfred}\},$$

die der Reihe nach in eine Liste mit elf Einträgen $\{0, \ldots, 10\}$ einzuordnen sind. Der Schlüssel eines Namens ist die Zahl, die gemäß unserer Konvention seinem Anfangsbuchstaben entspricht. Die Hashfunktion $h : \{0, \ldots, 25\} \to \{0, \ldots, 10\}$ sei definiert durch $h(k) = k \mod 11$. Das ergibt

Name	Schlüssel	Hashwert
Alfons	0	0
Claus	2	2
Doris	3	3
Helga	7	7
Inge	8	8

Name	Schlüssel	Hashwert
Lutz	11	0
Max	12	1
Otto	14	3
Wilfred	22	0

Damit sieht die Hashtabelle mit Chaining folgendermaßen aus:

Hashwert	Liste der Daten
0	Alfons, Lutz, Wilfred
1	Max
2	Claus
3	Doris, Otto
4	
5	

Hashwert	Liste der Daten
6	
7	Helga
8	Inge
9	
10	

Die erweiterte Hashfunktion $H : \{0, \ldots, 25\} \times \{0, \ldots, 10\} \to \{0, \ldots, 10\}$ für die lineare Sondierung ist durch $H(k, i) = k + i \mod 11$ definiert. Damit erhalten wir folgende Hashtabelle:

Hashwert	Sondierungen	Daten
0	0	Alfons
1	1	Lutz
2	0	Claus
3	0	Doris
4	3	Max
5	2	Otto

Hashwert	Sondierungen	Daten
6	6	Wilfred
7	0	Helga
8	0	Inge
9		
10		

Am schwersten war es, Wilfred einzusortieren. Sein Hashwert war durch Alfons besetzt, Lutz, Claus, Doris, Max und Otto nahmen ihm bei der linearen Suche die jeweils nächsten Plätze weg. Erst nach dem 6. Versuch wurde für ihn ein freier Platz gefunden.
Wenn wir für das Doppel-Hashing neben $h_1 = h$ als zweite Hashfunktion die durch $h_2(k) = (k \mod 7)+1$ gegebene Funktion $h_2 : \{0, \ldots, 25\} \to \{1, \ldots, 7\}$ verwenden, erhalten wir die folgende Hashtabelle:

Hashwert	Sondierungen	Daten
0	0	Alfons
1	0	Max
2	0	Claus
3	0	Doris
4	1	Otto
5	1	Lutz

Hashwert	Sondierungen	Daten
6	3	Wilfred
7	0	Helga
8	0	Inge
9		
10		

Wieder war es am schwersten, Wilfred einzusortieren. Sein Hashwert war durch Alfons besetzt, der erweiterte Hashwert

$$H(22,1) = ((22 \mod 11) + (22 \mod 7) + 1) \mod 11 = 2$$

war durch Claus und

$$H(22,2) = ((22 \mod 11) + 2 \cdot (22 \mod 7) + 1) \mod 11 = 3$$

durch Otto besetzt. Erst im dritten Versuch ergab sich ein freier Platz. Man sieht bereits an diesem einfachen Beispiel die Überlegenheit des doppelten Hashings gegenüber dem linearen Sondieren: beim doppelten Hashing waren maximal 3 Sondierungen nötig, hingegen beim linearen Sondieren bis zu 6.

Aufgaben

Übung 5.8. Berechnen Sie die Tabelle in Beispiel 5.2.23.

Übung 5.9. Seien X, Y unabhängige Zufallsvariablen. Beweisen Sie, dass $\mathrm{Var}(X+Y) = \mathrm{Var}(X) + \mathrm{Var}(Y)$ gilt.

Übung 5.10. Seien X, Y nicht-negative Zufallsvariablen. Beweisen Sie, dass $E(\max(X,Y)) \leq E(X) + E(Y)$ gilt.

Übung 5.11. Berechnen Sie $E(aX)$.

Übung 5.12. Berechnen Sie $\mathrm{Var}(aX)$.

Übung 5.13. Beweisen Sie die im Beispiel 5.2.6 (3) aufgestellt Behauptung, dass für eine Laplace-Verteilung immer $P(\{e\}) = \frac{1}{|S|}$ gelten muss.

Übung 5.14. Berechnen Sie den Erwartungswert der Zufallsvariablen, die beim Würfeln mit einem fairen Würfel dem Wurf die Augenzahl zuordnet.

Übung 5.15. Bei einer Serienproduktion von LED's gibt es einen gleich bleibenden Ausschussanteil von 2%. Wie groß ist die Wahrscheinlichkeit, dass unter 100 (mit Zurücklegen) entnommenen LED's höchstens 3 fehlerhafte sind?

Übung 5.16. Ein Tipp beim Lotto „6 aus 49“ koste 1 Euro. Bei einem Sechser erhalten Sie 200 000 Euro. Wie hoch ist der erwartete Gewinn bei einem Tipp (wir nehmen hier zur Vereinfachung der Rechnung an, dass es keinen Gewinn bei Fünfer und Vierer gibt)?

Übung 5.17. Berechnen Sie Erwartungswert und Varianz der Zufallsvariablen X bezüglich der Poisson-Verteilung $P(X = a) = \frac{\lambda^a}{a!}e^{-\lambda}, \lambda > 0$.

5.3 Graphentheorie

Zu Beginn dieses Abschnittes werden einige der klassischen Probleme vorgestellt, die wesentlich zur Entwicklung der Graphentheorie beigetragen haben. Danach beschäftigen wir uns mit den moderneren Fragen, wie ein Routenplaner seinen Weg sucht und wodurch Google in der Lage ist, in Sekundenschnelle relevante Information in einer sehr großen Menge von weltweit verstreuten Daten zu finden.
Das wohl bekannteste der klassischen Probleme der Graphentheorie ist das *Königsberger Brückenproblem.* Diese Fragestellung geht auf den bekannten Mathematiker Euler[17] zurück. In der Stadt Königsberg[18] in Preußen führten Mitte des 18. Jahrhunderts sieben Brücken über den Fluss Pregel (Abb. 5.3). An Euler wurde die Frage herangetragen, ob es einen Rundgang durch Königsberg gäbe, der jede der Brücken genau einmal benutzt. Versuchen Sie einen solchen zu finden. Es wird Ihnen nicht gelingen, aber können Sie sicher sein, dass es keinen gibt?
Wenn wir den Brücken Linien und den Gebieten Punkte zuordnen, erhalten wir dieses übersichtliche Schema:

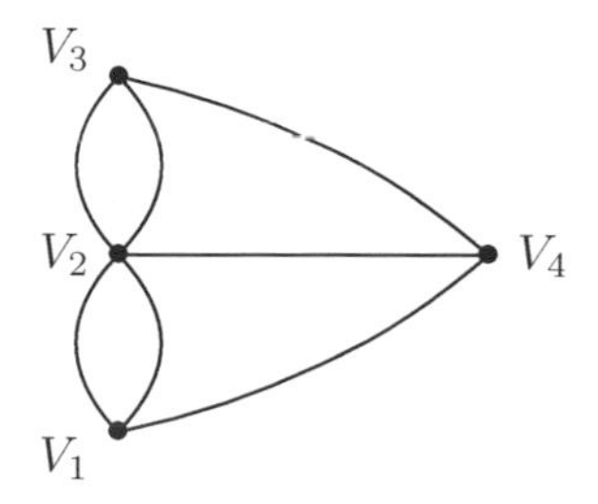

[17] Leonard Euler (1707–1783), Schweizer Mathematiker.
[18] heute Kaliningrad in Russland.

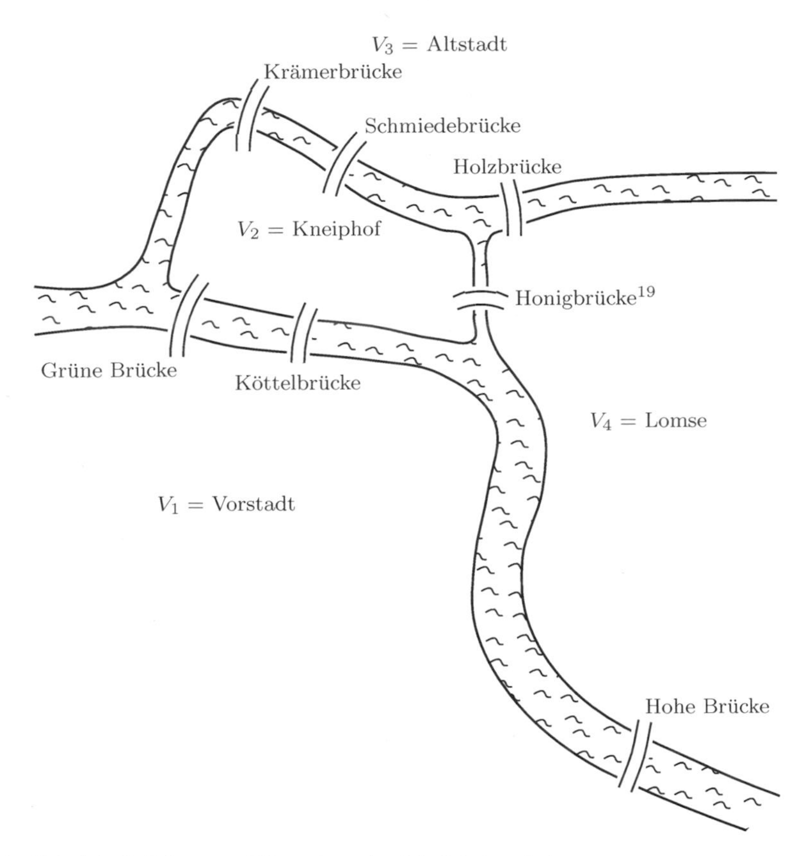

Abb. 5.3 Die Brücken von Königsberg im 18. Jahrhundert

Das ist das erste Beispiel für einen Graphen. Weitere Meilensteine der Anfänge der Graphentheorie sind:

- 1847 führte Kirchhoff[20] bei der Untersuchung von elektrischen Netzwerken Graphen ein.
- 1857 betrachtete Cayley[21] Graphen im Zusammenhang mit der Aufzählung der Isomere gesättigter Kohlenwasserstoffe.
- Hamilton[22] untersuchte im Jahre 1857 Graphen im Zusammenhang mit dem von ihm erfundenen Spiel „Traveller's Dodecahedron". Ziel dieses Spiels ist es, eine Reiseroute entlang der Kanten eines Dodekaeders zu finden, die jede der 20 Knoten genau einmal trifft und dort endet, wo sie

[19] Dies ist die einzige heute noch erhaltene Brücke. Alle anderen wurden während des 2. Weltkrieges zerstört und nur teilweise durch moderne Brücken ersetzt.

[20] Gustav Robert Kirchhoff (1824–1887), deutscher Physiker.

[21] Arthur Cayley (1821–1895), englischer Mathematiker.

[22] William Rowan Hamilton (1805–1865), irischer Mathematiker.

beginnt. Ein reguläres Dodekaeder ist ein Plantonischer[23] Körper, dessen Oberfläche aus 12 Flächen (Fünfecke) besteht, die 30 Kanten und 20 Ecken haben (Abb. 5.4).

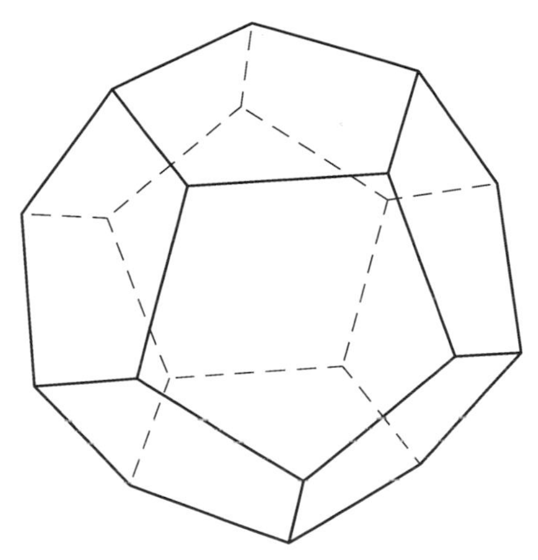

Abb. 5.4 Dodekaeder

- Mitte des 19. Jahrhunderts stellte Guthrie[24] beim Färben der Karte von England das *Vierfarbenproblem* auf: Kann man jede Landkarte mit vier Farben so einfärben, dass Nachbarländer verschieden gefärbt sind? Diese Frage erwies sich als mathematisch sehr schwieriges Problem, das erst 1976 durch K. Appel und W. Haken gelöst werden konnte.

Definition 5.3.1. Ein *Graph* (bzw. *gerichteter Graph*) G ist ein Tripel (E, K, φ). Dabei ist E die endliche Menge der *Knoten*[25], K die endliche Menge der *Kanten* und $\varphi : K \to E^{(2)}$ (bzw. $\varphi : K \to E^2$) eine Abbildung. Hier bezeichnen wir mit $E^{(2)} = \{\{e, e'\} \mid e, e' \in E\}$ die Menge aller zweielementigen Teilmengen von E und mit $E^2 = \{(e, e') \mid e, e' \in E\}$ die Menge aller Paare von Elementen aus E. Wenn $\varphi(k) = \{e, e'\}$ (bzw. $\varphi(k) = (e, e')$), dann heißen e und e' die Knoten der Kante k und wir fordern stets $e \neq e'$.

Beispiel 5.3.2. Zur graphischen Veranschaulichung kann man für jeden Knoten einen Punkt in der Ebene zeichnen und die Kanten durch Verbindungslinien der zugehörigen Knoten darstellen. Hier ein Beispiel eines ungerichteten Graphen

[23] Platon (427–347 v.u.Z.), griechischer Philosoph.

[24] Francis Guthrie (1831–1899), südafrikanischer Mathematiker.

[25] Knoten werden auch oft Ecken genannt.

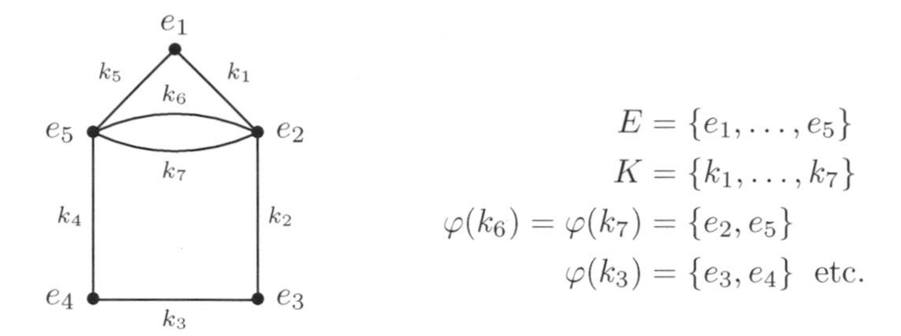

und hier ein Beispiel eines gerichteten Graphen, wobei durch die Pfeilrichtungen angegeben ist, welches der Anfangs- und welches der Endknoten einer Kante ist:

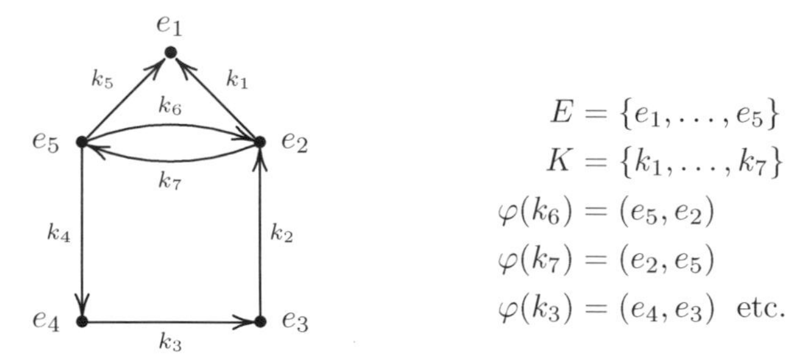

Definition 5.3.3. Sei (E, K, φ) ein Graph. Kanten $k_1 \neq k_2$ heißen Mehrfachkanten[26], wenn $\varphi(k_1) = \varphi(k_2)$. Ein Graph heißt *schlicht*, wenn er keine Mehrfachkanten hat.

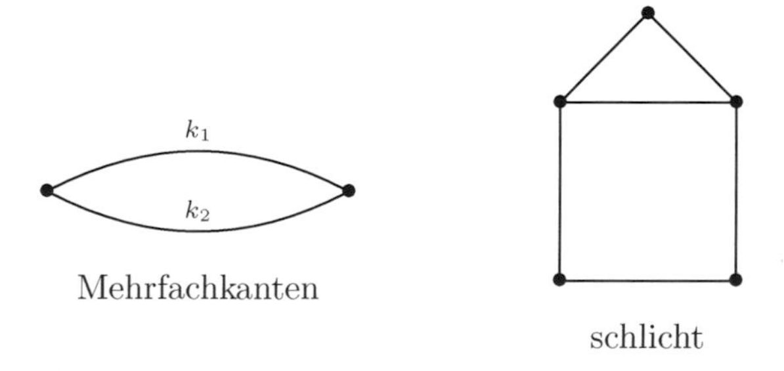

Mehrfachkanten

schlicht

Ein Graph heißt *vollständig*, wenn jedes Paar verschiedener Knoten durch eine Kante verbunden ist (Abb. 5.5). Der vollständige Graph mit n Knoten wird oft als K_n bezeichnet.

Jeder Graph (E, K, φ) wird eindeutig durch seine *Inzidenzmatrix* beschrieben. Das ist die $|E| \times |K|$-Matrix $M = (m_{ij})$, die wie folgt definiert ist. Wenn $E = \{e_1, \ldots, e_s\}$ und $K = \{k_1, \ldots, k_\ell\}$, dann ist

[26] Kanten, die nur einen Knoten haben, sogenannte Schlingen, sind bei unserer Definition nicht zugelassen.

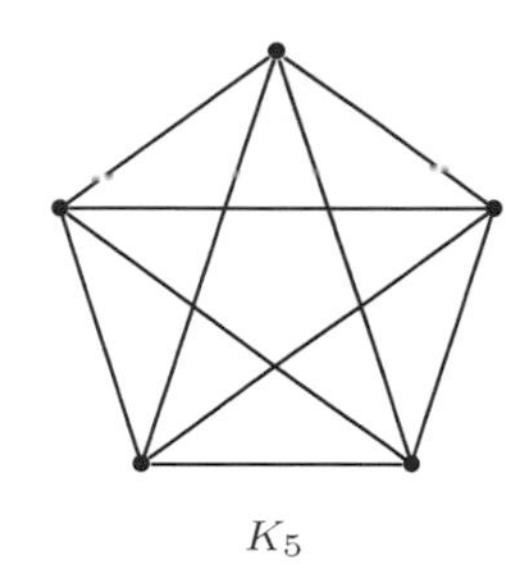

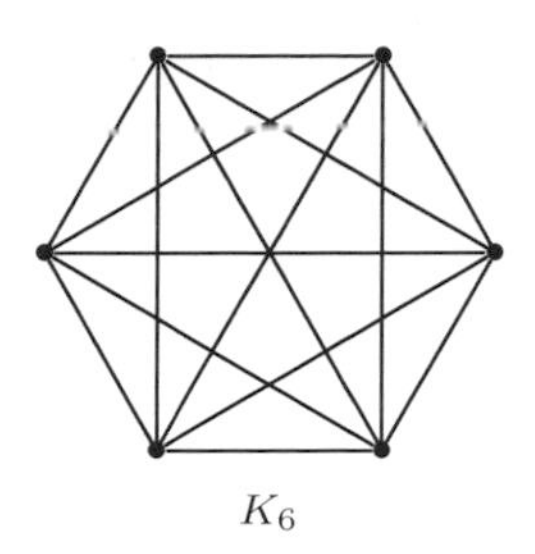

Abb. 5.5 Drei vollständige Graphen

$$m_{ij} = \begin{cases} 0 & \text{wenn } e_i \text{ nicht Knoten von } k_j \\ 1 & \text{wenn } e_i \text{ Knoten von } k_j. \end{cases}$$

Die Spalten einer Inzidenzmatrix entsprechen den Kanten des Graphen, die Zeilen dagegen den Knoten. In jeder Spalte gibt es genau zwei von Null verschiedene Einträge in solch einer Matrix. Die Summe der Einträge einer Zeile gibt an, wie viele Kanten mit dem entsprechenden Knoten verbunden sind. Zu dem Graphen in Abb. 5.6 gehört die nebenstehende Matrix M.

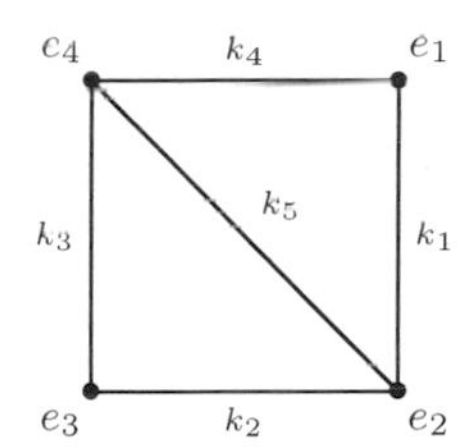

$$M = \begin{pmatrix} 1 & 0 & 0 & 1 & 0 \\ 1 & 1 & 0 & 0 & 1 \\ 0 & 1 & 1 & 0 & 0 \\ 0 & 0 & 1 & 1 & 1 \end{pmatrix}$$

Abb. 5.6 Inzidenzmatrix eines Graphen

Für gerichtete Graphen wird die Inzidenzmatrix $M = (m_{ij})$ wie folgt definiert:

$$m_{ij} = \begin{cases} 0 & \text{wenn } e_i \text{ nicht Knoten von } k_j \\ -1 & \text{wenn } e_i \text{ Anfangsknoten von } k_j \\ 1 & \text{wenn } e_i \text{ Endknoten von } k_j. \end{cases}$$

Auch hier entsprechen die Spalten den Kanten und die Zeilen den Knoten. Durch die zusätzlichen Vorzeichen werden die Pfeilrichtungen codiert. Zu dem in Abb. 5.7 abgebildeten gerichteten Graphen gehört die danebenstehende Matrix M.

Definition 5.3.4. Sei (E, K, φ) ein Graph mit $E = \{e_1, \ldots, e_s\}$ und $M = (m_{ij})$ seine Inzidenzmatrix. Dann nennt man die Summe der Einträge der

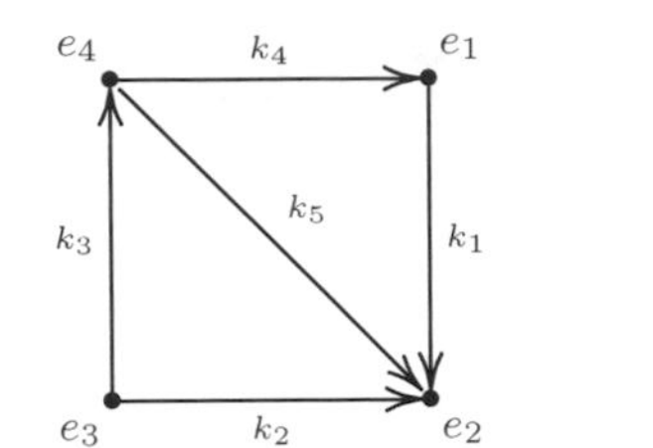

$$M = \begin{pmatrix} -1 & 0 & 0 & 1 & 0 \\ 1 & 1 & 0 & 0 & 1 \\ 0 & -1 & -1 & 0 & 0 \\ 0 & 0 & 1 & -1 & -1 \end{pmatrix}$$

Abb. 5.7 Inzidenzmatrix eines gerichteten Graphen

i-ten Zeile $d(e_i) := \sum_j m_{ij}$ den *Knotengrad* des Knoten e_i. Jeder Knoten vom Grad 1 heißt *Endknoten* des Graphen.

Bemerkung 5.3.5. Sei (E, K, φ) ein Graph mit $|K| = \ell$ Kanten und Knotenmenge $E = \{e_1, \ldots, e_s\}$. Dann gilt:

(1) Die Spaltensummen in der Inzidenzmatrix sind alle gleich 2, weil jede Kante zwei Knoten hat.
(2) $\sum_{i=1}^{s} d(e_i) = 2\ell$, wegen (1) und $\sum_{i=1}^{s} d(e_i) = \sum_{i,j} m_{ij}$.
(3) Die Zahl der Knoten mit ungeradem Grad ist gerade (folgt aus (2)).

Definition 5.3.6. Sei (E, K, φ) ein Graph mit $E = \{e_1, \ldots, e_s\}$ und $K = \{k_1, \ldots, k_\ell\}$.

(1) Eine *Kantenfolge* ist eine Folge $e_0 k_1 e_1 k_2 \ldots e_{s-1} k_s e_s$, so dass $\varphi(k_i) = \{e_{i-1}, e_i\}$ für $i = 1, \ldots, s$ gilt.
(2) Ein *Kantenzug* ist eine Kantenfolge mit paarweise verschiedenen Kanten.
(3) Ein *Weg* ist ein Kantenzug mit paarweise verschiedenen Knoten (außer eventuell $e_0 = e_s$). Der Knoten e_0 heißt Anfang, und e_s heißt Ende des Weges.
(4) Ein *Kreis* (oder *Zyklus*) ist ein Kantenzug $e_0 k_1 e_1 k_2 \ldots e_{s-1} k_s e_s$ mit $e_0 = e_s$ und paarweise verschiedenen Knoten $e_1, e_2, \ldots, e_s$.
(5) Ein Graph heißt *zusammenhängend*, wenn es für je zwei verschiedene Knoten u, v des Graphen einen Weg von u nach v gibt.

In einem schlichten Graphen ist jede Kantenfolge $e_0 k_1 e_1 k_2 \ldots e_{s-1} k_s e_s$ durch die Folge der Knoten $e_0 e_1 \ldots e_{s-1} e_s$ bereits festgelegt.

Beispiel 5.3.7. Für den abgebildeten zusammenhängenden Graphen gilt:

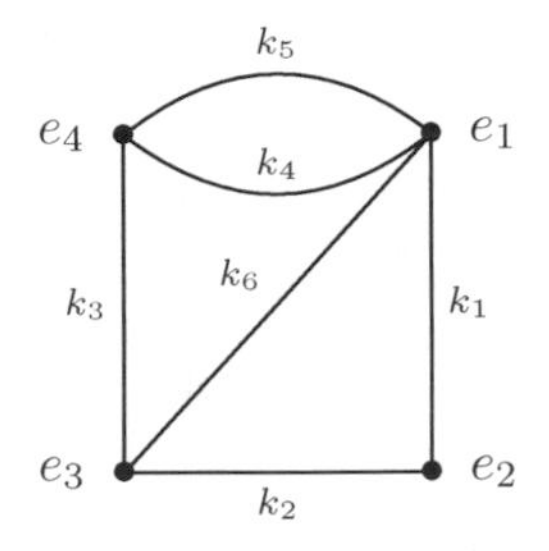

$e_2k_1e_1k_4e_4k_5e_1k_1e_2$	ist eine Kantenfolge, aber kein Kantenzug,
$e_2k_1e_1k_4e_4k_5e_1k_6e_3$	ist ein Kantenzug, aber kein Weg,
$e_2k_1e_1k_4e_4k_3e_3$	ist ein Weg,
$e_2k_1e_1k_4e_4k_3e_3k_2e_2$	ist ein Kreis.

Definition 5.3.8. Ein *gewichteter Graph* ist ein Graph (E, K, φ) zusammen mit einer Gewichtsfunktion $w : K \to \mathbb{N}$. Wenn $C = e_0k_1e_1k_2 \ldots e_{s-1}k_se_s$ ein Weg ist, dann heißt $\ell(C) := \sum_{i=1}^{s} w(k_i)$ die *Länge des Weges C*.

Beispiel 5.3.9. Die Zahlen in den Klammern hinter den Kantenbezeichnern k_i sind die Gewichte $w(k_i)$.

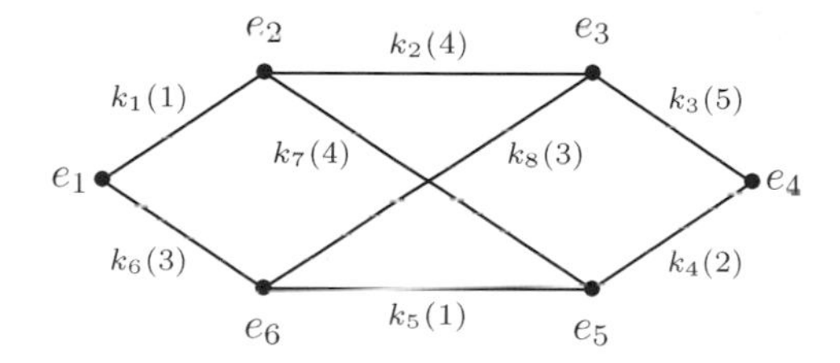

In diesem Graphen gibt es die folgenden Wege von e_1 nach e_5:

$$\begin{aligned}
C_1 &= e_1k_1e_2k_7e_5 & \ell(C_1) &= 5,\\
C_2 &= e_1k_1e_2k_2e_3k_8e_6k_5e_5 & \ell(C_2) &= 9,\\
C_3 &= e_1k_1e_2k_2e_3k_3e_4k_4e_5 & \ell(C_3) &= 12,\\
C_4 &= e_1k_6e_6k_5e_5 & \ell(C_4) &= 4,\\
C_5 &= e_1k_6e_6k_8e_3k_3e_4k_4e_5 & \ell(C_5) &= 13,\\
C_6 &= e_1k_6e_6k_8e_3k_2e_2k_7e_5 & \ell(C_6) &= 14.
\end{aligned}$$

Sei (E, K, φ, w) ein schlichter, zusammenhängender, gewichteter Graph und $u_0 \in E$ ein Knoten. Das sogenannte *Kürzeste-Wege-Problem* besteht darin, für jedes $v \in E$ einen kürzesten Weg von u_0 nach v zu finden. Das wird durch den *Algorithmus von Dijkstra*[27] (vgl. Algorithmus 5.1) gelöst. Die Idee dieses Algorithmus besteht darin, dass man mit einer in u_0 endenden Kante minimalen Gewichts beginnt und bei jedem weiteren Schritt eine neue Kante hinzunimmt, die das Minimum aller Weglängen von u_0 zu den noch nicht betrachteten Knoten realisiert.

Satz 5.3.10 *Die Prozedur* DIJKSTRA *findet für jedes $v \in E \setminus \{u_0\}$ einen kürzesten Weg von u_0 nach v.*

Beweis. Wir beweisen den Satz durch Induktion nach der Anzahl der Iterationen der While-Schleife des Algorithmus. Nach einer Iteration ist ein

[27] EDSGER WYBE DIJKSTRA (1930–2002), niederländischer Informatiker.

Input: Ein schlichter, zusammenhängender, gewichteter Graph (E, K, φ, w) und ein Knoten $u_0 \in E$.
Output: Eine Tabelle P, die für jeden Knoten $v \in E \setminus \{u_0\}$ einen kürzesten Weg $P(v)$ von u_0 nach v enthält.

procedure DIJKSTRA(E, K, φ, w, u_0)
  $\ell(v) := \begin{cases} 0 & \text{falls } v = u_0 \\ \infty & \text{falls } v \neq u_0 \end{cases}$
  $S := \{u_0\}$; $\overline{S} := E \setminus S$; $P(u_0) := u_0$
  while $\overline{S} \neq \emptyset$ **do**
    for all $v \in \overline{S}$ **do**
      $\ell(v) := \min\{\ell(u) + w(u, v) \mid u \in S\}$
    end for
    $m := \min\{\ell(v) | v \in \overline{S}\}$
    Wähle $u \in S, v \in \overline{S}$ mit $m = \ell(u) + w(u, v)$.
    $P(v) := P(u)v$
    $S := S \cup \{v\}$
    $\overline{S} := E \setminus S$
  end while
  return P
end procedure

Algorithmus 5.1: Bestimmung des kürzesten Weges nach Dijkstra

$v_1 \in E \setminus \{u_0\}$ gefunden (Induktionsanfang). Da der Graph schlicht ist, gibt es nur eine Kante von u_0 nach v_1 und weil $w(u_0, v_1)$ minimal unter allen Gewichten von Kanten mit Endpunkt u_0 ist, ist sie der kürzeste Weg von u_0 nach v_1.
Wir setzen jetzt voraus, dass nach $k-1$ Schritten kürzeste Wege von u_0 nach $v_1, \ldots, v_{k-1}$ gefunden wurden (Induktionsvoraussetzung). Dann ist $S = \{u_0, v_1, \ldots, v_{k-1}\}$. In der k-ten Iteration wird zunächst für alle $v \in E \setminus S$, die durch eine Kante mit einem Knoten $u \in S$ verbunden sind,

$$\ell(v) = \min\{\ell(u) + w(u, v) \mid u \in S\}$$

berechnet und $m = \min\{\ell(v) \mid v \in E \setminus S\}$ gesetzt. Dann werden $u \in S, v_k \in E \setminus S$ so gewählt, dass u und v_k durch eine Kante verbunden sind und $m = \ell(u) + w(u, v_k)$ gilt. Der Weg $P(v_k)$ von u_0 nach v_k ist der um die Kante von u nach v_k verlängerte, bereits gefundene Weg $P(u)$ von u_0 nach u.
Wir haben zu zeigen, dass es keinen kürzeren Weg von u_0 nach v_k gibt. Wir tun dies mit einem indirekten Beweis, d.h. wir nehmen an, es gäbe es einen Weg von u_0 nach v_k dessen Länge kleiner als m ist. Solch ein Weg muss mindestens einen von v_k verschieden Knoten enthalten, der nicht in S liegt, sonst wäre dieser Weg durch den Algorithmus gewählt worden. Daher enthält solch ein Weg einen Weg, der in einem nicht in S enthaltenem Knoten endet, ansonsten aber nur durch Knoten aus S führt. Da die Gewichte nicht negativ sind, kann die Länge dieses Teilweges nicht größer als die Länge des ihn enthaltenden Weges sein, sie ist hier also kleiner als m. Das steht im

Widerspruch zur Definition von m als Minimum, woraus die Behauptung folgt. □

Beispiel 5.3.11. Für den Graphen aus Beispiel 5.3.9 und $u_0 = e_1$ beginnt der Algorithmus mit der Initialisierung: $\ell(e_1) = 0$, $\ell(e_2) = \cdots = \ell(e_6) = \infty$, $S = \{e_1\}$, $\overline{S} = \{e_2, \ldots, e_6\}$, $P(e_1) = e_1$.
<u>1. Iteration:</u> $\ell(e_1) = 0$, $\ell(e_2) = 1$, $\ell(e_6) = 3$, $\ell(e_3) = \cdots = \ell(e_5) = \infty$ und damit $m = 1$, also $S = \{e_1, e_2\}$, $\overline{S} = \{e_3, \ldots, e_6\}$ und $P(e_2) = e_1 e_2$.

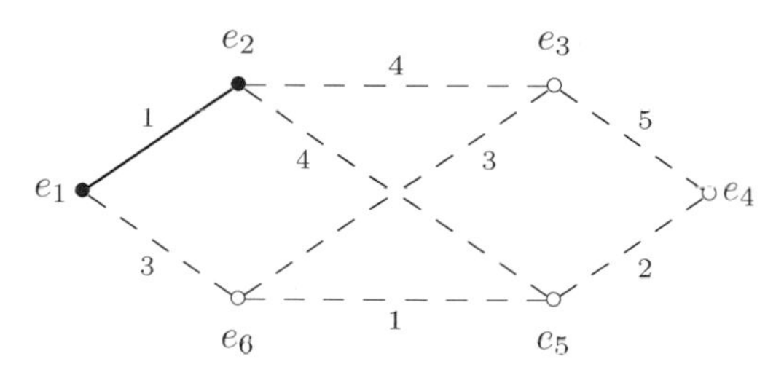

<u>2. Iteration:</u> $\ell(e_1) = 0$, $\ell(e_2) = 1$, $\ell(e_3) = 5$, $\ell(e_5) = 5$, $\ell(e_4) = \infty$, $\ell(e_6) = 3$ und $m = 3$. Wir erhalten $S = \{e_1, e_2, e_6\}$, $\overline{S} = \{e_3, e_4, e_5\}$ und $P(e_6) = e_1 e_6$.

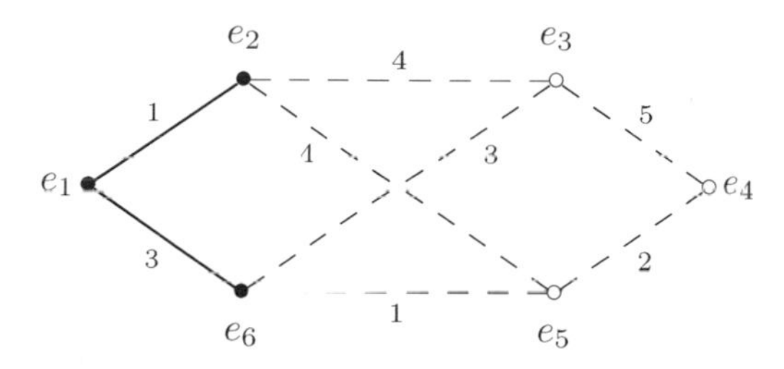

<u>3. Iteration:</u> Hier ist $\ell(e_3) = 5$, $\ell(e_5) = 4$ und $m = 4$, somit $S = \{e_1, e_2, e_6, e_5\}$, $\overline{S} = \{e_3, e_4\}$ und $P(e_5) = e_1 e_6 e_5$.

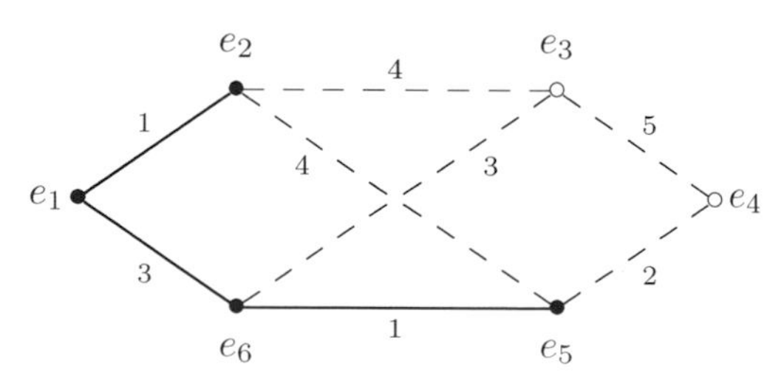

<u>4. Iteration:</u> $\ell(e_1) = 0$, $\ell(e_2) = 1$, $\ell(e_3) = 5$, $\ell(e_4) = 6$, $\ell(e_5) = 4$, $\ell(e_6) = 3$ und $m = 5$. Daher ist $S = \{e_1, e_2, e_6, e_5, e_3\}$, $\overline{S} = \{e_4\}$ und $P(e_3) = e_1 e_2 e_3$.

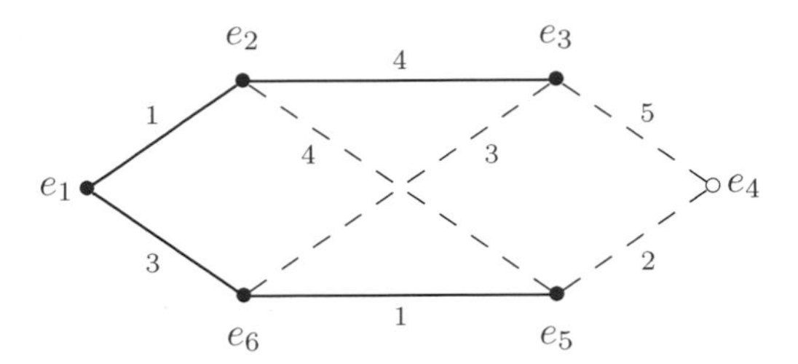

5. Iteration: $\ell(e_1) = 0$, $\ell(e_2) = 1$, $\ell(e_3) = 5$, $\ell(e_4) = 6$, $\ell(e_5) = 4$, $\ell(e_6) = 3$ und $m = 6$. Daher ist $S = E$, $\overline{S} = \emptyset$, $P(e_4) = e_1e_6e_5e_4$

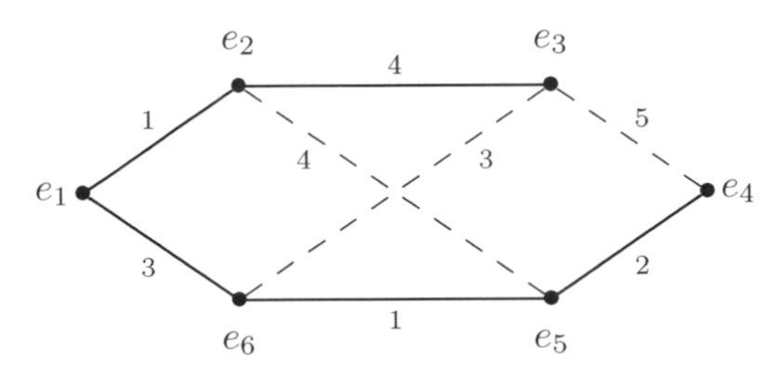

Definition 5.3.12. Sei (E, K, φ) ein Graph. Ein Graph (E', K', φ') heißt *Untergraph* von (E, K, φ), wenn $E' \subset E$, $K' \subset K$ und $\varphi' = \varphi_{|K'}$. Ein Untergraph heißt *aufspannend*, wenn $E = E'$.

Beispiel 5.3.13. Der Graph

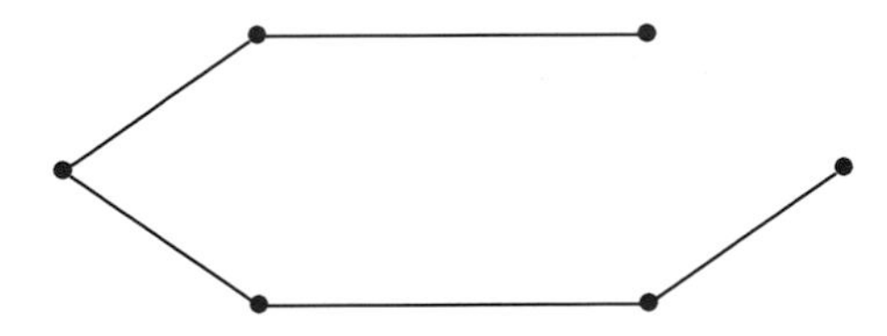

ist ein aufspannender Untergraph von

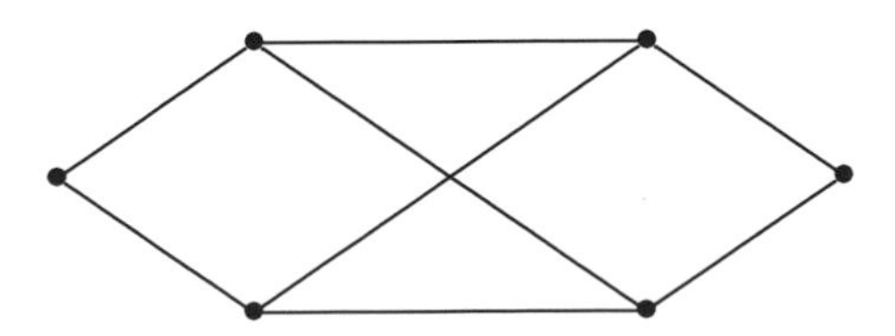

Definition 5.3.14. (1) Ein Graph ohne Kreise heißt *Wald*.
(2) Ein nichtleerer, zusammenhängender Wald heißt *Baum*.
(3) Die Knoten vom Grad 1 (Endknoten) in einem Baum nennt man *Blätter*.

Bemerkung 5.3.15. Jeder Wald ist Vereinigung von Bäumen. In einem Baum gibt es genau einen Weg zwischen zwei vorgegebenen Knoten. Die Zahl der Kanten in einem Baum ist gleich der Zahl der Knoten minus Eins (Aufgabe 5.22). Jeder zusammenhängende Graph mit n Knoten und $n-1$

Kanten ist ein Baum (Aufgabe 5.23). Der Algorithmus von Dijkstra berechnet einen aufspannenden Baum, dessen Kanten gerade die Kanten aller durch den Algorithmus gefundenen kürzesten Wege sind.

Satz 5.3.16 (Cayley) *Der vollständige Graph K_n besitzt genau n^{n-2} aufspannende Bäume.*

Beweis. Seien $E = \{e_1, \ldots, e_n\}$ die Knoten des vollständigen Graphen K_n und $B = (E, K, \varphi)$ ein aufspannender Baum. Wir ordnen B ein $(n-2)$-Tupel $(t_1, \ldots, t_{n-2})$ ganzer Zahlen $1 \leq t_i \leq n$ wie folgt zu:
Sei s_1 minimal, so dass der Knoten e_{s_1} den Knotengrad 1 im Baum B hat. Dazu gehört eine eindeutig bestimmte Kante k_1 von B, die e_{s_1} mit einem zweiten Knoten e_{t_1} verbindet. Jetzt entfernen wir aus dem Baum B die Kante k_1 und den Knoten e_{s_1}, wodurch wir einen neuen Baum $B^{(1)}$ erhalten. Iteration des Verfahrens liefert eine Folge von Bäumen $B^{(i)}$ mit jeweils $n-i$ Knoten und ein $(n-2)$-Tupel $(t_1, \ldots, t_{n-2})$ ganzer Zahlen. In jedem Schritt ist s_i die kleinste Nummer eines Endknotens von $B^{(i-1)}$ und t_i die Nummer des einzigen Knotens, der im verbliebenen Baum mit e_{s_i} durch eine Kante verbunden ist. Der letzte Baum, aus dem ein Knoten entfernt wird, hat 3 Knoten (vgl. Bsp. 5.3.17).
Sei umgekehrt $(t_1, \ldots, t_{n-2})$ gegeben. Die Zahlen t_i geben an, mit welchem Knoten der jeweils nächste zu bearbeitende Knoten zu verbinden ist. Wir starten mit dem minimalen $s_1 \notin \{t_1, \ldots, t_{n-2}\}$ (vgl. Bsp. 5.3.18) und wählen als k_1 die Kante, die e_{s_1} mit e_{t_1} verbindet. Im nächsten Schritt suchen wir das minimale $s_2 \notin \{t_2, \ldots, t_{n-2}, s_1\}$ und wählen als k_2 die Kante, die e_{s_2} mit e_{t_2} verbindet. Wir setzen das Verfahren fort bis wir Kanten $k_1, \ldots, k_{n-2}$ definiert haben. In jedem Schritt wir der kleinste Index s_i ausgewählt, der nicht in der Menge $\{t_i, \ldots, t_{n-2}, s_1, \ldots, s_{i-1}\}$ enthalten ist. Für den nächsten Schritt der Iteration wird in dieser Menge t_i durch s_i ersetzt. Die letzte Kante k_{n-1} ist die Verbindung der letzten beiden unbenutzten Knoten $\{e_{s_{n-1}}, e_{s_n}\} = E \setminus \{e_{s_1}, \ldots, e_{s_{n-2}}\}$. Der so entstandene Graph ist zusammenhängend, da für jedes $i \leq n-2$ die Knoten e_{s_i} und e_{t_i} miteinander verbunden sind und $t_i \in \{s_{i+1}, s_{i+2}, \ldots, s_n\}$ gilt. Da er n Knoten und $n-1$ Kanten enthält, handelt es sich um einen Baum (Übungsaufgabe 5.23).
Offensichtlich sind die beiden Konstruktionen zueinander invers, woraus die Behauptung folgt. □

Beispiel 5.3.17. Die Zuordnung eines Zahlenpaares zu dem aufspannenden Baum B (siehe Abb. 5.8) des vollständigen Graphen K_4 geschieht wie folgt. Zunächst ist $s_1 = 1$ und k_1 ist die Kante, die e_1 mit e_3 verbindet (Abb. 5.8). Damit ist $t_1 = 3$ und der restliche Baum $B^{(1)}$ ist in Abb. 5.8 zu sehen. In $B^{(1)}$ wählen wir als erstes e_3 und damit $t_2 = 2$. Das heißt, dem Baum wird das Zahlenpaar $(3, 2)$ zugeordnet.

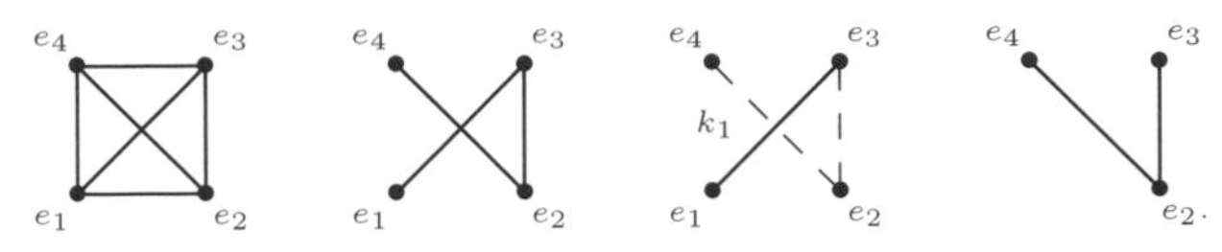

Abb. 5.8 Graph K_4, Baum B, Kante k_1 und Baum $B^{(1)}$

Beispiel 5.3.18. Um den zum Zahlenpaar $(t_1, t_2) = (4, 4)$ gehörigen aufspannenden Baum des vollständigen Graphen K_4 zu finden, bestimmen wir zuerst $s_1 = 1$ als Minimum der nicht in $\{t_1, t_2\} = \{4\}$ enthaltenen Nummern von Knoten. Die Kante k_1 verbindet $e_{s_1} = e_1$ mit $e_{t_1} = e_4$ (vgl. Abb. 5.9). Der kleinste, nicht in $\{t_2, s_1\} = \{4, 1\}$ enthaltene Index ist $s_2 = 2$. Das führt zur Kante k_2, die $e_{s_2} = e_2$ mit $e_{t_2} = e_4$ verbindet. Es verbleiben die Knoten e_3 und e_4, deren Verbindung somit die Kante k_3 ist (Abb. 5.9).

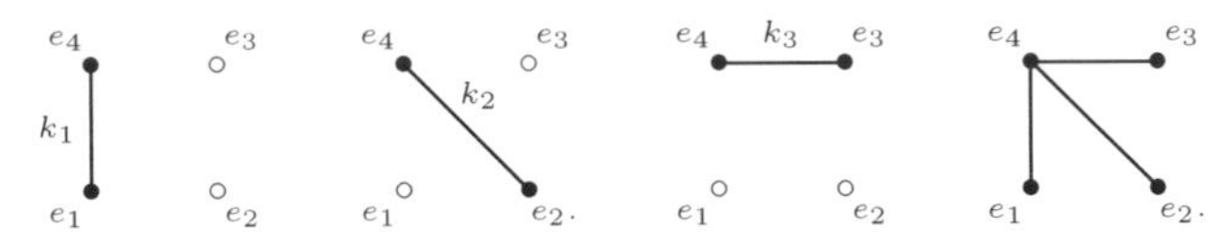

Abb. 5.9 Die Kanten k_1, k_2, k_3 und der Baum zum Paar $(4, 4)$

Beispiel 5.3.19. Der vollständige Graph K_4 besitzt die folgenden 16 aufspannenden Bäume

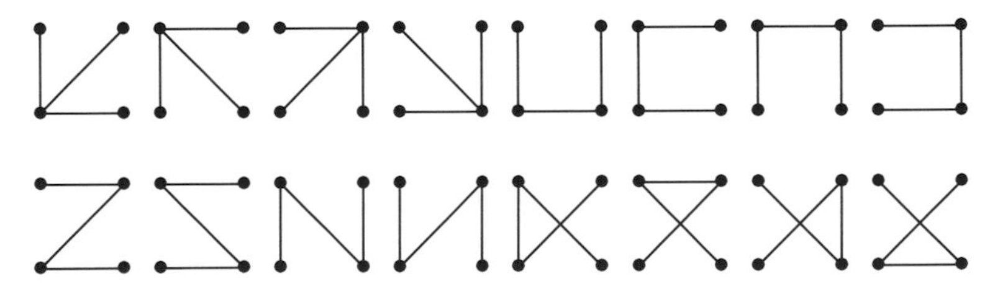

Aufspannende Bäume von minimalem Gewicht haben viele Anwendungen in der Praxis. Man braucht sie, um effizient zusammenhängende Netzwerke (z.B. Telefonnetz, elektrisches Netz, Straßennetz) zu erstellen. Wenn man zum Beispiel in der Städteplanung einige Punkte für Bushaltestellen ausgewählt hat, kann man mit Hilfe eines aufspannenden Baumes von minimalem Gewicht die günstigste Lösung für den Straßenbau ermitteln, so dass die Busse alle Punkte erreichen können. Daher ist es eine wichtige Aufgabe, für einen gegebenen zusammenhängenden gewichteten Graphen (E, K, φ, w) einen aufspannenden Baum von minimalem Gewicht zu finden. Eine Lösung gibt der Algorithmus von Kruskal (vgl. Algorithmus 5.2). Die Idee dieses Algorithmus besteht darin, dass man mit einer Kante kleinsten Gewichts beginnend, in jedem Schritt eine solche Kante jeweils kleinstmöglichen Gewichts hinzufügt, durch die kein Kreis entsteht. Wenn es keine solche Kante mehr gibt, dann wurde ein aufspannender Baum minimalen Gewichts gefunden.

```
Input: Ein zusammenhängender gewichteter Graph (E, K, φ, w).
Output: Ein aufspannender Baum von minimalem Gewicht.

  procedure KRUSKAL(E, K, φ, w)
      E_B := ∅; K_B := ∅; φ_B := ∅
      B := (E_B, K_B, φ_B)
      S := K
      while S ≠ ∅ do
          wähle ein k ∈ S mit minimalem w(k)
          K_B := K_B ∪ {k}
          E_B := E_B ∪ φ(k)
          φ_B := φ|K_B
          B := (E_B, K_B, φ_B)
          S := {k ∈ K ∖ K_B | durch Hinzunahme von k zu B entsteht kein Kreis}
      end while
      return B
  end procedure
```

Algorithmus 5.2: Der Algorithmus von Kruskal

Satz 5.3.20 *Die Prozedur* KRUSKAL *berechnet einen aufspannenden Baum von minimalem Gewicht.*

Beweis. Sei $B = (E_B, K_B, \varphi_B)$ ein aufspannender Baum von minimalem Gewicht und $B^* = (E_{B^*}, K_{B^*}, \varphi_{B^*})$ der Baum, der durch den Algorithmus erzeugt wird. Wir müssen zeigen, dass $w(B) = \sum_{k \in K_B} w(k) = \sum_{k \in K_{B^*}} w(k) = w(B^*)$ ist. Wir beweisen das durch absteigende Induktion über das maximale $r \geq 0$, für welches die ersten r Kanten $k_1, \ldots, k_r$ aus der Konstruktion von B^* sämtlich in B liegen.
Wenn $r = n - 1$, dann ist $B = B^*$ und nichts ist zu zeigen. Wenn $r < n - 1$, dann ist die nächste Kante $k = k_{r+1}$ in der Konstruktion von B^* nicht in B enthalten. Nach Konstruktion ist k eine Kante von minimalem Gewicht, unter denen, die mit den Kanten $k_1, \ldots, k_r$ keinen Kreis bilden.
Da B ein aufspannender Baum ist, enthält der Graph, der durch Hinzunahme der Kante k zum Graphen B entsteht, einen Kreis C. Sei k' irgendeine Kante dieses Kreises, die nicht in B^* enthalten ist. Wir definieren nun einen neuen Graphen B', der aus B durch Entfernen von k' und Hinzunahme von k entsteht. Er hat die Kantenmenge $(K_B \setminus \{k'\}) \cup \{k\}$.

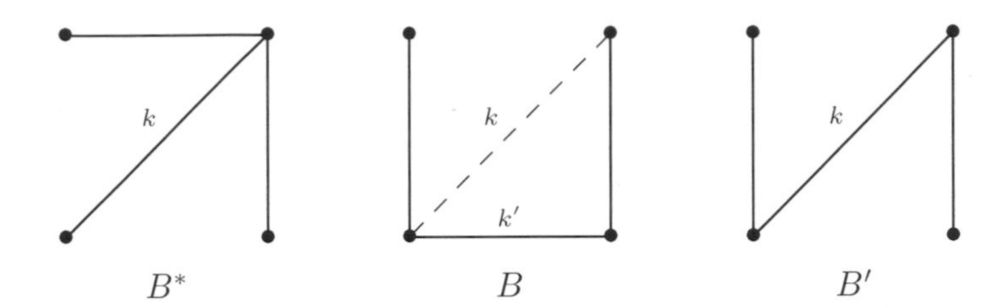

Offenbar gilt $w(B') = w(B) + w(k) - w(k')$. Da $k_1, \ldots, k_r$ und k' in dem Baum B liegen, können sie keinen Kreis bilden. Nach der Konstruktion von B^* bedeutet das $w(k') \geq w(k)$ und somit $w(B') \leq w(B)$. Wenn wir zeigen können, dass auch B' ein aufspannender Baum ist, dann muss sogar $w(B') = w(B)$ sein, da B minimales Gewicht hat. Da B' und B^* mindestens die Kanten $k_1, k_2, \ldots, k_{r+1}$ gemeinsam haben, folgt der Satz dann aus der Induktionsvoraussetzung.
Es bleibt also zu zeigen, dass B' ein aufspannender Baum ist. Dazu müssen wir beweisen, dass B' zusammenhängend ist und keine Kreise enthält. Nehmen wir zunächst an, dass B' einen Kreis enthält. Weil B keine Kreise enthält muss k eine Kante dieses Kreises sein. Da k' nicht in B' enthalten ist, ist k' keine Kante dieses Kreises, der somit vom Kreis C verschieden ist. Das bedeutet, dass der Graph, der durch Hinzunahme der Kante k zum Graphen B entsteht, zwei verschiedene Kreise enthält. Nach Entfernung der gemeinsamen Kante k aus beiden Kreisen liefert uns das einen Kreis in B, was nach Voraussetzung ausgeschlossen ist. Somit kann B' keinen Kreis enthalten.
Um zu zeigen, dass B' zusammenhängend ist, wählen wir zwei Knoten e und e' und einen Weg von e nach e' in B. Wenn dieser Weg die Kante k' nicht enthält, handelt es sich sogar um einen Weg in B'. Wenn dieser Weg jedoch die Kante k' enthält, ersetzen wir sie durch $C \setminus \{k'\}$ und erhalten in B' einen Weg, der e und e' verbindet. Das zeigt, dass B' zusammenhängend ist. □

Beispiel 5.3.21. Für den gewichteten Graphen aus Beispiel 5.3.9 ergibt sich

$w(k)$	1	2	3	4	5
k	k_1, k_5	k_4	k_6, k_8	k_2, k_7	k_3

Der Algorithmus von Kruskal wählt die Kanten k_1, k_5, k_4, k_6, k_8 aus und liefert den aufspannenden Baum minimalen Gewichts (welches gleich 10 ist):

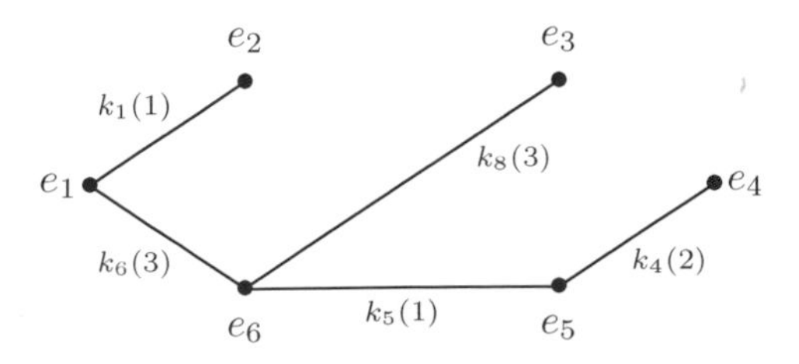

Definition 5.3.22. Ein *Hamiltonkreis* ist ein Kreis durch alle Knoten eines Graphen. Ein Graph heißt *hamiltonsch*, wenn er einen Hamiltonkreis enthält.

Beispiel 5.3.23. Die drei Graphen

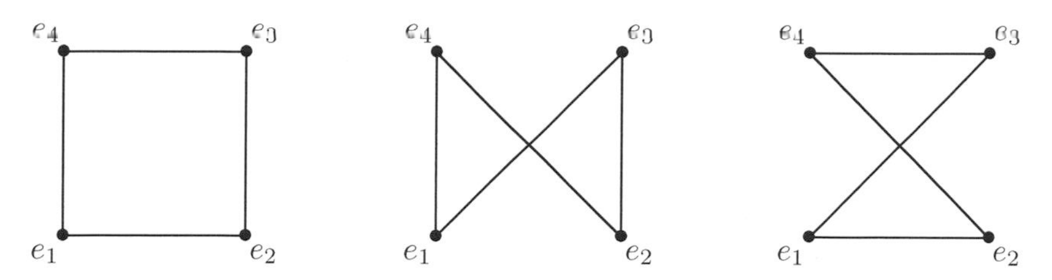

repräsentieren Hamiltonkreise des vollständigen Graphen K_4 mit vier Knoten.

Satz 5.3.24 *Jeder schlichte Graph G mit $n \geq 3$ Knoten, in dem jeder Knoten mindestens den Grad $\frac{n}{2}$ besitzt, enthält einen Hamiltonkreis.*

Beweis. Wir führen einen indirekten Beweis. Es ist klar, dass der vollständige Graph mit n Knoten einen Hamiltonkreis enthält. Außerdem ist jeder Graph, der einen hamiltonschen Teilgraphen besitzt, selbst hamiltonsch.
Sei $G = (E, K, \varphi)$ ein schlichter Graph mit maximaler Kantenzahl, bei dem jeder Knoten den Grad mindestens $\frac{n}{2}$ hat, und der nicht hamiltonsch ist. Jeder Graph, der auch nur eine zusätzliche Kante besitzt, ist dann hamiltonsch.
Seien $u, v \in E$ zwei Knoten, zwischen denen es keine Kante in G gibt. Sei k die Verbindungskante von u und v und G' der durch Hinzunahme der Kante k zu G entstehende Graph. Dann ist G' hamiltonsch, da er G als echten Teilgraphen enthält. Sei $uk_1e_2 \ldots e_{n-1}k_{n-1}v$ ein Weg in G, der nach Hinzufügen von k in G' einen Hamiltonkreis liefert.

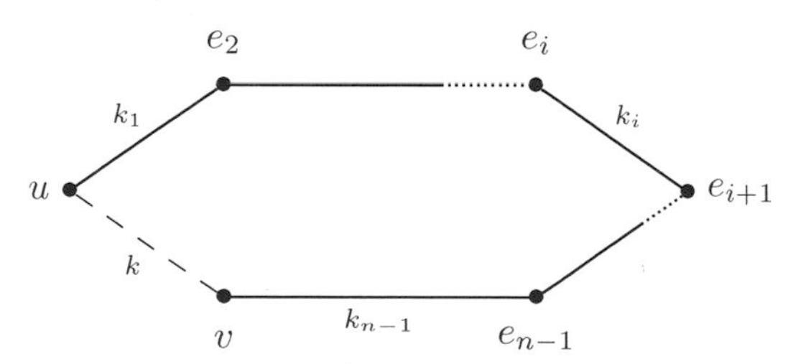

Wenn wir $e_{n+1} = e_1 = u$ und $e_n = v$ setzen, dann ist $E = \{e_1, \ldots, e_n\}$. Sei

$$\begin{aligned} S &= \{e_i \mid u, e_{i+1} \text{ sind Knoten einer Kante von } G\} \\ T &= \{e_i \mid v, e_i \quad \text{ sind Knoten einer Kante von } G\}. \end{aligned}$$

Es ist $v \notin S \cup T$ und damit ist die Anzahl der Elemente von $S \cup T$ kleiner als n. Auf der anderen Seite ist $S \cap T = \emptyset$. Wäre nämlich $e_i \in S \cap T$ für ein i, erhalten wir durch Weglassen der Kante von e_i nach e_{i+1} und Hinzufügen der Kante, die u und e_{i+1} verbindet und der Kante, die v und e_i verbindet, einen Hamiltonkreis in G (Abb. 5.10). Damit erhalten wir $|S \cup T| = |S| + |T| < n$.

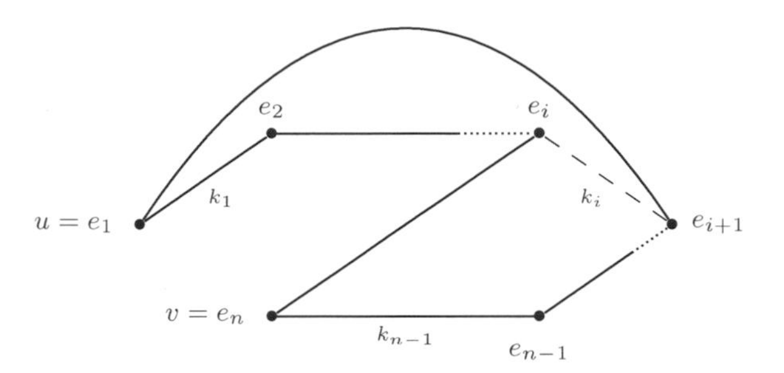

Abb. 5.10 Hamiltonkreis

Das ist ein Widerspruch zu der Annahme, dass der Knotengrad von u und der Knotengrad von v mindestens $\frac{n}{2}$ sind, denn der Knotengrad von u ist $|S|$ und der Knotengrad von v ist $|T|$. □

Der Begriff des Hamiltonkreises spielt bei der Behandlung des *Rundreiseproblem des Vertreters* eine Rolle: Ein Vertreter soll eine vorgegebene Zahl von Kunden besuchen und dann nach Hause zurückkehren. Der Weg soll so gewählt werden, dass jeder Kunde genau einmal erreicht wird und dabei die Gesamtlänge des Weges minimal wird.
Die graphentheoretische Übersetzung dieses Problems lautet: Gegeben sei ein vollständiger gewichteter Graph (E, K, φ, w). Gesucht ist ein Hamiltonkreis von kleinstem Gewicht. Wir stellen hier einen *Greedy-Algorithmus*[28] vor, der näherungsweise einen solchen Hamiltonkreis konstruiert (vgl. Algorithmus 5.3). Die Idee dieses Algorithmus besteht darin, schrittweise immer mehr Knoten in den Kreis einzubeziehen, wobei als Nächstes immer ein solcher Knoten gewählt wird, durch den eine Kante k_1 minimal möglichen Gewichts hinzukommt. Um den Umweg über den neuen Knoten zu realisieren, entfernt man eine Kante k maximal möglichen Gewichts aus dem bereits konstruierten Weg. Allerdings ist eine weitere Kante k_2 hinzuzunehmen, deren Gewicht nicht kontrolliert wird (siehe Abb. 5.11).

Satz 5.3.25 *Sei (E, K, φ, w) ein vollständiger gewichteter Graph, so dass die Gewichtsfunktion der Dreiecksungleichung*

$$w(u, w) \leq w(u, v) + w(v, w)$$

für alle $u, v, w \in E$ genügt. Dann liefert die Prozedur HAMILTONKREIS *einen Hamiltonkreis, dessen Gewicht höchstens doppelt so groß ist, wie das eines optimalen Hamiltonkreises.*

[28] Das englische Wort *greedy* heißt gierig auf deutsch und spiegelt die Grundidee des Algorithmus wieder. Der Begriff steht für eine spezielle Klasse von Algorithmen. Sie zeichnen sich dadurch aus, dass sie schrittweise immer die Möglichkeit wählen, die zur Zeit der Wahl als die beste erscheint. Dadurch wird oft nur eine lokal optimale Lösung gefunden.

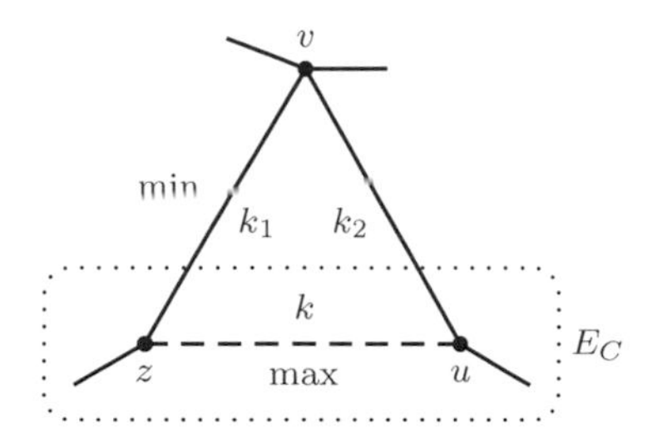

Abb. 5.11 Die Idee, die Algorithmus 5.3 zugrunde liegt

Input: Ein vollständiger gewichteter Graph und n Knoten
Output: Ein Hamiltonkreis

procedure HAMILTONKREIS(E, K, φ, w)
  wähle $e \in E$
  $E_C := \{e\}$
  $K_C := \emptyset$
  $n := |E|$
  while $|E_C| < n$ **do**
    wähle $v \in E \setminus E_C$ mit $\min\{w(v,y) \mid y \in E_C\}$ minimal
    wähle $z \in E_C$ mit $w(v,z) = \min\{w(v,y) \mid y \in E_C\}$
    wähle $k \in K_C$ mit $\varphi(k) = \{z, u\}$ und $w(z,u)$ maximal
    $k_1 :=$ Kante von v und z
    $k_2 :=$ Kante von v und u
    $E_C := E_C \cup \{v\}$
    $K_C := (K_C \setminus \{k\}) \cup \{k_1, k_2\}$
  end while
  wähle eine Kante $k \in K$, die den Kreis schließt
  $K_C := K_C \cup \{k\}$
  return $(E_C, K_C, \varphi\,|_{K_C})$
end procedure

Algorithmus 5.3: Ein Greedy-Algorithmus zur Bestimmung eines Hamiltonkreises kleinen Gewichts

Dieser Satz soll hier nicht bewiesen werden (vgl. [La]).

Beispiel 5.3.26. Gegeben sei der wie folgt gewichtete vollständige Graph K_4

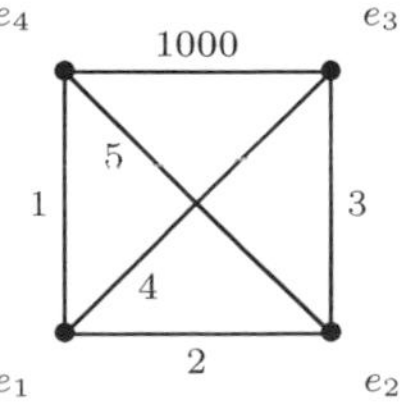

Wenn wir mit dem Knoten e_1 starten, liefert der Algorithmus nacheinander

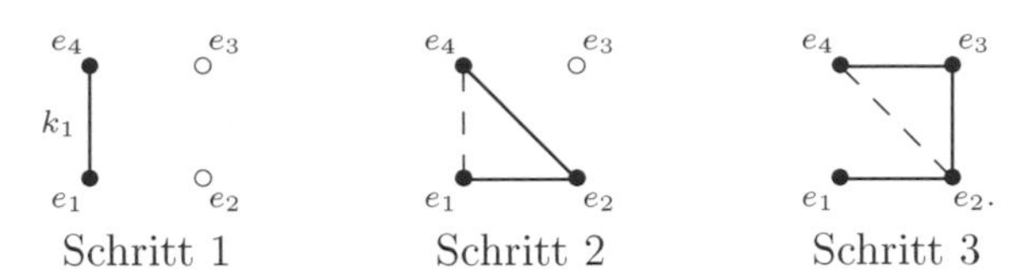

Durch Schließen des Kreises erhalten wir den Hamiltonkreis H_1 vom Gewicht 1006, besser wäre jedoch der Kreis H_2 vom Gewicht 13. Er wird vom Greedy-Algorithmus nicht gefunden:

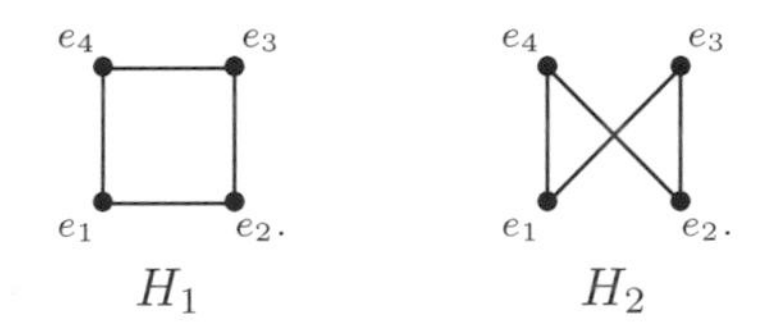

Definition 5.3.27. Eine *Eulertour* ist ein geschlossener Kantenzug der jede Kante des Graphen genau einmal enthält. Ein Graph in dem es eine Eulertour gibt, heißt *eulerscher Graph.*

Beispiel 5.3.28. Die Zahlen geben die Reihenfolge des Kantendurchlaufs an.

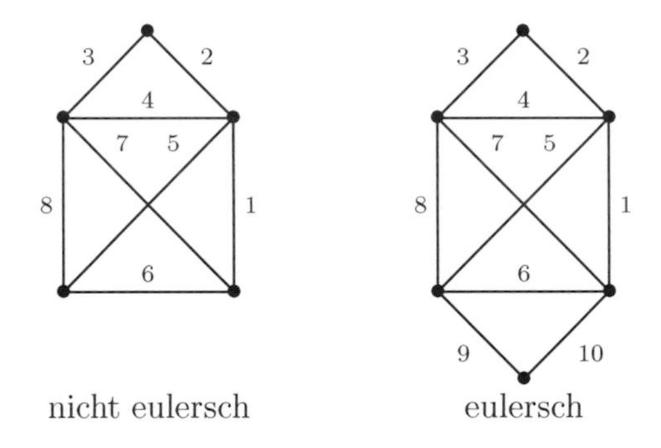

Satz 5.3.29 *Ein zusammenhängender Graph (E, K, φ) ist genau dann eulersch, wenn jeder Knoten einen geraden Knotengrad hat.*

Beweis. Sei der Graph eulersch und $u \in E$ irgendein Knoten. Da der Graph zusammenhängend ist, ist u Knoten einer Kante. Diese Kante ist Bestandteil einer Eulertour und wird genau einmal durchlaufen. Deshalb gibt es eine zweite Kante in dieser Eulertour mit Knoten u. Das bedeutet, dass der Knotengrad von u mindestens 2 ist. Da jede Kante nur einmal durchlaufen wird, gibt es bei jeder Ankunft in u eine neue Kante, die wieder wegführt. Damit muss der Knotengrad von u gerade sein.
Nehmen wir jetzt an, dass alle Knoten des Graphen einen geraden Knotengrad haben. Nehmen wir weiter an, dass der Graph keine Eulertour besitzt und minimale Kantenzahl mit dieser Eigenschaft hat. Da jeder Knoten min-

destens vom Grad 2 ist, gibt es einen geschlossenen Kantenzug. Sei C ein geschlossener Kantenzug maximaler Länge, der keine Kante mehrfach enthält. Wegen unserer Annahme kann C nicht alle Kanten des Graphen enthalten. Sei (E', K', φ') ein maximaler, nichttrivialer, zusammenhängender Untergraph von (E, K, φ), der keine Kante von C enthält, also eine Zusammenhangskomponente des Graphen, aus dem C entfernt wurde. Der Graph (E', K', φ') hat nur Knoten von geradem Knotengrad, weil das für (E, K, φ) und C gilt und damit aus (E, K, φ) für einen festen Knoten immer eine gerade Anzahl von Kanten entfernt werden.
Wegen der Minimalität von (E, K, φ) ist (E', K', φ') eulersch und besitzt daher eine Eulertour C'. Weil der Graph (E, K, φ) zusammenhängend ist, haben C und C' einen Knoten gemeinsam. Damit ist $C \cup C'$ ein geschlossener Kantenzug in (E, K, φ), der jede Kante genau einmal enthält. Das ist ein Widerspruch zur Wahl von C. □

Folgerung 5.3.30 (Königsberger Brückenproblem). *Es gibt keinen Rundgang durch Königsberg, der jede der Brücken genau einmal benutzt.*

Beweis. Zu Beginn dieses Abschnittes wurde gezeigt, dass der zugehörige Graph Knoten von ungeradem Knotengrad hat. Damit folgt die Behauptung aus Satz 5.3.29. □

Zum Studium des eingangs erwähnten *Vierfarbenproblems* wird der Begriff der *Färbung* eines Graphen eingeführt. Francis Guthrie stellte sich 1852 beim Einfärben der Landkarte von England die Frage, wie viele Farben ausreichen, um eine Karte so einzufärben, dass benachbarte Länder verschiedene Farben haben. Diese Frage wurde an Augustus De Morgan[29] herangetragen, der dafür sorgte, dass das Problem publik wurde. Obwohl man damals nur beweisen konnte, dass immer fünf Farben genügen, reichten in allen Beispielen vier Farben aus.
Zur mathematischen Behandlung kann man das Problem in die Sprache der Graphentheorie übersetzen. Dazu betrachtet man die Länder der Landkarte als Knoten eines Graphen, die man genau dann durch eine Kante verbindet, wenn die entsprechenden Länder eine gemeinsame Grenze besitzen. Auf diese Weise erhält man einen *planaren Graphen,* d.h. einen Graphen, den man in der Ebene so zeichnen kann, dass sich die Kanten nicht überschneiden.

Definition 5.3.31. Sei $G = (E, K, \varphi)$ ein Graph und $F = \{1, \ldots, l\}$ eine Menge von „Farben". Eine Abbildung $f : E \to F$ heißt *l-Färbung* von G, wenn für jede Kante $k \in K$ mit $\varphi(k) = \{e, e'\}$ gilt: $f(e) \neq f(e')$. Das heißt, benachbarte Knoten müssen verschiedene Farben erhalten. Die kleinste Zahl l, für die der Graph eine l-Färbung besitzt, heißt *chromatische Zahl* von G. Sie wird mit $\chi(G)$ bezeichnet.

---

[29] Augustus De Morgan (1806–1871), englischer Mathematiker.

Beispiel 5.3.32. Zur Landkarte in Abbildung 5.12 gehört der Graph K_4, der offenbar eine 4-Färbung, aber keine 3-Färbung besitzt. Damit ist $\chi(K_4) = 4$.

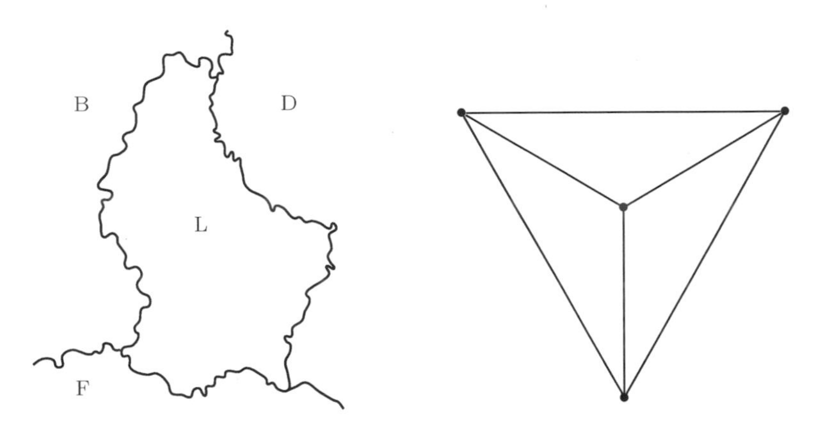

Abb. 5.12 Ein Ausschnitt der Europakarte und eine planare Version des Graphen K_4

In der Sprache der Graphentheorie lautet das Vierfarbenproblem:

Gilt für jeden planaren Graphen G die Ungleichung $\chi(G) \leq 4$?

Dass dies tatsächlich der Fall ist, wurde 1976 von Kenneth Appel und Wolfgang Haken mit Hilfe eines Computers gezeigt. Sie reduzierten die Fragestellung auf 1936 Spezialfälle, die dann per Computer abgearbeitet wurden. Die Beweismethode war vor 40 Jahren umstritten. Auch heute wäre ein Beweis ohne Computer, der vom Menschen nachvollziehbar ist, vorzuziehen. Über den Beweis des Vierfarbensatzes hat jemand gesagt:

> „Ein guter Beweis liest sich wie ein Gedicht,
> dieser Beweis sieht wie ein Telefonbuch aus.“

Zu bemerken ist, dass die Verallgemeinerung des Vierfarbenproblems für Landkarten, die nicht in der Ebene, sondern auf einer anderen Fläche liegen, zum Beispiel auf einem Torus (Abb. 5.13) oder einem Möbiusband (Abb. 5.14), einfacher und ohne Computer lösbar war. Für den Torus genügen stets 7 und für Karten auf dem Möbiusband stets 6 Farben.
Die Färbung von Graphen spielt in vielen Anwendungen eine Rolle, so auch bei einem der zur Zeit populärsten Logikrätsel, dem Sudoku[30].
Ein *Sudoku* (Abb. 5.15) ist ein 9×9-Gitter, in dem gewisse Zahlen von 1 bis 9 bereits vorgegeben sind. Das Gitter ist so zu vervollständigen, dass jede Ziffer von 1 bis 9 in jeder Reihe, jeder Spalte und jedem der 9 ausgezeichneten 3×3-Blöcke genau einmal vorkommt. Ein korrekt gestelltes Sudoku ist eindeutig lösbar.

[30] Sudoku ist im Japanischen die Abkürzung für „eine Zahl bleibt immer allein“.

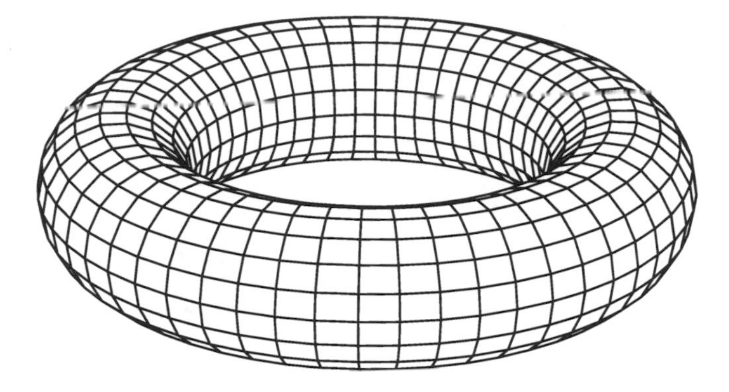

Abb. 5.13 Torus

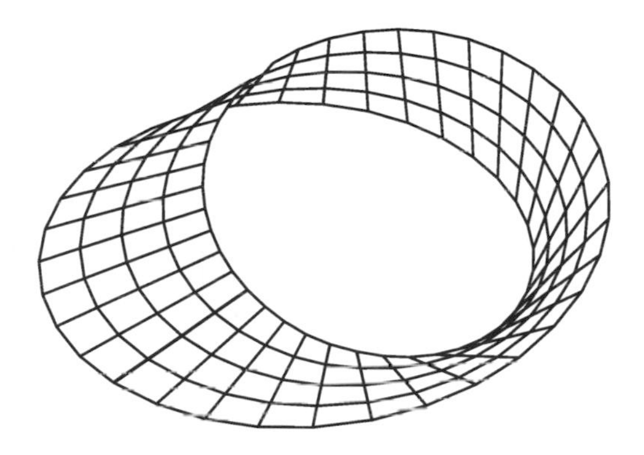

Abb. 5.14 Möbiusband

Schon Leonard Euler[31] betrachtete lateinische Quadrate, das sind ähnliche Zahlengitter, allerdings ohne die zusätzliche Struktur der 3×3-Blöcke. Das heute populäre Sudoku wurde 1979 in den USA von Howard Garms[32] unter dem Namen „Number Place" eingeführt und kam erst Ende der achtziger Jahre nach Japan.

Das Sudokugitter kann durch einen Graphen $G_S = (E_S, K_S, \varphi_S)$ dargestellt werden. Die 81 Knoten des Graphen entsprechen den Feldern des Sudokus. Wir nummerieren dazu die Felder Zeile für Zeile durch: In der ersten Zeile von 1 bis 9, in der zweiten Zeile von 10 bis 18 und so weiter bis zu 73 bis 81 in der letzten Zeile. Somit ist $E_S = \{1, 2, \ldots, 81\}$.

Zwei Knoten sind genau dann durch eine Kante verbunden, wenn die entsprechenden Felder in derselben Reihe, derselben Spalte oder im selben 3×3-Block liegen. Das heißt

---

[31] Leonard Euler (1707–1783), Schweizer Mathematiker.

[32] Howard Garns (1905–1989), US-amerikanischer Architekt.

<table>
<tr><td></td><td></td><td></td><td></td><td>5</td><td></td><td></td><td>8</td><td></td></tr>
<tr><td></td><td></td><td></td><td></td><td>6</td><td>2</td><td></td><td></td><td>5</td></tr>
<tr><td>6</td><td></td><td></td><td>4</td><td></td><td></td><td>7</td><td></td><td></td></tr>
<tr><td></td><td></td><td>7</td><td></td><td></td><td></td><td>9</td><td>6</td><td></td></tr>
<tr><td></td><td></td><td>5</td><td>2</td><td></td><td>6</td><td>1</td><td></td><td></td></tr>
<tr><td></td><td>3</td><td>6</td><td></td><td></td><td></td><td>4</td><td></td><td></td></tr>
<tr><td></td><td></td><td>3</td><td></td><td></td><td>7</td><td></td><td></td><td>4</td></tr>
<tr><td>1</td><td></td><td></td><td>5</td><td>8</td><td></td><td></td><td></td><td></td></tr>
<tr><td></td><td>6</td><td></td><td></td><td>1</td><td></td><td></td><td></td><td></td></tr>
</table>

Abb. 5.15 Sudoku

$$K_S = \left\{ \{i,j\} \,\middle|\, \begin{array}{l} i \text{ und } j \text{ liegen in einer Reihe, einer Spalte} \\ \text{oder einem } 3 \times 3\text{-Block.} \end{array} \right\}.$$

Jeder Knoten hat den Grad 20. Daher gibt es insgesamt $\frac{81 \cdot 20}{2} = 810$ Kanten in der Menge K_S. Die 20 Kanten, die mit dem Knoten 1, der linken oberen Ecke des Sudokus, verbunden sind, sind in folgendem Schema aufgelistet:

$$\begin{array}{lllllllll}
 & \{1,2\} & \{1,3\} & \{1,4\} & \{1,5\} & \{1,6\} & \{1,7\} & \{1,8\} & \{1,9\} \\
\{1,10\} & \{1,11\} & \{1,12\} & & & & & & \\
\{1,19\} & \{1,20\} & \{1,21\} & & & & & & \\
\{1,28\} & & & & & & & & \\
\{1,37\} & & & & & & & & \\
\{1,46\} & & & & & & & & \\
\{1,55\} & & & & & & & & \\
\{1,64\} & & & & & & & & \\
\{1,73\} & & & & & & & &
\end{array}$$

Das Ausfüllen eines Sudokugitters entspricht einer 9-Färbung des Graphen G_S. Bei einem Sudokurätsel ist eine partielle Färbung des „Sudoku-Graphen“ G_S vorgegeben, d.h. gewissen Knoten sind bereits Farben $1, 2, \ldots, 9$ zugeordnet. Gesucht ist eine Vervollständigung zu einer 9-Färbung von G_S.
Es gibt verschiedene Algorithmen zur Berechnung einer Färbung eines Graphen (vgl. [Di]). Ihre Behandlung würde den Rahmen dieses Buches sprengen. Die optimale Färbung eines Graphen ist eine schwierige Aufgabe, wovon sich der Leser beim Lösen eines Sudokus selbst überzeugen kann.

Zum Abschluss dieses Abschnittes beschäftigen wir uns mit drei Aspekten der aktuellen Forschung, die sich mit komplexen Netzwerken, d.h. Graphen mit sehr vielen Knoten und Kanten, befassen. Dies sind das Kleine-Welt-Phänomen, die Routenplanung und schließlich die Suche von Information im Internet.

Kleine Welt

Auf dem Internationalen Mathematikerkongress in Madrid 2006 hat Jon Kleinberg den Nevanlinna Preis[33] für seine Forschung auf dem Gebiet komplexer Netzwerke erhalten [Kl]. Ein Aspekt seiner Arbeit ist das sogenannte *Kleine-Welt-Phänomen*. Ein Graph wird „kleine Welt“ genannt, wenn fast jedes Paar von Knoten durch einen Weg extrem kurzer Länge verbunden werden kann.
Dieses Problem geht auf die Untersuchung sozialpsychologischer Fragen zurück. Vereinfacht betrachtet man dort Graphen, deren Knoten die Menschen repräsentieren und deren Kanten bedeuten, dass die entsprechenden Personen einander kennen. Man sagt, zwei Personen kennen sich über n Knoten, wenn ihre Knoten im Graphen durch einen Weg der Länge n verbunden werden können. Dabei muss der Begriff „kennen“ natürlich präzisiert werden. Wenn „kennen“ zum Beispiel heißt, dass man sich gegenseitig vorgestellt und ein paar Worte miteinander gewechselt hat, dann kennt einer der Autoren den Präsidenten der USA über 4 Knoten (eventuell sogar weniger): Er kennt den Präsidenten seiner Universität, der kennt den Ministerpräsidenten seines Bundeslandes, der kennt die Bundeskanzlerin und sie den Präsidenten der USA. Unsere Freunde und Kollegen kennen also den Präsidenten über 5 Knoten. Das wird in vielen Ländern so sein. Man kennt den Bürgermeister seines Wohnortes, nach ein paar Schritten ist man in der Hierarchie ganz oben in der Regierung. Damit kann man in grober Näherung annehmen, dass sich fast alle Menschen über 10 Knoten kennen.
Der amerikanische Sozialpsychologe Stanley Milgram hat in den sechziger Jahren das folgende Experiment durchgeführt [Mi], [MT]. Er definierte: „ken-

[33] Seit 1983 wird zu Ehren des finnischen Mathematikers Rolf Herman Nevanlinna (1895–1980) auf dem internationalen Mathematikerkongress neben der Fields-Medaille auch der Nevanlinna Preis für herausragende Arbeiten auf dem Gebiet der theoretischen Informatik verliehen.

nen" heißt, man redet sich mit Vornamen an. Er wählte eine Person in Boston und bat eine Reihe zufällig ausgewählter Personen in den USA einen Brief an die Zielperson zu schicken. Das war aber nicht auf direktem Weg erlaubt, sondern nur über den Umweg über Personen, die sich gegenseitig kennen. Bekannt waren Name, Adresse und Beruf der Zielperson sowie einige persönliche Informationen.
Das Ziel jedes Teilnehmers war es, den Brief auf kürzestem Weg an die Zielperson zu schicken. Das hat natürlich nicht immer funktioniert, zum Beispiel weil die zwischengeschalteten Personen keine Lust hatten, an dem Experiment teilzunehmen und daher der Brief hängen blieb. Milgrams Versuch zeigte, dass durchschnittlich 6 Schritte nötig waren, um die Zielperson zu erreichen. Jeder kann heute selbst an solchen Experimenten teilnehmen, die im Internet durchgeführt werden.
Was können die Mathematiker tun, um die so gefundene „magische" Zahl 6, vgl. [Gu], zu bestätigen? Warum sollte ein soziales Netzwerk die „Kleine-Welt"-Eigenschaft haben? Das sind Fragen, die wir im Rahmen dieses Buches nicht beantworten können. Wir begnügen uns hier damit, einen Satz zu zitieren [BV], der in diese Richtung geht.

Satz 5.3.33 (Bollobás, de la Vega) *Wenn man zufällig (gleich verteilt) aus der Menge der Graphen mit n Knoten, deren Knoten sämtlich den gleichen Knotengrad $k \geq 3$ haben, einen Graphen auswählt, dann ist mit hoher Wahrscheinlichkeit jedes Paar von Knoten durch einen Weg der Länge $O(\log(n))$ verbunden.*

Ein weiteres Beispiel in dieser Richtung ist die sogenannte *Erdős-Zahl*[34]. Dazu wird der Graph betrachtet, dessen Knoten alle Mathematiker repräsentieren. Zwei Knoten sind durch eine Kante verbunden, wenn die entsprechenden Mathematiker eine gemeinsame Veröffentlichung haben. Die Erdős-Zahl eines Mathematikers ist die Länge (Anzahl der Kanten) des kürzesten Weges in diesem Graphen von seinem Knoten zu dem von Erdős. Auch hier ist es verblüffend, dass diese Zahl meist sehr klein ist. Die Autoren haben momentan die Erdős-Zahlen 5 bzw. 4 über folgende Wege:

B. Kreußler → H. Kurke → T. Friedrich → R. Sulanke
→ A. Renyi → P. Erdős

G. Pfister → W. Decker → D. Eisenbud → P.W. Diacouis → P. Erdős

Die Erdős-Zahl kann man auf der Homepage der AMS[35] berechnen. Das ist natürlich nur eine Spielerei, auf der anderen Seite eine schöne Illustration des Kleine-Welt-Phänomens.

---

[34] Paul Erdős (1913–1996) war ein ungarischer Mathematiker, der in den fünfziger Jahren grundlegende Arbeiten auf diesem Gebiet geschrieben hat. Er hat etwa 1500 wissenschaftliche Arbeiten veröffentlicht.

[35] `http://www.ams.org/mathscinet/freeTools.html`.

Routenplanung

Das Problem der *Routenplanung* kann man theoretisch mit dem Algorithmus von Dijkstra bewältigen, da er das Kürzeste-Weg-Problem löst. Dieser Algorithmus berechnet von einem festen Knoten (dem Ausgangspunkt) den kürzesten Weg zum Ziel, indem er auch zu allen anderen Punkten des Graphen kürzeste Wege berechnet.
Man kann sich vorstellen, dass dies in dem Graphen, der das Verkehrsnetz von Europa repräsentiert, eine sehr umfangreiche Arbeit ist, die abhängig vom Rechner mehrere Stunden dauern kann. Vereinfachend können wir sagen, dass die Knoten dieses Graphen den Dörfern und Städten entsprechen und die Kanten den Straßen. Eine solch lange Rechenzeit ist nicht akzeptabel, denn wir wollen höchstens eine Minute warten, um die Abreise nicht unnötig zu verzögern.
Man muss also einen Kompromiss eingehen und als Zugeständnis für eine schnelle Lösung auf eine exakte Lösung verzichten. Wie man eine Lösung näherungsweise Berechnen kann, werden wir im Folgenden grob erläutern. Wir werden hier nur das Prinzip vorstellen, ohne auf mögliche Verfeinerungen einzugehen, wie etwa solche Kanten, die offensichtlich nicht zum Ziel führen, so zu gewichten, dass die anderen bevorzugt werden, oder die Suche differenzierter auf mehreren Ebenen durchzuführen.
Die Suche wird auf mehreren Ebenen durchgeführt. Man schließt zunächst die Punkte außerhalb einer geeigneten Umgebung um Ausgangs- und Zielpunkt aus. Innerhalb dieser Umgebungen werden mit Hilfe des Algorithmus von Dijkstra genaue Berechnungen durchgeführt, um z.B. zu den jeweils nächsten Autobahnauffahrten zu finden. Dann wird der Graph „ausgedünnt“, d.h. man betrachtet nur noch das Netz der Autobahnen (in einer Vorstufe, falls nötig, mit Bundesstraßen) und die dazugehörigen Knoten. Damit wird der Graph stark vereinfacht und man kann erneut mit Dijkstra suchen.
Die Routenplaner haben einiges schon berechnet und gespeichert. Ein Land wird in Regionen (z.B. auf Postleitzahlbasis) eingeteilt und es ist gespeichert, wie man von einer Region in eine andere kommen kann. Dadurch wird die Berechnung darauf reduziert, dass man nur noch einen kürzesten Weg zu einem geeigneten Punkt am Rand einer Region finden muss.
Wir wollen das an einem konkreten Beispiel erläutern und eine Route von der TU Kaiserslautern an das Mary Immaculate College in Limerick planen. Die Routenplaner haben gespeichert, dass von Deutschland nach Irland durch Frankreich, Belgien oder die Niederlande und dann durch Großbritannien gefahren werden muss. Das schränkt den „Europagraphen“ schon wesentlich ein. Die drei Regionen Irland, Großbritannien und die Vereinigung von Frankreich und den Benelux-Staaten haben nur wenige Knoten an den Rändern (die Fährhäfen), die in die nächste Region führen. Im Computer ist gespeichert, dass von Süddeutschland nach Calais zur Fähre nach Dover und von dort nach Fishguard zur Fähre nach Rosslare gefahren werden muss. Damit sind die Strecken

TU Kaiserslautern–Calais Hafen,
Dover–Fishguard und
Rosslare–Mary Immaculate College Limerick

zu optimieren. In einer geeigneten Umgebung um Kaiserslautern bzw. Limerick sucht man mit Dijkstra den kürzesten Weg zur Autobahn bzw. Landstraße. Dann verdünnt man den Graphen und wendet Dijkstra auf das Autobahnnetz Süddeutschland/Nordfrankreich an, um einen kürzesten Weg über die Autobahn von Kaiserslautern nach Calais zu finden. Analog verfährt man in England und Irland.

Suche im Internet

Wenn wir die einzelnen Seiten im Internet als Knoten eines (gerichteten) Graphen auffassen, dessen Kanten die Links von einer Seite zur anderen sind, dann erhalten wir einen Graphen mit mehr als 25 Milliarden Knoten. Wir werden auf den nächsten Seiten grob erläutern, wie es der bekannten Suchmaschine *Google* gelingt, sich darin zurechtzufinden.
Das *World Wide Web* (www) ist nicht so entstanden wie andere große Netzwerke, wie etwa das Telefonnetzwerk, Elektrizitätsnetzwerk, oder Autobahnnetz, die ingenieurmäßig geplant und errichtet wurden. Es ist weit von einer solchen Architektur entfernt. Es ist ein virtuelles Netzwerk von zur Zeit mehr als 25 Milliarden verlinkten Seiten, geschaffen durch die unkoordinierte Aktion mehrerer Millionen Personen. Schätzungen besagen, dass zur Zeit der Drucklegung dieses Buches ca. 1,23 Milliarden Menschen das Internet nutzten.
Die Geschichte des *Internet* beginnt in den sechziger Jahren des vergangenen Jahrhunderts. Netze für militärische Zwecke standen am Anfang, später kamen die Wissenschaftsnetze dazu. Das World Wide Web von heute hat seinen Ursprung im CERN 1989.
David Austin gibt in seinem Artikel „Wie findet Google deine Nadel im Heuhaufen?“ [Au] einen treffenden Vergleich. Man stelle sich eine Bibliothek ohne zentrale Verwaltung und ohne Bibliothekare vor, in der mehr als 25 Milliarden Dokumente lagern. Jeder kann, ohne Bescheid zu sagen, ein Dokument hinzufügen und auch manche Dokumente wegnehmen. Wie kann man sich da zurechtfinden – und das in Sekundenschnelle?
Die Grundlage für das effektive Arbeiten einer Internet-Suchmaschine ist eine Armee von Computern, die Tag und Nacht systematisch das World Wide Web durchforsten, jedes Dokument durchsehen und die darin enthaltenen wichtigen Worte in einen Index aufnehmen und effizient speichern. Das allein genügt jedoch nicht, denn wenn wir die gespeicherte Information abrufen würden, bekämen wir die Internetseiten mit den von uns angegebenen Suchbegriffen unsortiert geliefert und damit im schlechtesten Fall am Anfang die weniger wichtigen oder gar unwichtigen. Es wäre auf diese Weise sehr mühsam, die gesuchten Seiten zu finden. Um dieses Problem zu umgehen,

muss man definieren, was wichtig bzw. unwichtig ist, und ein Ranking der Seiten durchführen. Google sagt selbst: „The heart of our software is Page Rank."
Dafür hat Google eine geniale Lösung gefunden. Keine Person, keine Jury, sondern das World Wide Web selbst entscheidet über die Wichtigkeit der Seiten. Als Maßstab wird die Menge und Qualität der Links, die zu einer Seite führen, benutzt. Die Wichtigkeit einer Seite hängt also von der Wichtigkeit der Seiten ab, von denen es Links auf diese Seite gibt. Daher scheint die Wichtigkeit einer Seite schwer zu bestimmen.
Die Philosophie, die der exakten Definition zugrunde liegt, ist die folgende. Wenn es l Links von einer Seite P auf andere Seiten gibt, von denen einer auf die Seite Q zeigt, dann überträgt die Seite P das $\frac{1}{l}$-fache ihrer Wichtigkeit auf die Seite Q.

Definition 5.3.34. Für eine Internetseite Q sei l_Q die Zahl der Links von Q auf andere Seiten und B_Q die Menge aller Seiten, die Links auf Q haben. Die *Wichtigkeit* $I(P)$ einer Seite P des World Wide Web ist eine positive reelle Zahl, für die gilt:

$$I(P) = \sum_{Q \in B_P} \frac{I(Q)}{l_Q} .$$

Damit $I(P) > 0$ für alle P gilt, brauchen wir zu jeder Seite mindestens einen Link von einer anderen Seite. Das stimmt in der Realität natürlich nicht. Wir führen deshalb eine zusätzliche „dummy Seite" ein, die auf jede andere Seite (auch auf sich selbst) einen Link hat. Das ändert die Situation für das Ranking nicht, wohl aber für das mathematische Modell.
Zur Berechnung der Wichtigkeiten $I(P)$ bezeichnen wir mit $\{P_1, \ldots, P_n\}$ die Seiten des World Wide Web und setzen $l_i := l_{P_i}$. Die sogenannte *Hyperlinkmatrix* $H = (H_{ij})$ ist durch

$$H_{ij} = \begin{cases} \frac{1}{l_j} & P_j \in B_{P_i} \\ 0 & \text{sonst} \end{cases}$$

definiert. Die j-te Spalte dieser Matrix enthält genau in den Zeilen einen von Null verschiedenen Eintrag, die zu solchen Seiten gehören, auf die ein Link von der Seite P_j zeigt.

Lemma 5.3.35 *H ist eine $n \times n$-Matrix mit folgenden Eigenschaften.*

(1) *Alle Einträge sind nicht negativ.*
(2) *Wenn eine Spalte nicht die Nullspalte ist, dann ist die Summe aller ihrer Einträge gleich* 1.
(3) *Wenn $I = (I(P_i))_{i=1,\ldots,n}$ der Vektor der Wichtigkeiten ist, dann gilt*

$$H \cdot I = I ,$$

d.h. I ist Eigenvektor der Matrix H zum Eigenwert 1 *(siehe Def. 2.4.19).*

Beweis. Die Eigenschaften (1) und (2) folgen unmittelbar aus der Definition. Zum Beweis von (3) erinnern wir uns (S. 82) daran, dass sich der i-te Eintrag von $H \cdot I$ durch Multiplikation der i-ten Zeile $(H_{i1}, \ldots, H_{in})$ der Matrix H mit I ergibt, er ist also gleich $\sum_{j=1}^{n} H_{ij} I(P_j)$. Da $H_{ij} = \frac{1}{\ell_j}$ falls $P_j \in B_{P_i}$ und ansonsten $H_{ij} = 0$ gilt, erhalten wir mit Hilfe von Definition 5.3.34

$$\sum_{j=1}^{n} H_{ij} I(P_j) = \sum_{P_j \in B_{P_i}} \frac{I(P_j)}{\ell_j} = I(P_i) .$$

Daher ist der i-te Eintrag von $H \cdot I$ gleich $I(P_i)$, d.h. $H \cdot I = I$. □

Dieser Satz legt nahe, den Vektor I mit den in Abschnitt 2.4 entwickelten Methoden als einen Eigenvektor der Matrix H zum Eigenwert 1 zu berechnen. Das ist jedoch zunächst nur eine theoretische Möglichkeit, da H eine $n \times n$-Matrix mit $n \approx 25\,000\,000\,000$ ist. Diese Matrix ist zwar sehr dünn besetzt (Studien haben gezeigt, dass durchschnittlich 10 von Null verschiedene Einträge in jeder Spalte stehen), doch ohne neue Methoden kommt man hier nicht weiter. Mit dem folgenden Satz kann man Eigenvektoren sehr großer Matrizen näherungsweise berechnen. Allerdings muss die Matrix speziellen Bedingungen genügen.

Satz 5.3.36 *Sei S eine reelle $n \times n$-Matrix, deren Eigenwerte $\lambda_1, \ldots, \lambda_n$ die Ungleichungen $1 = \lambda_1 > |\lambda_2| \geq |\lambda_3| \geq \cdots \geq |\lambda_n|$ erfüllen und $I_0 \in \mathbb{R}^n$ ein zufällig gewählter Vektor. Dann konvergiert die durch $I_1 = S \cdot I_0, I_k = S \cdot I_{k-1}$ induktiv definierte Folge gegen einen Eigenvektor I von S zum Eigenwert* 1.

Beweis. Wir beweisen hier den Satz nur für den Spezialfall, dass $\mathbb{R}^n$ eine Basis besitzt, die aus Eigenvektoren $v_1, \ldots, v_n$ zu den Eigenwerten $\lambda_1, \ldots, \lambda_n$ besteht. Da I_0 zufällig gewählt ist, können wir annehmen, $I_0 = \sum_{i=1}^{n} a_i v_i$ mit $a_1 \neq 0$. Da $Sv_i = \lambda_i v_i$, erhalten wir $I_1 = SI_0 = \sum_{i=1}^{n} a_i S v_i = \sum_{i=1}^{n} \lambda_i a_i v_i$ und analog $I_k = \sum_{i=1}^{n} \lambda_i^k a_i v_i$. Da $|\lambda_i| < 1$ für $i > 1$, gilt $\lim_{k \to \infty} \lambda_i^k = 0$. Da $\lambda_1 = 1$ folgt daraus, dass die Folge $(I_k)_{k \geq 1}$ gegen $I := a_1 v_1$ konvergiert. Es gilt $I \neq 0$ und $I = HI$. □

Diesen Satz können wir nicht direkt zur Berechnung des Eigenvektors zum Eigenwert 1 auf die Matrix H anwenden, da die Bedingung an die Eigenwerte im Allgemeinen nicht erfüllt ist. So kann H zum Beispiel Nullspalten enthalten. Die j-te Spalte von H ist genau dann eine Nullspalte, wenn P_j keinen Link enthält, d.h. $P_j \notin B_{P_i}$ für alle i.
Wenn eine solche Seite so verändert wird, dass sie Links auf alle anderen Seiten hat, dann ändert sich nichts an der Relation der Wichtigkeiten der Seiten untereinander. Daher ändern wir die Matrix H dadurch ab, dass wir Nullspalten durch Spalten ersetzen, in denen jeder Eintrag gleich $\frac{1}{n}$ ist. Die so erhaltene Matrix bezeichnen wir mit S, sie hat folgende Eigenschaften:

Alle Einträge von S sind nicht-negativ. (5.13)

Die Summe der Einträge einer jeden Spalte von S ist gleich 1. (5.14)

Definition 5.3.37. Eine Matrix mit den Eigenschaften (5.13) und (5.14) heißt *stochastische Matrix.*

Satz 5.3.38 *Stochastische Matrizen haben immer den Eigenwert* 1.

Beweis. Die Eigenschaft (5.14) besagt $v \cdot S = v$, wenn $v = (1, 1, \ldots, 1)$ der Zeilenvektor mit n Einträgen ist, die alle gleich 1 sind. Daraus folgt $S^t \cdot v^t = v^t$, d.h. S^t hat den Eigenwert 1. Die Eigenwerte einer Matrix sind die Nullstellen ihres charakteristischen Polynoms. Da das charakteristische Polynom von S mit dem der transponierten Matrix S^t übereinstimmt, muss auch S den Eigenwert 1 besitzen. □

Da nicht für jede stochastische Matrix die für die Anwendung von Satz 5.3.36 nötige Voraussetzung $1 = \lambda_1 > |\lambda_2| \geq |\lambda_3| \geq \cdots \geq |\lambda_n|$ erfüllt ist, muss S noch weiter modifiziert werden. Der folgende Satz (vgl. [GR], [Hu]) zeigt, dass es genügt, die Matrix so abzuändern, dass alle ihre Einträge positiv sind.

Satz 5.3.39 (Perron-Frobenius[36]) *Sei* $A = (a_{ij})$ *eine reelle* $n \times n$*-Matrix mit positiven Einträgen* $a_{ij} > 0$ *und bezeichne* $\lambda_1, \ldots, \lambda_n$ *die Eigenwerte von* A*, so dass* $|\lambda_1| \geq |\lambda_2| \geq \cdots \geq |\lambda_n|$*. Dann gilt:*

(1) $\lambda_1 > |\lambda_2| \geq \cdots \geq |\lambda_n|$
(2) *Der Eigenraum zu* λ_1 *ist eindimensional.*
(3) *Es gibt einen Eigenvektor zu* λ_1*, dessen Einträge alle positiv sind.*

Bemerkung 5.3.40. Wenn A eine stochastische Matrix mit ausschließlich positiven Einträgen ist, folgt zusätzlich $\lambda_1 = 1$.
Um das einzusehen, betrachten wir einen Eigenvektor v zum Eigenwert λ_1, dessen Einträge $v_1, \ldots, v_n$ alle positiv sind. Wenn A stochastisch ist, dann gilt (5.14), d.h. $(1, \ldots, 1)A = (1, \ldots, 1)$. Damit ergibt sich

$$\sum_{i=1}^{n} v_i = (1, \ldots, 1)v = (1, \ldots, 1)Av = (1, \ldots, 1)\lambda_1 v = \lambda_1 \sum_{i=1}^{n} v_i \,.$$

Da alle v_i positiv sind, ist $\sum_{i=1}^{n} v_i > 0$ und es folgt $\lambda_1 = 1$.

---

[36] Oskar Perron (1880–1975), deutscher Mathematiker.
Ferdinand Georg Frobenius (1849–1917), deutscher Mathematiker.

Um die Matrix S so zu modifizieren, dass sie die Voraussetzungen des Satzes 5.3.39 erfüllt, betrachten wir die stochastische $n \times n$-Matrix L, deren Einträge alle gleich $\frac{1}{n}$ sind. Sie entspricht dem Modell eines Internets, bei dem alle Seiten direkt miteinander verlinkt sind. Der zugehörige Graph ist der vollständige Graph K_n. Für jede reelle Zahl $0 \leq \alpha \leq 1$ setzen wir

$$G_\alpha := \alpha S + (1 - \alpha) L \, .$$

Für $\alpha = 1$ erhalten wir die Matrix $G_1 = S$, die das World Wide Web repräsentiert. Für $\alpha = 0$ erhalten wir $G_0 = L$, das Modell des K_n-Internets. Für jedes $0 \leq \alpha \leq 1$ ist G_α eine stochastische Matrix und wenn $\alpha \neq 0$, dann hat sie ausschließlich positive Einträge. Man kann beweisen:

- Sind $1, \lambda_2, \ldots, \lambda_n$ die Eigenwerte von S, dann sind $1, \alpha\lambda_2, \ldots, \alpha\lambda_n$ die Eigenwerte von G_α.
- Die Konvergenzgeschwindigkeit der Folge der Vektoren I_k im Satz 5.3.36 hängt von der Größe von $|\lambda_2|$ ab (je kleiner desto besser).

Um eine schnelle Konvergenz zu erhalten, wird man deshalb ein möglichst kleines α wählen. Das World Wide Web wird jedoch bei großem α am besten angenähert. Der von Google verwendete Kompromiss ist der Wert $\alpha = 0{,}85$. Mit der so erhaltenen Google-Matrix G_α wird einmal im Monat (mit einem Rechenaufwand von mehreren Tagen bei 50-100 Iterationen) mit dem im Satz 5.3.36 beschriebenen Verfahren der Eigenvektor zum Eigenwert 1 angenähert berechnet.
Die Einträge dieses Eigenvektors liefern das Page-Ranking. Dazu bildet Google die Wichtigkeit der einzelnen Seiten über eine logarithmische Skala gerundet ganzzahlig auf Werte zwischen 0 und 10 ab. Auf der Internetseite `www.database-search.com/sys/pre-chek.phd` kann jeder diesen Wert für seine Seite ermitteln. Die Seiten der Autoren haben z.B. den Wert 4. Die Seite der Deutschen Mathematikervereinigung hat den Wert 6.

Beispiel 5.3.41. Zur Illustration betrachten wir das folgende kleine Web:

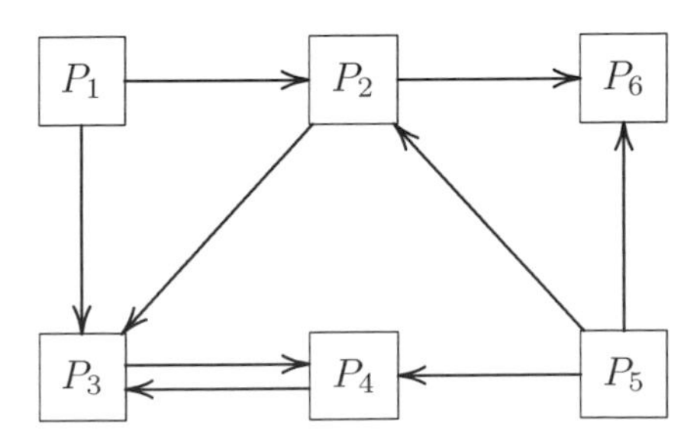

Hier gilt $l_1 = 2, l_2 = 2, l_3 = 1, l_4 = 1, l_5 = 3, l_6 = 0$ und somit ist

$$H = \begin{pmatrix} 0 & 0 & 0 & 0 & 0 & 0 \\ \frac{1}{2} & 0 & 0 & 0 & \frac{1}{3} & 0 \\ \frac{1}{2} & \frac{1}{2} & 0 & 1 & 0 & 0 \\ 0 & 0 & 1 & 0 & \frac{1}{3} & 0 \\ 0 & 0 & 0 & 0 & 0 & 0 \\ 0 & \frac{1}{2} & 0 & 0 & \frac{1}{3} & 0 \end{pmatrix} \quad \text{und} \quad S = \begin{pmatrix} 0 & 0 & 0 & 0 & 0 & \frac{1}{6} \\ \frac{1}{2} & 0 & 0 & 0 & \frac{1}{3} & \frac{1}{6} \\ \frac{1}{2} & \frac{1}{2} & 0 & 1 & 0 & \frac{1}{6} \\ 0 & 0 & 1 & 0 & \frac{1}{3} & \frac{1}{6} \\ 0 & 0 & 0 & 0 & 0 & \frac{1}{6} \\ 0 & \frac{1}{2} & 0 & 0 & \frac{1}{3} & \frac{1}{6} \end{pmatrix}.$$

Die Googlematrix $G = 0{,}85 \cdot S + 0{,}15 \cdot L$ hat den folgenden Eigenvektor zum Eigenwert 1:

$$\begin{pmatrix} 0{,}035 \\ 0{,}060 \\ 0{,}408 \\ 0{,}392 \\ 0{,}035 \\ 0{,}070 \end{pmatrix}$$

Damit ergibt sich, dass die Seite P_3 die wichtigste ist. Tatsächliche gehen 3 Links zu ihr. Es gibt drei Seiten, auf die 2 Links zeigen: P_4, P_6 und P_2. Hier wird P_4 bevorzugt, weil sie einen Link von der wichtigsten Seite P_3 hat.

Aufgaben

Übung 5.18. (1) Bezeichnen Sie die Knoten und Kanten der Graphen

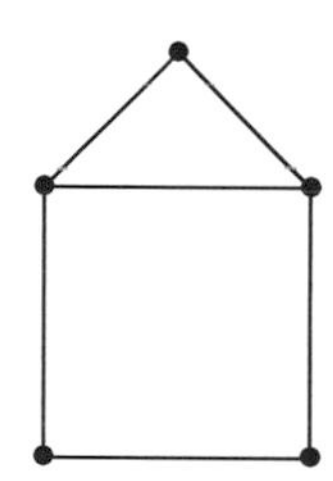

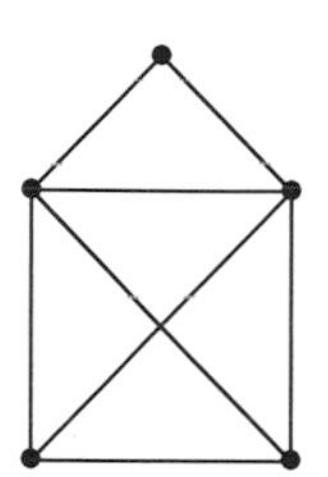

und stellen Sie jeweils die Inzidenzmatrix auf.

(2) Gegeben sei der gewichtete Graph mit dem ausgezeichneten Knoten e:

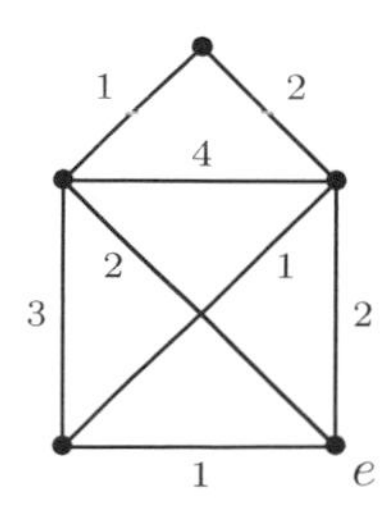

Geben Sie für alle anderen Knoten v kürzeste Wege von e nach v an.

Übung 5.19. Zwei Graphen (E_1, K_1, φ_1) und (E_2, K_2, φ_2) heißen *isomorph*, wenn es bijektive Abbildungen $\alpha : E_1 \to E_2$ und $\beta : K_1 \to K_2$ gibt, so dass für alle $k \in K_1$ mit $\varphi_1(k) = \{e, e'\}$ stets $\varphi_2\big(\beta(k)\big) = \{\alpha(e), \alpha(e')\}$ gilt.

(1) Geben Sie bis auf Isomorphie alle zusammenhängenden schlichten Graphen mit vier Knoten an.
(2) Beweisen Sie, dass der Knotengrad eine Invariante unter Isomorphie ist.

Übung 5.20. Stellen Sie die Inzidenzmatrix für den Graphen des Königsberger Brückenproblems auf.

Übung 5.21. Beweisen Sie, dass ein zusammenhängender Graph mit n Knoten mindestens $n - 1$ Kanten hat.

Übung 5.22. Beweisen Sie: In einem Baum (E, K, φ) gibt es zwischen zwei gegebenen Knoten genau einen Weg. Außerdem gilt $|E| = |K| + 1$.

Übung 5.23. Beweisen Sie, dass ein zusammenhängender Graph mit n Knoten und $n - 1$ Kanten stets ein Baum ist.

Übung 5.24. Gegeben sei der gewichtete Graph

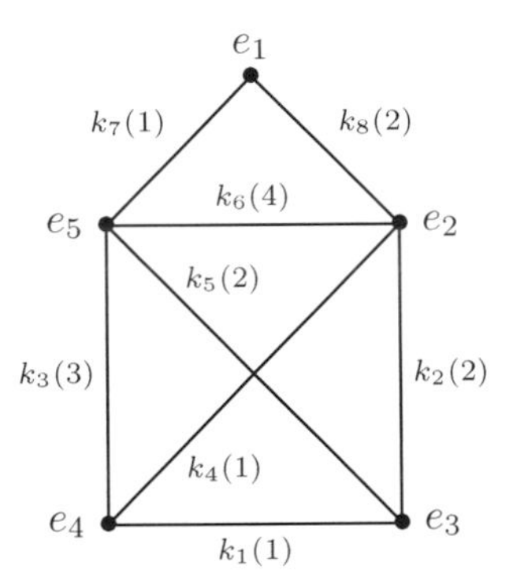

mit den in Klammern angegebenen Gewichten $w(k_1) = 1, w(k_2) = 2, w(k_3) = 3, w(k_4) = 1, w(k_5) = 2, w(k_6) = 4, w(k_7) = 1$ und $w(k_8) = 2$. Geben Sie alle aufspannenden Bäume von minimalem Gewicht an.

Übung 5.25. Geben Sie einen vollständigen Graphen an, der die Graphen aus Aufgabe 5.18 als Untergraphen besitzt. Wie viele aufspannende Bäume hat dieser Graph?

Übung 5.26. Lösen Sie das Sudoku in Abbildung 5.15 auf Seite 338.

5.4 Primzahltests

Durch die modernen Entwicklungen in der Kryptographie sind Primzahlen für die Praxis sehr wichtig geworden, vgl. Abschnitt 1.5. Bei vielen Verfahren

arbeitet man dort mit derartig großen Zahlen, dass ein schneller Primzahltest mit herkömmlichen Mitteln kaum möglich ist. Primzahltests, die Methoden der Wahrscheinlichkeitsrechnung benutzen, sind in diesem Zusammenhang ein sinnvoller Ausweg.
Wir werden in diesem Abschnitt zwei der sogenannten *probabilistischen Primzahltests* vorstellen. Diese beruhen auf der folgenden Idee: Für eine Reihe zufälliger Zahlen wird ein mathematischer Sachverhalt überprüft, der immer richtig ist, wenn die zu testende Zahl eine Primzahl ist, der jedoch für Nichtprimzahlen meist falsch ist. Ein Beispiel eines solchen Sachverhalts ist in dem folgenden Satz enthalten. Die mathematischen Grundlagen für diesen und die folgenden Sätze sind in den Abschnitten 1.3 und 1.4 zu finden. Insbesondere sei hier daran erinnert, dass wir $[a]$ oder $[a]_n$ für die Restklasse $a \mod n$ einer ganzen Zahl a in $\mathbb{Z}/n\mathbb{Z}$ schreiben (vgl. Def. 1.2.1).

Satz 5.4.1 *Sei $p > 2$ eine Primzahl und $h \geq 1$, q ungerade so gewählt, dass $p-1 = 2^h \cdot q$. Dann gilt für jede, nicht durch p teilbare, natürliche Zahl a*

$$\begin{aligned} a^q &\equiv 1 \mod p, && \textit{oder} \\ a^{2^i q} &\equiv -1 \mod p && \textit{für ein } i \textit{ mit } 0 \leq i \leq h-1\,. \end{aligned}$$

Beweis. Nach Satz 1.3.24 (kleiner Satz von Fermat) gilt $a^{p-1} \equiv a^{2^h q} \equiv 1 \mod p$. Angenommen $a^q \not\equiv 1 \mod p$, dann existiert ein $0 \leq i \leq h-1$, so dass

$$\begin{aligned} a^{2^i q} &\not\equiv 1 \mod p \qquad \text{und} \\ a^{2^{i+1} q} &\equiv 1 \mod p \end{aligned}$$

gilt. Das heißt, $b = a^{2^i q}$ ist eine Lösung der Kongruenz $b^2 \equiv 1 \mod p$. Da die Gruppe $(\mathbb{Z}/p\mathbb{Z})^*$ zyklisch ist (Satz 1.4.27), ist $[b]_p = [-1]_p$ die einzige von 1 verschiedene Restklasse mit $b^2 \equiv 1 \mod p$. Daher gilt $a^{2^i q} \equiv -1 \mod p$. □

Dieser Satz ist die Grundlage des *Miller-Rabin-Tests* (vgl. Algorithmus 5.4). Die Idee dieses Tests besteht darin, für mehrere, zufällig gewählte Zahlen a festzustellen, ob $a^q \equiv 1 \mod m$ oder $a^{2^i q} \equiv -1 \mod m$ für ein i gilt, wobei m die zu testende Zahl ist und $m - 1 = 2^h \cdot q$ wie im Satz zerlegt ist. Wenn dabei ein a gefunden wird, bei dem das nicht der Fall ist, dann ist m sicher keine Primzahl. Ansonsten ist m „vermutlich prim“ und wir sagen „m hat den Miller-Rabin-Test mit a bestanden“.

Bemerkung 5.4.2. Es gibt keine Zahl $< 25 \cdot 10^9$, die den Miller-Rabin-Test mit $a = 2, 3, 5, 7, 11$ besteht und nicht prim ist.

Beispiel 5.4.3. Sei $m = 101 \cdot 181 = 18\,281$, das ist offenbar keine Primzahl. Dann ist $m - 1 = 18\,280 = 2\,285 \cdot 2^3$, d.h. $q = 2\,285$ und $h = 3$. Wird

```
Input: m ≥ 3 die zu testende ungerade natürliche Zahl, k die Anzahl der Iterationen
Output: „nicht prim“ oder „vermutlich prim“

procedure MillerRabin(m, k)
    i := 0
    berechne q ungerade und h ≥ 1 mit m − 1 = 2^h · q
    while i < k do
        i := i + 1
        wähle a ∈ {2, ..., m − 1} zufällig
        d := ggT(a, m)
        f := a^(m−1) mod m
        if (d ≠ 1 or f ≠ 1) then
            return „nicht prim“
        end if
        b := a^q mod m
        if (b ≠ 1 and b ≠ −1) then
            j := 0
            while (j < h − 1 and b ≠ −1) do
                j := j + 1
                b := b^2 mod m                    ▷ b ≡ a^(2^j q) mod p
            end while
            if b ≠ −1 then
                return „nicht prim“
            end if
        end if
    end while
    return „vermutlich prim“
end procedure
```

Algorithmus 5.4: Primzahltest nach Miller und Rabin

$a = 12\,475$ als zufällige Zahl gewählt, so ergibt sich $b = a^q \equiv 3\,215 \not\equiv \pm 1 \mod m$. Da auch $b^2 \equiv 7\,460 \not\equiv -1 \mod m$ und $b^4 \equiv 4\,236 \not\equiv -1 \mod m$, liefert der Miller-Rabin-Test tatsächlich, dass m nicht prim ist.

Da der Miller-Rabin-Test kein Test ist, den nur Primzahlen bestehen, ist für die praktische Anwendung die Frage relevant, mit welcher Wahrscheinlichkeit eine Zahl m, die keine Primzahl ist, den Miller-Rabin-Test mit k Wiederholungen besteht.
Sei dazu wieder $m - 1 = 2^h q$ mit ungeradem q. Die Zahl m besteht genau dann eine Runde des Miller-Rabin-Tests mit der zufällig gewählten Zahl a, wenn $a^q \equiv 1 \mod m$ oder wenn es ein $0 \le i \le h-1$ gibt, so dass $a^{2^i q} \equiv -1 \mod m$ ist. Das bedeutet insbesondere, dass $a^{m-1} \equiv 1 \mod m$ und somit $[a] \in (\mathbb{Z}/m\mathbb{Z})^*$ gilt (vgl. Beispiel 1.3.2). Die Zahl m besteht also den Test genau dann, wenn eine Restklasse $[a]$ aus der Menge

$$G := \{[a] \in (\mathbb{Z}/m\mathbb{Z})^* \mid a^q \equiv 1 \mod m \text{ oder } a^{2^i q} \equiv -1 \mod m \text{ für ein } i\}$$

verwendet wird. Wenn m Primzahl ist, dann ist $G = (\mathbb{Z}/m\mathbb{Z})^*$ nach Satz 5.4.1.

Satz 5.4.4 *Wenn m keine Primzahl ist, dann gilt $|G| \leq \frac{m-1}{2}$.*

Beweis. Es ist leicht zu sehen, dass $B := \{[a] \in (\mathbb{Z}/m\mathbb{Z})^* \mid a^{m-1} \equiv 1 \mod m\}$ eine Untergruppe von $(\mathbb{Z}/m\mathbb{Z})^*$ ist. Wenn B eine echte Untergruppe ist, dann gilt $|B| \leq \frac{1}{2}|(\mathbb{Z}/m\mathbb{Z})^*|$ wegen Satz 1.3.23 (1). Da $G \subset B$ und $|(\mathbb{Z}/m\mathbb{Z})^*| \leq m-1$, ergibt sich $|G| \leq |B| \leq \frac{1}{2}(m-1)$.
Damit bleibt der Fall $B = (\mathbb{Z}/m\mathbb{Z})^*$ zu untersuchen. Das ist ein seltener Fall, der jedoch eintreten kann (siehe Bem. 5.4.5). Als erstes schließen wir aus, dass m die Potenz einer Primzahl ist. Gäbe es eine Primzahl p und eine ganze Zahl $e > 1$, so dass $m = p^e$, dann wäre $B = (\mathbb{Z}/m\mathbb{Z})^*$ nach Folgerung 1.4.30 eine zyklische Gruppe der Ordnung $\varphi(m) = p^e - p^{e-1}$. Für ein erzeugendes Element $[g] \in (\mathbb{Z}/m\mathbb{Z})^*$ gilt dann sowohl $\mathrm{ord}(g) = p^e - p^{e-1}$, als auch $g^{m-1} \equiv 1 \mod m$, da $[g] \in B$. Daraus folgt, dass $p^e - p^{e-1} = p^{e-1}(p-1)$ ein Teiler von $m - 1 = p^e - 1$ sein müsste, was für $e > 1$ jedoch unmöglich ist.
Damit besitzt m mindestens zwei verschiedene Primteiler, das heißt, es gibt teilerfremde ganze Zahlen m_1, m_2, so dass $m = m_1 \cdot m_2$. Sei q ungerade und $h \geq 0$, so dass $m - 1 = 2^h q$. Da $(m-1)^q \equiv -1 \mod m$, ist $[m-1] \in G$ und es gibt ein maximales $j \in \{0, \dots, h\}$, für das die Kongruenz $x^{2^j q} \equiv -1 \mod m$ eine Lösung $[x] \in G$ besitzt. Offensichtlich ist

$$C := \{[x] \in (\mathbb{Z}/m\mathbb{Z})^* \mid x^{2^j q} \equiv \pm 1 \mod m\}$$

eine Untergruppe von $(\mathbb{Z}/m\mathbb{Z})^*$ und es gilt $G \subset C$. Wir werden zeigen, dass C eine echte Untergruppe von $(\mathbb{Z}/m\mathbb{Z})^*$ ist. Daraus folgt dann wie zuvor $|G| \leq |C| \leq \frac{1}{2}|(\mathbb{Z}/m\mathbb{Z})^*| \leq \frac{1}{2}(m-1)$.
Nach Wahl von j gibt es ein $[v] \in G$ mit $v^{2^j q} \equiv -1 \mod m$. Dann ist auch $v^{2^j q} \equiv -1 \mod m_1$. Der Chinesische Restsatz (Satz 1.4.23) besagt, dass es ein $[w] \in \mathbb{Z}/m\mathbb{Z}$ mit $w \equiv v \mod m_1$ und $w \equiv 1 \mod m_2$ gibt. Es folgt $w^{2^j q} \equiv -1 \mod m_1$ und $w^{2^j q} \equiv 1 \mod m_2$, somit muss $w^{2^j q} \not\equiv \pm 1 \mod m$ gelten. Das bedeutet $[w] \notin C$. Andererseits ist $[w] \in (\mathbb{Z}/m\mathbb{Z})^*$, weil $\mathrm{ggT}(w, m_2) = 1$ und $\mathrm{ggT}(w, m_1) = \mathrm{ggT}(v, m_1) = 1$. Daher ist C eine echte Untergruppe von $(\mathbb{Z}/m\mathbb{Z})^*$, woraus die Behauptung folgt. □

Bemerkung 5.4.5. Eine zusammengesetzte ganze Zahl m heißt *Carmichael-Zahl*[37], wenn für jede zu m teilerfremde Zahl a gilt: $a^{m-1} = 1 \mod m$. Solche Zahlen sind ungerade, da für gerades m stets $(-1)^{m-1} \equiv -1 \mod m$ gilt. Die kleinste Carmichael-Zahl ist $561 = 3 \cdot 11 \cdot 17$, sie wurde 1910 von Carmichael gefunden. Die nächsten drei Carmichael-Zahlen sind $1105 = 5 \cdot 13 \cdot 17$, $1729 = 7 \cdot 13 \cdot 19$ und $2465 = 5 \cdot 17 \cdot 29$. Es gibt genau 16 Carmichael-Zahlen, die kleiner als 100 000 sind. Erst 1994 wurde bewiesen, dass unendlich viele solcher Zahlen existieren, siehe [AGP].

---

[37] Robert Daniel Carmichael (1879–1967), US-amerikanischer Mathematiker.

Folgerung 5.4.6. *Eine zusammengesetzte Zahl m besteht den Miller-Rabin-Test mit k Iterationen nur mit einer Wahrscheinlichkeit kleiner als 2^{-k}.*

Beweis. Für eine zusammengesetzte Zahl m liefert der Test mit einer Zahl a genau dann „vermutlich prim“, wenn $a \in G$ ist, wobei G wie im Satz 5.4.4 die Menge derjenigen Klassen $[x] \in (\mathbb{Z}/m\mathbb{Z})^*$ bezeichnet, mit denen m den Miller-Rabin-Test besteht.
Wir nehmen an, dass die zufällig (und unabhängig) gewählten Testelemente $a_1, \ldots, a_k \in \{2, 3, \ldots, m-1\}$ im Miller-Rabin-Test gleich verteilt sind. Da keines der a_i gleich 1 gewählt wird, jedoch $[1] \in G$ gilt, ist die Wahrscheinlichkeit, dass m den Miller-Rabin-Test bezüglich $a_1, \ldots, a_k$ besteht gleich $\left(\frac{|G|-1}{m-2}\right)^k$. Da nach Satz 5.4.4 $|G| \leq \frac{m-1}{2}$, ist $|G| - 1 \leq \frac{m-1}{2} - 1 < \frac{m-2}{2}$ und somit $\left(\frac{|G|-1}{m-2}\right)^k < \left(\frac{1}{2}\right)^k$, wie behauptet. □

Der zweite probabilistische Primzahltest, der hier vorgestellt wird, beruht auf Eigenschaften des sogenannten *Legendre-Symbols*[38]. Dieses Symbol wurde zunächst für Primzahlen definiert. Die Verallgemeinerung für beliebige ungerade Zahlen wird *Jacobi-Symbol*[39] genannt.

Definition 5.4.7. Das *Jacobi-Symbol* $\left(\frac{a}{n}\right)$ ist für jede ganze Zahl a und jede positive ungerade ganze Zahl n wie folgt definiert:

- $\left(\dfrac{a}{1}\right) := 1$
- Wenn $p > 2$ eine Primzahl ist, spricht man auch vom *Legendre-Symbol*:

$$\left(\frac{a}{p}\right) := \begin{cases} 0 & \text{falls } p \mid a \\ 1 & \text{falls } p \nmid a \text{ und es gibt ein } x \text{ mit } x^2 \equiv a \mod p\,. \\ -1 & \text{sonst} \end{cases}$$

- Wenn $n = p_1^{e_1} \cdot \ldots \cdot p_k^{e_k}$ mit paarweise verschiedenen Primzahlen $p_1, \ldots, p_k$:

$$\left(\frac{a}{n}\right) := \prod_{i=1}^{k} \left(\frac{a}{p_i}\right)^{e_i}.$$

Bemerkung 5.4.8. Wir nennen eine zu n teilerfremde ganze Zahl $a \in \mathbb{Z}$ bzw. ihre Restklasse $[a] \in (\mathbb{Z}/n\mathbb{Z})^*$ einen *quadratischen Rest* modulo n, wenn es ein $[x] \in (\mathbb{Z}/n\mathbb{Z})^*$ mit $x^2 \equiv a \mod n$ gibt. Wenn $n = p$ eine Primzahl ist, dann ist $a \in \mathbb{Z}$ genau dann quadratischer Rest modulo p, wenn $\left(\frac{a}{p}\right) = 1$. Das gilt nicht für zusammengesetzte Zahlen, denn es ist zum Beispiel $\left(\frac{2}{15}\right) = \left(\frac{2}{3}\right)\left(\frac{2}{5}\right) =$

[38] Adrien Marie Legendre, (1752–1833), französischer Mathematiker.
[39] Carl Gustav Jacob Jacobi (1804–1851), deutscher Mathematiker.

$(-1)(-1) = 1$, aber die Kongruenz $x^2 \equiv 2 \mod 15$ hat keine Lösung. Da aus $x^2 \equiv a \mod n$ für jeden Primteiler p von n auch $x^2 \equiv a \mod p$ folgt, erfüllt jeder quadratische Rest a modulo n noch die Gleichung $\left(\frac{a}{n}\right) = 1$.

Satz 5.4.9 (Euler) *Wenn $a \in \mathbb{Z}$ und $p > 2$ eine Primzahl ist, dann gilt*

$$\left(\frac{a}{p}\right) \equiv a^{\frac{p-1}{2}} \mod p\,.$$

Beweis. Wenn $p \mid a$, dann gilt $\left(\frac{a}{p}\right) = 0$ und $a \equiv 0 \mod p$, also gilt die behauptete Kongruenz.
Von nun an sei $p \nmid a$ vorausgesetzt, d.h. $[a] \in (\mathbb{Z}/p\mathbb{Z})^*$. Für alle $p-1$ Elemente $[x] \in (\mathbb{Z}/p\mathbb{Z})^*$ gilt $x^{p-1} \equiv 1 \mod p$ (Satz 1.3.24, kleiner Satz von Fermat). Daher hat das Polynom $p(T) = T^{p-1} - 1$ im Körper $\mathbb{F}_p$ genau $p-1$ verschiedene Nullstellen. Da ein Polynom vom Grad k in einem Körper maximal k Nullstellen besitzen kann (vgl. Schritt 3 im Beweis von Satz 1.4.27), haben somit die beiden Faktoren der Zerlegung $p(T) = \left(T^{\frac{p-1}{2}} + 1\right)\left(T^{\frac{p-1}{2}} - 1\right)$ jeweils $\frac{p-1}{2}$ Nullstellen in $\mathbb{F}_p$. Das bedeutet, dass für genau $\frac{p-1}{2}$ Elemente $[a]$ aus $(\mathbb{Z}/p\mathbb{Z})^*$ die Kongruenz $a^{\frac{p-1}{2}} \equiv 1 \mod p$ und für genau $\frac{p-1}{2}$ Elemente die Kongruenz $a^{\frac{p-1}{2}} \equiv -1 \mod p$ gilt.
Da $x^2 = (-x)^2$ ist und das Polynom $T^2 - a$ maximal zwei Nullstellen in $\mathbb{F}_p$ haben kann, zeigt eine Betrachtung aller Quadrate von Elementen aus $(\mathbb{Z}/p\mathbb{Z})^*$, dass es genau $\frac{p-1}{2}$ quadratische Reste in $(\mathbb{Z}/p\mathbb{Z})^*$ gibt. Da für jeden quadratischen Rest a die Kongruenz $a^{\frac{p-1}{2}} \equiv x^{p-1} \equiv 1 \mod p$ gilt, sind die quadratischen Reste genau die Nullstellen des Polynoms $T^{\frac{p-1}{2}} - 1$. Aus dem zuvor Gesagten folgt nun, dass die $a \in (\mathbb{Z}/p\mathbb{Z})^*$, für die $\left(\frac{a}{p}\right) = -1$ ist, gerade die Nullstellen von $T^{\frac{p-1}{2}} + 1$ sind. Daraus folgt die Behauptung. □

Satz 5.4.10 *Für beliebige ganze Zahlen a, b und ungerade positive ganze Zahlen m, n erfüllt das Jacobi-Symbol die folgenden Eigenschaften:*

$$\left(\frac{ab}{n}\right) = \left(\frac{a}{n}\right) \cdot \left(\frac{b}{n}\right) \tag{5.15}$$

$$\left(\frac{a}{n}\right) = \left(\frac{b}{n}\right) \qquad \textit{falls } a \equiv b \mod n \tag{5.16}$$

$$\left(\frac{a}{m \cdot n}\right) = \left(\frac{a}{m}\right) \cdot \left(\frac{a}{n}\right) \tag{5.17}$$

$$\left(\frac{0}{n}\right) = 0 \tag{5.18}$$

$$\left(\frac{-1}{n}\right) = (-1)^{\frac{n-1}{2}} \tag{5.19}$$

$$\left(\frac{2}{n}\right) = (-1)^{\frac{n^2-1}{8}} \tag{5.20}$$

$$\left(\frac{m}{n}\right) = (-1)^{\frac{m-1}{2}\cdot\frac{n-1}{2}}\left(\frac{n}{m}\right) \tag{5.21}$$

Beweis. Die Eigenschaften (5.15)–(5.18) sind leicht zu beweisen und dem Leser als Übungsaufgabe überlassen. Aussage (5.19) ergibt sich aus Satz 5.4.9 mit $a = -1$ unter Verwendung der Tatsache, dass $\frac{mn-1}{2} \equiv \frac{m-1}{2} + \frac{n-1}{2} \mod 2$ für ungerade ganze Zahlen m, n gilt. Die Eigenschaften (5.20) und (5.21) nennt man *quadratisches Reziprozitätsgesetz.* Einen Beweis findet der Leser zum Beispiel in [Bu]. □

Aus Satz 5.4.10 ergibt sich ein einfacher Algorithmus zur Berechnung des Jacobi-Symbols (Algorithmus 5.5).

```
Input: a, n ∈ Z, n ≥ 1 ungerade
Output: (a/n)

  procedure JACOBI(a, n)
      if n = 1 then
          return 1
      end if
      a := a mod n
      if a = 0 then
          return 0
      end if
      Berechne q ungerade und h ≥ 0 mit a = 2^h · q
      if h > 0 then
          return (-1)^(h·(n^2-1)/8) JACOBI(q, n)
      else
          return (-1)^((q-1)/2 · (n-1)/2) JACOBI(n, q)
      end if
  end procedure
```

Algorithmus 5.5: Rekursive Berechnung des Jacobi-Symbols

Beispiel 5.4.11. Wenn man in der Lage ist, die gegebenen Zahlen in Primfaktoren zu zerlegen, dann kann man mit Hilfe (5.17), (5.16), (5.19) und (5.20) von wie folgt rechnen:

$$\left(\frac{26}{35}\right) = \left(\frac{26}{5}\right)\left(\frac{26}{7}\right) = \left(\frac{1}{5}\right)\left(\frac{-2}{7}\right) = \left(\frac{-1}{7}\right)\left(\frac{2}{7}\right) = (-1)^{\frac{7-1}{2}}(-1)^{\frac{49-1}{8}} = -1\,.$$

Unter ausschließlicher Abspaltung des Faktors 2 und ohne weitere Faktorisierung verläuft die Rechnung wie im Algorithmus 5.5:

$$\left(\frac{26}{35}\right) = \left(\frac{2}{35}\right) \cdot \left(\frac{13}{35}\right) = -\left(\frac{13}{35}\right) = -\left(\frac{35}{13}\right) = -\left(\frac{9}{13}\right)$$
$$= -\left(\frac{13}{9}\right) = -\left(\frac{4}{9}\right) = -\left(\frac{2}{9}\right)^2 = -1 \,.$$

Als Grundlage des *Primzahltests von Solovay-Strassen* (vgl. Algorithmus 5.6) verwenden wir Satz 5.4.9 und den Algorithmus 5.5 zur Berechnung des Jacobi-Symbols. Dabei ist wesentlich, dass das Jacobi-Symbol ohne Verwendung einer Primfaktorzerlegung berechnet werden kann.
Bei diesem Test wird für mehrere, zufällig gewählte Zahlen a geprüft, ob $a^{\frac{m-1}{2}} \equiv \left(\frac{a}{m}\right) \mod m$ gilt. Wenn das nicht erfüllt ist, dann ist m sicher keine Primzahl. Ansonsten ist m „vermutlich prim" und wir sagen „m hat den Solovay-Strassen-Test mit a bestanden".

```
Input: m ≥ 3 die zu testende Zahl, k die Anzahl der Iterationen
Output: „nicht prim" oder „vermutlich prim"

procedure SolovayStrassen(m, k)
    i := 0
    while i < k do
        i := i + 1
        wähle a ∈ {2, ..., m − 1} zufällig
        if ggT(a, m) ≠ 1 then
            return „nicht prim"
        end if
        if (a/m) ≠ a^((m−1)/2) mod m then
            return „nicht prim"
        end if
    end while
    return „vermutlich prim"
end procedure
```

Algorithmus 5.6: Primzahltest nach Solovay-Strassen

Beispiel 5.4.12. Wenn wir den Test von Solovay-Strassen auf die bereits im Beispiel 5.4.3 betrachtete Zahl $m = 18281$ mit zufällig gewähltem $a = 17318$ anwenden, erhalten wir erneut, dass m sicher keine Primzahl ist, denn $a^{\frac{m-1}{2}} \equiv 17318^{9140} \equiv 6559 \not\equiv \pm 1 \mod m$.

Wie beim Algorithmus von Miller und Rabin ist zu klären, mit welcher Wahrscheinlichkeit eine Zahl m, die nicht prim ist, den Solovay-Strassen-Test mit k Iterationen besteht. Dazu setzen wir

$$G = \left\{ [x] \in (\mathbb{Z}/m\mathbb{Z})^* \;\middle|\; \left(\frac{x}{m}\right) \equiv x^{\frac{m-1}{2}} \mod m \right\} .$$

Aus den Eigenschaften des Jacobi-Symbols (Satz 5.4.10) folgt, dass G eine Untergruppe von $(\mathbb{Z}/m\mathbb{Z})^*$ ist. Wenn m eine Primzahl ist, dann gilt wegen des Satzes von Euler sogar $G = (\mathbb{Z}/m\mathbb{Z})^*$.

Satz 5.4.13 *Wenn m keine Primzahl ist, dann ist G eine echte Untergruppe von $(\mathbb{Z}/m\mathbb{Z})^*$.*

Beweis. Wir betrachten zunächst den Fall, dass es eine Primzahl p gibt, so dass $m = p \cdot n$ und $p \nmid n$ gilt. Die Gruppe $(\mathbb{Z}/p\mathbb{Z})^*$ ist nach Satz 1.4.27 zyklisch. Wir wählen eine Zahl g, deren Restklasse modulo p diese Gruppe erzeugt. Der Chinesische Restsatz (Satz 1.4.23) garantiert die Existenz einer Zahl a, für die $a \equiv g \mod p$ und $a \equiv 1 \mod n$ gilt. Für diese Zahl erhalten wir mit Hilfe von Satz 5.4.10 $\left(\frac{a}{m}\right) = \left(\frac{a}{p}\right) \cdot \left(\frac{a}{n}\right) = \left(\frac{g}{p}\right) \cdot \left(\frac{1}{n}\right) = \left(\frac{g}{p}\right) = -1$. Die letzte Gleichung folgt aus Satz 5.4.9, da für das erzeugende Element $[g]$ der Gruppe $(\mathbb{Z}/p\mathbb{Z})^*$ nicht $g^{\frac{p-1}{2}} \equiv 1 \mod p$ gelten kann. Wäre $G = (\mathbb{Z}/m\mathbb{Z})^*$, dann würde $[a] \in G$ und somit $a^{\frac{m-1}{2}} \equiv \left(\frac{a}{m}\right) \equiv -1 \mod m$ sein. Da $n \mid m$, gälte dann auch $a^{\frac{m-1}{2}} \equiv -1 \mod n$, im Widerspruch zur Wahl von a.
Im zweiten zu betrachtenden Fall gibt es eine Primzahl p und ganze Zahlen $e > 1$ und n, so dass $p \nmid n$ und $m = p^e \cdot n$ gilt. Erneut haben wir wegen Folgerung 1.4.30 eine zyklische Gruppe $(\mathbb{Z}/p^e\mathbb{Z})^*$ mit Erzeuger $[g]$ und können a so bestimmen, dass

$$a \equiv g \mod p^e \quad \text{und} \quad a \equiv 1 \mod n$$

gilt. Aus der Annahme $G = (\mathbb{Z}/m\mathbb{Z})^*$ folgt diesmal nur $a^{\frac{m-1}{2}} \equiv \pm 1 \mod m$, woraus wir $a^{m-1} \equiv 1 \mod m$ erhalten. Da p^e ein Teiler von m ist, folgt $a^{m-1} \equiv 1 \mod p^e$ und damit auch $g^{m-1} \equiv 1 \mod p^e$. Da $\operatorname{ord}(g) = \varphi(p^e) = p^e - p^{e-1}$, erhalten wir $p^e - p^{e-1} \mid m - 1$. Da $e > 1$ ist, muss p eine Teiler von $m - 1 = p^e \cdot n - 1$ sein, was unmöglich ist. Damit ist in jedem Fall gezeigt, dass G nicht gleich $(\mathbb{Z}/m\mathbb{Z})^*$ sein kann. □

Folgerung 5.4.14. *Eine zusammengesetzte Zahl m besteht den Solovay-Strassen-Test mit k Iterationen mit Wahrscheinlichkeit höchstens 2^{-k}.*

Beweis. Da mit Satz 1.3.23 aus Satz 5.4.13 die Ungleichung $|G| \leq \frac{m-1}{2}$ folgt, können wir exakt in der gleichen Weise wie im Beweis von Folgerung 5.4.6 vorgehen, wobei diesmal G dieselbe Bedeutung wie im Satz 5.4.13 hat. □

Aufgaben

Übung 5.27. Sei $p > 3$ eine Primzahl, so dass $2p - 1$ und $3p - 2$ Primzahlen sind. Beweisen Sie, dass $m = p(2p - 1)(3p - 2)$ eine Carmichael-Zahl ist.

Übung 5.28. Untersuchen Sie, ob 453 quadratischer Rest modulo 1239 ist.

Übung 5.29. Berechnen Sie $\left(\frac{547}{3389}\right)$.

Übung 5.30. Sei $m \geq 1$ eine ganze Zahl, so dass $p = 2^{2^m} + 1$ eine Primzahl ist. Beweisen Sie, dass $3^{\frac{p-1}{2}} \equiv -1 \mod p$ gilt.

Kapitel 6
Grundlagen der Mathematik

In diesem Abschnitt sind grundlegende Begriffsbildungen zusammengestellt, die zum Standardvokabular der modernen Mathematik gehören. Die Kenntnis und das Verständnis dieser Begriffe ist eine wichtige Voraussetzung, um mathematische Ideen anderer korrekt zu verstehen und um eigene Ideen nachvollziehbar ausdrücken zu können. Das ist vergleichbar damit, dass fundierte Kenntnisse von Syntax und Semantik einer Programmiersprache unabdingbar sind, um eigene, korrekt funktionierende Programme zu erzeugen bzw. fremde Programme zu verstehen.

Wir haben diesen Abschnitt so angelegt, dass er mehr als nur eine trockene, kurze und knappe Übung zur Sprachbildung ist. Er ist so konzipiert, dass er unabhängig vom übrigen Teil dieses Buches zu jeder Zeit gelesen werden kann. Durch die Darstellung einiger Bezüge zur Arbeit mit Datenbanken haben wir auch hier versucht, die Relevanz der Grundbegriffe der Mathematik in der Informatik in das Blickfeld des Lesers zu rücken.

In vielen anderen Mathematiklehrbüchern werden die Grundlagen der Mathematik ganz zu Beginn, meist im ersten Kapitel, abgehandelt. Dies erscheint logisch und zwangsläufig, denn wie soll man einen (Programm-)Text ohne Kenntnis der verwendeten (Programmier-)Sprache verstehen? Das Dilemma jedes Hochschullehrers und Lehrbuchautors besteht jedoch darin, dass das Verständnis abstrakter Begriffe oft erst auf der Basis ausreichender praktischer Erfahrung mit konkreten Objekten möglich ist. Die grundlegenden Begriffe der Mathematik lassen sich nur durch deren Benutzung innerhalb der Mathematik verstehen. Es ist eine Illusion, zu erwarten, dass Verständnis allein durch das korrekte Definieren abstrakter Begriffe erworben wird.

Daher gehen wir nicht davon aus, dass nach einem einmaligen Studium dieses Grundlagenkapitels zu Beginn der Lektüre dieses Buches „alles klar“ ist. Statt dessen empfehlen wir unseren Lesern, zu diesem Abschnitt bei Bedarf immer wieder zurückzukehren. Bei jedem erneuten Lesen kann dann das Verständnis auf der Basis der inzwischen gesammelten mathematischen Erfahrung vertieft werden.

6.1 Aussagenlogik

In der Öffentlichkeit wird Mathematik mit Attributen wie *exakt*, *korrekt* und *zuverlässig* in Verbindung gebracht. In der Tat gehört es zur Berufsehre eines Mathematikers, keine falschen oder unwahren mathematischen Aussagen zu machen. Um auch in komplizierten und abstrakten Situationen keinen Irrtümern ausgeliefert zu sein, ist es sowohl für Mathematiker als auch für Informatiker unverzichtbar, einige Grundregeln des logischen Schließens zu beherrschen.
Bei der formal logischen Analyse mathematischer Aussagen werden die in der folgenden Tabelle aufgeführten Symbole verwendet. Für einige davon gibt es entsprechende logische Operatoren in den meisten Programmiersprachen.

logisches Symbol	verbale Beschreibung	Programmierung
$\wedge$	und	`AND, &&`
$\vee$	oder	`OR, ||`
$\neg, \overline{}$	nicht	`NOT, !`
$\Longrightarrow$	aus ... folgt ...	
$\Longleftrightarrow$	... gilt genau dann, wenn ...	
$\exists$	es existiert (mindestens) ein	
$\exists!$	es existiert genau ein	
$\forall$	für alle	

Diese Symbole werden im Zusammenhang mit mathematischen Aussagen verwendet. Beispiele für mathematische Aussagen sind

A: Wenn x eine gerade natürliche Zahl ist, dann ist auch $x + 2$ eine gerade natürliche Zahl.
B: Es gibt unendlich viele Primzahlen.
C: Für alle Primzahlen p ist $p^2 + 1$ eine ungerade Zahl.
D: Es gibt eine Primzahl p, so dass auch $p^2 + 2$ und $p^3 + 2$ Primzahlen sind.
E: Es gibt positive ganze Zahlen a, b, für die $a^2 = 2b^2$ gilt.

Der entscheidende Punkt ist hier, dass jede mathematische *Aussage* entweder *wahr* (wie etwa A, B und D) oder *falsch* (Aussagen C und E) ist. Weitere Möglichkeiten wie etwa *vielleicht* oder *manchmal* werden in der (gewöhnlichen[1]) Aussagenlogik nicht zugelassen. Auch bei den folgenden Beispielen handelt es sich *nicht* um Aussagen:

a: Dieser Satz ist falsch!
b: 13
c: Möchten Sie noch etwas Tee?
d: An der nächsten Kreuzung bitte rechts abbiegen!

[1] Auch eine mehrwertige Logik, in der es mehr als zwei Wahrheitswerte gibt, lässt sich formalisieren. Es gibt sogar eine Theorie, die als Fuzzy-Logik bekannt ist. Darin ist jede reelle Zahl zwischen 0 und 1 als Wahrheitswert zugelassen.

Etwas weniger offensichtlich ist es bei Ausdrücken folgender Art:
$F(x)$: x ist eine gerade natürliche Zahl.
$G(x)$: $x^2 \geq 0$
$H(p)$: p ist eine Primzahl und $p^2 + 2$ ist eine Primzahl.
$I(p)$: $p^3 + 2$ ist eine Primzahl.
Solange nichts über x bzw. p bekannt ist, handelt es sich hier nicht um Aussagen. Man spricht von *Aussageformen*, wenn durch Einsetzen konkreter Elemente für die auftretenden Variablen eine Aussage, die wahr oder falsch sein kann, entsteht. Zum Beispiel ist die Aussage $F(8)$ wahr, dagegen ist $F(9)$ falsch. Ebenso ist $I(1)$ wahr, jedoch $I(2)$ eine falsche Aussage. Oft ist die Frage interessant, ob es wenigstens ein x gibt, für das die betreffende Aussage wahr ist, oder ob sie gar für alle x wahr ist. Um dies zu formalisieren wird der Existenzquantor $\exists$ bzw. der Allquantor $\forall$ verwendet. Mit ihrer Hilfe werden aus den obigen Aussageformen echte Aussagen.

$\exists x : F(x)$ im Klartext: Es gibt eine Zahl x, die gerade ist.
$\forall x : G(x)$ im Klartext: Für jede Zahl x gilt $x^2 \geq 0$.

Bereits an diesen einfachen Beispielen ist ersichtlich, dass Aussagen dieser Form nur dann sinnvoll sind, wenn klar ist, welches die erlaubten Werte für x sind. Wenn wir ausschließlich über ganze Zahlen reden, dann sind beide Aussagen wahr. Wenn wir aber bei der zweiten Aussage für x die komplexe Zahl i zulassen, dann ist sie nicht mehr wahr. Daher ist es besser, solche Aussagen mit Angabe der zugelassenen Wertemenge für die Variable zu schreiben:

$$\exists x \in \mathbb{Z} : F(x) \qquad \forall x \in \mathbb{Z} : G(x) .$$

Mit Hilfe der logischen Symbole aus der obigen Tabelle können aus einfachen Aussagen kompliziertere zusammengesetzt werden. So lässt sich zum Beispiel die Aussage D auch wie folgt schreiben

$$\exists p \in \mathbb{Z} : H(p) \wedge I(p) .$$

Unabhängig davon, ob die Aussage D wahr ist oder nicht[2], haben wir die folgende wahre Aussage erhalten:

$$D \Longleftrightarrow \exists p \in \mathbb{Z} : H(p) \wedge I(p) .$$

Eine andere Aussage, die man aus den oben gegebenen bilden kann, ist:

$$\forall p \in \mathbb{Z} : H(p) \Longrightarrow I(p) .$$

Im Klartext wäre dies:

> *Wenn p eine Primzahl ist und $p^2 + 2$ eine Primzahl ist, dann ist auch $p^3 + 2$ eine Primzahl.*

[2] Geben Sie eine Zahl p an, die zeigt, dass die Aussage D wahr ist!

Handelt es sich hierbei um eine wahre Aussage? Auf den ersten Blick scheint dies sehr merkwürdig und wer ein wenig Erfahrung im Umgang mit Primzahlen hat, wird wohl eher erwarten, dass diese Aussage falsch ist. Die Aussage $\exists p : H(p) \wedge I(p)$ ist im Allgemeinen nicht zur Aussage $\forall p : H(p) \Longrightarrow I(p)$ äquivalent. Daher kann man also nicht mit Mitteln der Aussagenlogik allein entscheiden, ob es sich um eine wahre Aussage handelt.
In dem betrachteten Beispiel kann man jedoch mit Mitteln der elementaren Zahlentheorie beweisen, dass außerdem die Aussage

K: $\exists! p : H(p)$

wahr ist. Es gibt also genau eine Primzahl p, für die auch p^2+2 eine Primzahl ist. Aus den beiden Aussagen D und K folgt nun in der Tat die Aussage $H(p) \Longrightarrow I(p)$. Symbolisch sieht das wie folgt aus:

$$(D \wedge K) \Longrightarrow (\forall p : H(p) \Longrightarrow I(p)) .$$

Das besagt, dass es für den Beweis der Aussage $\forall p : H(p) \Longrightarrow I(p)$ genügt, zu zeigen, dass sowohl D als auch K wahre Aussagen sind.

Terme

Im Hauptteil dieses Buches finden Sie eine Vielzahl mathematischer Aussagen, die Sie auf ähnliche Weise logisch analysieren können. Dort haben wir eine verbale Formulierung mathematischer Aussagen bevorzugt. Hier konzentrieren wir uns auf die logische Struktur, unabhängig vom mathematischen Inhalt der betrachteten Aussagen. Wir verwenden daher Symbole zur Bezeichnung von Aussagen, wie z.B. A, B, C, D oder x, y, z. Dabei gehen wir davon aus, dass jedes dieser Symbole für eine Aussage steht, die entweder *wahr* oder *falsch* ist. Wir werden solche Symbole oft als Variablen betrachten. Sie können dann den Wert 1 (*wahr*) oder den Wert 0 (*falsch*) annehmen. Diesen nennen wir den *Wahrheitswert* der Aussage. Außerdem setzen wir voraus, dass der Wahrheitswert einer zusammengesetzten Aussage nur von der logischen Struktur der Zusammensetzung und von den Wahrheitswerten der beteiligten Aussagevariablen abhängt, nicht jedoch von den mathematischen Inhalten von Aussagen, die für diese Variablen eingesetzt werden.
Im Folgenden bezeichnen wir einen Ausdruck als (logischen) *Term*[3], wenn er aus Variablen (z.B. x, y, z), logischen Symbolen wie $\wedge, \vee, \Longrightarrow, \iff, \neg$ und Klammern zusammengesetzt ist. Dabei gehen wir davon aus, dass die Variablen die Werte 0 und 1 annehmen können. Wenn in einem Term die Variablen durch Aussagen ersetzt werden, dann entsteht eine Aussage. Die Aussagenlogik befasst sich mit der Aufgabe, den Wahrheitswert zu bestimmen, den ein Term nach Belegung seiner Variablen durch Werte 0 oder 1 erhält.

[3] auch: Formel oder boolescher Term.

Der Operator $\wedge$ (`AND`, `&&`) ist vollständig beschrieben, wenn für jede mögliche Wahrheitswertbelegung der Variablen x und y bekannt ist, welchen Wert der Term $x \wedge y$ besitzt. Da wir als Wahrheitswerte nur 0 und 1 erlauben, beschreibt die folgende Tabelle den Operator $\wedge$ vollständig:

x	y	$x \wedge y$
0	0	0
0	1	0
1	0	0
1	1	1

Wir sehen also, dass $x \wedge y$ dann und nur dann den Wahrheitswert 1 erhält (also *wahr* ist), wenn sowohl x als auch y den Wert 1 haben. Dies stimmt mit dem Gebrauch des Wortes „und" in der Umgangssprache überein. Auch andere logische Operatoren werden auf eine solche Weise präzise beschrieben:

x	y	$x \vee y$	$x \Longrightarrow y$	$x \Longleftrightarrow y$
0	0	0	1	1
0	1	1	1	0
1	0	1	0	0
1	1	1	1	1

Die Beschreibung von $x \vee y$ und $x \Longleftrightarrow y$ entspricht hier wieder dem intuitiven Alltagsgebrauch. Etwas merkwürdig kommt manchem beim erstmaligen Betrachten die Beschreibung der Implikation $x \Longrightarrow y$ vor. In der Tabelle wird gesagt, dass $x \Longrightarrow y$ nur dann falsch ist, wenn x *wahr* und y *falsch* ist. Wenn jedoch x falsch ist, dann ist die Implikation $x \Longrightarrow y$ immer *wahr*. Wenn man also lediglich weiß, dass die Aussage y aus der Aussage x folgt und dass die Aussage x falsch ist, dann kann man nicht entscheiden kann, ob die Aussage y *wahr* oder *falsch* ist. So betrachtet scheint es dann vielleicht nicht mehr so merkwürdig. Hier zwei Beispiele. Zum einen ist die Implikation:

wenn n gerade ist, dann ist auch $3n$ gerade

zweifelsohne für jede natürliche Zahl n wahr. Also gilt sie auch für $n = 3$:

wenn 3 gerade ist, dann ist auch 9 gerade.

Zum anderen ist folgende Implikation ebenfalls ohne Zweifel richtig:

wenn m gerade ist, dann ist auch $4m$ gerade.

Für $m = 3$ erhalten wir daraus die korrekte Aussage:

wenn 3 gerade ist, dann ist auch 12 gerade.

Wesentlich für das Verständnis ist, dass es sich hier um den Wahrheitsgehalt der *Implikation* $x \Longrightarrow y$ und nicht um den Wahrheitsgehalt der „Schlussfolgerung" y (9 ist gerade, bzw. 12 ist gerade) handelt. Obwohl die Aussage „9 ist gerade" falsch ist, ist die Implikation „wenn 3 gerade ist, dann ist 9 gerade" ein logisch richtiger Schluss. Wenn man eine falsche Aussage (versehentlich) für wahr hält, kann man durch logisch korrekte Argumente daraus *alles* schlussfolgern, nicht nur wahre Aussagen. Daher ist es von fundamen-

taler Wichtigkeit, dass jedes einzelne Detail eines mathematischen Beweises richtig ist. Falls sich eine falsche Aussage eingeschlichen haben sollte, ist es möglich, dass die daraus korrekt gezogenen Schlüsse zu unwahren Aussagen führen.
Bei der Analyse komplizierterer logischer Terme kann es hilfreich sein, eine vollständige Wertetabelle anzulegen. Diese erzeugt man, indem man schrittweise die Wahrheitswerte immer umfangreicherer Teilausdrücke berechnet. Dazu benutzt man die oben angegebenen Tabellen, in denen die grundlegenden logischen Operatoren definiert wurden. Am Beispiel des Terms

$$(x \wedge (x \Longrightarrow y)) \Longrightarrow y$$

sieht das folgendermaßen aus:

x	y	$x \Longrightarrow y$	$x \wedge (x \Longrightarrow y)$	$(x \wedge (x \Longrightarrow y)) \Longrightarrow y$
0	0	1	0	1
0	1	1	0	1
1	0	0	0	1
1	1	1	1	1

Aus dieser Tabelle entnehmen wir, dass der Term $(x \wedge (x \Longrightarrow y)) \Longrightarrow y$ für jede Belegung der Variablen den Wert 1 besitzt. Einen derartigen Term nennt man *Tautologie*. Im Klartext bedeutet das: Wenn wir wissen, dass die Aussage x wahr ist und dass aus x die Aussage y folgt, dann muss auch die Aussage y wahr sein. Diese Schlussweise wird in fast jedem mathematischen Beweis angewendet und sie ist vermutlich jedem Leser auch ohne diese logische Analyse klar. Angesichts der Gefahren, auf die wir weiter oben hingewiesen hatten, ist eine solche formale Absicherung als vertrauensbildende Maßnahme jedoch nicht von der Hand zu weisen.
Mittels einer Wertetabelle können wir leicht zwei Terme bezüglich ihrer Wahrheitswerte vergleichen:

x	y	$x \Longrightarrow y$	$\neg x$	$(\neg x) \vee y$
0	0	1	1	1
0	1	1	1	1
1	0	0	0	0
1	1	1	0	1

In dieser Tabelle sehen wir, dass die Terme $x \Longrightarrow y$ und $(\neg x) \vee y$ gleichwertig sind. Mit anderen Worten

$$(x \Longrightarrow y) \Longleftrightarrow ((\neg x) \vee y) \tag{6.1}$$

ist eine Tautologie. Ebenso kann man zeigen, dass

$$(x \Longleftrightarrow y) \Longleftrightarrow ((x \Longrightarrow y) \wedge (y \Longrightarrow x))$$

eine Tautologie ist. Wenn man beide zusammensetzt, erhalten wir, dass die *Äquivalenz* $x \Longleftrightarrow y$ stets denselben Wert hat wie der Term

$$((\neg x) \vee y) \wedge (x \vee (\neg y)) .$$

Damit sehen wir, dass sich alle Implikationen und Äquivalenzen mit Hilfe der drei logischen Symbole $\neg, \vee, \wedge$ ausdrücken lassen. Das ist der Grund dafür, dass es in Programmiersprachen, die nicht auf Logik spezialisiert sind, meist keine Operatoren für die logischen Symbole $\Longrightarrow$ und $\Longleftrightarrow$ gibt.
Zusätzlich zu den angegebenen Tautologien gibt es noch viele andere, mit deren Hilfe man versuchen kann, gegebene logische Terme zu vereinfachen oder zu verkürzen. Ein Dutzend davon ist im folgenden Satz aufgelistet, dessen Beweis durch Aufstellen einer Wertetabelle geführt werden kann (siehe Übungsaufgaben).

Satz 6.1.1

$$\begin{array}{lrcl}
(1) & (x \wedge y) \wedge z & \Longleftrightarrow & x \wedge (y \wedge z) \\
(2) & (x \vee y) \vee z & \Longleftrightarrow & x \vee (y \vee z) \\
(3) & x \wedge y & \Longleftrightarrow & y \wedge x \\
(4) & x \vee y & \Longleftrightarrow & y \vee x \\
(5) & (\neg(\neg x)) & \Longleftrightarrow & x \\
(6) & \neg(x \wedge y) & \Longleftrightarrow & (\neg x) \vee (\neg y) \\
(7) & \neg(x \vee y) & \Longleftrightarrow & (\neg x) \wedge (\neg y) \\
(8) & \neg(x \Longrightarrow y) & \Longleftrightarrow & x \wedge (\neg y) \\
(9) & x \wedge (y \vee z) & \Longleftrightarrow & (x \wedge y) \vee (x \wedge z) \\
(10) & x \vee (y \wedge z) & \Longleftrightarrow & (x \vee y) \wedge (x \vee z) \\
(11) & x \wedge (x \vee y) & \Longleftrightarrow & x \\
(12) & x \vee (x \wedge y) & \Longleftrightarrow & x
\end{array}$$

Die Tautologien (1) und (2) sind die Assoziativgesetze für die Operatoren $\wedge$ und $\vee$, (3) und (4) die Kommutativgesetze. Beide gelten auch für $\Longleftrightarrow$. Oft vereinbart man, dass $\wedge$ stärker bindet als $\vee$. Dadurch kann man einige Klammern einsparen. Wenn man dann noch die abkürzende Schreibweise xy für $x \wedge y$ einführt, wird die Arbeit mit komplizierteren Termen viel übersichtlicher. Die Formeln (9)...(12) haben dann die folgende Gestalt:

$$\begin{array}{lrcl}
(9') & x(y \vee z) & \Longleftrightarrow & xy \vee xz \\
(10') & x \vee yz & \Longleftrightarrow & (x \vee y)(x \vee z) \\
(11') & x(x \vee y) & \Longleftrightarrow & x \\
(12') & x \vee xy & \Longleftrightarrow & x
\end{array}$$

Wenn wir außerdem vereinbaren, dass die Negation $\neg$ noch stärker bindet als $\wedge$ oder $\vee$, dann lassen sich auch noch die Klammern auf den rechten Seiten der Formeln (6), (7) und (8) einsparen.
Die Tautologie (8) und unsere Vereinbarung, dass jede mathematische Aussage entweder *wahr* oder *falsch* ist, stellen die logische Grundlage für die

Methode des indirekten Beweises dar. Diese Methode besteht ja bekanntlich darin, dass man zum Beweis einer Implikation $x \Longrightarrow y$ wie folgt vorgeht: Man nimmt an, dass die Aussage x gilt und dass y nicht richtig ist. Dann versucht man unter Verwendung dieser Annahmen einen Widerspruch zu erzeugen, zum Beispiel eine Aussage der Gestalt $x \wedge \neg x$. Wenn das gelingt, dann ist gezeigt, dass die Aussage $x \wedge \neg y$ falsch ist. Wegen (8) heißt das, dass $\neg(x \Longrightarrow y)$ falsch ist, also ist gezeigt, dass $x \Longrightarrow y$ wahr ist.
Aus (1)...(12) kann man viele neue Formeln herleiten. Man kann sie auch benutzen, um gegebene Terme zu vereinfachen.

Beispiel 6.1.2. Um den Term $(x \Longrightarrow z) \wedge (\neg x \vee y \vee z)$ zu vereinfachen, können wir unter Benutzung der Tautologie $(x \Longrightarrow z) \Longleftrightarrow (\neg x \vee z)$ und der Formeln (4), (11) und (2) die folgenden Ersetzungen vornehmen:

$$\begin{aligned} & (x \Longrightarrow z) \wedge (\neg x \vee y \vee z) \\ \Longleftrightarrow\quad & (\neg x \vee z) \wedge (\neg x \vee y \vee z) \\ \Longleftrightarrow\quad & (\neg x \vee z) \wedge ((\neg x \vee z) \vee y) \\ \Longleftrightarrow\quad & (\neg x \vee z) \\ \Longleftrightarrow\quad & x \Longrightarrow z\,. \end{aligned}$$

Der gegebene Term ist also gleichwertig zur Implikation $x \Longrightarrow z$, sein Wahrheitswert hängt nicht von y ab. Wir könnten auch eine Wertetabelle für den gegebenen Term aufstellen, darin die Unabhängigkeit von y erkennen und schließlich feststellen, dass wir die Wertetabelle für die Implikation $x \Longrightarrow z$ vor uns liegen haben.

Disjunktive Normalform

Unter den vielen verschiedenen äquivalenten Beschreibungen eines Terms spielen sogenannte Normalformen eine besondere Rolle. Wir beschränken uns hier auf die Betrachtung einer Normalform, die in enger Beziehung zur Wertetabelle eines Terms steht.

Beispiel 6.1.3. Die Vereinfachung des Terms $\neg(((x \vee y) \vee z) \wedge (\neg x \vee z))$ geschieht mit Hilfe der Formeln (3), (4), (6), (7), (9), (10) und der Tautologien $(x \wedge \neg x) \Longleftrightarrow 0$ und $(0 \vee x) \Longleftrightarrow x$. Im Folgenden verwenden wir oft die bequemere Schreibweise $\overline{x}$ für $\neg x$ und die Abkürzung xy für $x \wedge y$.

$$
\begin{aligned}
& \neg(((x \vee y) \vee z) \wedge (\neg x \vee z)) \\
\Longleftrightarrow\ & \neg(((x \vee y) \wedge \neg x) \vee z) \\
\Longleftrightarrow\ & \neg(((x \wedge \neg x) \vee (y \wedge \neg x)) \vee z) \\
\Longleftrightarrow\ & \neg((y \wedge \neg x) \vee z) \\
\Longleftrightarrow\ & \neg(y \wedge \neg x) \wedge \neg z \\
\Longleftrightarrow\ & (x \vee \neg y) \wedge \neg z \\
\Longleftrightarrow\ & x\,\overline{z} \vee \overline{y}\,\overline{z}
\end{aligned}
$$

Obwohl der vorletzte Term jede Variable nur einmal enthält und damit der kürzeste ist, ist der letzte Term auch sehr nützlich, da man aus ihm sofort die Wahrheitswerttabelle ablesen kann. Wenn man nämlich beachtet, dass $(x \vee \overline{x}) \Longleftrightarrow 1$ eine Tautologie ist, dann kann man unter Verwendung der Formel (10) die letzte Zeile auch noch in der etwas längeren Gestalt

$$x\,y\,\overline{z} \vee x\,\overline{y}\,\overline{z} \vee \overline{x}\,\overline{y}\,\overline{z}$$

schreiben. Es handelt sich hier um die disjunktive Normalform. Aus ihr liest man sofort ab, dass es genau drei Belegungen der Variablen x, y, z gibt, für die dieser Term den Wert 1 hat, diese sind $(1,1,0), (1,0,0)$ und $(0,0,0)$.

Definition 6.1.4. Ein Term z befindet sich in *disjunktiver Normalform* bezüglich der Variablen $x_1, x_2, \ldots, x_n$, wenn

- $z = z_1 \vee z_2 \vee \ldots \vee z_k$, wobei für $j = 1, \ldots, k$
- $z_j = y_1 y_2 \cdots y_n$ paarweise verschieden sind und
- $y_i = x_i$ oder $y_i = \overline{x}_i = \neg x_i$ ist.

Ein Term der Gestalt $y_1 y_2 \cdots y_n$ hat genau dann den Wahrheitswert 1, wenn $y_1 = y_2 = \ldots = y_n = 1$ gilt. Für $y_i = x_i$ heißt dies $x_i = 1$, und für $y_i = \overline{x}_i$ bedeutet das $x_i = 0$. Jedenfalls hat $y_1 y_2 \cdots y_n$ für genau eine Belegung der Variablen $x_1, \ldots, x_n$ den Wert 1. Die Wertetabelle für z erhält man also dadurch, dass genau in den k Zeilen der Wert 1 eingetragen wird, deren Belegung einen der Terme z_j zu 1 werden lässt. So ist zum Beispiel der Term $z = x_1 x_2 \overline{x}_3 \vee x_1 \overline{x}_2 x_3 \vee \overline{x}_1 x_2 x_3$ in disjunktiver Normalform. Unten sehen wir die Zeilen der Wertetabelle, in denen z den Wert 1 hat. Für alle anderen Kombinationen von Werten für die Variablen x_1, x_2, x_3 hat z den Wert 0.

x_1	x_2	x_3	z
0	0	1	1
0	1	0	1
1	0	0	1

Der Term $z = x_1 \vee x_2 \vee x_3$ ist nicht in disjunktiver Normalform. Am einfachsten ermittelt man die disjunktive Normalform von z, indem man eine Wertetabelle für z aufstellt und die Terme bildet, die den Zeilen entsprechen, in denen z den Wert 1 hat. Die Wertetabelle ist

x_1	x_2	x_3	z
0	0	0	0
0	0	1	1
0	1	0	1
0	1	1	1
1	0	0	1
1	0	1	1
1	1	0	1
1	1	1	1

und daher lautet die disjunktive Normalform von $x_1 \vee x_2 \vee x_3$

$$\overline{x}_1\overline{x}_2x_3 \vee \overline{x}_1x_2\overline{x}_3 \vee \overline{x}_1x_2x_3 \vee x_1\overline{x}_2\overline{x}_3 \vee x_1\overline{x}_2x_3 \vee x_1x_2\overline{x}_3 \vee x_1x_2x_3 \ .$$

Die Angabe der Wertetabelle ist gleichwertig mit der Angabe der disjunktiven Normalform. Die Anzahl der durch $\vee$ verbundenen Terme in der disjunktiven Normalform eines Terms z ist gleich der Häufigkeit des Wertes 1 als Wert für z in der Wertetabelle. Den Term z_j der disjunktiven Normalform, der einer Tabellenzeile entspricht, in der z den Wert 1 hat, erhält man dadurch, dass x_i für die mit 1 belegten Variablen x_i und $\overline{x}_i$ für die mit 0 belegten Variablen x_i geschrieben wird. Damit ist auch der Beweis für den folgenden Satz klar, da die Wertetabelle immer existiert und eindeutig bestimmt ist.

Satz 6.1.5 *Jeder Term, der sich aus den Variablen $x_1, x_2, \ldots, x_n$ und den logischen Symbolen $\neg, \wedge, \vee, \Longrightarrow, \Longleftrightarrow$ bilden lässt, ist zu genau einem Term in disjunktiver Normalform bezüglich $x_1, x_2, \ldots, x_n$ äquivalent.*

Die behauptete Eindeutigkeit ist hier bis auf die Reihenfolge der Terme z_j zu verstehen. Alternativ könnte man die Eindeutigkeit durch eine bestimmte Ordnung dieser Terme erreichen, zum Beispiel eine lexikographische Ordnung bei der immer $\overline{x}_i$ vor x_i kommt.

Quantoren

Für den sicheren Umgang mit den sogenannten Quantoren $\exists$ und $\forall$ ist die Kenntnis der folgenden beiden Grundregeln unabdingbar.

$$\neg(\forall x : P(x)) \Longleftrightarrow (\exists x : \neg P(x))$$
$$\neg(\exists x : P(x)) \Longleftrightarrow (\forall x : \neg P(x))$$

Beide Aussagen sind Tautologien, man kann also den linken Ausdruck stets durch den auf der rechten Seite ersetzen. Beide Regeln entsprechen unseren

Alltagserfahrungen: Wenn eine Aussageform nicht für jedes x gilt, dann heißt dies, dass sie für mindestens ein solches x nicht erfüllt ist. Andererseits, wenn kein x existiert, für welches eine bestimmte, von x abhängige Aussageform wahr ist, dann bedeutet das, dass diese Aussageform für alle x falsch ist.
Beachtenswert ist, dass die Reihenfolge verschiedener Quantoren in der Regel wichtig ist. Eine Vertauschung kann zu nicht-äquivalenten Aussagen führen. So ist zum Beispiel die Aussage

$$\forall a \in \mathbb{Z}\ \exists b \in \mathbb{Z} : a - b = 0$$

eine wahre Aussage, da wir ja immer b den Wert a geben können. Dagegen ist die Aussage, die daraus durch Vertauschen der Quantoren entsteht

$$\exists b \in \mathbb{Z}\ \forall a \in \mathbb{Z} : a - b = 0$$

falsch, denn man kann kein b finden, so dass sowohl $0-b=0$ als auch $1-b=0$ ist. Die Negation dieser Aussage, also

$$\neg(\exists b \in \mathbb{Z}\ \forall a \in \mathbb{Z} : a - b = 0)$$

ist nach obigen Regeln gleichwertig zu

$$\forall b \in \mathbb{Z}\ \neg(\forall a \in \mathbb{Z} : a - b = 0)$$

und somit auch zu

$$\forall b \in \mathbb{Z}\ \exists a \in \mathbb{Z} : \neg(a - b = 0)$$

oder besser

$$\forall b \in \mathbb{Z}\ \exists a \in \mathbb{Z} : a - b \neq 0\ .$$

Dies ist tatsächlich eine wahre Aussage, da wir ja stets $a = b + 1$ wählen können. Das beweist nochmals, dass die Aussage

$$\exists b \in \mathbb{Z}\ \forall a \in \mathbb{Z} : a - b = 0$$

falsch ist, da ja ihre Negation wahr ist. Also: Vorsicht bei der Reihenfolge von Quantoren.
Formale Logik kam bereits in der ersten Hälfte des vorigen Jahrhunderts zur Anwendung in der Elektrotechnik. Als Startpunkt[4] gilt heute die Masterarbeit von Claude Shannon[5] aus dem Jahre 1936 mit dem Titel „A Symbolic Analysis of Relay and Switching Circuits“. Darin benutzte er das Kalkül der formalen Logik zum Entwurf und zur Analyse von digitalen Schaltkreisen. Man spricht in diesem Zusammenhang von Schaltalgebra.

---

[4] Paul Ehrenfest (1880–1933), österreichischer Physiker, wies bereits 1910 in [Eh] auf die Anwendbarkeit der formalen Logik bei der Analyse elektrischer Schaltungen hin.

[5] Claude Shannon (1916–2001), US-amerikanischer Mathematiker.

Aufgaben

Übung 6.1. Beweisen Sie, dass alle Terme in Satz 6.1.1 Tautologien sind.

Übung 6.2. Berechnen Sie die Wertetabelle für $(x \Longrightarrow y) \Longrightarrow (y \Longrightarrow x)$. Handelt es sich um eine Tautologie? Diskutieren Sie mögliche Fehler im logischen Schließen bei Unkenntnis dieser Aufgabe.

Übung 6.3. Zeigen Sie: $((x \Longrightarrow y) \Longrightarrow z) \Longrightarrow (x \Longrightarrow (y \Longrightarrow z))$ ist eine Tautologie.

Übung 6.4. (a) Finden Sie eine verbale Formulierung für die Aussagen, die dadurch entstehen, dass die Variablen x, y, z in den beiden Termen

(i) $(x \Longrightarrow y) \Longrightarrow z$
(ii) $x \Longrightarrow (y \Longrightarrow z)$

durch folgende Aussagen ersetzt werden:

x: Ich arbeite seit 5 Jahren mit demselben PC.
y: Auf meinem PC ist Linux installiert.
z: Ich benutze die Programmiersprache Perl.

(b) Zeigen Sie, dass die aus den Termen (i) und (ii) im Teil (a) gebildeten Aussagen auch dann verschiedene Wahrheitswerte besitzen können, wenn auf Ihrem PC nicht Linux läuft.
(c) Zeigen Sie, dass die aus den Termen (i) und (ii) im Teil (a) gebildeten Aussagen nur dann verschiedene Wahrheitswerte besitzen können, wenn Sie die Programmiersprache Perl nicht benutzen.

Übung 6.5. Erfüllt die Implikation $\Longrightarrow$ das Assoziativgesetz analog zu (1) für $\wedge$ und (2) für $\vee$ im Satz 6.1.1?

Übung 6.6. (a) Zeigen Sie, dass $(x \wedge y) \Longrightarrow z$ und $(x \Longrightarrow z) \vee (y \Longrightarrow z)$ äquivalent sind.
(b) Zeigen Sie, dass die Terme $x \Longrightarrow (y \wedge z)$ und $(x \Longrightarrow y) \wedge (x \Longrightarrow z)$ äquivalent sind.

Übung 6.7. In einem Programm, in dem die Variablen `$x`, `$y` und `$z` die Werte 0 (`false`) und 1 (`true`) annehmen können, finden Sie folgenden Programmcode

```
if ($x && $y || !$x && $y || !$x && !$z || $x && !$z) ...
```

In der verwendeten Programmiersprache bindet `!` (die Negation $\neg$) stärker als `&&` (die Konjunktion $\wedge$) und diese bindet stärker als `||` (die Alternative $\vee$). Vereinfachen Sie diese Bedingung!

Übung 6.8. Welche der folgenden vier Terme sind äquivalent?

(i) $x \Longrightarrow y$ (ii) $\neg y \Longrightarrow \neg x$
(iii) $y \Longrightarrow \neg x$ (iv) $\neg(y \Longrightarrow x)$

6.2 Mengen

Die mathematische Logik beschäftigt sich mit mathematischen Aussagen. Aber worüber wird darin etwas ausgesagt? Über Mathematik? Nein, es wird etwas über mathematische Objekte ausgesagt. Diese haben sich über viele Jahrtausende durch das Bestreben der Menschen herausgebildet, die sie umgebende Realität zu verstehen, zu modellieren und zu beeinflussen. Für manche dieser Objekte, zum Beispiel die Zahlen $1, 2, 3, \ldots$, ist dieser Realitätsbezug leicht erkennbar. Während dieser langen Entwicklung haben sich jedoch auch Begriffe entwickelt, die scheinbar sehr entfernt von einem Bezug zur Realität sind.
Als Ende des 19. und Anfang des 20. Jahrhunderts versucht wurde, die Grundbegriffe der Mathematik mit mathematischen Methoden zu fassen, stellte sich heraus, dass man dabei an unüberwindbare Grenzen stößt. Ein Meilenstein der Entwicklung ist der 1933 veröffentlichte Unvollständigkeitssatz von Gödel[6]. Aus diesem Satz folgt, dass es in jeder vernünftigen mathematischen Theorie Aussagen gibt, die zwar wahr sind, sich aber nicht aus den der Theorie zugrunde liegenden Axiomen logisch folgern lassen. Eine exaktere Formulierung und viel mehr über die Grundlagen der Mathematik findet der interessierte Leser in [Ma], [Da].
Um der Mathematik im Ganzen eine logisch klare Struktur zu geben und um ihre Widerspruchsfreiheit abzusichern (mathematisch beweisen lässt sie sich nicht), ist eine sorgfältige Definition der Grundbegriffe erforderlich. Eine häufig anzutreffende Vorgehensweise stellt den Begriff der *Menge* an den Anfang und baut dann alle weiteren mathematischen Konstruktionen darauf auf. So wollen auch wir hier verfahren. Wenn man auf diese Weise vorgeht, dann entsteht die Frage:

Was ist eine Menge?

Da wir diesen Begriff hier an den Anfang stellen wollen, können wir zu seiner Definition auf keinen anderen mathematischen Begriff zurückgreifen. Der Ausweg besteht dann darin, dass der Begriff der Menge durch ein System von Axiomen „definiert“ wird. Damit werden alle grundlegenden Eigenschaften beschrieben und es wird festgelegt, nach welchen Regeln neue Mengen gebildet werden können. Im Grunde genommen erfährt man also nicht, was eine Menge ist, man lernt lediglich, wie man mit Mengen umzugehen hat. Diese Situation ist uns aus dem Alltagsleben sehr vertraut. Wer weiß denn heute wie genau ein Fernseher funktioniert, wie es in einem Handy innen aussieht oder aus welchen Teilen ein Computer zusammengebaut ist? Trotzdem wissen die meisten Menschen mit diesen technischen Geräten umzugehen.
Alle Axiome eines der etablierten Axiomensysteme zu formulieren und zu erklären, würde hier zu weit führen. Der interessierte Leser sei auf [Hal], [De], [Eb] verwiesen. Wir beschränken uns hier darauf, mit dem sogenannten

[6] Kurt Gödel (1906–1978), österreichischer Mathematiker.

„naiven“ Mengenbegriff zu arbeiten, der von Georg Cantor[7] im Jahre 1877 etwa so formuliert wurde:

> „Unter einer Menge verstehen wir eine Gesamtheit bestimmter wohlunterschiedener Objekte unserer Anschauung oder unseres Denkens.“

Damit soll im wesentlichen Folgendes zum Ausdruck gebracht werden:

(M1) Wir dürfen jegliche mathematische Objekte zu Mengen zusammenfassen. Sie heißen dann Elemente dieser Menge.

(M2) Für ein mathematisches Objekt a gibt es genau zwei, einander ausschließende Möglichkeiten bezüglich einer Menge M:

- Entweder $a \in M$ (a ist ein Element von M)
- oder $a \notin M$ (a ist kein Element von M).

Damit ist „$a \in M$“ eine *Aussage* im Sinne von Abschnitt 6.1 und $a \notin M$ ist gleichwertig mit ihrer Negation $\neg(a \in M)$.

(M3) Alle Elemente einer Menge sind voneinander verschieden. Wenn $a \in M$ ist, dann gibt es kein weiteres Element in M, welches gleich a ist.

Insbesondere gilt eine Menge als bekannt, wenn auf irgendeine Weise unzweideutig beschrieben ist, welches die Elemente dieser Menge sind. Zwei Mengen A und B sind gleich, wenn sie dieselben Elemente enthalten, also

$$A = B \quad \Longleftrightarrow \quad (c \in A \Longleftrightarrow c \in B) \, .$$

Wer sich Mengen als Kisten, Säcke oder ähnliche Behälter mit Inhalt vorstellt, der muss beachten, dass es nicht auf das Behältnis, sondern nur auf den Inhalt ankommt: Ein *leerer* grüner Sack mit goldener Kordel wäre dann das gleiche wie eine *leere* rote Kiste mit gelben Punkten.

Beispiel 6.2.1. (i) $M = \{0,1\}$ ist eine Menge. Sie enthält zwei Elemente. Auf die Reihenfolge kommt es nicht an, also ist $\{0,1\} = \{1,0\}$. Mehrfaches Aufzählen ändert ebenfalls nichts, also $\{0,1\} = \{1,0,1,1,1,0\}$. Mengen werden oft, wie hier, durch eine in geschweiften Klammern eingeschlossene Liste ihrer Elemente beschrieben.

(ii) Die *leere Menge* ist die einzige Menge, die kein Element enthält. Sie wird durch das Symbol $\emptyset$ bezeichnet.

(iii) Wenn sehr viele Elemente in einer Menge enthalten sind oder nur eine indirekte Beschreibung ihrer Elemente zur Verfügung steht, trennt man die Liste der Bedingungen vom beschreibenden Term durch einen senkrechten Strich ab. So ist zum Beispiel die durch $\{a \in \mathbb{Z} \mid 3 \leq a^2 \leq 17\}$ beschriebene Menge gleich der Menge $\{-4,-3,-2,2,3,4\}$. Es handelt sich um die Menge aller ganzen Zahlen, deren Quadrat zwischen 3 und 17 liegt.

[7] Georg Cantor, (1845–1918), deutscher Mathematiker.

(iv) Die Auflistung der Elemente der Menge $K = \{x^2 \mid x \in \mathbb{Z}, -2 \leq x \leq 2\}$ ergibt $K = \{4, 1, 0, 1, 4\} = \{0, 1, 4\}$. Obwohl es fünf $x \in \mathbb{Z}$ gibt, die der Bedingung $-2 \leq x \leq 2$ genügen, nämlich $-2, -1, 0, 1, 2$, sind nur drei Elemente in der Menge K. Beim Zählen von Elementen einer Menge werden nur verschiedene Elemente gezählt.

Der gar zu freizügige Umgang mit diesem naiven Mengenbegriff führt zu Widersprüchen. Der berühmteste ist wohl die *Russellsche Antinomie*, sie wurde Anfang des 20. Jahrhunderts von Bertrand Russell[8] entdeckt:

> Sei M die Menge aller Mengen, die sich nicht selbst als Element enthalten. Also $M = \{X \mid X \notin X\}$. Wenn dies eine Menge ist, dann müsste $M \in M$ und $M \notin M$ gelten. Denn, wenn $M \in M$ ist, dann ist nach Definition von M auch $M \notin M$. Wenn aber $M \notin M$ gilt, sagt die Definition von M, dass $M \in M$ gelten muss.

Etwas anschaulicher wurde dies von Russell 1918 formuliert:

> Der Barbier von Sevilla rasiert alle Männer von Sevilla, außer denen, die sich selbst rasieren.
> Wenn dem so ist, rasiert der Barbier von Sevilla sich dann selbst?

Um derartige Widersprüche zu vermeiden, sind gewisse Einschränkungen für die erlaubten Konstruktionen von Mengen festzulegen. Dies geschieht in der Regel durch ein umfangreiches Axiomensystem. Heute ist das Axiomensystem ZFC (Zermelo-Fraenkel[9] mit Auswahlaxiom) weithin anerkannt, siehe zum Beispiel [De].

Es ist nicht unsere Aufgabe, hier eine Grundlegung der Mathematik zu schaffen, die allen Belangen der modernen Mathematik gerecht wird. Wir wollen vielmehr eine solide Basis für den sicheren Umgang mit mengentheoretischen Grundbegriffen legen, die für den Gebrauch in vielen Teilgebieten der Mathematik und der Informatik ausreichend ist. Eine praktikable Möglichkeit, der Russellschen Antinomie aus dem Weg zu gehen, besteht darin, dass man annimmt, dass alle Elemente von Mengen, die wir jemals betrachten werden, in einer von vornherein feststehenden (riesigen) Menge enthalten sind. Solch eine Menge nennt man ein *Universum*. Dieser Standpunkt ist für alle mathematischen Konstruktionen dieses Lehrbuches völlig ausreichend. In Abwesenheit eines Axiomensystems sollten wir jedoch immer die Russellsche Antinomie als Warnung im Kopf behalten.

Wir werden im Folgenden bei der Beschreibung einer Menge in der Gestalt

$$\{x \mid \text{Bedingungen an } x\}$$

immer voraussetzen, dass wir dabei nur solche x berücksichtigen, die in einer Menge enthalten sind, von der wir zumindest eine klare Vorstellung haben.

---

[8] BERTRAND RUSSELL (1872–1970), britischer Philosoph, Mathematiker und Logiker.

[9] ERNST ZERMELO (1871–1953), deutscher Mathematiker.
ABRAHAM FRAENKEL (1891–1965), deutsch-israelischer Mathematiker.

Die Menge der geraden Zahlen können wir zum Beispiel wie folgt beschreiben:

$$\{2k \mid k \in \mathbb{Z}\} = \{a \in \mathbb{Z} \mid \exists k \in \mathbb{Z} : a = 2k\} .$$

Alle ihre Element sind ganze Zahlen.
Für einige oft benutzte Mengen (unsere Zahlbereiche) haben sich feststehende Bezeichnungen eingebürgert. Diese sind

$$\begin{aligned} \mathbb{N} &= \text{Menge aller natürlichen Zahlen,} \\ \mathbb{Z} &= \text{Menge aller ganzen Zahlen,} \\ \mathbb{Q} &= \text{Menge aller rationalen Zahlen,} \\ \mathbb{R} &= \text{Menge aller reellen Zahlen,} \\ \mathbb{C} &= \text{Menge aller komplexen Zahlen.} \end{aligned}$$

Der Begriff der natürlichen Zahl wird in der Literatur nicht einheitlich gebraucht. Manche Autoren betrachten die 0 (Null) als natürliche Zahl, andere tun dies nicht. Wir werden sie hier als natürliche Zahl betrachten, also

$$\mathbb{N} = \{0, 1, 2, 3, 4, 5, 6, 7, 8, 9, 10, 11, 12, 13, \ldots\} .$$

Dies scheint uns im Kontext der Informatik die richtige Wahl zu sein, denn in vielen Programmiersprachen beginnen Abzählungen mit 0. Ein detailliertes Studium all dieser Zahlbereiche befindet sich im Hauptteil dieses Buches.
Um aus gegebenen Mengen neue Mengen zu bilden, werden die sechs Operationen *Vereinigung* ($\cup$), *Durchschnitt* ($\cap$), *Differenz* ($\setminus$), *Komplement* ($\overline{}$), *Potenzmenge* ($\mathfrak{P}$) und *kartesisches Produkt* ($\times$) benutzt. Bis auf die letzte Operation (das kartesische Produkt) haben sie eine Entsprechung im Rahmen der Aussagenlogik. Daher ergeben sich viele Gesetze der Mengenalgebra direkt aus den entsprechenden Tautologien des vorigen Kapitels.

Definition 6.2.2. Seien A und B zwei Mengen, dann definieren wir:

(1) $A \cup B = \{c \mid c \in A \vee c \in B\}$ Vereinigung
(2) $A \cap B = \{c \mid c \in A \wedge c \in B\}$ Durchschnitt
(3) $A \setminus B = \{c \mid c \in A \wedge c \notin B\}$ Differenz

Wenn $A \cap B = \emptyset$, dann sagen wir: A und B sind *disjunkt.*

Oft ist es hilfreich, solche Mengen durch sogenannte Venn-Diagramme darzustellen (Abb. 6.1).
Die logischen Operatoren $\Longrightarrow$ und $\Longleftrightarrow$ entsprechen den Relationen[10] *Teilmenge* ($\subset$) und *Gleichheit* ($=$) zwischen Mengen.

Definition 6.2.3. Eine Menge A heißt *Teilmenge* einer Menge M ($A \subset M$), wenn jedes Element von A auch in M enthalten ist. In Kurzform:

$$A \subset M \iff (\forall a \in M : a \in A \Rightarrow a \in M) .$$

[10] siehe Abschnitt 6.3.

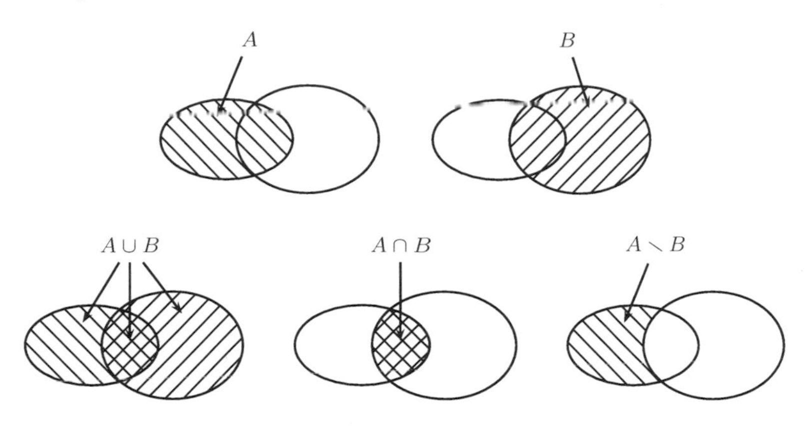

Abb. 6.1 Venn-Diagramme für Vereinigung, Durchschnitt und Differenz

Unsere Zahlbereiche erfüllen die folgende Kette von Teilmengenrelationen:

$$\mathbb{N} \subset \mathbb{Z} \subset \mathbb{Q} \subset \mathbb{R} \subset \mathbb{C}\,.$$

Die Menge $M = \{0,1\}$ hat genau vier Teilmengen: $\emptyset, \{0\}, \{1\}, \{0,1\}$. Wir können diese vier Teilmengen zu einer neuen Menge, der *Potenzmenge* von M, zusammenfassen: $\mathfrak{P}(M) = \{A \mid A \subset M\}$. Für $M = \{0,1\}$ ergibt das

$$\mathfrak{P}(\{0,1\}) = \{\emptyset, \{0\}, \{1\}, \{0,1\}\}\,.$$

Wenn man nur Teilmengen einer fest gegebenen Menge M betrachtet, dann nennt man für jede Teilmenge $A \subset M$ die Menge

$$\overline{A} = M \setminus A \qquad \text{das } \textit{Komplement} \text{ von } A \text{ in } M\,.$$

Für zwei Teilmengen $A, B \in \mathfrak{P}(M)$ ist stets $A \cup B, A \cap B, \overline{A} \in \mathfrak{P}(M)$. Jede der Tautologien von Satz 6.1.1 hat eine Entsprechung für Mengen. So erhalten wir zum Beispiel aus den Regeln (5), (7) und (11) für $A, B \in \mathfrak{P}(M)$:

$$\overline{\overline{A}} = A, \quad \overline{A \cup B} = \overline{A} \cap \overline{B}, \quad A \cap (A \cup B) = A\,.$$

Auch die Tautologie $(x \Longrightarrow y) \Longleftrightarrow (\overline{x} \vee y)$ lässt sich in eine mengentheoretische Aussage überführen. Dazu setzen wir für x und y die Aussageformen $c \in A$ bzw. $c \in B$ ein und benutzen auf beiden Seiten den Quantor $\forall c \in M$. Wir erhalten

$$(\forall c \in M : c \in A \Longrightarrow c \in B) \Longleftrightarrow (\forall c \in M : c \notin A \vee c \in B)\,,$$

was wir mittels der mengentheoretischen Begriffe Teilmenge, Komplement und Durchschnitt in die folgende Äquivalenz, die für beliebige $A, B \in \mathfrak{P}(M)$ gilt, übersetzen können:

$$A \subset B \Longleftrightarrow M = \overline{A} \cup B .$$

Dieser direkten Entsprechung zwischen Logikregeln und Rechenregeln der Mengenalgebra kann man in der Sprache der booleschen Algebren bzw. Verbände sogar eine strenge mathematische Form geben. Der interessierte Leser sei auf [CK] verwiesen.
Wenn M_1 und M_2 Mengen sind, dann ist ihr *kartesisches Produkt*

$$M_1 \times M_2 = \{(a, b) \mid a \in M_1,\ b \in M_2\}$$

ebenfalls eine Menge. Es handelt sich dabei um die Menge aller geordneten Paare (a, b), wobei $a \in M_1$ und $b \in M_2$. Bei einem geordneten Paar kommt es auf die Reihenfolge an! Wenn z.B. $M_1 = \mathbb{Z}$ und $M_2 = \mathbb{Z}$, dann ist $(1, 2) \in \mathbb{Z} \times \mathbb{Z}$ von $(2, 1) \in \mathbb{Z} \times \mathbb{Z}$ verschieden. Auch $(1, 1) \in \mathbb{Z} \times \mathbb{Z}$ ist erlaubt.
Diese Konstruktion ist nicht direkt mit einem der logischen Operatoren verwandt. Daher ist es vielleicht die wichtigste Konstruktion dieses Abschnittes. Das kartesische Produkt wird auch im folgenden Abschnitt und bei Anwendungen in der Informatik eine wesentliche Rolle spielen.
Ein aufmerksamer Leser könnte an dieser Stelle einwenden, dass hier der Begriff des „geordneten Paares" einfach vom Himmel fällt, obwohl wir zuvor versprochen hatten, dass jegliche mathematische Konstruktion auf der Grundlage des Mengenbegriffes erklärbar sein soll. Dies wäre ein sehr scharfsinniger Einwand. Dieser lässt sich durch eine ebenso scharfsinnige Antwort entkräften. Wenn wir nämlich (a, b) als Abkürzung für $\{\{a, b\}, a\}$ ansehen, dann ist „geordnetes Paar" durch eine rein mengentheoretische Konstruktion erklärt. Die Idee ist hier, dass man ein geordnetes Paar kennt, wenn man die beiden Bestandteile kennt, also die (ungeordnete) Menge $\{a, b\}$ und außerdem weiß, welches dieser beiden Elemente das „erste" ist, hier also das Element a. Da $a \in \{a, b\}$, aber nicht $\{a, b\} \in a$, ist auch klar, welcher der beiden Bestandteile der Menge $\{\{a, b\}, a\} = \{a, \{a, b\}\}$ den ersten Eintrag des Paares beschreibt und welcher die beiden Komponenten des Paares enthält. Obwohl diese Erklärung für Anwendungen eher von untergeordneter Bedeutung ist, scheint die zugrunde liegende Idee durchaus praktikabel zu sein.
Schließlich sei hier noch bemerkt, dass wir auch das kartesische Produkt von mehr als zwei Mengen bilden können. Wenn die Mengen $M_1, M_2, \ldots, M_k$ gegeben sind, dann bezeichnet

$$M_1 \times M_2 \times \ldots \times M_k$$

das schrittweise gebildete kartesische Produkt

$$(\cdots((M_1 \times M_2) \times M_3) \times \ldots \times M_{k-1}) \times M_k .$$

Es ist unwesentlich, in welcher Weise man die Klammern setzt, auch

$$M_1 \times (M_2 \times \ldots \times (M_{k-2} \times (M_{k-1} \times M_k)) \cdots)$$

oder

$$(\cdots((M_1 \times M_2) \times (M_3 \times M_4)) \times \ldots \times M_k$$

und viele weitere Möglichkeiten wären denkbar. Die Elemente dieser Menge nennt man k-Tupel. Sie werden in der Form

$$(a_1, a_2, \ldots, a_k)$$

geschrieben, wobei $a_1 \in M_1, a_2 \in M_2, \ldots, a_k \in M_k$ gilt. Wenn die Mengen M_i alle gleich sind, also $M_1 = M_2 = \ldots = M_k = M$, dann schreiben wir abkürzend M^k für deren kartesisches Produkt. Dies ist uns allen vertraut aus der analytischen Geometrie, in der $\mathbb{R}^2$ für die Ebene und $\mathbb{R}^3$ für den dreidimensionalen Raum steht.
Ohne diese Abkürzung zu verwenden, haben wir bereits im Abschnitt 6.1 mit der Menge $\{0,1\}^2$ gearbeitet. Die Elemente dieser Menge traten als Einträge der ersten beiden Spalten der Wahrheitswerttabelle für die logischen Operatoren $\wedge, \vee$ etc. auf. Die ersten drei Spalten der Wertetabelle eines von drei Variablen x, y, z abhängigen Terms enthalten gerade die Elemente der Menge $\{0,1\}^3$.

Aufgaben

Übung 6.9. Stellen Sie für jede der folgenden Mengen fest, wie viel Elemente sie enthält:

(a) $\{\{1,2,3,5\}\}$
(b) $\{\{1,5\},\{2,3\}\}$
(c) $\{1,2,2,5\}$
(d) $\mathfrak{P}(\{0,1,2,3,4\})$
(e) $\mathfrak{P}(\emptyset)$
(f) $\{a^2 \mid a \in \mathbb{Z} \wedge -5 \leq a \leq 6\}$
(g) $\{a^3 \mid a \in \mathbb{Z} \wedge -5 \leq a \leq 6\}$
(h) $\{\{1,1,1\},\{2,3,2\},\{5,3,5\},\{3,5,3\}\}$
(i) $\{(1,1,1),(2,3,2),(5,3,5),(3,5,3)\}$
(k) $\{\emptyset,\{7\},\{7,7\},\{7,7,7\},\{7,7,7,7\}\}$

Übung 6.10. Welche der folgenden Aussagen sind wahr, welche sind falsch?

(i) $(2,1) \in \mathbb{Z}$
(ii) $\{2,1\} \in \mathbb{Z}$
(iii) $\{2,1\} \in \mathfrak{P}(\mathbb{Z})$
(iv) $\{2,1\} \subset \mathbb{Z}$
(v) $(2,1) \subset \mathbb{Z}$
(vi) $\{2,1\} \subset \mathfrak{P}(\mathbb{Z})$

Übung 6.11. Machen Sie sich anhand mehrerer Venn-Diagramme klar, dass für Teilmengen A, B einer Menge M wirklich $A \subset B \Longleftrightarrow M = \overline{A} \cup B$ gilt.

Übung 6.12. Formulieren und beweisen Sie für jede Tautologie aus Satz 6.1.1 eine entsprechende Beziehung zwischen Mengen.

Übung 6.13. Stellen Sie die Wertetabelle für den logischen Operator XOR (entweder-oder) auf. Er kann durch den Term $x\overline{y} \vee \overline{x}y$ beschrieben werden. Finden Sie eine möglichst kurze Beschreibung seiner Negation $\neg(x \texttt{ XOR } y)$ mit Hilfe anderer logischer Operatoren.

6.3 Relationen

Jede Teilmenge des kartesischen Produktes $M \times N$ zweier Mengen M und N nennt man eine *Relation* zwischen M und N. Woher stammt diese merkwürdige Bezeichnung? Schauen wir uns dazu die folgende Tabelle an

Student	Autor
Peter	Lang
Dieter	Lang
Dieter	Kofler
Friederike	Kofler
Berti	Kofler
Berti	Mandelbrot
Berti	Codd
Helga	Lang

Darin werden Vornamen mit Autorennamen in Beziehung gesetzt. Man sagt auch, dass damit eine Relation zwischen Vornamen und Autorennamen hergestellt wird. Diese Tabelle könnte mir zum Beispiel als Erinnerung daran dienen, wem ich welches Buch verliehen habe. Da es sich hier um eine kleine Zahl kurzfristig verliehener Bücher handelt, genügt mir der Name des Autors um zu wissen, welches Buch ich an wen verliehen habe.
Wenn wir mit M die Menge der möglichen Vornamen und mit N die Menge der möglichen Autorennamen bezeichnen, dann repräsentiert jede Zeile dieser Tabelle ein Element des kartesischen Produktes $M \times N$.
Um dieses Beispiel zu mathematisieren, können wir die auftretenden Vornamen und Autorennamen nummerieren und die durch die Tabelle gegebene Relation durch Zahlenpaare repräsentieren. Dadurch erhalten wir die folgenden Tabellen:

Std.-Nr.	Vorname
1	Peter
2	Dieter
3	Friederike
4	Berti
5	Helga

Titel-Nr.	Autor
1	Lang
2	Kofler
3	Mandelbrot
4	Codd

Std.-Nr.	Titel-Nr.
1	1
2	1
2	2
3	2
4	2
4	3
4	4
5	1

Das heißt, dass unsere Relation nun durch die Menge

$$R = \{(1,1),(2,1),(2,2),(3,2),(4,2),(4,3),(4,4),(5,1)\} \subset \mathbb{N} \times \mathbb{N}$$

beschrieben wird. Hierbei haben wir als Menge der erlaubten Schlüsselnummern einfach die Menge $\mathbb{N}$ aller natürlichen Zahlen verwendet. In einer rea-

len Datenbank wird man sich dabei jedoch oft auf eine endliche Menge beschränken.
In praktischen Anwendungen könnten die ersten beiden Tabellen noch weitere Daten enthalten, ohne dass die dritte Tabelle, welche die Relation beschreibt, verändert werden muss. Zum Beispiel wäre es in einer öffentlichen Bibliothek sicher erforderlich, ausführlichere Daten über die Bibliotheksbenutzer und auch über die ausleihbaren Bücher zu speichern. In Erweiterung des obigen Beispiels mag das folgendermaßen aussehen. In dieser Situation wird ein mehrfaches Auftreten des gleichen Buches desselben Autors, anders als im Beispiel der Privatbibliothek, bedeuten, dass in der Bibliothek mehrere Exemplare des entsprechenden Buches ausleihbar sind.

Std.-Nr.	Vorname	Name	Ort	Straße
1	Peter	Pingelig	04509 Peterwitz	Parkallee 16
2	Dieter	Datenhai	53547 Dattenberg	Dunkelgasse 4
3	Friederike	Fuchs	84405 Fuchsbichl	Friedrichstraße 6
4	Berti	Bitter	39517 Bittkau	Bruchweg 2
5	Helga	Hell	27467 Hellwege	Hinterhof 8

Titel-Nr.	Autor	Titel	Verlag	Jahr
1	Lang	Algebra	Springer	1997
2	Kofler	Linux	Addison-Wesley	2007
3	Mandelbrot	Die Fraktale Geometrie der Natur	Birkhäuser	1987
4	Codd	The Relational Model for Database Managment	Addison-Wesley	1990

Jede dieser Tabellen stellt selbst eine Relation dar. Es handelt sich hier allerdings um mehrstellige Relationen. Eine *n-stellige Relation* ist eine Teilmenge eines kartesischen Produktes $M_1 \times M_2 \times \ldots \times M_n$, an dem n Mengen $M_1, M_2, \ldots, M_n$ beteiligt sind, die nicht voneinander verschieden sein müssen. Relationen, wie sie eingangs dieses Kapitels definiert wurden, treten nunmehr als Spezialfall $n = 2$ auf. Man nennt sie auch 2-stellige oder binäre Relationen.
Die beiden Tabellen sind Beispiele 5-stelliger Relationen. Die Einträge jeder Spalte gehören dabei zu einer bestimmten Menge M_i, dem Wertebereich (domain) des durch diese Spalte beschriebenen Attributes.
Ehe der Leser in kurzschlüssiger Weise an dieser Stelle verinnerlicht, dass Relationen nichts anderes als Tabellen sind, möchten wir auf einen ernst zu nehmenden Unterschied hinweisen. Bei einer Relation handelt es sich um eine Menge, die darin enthaltenen Elemente sind also nicht geordnet. Bei einer Tabelle sind die Zeilen stets in einer gewissen Reihenfolge geordnet. In diesem Sinne ist eine Tabelle nicht das gleiche wie eine Relation. Eine Tabelle stellt die Elemente einer Relation in einer bestimmten Reihenfolge dar. Durch

Vertauschen von Zeilen einer Tabelle ändert man nicht die Relation, die durch sie dargestellt wird.
Die hier benutzten Beispiele sind der Welt der Datenbanken entlehnt. Das heute sehr populäre relationale Datenbankmodell basiert tatsächlich auf dem mathematischen Begriff der Relation. Um die Theorie relationaler Datenbanken zu verstehen, sind sichere Grundkenntnisse im Umgang mit Relationen in der Mathematik ein erleichternder Faktor. Insbesondere ist das Studium der folgenden Seiten eine gute Grundlage für das Verständnis von Begriffen wie $(1:1)$-Relation, $(1:n)$-Relation und $(n:m)$-Relation, sowie von Datenbankoperationen wie *Vereinigung*, *Schnitt*, *Differenz*, *Produkt*, *Restriktion*, *Projektion* oder *Verbund* (join).
Im Unterschied zu den Relationen in einem Datenbankmodell wollen wir hier keine Zeitabhängikeit bei unseren Relationen zulassen. Mehr über die Theorie des relationalen Datenbankmodells findet der interessierte Leser in [C2], geschrieben von E.F. Codd[11], dem Vater dieses Modells, der bereits 1969 die erste Arbeit [C1] dazu veröffentlicht hat.

Abbildungen

Der Begriff der Abbildung wird in fast allen Teilgebieten der Mathematik benutzt. Neben dem Begriff der Menge ist das Konzept der Abbildung eines der grundlegendsten in der Mathematik. In verschiedenen Zweigen der Mathematik werden Abbildungen studiert, die spezielle Eigenschaften besitzen. In der linearen Algebra sind dies die linearen Abbildungen, in der Analysis die stetigen oder differenzierbaren Abbildungen. Generell werden bei algebraisch orientierten Untersuchungen strukturerhaltende Abbildungen studiert. Beispiele dazu befinden sich im Hauptteil dieses Buches. Hier wollen wir uns auf mengentheoretische Aspekte beschränken.
Die Idee ist die, dass eine *Abbildung* f von einer Menge A in eine Menge B jedem $a \in A$ genau ein *Bild* $f(a) \in B$ zuordnet. Um dies symbolisch auszudrücken, schreiben wir

$$f : A \to B\,.$$

Wir stellen uns Abbildungen oft als Aktion, Operation oder Vorgang vor. Der wesentliche Punkt ist dabei, dass es für jedes mögliche Startelement $a \in A$ ein einziges wohlbestimmtes *Bildelement* in B geben muss. Es ist unwichtig, in welcher Weise die Abbildung beschrieben ist.
Bei einer Abbildung $f : A \to B$ heißt die Menge A der *Definitionsbereich* von f. Es ist erlaubt, dass verschiedene Elemente aus dem Definitionsbereich A auf dasselbe Bild abgebildet werden oder dass nicht jedes Element aus B als Bildelement auftritt.

[11] Edgar F. Codd (1923–2003), britischer Mathematiker und Datenbanktheoretiker.

Beides ist zum Beispiel bei der Abbildung $f : \mathbb{Z} \to \mathbb{Z}$ der Fall, die durch die Formel $f(n) = n^2$ gegeben ist. Keine negative Zahl tritt als Bildelement von f auf. Außerdem ist $f(-1) = f(1)$, es werden Elemente, die sich nur im Vorzeichen unterscheiden, auf dasselbe Bildelement abgebildet.
Die Menge derjenigen Elemente aus B, die tatsächlich als Bildelement von f auftreten, bilden eine Teilmenge von B. Sie heißt das *Bild* der Abbildung f und wird wie folgt notiert:

$$f(A) = \{b \in B \mid \exists\, a \in A : f(a) = b\}\,.$$

Die logischen Terme, die wir im Abschnitt 6.1 untersucht haben, können wir als Abbildungen ansehen. So entspricht zum Beispiel die Konjunktion $\wedge$ der Abbildung $k : \{0,1\}^2 \to \{0,1\}$, die durch die Formel $k(x,y) = x \wedge y$ gegeben ist. Abbildungen

$$f : \{0,1\}^n \to \{0,1\}$$

nennt man (n-stellige) *boolesche Funktionen* nach George Boole[12], dem Begründer der modernen mathematischen Logik.
Um eine boolesche Funktion wie die Konjunktion k zu definieren, hatten wir uns einer Wertetabelle bedient. Aus dem vorigen Abschnitt wissen wir, dass eine solche Tabelle als Relation interpretiert werden kann. In diesem Fall handelt es sich um eine dreistellige Relation $W \subset \{0,1\}^3$. Sie enthält vier Elemente, nämlich die vier Zeilen der früher angegebenen Tabelle. Es handelt sich dabei um alle Tripel der Gestalt $(x, y, x \wedge y)$, wobei wir alle Möglichkeiten für x und y aus der Menge $\{0,1\}$ berücksichtigen. Auf diese Weise werden wir zu der folgenden Definition geführt, die uns eine solide mengentheoretische Definition des Begriffes der Abbildung gibt.

Definition 6.3.1. Eine *Abbildung* $A \to B$ ist eine Relation $G \subset A \times B$ für die gilt, dass es zu jedem $a \in A$ *genau ein* $b \in B$ gibt, für welches $(a,b) \in G$.

Wenn wir uns eine Relation als Tabelle vorstellen, dann heißt das, dass eine solche Tabelle nur dann eine Abbildung definiert, wenn es keine zwei Zeilen in dieser Tabelle gibt, die dasselbe Element $a \in A$ in der dem Definitionsbereich entsprechenden Spalte enthalten und wenn außerdem jedes Element $a \in A$ auch wirklich in dieser Spalte anzutreffen ist. An die Elemente $b \in B$, die in der anderen Spalte auftreten, wird keine derartige Bedingung gestellt, auch nicht wenn $A = B$ ist.
In der Sprache der Datenbanken heißt dies, dass die zu A gehörige Spalte ein potentieller Schlüssel für diese Relation ist und dass wir in die Menge A nur diejenigen Elemente aufgenommen haben, die bereits in der Tabelle vorhanden sind. Wenn wir $A = M_1 \times M_2 \times \ldots \times M_k$ und $B = M_{k+1} \times \ldots \times M_n$ setzen, dann erkennen wir, dass Abbildungen sehr wichtig sind für Relationen ganz allgemein in der Datenbankwelt. Die Zuordnung von Werten zu einem gegebenen Schlüssel ist gerade eine Abbildung im mathematischen Sinne.

[12] George Boole (1815–1864), englischer Mathematiker.

In der Mathematik nennt man die Menge G aus Definition 6.3.1 den *Graphen* der Abbildung $f : A \to B$. Diese Bedeutung des Wortes „Graph“ sollte nicht mit der im Abschnitt 5.3 über Graphentheorie benutzten verwechselt werden. Die folgende Gleichung beschreibt die Beziehung zwischen einer Abbildung $f : A \to B$ und ihrem Graphen $G \subset A \times B$:

$$G = \{(a, f(a)) \mid a \in A\} \subset A \times B \,.$$

Wenn f durch eine Formel oder Berechnungsvorschrift gegeben ist, dann ergibt sich daraus eine explizite Beschreibung des zugehörigen Graphen G. Wenn umgekehrt eine Abbildung $f : A \to B$ durch ihren Graphen G gegeben ist, dann können wir den *Wert* $f(a)$ dadurch finden, dass wir das eindeutig bestimmte Element $(a, b) \in G$ aufsuchen, dessen erste Komponente gleich dem gegebenen Element a ist. Die zweite Komponente b liefert dann den gesuchten Wert, also $f(a) = b$.

Beispiel 6.3.2. Eine Abbildung $f : A \times B \to C$, die von zwei Variablen abhängt, für die jeweils nur endlich viele Werte in Frage kommen, kann durch eine Matrix spezieller Art effizienter dargestellt werden. Jeder Zeile einer solchen Matrix entspricht ein Element von A und jeder Spalte ein Element von B. Das Element $f(a, b) \in C$ wird in der durch a bestimmten Zeile in die durch b bestimmte Position eingetragen. Die entsprechende Matrix für die Konjunktion $k(x, y) = x \wedge y$ hat die folgende Gestalt:

$\wedge$	0	1
0	0	0
1	0	1

Wenn $M = \{1, i, -1, -i\}$ als Menge von vier komplexen Zahlen aufgefasst wird und die Abbildung $f : M \times M \to M$ durch Multiplikation gegeben ist, d.h. $f(a, b) = a \cdot b$, dann erhalten wir die folgende Multiplikationstabelle zur vollständigen Darstellung der Abbildung f

f	1	i	-1	$-i$
1	1	i	-1	$-i$
i	i	-1	$-i$	1
-1	-1	$-i$	1	i
$-i$	$-i$	1	i	-1

Eine derartige Matrix wird in der Gruppentheorie als Cayley-Tabelle[13] bezeichnet.

Wie aus der Schreibweise $f : A \to B$ ersichtlich ist, sind die beiden Mengen A und B nicht gleichberechtigt. In gewissem Sinne ist A primär und B sekundär. Um auszuloten, ob es möglich ist, bei Beibehaltung der Relation G (des Graphen von f) die Rolle von A und B zu vertauschen, hat es sich als nützlich erwiesen, die folgenden Begriffe zu benutzen.

[13] Arthur Cayley (1821–1895), englischer Mathematiker.

Definition 6.3.3. (i) Eine Abbildung $f : A \to B$ heißt *injektiv*, wenn es keine zwei verschiedenen Elemente in A mit dem gleichen Bild gibt. In mathematischer Kurzform:

$$\forall\, a_1, a_2 \in A : a_1 \neq a_2 \implies f(a_1) \neq f(a_2)\,,$$

oder äquivalent

$$\forall\, a_1, a_2 \in A : f(a_1) = f(a_2) \implies a_1 = a_2\,.$$

(ii) Eine Abbildung $f : A \to B$ heißt *surjektiv*, wenn jedes Element aus B im Bild von f liegt. In mathematischer Kurzform: $f(A) = B$, oder

$$B = \{f(a) \mid a \in A\}\,.$$

(iii) Eine Abbildung $f : A \to B$ heißt *bijektiv*, wenn f injektiv und surjektiv ist. Ausführlich heißt dies: $\forall\, b \in B\ \exists!\ a \in A : f(a) = b$.

Wenn eine Abbildung bijektiv ist, dann folgt aus dieser Definition sofort, dass ihr Graph $G \subset A \times B$ auch eine Abbildung $f^{-1} : B \to A$ definiert, die man die *inverse Abbildung* zu f nennt. Genau genommen ist der Graph von f^{-1} nicht G, sondern die Teilmenge von $B \times A$, die man durch Vertauschung der Komponenten von G erhält.

Beispiel 6.3.4. (i) $f : \mathbb{Z} \to \mathbb{Z}$, $f(n) := 2n$ ist injektiv, aber nicht surjektiv.

(ii) $g : \mathbb{Z} \to \mathbb{Z}$, $g(n) := -n$ ist bijektiv.

(iii) $h : \mathbb{Z} \to \{0, 1\}$, $h(n) := 0$, wenn n ungerade, $h(n) := 1$, wenn n gerade. Diese Abbildung ist surjektiv, aber nicht bijektiv. Eine Abbildung, die nur die Werte 0 und 1 annimmt, nennt man *charakteristische Abbildung*. Durch sie wird der Definitionsbereich in zwei disjunkte Teilmengen zerlegt. Hier wird die Menge $\mathbb{Z}$ in die geraden Zahlen, für die h immer den Wert 1 annimmt, und die ungeraden Zahlen, für die h gleich 0 ist, zerlegt. Die Zugehörigkeit zu einer Teilmenge $A \subset M$ kann man allgemein durch eine charakteristische Abbildung $\chi_A : M \to \{0, 1\}$ beschreiben, die genau für die Elemente aus A gleich 1 ist und für alle anderen Elemente von M den Wert 0 annimmt.

(iv) Wenn A und B beliebige nichtleere Mengen sind, dann ist die *Projektion auf* A, $p_A : A \times B \to A$, durch $p_A(a, b) = a$ definiert. Eine solche Projektion ist immer surjektiv. Sie ist genau dann injektiv, wenn die Menge B nur aus einem einzigen Element besteht. In einem Datenbank-Kontext ist hervorzuheben, dass man bei einer Projektion immer mit einem Informationsverlust rechnen muss, da eine Projektion die Zahl der Spalten in einer Tabelle reduziert.

Bijektive Abbildungen kennt jeder aus dem Alltag: Immer wenn irgendwelche Dinge gezählt werden, dann stellen wir eine bijektive Abbildung zwischen den zu zählenden Objekten und einer Menge von natürlichen Zahlen her.

Ein Schäfer, auch wenn man ihm nie das Zählen beigebracht hat, kann mit derselben Technik feststellen, ob am Abend alle seine Schafe wieder in die sichere Umzäunung zurückgekehrt sind. Er muss sich nur am Morgen einen Steinhaufen anlegen, indem er für jedes Schaf, welches die Umzäunung verlässt, einen Stein hinzutut. Bei der Rückkehr am Abend legte er dann für jedes ankommende Schaf einen Stein dieses Haufens zur Seite. Wenn Steine übrigblieben, weiß er, dass noch Schafe fehlen.
Auf dieser Erfahrung basiert die folgende Definition.

Definition 6.3.5. Zwei Mengen A und B heißen genau dann *gleichmächtig*, wenn es eine bijektive Abbildung $f : A \to B$ gibt.

Wenn es sich dabei um endliche Mengen handelt, dann entspricht diese Definition unserer Intuition und Alltagserfahrung. Sie wird jedoch universell in der Mathematik angewendet, also auf beliebige Mengen. Eine erste verblüffende Folge dieser Definition besagt, dass es ebenso viele ganze Zahlen gibt wie rationale Zahlen. Dies scheint irgendwie der Intuition zu widersprechen, die uns sagt, dass es *viel mehr* rationale Zahlen als ganze Zahlen gibt. Dies kommt daher, dass wir intuitiv davon ausgehen, dass eine Teilmenge $A \subset B$, die nicht gleich der Menge B ist, sicher weniger Elemente enthalten muss. Wie wir nach dem Beweis des folgenden Satzes wissen, ist dies für Mengen mit unendlich vielen Elementen im Allgemeinen nicht richtig.

Satz 6.3.6 *Es gibt eine bijektive Abbildung* $\mathbb{Z} \to \mathbb{Q}$.

Beweis. Es ist ausreichend, eine bijektive Abbildung f zwischen den positiven ganzen Zahlen und den positiven rationalen Zahlen anzugeben, da sich eine solche ohne weiteres durch die Vereinbarung $f(-n) = -f(n)$ und $f(0) = 0$ zu einer bijektiven Abbildung $\mathbb{Z} \to \mathbb{Q}$ ausdehnen lässt. Zur Beschreibung solch einer Abbildung f stellen wir die positiven rationalen Zahlen in einem unendlichen quadratischen Schema dar:

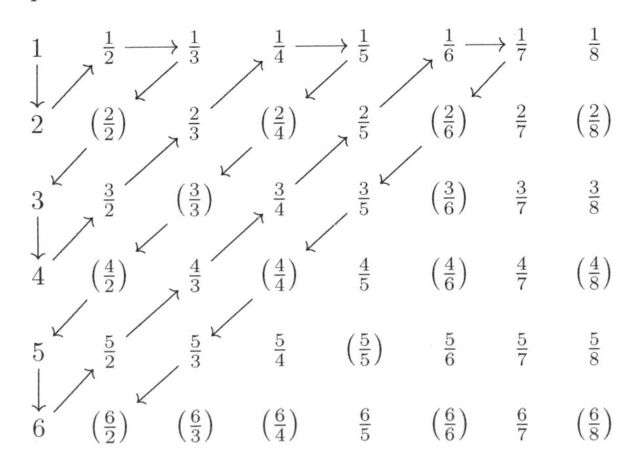

Darin finden wir in Zeile p und Spalte q den Eintrag $\frac{p}{q}$, den wir in Klammern gesetzt haben, wenn p und q nicht teilerfremd sind. Dadurch erreichen wir, dass jede positive rationale Zahl genau einmal ohne Klammern aufgeführt ist, und zwar als unkürzbarer Bruch. Die gesuchte bijektive Abbildung f wird nun folgendermaßen definiert: Wir laufen, wie durch die Pfeile angedeutet, entlang der Diagonalen durch dieses Schema und nummerieren in dieser Reihenfolge alle nicht eingeklammerten Zahlen. Diese Nummerierung ist die gewünschte Abbildung f. Ihre ersten Werte sind $f(1) = 1, f(2) = 2, f(3) = \frac{1}{2}, f(4) = \frac{1}{3}, f(5) = 3, f(6) = 4, f(7) = \frac{3}{2}, f(8) = \frac{2}{3}$ etc. □

Dieser Beweis geht auf Georg Cantor[14] (1867) zurück und er gehört sicher zu den wichtigsten Erkenntnissen der Mathematik. Die in diesem Beweis verwendete Methode der Abzählung nennt man das *erste Cantorsche Diagonalverfahren*. Es gibt auch noch ein zweites Diagonalverfahren von Cantor. Damit kann man zeigen, dass es *keine* bijektive Abbildung $\mathbb{Z} \to \mathbb{R}$ geben kann, dass also die Menge der reellen Zahlen tatsächlich *mehr Elemente* als die Mengen der ganzen oder rationalen Zahlen enthält.

Satz 6.3.7 *Es gibt keine bijektive Abbildung $\mathbb{Z} \to \mathbb{R}$.*

Beweis. Da es eine bijektive Abbildung $g : \mathbb{Z} \to \mathbb{N}$ gibt (z.B. $g(n) := 2n$ für $n \geq 0$ und $g(n) := -2n - 1$ für $n < 0$.), genügt es zu zeigen, dass es keine bijektive Abbildung $f : \mathbb{N} \to \mathbb{R}$ gibt. Der Beweis wird indirekt geführt.
Angenommen es gäbe eine bijektive Abbildung $f : \mathbb{N} \to \mathbb{R}$, dann würde jede reelle Zahl in der Folge $a_n := f(n)$, $n = 0, 1, 2, \ldots$ vorkommen. Wir schreiben diese Zahlen a_n in Dezimaldarstellung ordentlich untereinander und markieren die auf der Diagonale stehenden Ziffern. Das ist bei a_0 die direkt vor dem Komma stehende Ziffer und für $n > 0$ in a_n die n-te Ziffer hinter dem Komma. Wir bezeichnen die markierte Ziffer in a_n mit w_n und definieren

$$z_n := \begin{cases} 0 & \text{falls } w_n \neq 0 \\ 1 & \text{falls } w_n = 0\ . \end{cases}$$

Die Zahl $z = z_0{,}z_1 z_2 z_3 z_4 \ldots$, deren n-te Ziffer hinter dem Komma gleich z_n ist, ist eine reelle Zahl. Sie kommt jedoch nicht in der Folge $(a_n)_{n \geq 0}$ vor, da sich z von a_n an der n-ten Stelle hinter dem Komma unterscheidet. □

Eine gängige Technik der Problemlösung besteht darin, dass man versucht, das Problem in einfachere Teilprobleme zu zerlegen. So geht man auch bei der Untersuchung von komplizierteren Abbildungen vor. In der Analysis kennt man zum Beispiel die Kettenregel zur Berechnung der Ableitung zusammengesetzter Funktionen. In analoger Weise werden bei der Bildung bestimmter

[14] Georg Cantor (1845–1918), deutscher Mathematiker.

Normalformen nach Codd bei der Konstruktion und Analyse von Datenbanken die Relationen (Tabellen) in elementare, nicht weiter zerlegbare Relationen zerlegt. Der Operation des Verbundes (join) zweier Relationen in der Theorie der Datenbanken entspricht dabei dem Begriff des Faserproduktes in der Geometrie. Diesen kann man mit Hilfe der Begriffe Projektion, Urbild und kartesisches Produkt beschreiben. Es handelt sich also um einen zusammengesetzten Begriff, weshalb ein eingehendes Studium hier nicht unbedingt erforderlich scheint. Den interessierten Leser verweisen wir dazu auf die einschlägige Literatur über Datenbanken beziehungsweise moderne Geometrie. Wir beschränken uns hier auf die Definition der Komposition von Abbildungen.

Definition 6.3.8. Wenn $f : A \to B$ und $g : B \to C$ zwei Abbildungen sind, dann ist ihre *Komposition* $g \circ f : A \to C$ durch die Vorschrift

$$(g \circ f)(a) := g(f(a))$$

definiert. Wir sagen „*g nach f*" für $g \circ f$.

Aus dieser Definition folgt sofort, dass die Komposition dem Assoziativgesetz genügt, also dass $f \circ (g \circ h) = (f \circ g) \circ h$ gilt, wenn f, g, h Abbildungen sind, für die die entsprechenden Kompositionen definiert sind. Wir möchten explizit darauf hinweisen, dass es im Allgemeinen nicht möglich ist, die Komposition zweier beliebig gegebener Abbildungen zu bilden. Dies ist nur möglich, wenn das Bild der ersten Abbildung im Definitionsbereich der nachfolgenden Abbildung enthalten ist. Wir können also in der obigen Definition als Definitionsbereich von g eine beliebige Menge zulassen, in der das Bild $f(A)$ enthalten ist. Das bringt technisch aber keinerlei Vorteile, denn diese Menge kann man dann auch an Stelle von B als Zielmenge für f benutzen.
Für das Studium von Abbildungen und Relationen gleichermaßen sind die Begriffe des *Urbildes* und der *Faser* von Nutzen.

Definition 6.3.9. Sei $f : A \to B$ eine Abbildung, $b \in B$ ein Element und $C \subset B$ eine Teilmenge. Dann heißt

(i) $f^{-1}(\{b\}) := \{a \in A \mid f(a) = b\}$ die *Faser* von f über b und
(ii) $f^{-1}(C) := \{a \in A \mid f(a) \in C\}$ das *Urbild* von C unter der Abbildung f.

Das Urbild der einelementigen Menge $C = \{b\}$ ist nichts anderes als die Faser von f über b. Andererseits ist das Urbild $f^{-1}(C)$ gerade die Vereinigung aller Fasern $f^{-1}(\{b\})$ mit $b \in C$, also $f^{-1}(C) = \bigcup_{b \in C} f^{-1}(\{b\})$. Die Bezeichnung „Faser" wurde durch folgendes Bild suggeriert:

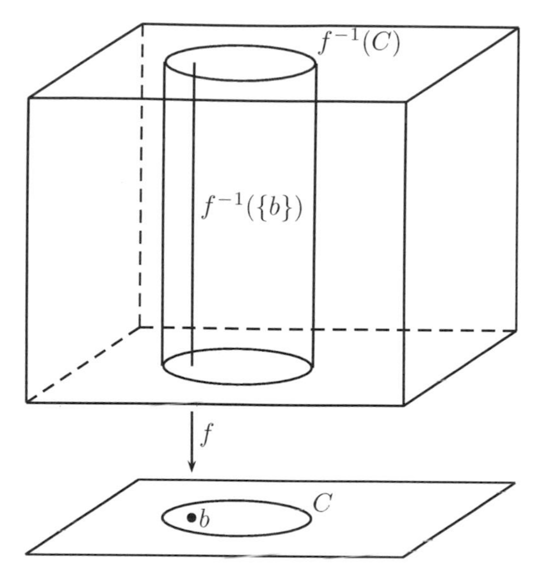

In der Mathematik sind diese Begriffe nützlich, weil sie es erlauben, Eigenschaften von Abbildungen in eine geometrische Sprache zu übersetzen. Weiteres dazu ist in den Aufgaben am Ende dieses Kapitels zu finden.

Beispiel 6.3.10. Auch in der Theorie der Datenbanken ist man sehr oft an Fasern von Abbildungen interessiert. Dazu betrachten wir eine Relation $R \subset M_1 \times M_2 \times \ldots \times M_n$ und fragen nach einer mathematischen Interpretation der Datenbankabfrage nach allen Datensätzen $(x_1, x_2, \ldots, x_n) \in R$ dieser Relation, die den Bedingungen $x_1 = m_1$ und $x_2 = m_2$ genügen. In den gängigen Sprachen zur Datenbankabfrage wird dies meist mittels einer `select` Operation umgesetzt. Um dies in mathematischer Sprache auszudrücken, betrachten wir zunächst die Projektion $p : M_1 \times M_2 \times \ldots \times M_n \to M_1 \times M_2$. Sie ist gegeben durch $p(x_1, x_2, \ldots, x_n) = (x_1, x_2)$. Nun betrachten wir die Abbildung $f : R \to M_1 \times M_2$, die durch die gleiche Vorschrift gegeben ist, bei der jedoch der Definitionsbereich auf die Teilmenge R des kartesischen Produktes *eingeschränkt* wurde. Die gesuchten Datensätze bilden dann genau die Elemente der Faser $f^{-1}(m_1, m_2) = R \cap p^{-1}(m_1, m_2)$. Wenn die Abfrage statt m_1 mehrere verschiedene Werte für x_1 zulässt, dann handelt es sich um das Urbild $f^{-1}(C)$ einer mehrelementigen Menge C.

Beispiel 6.3.11. Sei M eine Menge und $A \subset M$ eine Teilmenge. Die *charakteristische Abbildung* $\chi_A : M \to \{0, 1\}$ ist vollständig durch die Angabe ihrer Faser über 1 bestimmt: $\chi_A^{-1}(\{1\}) = A$. Natürlich ist dann $\chi_A^{-1}(\{0\}) = \overline{A}$ das Komplement von A in M. Diese Betrachtungsweise kann sehr nützlich sein, wenn wir Mengen durch Datenstrukturen beschreiben müssen.

Äquivalenzrelationen

Außer den Abbildungen, die wir als Sonderfälle von Relationen ansehen können, gibt es noch weitere spezielle Relationen, die mathematisch relevant sind. Es handelt sich dabei um binäre Relationen einer Menge mit sich selbst, also um Teilmengen des kartesischen Produktes $M \times M = M^2$. Für solche Relationen lassen sich zusätzliche Bedingungen formulieren, die wir im Folgenden studieren wollen.
Es sei M eine Menge und $R \subset M \times M$ eine Relation auf der Menge M. Für ein Paar $(a, b) \in M \times M$ von Elementen aus M sagen wir „a steht in Relation zu b", falls $(a, b) \in R$. Wir sagen „a steht nicht in Relation zu b", falls $(a, b) \notin R$. Weil dies unseren Gewohnheiten und Denkweisen näher liegt, schreiben wir $a \sim b$, wenn a in Relation zu b steht. Wenn $(a, b) \notin R$, dann schreiben wir $a \not\sim b$.
Wir möchten hier nochmals hervorheben, dass diese Schreibweise nur bei binären Relationen einer Menge mit sich selbst angewendet wird.

Definition 6.3.12. Eine Relation R bzw. $\sim$ auf einer Menge M heißt *Äquivalenzrelation*, wenn für beliebige Elemente $a, b, c \in M$ die folgenden Eigenschaften erfüllt sind:

$$\begin{aligned} &\text{Reflexivität} && a \sim a && (6.2)\\ &\text{Symmetrie} && a \sim b \implies b \sim a && (6.3)\\ &\text{Transitivität} && a \sim b \text{ und } b \sim c \implies a \sim c && (6.4) \end{aligned}$$

Definition 6.3.13. Wenn M eine Menge mit Äquivalenzrelation $\sim$ ist, dann heißt für jedes $a \in M$ die Menge $[a] := \{m \in M \mid m \sim a\}$ die zu a gehörige *Äquivalenzklasse*. Die Menge aller Äquivalenzklassen wird mit $M/\sim$ bezeichnet. Zu $M/\sim$ sagen wir manchmal „M modulo $\sim$".

Beispiel 6.3.14. Sei $M = \mathbb{Z}$. Wir definieren

$$a \sim b \iff a + b \text{ ist gerade.}$$

Das bedeutet, dass zwei ganze Zahlen als äquivalent angesehen werden, wenn sie dieselbe Parität haben, also entweder beide gerade oder beide ungerade sind. Es gibt daher genau zwei Äquivalenzklassen. Dies sind die Mengen $[0]$ und $[1]$. Offenbar ist $[0] = [2] = [4]$ und $[1] = [3] = [5]$ etc. Statt $a \sim b$ schreibt man in diesem Fall $a \equiv b \mod 2$. Mehr zu diesem Beispiel und Verallgemeinerungen findet der Leser im Kapitel 1.2.

Beispiel 6.3.15. Wir wollen „es gibt eine bijektive Abbildung" zu einer Äquivalenzrelation machen, da wir zuvor am Beispiel des klugen Schäfers gesehen hatten, dass wir damit dem Begriff der (Kardinal-)Zahl näher kommen können. Wegen der Russellschen Antinomie können wir dies aber nicht auf der „Menge aller Mengen“ tun. Daher beschränken wir uns auf die Menge aller Teilmengen einer beliebigen Menge U. Wenn U groß genug ist, dann sollte dies für alle unsere Belange genügen. Sei also $M = \mathfrak{P}(U)$. Dann ist auf dieser Menge M durch die Vorschrift

$$A \sim B \quad \Longleftrightarrow \quad \exists\, f : A \to B \text{ bijektiv}$$

eine Äquivalenzrelation definiert. Zwei Mengen A, B liegen in derselben Äquivalenzklasse (d.h. sind äquivalent), wenn es eine bijektive Abbildung zwischen ihnen gibt, also wenn sie gleichmächtig sind. Alle Mengen mit drei Elementen sind also in derselben Äquivalenzklasse enthalten. Daher **ist** diese Äquivalenzklasse das, was wir intuitiv unter der Zahl drei verstehen. Deshalb nennen wir die so erhaltenen Äquivalenzklassen auch *Kardinalzahlen*. Abweichend von der allgemeinen Bezeichnung einer Äquivalenzklasse durch eckige Klammern schreiben wir $|A|$ für die durch eine Menge A definierte Kardinalzahl. Wir sagen: $|A|$ *ist die Anzahl der Elemente in* A.

Satz 6.3.16 *Sei* M *eine Menge mit einer Äquivalenzrelation* $\sim$. *Dann ist jedes Element aus* M *in genau einer Äquivalenzklasse enthalten.*

Beweis. Wir müssen für jedes $a \in M$ die Existenz und Eindeutigkeit einer Äquivalenzklasse, die a enthält, beweisen. Da wegen der Reflexivität (6.2) sicher $a \in [a]$ gilt, ist die Existenz geklärt. Für die Eindeutigkeit ist zu zeigen, dass kein Element $a \in M$ in zwei verschiedenen Äquivalenzklassen enthalten ist. Dies beweisen wir indirekt. Nehmen wir also an, es gäbe $a, b, c \in M$ mit $a \in [b]$ und $a \in [c]$. Dann gilt $a \sim b$ und $a \sim c$. Wegen Symmetrie (6.3) folgt dann $b \sim a$. Transitivität (6.4) liefert nun $b \sim c$. Wegen Symmetrie (6.3) folgt daraus auch $c \sim b$, d.h. $b \in [c]$ und $c \in [b]$. Unter Benutzung der Transitivität (6.4) ergibt sich daraus $[b] \subset [c]$ und $[c] \subset [b]$, also $[c] = [b]$. □

Die Aussage von Satz 6.3.16 lautet in mathematischer Kurzform:
Die Abbildungsvorschrift $a \mapsto [a]$ definiert eine surjektive Abbildung

$$M \to M/\sim\ .$$

Es ist sehr wichtig, die Idee der Äquivalenzklassenbildung richtig zu verstehen, da sie die Grundlage für viele mathematische Konstruktionen ist. Es handelt sich dabei um eine mathematisch exakte Formulierung des Prinzips der Abstraktion.

Ordnungsrelationen

Eine weitere spezielle Sorte von Relationen sind die Ordnungsrelationen. Wir alle kennen zum Beispiel die Relation $\leq$ („kleiner oder gleich"). Im Sinne des in diesem Kapitel bisher Gesagten ist dies eine Relation auf der Menge der ganzen Zahlen, die durch $R = \{(x, y) \in \mathbb{Z}^2 \mid x \leq y\} \subset \mathbb{Z} \times \mathbb{Z}$ beschrieben wird. Da Ordnungsrelationen normalerweise nicht symmetrisch sind (aus $x \leq y$ folgt nicht $y \leq x$), benutzt man auch nicht das symmetrische Symbol $\sim$ wie es für Äquivalenzrelationen im Gebrauch ist. Wir verwenden hier $\preccurlyeq$ als allgemeines Symbol für eine Ordnungsrelation, schreiben also $a \preccurlyeq b$ für $(a, b) \in R$.

Definition 6.3.17. Eine Relation R bzw. $\preccurlyeq$ auf einer Menge M heißt *Ordnungsrelation*, wenn für beliebige Elemente $a, b, c \in M$ die folgenden Eigenschaften erfüllt sind:

$$\begin{array}{rlll} \text{Reflexivität} & a \preccurlyeq a & & (6.5) \\ \text{Antisymmetrie} & a \preccurlyeq b \text{ und } b \preccurlyeq a \implies & a = b & (6.6) \\ \text{Transitivität} & a \preccurlyeq b \text{ und } b \preccurlyeq c \implies & a \preccurlyeq c & (6.7) \end{array}$$

Ebenso wie für ganze Zahlen $a < b$ gleichwertig zu $a \leq b \ \wedge \ a \neq b$ ist, benutzen wir gelegentlich die abkürzende Schreibweise

$$a \prec b \iff (a \preccurlyeq b \ \wedge \ a \neq b)\,,$$

wenn $\preccurlyeq$ eine Ordnungsrelation ist.
Die drei Eigenschaften (6.5), (6.6) und (6.7) sind eine Minimalforderung. Die uns vertraute Ordnung der ganzen Zahlen erfüllt außerdem noch die folgende Eigenschaft

$$\forall a, b \in M : a \preccurlyeq b \text{ oder } b \preccurlyeq a\,. \tag{6.8}$$

Wenn eine Ordnungsrelation die Bedingung (6.8) erfüllt, nennt man sie eine *totale Ordnung* oder *lineare Ordnung*. Eine Menge mit einer Totalordnung heißt auch *Kette*.
Um hervorzuheben, dass eine Ordnung keine Totalordnung sein muss, sprechen manche Autoren auch von *Teilordnung* (partial order) oder *Halbordnung*. Diese Autoren sagen dann aber mitunter „Ordnung" statt „totale Ordnung". In der englischsprachigen Literatur wird eine Menge mit Halbordnung oft als *poset* bezeichnet. Wir benutzen die Begriffe hier jedoch so wie sie oben eingeführt wurden.
Eine *Wohlordnung* ist eine totale Ordnung, bei der jede nichtleere Teilmenge ein kleinstes Element (Def. 6.3.21) besitzt. Dieser Begriff ist beim Studium bestimmter Algorithmen der Computeralgebra von Nutzen, er spielt aber auch im Zusammenhang mit Grundlagenfragen der Mathematik eine Rolle. Wir werden darauf hier nicht wieder zurückkommen.

Beispiel 6.3.18. Sei U eine Menge, dann ist die Teilmengenrelation auf ihrer Potenzmenge $M = \mathfrak{P}(U)$ eine Ordnungsrelation. In diesem Fall ist also

$$A \preccurlyeq B \iff A \subset B\,.$$

Im Rahmen des Studiums von Ordnungen scheint es natürlicher, statt $A \subset B$ die Bezeichnung $A \subseteq B$ zu verwenden, da ja Gleichheit nicht ausgeschlossen ist. Da wir jedoch hier die ordnungstheoretischen Eigenschaften dieser Relation nicht im Detail studieren wollen, verzichten wir darauf, von der ansonsten praktizierten bequemen Schreibweise abzuweichen.

Beispiel 6.3.19. Auf der Menge $\mathbb{N}$ der natürlichen Zahlen ist durch die Teilbarkeit (siehe Abschnitt 1.1) eine Ordnungsrelation definiert:

$$a \preccurlyeq b \iff a \mid b$$

Dies lässt sich nicht so ohne weiteres auf die Menge $\mathbb{Z}$ der ganzen Zahlen ausweiten, da dann die Antisymmetrie (6.6) verletzt wird.

Beispiel 6.3.20. Wenn wir aus einer geordneten Menge $(N, \preccurlyeq)$ eine Teilmenge $M \subset N$ auswählen, dann erbt diese die Ordnungsrelation. Mengentheoretisch bedeutet das, dass wir von $R \subset N \times N$ zu $R \cap M \times M \subset M \times M$ übergehen. Wenn eine geordnete Menge endlich ist und nicht zu viele Elemente enthält, kann man sie durch ein sogenanntes *Hasse-Diagramm*[15] darstellen. Das ist wesentlich platzsparender als die Darstellung der Relation durch eine Tabelle. Für die Menge $M = \{0, 1, 2, 3, 4, 5, 6\} \subset \mathbb{N}$ mit der Ordnung der Teilbarkeit aus Beispiel 6.3.19 sieht das wie folgt aus:

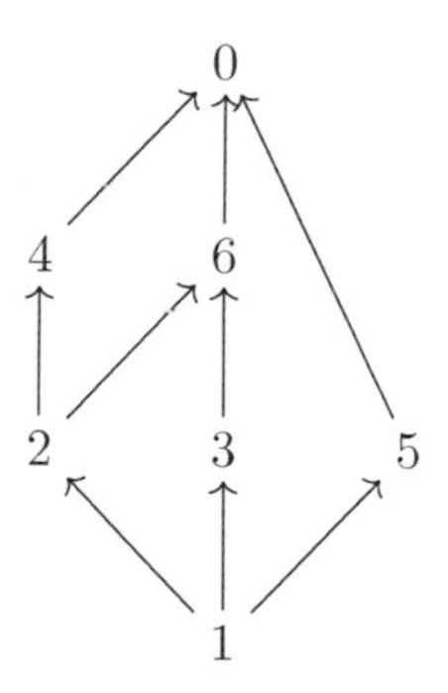

Jeder Pfeil $a \to b$ in solch einem Diagramm besagt, dass $a \preccurlyeq b$ gilt. Um das Diagramm übersichtlich zu halten, wird nur dann ein Pfeil $a \to b$ eingezeichnet, wenn $a \neq b$ ist und wenn es kein von a und b verschiedenes c mit $a \preccurlyeq c \preccurlyeq b$ gibt. So sehen wir zum Beispiel keinen Pfeil $1 \to 6$. Das ist wegen der Transitivität auch nicht nötig, denn es gibt ja sogar zwei Wege in diesem Graphen, entlang derer man von 1 zu 6 gelangen kann.

[15] Helmut Hasse (1898–1979), deutscher Mathematiker.

Für kleine endliche Mengen werden Ordnungsrelationen oft durch solche leicht überschaubare Hasse-Diagramme angegeben. Bei einer Speicherung im Computer sollte man sich jedoch bewusst sein, dass die Speicherplatzersparnis durch eine erhöhte Rechenzeit erkauft wird.

Sowohl in der Analysis als auch beim Entwurf von Algorithmen können die folgenden Begriffe von Nutzen sein.

Definition 6.3.21. Sei $(M, \preccurlyeq)$ eine geordnete Menge und $A \subset M$ eine Teilmenge.

(1) Ein Element $s \in M$ heißt *untere Schranke* von A, falls

$$\forall a \in A : s \preccurlyeq a \,.$$

(2) Ein Element $m \in A$ heißt *minimales Element* von A, falls

$$\forall a \in A : a \preccurlyeq m \Longrightarrow a = m \,.$$

(3) Ein Element $k \in A$ heißt *kleinstes Element* von A, falls

$$\forall a \in A : k \preccurlyeq a \,.$$

(4) Ein Element $i \in M$ heißt *Infimum* von A, falls i untere Schranke von A ist und für jede untere Schranke s von A gilt

$$s \preccurlyeq i \,.$$

Völlig analog definiert man die Begriffe *obere Schranke*, *maximales Element*, *größtes Element* und *Supremum*. Aus diesen Definitionen folgt sofort, dass ein Infimum nichts anderes als eine größte untere Schranke ist, also ein größtes Element in der Menge aller unteren Schranken.
Wir sehen sofort aus der Definition, dass jedes kleinste Element auch eine untere Schranke ist. Es gilt sogar, dass ein Element $x \in M$ genau dann kleinstes Element von A ist, wenn es eine untere Schranke ist, die in A enthalten ist.
Die Definition des Begriffes des *minimalen Elements* ist hier am kompliziertesten. Sie ist etwas indirekter als die übrigen. Sie besagt, dass jedes Element aus A minimal ist, wenn es in A „nichts Kleineres" gibt. Es ist dabei unwichtig, ob dieses Element mit den übrigen Elementen aus A vergleichbar ist. Wenn eine totale Ordnung vorliegt, dann ist jedes minimale Element automatisch auch ein kleinstes Element. Für allgemeine Ordnungen ist dies jedoch nicht immer der Fall.
Andererseits ist jedes kleinste Element von A automatisch auch minimales Element. Es kann höchstens ein kleinstes Element von A geben.
Interessant sind Beispiele von geordneten Mengen, die kein kleinstes Element, jedoch mehrere minimale Elemente enthalten. Ein solches Beispiel ist die Menge $A = \{2, 3, 4, 5, 6\}$ mit der Teilbarkeitsordnung aus Beispiel 6.3.19. Das zugehörige Hasse-Diagramm entsteht aus dem obigen durch Entfernen

der Zahlen 0 und 1 und aller in ihnen beginnenden oder endenden Pfeile. Diese Menge enthält drei minimale $\{2,3,5\}$ und drei maximale $\{4,5,6\}$ Elemente, aber kein kleinstes oder größtes Element. Die minimalen Elemente sind diejenigen, in denen kein Pfeil endet. In den maximalen startet kein Pfeil. Wie wir hier sehen, ist es nicht ausgeschlossen, dass ein Element sowohl minimal als auch maximal ist. In einem Hasse-Diagramm sind das genau die Elemente, die mit keinem anderen durch einen Pfeil verbunden sind.
Die Zahl 1 ist das kleinste Element in der durch Teilbarkeit geordneten Menge $\mathbb{N}$ der natürlichen Zahlen. Die Zahl 0 ist das größte Element in dieser Ordnung! Dies gilt ebenso für die Menge M in Beispiel 6.3.19. Wenn wir diese Zahlen 0 und 1 aus der Menge der natürlichen Zahlen entfernen, dann ist jede Primzahl ein minimales Element der verbleibenden Menge, die dann kein kleinstes, kein größtes und auch kein maximales Element mehr enthält.
Die Frage nach der Existenz von kleinsten, minimalen, größten etc. Elementen einer Menge A ist oftmals eine knifflige Frage, bei deren Beantwortung gute Algorithmen und Computerprogramme helfen können.

Beispiel 6.3.22. Das Ordnungsprinzip, nach dem Wörter in einem Lexikon oder Wörterbuch geordnet werden, lässt sich auf kartesische Produkte geordneter Mengen übertragen. Die *lexikographische Ordnung* der Menge $\mathbb{N}^n$ ist wie folgt definiert:

$$(a_1, a_2, \ldots, a_n) \prec_{\text{lex}} (b_1, b_2, \ldots, b_n) \iff \exists\, k : a_k > b_k \;\wedge\; (\forall\, i < k : a_i = b_i) \,.$$

Die rechte Seite dieser Äquivalenz besagt im Klartext, dass wir beim ersten Eintrag beginnend die erste Stelle suchen, an der die beiden Tupel sich unterscheiden und diese dann vergleichen.
Basierend auf dem ersten Cantorschen Diagonalverfahren kann man auf der Menge $\mathbb{N}^n$ auch die *gradlexikographische Ordnung* erklären:

$$\begin{aligned} & (a_1, a_2, \ldots, a_n) \prec_{\text{dlex}} (b_1, b_2, \ldots, b_n) \\ \iff & a_1 + a_2 + \ldots + a_n < b_1 + b_2 + \ldots + b_n \\ & \text{oder} \\ & a_1 + a_2 + \ldots + a_n = b_1 + b_2 + \ldots + b_n \text{ und} \\ & \exists\, k : a_k > b_k \;\wedge\; (\forall\, i < k : a_i = b_i) \,. \end{aligned}$$

Das bedeutet, dass zuerst die Summe der Einträge verglichen wird. Nur bei Gleichheit dieser Summe wird lexikographisch geordnet. In dieser Ordnung (besonders anschaulich im Fall $n = 2$) ist größer, was auf einer entfernteren Diagonale liegt oder auf derselben Diagonale weiter unten.
Beide Ordnungen sind mit der Addition verträglich, das heißt dass für beliebige $a, b, c \in \mathbb{N}^n$ die Implikation

$$a \preccurlyeq b \quad\Longrightarrow\quad a + c \preccurlyeq b + c \,.$$

gilt. Solche Ordnungen kommen beim Studium von Polynomringen mit mehreren Variablen zur Anwendung. Dort werden die Tupel $a = (a_1, a_2, \ldots, a_n)$ als Exponenten interpretiert, sie entsprechen dann Monomen der Gestalt $x_1^{a_1} x_2^{a_2} \cdots x_n^{a_n}$. Die hier eingeführten lexikographischen Ordnungen sind Monomordnungen, mit deren Hilfe sich der Euklidische Algorithmus für Polynome in einer Variablen (siehe Kapitel 1.4) auf Polynome in mehreren Variablen verallgemeinern lässt. Als Einstieg in diese Thematik eignet sich [GP].

Zum Abschluss empfehlen wir unseren Lesern, sich einen Überblick über die verschiedenen, im Text genannten Darstellungsformen von Funktionen, Abbildungen und Relationen zu verschaffen. Stichworte dazu: Graph (in zwei Bedeutungen), verschiedene Tabellen, Formel, Faser.

Aufgaben

Übung 6.14. Was bedeutet es für eine boolesche Funktion, nicht surjektiv zu sein?

Übung 6.15. Überprüfen Sie für die folgenden Abbildungen, ob sie injektiv, surjektiv oder bijektiv sind: (Die Notation ist in Abschnitt 1.2 erklärt.)

(a) $f : \mathbb{Z} \times \mathbb{Z} \to \mathbb{Z}$, gegeben durch $f(x, y) := x + y$.
(b) $g : \mathbb{Z}/5\mathbb{Z} \to \mathbb{Z}/5\mathbb{Z}$, gegeben durch $g([a]) := [a^2]$.
(c) $h : \mathbb{Z}/13\mathbb{Z} \to \mathbb{Z}/13\mathbb{Z}$, gegeben durch $h([a]) := [5 \cdot a]$.

Übung 6.16. Seien $f : A \to B$ und $g : B \to C$ Abbildungen. Zeigen Sie, dass $g \circ f$ injektiv ist, wenn f und g beides injektive Abbildungen sind. Gilt dies auch, wenn das Wort „injektiv“ überall durch „surjektiv“ ersetzt wird?

Übung 6.17. Beweisen Sie: Wenn $f : A \to B$ und $g : B \to C$ Abbildungen sind, so dass $g \circ f : A \to C$ injektiv ist, dann ist f injektiv. Muss auch g injektiv sein?

Übung 6.18. Beweisen Sie: Wenn $f : A \to B$ und $g : B \to C$ Abbildungen sind, so dass $g \circ f : A \to C$ surjektiv ist, dann ist g surjektiv. Muss auch f surjektiv sein?

Übung 6.19. Sei $f : A \to B$ eine Abbildung. Beweisen Sie:

$$\begin{aligned} f \text{ ist injektiv} \quad &\iff \quad \forall\, b \in B : |f^{-1}(\{b\})| \leq 1\,. \\ f \text{ ist surjektiv} \quad &\iff \quad \forall\, b \in B : |f^{-1}(\{b\})| \geq 1\,. \\ f \text{ ist bijektiv} \quad &\iff \quad \forall\, b \in B : |f^{-1}(\{b\})| = 1\,. \end{aligned}$$

Übung 6.20. Sei $f : A \to B$ eine Abbildung. Beweisen Sie, dass f genau dann bijektiv ist, wenn es eine Abbildung $g : B \to A$ gibt, für die $f \circ g = \mathrm{Id}_B$ und $g \circ f = \mathrm{Id}_A$ gilt. Dabei bezeichnet $\mathrm{Id}_A : A \to A$ die identische Abbildung. Sie ist durch $\mathrm{Id}_A(a) = a$ für jedes $a \subset A$ gegeben. Entsprechend ist $\mathrm{Id}_B : B \to B$ die identische Abbildung von B.

Übung 6.21. Beweisen Sie, dass die Gleichmächtigkeit (Beispiel 6.3.15) wirklich eine Äquivalenzrelation ist.

Übung 6.22. Ist die lexikographische bzw. gradlexikographische Ordnung auf $\mathbb{N}^n$ eine totale Ordnung?

Übung 6.23. Sei $(T, \preccurlyeq)$ eine total geordnete Menge und $A \subset T$ eine nichtleere, endliche Teilmenge. Zeigen Sie, dass A ein kleinstes Element enthält. Geben Sie ein Beispiel einer total geordnete Menge an, die eine (nicht endliche) Teilmenge enthält, in der es kein kleinstes Element gibt.

Lösungen

1.1
(a) Der Euklidische Algorithmus liefert hier:

$$\begin{aligned} \underline{54321} - 4 \cdot \underline{12345} &= 4941 & \underline{12345} - 2 \cdot \underline{4941} &= 2463 \\ \underline{4941} - 2 \cdot \underline{2463} &= 15 & \underline{2463} - 164 \cdot \underline{15} &= 3 \\ \underline{15} - 5 \cdot \underline{3} &= 0\,, \quad \text{also} & \operatorname{ggT}(12345, 54321) &= 3\,. \end{aligned}$$

Rückwärts Einsetzen: $3 = \underline{2463} - 164 \cdot \underline{15} = 329 \cdot \underline{2463} - 164 \cdot \underline{4941} = 329 \cdot \underline{12345} - 822 \cdot \underline{4941} = 3617 \cdot \underline{12345} - 822 \cdot \underline{54321}$.
(b) Es ergibt sich $\operatorname{ggT}(338169, 337831) = 169 = 1000 \cdot \underline{337831} - 999 \cdot \underline{338169}$.
(c) Wir erhalten $\operatorname{ggT}(98701, 345) = 1 = 25462 \cdot \underline{345} - 89 \cdot \underline{98701}$.

1.2
Da $d > 0$, folgt aus $c \mid d$ stets auch $c \leq d$, also folgt aus (ii) die Eigenschaft (ii'). Wenn umgekehrt d die Eigenschaften (i) und (ii') erfüllt und $d' = \operatorname{ggT}(a, b)$ ist, dann folgt $d \mid d'$ aus der zweiten Eigenschaft für den größten gemeinsamen Teiler, woraus wir $d \leq d'$ erhalten. Andererseits ergibt sich aus (ii') $d' \leq d$ und daher schließlich $d = d'$.

1.3
Induktionsanfang. Wenn $n = 1$, dann erhalten wir auf beiden Seiten der Gleichung den Wert 1.
Induktionsschritt. Wir setzen voraus, dass für ein festes $n \geq 0$ die Gleichung $\sum_{k=1}^{n} k^3 = \left(\frac{n(n+1)}{2}\right)^2$ gilt. Dann haben wir für dasselbe n zu beweisen, dass auch $\sum_{k=1}^{n+1} k^3 = \left(\frac{(n+1)(n+2)}{2}\right)^2$ ist.
Beweis: $\sum_{k=1}^{n+1} k^3 = \sum_{k=1}^{n} k^3 + (n+1)^3 = \left(\frac{n(n+1)}{2}\right)^2 + (n+1)^3 = \left(\frac{n+1}{2}\right)^2 \cdot (n^2 + 4(n+1)) = \left(\frac{(n+1)(n+2)}{2}\right)^2$.

1.4
Induktionsanfang. Für $n = 0$ erhalten wir auf beiden Seiten der ersten Formel den Wert 1. Bei der zweiten Formel ergeben sich verschiedene Werte!

Induktionsschritt. Unter der Annahme, dass $\sum_{k=0}^{n} q^k = \frac{q^{n+1}-1}{q-1}$ für ein festes $n \geq 0$ gilt, ist zu zeigen, dass $\sum_{k=0}^{n+1} q^k = \frac{q^{n+2}-1}{q-1}$.
Beweis: $\sum_{k=0}^{n+1} q^k = \sum_{k=0}^{n} q^k + q^{n+1} = \frac{q^{n+1}-1}{q-1} + q^{n+1} = \frac{q^{n+2}-1}{q-1}$.
Auch bei der zweiten Formel funktioniert diese Rechnung, da $\frac{q^{n+1}-q^2+q-1}{q-1} + q^{n+1} = \frac{q^{n+2}-q^2+q-1}{q-1}$. Da sich jedoch kein Induktionsanfang finden lässt, folgt daraus nicht die Gültigkeit der zweiten Formel.
Der Ausdruck auf der rechten Seite der ersten Formel ist einem bekannterem gleich: $\frac{q^{n+1}-q^2+q-1}{q-1} + q = \frac{q^{n+1}-1}{q-1}$, die rechte Seite der zweiten Formel weicht davon jedoch um den Wert q ab.

1.5

Induktionsanfang. Für $n = 0$ ergibt sich auf beiden Seiten der Wert 1.
Induktionsschritt. Wir setzen voraus, dass für ein $n \geq 0$ die Gleichung

$$(a+b)^n = \sum_{k=0}^{n} \binom{n}{k} a^k b^{n-k}$$

gilt, und haben zu zeigen, dass auch

$$(a+b)^{n+1} = \sum_{k=0}^{n+1} \binom{n+1}{k} a^k b^{n+1-k} \qquad \text{ist.}$$

Beweis: Unter Benutzung von $\binom{n}{k-1} + \binom{n}{k} = \binom{n+1}{k}$ ergibt sich

$$\begin{aligned}
(a+b)^{n+1} &= (a+b)\cdot(a+b)^n = (a+b)\cdot\sum_{k=0}^{n}\binom{n}{k}a^k b^{n-k} \\
&= \sum_{k=0}^{n}\binom{n}{k}a^{k+1}b^{n-k} + \sum_{k=0}^{n}\binom{n}{k}a^k b^{n+1-k} \\
&= \sum_{k=1}^{n+1}\binom{n}{k-1}a^k b^{n+1-k} + \sum_{k=0}^{n}\binom{n}{k}a^k b^{n+1-k} \\
&= \binom{n}{n}a^{n+1} + \sum_{k=1}^{n}\left(\binom{n}{k-1}+\binom{n}{k}\right)a^k b^{n+1-k} + \binom{n}{0}b^{n+1} \\
&= \binom{n+1}{n+1}a^{n+1} + \sum_{k=1}^{n}\binom{n+1}{k}a^k b^{n+1-k} + \binom{n+1}{0}b^{n+1} \\
&= \sum_{k=0}^{n+1}\binom{n+1}{k}a^k b^{n+1-k}\,.
\end{aligned}$$

1.6

Induktionsanfang. Wenn $n = 0$, dann ist $k = 0$ und die Formel ist offenbar korrekt.

Induktionsschritt. Wir setzen voraus, dass $\binom{n-1}{k} = \frac{(n-1)!}{k!\cdot(n-k-1)!}$ für ein festes n und alle k mit $0 \leq k \leq n-1$ gilt. Zu beweisen ist die behauptete Formel für $\binom{n}{k}$ mit $0 \leq k \leq n$.

Beweis. Da nach Definition $\binom{n}{0} = \binom{n-1}{0}$ und $\binom{n}{n} = \binom{n-1}{n-1}$, ist die behauptete Formel für $k = 0$ und $k = n$ richtig.
Da $n! = n(n-1)!$, $k! = k(k-1)!$ und $(n-k)! = (n-k)(n-k-1)!$, folgt für $0 < k < n$ aus der Definition und Induktionsvoraussetzung

$$\begin{aligned}\binom{n}{k} = \binom{n-1}{k} + \binom{n-1}{k-1} &= \frac{(n-1)!}{k!\cdot(n-k-1)!} + \frac{(n-1)!}{(k-1)!\cdot(n-k)!} \\ &= \frac{(n-1)!}{(k-1)!\cdot(n-k-1)!}\left(\frac{1}{k} + \frac{1}{n-k}\right) \\ &= \frac{(n-1)!}{(k-1)!\cdot(n-k-1)!}\cdot\frac{n}{k(n-k)} = \frac{n!}{k!\cdot(n-k)!}\,.\end{aligned}$$

Wenn $n = p$ prim ist, dann ist jedes k mit $1 \leq k \leq p-1$ zu p teilerfremd. Da nach der soeben bewiesenen Formel $p! = \binom{p}{k}\cdot(p-k)!\cdot k!$ gilt, muss wegen Satz 1.1.7 (a) die Primzahl p ein Teiler von $\binom{p}{k}$ sein.

1.7
Der Induktionsanfang ($n = 2$) wurde im Satz 1.1.7 bewiesen. Für den Induktionsschritt müssen wir die behauptete Aussage für den Fall von $n+1$ Faktoren beweisen, wobei wir deren Gültigkeit für $n \geq 2$ Faktoren voraussetzen. Sei dazu p Teiler eines Produktes $a_1 \cdot \ldots \cdot a_n \cdot a_{n+1} = a \cdot a_{n+1}$ mit $a = a_1 \cdot \ldots \cdot a_n$. Aus Satz 1.1.7 folgt jetzt $p \mid a$ oder $p \mid a_{n+1}$. Da a ein Produkt von n Faktoren ist, folgt die Behauptung aus der Induktionsvoraussetzung.
1.8
Der Beweis wird indirekt geführt. Wir nehmen an, dass $\sqrt{26}$ rational ist, das heißt, dass es ganze Zahlen m, n gibt, so dass $\sqrt{26} = \frac{m}{n}$. Wir können m und n teilerfremd wählen. Quadrieren liefert $m^2 = 26n^2$. Nach Satz 1.1.7 muss 2 ein Teiler von m sein, also gibt es $k \in \mathbb{Z}$ mit $m = 2k$. Dann ist 4 ein Teiler von $26n^2$, d.h. 2 teilt $13n^2$. Nach Satz 1.1.7 (a) und Satz 1.1.7 muss dann aber auch n durch 2 teilbar sein, was im Widerspruch zur Teilerfremdheit von m und n steht.
1.9
(a) Entsprechend Definition 1.1.10 ist

$$\varphi(pq) = |\{k \mid 1 \leq k < pq, \quad \mathrm{ggT}(k, pq) = 1\}|\,.$$

Für k mit $1 \leq k < pq$ kann $\mathrm{ggT}(k, pq)$ nur drei mögliche Werte annehmen, nämlich $1, p, q$. Wir haben $\mathrm{ggT}(k, pq) = p$ genau für die $q-1$ Zahlen $p, 2p, 3p, \ldots, (q-1)p$. Analog gibt es $p-1$ Zahlen k mit $\mathrm{ggT}(k, pq) = q$. Da p und q verschiedene Primzahlen sind, überschneiden sich beide Listen nicht. Von den $pq-1$ möglichen Zahlen k werden daher genau $q-1+p-1 = p+q-2$ nicht berücksichtigt. Das ergibt $\varphi(pq) = pq - 1 - (p+q-2) = (p-1)(q-1)$.

(b) $\varphi(101) = 100, \varphi(141) = \varphi(3)\varphi(47) = 92, \varphi(142) = \varphi(2)\varphi(71) = 70, \varphi(143) = \varphi(11)\varphi(13) = 120, \varphi(169) = \varphi(13^2) = 156, \varphi(1024) = \varphi(2^{10}) = 512$.

(c) Aus Satz 1.1.11 erhalten wir $\varphi(p^k) = p^k \frac{p-1}{p}$ für jede Primzahl p und $k \geq 1$. Durch Zerlegung von n in ein Produkt von Potenzen verschiedener Primzahlen ergibt sich daraus $\varphi(n) = n \prod_{p|n} \frac{p-1}{p}$. Somit erhalten wir $2\varphi(n) = n$ genau dann, wenn $\prod_{p|n} \frac{p-1}{p} = \frac{1}{2}$ gilt. Damit diese Gleichung gelten kann, muss einer der Nenner des Produktes auf der linken Seite gleich 2 sein, das heißt $2 \mid n$. Da $\frac{p-1}{p} < 1$ für $p > 2$, folgt nun, dass n durch keine Primzahl $p > 2$ teilbar ist. Also gilt $n = 2^k$ für ein $k \geq 1$. Da $\varphi(2^k) = 2^{k-1}$, sind damit alle Zahlen n gefunden, für die $n = 2\varphi(n)$ gilt.

1.10

Wenn n ungerade ist, dann gibt es $k \in \mathbb{Z}$ mit $n = 2k + 1$. Es ergibt sich $n^2 - 1 = (2k+1)^2 - 1 = 4k(k+1)$. Da von den zwei Zahlen $k, k+1$ genau eine gerade ist, ist $4k(k+1)$ durch 8 teilbar.

1.11

Wenn wir den ersten und letzten, den zweiten und vorletzten, oder allgemein den k-ten Summanden und den Summanden, der sich an k-ter Stelle vom Ende gezählt befindet, zueinander addieren, dann haben wir den Ausdruck $k^{13} + (2001 - k)^{13}$ vor uns. Da $2001 - k \equiv -k \mod 2001$ und 13 eine ungerade Zahl ist, erhalten wir $k^{13} + (2001 - k)^{13} \equiv 0 \mod 2001$. Da die Gesamtzahl der Summanden gerade ist, ergibt sich daraus die gewünschte Teilbarkeitsaussage.

1.12

Für `3-423-62015-3` ist die Prüfgleichung für eine ISBN-10 erfüllt. Im Fall von `3-528-28783-6` erhalten wir jedoch $\sum_{i=1}^{10} i \cdot a_i \equiv 1 \mod 11$. Wir bezeichnen die gegebenen Ziffern mit $a_1, \ldots, a_{10}$. Wenn a_k fehlerhaft und der korrekte Wert gleich b_k ist, dann ergibt die Prüfgleichung $k(a_k - b_k) \equiv 1 \mod 11$. Wenn $[r] \in \mathbb{Z}/11\mathbb{Z}$ die Gleichung $[r][k] = [1]$ erfüllt, dann ergibt sich der korrekte Wert b_k aus $[b_k] = [a_k] - [r]$. Auf diese Weise kann man folgende Tabelle erzeugen:

$[k]$	1	2	3	4	5	6	7	8	9	10
$[a_k]$	3	5	2	8	2	8	7	8	3	6
$[r]$	1	6	4	3	9	2	8	7	5	10
$[b_k]$	2	10	9	5	4	6	10	1	9	7

Da der Wert 10 an den Positionen 2 und 7 nicht zugelassen ist, ergeben sich 8 verschiedene Möglichkeiten, die fehlerhafte ISBN-10 zu korrigieren. Falls das Prüfzeichen a_{10} fehlerhaft war, ergibt sich die neue Prüfziffer der entsprechenden ISBN-13 zu 2. Wenn hingegen eine andere Ziffer a_k durch b_k ersetzt wurde, dann lesen wir das entsprechende r aus der Tabelle ab und erhalten die neue Prüfziffer $[r+2]$ für gerades k und $[3r+2]$ für ungerades k. Nur `3-528-26783-6` ist tatsächlich die ISBN eines Buches. Die entsprechende ISBN-13 lautet `9783528267834`.

1.13

Die additive Gruppenstruktur auf der Menge $\mathbb{Z}\times\mathbb{Z}$ ist durch $(x,y)+(x',y') = (x+x', y+y')$ gegeben. Da $f(x+x', y+y') = (x+x') - (y+y') = (x-y) + (x'-y') = f(x,y) + f(x',y')$, ist f ein Homomorphismus. Er ist surjektiv, da für jedes $x \in \mathbb{Z}$ $f(x,0) = x$ gilt. Daher ist $\mathrm{im}(f) = \mathbb{Z}$. Andererseits ist genau dann $(x,y) \in \ker(f)$, wenn $x - y = 0$. Somit ist f nicht injektiv und $\ker(f) = \{(x,x) \mid x \in \mathbb{Z}\}$.

1.14

Ein Zyklus der Länge k hat die Ordnung k in jedem $\mathfrak{S}_n$. Für die sechs Elemente von $\mathfrak{S}_3$ ergibt sich: $\mathrm{ord}(\mathrm{Id}) = 1, \mathrm{ord}(1\,2) = \mathrm{ord}(1\,3) = \mathrm{ord}(2\,3) = 2$ und $\mathrm{ord}(1\,2\,3) = \mathrm{ord}(1\,3\,2) = 3$.

1.15

Sei $d = \mathrm{ggT}(a,n)$ und $n' := \frac{n}{d}, a' := \frac{a}{d}$. Dann ist $\mathrm{ggT}(a',n') = 1$. Für eine ganze Zahl k gilt $[ka] = [0]$ in $\mathbb{Z}/n\mathbb{Z}$ genau dann, wenn $n \mid ka$ und dies ist äquivalent zu $n' \mid ka'$. Wegen Satz 1.1.7 (a) ist dies zu $n' \mid k$ äquivalent. Daher ist $n' = \frac{n}{d}$ die kleinste positive ganze Zahl, für die $k[a] = [0]$ ist.

1.16

(a) Jede zyklische Gruppe ist abelsch, da stets $g^k * g^l = g^l * g^k$. Daher sind D_5 und S_3 nicht zyklisch. Die Gruppe $\mathbb{Z}/5\mathbb{Z}$ ist zyklisch mit Erzeuger $[1]$: $\mathbb{Z}/5\mathbb{Z} = \{[1], 2\cdot[1], 3\cdot[1], 4\cdot[1], 5\cdot[1]\}$. Dabei ist die additive Schreibweise zu beachten. Auch $(\mathbb{Z}/5\mathbb{Z})^*$ ist zyklisch. Ein Erzeuger ist $[2]$, denn $(\mathbb{Z}/5\mathbb{Z})^* = \{[2], [2]^2, [2]^3, [2]^4, [2]^5\}$.

(b) Wenn $p = \mathrm{ord}(G)$ eine Primzahl ist, dann ist $p > 1$ und es gibt ein Element $e \neq g \in G$. Da e das einzige Element mit Ordnung 1 ist, muss $\mathrm{ord}(g) > 1$ sein. Weil nach Satz 1.3.23 $\mathrm{ord}(g)$ ein Teiler von $p = \mathrm{ord}(G)$ ist, ergibt sich $\mathrm{ord}(g) = p$, d.h. G ist zyklisch.

1.17

Da $\varphi(17) = 16$, folgt die Wohldefiniertheit der Abbildung g aus Satz 1.3.24. Da $7^{a+b} = 7^a \cdot 7^b$, ist g ein Homomorphismus. Die multiplikative Ordnung von $[7]$ muss ein Teiler von $16 = \mathrm{ord}\left((\mathbb{Z}/17\mathbb{Z})^*\right)$ sein. Wegen $[7]^8 = [-1]$ ist $\mathrm{ord}\left([7]\right) = 16$, woraus die Surjektivität und die Injektivität von g folgt.

1.18

Da $f(a^k) = f(a)^k$, folgt aus $a^k = e$ stets $f(a)^k = e$. Wenn f injektiv ist, dann hat $f(a)^k = e$ auch $a^k = e$ zur Folge. Somit ist das kleinste positive k mit dem man $a^k = e$ erhält auch das kleinste positive k mit dem man $f(a)^k = e$ erhält. Für jeden injektiven Gruppenhomomorphismus ist daher $\mathrm{ord}(a) = \mathrm{ord}(f(a))$. Wenn f nicht injektiv ist, dann gilt für jedes $a \neq e$ aus dem Kern von f: $\mathrm{ord}(a) \neq \mathrm{ord}(f(a)) = 1$. Ein konkretes Beispiel ist der durch $f(a) = [a]$ gegebene Homomorphismus $f : \mathbb{Z} \longrightarrow \mathbb{Z}/2\mathbb{Z}$, dessen Kern $2\mathbb{Z}$ ist.

1.19

Die Gruppe $\mathbb{Z}/4\mathbb{Z}$ ist zyklisch. Die beiden Elemente $[1]$ und $[3]$ haben Ordnung vier. In der Gruppe $\mathbb{Z}/2\mathbb{Z}\times\mathbb{Z}/2\mathbb{Z}$ haben hingegen alle Elemente die Ordnung 1 oder 2. Nach Aufgabe 1.18 können sie also nicht isomorph sein. Da 2 und 3 teilerfremd sind, folgt aus Satz 1.3.34, dass durch $[a]_6 \mapsto ([a]_2, [a]_3)$ ein Isomorphismus $\mathbb{Z}/6\mathbb{Z} \longrightarrow \mathbb{Z}/2\mathbb{Z} \times \mathbb{Z}/3\mathbb{Z}$ definiert ist.

1.20

Weil $K(x) * K(y) = (g * x * g^{-1}) * (g * y * g^{-1}) = g * x * (g^{-1} * g) * y * g^{-1} = g * x * y * g^{-1} = K(x * y)$, ist K ein Homomorphismus. Er ist bijektiv, da $g * x * g^{-1} = z$ äquivalent zu $x = g^{-1} * z * g$ ist. Wenn die Gruppe G abelsch ist, dann ist $K = \mathrm{Id}$.

1.21

Es ist zu zeigen, dass $gU = Ug$ für alle $g \in G$ gilt. Wenn $g \in U$, dann folgt aus der Definition von Untergruppe (Def. 1.3.8), dass $gU = U = Ug$. Da verschiedene Nebenklassen disjunkt sind (Satz 6.3.16) und U genau die Hälfte aller Elemente von G enthält, ist $gU = G \setminus U$ und $Ug = G \setminus U$ für jedes $g \in G \setminus U$.

1.22

Nach Satz 1.3.23 kommen nur die Teiler $1, 2, 3, 6$ von $6 = \mathrm{ord}(\mathfrak{S}_3)$ als Ordnung einer Untergruppe $U \subset \mathfrak{S}_3$ in Betracht. Wenn $\mathrm{ord}(U) = 1$, dann ist $U = \{\mathrm{Id}\}$ und dies ist ein Normalteiler. Wenn $\mathrm{ord}(U) = 6$, dann ist $U = \mathfrak{S}_3$ und dies ist ebenfalls ein Normalteiler. Da $2, 3$ Primzahlen sind, ist jede Untergruppe dieser Ordnungen zyklisch (Aufg. 1.16). Jedes der drei Elemente der Ordnung 2 erzeugt eine Untergruppe mit 2 Elementen: $\{\mathrm{Id}, (1\,2)\}, \{\mathrm{Id}, (1\,3)\}, \{\mathrm{Id}, (2\,3)\}$. Da $(1\,3)(1\,2)(1\,3) = (1\,2)(1\,3)(1\,2) = (2\,3)$, ist keine dieser Untergruppen Normalteiler. Da $(1\,2\,3)^2 = (1\,3\,2)$, hat $\mathfrak{S}_3$ nur die eine Untergruppe $\{\mathrm{Id}, (1\,2\,3), (1\,3\,2)\}$ der Ordnung 3. Sie ist nach Aufgabe 1.21 Normalteiler.

1.23

Zu beachten ist, dass $x\sigma(y) \neq y\sigma(x)$ *nicht* zu $y^{-1}\sigma(y) \neq x^{-1}\sigma(x)$ äquivalent ist. Wir müssen also tatsächlich alle Produkte $x\sigma(y)$ berechnen. Tabelle A.1 ist so aufgebaut, dass im Kopf der Spalte i das Element $\sigma(x)$ steht, wenn x in Zeile i ganz links zu finden ist. Die Behauptung folgt dann daraus, dass es in dieser Tabelle kein Element aus D_5 gibt, welches gleichzeitig an den Positionen (i, j) und (j, i) auftritt.

	t	s	st^3	st^4	t^2	st^2	t^4	st	1	t^3	$\sigma(y)$
1		s	st^3	st^4	t^2	st^2	t^4	st	1	t^3	
t	t^2		st^2	st^3	t^3	st	1	s	t	t^4	
t^2	t^3	st^3		st^2	t^4	s	t	st^4	t^2	1	
t^3	t^4	st^2	s		1	st^4	t^2	st^3	t^3	t	
t^4	1	st	st^4	s		st^3	t^3	st^2	t^4	t^2	
s	st	1	t^3	t^4	st^2		st^4	t	s	st^3	
st	st^2	t^4	t^2	t^3	st^3	t		1	st	st^4	
st^2	st^3	t^3	t	t^2	st^4	1	st		st^2	s	
st^3	st^4	t^2	1	t	s	t^4	st^2	t^3		st	
st^4	s	t	t^4	1	st	t^3	st^3	t^2	st^4		
x											$x\sigma(y)$

Tabelle A.1 Aufgabe 1.23

1.24

Ersetzen wir `G` durch 2 und `L` durch 4, dann ergibt sich Tabelle A.2. Das

Position i	1	2	3	4	5	6	7	8	9	10	11
Ziffer a	2	4	0	7	6	9	9	4	7	2	2
Potenz von σ	σ	σ^2	σ^3	σ^4	σ^5	σ^6	σ^7	1	σ	σ^2	1
$\sigma^i(a)$	7	7	8	8	3	5	8	4	0	0	2
Element in D_5	st^3	st^3	st^2	st^2	t^3	s	st^2	t^4	1	1	t^2

Tabelle A.2 Aufgabe 1.24

Produkt der Elemente der letzten Zeile berechnet sich zu $st^3 \cdot st^3 \cdot st^2 \cdot st^2 \cdot t^3 \cdot s \cdot st^2 \cdot t^4 \cdot 1 \cdot 1 \cdot t^2 = t$, die Prüfgleichung ist nicht erfüllt.

1.25

Die vollständige Nummer lautet `DY3333333Z7`.

1.26

Die Gleichung $a * a = e$ bedeutet $a^{-1} = a$. Wegen Bemerkung 1.3.7 haben wir $a * b = (a * b)^{-1} = b^{-1} * a^{-1} = b * a$ für $a, b \in G$, d.h. G ist abelsch.

1.27

Der Euklidische Algorithmus liefert $\mathrm{ggT}(f, g) = X - 1$.

1.28

Es gilt $\left(X^5 + X^3 + X^2 + 1\right) - \left(X^4 + X^3 - X^2\right)(X + 2) = 1$ in $\mathbb{F}_3[X]$.

1.29

Da für $f, g \in I$ und $r \in \mathbb{Z}[X]$ sowohl $(f + g)(1) = f(1) + g(1) = 0$ als auch $(r \cdot f)(1) = r(1) \cdot f(1) = r(1) \cdot 0 = 0$ gilt, ist I ein Ideal in $\mathbb{Z}[X]$. Mit Hilfe von Division durch $X - 1$ mit Rest kann man jedes Polynom $f \in \mathbb{Z}[X]$ in der Gestalt $f = (X - 1) \cdot g - r$ mit $r \in \mathbb{Z}$ und $g \in \mathbb{Z}[X]$ schreiben. Daraus ergibt sich $I = \langle X \rangle$, d.h. I ist ein Hauptideal in $\mathbb{Z}[X]$.

1.30

Da $K[X]/\langle f \rangle$ ein Ring ist, ist nur zu zeigen, dass jede von Null verschiedene Restklasse ein multiplikatives Inverses besitzt. Ein Polynom $g \in K[X]$ ist genau dann durch f teilbar, wenn seine Restklasse in $K[X]/\langle f \rangle$ gleich Null ist. Da f irreduzibel ist, gilt $\mathrm{ggT}(f, g) = 1$ für jedes nicht durch f teilbare Polynom $g \in K[X]$. Wenn $\mathrm{ggT}(f, g) = 1$, dann liefert der Euklidische Algorithmus Polynome $r, s \in K[X]$, so dass $rf + sg = 1$ gilt. Die Restklasse von s ist das multiplikative Inverse der Klasse von g.

1.31

Da $X^2 + X + 1 = 1 + X(X - 1)$, hat dieses Polynom keine Nullstelle in $\mathbb{F}_2$. Das genügt, um zu zeigen, dass dieses quadratische Polynom irreduzibel im Ring $\mathbb{F}_2[X]$ ist. Nach Aufgabe 1.30 ist $K = \mathbb{F}_2[X]/\langle X^2 + X + 1 \rangle$ ein Körper. Wenn $\xi \in K$ die Restklasse von X bezeichnet, dann besteht K aus den vier Elementen $0, 1, \xi, 1 + \xi$ und es gilt $\xi^2 = 1 + \xi, \xi^3 = 1$. Die zyklische Gruppe K^* wird von ξ erzeugt.

1.32
Wenn $\mathrm{ggT}(a,n)=1$, dann liefert der Euklidische Algorithmus ganze Zahlen r,s, so dass $ra+sn=1$, also $[r]\cdot[a]=[1]$ und $[a]$ ist Einheit in $\mathbb{Z}/n\mathbb{Z}$. Falls jedoch $\mathrm{ggT}(a,n)=d>1$, so ist $a=a'\cdot d$ und $n=n'\cdot d$ mit $[n']\neq 0$. Das ergibt $a\cdot n'=a'\cdot d\cdot n'=a'\cdot n$, d.h. $[a]$ ist Nullteiler in $\mathbb{Z}/n\mathbb{Z}$.
1.33
Da $7,8,9$ paarweise teilerfremd sind, können wir den im Text beschriebenen Algorithmus verwenden. Es ergibt sich $x=499$ als kleinste positive Lösung:

$$\begin{aligned}
&x_1=2 && y\equiv(b_2-x_1)m_1^{-1} \mod m_2\\
& && y\equiv(3-2)7^{-1} \mod 8\\
& && y\equiv 7 \mod 8\\
&x_2=x_1+7y=51 && y\equiv(b_3-x_2)(m_1m_2)^{-1} \mod m_3\\
& && y\equiv(4-51)56^{-1} \mod 9\\
& && y\equiv -1 \mod 9\\
&x_3=x_2+56y=-5 && \Longrightarrow\quad x=-5+7\cdot 8\cdot 9\cdot k=-5+504k\,.
\end{aligned}$$

1.34
Da $7,11,13$ Primzahlen sind, verfahren wir wie in der vorigen Aufgabe.

$$\begin{aligned}
&x_1=5 && y\equiv(b_2-x_1)m_1^{-1} \mod m_2\\
& && y\equiv(7-5)7^{-1} \mod 11\\
& && y\equiv 5 \mod 11\\
&x_2=x_1+7y=40 && y\equiv(b_3-x_2)(m_1m_2)^{-1} \mod m_3\\
& && y\equiv(11-40)77^{-1} \mod 13\\
& && y\equiv 3 \mod 13\\
&x_3=x_2+77y=271 && \Longrightarrow\quad x=271+7\cdot 11\cdot 13\cdot k=271+1001k\,.
\end{aligned}$$

1.35
Offenbar ist $\prod_{a\in\mathbb{F}_p}(X-a)$ ein solches Polynom. Ebenso X^p-X, da nach Satz 1.3.23 jedes Element von $\mathbb{F}_p^*$ Nullstelle von $X^{p-1}-1$ ist. Da sich zwei Polynome vom selben Grad, die die gleichen Nullstellen haben, höchstens um einen konstanten Faktor unterscheiden können, sind die beiden angegebenen Polynome sogar gleich.
Wenn $a\in\mathbb{F}_5$, dann ist $a^2\in\{[-1],[0],[1]\}$. Daher haben die beiden Polynome X^2+2 und X^2+3 keine Nullstelle in $\mathbb{F}_5$. Da für $p>2$ immer zwei verschiedene Elemente, $[a]$ und $[-a]$, dasselbe Quadrat $[a^2]$ in $\mathbb{F}_p^*$ haben, gibt es für jede Primzahl $p>2$ immer $(p-1)/2$ Elemente $[b]\in\mathbb{F}_p^*$, für die X^2-b keine Nullstelle in $\mathbb{F}_p^*$ hat. Eine systematische Untersuchung dieser sogenannten quadratischen Reste mit Hilfe des Legendre-Symbols findet der interessierte Leser zum Beispiel in [Se].

1.36

(a) Da $(K,+)$ eine abelsche Gruppe ist, folgt leicht, dass dies auch für $(I(K),+)$ gilt. Da $(f\cdot g)(n) := \sum_{d|n} f(d)g\left(\frac{n}{d}\right) = \sum_{a\cdot b=n} f(a)\cdot g(b)$, ergibt sich leicht die Assoziativität und Kommutativität der Multiplikation. Dass e das Einselement ist, prüft man ebenso wie das Distributivgesetz durch eine direkte Rechnung nach.

(b) Aus $f\cdot g = e$ folgt $f(1)\cdot g(1) = e(1) = 1$, also ist $f(1)\in K^*$. Wenn umgekehrt $f(1)\in K^*$, dann definieren wir $g(1) = f(1)^{-1}$. Für $n>1$ definieren wir $g(n)$ mit Hilfe der Gleichung $0 = e(n) = (f\cdot g)(n) = \sum_{a\cdot b=n} f(a)\cdot g(b)$, nämlich rekursiv $g(n) := -f(1)^{-1}\left(\sum_{a\cdot b=n, b<n} f(a)\cdot g(b)\right)$. Dann ist $f\cdot g = e$ und somit $f\in I(K)^*$.

(c) Es gilt $(u\cdot\varphi)(n) = (\varphi\cdot u)(n) = \sum_{d|n}\varphi(d)u\left(\frac{n}{d}\right) = \sum_{d|n}\varphi(d) = n$, siehe Schritt 2 im Beweis von Satz 1.4.27.

1.37

Entsprechend Satz 1.4.27 ist $\mathbb{F}_{17}^*$ eine zyklische Gruppe der Ordnung 16. Die Elemente dieser Gruppe können damit nur die Ordnung $1,2,4,8$ oder 16 haben. Wie im Schritt 5 des Beweises von Satz 1.4.27 gezeigt, gibt es genau $\varphi(d)$ Elemente der Ordnung d für jede der möglichen Ordnungen. Da jedes $a\in\mathbb{F}_{17}^*$ die Gleichung $\left(a^2\right)^8 = a^{16} = 1$ erfüllt, hat keines der Quadrate die Ordnung 16. Die Quadrate der Elemente $[1],[2],\ldots,[8]$ sind $[1],[4],[9],[16],[8],[2],[15],[13]$. Daher haben genau die acht restlichen Elemente $[5],[6],[7],[10],[11],[12],[13],[14]$ die Ordnung 16. Wenn wir die gefundenen Quadrate in der Form $[\pm1],[\pm2],[\pm4],[\pm8]$ schreiben, dann sehen wir leicht, dass die Quadrate dieser Elemente gerade $[1],[4],[16],[13]$ sind. Da $\left(a^4\right)^4 = a^{16} = 1$, hat keines dieser Elemente die Ordnung 8. Die Elemente der Ordnung 8 sind daher $[2],[8],[9],[15]$. Da $\operatorname{ord}([1]) = 1$ und $\operatorname{ord}([16]) = \operatorname{ord}([-1]) = 2$, haben schließlich $[4]$ und $[13]$ die Ordnung 4.

1.38

Quadratische Ergänzung ergibt $2X^2-2X+5 = 2\left(X-\frac{1}{2}\right)^2+\frac{9}{2}$. Damit, oder mit einer bekannten Lösungsformel, ergibt sich $a = \frac{1}{2}+\frac{3}{2}\mathrm{i}$ und $b = \frac{1}{2}-\frac{3}{2}\mathrm{i}$. Man erhält nun $a+b = 1$, $a-b = 3\mathrm{i}$, $ab = \frac{5}{2}$ und $\frac{a}{b} = -\frac{4}{5}+\frac{3}{5}\mathrm{i}$.

1.39

(i) Es gilt $493 = 17\cdot 29$, $\varphi(493) = 448$ und $45\cdot 229-23\cdot 448 = 1$, also $d = 229$.

(ii) Da $10201 = 101^2$, ergibt sich $\varphi(10201) = 10100$. Aus $8773\cdot 137 - 119\cdot 10100 = 1$, folgt $d = 8773$.

(iii) Hier ist $13081 = 103\cdot 127$, damit $\varphi(13081) = 12852$ und wegen $3\cdot 12852 - 701\cdot 55 = 1$ schließlich $d = -55$.

(iv) Aus $349\cdot 727 = 253723$ erhalten wir $252648 = \varphi(253723)$ und mit $1 = 19\cdot 252648 - 1759\cdot 2729$ dann $d = -2729$.

1.40

(a) Es gilt $7^{17}\equiv 13876 \mod 31991$, $7^{27}\equiv 12225 \mod 31991$ und $7^{17\cdot 27}\equiv 13876^{27}\equiv 15530 \mod 31991$.

(b) Die gesuchten Logarithmen sind $a = 123$ und $b = 345$, da $7^{123} \equiv 4531 \mod 31991$ und $7^{345} \equiv 13270 \mod 31991$. Also ist $7^{123 \cdot 345} \equiv 14360 \mod 31991$ der gesuchte Schlüssel.

1.41

Es gilt $9119 = 11 \cdot 829$, also $\varphi(9119) = 8280$. Mit Hilfe des Euklidischen Algorithmus ergibt sich $1 = 8280 - 17 \cdot 487$, der geheime Schlüssel ist also

$$d \equiv -487 \equiv 7793 \mod 8280 .$$

In Tabelle A.3 sind die Dezimalwerte m der gegebenen Zeichenpaare und der Wert $m^d \mod 9119$ nebst Übertragung in ASCII-Zeichen zu finden. Das Lösungswort lautet `FERTIG`.

chiffriert	`+T`	`T&`	`@/`
m	43 84	84 38	64 47
$m^d \mod 9119$	70 69	82 84	73 71
Klartext	`FE`	`RT`	`IG`

Tabelle A.3 Aufgabe 1.41

2.1

Wenn wir zuerst die erste Zeile von allen anderen subtrahieren, im zweiten Schritt das doppelte der zweiten Zeile von der dritten Zeile und das dreifache der zweiten Zeile von der vierten Zeile subtrahieren, im dritten Schritt die erste von der zweiten Zeile subtrahieren und danach die ersten beiden Zeilen vertauschen, ergibt sich:

$$\left(\begin{array}{cccc|c} 0&1&2&3&4\\ 1&2&3&4&5\\ 2&3&4&5&6\\ 3&4&5&6&7 \end{array}\right) \rightsquigarrow \left(\begin{array}{cccc|c} 0&1&2&3&4\\ 1&1&1&1&1\\ 2&2&2&2&2\\ 3&3&3&3&3 \end{array}\right) \rightsquigarrow \left(\begin{array}{cccc|c} 0&1&2&3&4\\ 1&1&1&1&1\\ 0&0&0&0&0\\ 0&0&0&0&0 \end{array}\right) \rightsquigarrow \left(\begin{array}{cccc|c} 1&0&-1&-2&-3\\ 0&1&2&3&4\\ 0&0&0&0&0\\ 0&0&0&0&0 \end{array}\right).$$

Damit sind $x_3 = \lambda_1$ und $x_4 = \lambda_2$ die freien Variablen und die Zeilenstufenform besagt $x_1 = -3 + \lambda_1 + 2\lambda_2$ und $x_2 = 4 - 2\lambda_1 - 3\lambda_2$. Das ergibt $\text{Lös}(A|\,b) = \{u + \lambda_1 v_1 + \lambda_2 v_2 \mid \lambda_1, \lambda_2 \in \mathbb{R}\}$ mit

$$u = \begin{pmatrix} -3\\ 4\\ 0\\ 0 \end{pmatrix}, \quad v_1 = \begin{pmatrix} 1\\ -2\\ 1\\ 0 \end{pmatrix}, \quad v_2 = \begin{pmatrix} 2\\ -3\\ 0\\ 1 \end{pmatrix}.$$

2.2

Zuerst (II) – (I) und (III) – (IV) und im zweiten Schritt (I) – (III), (IV) – (II) und Vertauschung von (II) und (III) liefert

$$\left(\begin{array}{cccc|c} 1&1&0&0&10\\ 1&1&1&0&17\\ 0&1&1&1&20\\ 0&0&1&1&12 \end{array}\right) \rightsquigarrow \left(\begin{array}{cccc|c} 1&1&0&0&10\\ 0&0&1&0&7\\ 0&1&0&0&8\\ 0&0&1&1&12 \end{array}\right) \rightsquigarrow \left(\begin{array}{cccc|c} 1&0&0&0&2\\ 0&1&0&0&8\\ 0&0&1&0&7\\ 0&0&0&1&5 \end{array}\right),$$

woraus $\text{Lös}(A|\,b) = \{(2, 8, 7, 5)\}$ folgt.

2.3

Durch die Operationen (II) – (I), (III) – $\frac{1}{2}$(I) und (III) – (II) ergibt sich $\left(\begin{array}{ccc|c} 2&4&2&12t\\ 0&8&5&7\\ 0&0&0&t+1 \end{array}\right)$. Wenn $t \neq -1$ gibt es keine Lösung. Für $t = -1$ ergibt sich als Lösungsmenge $\left\{ \begin{pmatrix} -\frac{31}{4}\\ \frac{7}{8}\\ 0 \end{pmatrix} + \lambda \begin{pmatrix} \frac{1}{4}\\ -\frac{5}{8}\\ 1 \end{pmatrix} \,\middle|\, \lambda \in \mathbb{R} \right\}$.

2.4

Für verschiedene Werte von b erhält man parallele Geraden (III) und für verschiedene Werte von a ergeben sich Geraden die durch den Schnittpunkt $(3, 2)$ der beiden Geraden (I) und (II) gehen.

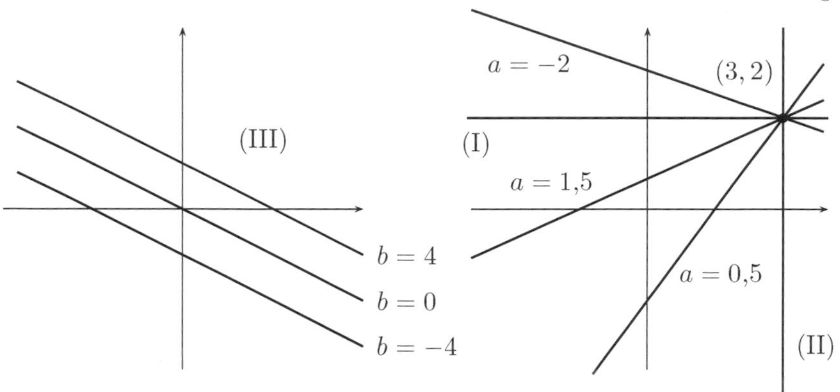

2.5
Die erweiterte Koeffizientenmatrix des gegebenen Systems lautet

$$\left(\begin{array}{cccccc|c} 0&0&1&1&0&0&0\\ 1&1&1&1&1&1&0\\ 0&1&1&0&1&0&1\\ 1&0&1&0&0&1&1\\ 0&1&0&1&1&0&1\\ 1&0&0&0&0&1&1 \end{array}\right).$$

Wenn wir die Zeilen 4 und 5 zur Zeile 2 addieren erhalten wir eine Nullzeile, die wir streichen können. Ebenso bei Addition der Zeilen 1 und 3 zur Zeile 5. Nun addieren wir noch Zeile 6 zu Zeile 4 und erhalten die linke Matrix

$$\left(\begin{array}{cccccc|c} 0&0&1&1&0&0&0\\ 0&1&1&0&1&0&1\\ 0&0&1&0&0&0&0\\ 1&0&0&0&0&1&1 \end{array}\right) \rightsquigarrow \left(\begin{array}{cccccc|c} 1&0&0&0&0&1&1\\ 0&1&0&0&1&0&1\\ 0&0&1&0&0&0&0\\ 0&0&0&1&0&0&0 \end{array}\right).$$

Die Zeilenstufenform auf der rechten Seite ergab sich durch Vertauschung der Zeilen 1 und 4, gefolgt von der Addition der Zeile 3 zu den (neuen) Zeilen 2 und 4. Die Lösungsmenge wird mit zwei Parametern $\lambda_1, \lambda_2 \in \mathbb{F}_2$ beschrieben, sie enthält somit vier Elemente. Dies sind $(1,1,0,0,0,0)$, $(1,0,0,0,1,0)$, $(0,1,0,0,0,1)$ und $(0,0,0,0,1,1)$.

2.6
Da 7 eine Primzahl ist, handelt es sich hier um ein System linearer Gleichungen über dem Körper $\mathbb{F}_7$ mit erweiterter Koeffizientenmatrix wie unten angegeben. Nacheinander werden folgende Operationen durchgeführt: (II) − (I), (III) + 3(II), Multiplikation der Zeile (III) mit 3, (II) − (III), (I) + 2(II) und schließlich Multiplikation von Zeile (II) mit −1. Man beachte hierbei, dass $3 \cdot 5 \equiv 1 \mod 7$ gilt, d.h. der Division durch 5 entspricht in $\mathbb{F}_7$ die Multiplikation mit 3.

$$\left(\begin{array}{ccc|c} 1&2&0&4\\ 1&1&1&4\\ 0&3&2&6 \end{array}\right) \rightsquigarrow \left(\begin{array}{ccc|c} 1&2&0&4\\ 0&-1&1&0\\ 0&3&2&6 \end{array}\right) \rightsquigarrow \left(\begin{array}{ccc|c} 1&2&0&4\\ 0&-1&1&0\\ 0&0&5&6 \end{array}\right) \rightsquigarrow \left(\begin{array}{ccc|c} 1&0&0&3\\ 0&1&0&4\\ 0&0&1&4 \end{array}\right).$$

Die einzige Lösung ist somit $x \equiv 3 \mod 7$ und $y \equiv z \equiv 4 \mod 7$.

2.7

(a) Das ist die Lösungsmenge eines linearen Gleichungssystems, also linearer Unterraum.

(b) Das ist kein Unterraum, denn z.B. ist $(0, 0)$ nicht darin enthalten.

(c) Wenn die Spalten einer Matrix A mit $v_1, v_2 \ldots, v_n$ bezeichnet werden, dann ist A in der betrachteten Menge, wenn $v_1 = v_n$ gilt. Da aus $v_1 = v_n$ und $w_1 = w_n$ stets $v_1 + w_1 = v_n + w_n$ und $\lambda v_1 = \lambda v_n$ folgt, handelt es sich tatsächlich um einen Unterraum.

(d) Da die Anzahl der von Null verschiedenen Einträge eines Vektors aus $\mathbb{F}_2^n$ genau dann gerade ist, wenn die Summe seiner Einträge in $\mathbb{F}_2$ gleich Null ist, handelt es sich erneut um die Lösungsmenge eines linearen Gleichungssystems. Daher ist die angegebene Menge ein linearer Unterraum.

2.8

Wenn $v = \sum_{i=1}^{r} \lambda_i v_i$ und $w = \sum_{i=1}^{r} \mu_i v_i$, dann folgt $v + w = \sum_{i=1}^{r} (\lambda_i + \mu_i) v_i$ und $\lambda v = \sum_{i=1}^{r} (\lambda \lambda_i) v_i$, woraus mit Def. 2.2.4 die Behauptung folgt.

2.9

Diese Frage ist äquivalent zur Frage, ob die Gleichung $Ax = 0$ nur die Lösung $x = (0, 0, 0)$ besitzt, wobei A die Matrix ist, deren Spalten die drei gegebenen Vektoren sind. Anwendung von elementaren Zeilenumformungen liefert tatsächlich eine Zeilenstufenform mit drei Pivotelementen (vgl. Lösung zu Aufgabe 2.10), woraus die Behauptung folgt.

2.10

Als Zeilenumformungen kann man anwenden: (III) – 4(II), (III) – (I), (II) – 3(III), (II) – 5(I) gefolgt von einer geeigneten Zeilenvertauschung:

$$\begin{pmatrix} 0 & 1 & 8\\ 3 & 5 & 34\\ 13 & 21 & 144 \end{pmatrix} \rightsquigarrow \begin{pmatrix} 0 & 1 & 8\\ 3 & 5 & 34\\ 1 & 0 & 0 \end{pmatrix} \rightsquigarrow \begin{pmatrix} 0 & 1 & 8\\ 0 & 0 & -6\\ 1 & 0 & 0 \end{pmatrix} \rightsquigarrow \begin{pmatrix} 1 & 0 & 0\\ 0 & 1 & 8\\ 0 & 0 & -6 \end{pmatrix}.$$

Da $6 = 2 \cdot 3$, sind genau dann alle drei Diagonaleinträge in $\mathbb{F}_p$ von Null verschieden, wenn $p \neq 2$ und $p \neq 3$ ist. Wenn $p = 2$, dann ist der dritte der gegebenen Vektoren der Nullvektor. Wenn $p = 3$, dann ist die Summe der letzten beiden der gegebenen Vektoren der Nullvektor.

2.11

Wir wenden auf die zweigeteilte Matrix, deren Spalten im ersten Teil aus den Vektoren von $\mathcal{B}$ und im zweiten Teil aus den drei Vektoren $f(a_i) = Aa_i$ bestehen, elementare Zeilenumformungen an, mit dem Ziel im linken Teil die Einheitsmatrix zu erhalten. Die Matrix im rechten Teil ist dann die gesuchte Matrix $M_{\mathcal{B}}^{\mathcal{A}}(f)$:

$$\left(\begin{array}{cccc|ccc} 1&1&0&0&2&1&1\\ 1&1&1&0&3&2&1\\ 0&1&1&1&5&1&2\\ 0&0&1&1&4&0&2 \end{array}\right) \rightsquigarrow \left(\begin{array}{cccc|ccc} 1&0&0&0&1&0&1\\ 0&1&0&0&1&1&0\\ 0&0&1&0&1&1&0\\ 0&0&0&1&3&-1&2 \end{array}\right).$$

2.12

(a) Da $\dim_{\mathbb{Q}}(\mathrm{im}(f)) = \mathrm{rk}(f) = \mathrm{rk}(A)$ und nach Satz 2.2.28 $\dim_{\mathbb{Q}}(\ker(f)) = 3 - \mathrm{rk}(f)$, genügt es den Rang der Matrix A zu bestimmen. Durch elementare Zeilenumformungen erhält man $\mathrm{rk}(A) = 3$.

(b) Es gilt $B \circ A = \left(\begin{smallmatrix} -3 & -5 & -8 \\ 3 & 4 & 5 \end{smallmatrix}\right)$.

2.13

$A = B = \left(\begin{smallmatrix} 0 & 1 \\ 0 & 0 \end{smallmatrix}\right)$ oder $A = \left(\begin{smallmatrix} 1 & 1 \\ 1 & 1 \end{smallmatrix}\right)$ und $B = \left(\begin{smallmatrix} 1 & 1 \\ -1 & -1 \end{smallmatrix}\right)$ erfüllen $AB = 0$. Allgemeiner kann man für A eine $n \times n$-Matrix, deren Zeilen sämtlich gleich $(n-1, 1, 1, \ldots, 1)$ sind und für B eine $n \times n$-Matrix, deren Spalten alle gleich $(-1, 1, 1, \ldots, 1)$ sind, wählen.

2.14

Für $n = 2$ liefert $A = \left(\begin{smallmatrix} 1 & 1 \\ 0 & 1 \end{smallmatrix}\right)$ und $B = \left(\begin{smallmatrix} 0 & 0 \\ 1 & 0 \end{smallmatrix}\right)$ ein Beispiel. Wenn man diese Matrizen als linke obere Ecke einer $n \times n$-Matrix verwendet, die ansonsten mit Nullen aufgefüllt ist, ergibt sich ein Beispiel für beliebiges $n \geq 2$. Da die Multiplikation in einem Körper kommutativ ist, gibt es für $n = 1$ kein Beispiel.

2.15

Wegen Satz 2.2.26 und Bem. 1.3.9 genügt es zu zeigen, dass $\mathbf{1}_n \in \mathbb{T}$ und für $A, B \in \mathbb{T}$ stets auch $A \circ B \in \mathbb{T}$ und $A^{-1} \in \mathbb{T}$ gilt. Offenbar ist $\mathbf{1}_n \in \mathbb{T}$. Wenn $A = (a_{ij}) \in \mathbb{T}$ und $B = (b_{ij}) \in \mathbb{T}$, dann ist $a_{ij} = b_{ij} = 0$ für $i > j$. Das Produkt $A \circ B$ hat an der Stelle (i, j) den Eintrag $\sum_{k=1}^{n} a_{ik} b_{kj}$. Da $a_{ik} b_{kj} = 0$ für $i > k$ und für $k > j$, tragen höchstens solche Summanden zur Summe bei, für die $i \leq k \leq j$ gilt. Wenn $i > j$, dann gibt es keinen solchen Summanden, also ist $A \circ B \in \mathbb{T}$.

Für den Beweis von $A^{-1} \in \mathbb{T}$ bemerken wir zunächst, dass für jede obere Dreiecksmatrix $A \in \mathbb{T}$ die Gleichung $\det(A) = \prod_{i=1}^{n} a_{ii} \neq 0$ gilt. Insbesondere ist $a_{ii} \neq 0$ für jedes i. Nun beweisen wir $A^{-1} \in \mathbb{T}$ indirekt, wir nehmen also an, $A^{-1} = (b_{ij})$ wäre nicht in $\mathbb{T}$. Dann sei i maximal mit der Eigenschaft, dass es ein $j < i$ gibt, so dass $b_{ij} \neq 0$. Das heißt $b_{i+1,j} = b_{i+2,j} = \ldots = b_{n,j} = 0$. Der Eintrag der Matrix $\mathbf{1}_n = A \circ A^{-1}$ an der Stelle (i, j) ist somit gleich $\sum_{k=1}^{n} a_{ik} b_{kj} = \sum_{k=i}^{n} a_{ik} b_{kj} = a_{ii} b_{ij} \neq 0$, im Widerspruch dazu, dass die Einheitsmatrix dort einen Eintrag gleich Null hat.

2.16

Jedem Getränk ordnen wir einen Vektor $g_i \in \mathbb{R}^3$ zu, dessen Komponenten die Prozentsätze der Bestandteile sind:

$$g_1 = \begin{pmatrix} 0{,}2 \\ 0{,}2 \\ 0{,}6 \end{pmatrix}, \qquad g_2 = \begin{pmatrix} 0{,}2 \\ 0{,}7 \\ 0{,}1 \end{pmatrix}, \qquad g_3 = \begin{pmatrix} 0 \\ 0{,}5 \\ 0{,}5 \end{pmatrix}.$$

Wenn eine Mischung aus $\lambda_i \times 10$ Litern von Getränk i $(i = 1, 2, 3)$ hergestellt wird, dann geben die Komponenten a, w, s des Vektors $\sum_{i=1}^{3} \lambda_i g_i \in \mathbb{R}^3$ an, wie viel Liter von jedem Bestandteil in dem Mixgetränk enthalten sind. Die Gesamtmenge beträgt $g := a + w + s = \sum_{i=1}^{3} \lambda_i$ $(\times 10$ Liter$)$. Für die gewünschte Mischung soll die Gleichung

$$\begin{pmatrix} a \\ w \\ s \end{pmatrix} = g \cdot \begin{pmatrix} 0{,}1 \\ 0{,}4 \\ 0{,}5 \end{pmatrix} \qquad \text{und} \qquad g = 10$$

gelten. Die erweiterte Koeffizientenmatrix dieses Gleichungssystems und die durch das Gauß-Jordan-Verfahren erzeugte Zeilenstufenform lauten:

$$\left(\begin{array}{ccc|c} 0{,}2 & 0{,}2 & 0 & 1 \\ 0{,}2 & 0{,}7 & 0{,}5 & 4 \\ 0{,}6 & 0{,}1 & 0{,}5 & 5 \end{array}\right) \rightsquigarrow \left(\begin{array}{ccc|c} 1 & 0 & 0 & 4 \\ 0 & 1 & 0 & 1 \\ 0 & 0 & 1 & 5 \end{array}\right).$$

Damit ist $\lambda_1 = 4$, $\lambda_2 = 1$ und $\lambda_3 = 5$. Da diese drei Zahlen positiv sind, lässt sich wirklich ein solches Mixgetränk herstellen. Es besteht aus 40 Litern von Getränkt 1, 10 Litern von Getränk 2 und 50 Litern von Getränk 3. Prost!

2.17

Aus der gegebenen Matrix erhalten wir nacheinander durch elementare Zeilenumformungen:

$$\begin{pmatrix} 1 & 2 & 2 & 8 & 3 & 3 \\ 0 & 0 & -1 & -3 & -2 & 0 \\ 0 & 0 & 2 & 6 & 5 & -1 \\ 0 & 0 & -1 & -3 & 0 & -2 \end{pmatrix} \rightsquigarrow \begin{pmatrix} 1 & 2 & 2 & 8 & 3 & 3 \\ 0 & 0 & 1 & 3 & 2 & 0 \\ 0 & 0 & 0 & 0 & 1 & -1 \\ 0 & 0 & 0 & 0 & 2 & -2 \end{pmatrix} \rightsquigarrow \begin{pmatrix} 1 & 2 & 2 & 8 & 3 & 3 \\ 0 & 0 & 1 & 3 & 2 & 0 \\ 0 & 0 & 0 & 0 & 1 & -1 \\ 0 & 0 & 0 & 0 & 0 & 0 \end{pmatrix}.$$

Die Spalten $1, 3$ und 5 der ursprünglichen Matrix bilden somit eine Basis. Man kann statt der ersten auch die zweite, statt der dritten auch die vierte und statt der fünften auch die sechste Spalte verwenden, woraus sich insgesamt 8 verschiedene Möglichkeiten ergeben, aus den Spalten der gegebenen Matrix eine Basis auszuwählen.

2.18

Die Matrix, deren Spalten die gegebenen Vektoren v_2, v_4 und $e_1, \ldots, e_5$ sind, wird wie folgt durch elementare Zeilentransformationen in Zeilenstufenform überführt:

$$\begin{pmatrix} 1 & 1 & 1 & 0 & 0 & 0 & 0 \\ 1 & 1 & 0 & 1 & 0 & 0 & 0 \\ 1 & 1 & 0 & 0 & 1 & 0 & 0 \\ 1 & 1 & 0 & 0 & 0 & 1 & 0 \\ 2 & 4 & 0 & 0 & 0 & 0 & 1 \end{pmatrix} \rightsquigarrow \begin{pmatrix} 1 & 1 & 1 & 0 & 0 & 0 & 0 \\ 0 & 0 & -1 & 1 & 0 & 0 & 0 \\ 0 & 0 & -1 & 0 & 1 & 0 & 0 \\ 0 & 0 & -1 & 0 & 0 & 1 & 0 \\ 0 & 2 & -2 & 0 & 0 & 0 & 1 \end{pmatrix} \rightsquigarrow \begin{pmatrix} 1 & 1 & 1 & 0 & 0 & 0 & 0 \\ 0 & 2 & -2 & 0 & 0 & 0 & 1 \\ 0 & 0 & 1 & -1 & 0 & 0 & 0 \\ 0 & 0 & 0 & -1 & 1 & 0 & 0 \\ 0 & 0 & 0 & -1 & 0 & 1 & 0 \end{pmatrix}$$

$$\rightsquigarrow \begin{pmatrix} 1 & 1 & 1 & 0 & 0 & 0 & 0 \\ 0 & 2 & -2 & 0 & 0 & 0 & 1 \\ 0 & 0 & 1 & -1 & 0 & 0 & 0 \\ 0 & 0 & 0 & 1 & -1 & 0 & 0 \\ 0 & 0 & 0 & 0 & -1 & 1 & 0 \end{pmatrix}.$$

Hieraus sehen wir, dass $v_1 = e_1, v_3 = e_2, v_5 = e_3$ eine mögliche Basisergänzung ist. Eine andere Möglichkeit wäre $v_1 = e_1, v_3 = e_2, v_5 = e_4$.

2.19

$$A^{-1} = \begin{pmatrix} 1 & 0 & -1 & 1 \\ 0 & 0 & 1 & -1 \\ -1 & 1 & 0 & 0 \\ 1 & -1 & 0 & 1 \end{pmatrix}$$

2.20

$$B^{-1} = \begin{pmatrix} 7 & -1 & 7 \\ 0 & 1 & 0 \\ 7 & -1 & 6 \end{pmatrix} \in \mathrm{GL}(3, \mathbb{F}_{13})$$

2.21

Da $(\mathbf{1}_n - A)(\mathbf{1}_n + A) = \mathbf{1}_n - A + A - A^2 = \mathbf{1}_n - A^2$, gilt $(\mathbf{1}_n - A)^{-1} = \mathbf{1}_n + A$ falls $A^2 = 0$. Allgemeiner gilt $(\mathbf{1}_n - A)(\mathbf{1}_n + A + A^2 + A^3 \ldots + A^{k-1}) = \mathbf{1}_n - A^k$ und somit ist $\mathbf{1}_n - A$ invertierbar, sobald es ein $k \geq 2$ mit $A^k = 0$ gibt. Eine Matrix $A \in \mathrm{Mat}(n \times n, K)$ mit $A^2 = 0$ ist zum Beispiel:

$$A = \begin{pmatrix} 1 & -1 & 1 & -1 \\ 1 & -1 & 1 & -1 \\ -1 & 1 & -1 & 1 \\ -1 & 1 & -1 & 1 \end{pmatrix}.$$

2.22

$$\left(\begin{array}{ccc|c} 2 & 1 & 0 & x_1 \\ 4 & 1 & 7 & x_2 \\ 6 & 2 & 8 & x_3 \\ 8 & 2 & 17 & x_4 \\ 0 & 1 & -6 & x_5 \end{array}\right) \rightsquigarrow \left(\begin{array}{ccc|c} 2 & 1 & 0 & x_1 \\ 0 & -1 & 7 & x_2 - 2x_1 \\ 0 & -1 & 8 & x_3 - 3x_1 \\ 0 & -2 & 17 & x_4 - 4x_1 \\ 0 & 1 & -6 & x_5 \end{array}\right) \rightsquigarrow \left(\begin{array}{ccc|c} 2 & 1 & 0 & x_1 \\ 0 & -1 & 7 & x_2 - 2x_1 \\ 0 & 0 & 1 & x_3 - x_2 - x_1 \\ 0 & 0 & 3 & x_4 - 2x_2 \\ 0 & 0 & 1 & x_5 + x_2 - 2x_1 \end{array}\right)$$

$$\rightsquigarrow \left(\begin{array}{ccc|c} 2 & 1 & 0 & x_1 \\ 0 & -1 & 7 & x_2 - 2x_1 \\ 0 & 0 & 1 & x_3 - x_2 - x_1 \\ 0 & 0 & 0 & x_4 - 3x_3 + x_2 + 3x_1 \\ 0 & 0 & 0 & x_5 - x_3 + 2x_2 - x_1 \end{array}\right) \Longrightarrow A = \begin{pmatrix} 3 & 1 & -3 & 1 & 0 \\ -1 & 2 & -1 & 0 & 1 \end{pmatrix}$$

Die gesuchten Gleichungen lauten $3x_1 + x_2 - 3x_3 + x_4 = 0$ und $-x_1 + 2x_2 - x_3 + x_5 = 0$ mit der angegebenen Koeffizientenmatrix A.

2.23

Wie in der vorigen Aufgabe bestimmt man eine Gleichung für die Ebene U. Man erhält $x_1 + 4x_2 - 9x_3 = 0$ mit Koeffizientenmatrix $A = (1 \;\; 4 \;\; -9)$. Wenn B die Matrix ist, deren Spalten die beiden gegebenen Basisvektoren v_1, v_2 von

V sind, dann ist $A \circ B = (1\ \ 4\ \ -9)\left(\begin{smallmatrix} 2 & 41 \\ 1 & 28 \\ 2 & 1 \end{smallmatrix}\right) = (-12\ \ 144)$. Somit ist ein Vektor der Gestalt $\lambda_1 v_1 + \lambda_2 v_2$ genau dann in U, wenn $\lambda_1 = 12\lambda_2$. Als Basis für $U \cap V$ ergibt sich daraus der Vektor $(13, 8, 5)$ bzw. jedes nichtverschwindende Vielfache davon.

2.24

Wenn A_n die Matrix mit den Spaltenvektoren $v_1, v_2, \ldots, v_n$ bezeichnet, dann sieht man durch eine kurze Rechnung, dass $\mathrm{rk}(A_3) = 3$ gilt. Die Rechnung in der Lösung von Aufgabe 2.11 zeigt, dass $\mathrm{rk}(A_4) = 4$ gilt. Daher handelt es sich für $n = 3, 4$ um eine Basis. Wenn $n = 1$, dann ist $v_1 = e_1$ eine Basis. Im Fall $n = 2$ ist jedoch $v_1 = e_1 + e_2 = v_2$, es handelt sich also nicht um eine Basis. Wie beweisen jetzt durch Induktion über $n \geq 4$, dass genau dann eine Basis vorliegt, wenn $n \not\equiv 2 \mod 3$. Dazu definieren wir

$$\begin{aligned} v'_{n-1} &:= v_{n-1} - v_n = e_{n-2} \\ v'_{n-2} &:= v_{n-2} - v'_{n-1} = e_{n-1} + e_{n-3} \\ v'_n &:= v_n - v'_{n-2} = e_n - e_{n-3} \\ v'_{n-3} &:= v_{n-3} - v'_{n-1} = e_{n-4} + e_{n-3}\,. \end{aligned}$$

Die Vektoren $v_1, \ldots, v_{n-4}, v'_{n-3}$ werden nur unter Verwendung der Vektoren $e_1, e_2, \ldots, e_{n-3} \in \mathbb{R}^n$ gebildet, und zwar genau nach derselben Vorschrift wie die v_i im $\mathbb{R}^{n-3}$. Daher sind diese Vektoren nach Induktionsvoraussetzung genau dann linear unabhängig, wenn $n - 3 \not\equiv 2 \mod 3$. Da e_n, e_{n-1}, e_{n-2} linear unabhängig sind und da der von ihnen aufgespannte Unterraum mit dem von $v_1, \ldots, v_{n-4}, v'_{n-3}$ aufgespannten Unterraum nur den Nullvektor gemeinsam hat, ergibt sich aus der Definition der v'_i, dass auch die Vektoren $v_1, \ldots, v_{n-4}, v'_{n-3}, v'_{n-2}, v'_{n-1}, v'_n$ genau dann linear unabhängig sind, wenn $n - 3 \not\equiv 2 \mod 3$. Daraus folgt die Behauptung für $v_1, \ldots, v_n$.

Unter Benutzung von Determinanten (Abschnitt 2.4) kann man folgenden wesentlich einfacheren Beweis führen: Es ergibt sich leicht $\det(A_1) = 1$ und $\det(A_2) = 0$. Außerdem erhält man mit Hilfe von Def. 2.4.1 für $n \geq 3$ die Rekursionsgleichung $\det(A_n) = \det(A_{n-1}) - \det(A_{n-2})$. Daraus sieht man, dass $\det(A_n)$ genau dann gleich Null ist, wenn $n \equiv 2 \mod 3$.

2.25

Die Ergebnisse lauten $9, -3, -29, 20$.

2.26

Offenbar ist $\det(V_2) = x_2 - x_1$. Wir beweisen die gewünschte Formel induktiv. Wenn man die letzte von jeder anderen Spalte von V_n subtrahiert und anschließend die erste Zeile und letzte Spalte streicht, erhält man eine Matrix V'_{n-1}, die an der Position (i, j) den Eintrag $x^i_j - x^i_n$ hat:

$$\det\begin{pmatrix} 1 & \dots & 1 & 1 \\ x_1 & \dots & x_{n-1} & x_n \\ x_1^2 & \dots & x_{n-1}^2 & x_n^2 \\ \vdots & & \vdots & \vdots \\ x_1^{n-1} & \dots & x_{n-1}^{n-1} & x_n^{n-1} \end{pmatrix} = \det\begin{pmatrix} 0 & \dots & 0 & 1 \\ x_1 - x_n & \dots & x_{n-1} - x_n & x_n \\ x_1^2 - x_n^2 & \dots & x_{n-1}^2 - x_n^2 & x_n^2 \\ \vdots & & & \vdots \\ x_1^{n-1} - x_n^{n-1} & \dots & x_{n-1}^{n-1} - x_n^{n-1} & x_n^{n-1} \end{pmatrix}$$

$$= (-1)^{n-1}\det\begin{pmatrix} x_1 - x_n & \dots & x_{n-1} - x_n \\ x_1^2 - x_n^2 & \dots & x_{n-1}^2 - x_n^2 \\ \vdots & & \vdots \\ x_1^{n-1} - x_n^{n-1} & \dots & x_{n-1}^{n-1} - x_n^{n-1} \end{pmatrix}.$$

Damit folgt $\det(V_n) = (-1)^{n-1}\det(V'_{n-1}) = \prod_{j=1}^{n-1}(x_n - x_j)\det(V''_{n-1})$, denn

$$x_j^i - x_n^i = (x_j - x_n)\left(x_j^{i-1} + x_j^{i-2}x_n + \ldots + x_n^{i-1}\right) = (x_j - x_n)\sum_{k=1}^{i} x_j^{i-k}x_n^{k-1},$$

wobei die Matrix V''_{n-1} an der Stelle (i,j) den Eintrag

$$a_{ij} := \sum_{k=1}^{i} x_j^{i-k}x_n^{k-1} = x_j^{i-1} + x_n a_{i-1,j}$$

besitzt. Alle Einträge der ersten Zeile sind gleich 1. Wenn man, unten beginnend, von jeder Zeile von V''_{n-1} das x_n-fache der darüberliegenden Zeile subtrahiert, erhält man die Matrix V_{n-1}. Somit haben wir gezeigt: $\det(V_n) = \prod_{j=1}^{n-1}(x_n - x_j)\det(V_{n-1})$. Daraus folgt mit Hilfe der Induktionsvoraussetzung die behauptete Gleichung.

2.27

Der Vektor $P(\sigma)e_k$ ist die k-te Spalte von $P(\sigma)$, er hat also genau an der Stelle $\sigma(k)$ den Eintrag 1 und besteht ansonsten aus Nullen. Damit erhält man sofort $P(\sigma\tau)e_k = e_{\sigma(\tau(k))} = P(\sigma)\left(P(\tau)e_k\right)$ für alle k.

2.28

(a) Wenn P eine Elementarmatrix ist, die der Addition eines Vielfachen einer Zeile zu einer anderen entspricht, dann gilt wegen (i)–(iii) für jede Matrix A eine Gleichung $f(PA) = \beta f(A)$, wobei der Faktor $\beta \in K$ nur von P abhängt. Gleiches gilt wegen (ii), wenn P eine Diagonalmatrix ist. Dann ist der Faktor β gerade das Produkt der Diagonaleinträge von P. Im Beweis von Satz 2.4.3 (4) hatten wir gesehen, dass die Vertauschung zweier Zeilen durch die soeben betrachteten Elementarmatrizen ausgedrückt werden kann. Daher kann man jede Matrix A als Produkt $A = PT$ schreiben, wobei T eine obere Dreiecksmatrix mit Nullen über den Pivotelementen ist und P ein Produkt von Diagonalmatrizen und von Elementarmatrizen der Gestalt $Q_\lambda(k,i)$ ist. Das beweist $f(A) = \beta f(T)$ mit einem nur von P abhängigen Faktor $\beta \in K$. Da T quadratisch ist, enthält T entweder eine Nullzeile, und dann ist $f(T) = 0$ wegen (iii), oder T ist eine Diagonalmatrix. Im letzteren Fall ist

$f(T) = f(T\mathbf{1}_n) = \gamma f(\mathbf{1}_n) = 0$ nach Voraussetzung. Somit ist $f(A) = 0$ für jedes A.

(b) Sei $g(A) = f(A) - \det(A)$. Diese Funktion erfüllt die Eigenschaften (i)–(iii). Da nach Voraussetzung $g(\mathbf{1}_n) = f(\mathbf{1}_n) - \det(\mathbf{1}_n) = 0$, folgt die Behauptung aus (a).

2.29

Sei $f(A) := \sum_{\sigma \in \mathfrak{S}_n} \operatorname{sgn}(\sigma) a_{1\sigma(1)} a_{2\sigma(2)} \cdots a_{n\sigma(n)}$. Diese Abbildung erfüllt (i)–(iii) aus Aufgabe 2.28. Dabei sind (i) und (ii) leicht einzusehen und (iii) folgt aus $\det(P(i,j)) = -1$, vgl. Aufgabe 2.27. Schließlich ist $f(\mathbf{1}_n) = 1$, da in diesem Fall nur der Summand mit $\sigma = \mathrm{Id}$ von Null verschieden ist. Somit folgt die Behauptung aus Aufgabe 2.28 (b).

2.30

Wir erhalten $\det(A) = 8, \det(A_1) = 56, \det(A_2) = -104$ und $\det(A_3) = 56$, woraus sich die eindeutige Lösung $x = (7, -13, 7)$ ergibt. Hier ist:

$$A_1 = \begin{pmatrix} 1 & 1 & 0 \\ -26 & 2 & 1 \\ 1 & 1 & 2 \end{pmatrix}, \quad A_2 = \begin{pmatrix} 2 & 1 & 0 \\ -1 & -26 & 1 \\ 0 & 1 & 2 \end{pmatrix} \quad \text{und} \quad A_3 = \begin{pmatrix} 2 & 1 & 1 \\ -1 & 2 & -26 \\ 0 & 1 & 1 \end{pmatrix}.$$

2.31

Da $\langle v_1, v_2 \rangle = 10$, $\|v_1\| = 3$ und $\|v_2\| = 5$, erfüllt der Winkel α zwischen v_1 und v_2: $\cos(\alpha) = \frac{\langle v_1, v_2 \rangle}{\|v_1\| \cdot \|v_2\|} = \frac{2}{3}$. Mit einen Taschenrechner erhält man die Näherung $\alpha \approx 0{,}841$, das entspricht etwa $48{,}189°$.

Da $\langle w_1, w_2 \rangle = 1$, $\|w_1\| = 2$ und $\|w_2\| = 1$ ergibt sich für den Winkel β zwischen w_1 und w_2: $\cos(\beta) = \frac{1}{2}$, also $\beta = \frac{\pi}{3}$, das entspricht $60°$.

2.32

Die gewünschte ON-Basis v_1, v_2, v_3 ergibt sich mit Gram-Schmidt wie folgt:

$$\begin{aligned}
z_1 &= u_1 = (2, 2, 1, 0) \\
\|z_1\| = 3, &\qquad v_1 = \frac{1}{\|z_1\|} z_1 = \frac{1}{3} z_1 = \frac{1}{3}(2, 2, 1, 0) \\
\langle u_2, v_1 \rangle &= \frac{1}{3} \langle u_2, z_1 \rangle = 3 \\
z_2 &= u_2 - \langle u_2, v_1 \rangle v_1 = u_2 - 3v_1 = u_2 - z_1 = (1, 0, -2, 2) \\
\|z_2\| = 3, &\qquad v_2 = \frac{1}{\|z_2\|} z_2 = \frac{1}{3} z_2 = \frac{1}{3}(1, 0, -2, 2) \\
\langle u_3, v_1 \rangle &= \frac{1}{3} \langle u_3, z_1 \rangle = 3, \qquad \langle u_3, v_2 \rangle = \frac{1}{3} \langle u_3, z_2 \rangle = 3 \\
z_3 &= u_3 - \langle u_3, v_1 \rangle v_1 - \langle u_3, v_2 \rangle v_2 = u_3 - z_1 - z_2 = (-2, 1, 2, 3) \\
\|z_3\| = 3\sqrt{2}, &\qquad v_3 = \frac{1}{3\sqrt{2}}(-2, 1, 2, 3).
\end{aligned}$$

2.33

Der Unterraum $U^\perp$ ist die Lösungsmenge des Gleichungssystems mit Koeffizientenmatrix $\left(\begin{smallmatrix} 2 & 0 & 0 & 2 \\ 3 & 1 & 3 & 1 \end{smallmatrix}\right)$. Durch Subtraktion des Dreifachen der ersten Zeile vom Doppelten der zweiten, gefolgt von einer Division aller Einträge durch 2, ergibt sich $\left(\begin{smallmatrix} 1 & 0 & 0 & 1 \\ 0 & 1 & 3 & -2 \end{smallmatrix}\right)$. Daraus ergeben sich als Basis für die Lösungsmenge $U^\perp$ die beiden Vektoren $(0,-3,1,0)$ und $(-1,2,0,1)$. Mit Gram-Schmidt ergibt sich daraus die ON-Basis $v_1 = \frac{1}{\sqrt{10}}(0,-3,1,0)$, $v_2 = \frac{1}{4\sqrt{15}}(-10,2,6,10)$.

2.34

Die Matrix $\begin{pmatrix} 0 & 1 \\ 1 & 0 \end{pmatrix}$ besitzt die Eigenwerte $\lambda_1 = 1$ und $\lambda_2 = -1$ mit den zugehörigen Eigenvektoren $v_1 = (1,1)$ und $v_2 = (1,-1)$. Die gesuchte Matrix P hat v_1 und v_2 als Spalten.

Für $\begin{pmatrix} 3 & -2 & 1 \\ -1 & 2 & -3 \\ 1 & 2 & -5 \end{pmatrix}$ erhalten wir die Eigenwerte $\lambda_1 = -4$, $\lambda_2 = 0$ und $\lambda_3 = 4$ mit zugehörigen Eigenvektoren $v_1 = (0,1,2)$, $v_2 = (1,2,1)$ und $v_3 = (2,-1,0)$.

Für die andere 3×3-Matrix sind die Eigenwerte $\lambda_1 = \lambda_2 = 1$ und $\lambda_3 = -1$ mit Eigenvektoren $v_1 = (1,1,0)$, $v_2 = (0,0,1)$ und $v_3 = (-1,1,1)$.

Die Eigenwerte der 4×4-Matrix sind $\lambda_1 = -2$, $\lambda_2 = 0$, $\lambda_3 = 2$ und $\lambda_4 = 3$ mit Eigenvektoren $v_1 = (1,1,0,0)$, $v_2 = (1,0,0,1)$, $v_3 = (1,0,2,1)$ und $v_4 = (1,0,1,0)$.

2.35

Als Eigenwerte der Matrix $A = \left(\begin{smallmatrix} 32 & -33 \\ 22 & -23 \end{smallmatrix}\right)$ sind $\lambda_1 = 10$ und $\lambda_2 = -1$. Als Eigenvektoren findet man $v_1 = \binom{3}{2}$ und $v_2 = \binom{1}{1}$. Daher ist $P^{-1}AP = \left(\begin{smallmatrix} 10 & 0 \\ 0 & -1 \end{smallmatrix}\right) =: D$, wobei $P = \left(\begin{smallmatrix} 3 & 1 \\ 2 & 1 \end{smallmatrix}\right)$ und somit $P^{-1} = \left(\begin{smallmatrix} 1 & -1 \\ -2 & 3 \end{smallmatrix}\right)$. Das ergibt

$$A^{200} = PD^{200}P^{-1} = \begin{pmatrix} 3 \cdot 10^{200} - 2 & -3 \cdot 10^{200} + 3 \\ 2 \cdot 10^{200} - 2 & -2 \cdot 10^{200} + 3 \end{pmatrix}.$$

2.36

(i) Die symmetrische Matrix $\left(\begin{smallmatrix} 1 & 2 \\ 2 & -2 \end{smallmatrix}\right)$ besitzt die Eigenwerte $\lambda_1 = -3$ und $\lambda_2 = 2$. Zugehörige orthonormierte Eigenvektoren sind $v_1 = \frac{1}{\sqrt{5}}(1,-2)$ und $v_2 = \frac{1}{\sqrt{5}}(2,1)$. Daher ist die gesuchte Kurve eine Hyperbel mit der Gleichung $-x'^2 + \frac{2}{3}y'^2 = 1$, deren Symmetrieachsen durch die beiden Vektoren v_1 und v_2 gegeben sind. Hier ist $x' = \frac{1}{\sqrt{5}}(x-2y)$ und $y' = \frac{1}{\sqrt{5}}(2x+y)$.

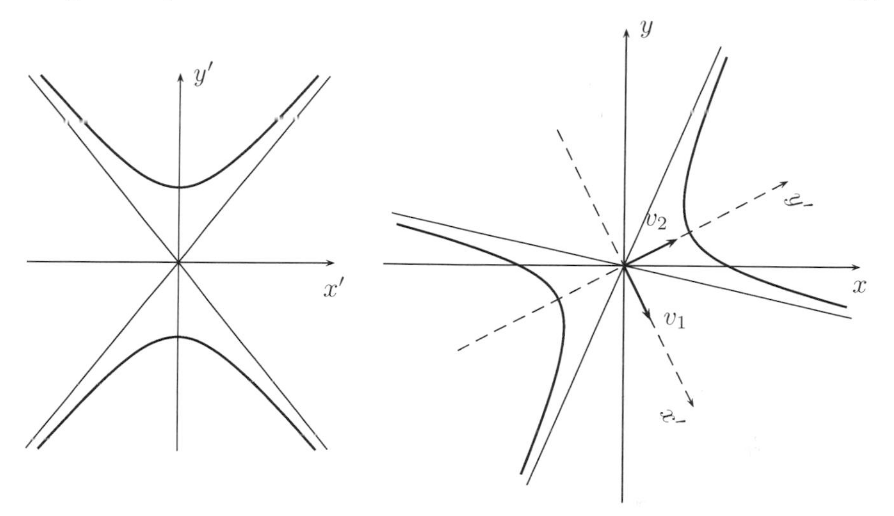

(ii) Die symmetrische Matrix $\left(\begin{smallmatrix} 5 & -3 \\ -3 & 5 \end{smallmatrix}\right)$ besitzt die Eigenwerte $\lambda_1 = 2$ und $\lambda_2 = 8$. Zugehörige orthonormierte Eigenvektoren sind $v_1 = \frac{1}{\sqrt{2}}(1,1)$ und $v_2 = \frac{1}{\sqrt{2}}(-1,1)$. Daher ist die gesuchte Kurve eine Ellipse mit der Gleichung $\left(\frac{x'}{4}\right)^2 + \left(\frac{y'}{2}\right)^2 = 1$, deren Halbachsen durch die Vektoren $\frac{4}{\sqrt{2}}(1,1)$ und $\frac{2}{\sqrt{2}}(-1,1)$ gegeben sind mit Koordinaten $x' = \frac{1}{\sqrt{2}}(x+y)$ und $y' = \frac{1}{\sqrt{2}}(-x+y)$

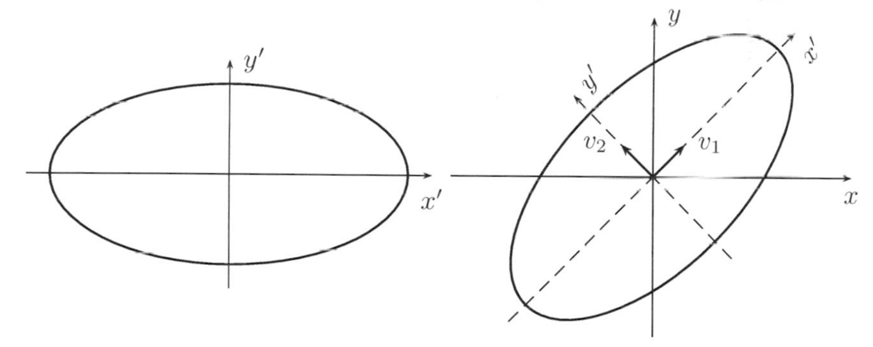

(iii) Die symmetrische Matrix $\left(\begin{smallmatrix} 9 & 3 \\ 3 & 1 \end{smallmatrix}\right)$ besitzt die Eigenwerte $\lambda_1 = 10$ und $\lambda_2 = 0$. Zugehörige orthonormierte Eigenvektoren sind $v_1 = \frac{1}{\sqrt{10}}(-3,-1)$ und $v_2 = \frac{1}{\sqrt{10}}(1,-3)$. Daher ist die gesuchte Kurve eine Parabel mit der Gleichung $\sqrt{10}y' = 10x'^2 - 1$, wobei $x' = \frac{1}{\sqrt{10}}(-3x - y)$ und $y' = \frac{1}{\sqrt{10}}(x - 3y)$. Der Scheitel der Parabel liegt bei $(x,y) = (-1,3)$ und die Symmetrieachse ist durch den Vektor $(1,-3)$ gegeben, der in Richtung der Öffnung der Parabel zeigt.

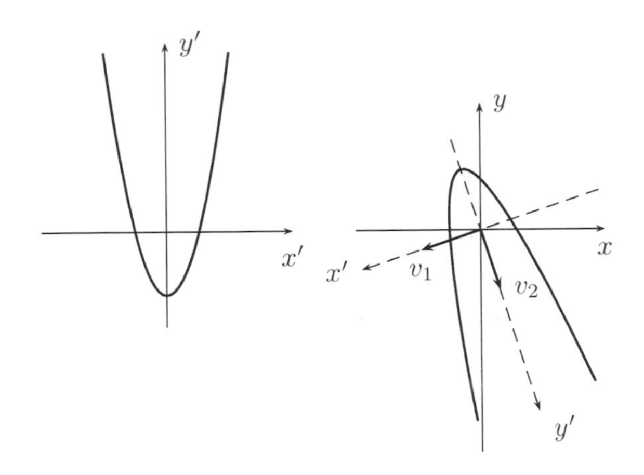

2.37
Da diese drei Matrizen symmetrisch sind, können wir Satz 2.4.29 anwenden. Die Determinante der ersten beiden Matrizen ist jeweils gleich -1, somit sind diese nicht positiv definit. Die Hauptminoren der letzten Matrix sind gleich $2, 1, 1$ und 8, somit ist die gegebene Matrix der Größe 4×4 positiv definit.
2.38
(i) $\|x+y\|^2 + \|x-y\|^2 = \langle x+y, x+y\rangle + \langle x-y, x-y\rangle = \|x\|^2 + 2\langle x,y\rangle + \|y\|^2 + \|x\|^2 - 2\langle x,y\rangle + \|y\|^2 = 2\|x\|^2 + 2\|y\|^2$.
(ii) Wenn $\|x\| = \|y\|$, dann ist $\langle x+y, x-y\rangle = \|x\|^2 - \|y\|^2 = 0$.
2.39
$\chi_A(\lambda) = \det\begin{pmatrix} a-\lambda & b \\ c & d-\lambda \end{pmatrix} = (a-\lambda)(d-\lambda) - bc = \lambda^2 - (a+d)\lambda + (ad-bc) = \lambda^2 - \mathrm{tr}(A)\lambda + \det(A)$. Die zweite Behauptung ergibt sich damit wie folgt

$$\begin{aligned}
\lambda^2 - \mathrm{tr}(P^{-1}AP)\lambda + \det(P^{-1}AP) &= \chi_{P^{-1}AP}(\lambda) = \det(P^{-1}AP - \lambda\mathbf{1}_2) \\
&= \det(P^{-1}(A - \lambda\mathbf{1}_2)P) = \det(P^{-1})\det(A-\lambda\mathbf{1}_2)\det(P) \\
&= \det(A-\lambda\mathbf{1}_2) = \chi_A(\lambda) = \lambda^2 - \mathrm{tr}(A)\lambda + \det(A)\ .
\end{aligned}$$

2.40
Wenn A symmetrisch ist, dann gilt $\langle Av, w\rangle = \langle v, Aw\rangle$ für beliebige Vektoren v, w. Wenn v, w Eigenvektoren mit $Av = \lambda v$ und $Aw = \mu w$ sind, dann folgt $\lambda\langle v,w\rangle = \langle Av, w\rangle = \langle v, Aw\rangle = \mu\langle v, w\rangle$, somit ist $(\lambda - \mu)\langle v, w\rangle = 0$, was im Fall $\lambda \neq \mu$ nur möglich ist, wenn $\langle v, w\rangle = 0$.
2.41
Für jedes Element $T(\varphi) = \begin{pmatrix} \cos(\varphi) & -\sin(\varphi) \\ \sin(\varphi) & \cos(\varphi) \end{pmatrix}$ von $\mathrm{SO}(2)$ gilt $T(\varphi)^n = T(n\varphi)$. Somit sind die Elemente der Ordnung n in $\mathrm{SO}(2)$ genau diejenigen $T(\varphi)$, für die n die kleinste positive ganze Zahl ist, so dass $n\varphi = 2k\pi$ für ein $k \in \mathbb{Z}$. Es handelt sich daher um die $T\left(\frac{2k\pi}{n}\right)$ mit $0 \leq k < n$ und k teilerfremd zu n. Wenn $n = 1$, dann heißt das $k = 0$. Die Anzahl der Elemente der Ordnung n in $\mathrm{SO}(2)$ ist somit gleich dem Wert der Eulerfunktion $\varphi(n)$, vgl. Def. 1.1.10.

2.42

Für $x = (x_1, \ldots, x_n), y = (y_1, \ldots, y_n) \in \mathbb{F}_2^n$ ist der Hamming-Abstand durch $d(x, y) = |\{i \mid x_i \neq y_i\}|$ definiert. Damit sind die Eigenschaften (2.20) und (2.21) sofort klar. Wenn $x = y$, dann ist offenbar $d(x, y) = 0$. Wenn $d(x, y) = 0$, dann stimmen x und y in jeder Komponente überein, also gilt auch (2.22). Für den Beweis der Dreiecksungleichung (2.23) sei zusätzlich $z = (z_1, \ldots, z_n) \in \mathbb{F}_2^n$ gegeben. Wenn i ein Index ist, der weder bei $d(x, y)$ noch bei $d(y, z)$ mitgezählt wird, dann ist $x_i = y_i = z_i$. Damit wird i auch bei $d(x, z)$ nicht mitgezählt. Daraus folgt die Behauptung.

2.43

Wie auf Seite 153 erläutert, können wir jeden linearen (n, k)-code durch eine Generatormatrix G der Gestalt $(M^t \mid \mathbf{1}_k)$ beschreiben, wobei M^t eine $(n - k) \times k$-Matrix ist. In jeder Zeile von G sind maximal $n - k + 1$ von Null verschiedene Einträge vorhanden, da jede Zeile im hinteren Teil genau eine 1 enthält. Damit ist $w(v) \leq n - k + 1$ für jeden Erzeuger v, also auch $w_{\min} \leq n - k + 1$.

2.44

Als Kontrollmatrix eines Hamming-Codes (vgl. Def. 2.5.8) können wir eine Matrix H_r wählen, deren erste r Spalten die Vektoren $e_i \in \mathbb{F}_2^r$ sind. Die restlichen $n - r$ Spalten bilden eine Matrix M, in der wegen $r \geq 2$ Spalten vorkommen, die genau zwei von Null verschiedene Einträge besitzen. Die zugehörige Generatormatrix $G = (M^t \mid \mathbf{1}_{n-r})$ enthält somit Zeilen, in denen genau drei Einträge von Null verschieden sind. Daher ist $w_{\min} \leq 3$. Da keine zwei Spalten von H_r linear abhängig sind (d.h. keine Spalte ist Null und keine zwei Spalten sind gleich), muss $w_{\min} > 2$ gelten.

2.45

Wenn wir mit $\xi = [X]$ die Klasse von $X \in \mathbb{F}_2[X]$ in $K = \mathbb{F}_2[X]/\langle X^3 + X + 1\rangle$ bezeichnen, dann gilt $K = \{0, 1, \xi, 1 + \xi, \xi^2, 1 + \xi^2, 1 + \xi + \xi^2, \xi + \xi^2\}$. In dem endlichen Körper K mit 8 Elementen gilt die Relation $\xi^3 = 1 + \xi$ und für $r \in K$ gilt stets $r + r = 0$. Die multiplikative Gruppe K^* besteht aus den 7 von Null verschiedenen Elementen von K. Nach Aufgabe 1.16 (b) ist jede Gruppe der Ordnung 7 zyklisch, vgl. auch Bem. 1.4.28. Wie im Schritt 1 des Beweises von Satz 1.4.27 gezeigt wurde, enthält jede zyklische Gruppe der Ordnung 7 genau $\varphi(7) = 6$ Erzeuger. Somit ist jedes von 0 und 1 verschiedene Element von K ein Erzeuger der multiplikativen Gruppe K^*.

2.46

In $\mathbb{F}_2[X]$ gilt:

$$\begin{aligned}
X^3 - 1 &= (X+1)(X^2+X+1)\,,\\
X^7 - 1 &= (X+1)(X^3+X+1)(X^3+X^2+1)\,,\\
X^{15} - 1 &= (X+1)(X^2+X+1)(X^4+X+1)\cdot\\
&\quad\cdot (X^4+X^3+X^2+X+1)(X^4+X^3+1)\,,\\
X^{31} - 1 &= (X+1)(X^5+X^4+X^3+X^2+1)(X^5+X^3+X^2+X+1)\cdot\\
&\quad\cdot (X^5+X^3+1)(X^5+X^4+X^3+X+1)\cdot\\
&\quad\cdot (X^5+X^4+X^2+X+1)(X^5+X^2+1)\,.
\end{aligned}$$

Die Polynome $g_2 = X^2+X+1$, $g_3 = X^3+X+1$, $g_4 = X^4+X+1$ und $g_5 = X^5+X^2+1$ sind Generatorpolynome zyklischer Codes mit zugehörigen Kontrollpolynomen

$$\begin{aligned}
h_2 &= X+1\\
h_3 &= X^4+X^2+X+1\\
h_4 &= X^{11}+X^8+X^7+X^5+X^3+X^2+X+1\\
h_5 &= X^{26}+X^{23}+X^{21}+X^{20}+X^{17}+X^{16}+X^{15}+X^{14}+X^{13}\\
&\quad + X^9+X^8+X^6+X^5+X^4+X^2+1\,.
\end{aligned}$$

Nach Spaltenumordnung ist die aus h_r entstehende Kontrollmatrix genau die Kontrollmatrix H_r des Hamming-Codes. Somit kann man die oben aufgeführten g_r als deren Generatorpolynome verwenden.

3.1
Sei $a \in A$ und $A_0 := \{1, \ldots, a\} \cap A$. Dann ist A_0 endlich. Durch endlich viele Vergleiche finden wir eine kleinste Zahl $x \in A_0$. Sei $y \in A$. Wenn $y \in A_0$, folgt $x \leq y$. Wenn $y \notin A_0$, folgt $a < y$ und damit $x < y$.
3.2
Nach Voraussetzung ist 0 die größte untere Schranke von A. Für jedes $n \in \mathbb{N}$ existiert somit $\frac{p}{q} \in A$ mit $\frac{p}{q} < \frac{1}{n}$. Daraus folgt $n \leq np < q$.
3.3
(a) Der Beweis wird durch Induktion nach $n \geq 4$ geführt. Für $n = 4$ ist die Behauptung offenbar wahr. Wenn $n^2 \leq 2^n$, dann ist $(n+1)^2 \leq 2^n + 2n + 1$. Nun ist für $n \geq 4$ stets $2n + 1 \leq n^2$, da $2 \leq (n-1)^2$. Daraus folgt $(n+1)^2 \leq 2^n + n^2 \leq 2^n + 2^n = 2^{n+1}$.
(b) Der Beweis wird durch Induktion nach $n \geq 4$ geführt. Für $n = 4$ ist die Behauptung offenbar wahr. Wenn $2^n < n!$, dann ist $2^{n+1} < 2 \cdot n! < (n+1)n! = (n+1)!$.
3.4
Sei $x = \sup(A)$ und $y = \sup(B)$. Daraus folgt $a \leq x$ für alle $a \in A$ und $b \leq y$ für alle $b \in B$ und somit $a + b \leq x + y$ für alle $a \in A$, $b \in B$. Damit ist $x + y$ (bzw. ∞) obere Schranke von $A + B$.
Wenn $\sup(A) = \infty$ und $z < \infty, b \in B$ beliebig gewählt, dann existiert ein $a \in A$ mit $z - b < a < \infty$. Daraus folgt für diesen Fall die Behauptung. Analog geht es im Fall $\sup(B) = \infty$. Wenn $x + y < \infty$, sei z gegeben mit $z < x + y$, d.h. $z - y < x$. Dann existiert ein $a \in A$ mit $z - y < a \leq x$, d.h. $z < a + y \leq x + y$. Daraus folgt $z - a < y$. Damit existiert $b \in B$ mit $z - a < b \leq y$. Daraus folgt $z < a + b \leq y + a \leq x + y$ und somit ist z keine obere Schranke von $A + B$.
3.5
(a) $\dfrac{2-\mathrm{i}}{2-3\mathrm{i}} = \dfrac{7}{13} + \dfrac{4}{13}\mathrm{i}$ **(b)** $\dfrac{(1+\mathrm{i})^5}{(1-\mathrm{i})^3} - 2$
3.6
(a) Sei $z = x + y\mathrm{i}$, dann ist $|z - 1| + |z + 1| < 4$ gleichbedeutend mit $\sqrt{(x-1)^2 + y^2} + \sqrt{(x+1)^2 + y^2} < 4$ und das ist äquivalent zu $(x-1)^2 + y^2 + (x+1)^2 + y^2 + 2|z^2 - 1| < 16$, d.h. $x^2 + y^2 + |z^2 - 1| < 7$. Daraus folgt $|z^2 - 1| < 7 - (x^2 + y^2)$ und damit $|z^2 - 1|^2 < 49 - 14(x^2 + y^2) + (x^2 + y^2)^2$. Das bedeutet $(x^2 - y^2 - 1)^2 + 4x^2y^2 < 49 - 14x^2 - 14y^2 + (x^2 + y^2)^2$. Daraus folgt schließlich $12x^2 + 16y^2 < 48$, d.h. $\frac{x^2}{4} + \frac{y^2}{3} < 1$. Das sind die Punkte im Innern der Ellipse mit Halbachsen 2 und $\sqrt{3}$, siehe Abb. A.1.
(b) Sei $z = x + y\mathrm{i}$, dann ist $(1-\mathrm{i})z = x + y + (y - x)\mathrm{i}$. Damit ist die Bedingung $\mathrm{Im}((1-\mathrm{i})z) = 0$ gleichbedeutend mit $x = y$ (Abb. A.1).
3.7 Es gilt $a_0 = 1, a_1 = 2 - \frac{1}{2} = \frac{3}{2}, a_2 = 3 - \frac{1}{2}\left(\frac{3}{2}\right)^2 = \frac{15}{8} = 2 - \frac{1}{2^3}$. Allgemein erhalten wir, wenn es zu $n \geq 0$ ein $k > 0$ gibt, so dass $a_n = \frac{2^{k+1}-1}{2^k} = 2 - \frac{1}{2^k}$, dann folgt $a_{n+1} = \frac{2^{2k+2}-1}{2^{2k+1}} = 2 - \frac{1}{2^{2k+1}}$. Das zeigt, dass $a_n \leq 2$ und dass die Folge $(a_n)_{n\in\mathbb{N}}$ monoton wachsend ist. Somit ist sie konvergent (Satz 3.2.11). Sei $a = \lim_{n\to\infty} a_n$, dann folgt $a = a\left(2 - \frac{a}{2}\right)$ nach Satz 3.2.13, d.h. $a = 2$.

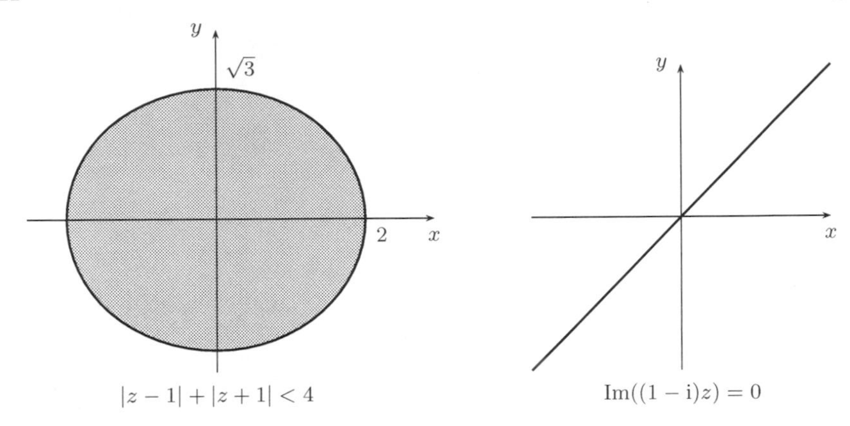

Abb. A.1 Lösung von Aufgabe 3.6

3.8
Es gilt $\frac{c^n}{n!} > \frac{c^{n+1}}{(n+1)!}$ genau dann, wenn $n+1 > c$. Ein solches n existiert für jedes c (Archimedisches Axiom 3.16). Damit ist die Folge für hinreichend große n streng monoton fallend und durch 0 nach unten beschränkt, also konvergent (Satz 3.2.11). Sei $a = \lim_{n\to\infty} \frac{c^n}{n!}$ und $x_n := \frac{c^n}{n!}$. Dann gilt: $x_{n+1} = x_n \cdot \frac{c}{n+1}$. Daraus folgt $\lim_{n\to\infty} x_{n+1} = \lim_{n\to\infty} x_n \cdot \lim_{n\to\infty} \frac{c}{n+1}$ nach Satz 3.2.13, also $a = a \cdot 0 = 0$.

3.9
Sei $(a_n)_{n\in\mathbb{N}}$ eine Folge. Wenn sie nicht beschränkt ist, existiert eine Teilfolge $(a_{n_k})_{k\in\mathbb{N}}$ mit streng monoton wachsendem Betrag. Je nachdem, ob sie unendlich viele positive oder negative Glieder enthält, können wir daraus eine Teilfolge wählen, die monoton wächst oder fällt.
Wenn die Folge beschränkt ist, können wir nach Satz 3.2.23 o.B.d.A. annehmen, dass sie konvergiert. Sei $a = \lim_{n\to\infty} a_n$ und $A_+ := \{a_n \mid a_n \geq a\}$, $A_- := \{a_n \mid a_n < a\}$. Mindestens eine dieser beiden Mengen ist unendlich. Wenn A_+ unendlich ist, dann findet man in A_+ durch Weglassen störender Folgenglieder eine monoton fallende Folge, die gegen a konvergiert. Wenn A_- unendlich ist, findet man in A_- eine monoton wachsende Folge.

3.10
(a) Da $\left(\sqrt{n}+\frac{1}{2}\right)^2 = n+\sqrt{n}+\frac{1}{4} \geq n+\sqrt{n}$, folgt $\frac{1}{2} \geq \sqrt{n+\sqrt{n}}-\sqrt{n}$. Sei $b_n := \frac{1}{2} - a_n = \frac{1}{2} + \sqrt{n} - \sqrt{n+\sqrt{n}} = \sqrt{n+\sqrt{n}+\frac{1}{4}} - \sqrt{n+\sqrt{n}}$. Da $b_n \geq 0$, genügt es für $\lim_{n\to\infty} a_n = \frac{1}{2}$ zu zeigen, dass für jedes $\varepsilon > 0$ ein $n > 0$ existiert, so dass $b_n < \varepsilon$. Dazu setzen wir $x = n+\sqrt{n}$ und sehen dass für jedes $\varepsilon > 0$ genau dann $b_n = \sqrt{x+\frac{1}{4}} - \sqrt{x} < \varepsilon$ gilt, wenn $x + \frac{1}{4} < \varepsilon^2 + 2\varepsilon\sqrt{x} + x$. Das ist äquivalent zu $\left(\frac{1}{8\varepsilon} - \frac{1}{2}\varepsilon\right)^2 < x$. Für $n > \left(\frac{1}{8\varepsilon} - \frac{1}{2}\varepsilon\right)^2$ ist $x = n+\sqrt{n} > n > \left(\frac{1}{8\varepsilon} - \frac{1}{2}\varepsilon\right)^2$ und somit $b_n < \varepsilon$, wie gewünscht.
(b) Wenn $a = b$, gilt $a_n = a$ für alle n und damit $\lim_{n\to\infty} a_n = a$. Wir betrachten hier den Fall $a < b$. Der andere Fall geht analog. Zunächst überlegen

wir uns, dass $a_{2k} \leq a_{2k+1}$ ist. Das sieht man durch Induktion und an der folgenden Abbildung

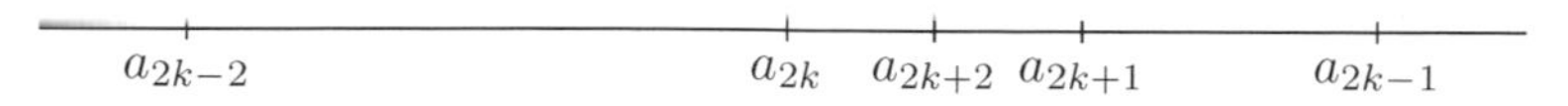

Daraus folgt, dass die Folge $(a_{2k})_{k\in\mathbb{N}}$ monoton wachsend ist und die Folge $(a_{2k+1})_{k\in\mathbb{N}}$ monoton fallend ist. Beide Teilfolgen sind offensichtlich beschränkt. Nach Satz 3.2.11 existieren die Grenzwerte $x = \lim_{k\to\infty} a_{2k}$ und $y = \lim_{k\to\infty} a_{2k+1}$ und es gilt $x \leq y$. Da $a_{2k} < x \leq y < a_{2k+1}$ und $a_{2k+1} - a_{2k} = \frac{b-a}{4^k}$, muss $x = y$ sein. Daraus folgt, dass die Folge $(a_n)_{n\in\mathbb{N}}$ konvergent ist. Da $a_{2k+2} - a_{2k} = \frac{1}{2}(a_{2k+1} - a_{2k}) = \frac{b-a}{2\cdot 4^k}$, ist $a_{2k+2} = a + \frac{b-a}{2}\sum_{i=0}^{k} 4^{-i}$

x

$a = a_0$ a_2 $a_4 a_6$ b

und somit (vgl. Bsp. 3.3.3)

$$x = \lim_{k\to\infty} a_{2k} = a + \frac{b-a}{2}\sum_{i=0}^{\infty} 4^{-i} = a + \frac{2}{3}(b-a) = \frac{2}{3}b + \frac{1}{3}a\,.$$

(c) Wenn die Folge konvergiert, mit $a := \lim_{n\to\infty} a_n$, dann gilt wegen Satz 3.2.13 $a = \sqrt{1+a}$ und damit $a = \frac{1+\sqrt{5}}{2}$. Da $a_0 = 1 < \frac{1+\sqrt{5}}{2} = a = \sqrt{1+a}$, folgt per Induktion $a_n < a$ für alle $n \geq 0$. Da $a_n \geq 0$, folgt daraus $a_n^2 - a_n - 1 \leq 0$, woraus wir $a_n \leq \sqrt{1+a_n} = a_{n+1}$ erhalten, d.h. die Folge ist monoton wachsend und beschränkt. Damit konvergiert die Folge nach Satz 3.2.11.
(d) Da $\lim_{n\to\infty} x_n = x$, existiert für jedes $\varepsilon > 0$ ein N, so dass für $n \geq N$ gilt: $|x - x_n| < \frac{\varepsilon}{2}$. Wir wählen n so groß, dass $\frac{1}{n+1}\sum_{i=0}^{N} |x - x_i| < \frac{\varepsilon}{2}$. Dann gilt $\left|x - \frac{1}{n+1}(x_0 + \ldots + x_n)\right| \leq \frac{1}{n+1}\sum_{i=0}^{N} |x - x_i| + \frac{n-N+1}{n+1} \cdot \frac{\varepsilon}{2} < \varepsilon$, d.h. $\lim_{n\to\infty} a_n = x$.
(e) Aus der Definition von a_n folgt $a_{n+1} = \left(1 - \frac{1}{n+1}\right) a_n = \frac{n}{n+1} a_n$. Wegen $a_2 = \frac{1}{2}$ ergibt sich daraus induktiv $a_n = \frac{1}{n}$. Diese Folge konvergiert gegen 0.

3.11

Da $(a_n - b_n^2) \geq 0$ für alle $n \geq 0$, gilt auch $(a_n + b_n)^2 \geq 4a_n b_n$, woraus wegen der Positivität von a_n und b_n folgt: $a_{n+1} = \frac{a_n + b_n}{2} \geq \sqrt{a_n b_n} = b_{n+1}$. Da auch $a_0 \geq b_0$, gilt $a_n \geq b_n$ für alle $n \geq 0$. Daraus erhalten wir, dass die Folge $(b_n)_{n\in\mathbb{N}}$ monoton wachsend ist: $b_{n+1} = \sqrt{a_n b_n} \geq \sqrt{b_n b_n} = b_n$ und dass die Folge $(a_n)_{n\in\mathbb{N}}$ monoton fallend ist: $a_{n+1} = \frac{a_n + b_n}{2} \leq \frac{a_n + a_n}{2} = a_n$. Es gilt insbesondere $b \leq b_n \leq a_n \leq a$ für alle $n \geq 0$. Daraus folgt mit Satz 3.2.11, dass beide Folgen konvergieren. Sei $b' := \lim_{n\to\infty} b_n$ und $a' = \lim_{n\to\infty} a_n$, dann folgt aus $a_{n+1} = \frac{a_n + b_n}{2}$ und Satz 3.2.13 $a' = \frac{a' + b'}{2}$, woraus $a' = b'$ folgt.

3.12
Es genügt zu zeigen, dass für genügend großes n stets $b^n \geq n^{k+1}$ ist. Da wegen $b > 1$ auch $\sqrt[k+1]{b} > 1$, genügt es zu beweisen, dass für jedes $b > 1$ und jedes $M > 0$ ein n existiert, so dass $b^n \geq M$ ist. Das ist Satz 3.1.7 (1).
3.13
(a) Da $\frac{k-r}{4k-r} \leq \frac{k-r}{4k-r-3r} = \frac{1}{4}$ für $0 \leq r \leq k-1$, folgt $\binom{4k}{3k}^{-1} = \binom{4k}{k}^{-1} = \frac{k!}{4k(4k-1)\cdot\ldots\cdot(3k+1)} \leq \frac{1}{4^k}$ und somit konvergiert die Reihe nach Satz 3.3.11.
(b) Da $\lim_{k\to\infty} \left(\frac{k+1}{k}\right)^k = \mathrm{e}$ nach Bem. 3.3.19, folgt $\lim_{k\to\infty} \left(\frac{k}{k+1}\right)^k = \frac{1}{\mathrm{e}} > 0$. Die Reihe divergiert nach Satz 3.3.6.
(c) Da $\frac{(k+1)!}{(2k+2)!}\frac{(2k)!}{k!} = \frac{k+1}{(2k+2)(2k+1)} = \frac{1}{2(2k+1)} < \frac{1}{2}$, konvergiert die Reihe nach Satz 3.3.11 (2).
(d) Da die Folge $\frac{(k+1)!}{(k+1)^{k+1}} \cdot \frac{k^k}{k!} = \left(\frac{k}{k+1}\right)^k$ nach Bem. 3.3.19 gegen $\frac{1}{\mathrm{e}} \leq \frac{1}{2}$ konvergiert, konvergiert die Reihe nach Satz 3.3.11 (2).
(e) Da $\frac{1}{k(k+1)(k+2)} < \frac{1}{k(k+1)}$ für jedes $k > 0$, konvergiert die Reihe nach Satz 3.3.11 (1) und Bsp. 3.3.3 (4).
3.14
Da die Folge $(a_n)_{n\in\mathbb{N}}$ monoton wachsend ist, gilt $a_n \geq a_0$ und somit $\frac{a_{n+1}-a_n}{a_n} \leq \frac{a_{n+1}-a_n}{a_0}$. Damit ist $\sum_{n=0}^{N} \left(\frac{a_{n+1}}{a_n} - 1\right) = \sum_{n=0}^{N} \frac{a_{n+1}-a_n}{a_n} \leq \frac{1}{a_0}\sum_{n=0}^{N}(a_{n+1} - a_n) = \frac{1}{a_0}(a_N - a_0)$. Da die Folge $(a_n)_{n\in\mathbb{N}}$ monoton wachsend und beschränkt ist, existiert $a = \lim_{n\to\infty} a_n$ und es ist $a_N \leq a$ für alle N, d.h. $\frac{1}{a_0}(a_N - a_0) \leq \frac{1}{a_0}(a - a_0)$ und somit konvergiert die Reihe nach Satz 3.3.6 (2).
3.15
Es gilt genau dann $\left|\frac{1-z}{1+z}\right| < 1$, wenn $|1-z| < |1+z|$. Das ist für $z = x+yi$ genau dann erfüllt, wenn $(1-x)^2 + y^2 < (1+x)^2 + y^2$, d.h. $1 - 2x + x^2 < 1 + 2x + x^2$ gilt. Das ist genau dann der Fall, wenn $x > 0$. Die Reihe konvergiert somit nach Satz 3.3.10 und Bsp. 3.3.3 (1), wenn der Realteil von z größer als 0 ist.
3.16
(a) Die Reihe konvergiert für $x = 1$. Wenn $x \neq 1$, ist die Folge $k!(x-1)^k$ keine Nullfolge (Aufg. 3.8) und die Reihe divergiert nach Satz 3.3.6.
(b) Nach Satz 3.3.11 (1) konvergiert die Reihe absolut für alle x, weil die Reihe $\sum_{k=0}^{\infty} \frac{1}{k!}x^k$ dies nach Bsp. 3.3.17 tut und $\left|\frac{x^k}{k^k k!}\right| \leq \left|\frac{x^k}{k!}\right|$ gilt.
3.17
Diese Reihe konvergiert nach Satz 3.3.6 (3). Das Cauchy-Produkt hat die Gestalt $\sum_{n=0}^{\infty} \frac{(-1)^n}{\sqrt{n+1}} \cdot \sum_{m=0}^{\infty} \frac{(-1)^m}{\sqrt{m+1}} = \sum_{k=0}^{\infty}(-1)^k c_k$, wobei hier $c_k = \sum_{m+n=k} \frac{1}{\sqrt{m+1}\sqrt{n+1}}$. Aber $\sum_{m+n=k} \frac{1}{\sqrt{m+1}\sqrt{n+1}} = \sum_{n=0}^{k} \frac{1}{\sqrt{n+1}\sqrt{k+1-n}} \geq 1$, denn $\frac{1}{\sqrt{n+1}\sqrt{k+1-n}} \geq \frac{1}{k+1}$. Damit ist die Folge $(c_n)_{n\in\mathbb{N}}$ keine Nullfolge und die Reihe $\sum_{n=0}^{\infty}(-1)^n c_n$ divergiert nach Satz 3.3.6 (1).

3.18

Sei $A = \sum_{k=0}^{\infty} a_k$ und $\varepsilon > 0$ gegeben. Dann existiert ein N, so dass $|a_n| < \frac{\varepsilon}{2d}$ und $|A - \sum_{k=0}^{n} a_k| < \frac{\varepsilon}{2}$ für alle $n \geq N$ gilt. Da φ bijektiv und $|k - \varphi(k)| \leq d$ ist, muss $\{1, 2, \ldots, n\} \subset \{\varphi(1), \varphi(2), \ldots, \varphi(n+d)\}$ gelten. Wenn $\varphi(n_1), \ldots, \varphi(n_d)$ die Werte sind, die größer als n sind, dann ergibt sich $|A - \sum_{k=0}^{n+d} a_{\varphi(k)}| \leq |A - \sum_{k=0}^{n} a_k| + |a_{\varphi(n_1)}| + \ldots + |a_{\varphi(n_d)}| < \varepsilon$.

3.19

$0{,}3 = [0{,}01\overline{0011}]_2$

3.20

$\frac{1}{7} = [0{,}\overline{249}]_{16}$

3.21

Sei $(x_n)_{n\in\mathbb{N}}$ eine Folge, so dass $\frac{x_n}{a_n} \leq M$ für alle n und $(y_n)_{n\in\mathbb{N}}$ eine Folge, mit $\frac{y_n}{b_n} \leq N$ für alle n. Dann ist $\frac{x_n + y_n}{c_n} \leq \frac{x_n}{a_n} + \frac{y_n}{b_n} \leq M + N$ für alle n.

3.22

Da $\binom{n}{k} = \frac{n!(n-k)!}{k!}$, hat der Algorithmus die Laufzeit $O(n)$ wie der Algorithmus zur Berechnung von $n!$.

3.23

Die Länge der 2-adischen Darstellung von n ist gleich $[\log_2(n)] + 1$, denn wenn $n = 2^k + \varepsilon_{k-1} 2^{k-1} + \ldots + \varepsilon_0$ mit $\varepsilon_i \in \{0, 1\}$, dann ist $k + 1 > \log_2(n) \geq k$. Daraus folgt $0 < f(n) \leq \log_2(n) + 1 = \left(\frac{1}{\ln(2)} + \frac{1}{\ln(n)}\right) \cdot \ln(n) \leq \frac{2}{\ln(2)} \cdot \ln(n)$ und somit $(f(n))_{n\in\mathbb{N}} = O((\ln(n))_{n\in\mathbb{N}})$.

4.1

(a) $\lim_{x\to 0} \frac{x+2}{x^2-1} = -2$
(b) $\lim_{x\to 0} \frac{\tan(x)}{x} = \lim_{x\to 0} \frac{\sin(x)}{x} \cdot \lim_{x\to 0} \frac{1}{\cos(x)} = 1$
(c) $\lim_{x\to\infty} \frac{3x^2+1}{4x^2+3} = \frac{3}{4}$

4.2

Sei $g(x) = f(x) - x$. Dann ist $g(0) = f(0) \geq 0$ und $g(1) = f(1) - 1 \leq 0$. Nach dem Zwischenwertsatz (Satz 4.1.6) existiert $a \in [0,1]$ mit $g(a) = 0$, d.h. $f(a) = a$. Die Funktion $f(x) = x^2$ hat im Intervall $(0,1)$ keinen Fixpunkt.

4.3

$\lim_{x\to\infty} f(x) = \infty$ bedeutet: $\forall M > 0\ \exists N$ so dass $f(x) \geq M$ für alle $x \geq N$. Sei $\varepsilon > 0$ und $M := \frac{1}{\varepsilon}$, dann ist $f(x) \geq \frac{1}{\varepsilon}$ für $x \geq N$, d.h. $\frac{1}{f(x)} \leq \varepsilon$.

4.4

Sei $\varepsilon > 0$, $x_0 \in [a,b]$ und o.B.d.A. $f(x_0) \geq g(x_0)$. Da f und g stetig sind, existiert ein $\delta > 0$, so dass $|f(x) - f(x_0)| < \varepsilon$ und $|g(x) - g(x_0)| < \varepsilon$ für alle x mit $|x - x_0| < \delta$ gilt. Wenn $f(x_0) = g(x_0)$, dann ist $h(x_0) = f(x_0) = g(x_0)$ und die Behauptung folgt. Wenn $f(x_0) > g(x_0)$, kann man δ so wählen, dass für alle x mit $|x - x_0| < \delta$ zusätzlich $f(x) > g(x)$ gilt. Dann ist $h(x) = f(x)$ für alle x mit $|x - x_0| < \delta$ und die Behauptung folgt.

4.5

Für den Beweis der Stetigkeit an der Stelle $x = 0$ sei $\varepsilon > 0$ gegeben. Mit $\delta := \varepsilon$ erhalten wir $|f(x) - f(0)| = |x| < \varepsilon$, falls $|x| < \delta$ und $x \in \mathbb{Q}$. Wenn $x \notin \mathbb{Q}$, dann gilt ohnehin $|f(x) - f(0)| = 0 < \varepsilon$, daher ist f stetig in 0.
Wenn $0 \neq a \in \mathbb{Q}$, dann wählen wir $0 < \varepsilon < |a|$. Es folgt $|f(x) - f(a)| = |a| > \varepsilon$, falls $x \notin \mathbb{Q}$. Da es beliebig nahe an jeder rationalen Zahl a auch irrationale Zahlen gibt, ist f in a nicht stetig. Wenn schließlich $a \notin \mathbb{Q}$, dann wählen wir $0 < 2\varepsilon < |a|$ und erhalten für jedes x mit $|x - a| < \varepsilon$ mit Hilfe von Satz 3.1.3 (3) $|x| = |a - (a - x)| \geq \big||a| - |x - a|\big| \geq |a| - |x - a| > 2\varepsilon + \varepsilon = \varepsilon$. Da es beliebig nahe an a rationale Zahlen x gibt, folgt $|f(x) - f(a)| = |x| > \varepsilon$ und f ist in a nicht stetig.

4.6

Sei $h(x) := f(x) - g(x)$ und $x \in \mathbb{R}$. Sei $(x_n)_{n\in\mathbb{N}}$ eine Folge mit $\lim_{n\to\infty} x_n = x$ und $x_n \in \mathbb{Q}$. Aus der Stetigkeit von h folgt $\lim_{n\to\infty} h(x_n) = h(x)$. Da $h(x_n) = 0$, folgt $h(x) = 0$.

4.7

Wir betrachten hier den Fall, dass f monoton wachsend und $x_0 \in (a,b]$ ist und zeigen, dass der rechtsseitige Grenzwert existiert. Die anderen Fälle gehen analog. Sei $s = \sup\{f(x) \mid x \in (a, x_0)\}$. Wir wollen zeigen, dass s der rechtsseitige Grenzwert von $f(x)$ für x gegen x_0 ist. Sei $\varepsilon > 0$. Dann existiert ein $y \in (a, x_0)$ mit $s - \varepsilon < f(y)$. Dann gilt wegen der Monotonie $s - \varepsilon < f(x) \leq s$, also $|f(x) - s| < \varepsilon$ für alle $x \in (y, x_0)$. Daraus folgt die Behauptung.

4.8

(a) $f'(x) = \mathrm{e}^{x(\ln(x))^2} \cdot \left((\ln(x))^2 + 2x\ln(x) \cdot \frac{1}{x}\right) = x^{x\ln(x)} \ln(x)(\ln(x) + 2)$.
(b) $f'(x) = -\frac{1}{1+\cot^2(\operatorname{arccot}(x))} = -\frac{1}{1+x^2}$.

4.9
Für $x \leq 0$ ist $f(x) = 1 - x$ und für $x > 0$ ist $f(x) = \cos(x)$. Daher ist die Funktion f stetig und differenzierbar für alle $x \neq 0$. Für x gegen 0 ist der rechtsseitige und linksseitige Grenzwert von $f(x)$ gleich 1 und damit ist $f(x)$ in 0 stetig.
Für negatives h erhalten wir $\lim_{h\to 0} \frac{f(h)-f(0)}{h} = \lim_{h\to 0} \frac{1-h-1}{h} = -1$, für positives h jedoch $\lim_{h\to 0} \frac{f(h)-f(0)}{h} = \lim_{h\to 0} \frac{\cos(h)-1}{h} = 0$. Damit sind die rechtsseitigen und linksseitigen Grenzwerte der Differenzenquotienten in 0 nicht gleich und die Funktion f ist dort nicht differenzierbar.
4.10
Sei $f(x) = \cos(x) - 2x + 3$. Dann ist $f'(x) = -\sin(x) - 2$ und damit $f'(x) < 0$ für alle $x \in \mathbb{R}$. Daraus folgt, dass f streng monoton fallend ist. Da $f(0) = 4$ und $f(3) = \cos(3) - 3 < 0$, gibt es genau eine reelle Zahl $x \in (0,3)$ mit $\cos(x) = 2x - 3$.
4.11
$\lim_{x\to 0}\left(\frac{1}{\sin(x)} - \frac{1}{x}\right) = 0$, da $\frac{x-\sin(x)}{x\cdot\sin(x)} = \frac{\frac{x^3}{6}\left(1-\frac{x^2}{20}+\ldots\right)}{x^2\left(1-\frac{x^2}{6}+\ldots\right)}$ wegen Satz 4.1.22.
4.12
Da $f'(x) = \frac{1}{2\sqrt{x}}\mathrm{e}^{-x} - \sqrt{x}\mathrm{e}^{-x} = \sqrt{x}\mathrm{e}^{-x}\left(\frac{1}{2x} - 1\right)$, ist genau dann $f'(x) = 0$, wenn $x = \frac{1}{2}$. Wenn $0 < x < \frac{1}{2}$, dann ist $f'(x) > 0$ und wenn $x > \frac{1}{2}$, dann gilt $f'(x) < 0$. Daraus folgt, dass auf den Intervallen $\left[0, \frac{1}{2}\right]$ und $\left[\frac{1}{2}, \infty\right]$ stetige Umkehrfunktionen von f existieren und dass ein lokales Maximum in $x = \frac{1}{2}$ und ein lokales Minimum in $x = 0$ vorliegt.
4.13
$\lim_{x\to\frac{\pi}{2}}\left(x - \frac{\pi}{2}\right)\tan(x) = \lim_{x\to\frac{\pi}{2}} \frac{x-\frac{\pi}{2}}{\cos(x)} \cdot \lim_{x\to\frac{\pi}{2}} \sin(x) = \lim_{x\to 0} \frac{x}{\cos\left(x+\frac{\pi}{2}\right)} = \lim_{x\to 0} \frac{x}{-\sin(x)} = -1.$
4.14
(a) $\lim_{x\to 0, x\geq 0} \frac{|x|}{x} = 1$ und $\lim_{x\to 0, x\leq 0} \frac{|x|}{x} = -1$. Damit existiert die rechtsseitige Ableitung von $f(x) = |x|$ und sie ist gleich -1 und es existiert die linksseitige Ableitung und sie ist gleich 1.
(b) $\lim_{x\to 0, x\geq 0} \frac{\sqrt{x}}{x} = \lim_{x\to 0, x\geq 0} \frac{1}{\sqrt{x}} = \infty$.
4.15
(a) Da $\frac{|c_n|}{|c_{n+1}|} = \frac{(2n+2)!}{(2n)!} = (2n+1)(2n+2)$, ist der Konvergenzradius nach Bsp. 4.3.4 (3) gleich ∞.
(b) Da $\frac{|c_n|}{|c_{n+1}|} = \frac{3^n}{3^{n+1}} = \frac{1}{3}$, ist der Konvergenzradius gleich $\frac{1}{3}$ (Bsp. 4.3.4 (3)).
4.16
Es gilt $f(0) = 1$, $f'(x) = \frac{x}{\sqrt{1+x^2}}$ und damit $f'(0) = 0$. Man erhält $f''(x) = \left(1 + x^2\right)^{-\frac{3}{2}}$ und damit $f''(0) = 1$ und auch $f'''(x) = -3x\left(1 + x^2\right)^{-\frac{5}{2}}$, woraus $f''(0) = 0$ folgt. Somit ist die Taylorreihe von $f(x)$ bis zur Ordnung 3 durch das Polynom $f(0) + f'(0)x + \frac{1}{2}f''(0)x^2 + \frac{1}{6}f'''(0)x^3 = 1 + \frac{1}{2}x^2$ gegeben.

4.17

(a) Sei $g(x) := \ln\left(\frac{1+x}{1-x}\right) - 2\sum_{k=0}^{\infty} \frac{x^{2k+1}}{2k+1}$, dann ist $g'(x) = \frac{1-x}{1+x} \cdot \frac{2}{(1-x)^2} - 2\sum_{k=0}^{\infty} x^{2k} = \frac{2}{1-x^2} - 2\sum_{k=0}^{\infty} x^{2k} = 0$ (geometrische Reihe). Daraus folgt, dass $g(x)$ konstant ist. Da $g(0) = \ln(1) - 0 = 0$ folgt die behauptete Gleichung.

(b) Die Behauptung folgt durch Einsetzen von $e^x = \sum_{k=0}^{\infty} \frac{1}{k!} x^k$ und $e^{-x} = \sum_{k=0}^{\infty} (-1)^k \frac{1}{k!} x^k$.

4.18

Es gilt $\frac{a_{n+1}}{a_n} \le 1$, da die Folge $(a_n)_{n\in\mathbb{N}}$ monoton fällt. Damit konvergiert die Reihe nach Bsp. 4.3.4 (3) für alle $|x| < 1$.

4.19

(a) $\int_0^{\pi} x^2 \cos\left(\frac{x}{3}\right) dx = 3x^2 \sin\left(\frac{x}{3}\right)\Big|_0^{\pi} - \int_0^{\pi} 6x \sin\left(\frac{x}{3}\right) dx$

$= \frac{3}{2}\pi^2\sqrt{3} - \left(-18x\cos\left(\frac{x}{3}\right)\Big|_0^{\pi} + 18\int_0^{\pi} \cos\left(\frac{x}{3}\right) dx\right) = \frac{3}{2}\sqrt{3}\pi^2 + 9\pi - 27\sqrt{3}.$

(b) $\int_1^{e} \frac{dx}{x\sqrt{\ln(x)}} = 2\sqrt{\ln(x)}\Big|_1^{e} = 2.$

(c) $\int_1^{\infty} \frac{\ln(x)}{x^2} dx = -\frac{1}{x}\ln(x)\Big|_1^{\infty} + \int_1^{\infty} \frac{1}{x^2} dx = -\frac{1}{x}\Big|_1^{\infty} = 1$, da nach Satz 4.2.28 $\lim_{x\to\infty} \frac{\ln(x)}{x} = \lim_{x\to\infty} \frac{\frac{1}{x}}{1} = 0.$

(d) $\int_{-\frac{\pi}{2}}^{\frac{\pi}{2}} x\sin(2x) dx = -\frac{1}{2}x\cos(2x)\Big|_{-\frac{\pi}{2}}^{\frac{\pi}{2}} + \frac{1}{2}\int_{-\frac{\pi}{2}}^{\frac{\pi}{2}} \cos(2x) dx = \frac{\pi}{2}.$

(e) $\int_1^{2} \frac{1}{(x-1)^2} dx = -\frac{1}{(x-1)}\Big|_1^{2} = \infty.$

(f) $\int_1^{\infty} xe^{-x} dx = -xe^{-x}\Big|_1^{\infty} + \int_1^{\infty} e^{-x} dx = \frac{1}{e} - e^{-x}\Big|_1^{\infty} = \frac{2}{e}.$

4.20

(a) Unter Benutzung von $\frac{1}{x^4-1} = -\frac{1}{4}\left(\frac{1}{x+1} - \frac{1}{x-1}\right) - \frac{1}{2}\cdot\frac{1}{x^2+1}$ erhält man $\int \frac{1}{x^4-1} dx = -\frac{1}{4}\left(\ln\left|\frac{x+1}{x-1}\right| + 2\arctan(x)\right) + C.$

(b) $\int \frac{x}{x^2-3x+2} dx = \int \left(\frac{2}{x-2} - \frac{1}{x-1}\right) dx = 2\ln|x-2| - \ln|x-1| + C.$

(c) $\int \frac{e^x}{3+2e^x} dx = \frac{1}{2}\ln(3+2e^x) + C.$

(d) Da $\sin(x) = 2\sin\left(\frac{x}{2}\right)\cos\left(\frac{x}{2}\right) = 2\cos^2\left(\frac{x}{2}\right)\tan\left(\frac{x}{2}\right)$ und $\tan\left(\frac{x}{2}\right)' = \frac{1}{2\cos^2\left(\frac{x}{2}\right)}$, ergibt sich $\int \frac{dx}{\sin(x)} = \ln|\tan(\frac{x}{2})| + C.$

(e) $\int |x| dx = \begin{cases} \frac{1}{2}x^2 + C & x > 0 \\ -\frac{1}{2}x^2 + C & x \le 0\,. \end{cases}$

4.21

(a) Aus der Gleichung $\cos(kx)\cos(lx) = \frac{1}{2}\big(\cos((k-l)x) + \cos((k+l)x)\big)$ ergibt sich $\int_0^{2\pi} \cos(kx)\cos(lx) dx = \frac{\sin((k-l)x)}{2(k-l)} + \frac{\sin((k+l)x)}{2(k+l)}\Big|_0^{2\pi} = 0.$

(b) Folgt ebenso aus $\sin(kx)\sin(lx) = \frac{1}{2}\big(\cos((k-l)x) - \cos((k+l)x)\big).$

4.22

Mit Hilfe von $\cos^2(kx) = \frac{1}{2}(1+\cos(2kx))$, ergibt sich $\int_0^{2\pi}\cos^2(kx)\mathrm{d}x = \frac{1}{2}\int_0^{2\pi}(1+\cos(2kx))\mathrm{d}x = \frac{1}{2}\left(x+\frac{1}{2k}\sin(2kx)\right)\Big|_0^{2\pi} = \pi$.

4.23

Da die Gleichung der Ellipse auch als $y^2 = b^2\left(1-\frac{x^2}{a^2}\right)$ geschrieben werden kann, ist der gesuchte Flächeninhalt durch den Ausdruck $2\int_{-a}^{a} b\sqrt{1-\frac{x^2}{a^2}}\mathrm{d}x$ gegeben. Weil $\int\sqrt{a^2-x^2}\mathrm{d}x = \frac{1}{2}\left(x\sqrt{a^2-x^2}+a^2\arcsin\left(\frac{x}{a}\right)\right)+C$, erhalten wir $2\int_{-a}^{a} b\sqrt{1-\frac{x^2}{a^2}}\mathrm{d}x = 2\frac{b}{a}\cdot\frac{1}{2}(x\sqrt{a^2-x^2}+a^2\arcsin\frac{x}{a})\Big|_{-a}^{a}$ und das ist gleich $ab(\arcsin(1)-\arcsin(-1)) = ab\pi$.

4.24

Es ist $\int\frac{1}{x\ln(x)}\mathrm{d}x = \ln(\ln(x))+C$. Daraus folgt, dass das Integral $\int_2^\infty\frac{1}{x\ln(x)}\mathrm{d}x$ nicht konvergiert und nach Satz 4.4.33 auch die Reihe $\sum_{n=2}^\infty\frac{1}{n\ln(n)}$ nicht.

4.25

Der Beweis lässt sich im Prinzip wörtlich übertragen.

4.26

Für die Fourier-Koeffizienten von $|\sin(x)| = \frac{a_0}{2}+\sum\limits_{k=1}^{\infty}(a_k\cos(kx)+b_k\sin(kx))$ über dem Intervall $[-\pi,\pi]$ gilt

$$a_k = \frac{1}{\pi}\int_{-\pi}^{\pi}|\sin(x)|\cos(kx)\mathrm{d}x\ , \qquad b_k = \frac{1}{\pi}\int_{-\pi}^{\pi}|\sin(x)|\sin(kx)\mathrm{d}x\ .$$

Wir erhalten $a_0 = \frac{1}{\pi}\int_{-\pi}^{\pi}|\sin(x)|\mathrm{d}x = \frac{1}{\pi}\int_0^\pi\sin(x)dx - \frac{1}{\pi}\int_{-\pi}^0\sin(x)\mathrm{d}x = \frac{4}{\pi}$ und $a_1 = \frac{1}{\pi}\int_{-\pi}^{\pi}|\sin(x)|\sin(x)\mathrm{d}x = \frac{1}{\pi}\int_0^\pi\sin^2(x)\mathrm{d}x - \frac{1}{\pi}\int_{-\pi}^0\sin^2(x)\mathrm{d}x = 0$. Für $k>1$ gilt $\sin(x)\cos(kx) = \frac{1}{2}(\sin((k+1)x)+\sin((1-k)x))$ und somit $\int\sin(x)\cos(kx)\mathrm{d}x = -\frac{1}{2}\left(\frac{1}{k+1}\cos((k+1)x)+\frac{1}{1-k}\cos((1-k)x)\right)+C$. Daraus folgt, dass $a_k = 0$ für ungerades k und $a_k = -\frac{4}{\pi}\cdot\frac{1}{k^2-1}$ für gerades k ist. Analog zeigt man $b_k = 0$ für alle k. Damit ist $|\sin(x)| = \frac{2}{\pi}-\frac{4}{\pi}\sum_{k=1}^\infty\frac{\cos(2kx)}{4k^2-1}$.

4.27

Zunächst bemerken wir, dass durch die Substitution $-x$ für x (Satz 4.4.17) folgt: $\int_{-\pi}^0 F(x)\mathrm{d}x = \int_0^\pi F(-x)\mathrm{d}x$. Wenn F eine ungerade Funktion ist, also $F(-x) = -F(x)$ gilt, dann ist $\int_{-\pi}^{\pi}F(x)\mathrm{d}x = \int_{-\pi}^0 F(x)\mathrm{d}x+\int_0^\pi F(x)\mathrm{d}x = \int_0^\pi(F(-x)+F(x))\,\mathrm{d}x = 0$.

Da sowohl $F(x) = f(x)\cos(kx)$ für eine ungerade Funktion f als auch $F(x) = f(x)\sin(kx)$ für gerades f und $k>0$ ungerade Funktionen sind, folgt $b_k = \frac{1}{\pi}\int_0^{2\pi}f(x)\sin(kx)\mathrm{d}x = \frac{1}{\pi}\int_{-\pi}^{\pi}f(x)\sin(kx)\mathrm{d}x = 0$, wenn f gerade ist und $a_k = \frac{1}{\pi}\int_0^{2\pi}f(x)\cos(kx)\mathrm{d}x = \frac{1}{\pi}\int_{-\pi}^{\pi}f(x)\cos(kx)\mathrm{d}x = 0$, wenn f ungerade ist. Daher hat die Fourier-Reihe für gerades, 2π-periodisches f die

Gestalt $\frac{a_0}{2} + \sum_{k=1}^{\infty} a_k \cos(kx)$ und für ungerades, 2π-periodisches f die Form $\sum_{k=1}^{\infty} b_k \sin(kx)$.

4.28

Es gilt $\int(\pi^2 - x^2)\cos(kx)\mathrm{d}x = (\pi^2 - x^2)\frac{1}{k}\sin(kx) - \int(-2x)\frac{1}{k}\sin(kx)\mathrm{d}x = (\pi^2 - x^2)\frac{1}{k}\sin(kx) - \frac{2x}{k^2}\cos(kx) + \frac{2}{k^3}\sin(kx) + C$. Da $\sin(l\pi) = 0$ für alle $l \in \mathbb{Z}$, ergibt sich $\pi a_k = -\frac{2x}{k^2}\cos(kx)\Big|_{-\pi}^{\pi} = -\frac{4\pi}{k^2}\cos(k\pi) = -\frac{4\pi}{k^2}(-1)^k$ für $k > 0$. Da $\pi^2 - x^2$ eine gerade Funktion ist, gilt $b_k = 0$ für alle k (Aufgabe 4.27). Da $a_0 = \int_{-\pi}^{\pi}(\pi^2 - x^2)\mathrm{d}x = \frac{4\pi^2}{3}$, gilt $\pi^2 - x^2 = \frac{2\pi^2}{3} + \sum_{k=1}^{\infty}\frac{4}{k^2}(-1)^{k+1}\cos(kx)$ für $x \in [-\pi, \pi]$.

4.29

Die Funktion $f(x) = \frac{x}{2}$ ist ungerade, somit $a_k = 0$ für alle k (Aufgabe 4.27). Außerdem ist

$$\begin{aligned} b_k &= \frac{1}{\pi}\int_{-\pi}^{\pi}\frac{x}{2}\sin(kx)\mathrm{d}x = \frac{1}{\pi}\left(-\frac{x}{2k}\cos(kx)\Big|_{-\pi}^{\pi} + \frac{1}{2k}\int_{-\pi}^{\pi}\cos(kx)\mathrm{d}x\right) \\ &= \frac{1}{\pi}\left(-\frac{x}{2k}\cos(kx)\Big|_{-\pi}^{\pi} + \frac{1}{2k^2}\sin(kx)\Big|_{-\pi}^{\pi}\right) = \frac{(-1)^{k+1}}{k}. \end{aligned}$$

Daraus folgt $\frac{x}{2} = \sum_{k=1}^{\infty}(-1)^{k+1}\frac{1}{k}\sin(kx)$ in $[-\pi, \pi]$.

4.30

Es gilt $a_0 = \frac{1}{\pi}\int_0^{2\pi}\mathrm{e}^x\mathrm{d}x = \frac{1}{\pi}(\mathrm{e}^{2\pi} - 1)$. Da

$$\int \mathrm{e}^x\sin(kx)\mathrm{d}x = \mathrm{e}^x\sin(kx) - \int \mathrm{e}^x k\cos(kx)\mathrm{d}x \qquad \text{und}$$

$$\int k\mathrm{e}^x\cos(kx)\mathrm{d}x = k\mathrm{e}^x\cos(kx) + \int \mathrm{e}^x k^2\sin(kx)\mathrm{d}x\,, \qquad \text{ergibt sich}$$

$$\int \mathrm{e}^x\sin(kx)\mathrm{d}x = \frac{\mathrm{e}^x}{k^2+1}\big(\sin(kx) - k\cos(kx)\big) + C \qquad \text{und analog}$$

$$\int \mathrm{e}^x\cos(kx)\mathrm{d}x = \frac{\mathrm{e}^x}{k^2+1}\big(\cos(kx) + k\sin(kx)\big) + C\,.$$

Daraus erhalten wir $b_k = \dfrac{k(1-\mathrm{e}^{2\pi})}{\pi(k^2+1)}$ und $a_k = \dfrac{\mathrm{e}^{2\pi}-1}{\pi(k^2+1)}$. Damit lautet die Fourierreihe für e^x auf $[0, 2\pi]$

$$\frac{\mathrm{e}^{2\pi}-1}{\pi}\left(\frac{1}{2} + \sum_{k=1}^{\infty}\frac{1}{k^2+1}\cos(kx) - \sum_{k=1}^{\infty}\frac{k}{k^2+1}\sin(kx)\right).$$

5.1
Es handelt sich hier um eine Variation von 3 Elementen der Menge $\{0, \ldots, 9\}$ mit Wiederholung. Damit gibt es $1\,000 = 10^3$ dreistellige Zahlen im Dezimalsystem. Dabei sehen wir als dreistellige Zahl eine Zahl mit 3 oder weniger Ziffern. Wenn wir die Anzahl aller Zahlen mit genau drei Ziffern bestimmen wollen, erhalten wir 900, da die erste der drei Ziffern nicht Null sein darf.

5.2
Es handelt sich hier um eine Variation von 11 Elementen der Menge $\{1, 0, -1\}$ mit Wiederholung. Hier steht 1 für ein gewonnenes Spiel, 0 für unentschieden und -1 für ein verlorenes Spiel. Damit gibt es $3^{11} = 177\,147$ Möglichkeiten.

5.3
Es handelt sich hier um eine Variation von 3 Elementen der Menge $\{1, \ldots, 20\}$ ohne Wiederholung. Damit gibt es $\frac{20!}{(20-3)!} = 18 \cdot 19 \cdot 20 = 6\,840$ Möglichkeiten.

5.4
Es handelt sich hier um eine Variation von 5 Elementen der Menge $\{\cdot, -\}$ mit Wiederholung. Hier gibt es $2^5 = 32$ Möglichkeiten.

5.5
Wir führen den Beweis mittels vollständiger Induktion nach n. Der Induktionsanfang bei $n = 3$ ist klar. Wir nehmen als Induktionsvoraussetzung an, dass

$$\sum_{i=1}^{n-3} \binom{n-i-1}{2} = \binom{n-1}{3}$$

gilt. Durch Addition von $\binom{n-1}{2}$ auf beiden Seiten dieser Gleichung folgt unter Verwendung von $\binom{n-1}{3} + \binom{n-1}{2} = \binom{n}{3}$ die Behauptung.

5.6
Es gibt $\binom{36}{1} = 36$ Möglichkeiten, die Karte für den ersten Stapel zu wählen. Dann bleiben $\binom{35}{2}$ Möglichkeiten, 2 Karten für den zweiten Stapel zu wählen, $\binom{33}{3}$ Möglichkeiten für den dritten Stapel und so weiter bis $\binom{15}{7}$ Möglichkeiten für den 7. Stapel. Dann bleiben 8 Karten übrig, die auf den 8. Stapel kommen. Damit ergibt sich als Gesamtzahl der Möglichkeiten das Produkt

$$\binom{36}{1}\binom{35}{2}\binom{33}{3}\binom{30}{4}\binom{26}{5}\binom{21}{6}\binom{15}{7} = 73\,566\,121\,315\,513\,295\,589\,120\,000\,.$$

5.7
Wenn $n = k$, dann ist die erste Gleichung offenbar richtig. Zum Beweis im Fall $1 \leq k \leq n-1$ setzen wir $M = \{1, \ldots, n\}$. Für jede disjunkte Zerlegung $M = M_1 \cup \ldots \cup M_k$ gibt es zwei Möglichkeiten:

(1) Es gibt ein i, so dass $n \in M_i$ und $|M_i| = 1$, d.h. $M_i = \{n\}$.
(2) Es gibt ein i, so dass $n \in M_i$ und $|M_i| \geq 2$.

Im ersten Fall ist $M_1 \cup \ldots \cup M_{i-1} \cup M_{i+1} \cup \ldots \cup M_k = M \setminus \{n\}$ eine disjunkte Zerlegung in $k-1$ Teilmengen. Es gibt $S_{(n-1,k-1)}$ solcher Zerlegungen. Im zweiten Fall ist $M_1 \cup \ldots \cup M_{i-1} \cup M_i \setminus \{n\} \cup \ldots \cup M_k = M \setminus \{n\}$ eine

disjunkte Zerlegung in k Teilmengen. Es gibt $S_{(n-1,k)}$ solche Zerlegungen. Bei einer derartigen Zerlegung kann n zu jeder der k Mengen hinzugefügt werden, was zu $k \cdot S_{(n-1,k)}$ Zerlegungen von M im zweiten Fall führt. Daraus folgt die behauptete Gleichung $S_{(n,k)} = S_{(n-1,k-1)} + kS_{(n-1,k)}$.
Da M eine endliche Menge ist, gilt $|\operatorname{Sur}(M,M)| = |\operatorname{Bij}(M,M)| = n!$ und somit folgt die Formel $S_{(n,k)} = \frac{1}{k!}\sum_{j=0}^{k}(-1)^{k-j}\binom{k}{j}j^n$ für $k = n$ aus Folgerung 5.1.19. Für $1 \leq k \leq n-1$ beweisen wir diese Gleichung per Induktion über n. Der Induktionsanfang mit $n = k = 1$ ist klar. Im Induktionsschritt setzen wir voraus, dass $S_{(n-1,k)} = \frac{1}{k!}\sum_{j=0}^{k}(-1)^{k-j}\binom{k}{j}j^{n-1}$ für alle $1 \leq k \leq n-1$ gilt. Nach Voraussetzung ist also

$$S_{(n-1,k-1)} = \frac{1}{(k-1)!}\sum_{j=0}^{k-1}(-1)^{k-1-j}\binom{k-1}{j}j^{n-1}$$

$$S_{(n-1,k)} = \frac{1}{k!}\sum_{j=0}^{k}(-1)^{k-j}\binom{k}{j}j^{n-1}\,.$$

Mit Hilfe der bereits bewiesenen Rekursionsgleichung folgt nun

$$\begin{aligned}
S_{(n,k)} &= S_{(n-1,k-1)} + kS_{(n-1,k)} \\
&= \frac{1}{(k-1)!}\sum_{j=0}^{k-1}(-1)^{k-j-1}\binom{k-1}{j}j^{n-1} + k\cdot\frac{1}{k!}\sum_{j=0}^{k}(-1)^{k-j}\binom{k}{j}j^{n-1} \\
&= \frac{1}{(k-1)!}\left(\sum_{j=0}^{k-1}(-1)^{k-j}\left(-\binom{k-1}{j}+\binom{k}{j}\right)j^{n-1} + k^{n-1}\right) \\
&= \frac{1}{(k-1)!}\left(\sum_{j=0}^{k-1}(-1)^{k-j}\binom{k-1}{j-1}j^{n-1} + k^{n-1}\right) \\
&= \frac{1}{k!}\left(\sum_{j=0}^{k-1}(-1)^{k-j}\binom{k-1}{j-1}\cdot\frac{k}{j}\cdot j^{n} + k^{n}\right) \\
&= \frac{1}{k!}\sum_{j=0}^{k}(-1)^{k-j}\binom{k}{j}j^{n}\,.
\end{aligned}$$

5.8
Die Rechnung geht analog zum Fall $a = 4$.

5.9
Mit den Sätzen 5.2.32 und 5.2.26 ergibt sich

$$\begin{aligned}\mathrm{Var}(X+Y) &= E\left((X+Y)^2\right) - (E(X+Y))^2 \\ &= E\left(X^2+2XY+Y^2\right) - (E(X)+E(Y))^2 \\ &= E\left(X^2\right) + 2E(XY) + E\left(Y^2\right) - E(X)^2 - 2E(X)E(Y) - E(Y)^2 \,.\end{aligned}$$

Da X und Y unabhängig sind, gilt nach Satz 5.2.28 $E(XY) = E(X)\cdot E(Y)$, also $\mathrm{Var}(X+Y) = E\left(X^2\right) - E(X)^2 + E\left(Y^2\right) - E(Y)^2 = \mathrm{Var}(X) + \mathrm{Var}(Y)$.
5.10
Wie im Beweis von Satz 5.2.26 haben wir $E(X) + E(Y) = E(X+Y) = \sum_{e\in\mathcal{S}}(X+Y)(e)P(\{e\})$ und $E(\max(X,Y)) = \sum_{e\in\mathcal{S}} \max(X,Y)(e)P(\{e\})$. Da X, Y nicht negativ sind, gilt $\max(X,Y)(e) \le (X+Y)(e)$ für alle $e \in \mathcal{S}$, woraus die Behauptung folgt.
5.11
$E(aX) = \sum_{b\in aX(\mathcal{S})} b\cdot P(aX=b) = \sum_{\frac{b}{a}\in X(\mathcal{S})} a\cdot\frac{b}{a}\cdot P\left(X=\frac{b}{a}\right) = aE(X)$.
5.12
$\mathrm{Var}(aX) = E\left((aX-E(aX))^2\right) = E\left(a^2(X-E(X))^2\right) = a^2\,\mathrm{Var}(X)$.
5.13
Wenn $P(\{e\}) = P(\{e'\})$ für alle $e, e' \in \mathcal{S}$, dann ist die für (1) wegen (2) in Definition 5.2.1 nötige Gleichung $\sum_{e\in S} P(\{e\}) = 1$ zu $P(\{e\}) = \frac{1}{|S|}$ äquivalent.
5.14
Hier haben wir $S = \{1,\ldots,6\}$ und $P(\{k\}) = \frac{1}{6}$ für alle $k \in \mathcal{S}$. Da $X(k) = k$, folgt $E(X) = \sum_{k\in S} X(k)P(\{k\}) = \frac{1}{6}+\frac{2}{6}+\frac{3}{6}+\frac{4}{6}+\frac{5}{6}+\frac{6}{6} = \frac{21}{6} = \frac{7}{2}$.
5.15
Es handelt sich um eine Binomialverteilung mit $n = 100$ und $p = 0{,}02$. Es ist $P(X\le 3) = P(X=0) + P(X=1) + P(X=2) + P(X=3)$ zu berechnen.

$$\begin{aligned}P(X=0) &= \binom{100}{0}p^0(1-p)^{100} \approx 0{,}13262 \\ P(X=1) &= \binom{100}{1}p(1-p)^{99} \approx 0{,}27065 \\ P(X=2) &= \binom{100}{2}p^2(1-p)^{98} \approx 0{,}27341 \\ P(X=3) &= \binom{100}{3}p^3(1-p)^{97} \approx 0{,}18228\end{aligned}$$

Damit ist die Wahrscheinlichkeit etwa 0,86, dass unter 100 mit Zurücklegen entnommenen LED's höchstens 3 fehlerhafte sind.
5.16
In Beispiel 5.2.6 wurde gezeigt, dass die Wahrscheinlichkeit, bei einem Tipp 6 Richtige zu haben, gleich $\frac{1}{\binom{49}{6}}$ ist. Daher ist der zu erwartende Gewinn

$$\frac{1}{\binom{49}{6}} \cdot 199\,999 + \left(1 - \frac{1}{\binom{49}{6}}\right)(-1) = \frac{200\,000}{\binom{49}{6}} - 1 = \frac{200\,000}{13\,983\,816} - 1 \approx -0{,}99\,.$$

5.17

Bei der Poisson-Verteilung ist $\mathcal{S} = \mathbb{N}$ und $P(X = k) = P(\{k\}) = \frac{\lambda^k}{k!}e^{-\lambda}$ für $k \in \mathbb{N}$. Damit ist (vgl. Beispiel 3.3.17)

$$\begin{aligned} E(X) &= \sum_{k=0}^{\infty} kP(X=k) = \sum_{k=1}^{\infty} kP(X=k) = \sum_{k=1}^{\infty} k\frac{\lambda^k}{k!}e^{-\lambda} \\ &= \lambda e^{-\lambda}\sum_{k=1}^{\infty}\frac{\lambda^{k-1}}{(k-1)!} = \lambda e^{-\lambda}\sum_{k=0}^{\infty}\frac{\lambda^k}{k!} = \lambda e^{-\lambda}e^{\lambda} = \lambda\,. \end{aligned}$$

Damit ergibt sich nun in ähnlicher Weise

$$\begin{aligned} \mathrm{Var}(X) &= E\left((X - E(X))^2\right) = E\left((X-\lambda)^2\right) = \sum_{k=0}^{\infty}(k-\lambda)^2 P(X=k) \\ &= \sum_{k=0}^{\infty}\left(k^2 - 2\lambda k + \lambda^2\right)\frac{\lambda^k}{k!}e^{-\lambda} \\ &= e^{-\lambda}\sum_{k=0}^{\infty}k^2\frac{\lambda^k}{k!} - 2\lambda e^{-\lambda}\sum_{k=0}^{\infty}k\frac{\lambda^k}{k!} + \lambda^2 e^{-\lambda}\sum_{k=0}^{\infty}\frac{\lambda^k}{k!} \\ &= e^{-\lambda}\sum_{k=0}^{\infty}k^2\frac{\lambda^k}{k!} - \lambda^2 = e^{-\lambda}\sum_{k=0}^{\infty}(k(k-1)+k)\frac{\lambda^k}{k!} - \lambda^2 \\ &= e^{-\lambda}\sum_{k=2}^{\infty}\frac{\lambda^k}{(k-2)!} + e^{-\lambda}\sum_{k=1}^{\infty}\frac{\lambda^k}{(k-1)!} - \lambda^2 \\ &= \lambda^2 + \lambda - \lambda^2 = \lambda\,. \end{aligned}$$

5.18

(1)

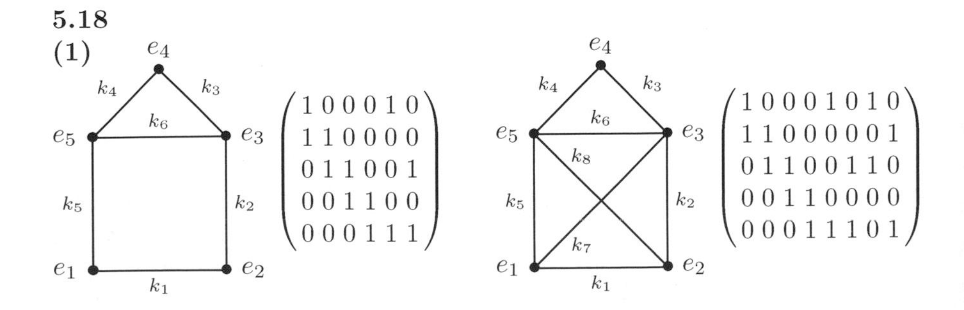

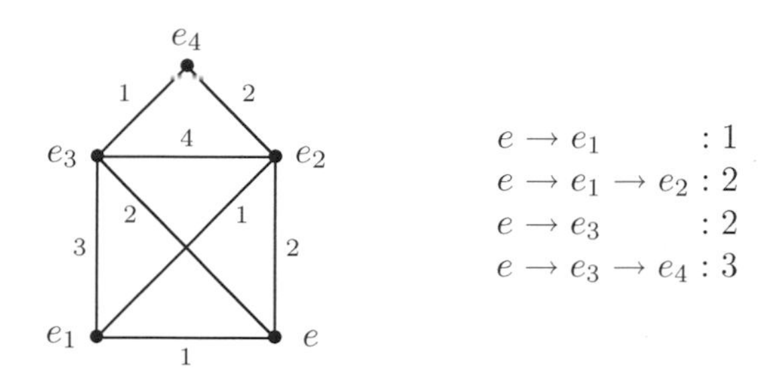

5.19
(a)

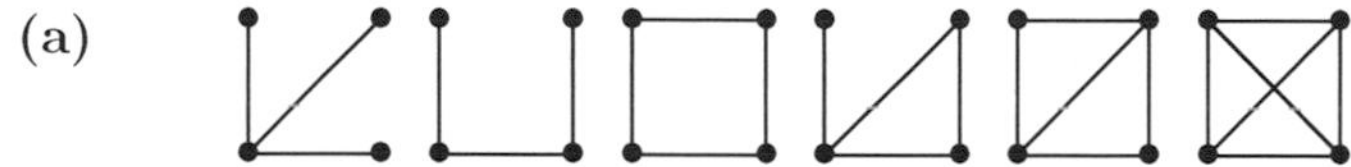

(b) Sei $e \in E_1$ ein Knoten vom Grad r und $k_1, \ldots, k_r$ alle Kanten mit Knoten e. Außerdem bezeichnen wir mit e_i den von e verschiedenen Knoten der Kante k_i, d.h. $\varphi_1(k_i) = \{e, e_i\}$. Dann gilt $\varphi_2(\beta(k_i)) = \{\alpha(e), \alpha(e_i)\}$ und somit hat $\alpha(e)$ die Kanten $\beta(k_1), \ldots, \beta(k_r)$. Daher ist der Knotengrad von $\alpha(e)$ mindestens r. Durch Betrachtung der inversen Abbildungen $\alpha^{-1} : E_2 \to E_1$ und $\beta^{-1} : K_2 \to K_1$ erhält man auf die gleiche Weise, dass der Knotengrad von $\alpha(e)$ gleich r ist.

5.20

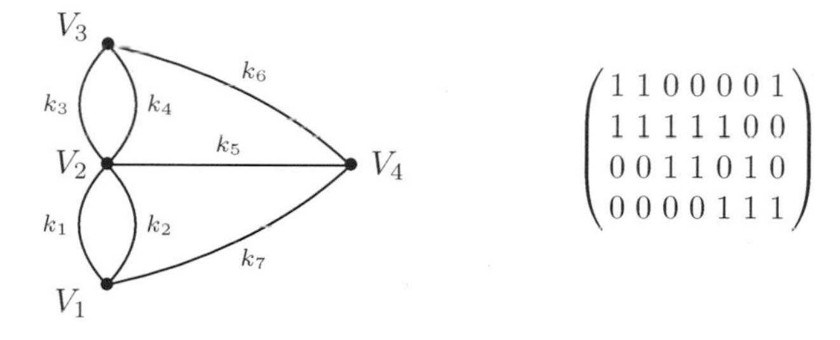

5.21
Wir beweisen den Satz durch Induktion über die Anzahl der Knoten. Ein zusammenhängender Graph mit 2 Knoten hat mindestens eine Kante.
Sei jetzt ein zusammenhängender Graph mit n Knoten gegeben. Durch Weglassen von Kanten können wir o.B.d.A. annehmen, dass der Graph folgende Eigenschaft hat. Er ist zusammenhängend, aber das Weglassen eine beliebigen Kante führt dazu, dass der Graph in 2 zusammenhängende Graphen zerfällt, die untereinander nicht zusammenhängen.

Nach Induktionsvoraussetzung ist die Summe der Anzahl der Kanten beider Graphen mindestens $n - 2$. Daraus folgt die Behauptung.

5.22
Ein Baum ist ein zusammenhängender Graph ohne Zyklen. Da der Graph zusammenhängend ist, lassen sich zwei gegebene Knoten durch einen Weg verbinden. Zwei verschiedene Wege würden zu einem Zyklus führen.
Zum Beweis, dass $|E| = |K| + 1$ gilt, verwenden wir Induktion über $n = |E|$, die Anzahl der Knoten. Für $n = 2$ ist die Behauptung klar. Für den Induktionsschritt nehmen wir an, dass jeder Baum mit $k < n$ Knoten genau $k - 1$ Kanten besitzt. Wenn wir aus einem Baum mit n Knoten eine Kante entfernen, dann entstehen zwei zusammenhängende Teilgraphen, die nicht miteinander verbunden sind (genau wie bei der Lösung von Aufgabe 5.21), denn sonst gäbe es einen Zyklus im ursprünglichen Graphen. Nach Induktionsvoraussetzung ist die Summe der Anzahl der Kanten beider Teilgraphen gleich $n - 2$, der betrachtete Baum mit n Knoten hatte also $n - 1$ Kanten.

5.23
Wir beweisen diese Aussage durch Induktion über n. Für $n = 2$ ist die Behauptung klar. Sei nun $n \geq 3$ und die Behauptung bereits für Graphen mit $n - 1$ Knoten gezeigt.
Der Graph muss mindestens einen Endknoten besitzen, da wegen Bemerkung 5.3.5 (2) sonst $|K| \geq |E| = n$ wäre. Nach Entfernung dieses Endknotens und seiner zugehörigen Kante verbleibt ein Graph mit $n - 1$ Knoten und $n - 2$ Kanten. Dieser ist nach Induktionsvoraussetzung ein Baum. Daher ist auch der ursprüngliche Graph ein Baum.

5.24

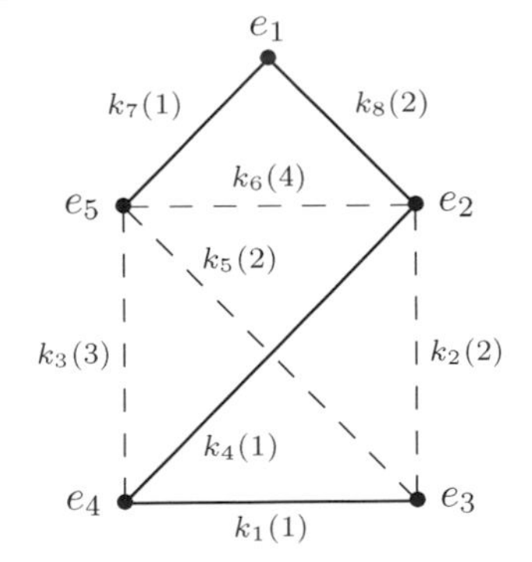

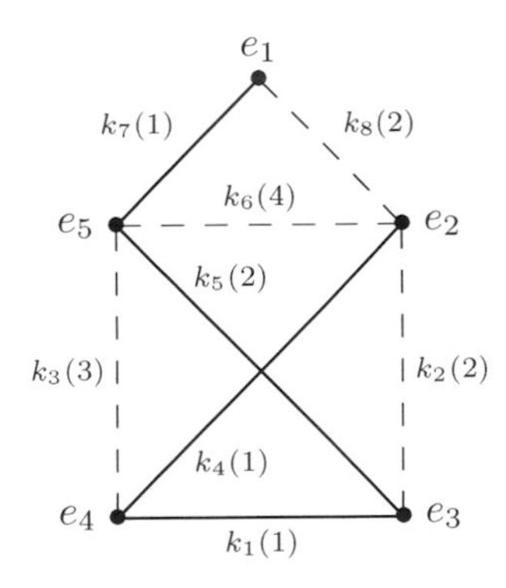

5.25

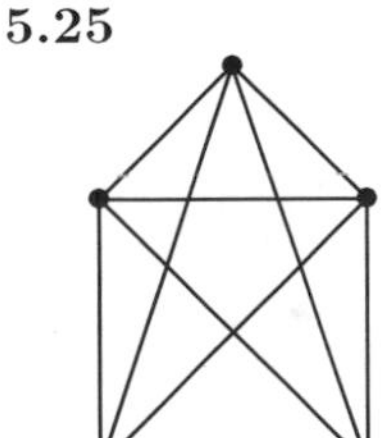

Der Graph hat $5^3 = 125$ aufspannende Bäume.

5.26

3	4	1	7	5	9	2	8	6
8	7	9	1	6	2	3	4	5
6	5	2	4	3	8	7	9	1
2	1	7	3	4	5	9	6	8
4	8	5	2	9	6	1	3	7
9	3	6	8	7	1	4	5	2
5	9	3	6	2	7	8	1	4
1	2	4	5	8	3	6	7	9
7	6	8	9	1	4	5	2	3

5.27

Wir müssen für jede zu m teilerfremde Zahl $a \in \mathbb{Z}$ zeigen: $a^{m-1} \equiv 1 \mod m$. Weil $p, 2p-1$ und $3p-2$ Primzahlen sind, gilt nach dem kleinen Satz von Fermat $a^{p-1} \equiv 1 \mod p, a^{2p-2} \equiv 1 \mod 2p-1$ und $a^{3p-3} \equiv 1 \mod 3p-2$. Es gilt $m-1 = p(2p-1)(3p-2)-1 = (p-1)(6p^2-p+1)$. Da $p > 3$ eine Primzahl ist, ist $p-1$ gerade, woraus $2|6p^2-p+1$ folgt. Außerdem gilt auch $3|6p^2-p+1$. Wäre das nicht der Fall, dann müsste $p \not\equiv 1 \mod 3$ sein. Da $p > 3$ prim ist, wäre dann $p \equiv -1 \mod 3$, woraus $2p-1 \equiv 0 \mod 3$ folgen würde. Da aber auch $2p-1 > 5$ eine Primzahl ist, ist dies unmöglich.
Daraus folgt insgesamt $6(p-1)|m-1$. Durch Potenzieren der zuvor aus dem kleinen Satz von Fermat erhaltenen Kongruenzen erhalten wir deshalb $a^{m-1} \equiv 1 \mod p, a^{m-1} \equiv 1 \mod 2p-1$ und $a^{m-1} \equiv 1 \mod 3p-2$, woraus sich mit der Eindeutigkeitsaussage aus dem Chinesischen Restsatz ergibt, dass auch $a^{m-1} \equiv 1 \mod m$ gilt.

5.28

Wäre 453 quadratischer Rest modulo 1239, dann auch modulo jeden Teilers dieser Zahl. Da $1239 = 3 \cdot 7 \cdot 59$ durch 7 teilbar ist, $453 \equiv 5 \mod 7$ und wegen Satz 5.4.10 $\left(\frac{5}{7}\right) = \left(\frac{7}{5}\right) = \left(\frac{2}{5}\right) = -1$ gilt, ist 453 kein quadratischer Rest modulo der Primzahl 7 und damit auch nicht modulo 1239.

5.29

$$\left(\frac{547}{3389}\right) = \left(\frac{3389}{547}\right) = \left(\frac{107}{547}\right) = -\left(\frac{12}{107}\right) = -\left(\frac{3}{107}\right) = \left(\frac{107}{3}\right) = \left(\frac{2}{3}\right) = -1$$

5.30

Aus Satz 5.4.9 wissen wir $3^{\frac{p-1}{2}} \equiv \left(\frac{3}{p}\right) \mod p$. Aus dem quadratischen Reziprozitätsgesetz folgt $\left(\frac{3}{p}\right) = \left(\frac{p}{3}\right) \cdot (-1)^{\frac{3-1}{2} \cdot \frac{p-1}{2}}$. Da $p = 2^{2^m}+1$, ist $\frac{p-1}{2} = 2^{2^m-1}$ gerade und somit $\left(\frac{3}{p}\right) = \left(\frac{p}{3}\right)$. Wegen $p = 2^{2^m}+1 = (2^2)^{2^{m-1}}+1 \equiv 2 \mod 3$ ergibt sich $\left(\frac{3}{p}\right) = \left(\frac{p}{3}\right) = -1$, also tatsächlich $3^{\frac{p-1}{2}} \equiv -1 \mod p$.
Der gleiche Beweis liefert $3^{\frac{p-1}{2}} \equiv -1 \mod p$ für jede Primzahl p, für die $p \equiv 5 \mod 12$, d.h. $p \equiv 1 \mod 4$ und $p \equiv 2 \mod 3$ gilt.

6.1
Wir geben hier nur die drei Wertetabellen für (1), (8) und (10) exemplarisch an. Die anderen sind analog oder viel einfacher.

x	y	z	$x \wedge y$	$(x \wedge y) \wedge z$	$y \wedge z$	$x \wedge (y \wedge z)$
0	0	0	0	0	0	0
0	0	1	0	0	0	0
0	1	0	0	0	0	0
0	1	1	0	0	1	0
1	0	0	0	0	0	0
1	0	1	0	0	0	0
1	1	0	1	0	0	0
1	1	1	1	1	1	1

x	y	$\neg y$	$x \wedge (\neg y)$	$x \Longrightarrow y$	$\neg(x \Longrightarrow y)$
0	0	1	0	1	0
0	1	0	0	1	0
1	0	1	1	0	1
1	1	0	0	1	0

x	y	z	$y \wedge z$	$x \vee (y \wedge z)$	$x \vee y$	$x \vee z$	$(x \vee y) \wedge (x \vee z)$
0	0	0	0	0	0	0	0
0	0	1	0	0	0	1	0
0	1	0	0	0	1	0	0
0	1	1	1	1	1	1	1
1	0	0	0	1	1	1	1
1	0	1	0	1	1	1	1
1	1	0	0	1	1	1	1
1	1	1	1	1	1	1	1

6.2
$(x \Longrightarrow y) \Longrightarrow (y \Longrightarrow x)$ ist keine Tautologie, sondern zu $y \Longrightarrow x$ äquivalent.

x	y	$x \Longrightarrow y$	$y \Longrightarrow x$	$(x \Longrightarrow y) \Longrightarrow (y \Longrightarrow x)$
0	0	1	1	1
0	1	1	0	0
1	0	0	1	1
1	1	1	1	1

6.3
Mit den Abkürzungen $u := ((x \Longrightarrow y) \Longrightarrow z)$ und $v := (x \Longrightarrow (y \Longrightarrow z))$ ergibt sich folgende Wertetabelle, woraus die Behauptung folgt:

x	y	z	$x \Longrightarrow y$	u	$y \Longrightarrow z$	v	$u \Longrightarrow v$
0	0	0	1	0	1	1	1
0	0	1	1	1	1	1	1
0	1	0	1	0	0	1	1
0	1	1	1	1	1	1	1
1	0	0	0	1	1	1	1
1	0	1	0	1	1	1	1
1	1	0	1	0	0	0	1
1	1	1	1	1	1	1	1

6.4

(a)(i) Unter Benutzung der Tautologie (6.1) sieht man, dass $(x \Longrightarrow y) \Longrightarrow z$ äquivalent ist zu $((\neg x) \vee y) \Longrightarrow z$, d.h.: „Wenn ich nicht seit 5 Jahren mit demselben PC arbeite oder auf meinem PC Linux installiert ist, dann benutze ich die Programmiersprache Perl."

(ii) Wie bei (i) folgt unter Verwendung von Satz 6.1.1 (2) und (6), dass $x \Longrightarrow (y \Longrightarrow z)$ äquivalent ist zu $(x \wedge y) \Longrightarrow z$, d.h.: „Wenn ich seit 5 Jahren mit demselben PC arbeite und auf meinem PC Linux installiert ist, dann benutze ich die Programmiersprache Perl."

(b) Wenn $y = 0$, dann hat der Term $(x \wedge y) \Longrightarrow z$ immer den Wert 1, wogegen $((\neg x) \vee y) \Longrightarrow z$ für $x = y = z = 0$ den Wert 0 hat.

(c) Wenn $z = 1$, dann haben beide Terme den Wert 1.

6.5

Nein, denn nach Aufgabe 6.4 (b) sind $(x \Longrightarrow y) \Longrightarrow z$ und $x \Longrightarrow (y \Longrightarrow z)$ nicht äquivalent.

6.6

(a) Das ergibt sich aus (6.1) und Satz 6.1.1 (2), (4) und (6).

(b) Das ergibt sich aus (6.1) und Satz 6.1.1 (10).

6.7

Mit Satz 6.1.1 (9) sieht man, dass $(x \wedge y) \vee ((\neg x) \wedge y) \vee ((\neg x) \wedge \neg z) \vee (x \wedge \neg z)$ zu $y \vee \neg z$ äquivalent ist. Der Programmcode kann somit verkürzt werden zu

```
if ($y || !$z) ...
```

6.8

Nur die Terme $x \Longrightarrow y$ und $\neg y \Longrightarrow \neg x$ sind äquivalent, wie aus der folgenden Wertetabelle zu ersehen ist:

x	y	$\neg x$	$\neg y$	$x \Longrightarrow y$	$y \Longrightarrow \neg x$	$\neg y \Longrightarrow \neg x$	$y \Longrightarrow x$	$\neg(y \Longrightarrow x)$
0	0	1	1	1	1	1	1	0
0	1	1	0	1	1	1	0	1
1	0	0	1	0	1	0	1	0
1	1	0	0	1	0	1	1	0

6.9

(a) 1 **(b)** 2 **(c)** 3 **(d)** 32 **(e)** 1

(f) 7 **(g)** 12 **(h)** 3 **(i)** 4 **(k)** 2

6.10
Wahre Aussagen sind (iii), (iv) und falsch sind (i), (ii), (v), (vi).
6.11

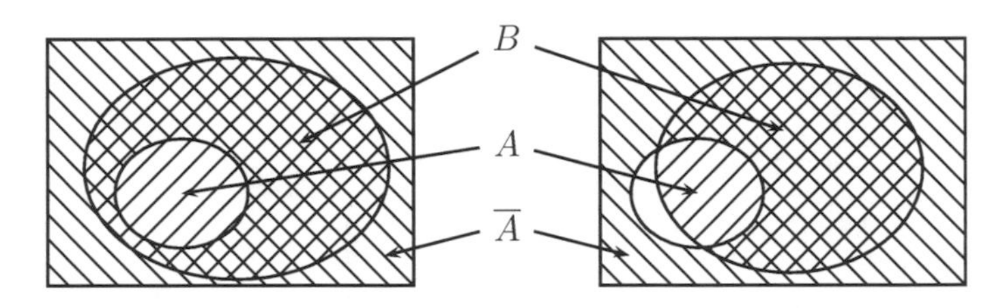

6.12

(1) $(A \cap B) \cap C = A \cap (B \cap C)$
(2) $(A \cup B) \cup C = A \cup (B \cup C)$
(3) $A \cap B = B \cap A$
(4) $A \cup B = B \cup A$
(5) $\overline{\overline{A}} = A$
(6) $\overline{A \cap B} = \overline{A} \cup \overline{B}$
(7) $\overline{A \cup B} = \overline{A} \cap \overline{B}$
(8) $A \not\subset B \iff A \cap \overline{B} \neq \emptyset$
(9) $A \cap (B \cup C) = (A \cap B) \cup (A \cap C)$
(10) $A \cup (B \cap C) = (A \cup B) \cap (A \cup C)$
(11) $A \cap (A \cup B) = A$
(12) $A \cup (A \cap B) = A$

6.13

x	y	$x \wedge \overline{y}$	$\overline{x} \wedge y$	$(x \wedge \overline{y}) \vee (\overline{x} \wedge y)$
0	0	0	0	0
0	1	0	1	1
1	0	1	0	1
1	1	0	0	0

Daraus, oder aus Satz 6.1.1 folgt, dass $\neg(x \texttt{ XOR } y)$ äquivalent ist zu $x \iff y$.
6.14
Da nur zwei Werte möglich sind, ist sie konstant. Der entsprechende Term oder seine Negation ist dann eine Tautologie.
6.15
(a) Die Abbildung f ist surjektiv, da für beliebiges $x \in \mathbb{Z}$ stets $f(x, 0) = x$ gilt. Sie ist nicht injektiv, da $f(0,1) = f(1,0) = 1$, somit auch nicht bijektiv.
(b) Da $g([0]) = [0]$, $g([1]) = [1]$, $g([2]) = [4]$, $g([3]) = [4]$ und $g([4]) = [1]$, ist g weder injektiv noch surjektiv oder bijektiv.
(c) Man kann diese Aufgabe wie Teil (b) durch das Aufstellen einer Wertetabelle lösen. Eleganter ist jedoch die Anwendung des Euklidischen Algorithmus, der uns nach Folgerung 1.2.8 mit genau einer Lösung der Gleichung $[5] \cdot [x] = [1]$ in $\mathbb{Z}/13\mathbb{Z}$ versorgt. Man erhält hier $[x] = [-5] = [8]$. Daher ist $[8] \cdot h([a]) = [8] \cdot [5] \cdot [a] = [a]$, woraus leicht die Bijektivität von h folgt.
6.16
Da g injektiv ist, folgt $f(x_1) = f(x_2)$ aus $g(f(x_1)) = g(f(x_2))$. Da auch f injektiv ist, folgt dann $x_1 = x_2$. Die analoge Aussage bezüglich Surjektivität ist ebenfalls wahr, denn wenn g surjektiv ist, gibt es zu jedem $c \in C$ ein $b \in B$ mit $g(b) = c$. Die Surjektivität von f impliziert die Existenz von $a \in A$ mit $f(a) = b$, also $g(f(a)) = c$.

6.17

Wenn $f(a_1) = f(a_2)$, dann ist auch $g(f(a_1)) = g(f(a_2))$ und somit $a_1 = a_2$ wegen Injektivität von $g \circ f$. Die Abbildung g muss nicht injektiv sein, wie das Beispiel $A = \{0\}$, $B = \{0, 1\}$, $C = \{0\}$ mit $f(0) = 0$ und $g(0) = g(1) = 0$ zeigt.

6.18

Wenn $c \in C$, dann gibt es wegen der Surjektivität von $g \circ f$ ein $a \in A$ mit $g(f(a)) = c$. Dann ist $b := f(a) \in B$ ein Element mit $g(b) = c$ gilt. Die Abbildung f muss nicht surjektiv sein, wie das Beispiel aus der Lösung von Aufgabe 6.17 zeigt.

6.19

Eine Abbildung f ist genau dann injektiv, wenn es zu jedem $b \in B$ höchstens ein $a \in A$ mit $f(a) = b$ gibt, d.h. wenn in der Faser $f^{-1}(b)$ höchstens ein Element enthalten ist.

Eine Abbildung f ist genau dann surjektiv, wenn es zu jedem $b \in B$ mindestens ein $a \in A$ mit $f(a) = b$ gibt, d.h. wenn in jeder Faser $f^{-1}(b)$ mindestens ein Element enthalten ist.

Da eine Abbildung genau dann bijektiv ist, wenn sie injektiv und surjektiv ist, folgt auch die dritte Behauptung.

6.20

Wenn f bijektiv ist, dann erfüllt ihre Inverse $g = f^{-1}$ die geforderten Eigenschaften. Wenn umgekehrt eine Abbildung $g : B \to A$ mit den angegebenen Eigenschaften existiert, dann folgt aus den Aufgaben 6.17 und 6.18, da die identischen Abbildungen bijektiv sind, dass f sowohl injektiv als auch surjektiv sein muss.

6.21

Da Id_A bijektiv ist, ergibt sich die Reflexivität. Die Symmetrie folgt aus Aufgabe 6.20 und die Transitivität aus den Aufgaben 6.17 und 6.18.

6.22

Ja.

6.23

Wir beweisen das per Induktion über die Anzahl der Elemente in A. Wenn $|A| = 1$, dann ist das einzige Element von A auch das kleinste. Wenn $|A| > 1$, dann wählen wir irgendein $b \in A$. Nach Induktionsvoraussetzung gibt es in der nichtleeren Menge $A \setminus \{b\}$ ein kleinstes Element k. Wenn $k \preccurlyeq b$, dann ist k kleinstes Element von A. Wenn $b \preccurlyeq k$, dann folgt aus der Transitivität (und Reflexivität), dass $b \preccurlyeq a$ für alle $a \in A$. Somit ist b kleinstes Element von A.

In der total geordneten Menge $(\mathbb{Z}, \leq)$ besitzt die Teilmenge $A = \mathbb{Z}$ kein kleinstes Element. In der total geordneten Menge $(\mathbb{R}, \leq)$ besitzt das offene Intervall (vgl. Bsp. 3.1.9) $A = (0, 1)$ kein kleinstes Element, obwohl diese Teilmenge ein Infimum besitzt ($0 \notin A$ ist das Infimum).

Literaturverzeichnis

[Abb] Abbott, E.A.: Flatland – a romance of many dimensions. Seely & Co 1884; dt. Übersetzung: Flächenland. Teubner 1929.

[AGP] Alford, W.R.; Granville, A.; Pomerance, C.: There are Infinitely Many Carmichael Numbers. Annals of Mathematics **139**, 703–722, 1994.

[Au] Austin, D.: How Google finds your Needle in the Web's Haystack. American Mathematical Society, `http://www.ams.org/featurecolumn/archive/pagerank.html` Zugriff: 30. November 2008.

[Bau] Bauer, F.L.: Entzifferte Geheimnisse. Springer 2000.

[BEL] Bergh, J.; Ekstedt, F.; Lindberg, M.: Wavelets mit Anwendungen in Signal- und Bildverarbeitung. Springer 2007.

[Bet] Betten, A.: Codierungstheorie. Springer 1989.

[Beu] Beutelspacher, A.: Kryptologie. Vieweg 2002.

[BSW] Beutelspacher, A.; Schwenk, J.; Wolfenstetter, K.-D.: Moderne Verfahren der Kryptographie. Vieweg 2001.

[Bu] Bundschuh, P.: Einführung in die Zahlentheorie. Springer 1988.

[BV] Bollobás, B.; De La Vega, W.F.: The diameter of random regular graphs. Combinatorica **2**, 125–134, 1982.

[BC] Bose, R.C.; Ray–Chaudhuri, D.K.: On a class of error correcting binary group codes. Information and Control **3**, 68–79, 1960.

[Br] Bröcker, T.: Lineare Algebra und analytische Geometrie. Birkhäuser 2004.

[CK] Clote, P.; Kranakis, E.: Boolean Functions and Computation Models. Springer 2002.

[C1] Codd, E.F.: Derivability, Redundancy, and Consistency of Relations stored in Large Data Banks. San Jose, IBM Research Report RJ599, 1969.

[C2] Codd, E.F.: The Relational Model for Database Management. Addison-Wesley 1990.

[Da] Dalen, D. van: Logic and Structure. Springer 2004.

[De] Deiser, O.: Einführung in die Mengenlehre. Springer 2004.

[Di] Diestel, R.: Graphentheorie. Springer 2000.

[DH] Diffie, W.; Hellman, M.F.: New Directions in Cryptography. IEEE Transations on Information Theory **22**, 644–654, 1976.

[Eb] Ebbinghaus, H.-D.: Einführung in die Mengenlehre. Spektrum 2003.

[EbZ] Ebbinghaus, H.-D. et al: Zahlen. Springer 1992.

[EH] Ebeling, W.; Hirzebruch, F.: Lattices and Codes. Vieweg 1994.

[Eh] Ehrenfest P.: Review of L. Couturat 'The Algebra of Logic'. Journal Russian Physical & Chemical Society, Section of Physics, vol. **42**, 382–387, 1910.
П. Эренфест, Рецензия на книгу Л. Кутюра *Алгебра логики.* Журнал Русского физико-химического общества, секция физики, **42**, 382–387, 1910.

[EG] ElGamal, T.: A Public Key Cryptosystem and a Signature Scheme Based on Discrete Logarithms. In: Blakley, G.R.; Chaum, D.C. (eds.): Advances in Cryptology: Proceedings of CRYPTO 84, Lecture Notes in Computer Science, volume 196, pp. 10–18, Springer 1985.

[GrYe] Gross, J.; Yellen, J.: Graph Theory and its Applications. CRC Press 1999.

[Fi] Fischer, G.: Lineare Algebra. Vieweg 2005.

[Fr] Fricker, F.: Neue Rekord-Faktorisierung. Spektrum der Wissenschaft **11**, 38–42, 1990.

[GH] Gago–Vargas, J.; Hartillo–Hermoso, I.; Martin–Morales, J.; Ucha–Enriquez J.M.: Sudokus und Gröbner Bases: not only a Divertimento. to appear.

[GP] Greuel, G.-M.; Pfister G.: A Singular Introduction to Commutative Algebra. Springer 2008.

[GR] Godsil, C.; Royle, G.: Algebraic Graph Theory. Springer 2001.

[Gu] Guare, J.: Six Degrees of Separation: A play. Vintage Books 1990.

[Hal] Halmos, P.R.: Naive Mengenlehre. Vandenhoeck & Ruprecht 1968.

[Ha] Hamming, R.W.: Error detecting and error correcting codes. Bell Syst. tech. J. **29**, 147–160, 1950.

[Ho] Hocquenghem, P.A.: Codes correcteurs d'erreurs. Chiffres **2**, 147–156, 1959.

[HP] Huffman, W.C.; Pless, V.: Fundamentals of Error-Correcting Codes. Cambridge 2003.

[Hu] Huppert, B.: Angewandte lineare Algebra. de Gruyter 1990.

[Ju] Jungnickel, D.: Codierungstheorie. Spektrum 1995.

[Ju1] Jungnickel, D.: Graphen, Netzwerke und Algorithmen. BI 1994.

[Kl] Kleinberg, J.: Complex Networks and Decentralized Search Algorithms. In: Sanz–Solé, M. (ed.) et al.: Proceedings of the ICM, Vol. III, pp. 1019–1044, EMS 2006.

[Ko1] Koblitz, N.: A course in number theory and cryptography. Springer 1994.

[Ko2] Koblitz, N.: Algebraic aspects of cryptography. Springer 1999.

[Koe] Königsberger, K.: Analysis 1. Springer 1990.

[Kow] Kowalsky, H.J.; Michler, G.O.: Lineare Algebra. Walter de Gruyter 2003.

[La] Lau, D.: Algebra und Diskrete Mathematik. Springer 2004.

[Li] Lint, J.H. van: Introduction to coding theory. Springer 1999.

[Lü] Lütkebohmert, W.: Codierungstheorie: Algebraisch-geometrische Grundlagen und Algorithmen. Vieweg 2003.

[Ma] Manin, Yu.I.: A Course in Mathematical Logic. Springer 1977.

[Mi] Milgram, S.: The small world problem. Psychology Today **1**, 60–67, 1967.

[MT] Milgram, S.; Travers, J.: An experimental study of the small world problem. Sociometry **32**, 425–443, 1969.

[ReL] Rédei, L.: Algebra. Geest & Parlig K.-G. 1959.

[RS] Reed, I.S.; Solomon, G.: Polynomial codes over certain finite fields. J. Soc. Ind. Appl. Math. **8**, 300–304, 1960.

[RSA] Rivest, R.; Shamir, L.; Aldeman, L.: A Method for Obtaining Digital Signatures and Public-Key Cryptosystems. Comm. of the ACM **21** (2), 120–126, 1978.

[Rok] Rokicki, T.: Twenty-Five Moves Suffice for Rubik's Cube. arXiv:0803.3435, 2008.

[Se] Serre, J.-P.: A Course in Arithmetic. Springer 1973.

[Sch] Schulz, R.-H.: Codierungstheorie. Vieweg 1991.

[ST] Periodensterbetafeln für Deutschland. Statistisches Bundesamt, `www.destatis.de`, 28.3.2008.

[We] Werner, A.: Elliptische Kurven in der Kryptographie. Springer 2002.

[WD] Williams, H.C.; Dubner, H.: The primality of R1031. Math. Comp. **47**, 703–711, 1986.

Symbolverzeichnis

Personenverzeichnis

J

K

L

M

N

P

R

S

T

V

W

Z

Sachverzeichnis

P

Q

R